U0216348

厦门大学南强丛书

【第六辑】

现代天线实用设计技术

游佰强 周建华 李伟文◎著

厦门大学出版社 国家一级出版社
XIAMEN UNIVERSITY PRESS 全国百佳图书出版单位

图书在版编目(CIP)数据

现代天线实用设计技术/游佰强,周建华,李伟文著.—厦门:厦门大学出版社,2016.9

(厦门大学南强丛书.第6辑)

ISBN 978-7-5615-5983-3

Ⅰ.①现… Ⅱ.①游…②周…③李… Ⅲ.①天线设计-研究 Ⅳ.①TN82

中国版本图书馆CIP数据核字(2016)第054938号

出 版 人 蒋东明
责任编辑 郑 丹
装帧设计 李夏凌
责任印制 许克华

出版发行 厦门大学出版社
社 址 厦门市软件园二期望海路39号
邮政编码 361008
总 编 办 0592-2182177 0592-2181406(传真)
营销中心 0592-2184458 0592-2181365
网 址 http://www.xmupress.com
邮 箱 xmupress@126.com
印 刷 厦门集大印刷厂

开本 720mm×1000mm 1/16
印张 26
印张 4
字数 436千字
版次 2016年9月第1版
印次 2016年9月第1次印刷
定价 69.00元

厦门大学出版社
微信二维码

厦门大学出版社
微博二维码

作者简介

游佰强，教授，厦门大学教学名师，IEEE 高级会员，中国电子学会高级会员，曾任厦门大学信息科学与技术学院电子工程系副主任。从国家“七五”计划起先后主持和参加完成了十多项国家“863 计划”、国家自然科学基金重大、重点和面上项目，已发表论文 70 余篇，获多项国家省校级奖，申报并公开国家发明专利 90 多项，已经获得 55 项发明专利授权，出版编译著作 4 部。注重教学科研结合，主持国家视频公开课、福建省精品课程及一批校级精品课程。研究领域主要有：新型天线设计、射频电路及微波器件、智能隐身技术、人工电磁材料、电磁兼容、光电子和光子器件等。

周建华，工学博士，教授，IEEE 会员，中国电子学会高级会员，仁荷大学访问教授。主持多门电磁场系列精品课程的网络教学、国家级视频公开课。主持参与多项国家、省和校级科研项目，曾获“国家教委科学技术进步奖”（二等奖）和多项校级奖励，已发表论文 50 多篇，获得国家发明专利授权 49 项，出版编译著作 4 部。研究领域包括天线理论与技术、应用电磁学、光波导技术、集成光学、电磁材料与器件、电磁场数值分析等方面。

李伟文，工学博士，副教授。曾学习工作于吉林大学和浙江大学国际电磁学院，2005 年到厦门大学电子工程系工作。参与多项福建省精品课程建设并主持 3 项校教改项目。参加多项国家“863 计划”、国家自然科学基金和省市级科研项目，已发表论文 40 余篇，获得国家发明专利授权 17 项。目前主要研究领域包括微波器件、天线及微波光子学等方面。

总　序

厦门大学校长
“厦门大学南强丛书”编委会主任

厦门大学是由著名爱国华侨领袖陈嘉庚先生于1921年创办的，有着厚重的文化底蕴和光荣的传统，是中国近代教育史上第一所由华侨出资创办的高等学府。陈嘉庚先生所处的年代，是中国社会最贫穷、最落后、饱受外侮和欺凌的年代。陈嘉庚先生非常想改变这种状况，他明确提出：中国要变化，关键要提高国人素质，要提高国人素质，关键是要办好教育。基于教育救国的理念，陈嘉庚先生毅然个人倾资创办厦门大学，并明确提出要把厦大建成“南方之强”。陈嘉庚先生以此作为厦大的奋斗目标，蕴涵着他对厦门大学的殷切期望，代表着一代又一代厦门大学师生的志向。

1991年，在厦门大学建校70周年之际，厦门大学出版社出版了首辑“厦门大学南强丛书”，共15部优秀的学术专著，影响极佳，广受赞誉，为70周年校庆献上了一份厚礼。此后，逢五逢十校庆，“厦门大学南强丛书”又相继出版数辑，使得“厦门大学南强丛书”成为厦大的一个学术品牌。值此建校95周年之际，我们再次遴选一批优秀著作出版，这正是全校师生的愿望。入选这批“厦门大学南强丛书”的著作多为本校优势学科、特色学科的前沿研究成果。作者中有院士、资深教授，有全国重点学科的学术带头人，有新近在学界崭露头角的新秀，他们都在各自的学术领域中受到瞩目。这批学术著作的出版，为厦门大学95周年校庆增添了浓郁的学术风采。

至此，“厦门大学南强丛书”已出版了六辑。可以说，每一辑都从一个侧面反映了厦大学人奋斗的足迹和努力的成果，丛书的每一部著作都是厦大发展与进步的一个见证，都是厦大人探索未知、追求真理、为民谋利、为国争光精神的一种体现。我想这样的一种精神一定会一辑又一辑地传承下去。

大学出版社对大学的教学科研可以起到很重要的推动作用，可以促进它所在大学的整体学术水平的提升。在95年前，厦门大学就把“研究高深学术，养成专门人才，阐扬世界文化”作为自己的三大任务。厦门大学出版社作为厦门大学的有机组成部分，它的目标与大学的发展目标是相一致的。学校一直把出版社作为教学科研的一个重要的支撑条件，在努力提高它的学术出版水平和影响力的过程中，真正使出版社成为厦门大学的一个窗口。“厦门大学南强丛书”的出版汇聚了著作者及厦门大学出版社全体同仁的心血与汗水，为实现厦门大学“两个百年”的奋斗目标做出了一份特有的贡献，我要借此机会表示我由衷的感谢。我不仅期望“厦门大学南强丛书”在国内学术界产生反响，而且更希望其影响被及海外，在世界各地都能看到它的身影。这是我，也是全校师生的共同心愿。

2016年3月

前　言

《现代天线实用设计技术》结合现代科技运用的需求，归纳总结了一些常用的天线优化设计技巧及解决问题的思路，重点讨论了对称振子线天线及其改进技术、宽带天线、缝隙及微带天线、天线阵列的方向图综合技术、平面反射天线阵列、分形与天线小型化技术、超宽带天线及陷波设计技术、多极化天线等现代研究热点。内容阐述紧扣现代通信系统、北斗导航系统应用、物联网及 RFID(Radio Frequency Identification，射频识别)等实际需求，全书设计实例均来自近年来的实际科研应用专题，旨在为读者的学习和研究提供举一反三的基础素材。

本书编著过程中尽可能避免繁复枯燥的理论推导，重点放在设计思路形成、创作过程及性能提升技巧的讨论上。全书图文并茂，融入了大量原创专利成果，有关天线设计的创新优化重点围绕天线的核心性能指标要求，如方向性、极化、阻抗、带宽及增益控制等方面。

在过去的十多年里，我们先后承担了一批省级、校级及企业合作类的课题研究，包括福建省科技重大专项专题项目“北斗/GPS 双模高精度定位技术研发及应用”(2013HZ0002-1)、福建省科技重大专项专题项目“BD2-RDSS 小型化天线”(2010HZ0004-1)、中船重工集团 725 所合作项目“吸波涂层电磁参数可控性的探索性研究”、福建省科技计划重点项目“RFID 标签天线设计技术的研究”(2007H0036)、广东省教育部产学研重点项目“移动通信/RFID 多频兼容小型陶瓷天线系列产品开发”(2007B090400059)、福建省自然科学基金项目及一批企事业单位项目等。在此过程中前后有 60 多名硕士研究生在我们研究团队中学习工作，参与了不同阶段的研究工作，在他们所撰写的硕士论文及参加的国际会议中总结和积累了大量的研究成果，其中很多内容都具有创建性。团队先后申报了90多项国家发明专利(其中已有55项发明专利获得了授权)，陆续在国内外期刊和国际会议上发表了数十篇科技学术论文。此系列成果内容丰富，但相对比较松散。所以，我们一直期望能逐步将常见的实用技术加以归纳，分步整理出来供交流学习，同时吸引更多的本科高年级同学加入应用电磁学领域，获取RF(Radio Frequency，射频)微波天线方面的入门素材。此外，整理出的资料也可以为合作的企业人员培训或者工作在相关领域科研生产一线的科技工作者及研究人员提供参考。

非常感谢厦门大学“南强丛书”项目为本专著的出版提供了机会。周建华教授参与编写了本书第1、2、4、7章；李伟文副教授参与编写了本书第8、9章；游佰强教授参与编写了本书第1、3、4、5、6、7、8章并审阅了全书。本书的成稿特别感谢已毕业的夏飞、陈浩、汤伟、林斌、罗勇、蔡立绍、柳青、刘禹锡、王天石、池金燕、黄天赠、李立之、胡宝法、蔡龙瑞、赵阳、周涛、张斌等同学在读研期间所做的大量研究工作，也非常感谢2002—2016年期间团队毕业及在读的研究生在这些年来系列研究项目中所做出的贡献。最后，衷心感谢美国电气和电子工程师学会院士(IEEE Fellow)周锡赠教授为多名研究生提供的合作培养机会及由此获取的系列研究成果。

由于水平有限，错误及不当之处在所难免，欢迎广大读者提出宝贵意见。

游佰强　周建华　李伟文

2016年5月于厦门大学海韵园

目　录

第一章　现代天线设计常用参数及基本理论与技术概述

本章将简单阐述本专著所涉及的近代天线设计及应用的常见参数、术语及部分基础理论。

1.1　天线的阻抗带宽和输入阻抗

1.1.1　带宽

天线带宽是指满足天线某些性能要求的频带，是根据天线参数的允许变动范围来确定的，这些参数可以是方向图、主板宽度、增益、极化、输入阻抗等。天线的频带宽度随着所规定的参数不同而表现不同，由某一参数确定的频带宽度一般并不满足另一参数的要求。如果实际应用中同时对多个参数都有要求，则约定以其中最为严格的要求作为工程天线频带宽度的设计依据。

常见描述天线的带宽有两种形式：绝对带宽和相对带宽。

绝对带宽的定义为

$$\Delta f = f_h - f_l \tag{1-1}$$

即满足一定性能要求的上、下截止频率之差。

天线频带宽度更为常用的相对带宽定义为

$$B = \frac{f_h - f_l}{f_0} = \frac{2 \times (f_h - f_l)}{f_h + f_l} \tag{1-2}$$

其中，f_h 为频率上限，f_l 为频率下限，f_0 为中心频点。

对于目前北斗导航系统的应用需求，在工作频点附近回波损耗低于−10 dB的带宽要求达到 10 MHz，即有 90％以上的能量被传递到了天线。

目前,工程设计中的叠层耦合微带天线在克服传统微带天线带宽窄方面有一定优势。

1.1.2 输入阻抗

天线的输入电压与输入电流的比值称为天线的输入阻抗,它是决定天线与馈线匹配状态的重要参数。在理想情况下,天线的输入阻抗是一个恒定的电阻,其值等于该天线归于输入电流的辐射电阻。此时天线可以直接与特性阻抗相等,与该天线辐射电阻的传输线相连之后,传输线馈入天线的功率全部被辐射到空间。天线与馈线匹配越好,驻波比或者回波损耗越小,比如一般认为当回波损耗低于−10 dB时,表示有90%以上的功率被辐射出去,是可用的工程参数。

一般情况下,天线的输入阻抗既有实部,又有虚部。天线的输入阻抗Z_{in}与天线的辐射效率、损耗功率和近场区中储存的无功能量之间的关系为

$$Z_{in}=\frac{P_r+P_d+2j\omega(W_m-W_e)}{\frac{1}{2}I_0I_0^*} \tag{1-3}$$

其中,P_r是天线的辐射功率,P_d是天线的损耗功率,W_m和W_e分别是储存在天线近场区域感应场中的平均磁能和平均电能,I_0是天线的输入电流。当储存的电能和磁能相等时,出现谐振状态,此时输入阻抗Z_{in}中的电抗部分为零。

1.2 天线的方向图、增益和极化

1.2.1 方向图

由任意电流分布产生的电磁场其远区场近似为

$$\boldsymbol{A}(r)\approx\frac{\mu_0}{4\pi r}e^{jk_0r}\int_v \boldsymbol{J}(r')e^{jk_0\hat{r}r'}dv' \tag{1-4}$$

式中积分号外的因子仅与距离r有关,积分号内的因子仅与波传播的方向有关,用以决定天线的方向特性。由于天线的定性特性,在与天线相同距离r的球面上,场强的大小是不相同的。一般来说,天线的辐射场在球坐标系中总可以表示为:

$$\mathbf{E} = \mathbf{A}(r) \cdot f(\theta, \varphi) \tag{1-5}$$

其中,$\mathbf{A}(r)$为幅度因子;$f(\theta,\varphi)$为方向因子,称为天线的方向性函数。

根据天线方向性函数在各种坐标系中绘出的表征天线方向特性的图称为天线的方向图,如图 1-1 所示,其中表征场强振幅方向特性的图称为场强振幅方向图,表征功率方向特性的图称为功率方向图,表征相位方向特性的图称为相位方向图。显然,功率方向图上各个点的值是对应的场强振幅方向图上对应点值的平方。天线的方向图是一个三维图形,为了方便起见,经常采用两个相互正交的主平面上的剖面图来描述天线的方向性,通常取 E 面(电场矢量与传播方向构成的平面)和 H 面(磁场矢量与传播方向构成的平面)作为两个正交的主平面。

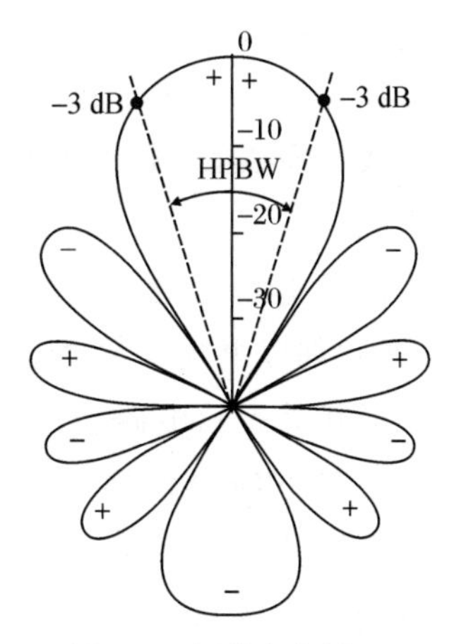

图 1-1　天线方向图

绘制方向图通常采用极坐标或者直角坐标,因极坐标方向图直观性强,在本文中天线的增益方向图均用极坐标表示。

天线方向图中的最强辐射区域称为天线方向图的主瓣,其他辐射区域称为副瓣或旁瓣,与主瓣对应的向反方向辐射的有时也称为后瓣。针对北斗导航系统天线的设计要求,天线的辐射主瓣一般位于正上方。为了避免多径效应,希望天线的后瓣辐射尽可能的小。

1.2.2　增益

天线增益也反映了天线在各个空间上的辐射能力,其定义与方向性系数 D 相似,即在相同的输入功率条件下,天线在某一特定方向上天线辐射强度与全向天线辐射强度之比,记为 $G(\theta,\varphi)$,表示为

$$G(\theta,\varphi) = \frac{U(\theta,\varphi)}{P_{\text{in}}/4\pi} = \eta D(\theta,\varphi) \tag{1-6}$$

其中,$U(\theta,\varphi)$为某一方向的天线辐射强度,P_{in}为输入功率,η 为天线辐射效率,$D(\theta,\varphi)$为方向系数。天线增益也可以理解为标称天线辐射能力集束程度和能量转换效率的总增益。对于应用于北斗导航系统的终端天线来说,其最大增益一般要位于天线辐射方向图的正上方。

1.2.3 极化

天线的极化特性是指天线辐射电磁波的极化特性。根据天线辐射的电磁波是线极化或者圆极化，相对应的天线便称为线极化天线或者圆极化天线。

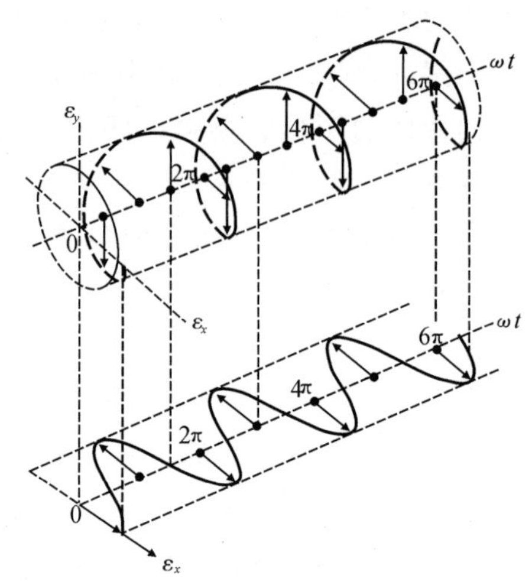

图 1-2 圆极化波传播示意图

由于电场与磁场有着恒定的关系，通常都以电场矢量端点轨迹的取向和形状来表示电磁波的极化特性。电场矢量方向与传播方向构成的平面称为极化平面。电磁波的极化方式有线极化、圆极化和椭圆极化。电场矢量恒定指向某一方向的波称为线极化波，工程上常常采用地面作参考。电场矢量方向与地面平行的波称为水平极化波，电场矢量方向与地面垂直的波称为垂直极化波。若电场矢量存在两个具有不同幅度和相位相互正交的坐标分量，则在空间某给定点上合成电场矢量的方向将以场的频率旋转，其电场矢量端点的轨迹为椭圆，而随着波的传播，电场矢量在空间的轨迹为一条椭圆螺旋线，这种波称为椭圆极化波。当电场的两正交坐标分量具有相同的振幅时，椭圆变成圆，此时的波称为圆极化波，如图 1-2 所示。

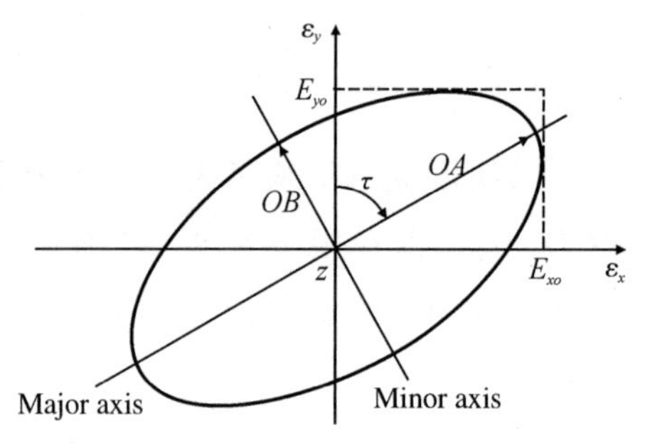

图 1-3 轴比波示意图

椭圆极化波特性可以由三个参数来表示，即轴比(椭圆的长轴与短轴之比)、倾角(参考方向与椭圆长轴间的夹角)和旋转方向，而椭圆或者圆极化波电场矢量端点的旋转方向称为极化方向。图 1-3 为电场的轴比波示意图，其中 Major axis 和 Minor axis 分别为极化波椭圆的主轴/长轴和次轴/短轴，轴比即等于 OA 与 OB 之比，τ 为倾角。在工程上通常使用 IEEE(Institute of Electrical and Electronics，电气与电子工程师协会)标准的极化定义：当观察者沿着波的传播方向由发射端向接收端看去，在某一固定横截面上电场矢量的旋转方向为顺时针时极化方向为右旋,否则为左旋。如对于本文中所涉及的叠层耦合微带天线,通常要求接收天线右旋极化,而发射天线左旋极化,另外工作于补偿频段的天线也要求右旋极化。

1.3 天线的主要性能参数

天线参数用于天线性能的定量描述,以便于天线的设计、测量及天线间的性能比较。天线转换电磁能量的能力大小及天线的辐射性能主要取决于应用环境和系统总体要求,通常采用下列一些指标来表征。

1.3.1 输入阻抗

将整个天线等效成接在馈线终端的一个集中参数阻抗,称为天线的输入阻抗,定义为天线输入端的电压 V_{in} 与电流 I_{in} 之比,记为 Z_{in}。通常它是一个复阻抗,而且是频率的函数,即

$$Z_{in}=\frac{P_{in}}{|I_{in}|^2}=\frac{V_{in}}{I_{in}}=R_{in}+jX_{in} \tag{1-7}$$

式中,R_{in} 为输入电阻,表示天线消耗的输入功率,它包括天线的辐射功率及其自身的热损耗功率;X_{in} 为输入电抗,表示天线近场的储存功率。电抗分量的存在会减少天线从馈线对信号功率的提取,因此必须使电抗分量尽可能为零,也就是应尽可能使天线的输入阻抗为纯电阻。事实上,即使是设计、调试得很好的天线,其输入阻抗中总还含有一个小的电抗分量值。

天线的输入阻抗主要取决于天线本身的结构、工作频率,还可能受到周围环境的影响。典型半波振子的阻抗理论值为 73+j42.5 Ω,但如果将振子的长度缩小 3%~5%时,天线电抗分量将变为接近零的纯电阻,由此可提高天线的辐射效率。工程上设计天线时,常通过改变天线馈入点位置或者改变微带线的阻抗来消除天线结构设计中残余的电抗,使工作频带内天线的输入阻抗为 50 Ω 或 75 Ω,以便于与工程缆线连接。

前面所说的输入阻抗属于天线的自阻抗,还有一个参量是天线的互阻抗(又称“耦合阻抗”),它是由于附近导体的寄生效应而产生的,也就是说是由于有导体处于天线的电抗性近场区而产生的,互阻抗同时也包含了地的影响。互阻抗是一个导体中的感应电压与另一个导体中的电流之比。

值得注意的是,相互耦合的导体会使高方向性天线的方向图产生扭曲,也会改变馈电点处的阻抗,这种情况在日常应用中也时常发生。

1.3.2 辐射效率

天线输入阻抗中的电阻分量 R_{in} 表示天线的能量损耗,它由两部分组成:一是辐射到自由空间去的能量;二是天线的电阻损耗与介质损耗,这部分损耗转变成热能。天线的总能量损耗可表示为:

$$P_{in}=\frac{1}{2}R\mid I\mid^{2}=\frac{1}{2}R_{r}\mid I\mid^{2}+\frac{1}{2}R_{\Omega}\mid I\mid^{2}=P_{r}+P_{\Omega} \tag{1-8}$$

式中,P_{r} 为辐射功率,P_{Ω} 为损耗功率。其中,辐射功率可由下式求得

$$P_{r}=\frac{1}{2}\oiint \boldsymbol{E}\times\boldsymbol{H}\cdot \mathrm{d}s \tag{1-9}$$

天线的效率是辐射功率与输入功率之比

$$\eta=\frac{P_{r}}{P_{in}}=\frac{R_{r}}{R_{r}+R_{\Omega}} \tag{1-10}$$

可见,要提高天线的效率必须尽可能提高天线的辐射电阻,减少天线的损耗。

1.4 天线的基本辐射理论

讨论分析天线的辐射问题就是求解外加电流分布 $\boldsymbol{J}$ 所产生的场。为了简化,在从已知的 $\boldsymbol{J}$ 求解电场强度矢量 $\boldsymbol{E}$ 和磁场强度矢量 $\boldsymbol{H}$ 的过程中,常引入标量位函数 φ 和矢量位函数 $\boldsymbol{A}$。

根据微分形式麦克斯韦方程组(Maxwell's Equations)及如下的电流连续性方程

$$\nabla\cdot\boldsymbol{A}+\mu\varepsilon\frac{\partial\varphi}{\partial t}=0 \tag{1-11}$$

在洛伦兹规范(Lorenz Gauge)下,位函数与场函数有如下关系

$$\boldsymbol{B}=\nabla\times\boldsymbol{A} \tag{1-12}$$

$$\boldsymbol{E}=-\nabla\boldsymbol{\varphi}-\frac{\partial\boldsymbol{A}}{\partial t} \tag{1-13}$$

并满足达朗贝尔(D'Alembert)方程

$$\nabla^2 \boldsymbol{A} - \mu\varepsilon \frac{\partial^2 \boldsymbol{A}}{\partial t^2} = -\mu \boldsymbol{J} \tag{1-14}$$

$$\nabla^2 \varphi - \mu\varepsilon \frac{\partial^2 \varphi}{\partial t^2} = -\frac{\rho}{\varepsilon} \tag{1-15}$$

式中,μ 为媒质的磁导率,ε 为媒质的介电常数。这两个方程形式相同,求解它们的方法也是一样的。

通过建立点源辐射问题模型,如图 1-4 所示,可得辅助位函数的表达式分别为

$$\boldsymbol{A}(r,t) = \frac{\mu}{4\pi}\int_{v'} \frac{\boldsymbol{J}(r',t)}{\boldsymbol{R}} \exp(-\mathrm{j}k\boldsymbol{R})\mathrm{d}v' \tag{1-16}$$

$$\varphi(r,t) = \frac{1}{4\pi\varepsilon}\int^{v'} \frac{\rho(r',t)}{\boldsymbol{R}} \exp(-\mathrm{j}k\boldsymbol{R})\mathrm{d}v' \tag{1-17}$$

式中,r 是场点坐标;r'是源点坐标;$\boldsymbol{R}$ 是从源点到场点的矢量;$k=\sqrt{\omega^2\mu\varepsilon}$ (ω 为时谐场角频率)。

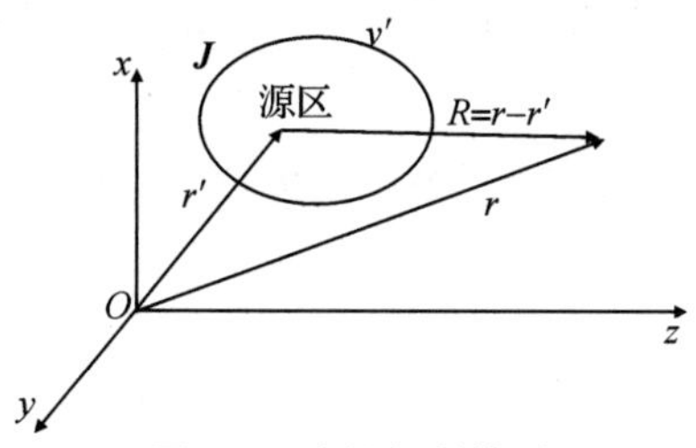

图 1-4　点源辐射模型

则磁场强度和电场强度可由下式求出

$$\boldsymbol{H} = \frac{1}{\mu} \nabla \times \boldsymbol{A} \tag{1-18}$$

$$\boldsymbol{E} = -\frac{1}{\mu\varepsilon}\int \nabla\nabla\cdot \boldsymbol{A}\mathrm{d}t - \frac{\partial \boldsymbol{A}}{\partial t} \tag{1-19}$$

对于时谐场有

$$\boldsymbol{E} = -\mathrm{j}\omega(\boldsymbol{A} + \frac{1}{k^2}\nabla\nabla\cdot \boldsymbol{A}) \tag{1-20}$$

以圆盘形分布电流为例,利用以上的分析给出它的严格解。设半径为 a 的圆盘,只有 x 方向分布电流

$$J(r',t) = \begin{cases} \hat{x}\delta(r')f(t) & (r' \leqslant a) \\ 0 & (r' > a) \end{cases} \tag{1-21}$$

通过傅里叶变换可得到

$$J_{\omega}(r',t)=\begin{cases}\hat{x}\delta(r')F(\omega) & (r'\leqslant a)\\ 0 & (r'>a)\end{cases} \tag{1-22}$$

式中，$\tau'^2=x'^2+y'^2$，其中 x' 和 y' 为源坐标；以及

$$F(\omega)=\frac{1}{\sqrt{2\pi}}\int_{-\infty}^{\infty}f(t)\mathrm{e}^{\mathrm{j}\omega t}\mathrm{d}t \tag{1-23}$$

由(1-16)可以得到均匀圆盘形电流产生的矢量位函数：

$$\begin{aligned}\boldsymbol{A}(x,y,z,\omega)&=\frac{\mu}{4\pi}\int_{v}^{\prime}\frac{J_{\omega}(r',\omega)\mathrm{e}^{-\mathrm{j}kR}}{R}\mathrm{d}v'\\ &=\hat{x}\frac{\mu}{4\pi}F(\omega)\int_{0}^{2\pi}\mathrm{d}\varphi'\int_{0}^{a}\frac{\mathrm{e}^{-\mathrm{j}kR}}{R}\tau'\mathrm{d}\tau'\end{aligned} \tag{1-24}$$

式中，$R=\sqrt{(x-x')^2+(y-y')^2+z^2}$，$\tau^2=x^2+y^2$，$k=\omega/c$。

因此，z 轴上矢量磁位分布为

$$\begin{aligned}\boldsymbol{A}(0,0,z,\omega)&=\hat{x}\frac{\mu}{2}\boldsymbol{F}(\omega)\int_{0}^{a}\frac{\exp(-\mathrm{j}k\sqrt{z^2+\tau'^2})}{\sqrt{z^2+\tau^2}}r'\mathrm{d}r'\\ &=\hat{x}\frac{\mu}{4}\boldsymbol{F}(\omega)\int_{0}^{a}\frac{\exp(-\mathrm{j}k\sqrt{z^2+\tau'^2})}{\sqrt{z^2+\tau'^2}}\mathrm{d}(z^2+r'^2)\\ &=\hat{x}\frac{\mu}{\mathrm{j}2k}\boldsymbol{F}(\omega)[\exp(-\mathrm{j}k\sqrt{z^2+a^2})-\exp(\mathrm{j}kz)]\end{aligned} \tag{1-25}$$

再由麦克斯韦方程可以导出如下关系式

$$\boldsymbol{E}(x,y,z,\omega)=\frac{1}{\mathrm{j}\omega\mu\varepsilon}\nabla\times\nabla\times\boldsymbol{A}(x,y,z,\omega) \tag{1-26}$$

$$\boldsymbol{H}(x,y,z,\omega)=\frac{1}{\mu}\nabla\times\boldsymbol{A}(x,y,z,\omega) \tag{1-27}$$

由此得出辐射场中电场与磁场的表达式为

$$\begin{aligned}E_x(0,0,z,\omega)=&\frac{\eta}{2}F(\omega)[g_2(z)\exp(-\mathrm{j}k\sqrt{z^2+a^2})-\exp(\mathrm{j}kz)]+\\ &\frac{\mathrm{j}\eta}{4k}\frac{a^2\exp(-\mathrm{j}k\sqrt{z^2+a^2})}{(z^2+a^2)^{3/2}}F(\omega)\end{aligned} \tag{1-28}$$

$$H_y(0,0,z,\omega)=\frac{1}{2}F(\omega)[g_1(z)\exp(-\mathrm{j}k\sqrt{z^2+a^2})-\exp(\mathrm{j}kz)] \tag{1-29}$$

式中

$$g_1(z)=\frac{z}{\sqrt{a^2+z^2}},g_2(z)=\frac{1}{2}\left(1+\frac{z^2}{a^2+z^2}\right) \tag{1-30}$$

通过傅里叶变换可以得到时域解如下

$$E_x(0,0,z,t)=\frac{\eta}{2}\left[g_2(z)f\left(t-\frac{\sqrt{a^2+z^2}}{c}\right)-f\left(t-\frac{z}{c}\right)\right]-$$

$$\frac{1}{4\varepsilon}\ \frac{a^2}{(z^2+a^2)^{3/2}}\int f\left(\tau-\frac{\sqrt{a^2+z^2}}{c}\right)\mathrm{d}r \tag{1-31}$$

$$H_y(0,0,z,t)=\frac{1}{2}\left[g_1(z)f\left(t-\frac{\sqrt{a^2+z^2}}{c}\right)-f\left(t-\frac{z}{c}\right)\right] \tag{1-32}$$

以上给出了天线的基本辐射单元的频域解和时域解，在实际天线分析与设计工作中，可以运用类似的方法解出天线的频域解与时域解。但在多数情况下，天线的结构很复杂，要想得到天线辐射场的严格解非常困难，通常是借用一些辅助软件或者一些经典的分析方法通过编程的方式，采用数值方法来分析所设计的天线，确定是否已达到设计的要求。

1.5 偶极子天线的基本理论

现代 RFID 系统的超高频天线经常采用偶极子天线结构，也可以在其基础上作各类变换，作为基础需要首先掌握其基本结构特征。偶极子天线由两根同样粗细、长短的直导线臂构成，在两臂的末端连接馈电，如图1-5所示。

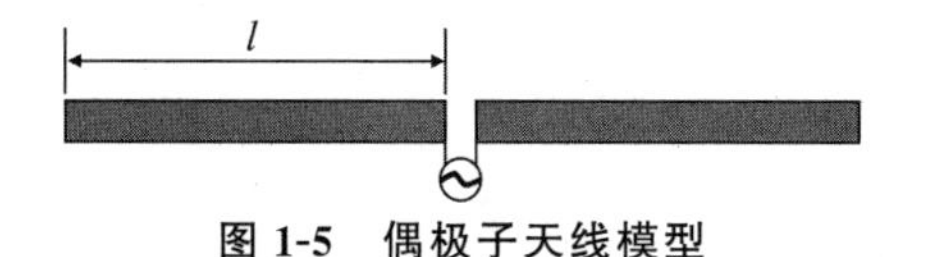

图 1-5 偶极子天线模型

1.5.1 偶极子天线的电流分布

通常可以将偶极子天线看作传输线的一个变形(如图 1-6 所示)，它的电流分布亦可以从传输线方程来推导。传输线及其集总参数等效模型如图 1-7 和 1-8 所示，依据基尔霍夫定律(Krichhoff's Law)有

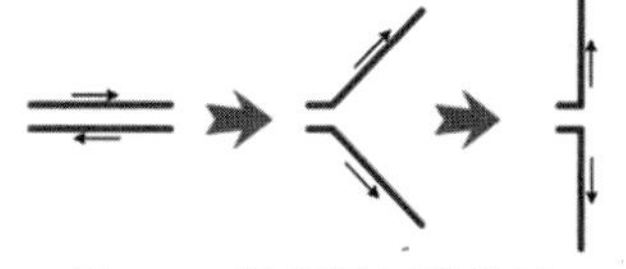

图 1-6 偶极子天线模型

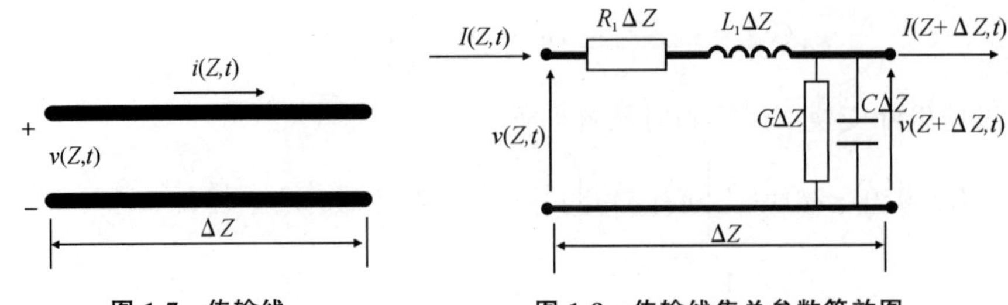

图 1-7 传输线　　　　图 1-8 传输线集总参数等效图

$$v(Z+\Delta Z,t)-v(Z,t)=-(R+\mathrm{j}\omega L)\Delta Z i(Z,t)$$
$$i(Z+\Delta Z,t)-i(Z,t)=-(G+\mathrm{j}\omega C)\Delta Z v(Z+\Delta Z,t) \tag{1-33}$$

将上式作变换可得

$$\frac{\mathrm{d}v(Z,t)}{\mathrm{d}Z}=-(R+\mathrm{j}\omega L)i(Z,t)$$

$$\frac{\mathrm{d}i(Z,t)}{\mathrm{d}Z}=-(G+\mathrm{j}\omega C)v(Z,t) \tag{1-34}$$

通过联立式求解可得

$$\frac{\mathrm{d}^2 v(Z,t)}{\mathrm{d}Z^2}=(R+\mathrm{j}\omega L)(G+\mathrm{j}\omega C)v(Z,t) \tag{1-35}$$

$$\frac{\mathrm{d}^2 i(Z,t)}{\mathrm{d}Z^2}-\gamma^2 i(Z,t)=0 \tag{1-36}$$

其中,

$$\gamma=\sqrt{(R+\mathrm{j}\omega L)(G+\mathrm{j}\omega C)} \tag{1-37}$$

传输线上的电压为入射和反射的电压叠加,可表示为

$$v(Z,t)=v_+(Z,t)+v_-(Z,t)=A_1\mathrm{e}^{\mathrm{j}\omega t-\gamma Z}+A_2\mathrm{e}^{\mathrm{j}\omega t+\gamma Z} \tag{1-38}$$

由电压可求得电流为

$$i(Z,t)=\frac{1}{Z_0}(A_1\mathrm{e}^{\mathrm{j}\omega t-\gamma Z}-A_2\mathrm{e}^{\mathrm{j}\omega t+\gamma Z}) \tag{1-39}$$

其特性阻抗为

$$Z_0=\sqrt{\frac{R+\mathrm{j}\omega L}{G+\mathrm{j}\omega C}} \tag{1-40}$$

$\gamma=\alpha+\mathrm{j}\beta$ 为传输常数,其中 α 为衰减常数,$\beta=\dfrac{2\pi}{\lambda}$为相位常数,分别定义如下

$$\alpha = \left[\frac{1}{2} \left(\sqrt{(R^2 + \omega^2 L^2)(G^2 + \omega^2 C^2)} + (RG - \omega^2 LC) \right) \right]^{\frac{1}{2}} \quad (1\text{-}41)$$

$$\beta = \left[\frac{1}{2} \left(\sqrt{(R^2 + \omega^2 L^2)(G^2 + \omega^2 C^2)} - (RG - \omega^2 LC) \right) \right] \quad (1\text{-}42)$$

具体对于偶极子天线而言，考虑较为理想的无耗线情况，即 $\alpha = 0$ 。又考虑到天线等效为开路传输线，整个等效电路的负载等效为无穷大，则反射系数为

$$\Gamma = \frac{Z_L - Z_0}{Z_L + Z_0} = \frac{\infty - Z_0}{\infty + Z_0} \approx 1 \quad (1\text{-}43)$$

所以 $v_- = v_+$，考虑天线在时谐场的分布，则式(1-39)可改写为

$$i(Z,t) = \mathrm{Re}\left\{ \frac{1}{Z_0} (A_1 \mathrm{e}^{\mathrm{j}\omega t - \mathrm{j}\beta Z} - A_1 \mathrm{e}^{\mathrm{j}\omega t + \mathrm{j}\beta Z}) \right\} = \frac{2}{Z_0} A_1 \sin(\omega t) \sin(\beta Z) \quad (1\text{-}44)$$

不考虑含时间 t 的因子，以及考虑天线驻波在 $Z = \frac{\lambda}{4} + \frac{n\lambda}{2}$ 处取得最大值，不妨设最大值为 I_0，则上式可进一步简化为

$$i(Z) = I_0 \sin(BZ)$$

根据坐标轴的调整，可将上式更直观形象地表示为

$$I(Z) = \begin{cases} I_0 \sin[\beta(l - Z)], 0 \leqslant Z \leqslant l \\ I_0 \sin[\beta(l + Z)], -l \leqslant Z < 0 \end{cases} \quad (1\text{-}45)$$

偶极子电流分布即如式(1-45)所示。实际上，偶极子天线的分布参数可等效为如图 1-9 和 1-10 所示的模型。

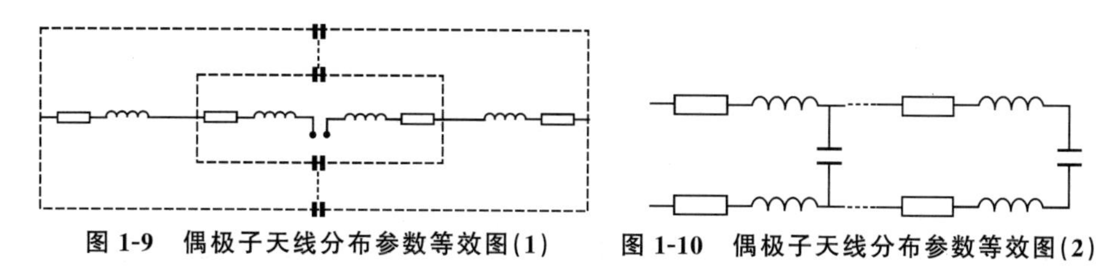

图 1-9　偶极子天线分布参数等效图(1)　　**图 1-10　偶极子天线分布参数等效图(2)**

需要注意的是，在沿偶极子天线两臂的方向上，每个微元单元的等效参数的分布是基本均匀的，而在沿垂直于天线臂的方向上，由于相对应每对微元单元之间的距离并不相等，因而沿该方向分布的电容参数是不均匀的。

1.5.2　偶极子天线的辐射场

推导出偶极子电流的分布后，可以推导出偶极子天线的辐射场的分布

情况。由 Maxwell 方程组可以得出

$$\nabla^2 E + \omega^2 \mu\varepsilon E = \mathrm{j}\omega\varepsilon E + \nabla\left(\frac{\rho}{\varepsilon}\right) \tag{1-46}$$

对于一个立体小单元源点而言,距离源点 r 处的场强依据式(1-46),求解得到

$$E(r) = -\mathrm{j}\omega\mu\int_V J(r')\,\frac{\mathrm{e}^{-\mathrm{j}\beta|r-r'|}}{4\pi\,|\,r-r'\,|}\mathrm{d}v' + \frac{1}{\mathrm{j}\omega\varepsilon}\,\nabla\left[\nabla\cdot\int_V J(r')\,\frac{\mathrm{e}^{-\mathrm{j}\beta|r-r'|}}{4\pi\,|\,r-r'\,|}\mathrm{d}v'\right] \tag{1-47}$$

如图 1-11 所示,$J(r')$为电流密度,r 为参考原点到观察方向的矢量方向,r'为源点到观察方向的矢量方向。对于天线而言,式(1-47)是天线原理的一个简单而又复杂的概括。所谓的天线设计就是研究采用合适的结构去控制电流密度 $J(r')$的分布,从而获得良好的辐射电场分布。

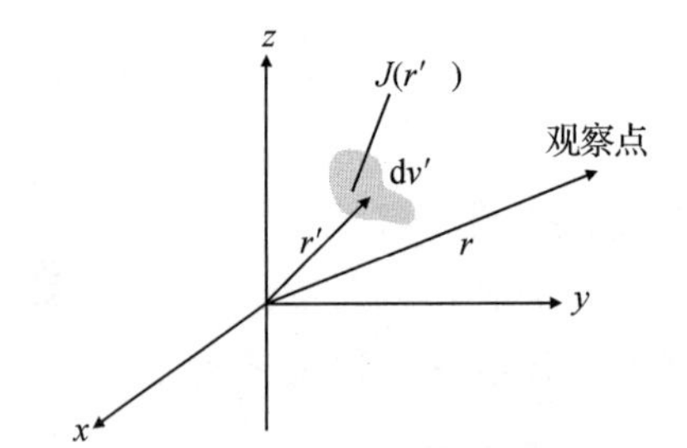

图 1-11　偶极子天线辐射电场推导模型

对于偶极子天线而言,考虑远场的辐射分布情况,将式(1-45)中的电流分布代入式(1-47),可得

$$E(r) = \left(-\mathrm{j}\omega\mu + \frac{\nabla\nabla\cdot}{\mathrm{j}\omega\varepsilon}\right)\int_{-l}^{l}\hat{Z}I(Z)\,\frac{\mathrm{e}^{-\mathrm{j}\beta r+\mathrm{j}\beta Z\cos\theta}}{4\pi r}p\,\mathrm{d}Z \tag{1-48}$$

$$E(\theta) = \mathrm{j}\eta\,\frac{I_0\mathrm{e}^{-\mathrm{j}\beta r}}{2\pi r}\left[\frac{\cos(\beta l\cos\theta) - \cos(\beta l)}{\sin\theta}\right] \tag{1-49}$$

式中,$\eta=\sqrt{\dfrac{\mu_0}{\varepsilon_0}}$为自由空间的特性阻抗。舍弃相位因子而仅考虑模值,通过变换形式可得

$$|\,E(\theta)\,| = \left|\mathrm{j}\eta\,\frac{I_0\mathrm{e}^{-\mathrm{j}\beta r}}{2\pi r}\left[\frac{\cos(\beta l\cos\theta) - \cos(\beta l)}{\sin\theta}\right]\right|$$

$$\frac{\eta I_0}{2\pi r}\left|\frac{\cos(\beta l\cos\theta) - \cos(\beta l)}{\sin\theta}\right| \tag{1-50}$$

令方向函数

$$f(\theta)=\frac{\cos(\beta l\cos\theta)-\cos(\beta l)}{\sin\theta} \tag{1-51}$$

归一化场强方向函数为

$$F(\theta)=\frac{f(\theta)}{f_{\mathrm{M}}}=\frac{\cos(\beta l\cos\theta)-\cos(\beta l)}{\sin\theta f_{\mathrm{M}}} \tag{1-52}$$

其中，f_{M} 是 $f(\theta)$的最大值，即最强辐射方向上的函数值。

辐射功率方向函数为

$$p(\theta)=\left|\frac{\cos(\beta l\cos\theta)-\cos(\beta l)}{\sin\theta f_{\mathrm{M}}}\right|^{2} \tag{1-53}$$

则磁场的辐射公式为

$$H_{\Phi}=\frac{E_{\theta}}{\eta}=\frac{\mathrm{j}I_{0}\mathrm{e}^{-\mathrm{j}\beta r}}{2\pi r}\left[\frac{\cos(\beta l\cos\theta)-\cos(\beta l)}{\sin\theta}\right] \tag{1-54}$$

平均功率密度为

$$S_{\mathrm{av}}=\frac{1}{2}\mathrm{Re}(E\times H^{*})=\hat{r}\ \frac{\eta I_{0}^{2}}{8\pi^{2}r^{2}}\left[\frac{\cos(\beta l\cos\theta)-\cos(\beta l)}{\sin\theta}\right] \tag{1-55}$$

特别地，具体针对所探讨的半波长偶极子天线，即 $2l=0.5\lambda$，方向函数最大值为 $f_{\mathrm{M}}=1$，将其代入归一化公式(1-52)，可得

$$F(\theta)=\frac{\cos\left(\frac{\pi}{2}\cos\theta\right)}{\sin\theta} \tag{1-56}$$

对应的半功率波瓣宽度为 $2\theta_{0.5E}\approx78^{\circ}$。

1.5.3 偶极子天线的辐射功率和辐射阻抗

式(1-55)给出了天线辐射的平均功率密度，而辐射强度与平均功率密度的关系为

$$U=r^{2}S_{\mathrm{av}}=\frac{\eta I_{0}^{2}}{8\pi^{2}}\left[\frac{\cos(\beta l\cos\theta)-\cos(\beta l)}{\sin\theta}\right] \tag{1-57}$$

辐射功率为

$$P_{\mathrm{r}}=\int_{0}^{2\pi}\int_{0}^{\pi}U\sin\theta\,\mathrm{d}\theta\,\mathrm{d}\Phi$$

联立式(1-57)，可得

$$\begin{aligned}P_{\mathrm{r}}&=\frac{\eta I_{0}^{2}}{4\pi}\int_{0}^{\pi}\left[\frac{\cos(\beta l\cos\theta)-\cos(\beta l)}{\sin\theta}\right]\sin\theta\,\mathrm{d}\theta\\&=\frac{\eta I_{0}^{2}}{4\pi}\left\{C+In(2\beta l)-C_{i}(2\beta l)+\frac{1}{2}\sin(2\beta l)[S_{i}(4\beta l)-2S_{i}(2\beta l)]+\right.\end{aligned}$$

$$\frac{1}{2}\cos(2\beta l)\left[C+In(\beta l)+C_i(4\beta l)-2C_i(2\beta l)\right]\Big\} \tag{1-58}$$

其中,欧拉常数 $C=0.5772$,正弦积分和余弦积分分别为

$$\begin{cases} S_i=\int_0^x \frac{\sin t}{t}\mathrm{d}t \\ C_i=-\int_0^\infty \frac{\cos t}{t}\mathrm{d}t \end{cases}$$

归算于偶极子天线电流有效值的辐射电阻为

$$\begin{aligned} R_r &= \frac{2P_r}{I_0^2} \\ &= \frac{\eta I_0^2}{2\pi}\Big\{C+In(2\beta l)-C_i(2\beta l)+\frac{1}{2}\sin(2\beta l)\left[S_i(4\beta l)-\right. \\ &\quad \left.2S_i(2\beta l)\right]\frac{1}{2}\cos(2\beta l)\left[C+In(\beta l)+C_i(4\beta l)-2C_i(2\beta l)\right]\Big\} \end{aligned} \tag{1-59}$$

半波偶极子天线的辐射阻抗是 73 Ω,全波偶极子天线的辐射阻抗为 199 Ω。偶极子天线的辐射阻抗随天线本身长度所等效的电长度的变化如图 1-12 所示。

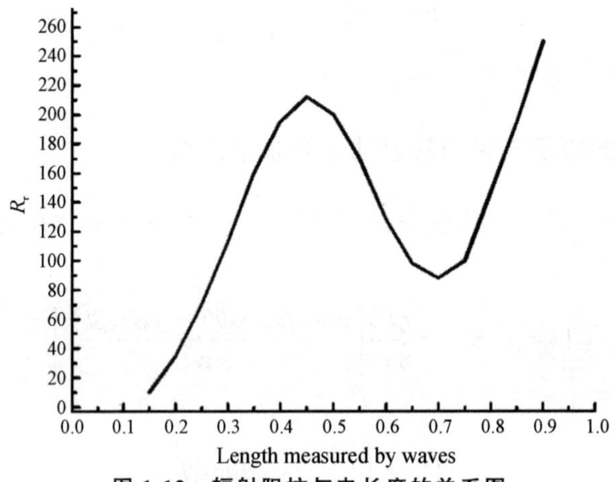

图 1-12　辐射阻抗与电长度的关系图

1.5.4　偶极子天线的有效长度

实际上,偶极子天线上各点电流的分布并不均匀,它所辐射的场是由天线各基本辐射单元所辐射的场叠加合成的。为更加直观、方便地描述线

天线的辐射能力，常采用假设另外一电流均匀分布的天线来等效实际天线，等效天线的长度即为有效长度，如图 1-13 所示。

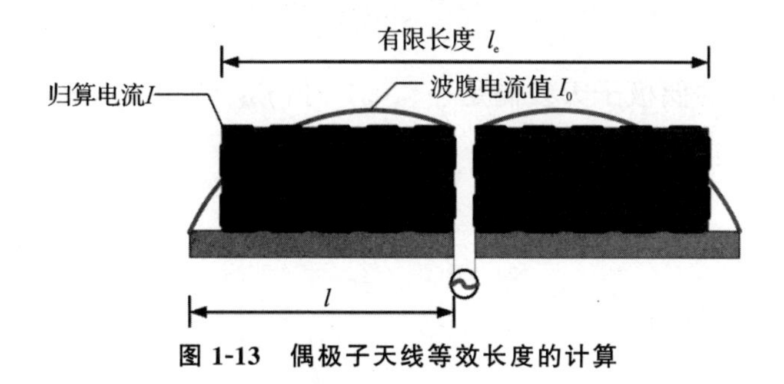

图 1-13　偶极子天线等效长度的计算

由公式(1-50)可知，实际天线的辐射场为

$$E(\theta,\varphi)=\frac{\eta I_0}{2\pi r}f(\theta,\varphi) \tag{1-60}$$

等效天线在均匀分布的情况下其辐射场为

$$E(\theta,\varphi)=\frac{\eta\beta I l_e(\theta,\varphi)}{4\pi r} \tag{1-61}$$

联立式(1-60)和式(1-61)则有

$$l_e(\theta,\varphi)=\frac{2}{\beta}\ \frac{I_0}{I}f(\theta,\varphi)=\frac{2}{\beta}\ \frac{I_0}{I}f_M F(\theta,\varphi) \tag{1-62}$$

考虑天线在最大辐射方向上的有效长度，即 $F(\theta,\varphi)=1$，整理式(1-62)可得

$$l_e(\theta,\varphi)=l_e F(\theta,\varphi) \tag{1-63}$$

其中，

$$l_e=\frac{2}{\beta}\ \frac{I_0}{I}f_M \tag{1-64}$$

等效天线上的电流 I 称为归算电流，从式(1-64)可以看出，有效长度与归算电流有关，现讨论如下：

(1)若天线上电流的分布按正弦函数形式分布，归算于波腹电流 $I=I_0$ 的有效长度时，代入式(1-64)则有

$$l_{eM}=\frac{2}{\beta}f_M \tag{1-65}$$

(2)按天线实际电流不同于正弦而又接近于正弦分布，归算于天线输入电流 $I=I_0\sin\beta l$ 的有效长度时，代入式(1-64)则有

$$l_e=\frac{2}{\beta}\ \frac{1}{\sin(\beta l)}f_M \tag{1-66}$$

联立式(1-65)和(1-66)则有

$$I_{e}=\frac{I_{eM}}{\sin(\beta l)} \tag{1-67}$$

当所研究的偶极子天线满足$\frac{l}{\lambda}<0.7$时，$f_{M}=1-\cos(\beta l)$，代入式(1-65)则有

$$I_{eM}=\frac{2}{\beta}[1-\cos(\beta l)] \tag{1-68}$$

代入式(1-67)，则有

$$I_{e}=\frac{2}{\beta}\tan\frac{\beta l}{2} \tag{1-69}$$

当所研究的偶极子天线为半波偶极子天线时，即$\frac{l}{\lambda}=\frac{1}{4}$，则其有效长度为$I_{eM}=I_{e}=\frac{\lambda}{\pi}\approx0.318\lambda$，即半波偶极子天线的有效长度大概为波长的1/3。当$l\ll\lambda$时，$I_{e}\approx l$，即较短偶极子输入电流的有效长度为偶极子总长的一半。

按照式(1-66)，可以得出偶极子天线的方向系数随电长度($\frac{l}{\lambda}$)的变化如图1-14所示。

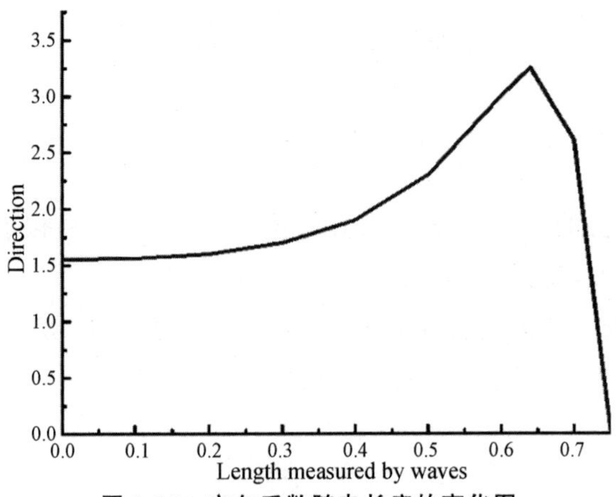

图1-14　方向系数随电长度的变化图

天线的增益和方向性系数的关系分别为$G=D\eta$，其中$\eta=\frac{P_{r}}{P_{in}}$为天线的效率，即从工程角度考虑的最大辐射方向的增益为

$$G=\frac{4\pi}{\int_0^{2\pi}\int_0^{\pi}F^2(\theta,\varphi)\sin\theta\,\mathrm{d}\theta\,\mathrm{d}\varphi}\eta \tag{1-70}$$

其中

$$\eta=\frac{P_{\mathrm{out}}}{P_{\mathrm{in}}}$$

显然,在天线无损耗即输入功率等于输出功率的情况下,天线的增益等于方向性系数。

1.5.5 偶极子天线的带宽

天线带宽是天线的某些性能参数符合要求的频率范围,带宽取决于天线的频率特性和对天线性能所提出的要求。带宽的概念并不是很固定的,随情况而变化,随要求而改变。偶极子天线主要有以下几种电参数带宽:

(1)方向图带宽

这种带宽都是根据$\frac{l}{\lambda}\ll 0.7$的比值范围来确定的。如要求偶极子天线的最大辐射方向保持在与偶极子天线的轴线成90°角的方向上,则工程上就必须要求偶极子天线满足$\frac{l}{\lambda}<0.7$,即$\frac{10l}{7}<\lambda$,所以在此情况下偶极子天线的相应带宽为$(1.43l,\infty)$。

(2)方向性系数带宽

方向性系数的带宽是以方向性系数下降到最大值的一半来定义的。如图1-14以及公式(1-66)所示,方向系数为最大值时,$\frac{l}{\lambda}\approx 0.635$。当$D$下降到最大值一半时,$\frac{l}{\lambda}$分别为0.26和0.73,故满足此要求的带宽为$\lambda=(1.37l,3.85l)$。

(3)输入阻抗带宽

输入阻抗的带宽定义为随着频率而变化的阻抗下降到最大值的$\frac{\sqrt{2}}{2}$时所对应的频率空间,即为带宽范围。不妨设天线输入电压为U,则天线电流为$\frac{U}{|R(f)+\mathrm{j}X(f)|}$。考虑到谐振时半波偶极子天线阻抗为73.1 Ω,电流最大值应为$\frac{U}{73.1}$。按照带宽的定义,则有

$$\frac{U}{|R(f)+\mathrm{j}X(f)|}=\frac{\sqrt{2}}{2}\frac{U}{73.1}$$

得出 $X(f)=\pm 73.1$。

又因为偶极子天线通常工作于 $0<\frac{l}{\lambda}<0.35$ 和 $0.65<\frac{l}{\lambda}<0.85$，而在此范围内，其输入阻抗虚部近似为 $X(f)=W_A\cot(\beta l)$，则有 $W_A\cot(\beta l)=73.1$，其中 W_A 为偶极子天线的特性阻抗。

由此解得 $f=\frac{c}{2\pi l}\arctan\left(\pm\frac{W_A}{73.1}\right)$，故对应的带宽为 $\frac{2\Delta f}{f_0}=2\left[1-\frac{2}{\pi}\arctan\left(\frac{W_A}{73.1}\right)\right]$。

1.5.6 不同长度的偶极子天线的性能总结

基于以上所述偶极子天线的性能参数，对不同电长度，即不同 $\frac{l}{\lambda}$ 比值，各不同波数的偶极子天线的性能大致对比如表 1-1 所示。

表 1-1 不同长度的偶极子天线的性能对比

电长度 $\left(\frac{2l}{\lambda}\right)$	电流分布	辐射方向图	方向性系数/dB	波瓣宽度	辐射阻抗/Ω
$\frac{\lambda}{10}$			1.5 或 1.76	90	0.2
$\frac{\lambda}{2}$		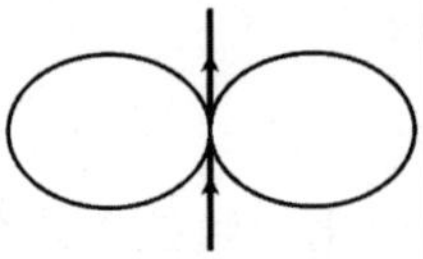	1.64 或 2.15	78	73
λ		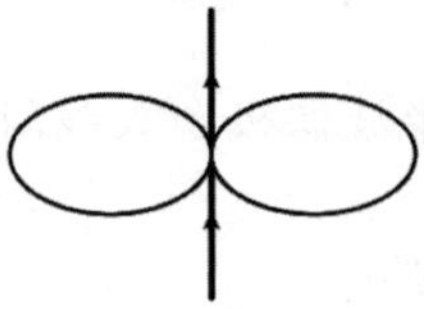	2.4 或 3.8	47	199

续表

电长度($\frac{2l}{\lambda}$)	电流分布	辐射方向图	方向性系数/dB	波瓣宽度	辐射阻抗/Ω
$\frac{3\lambda}{2}$			2.3 或 3.6	—	100

从表中对各不同波长的偶极子的性能对比可以看出，无论$\frac{l}{\lambda}$的值取多少，辐射方向图在沿偶极子天线轴向始终为零，说明所有沿轴向的在轴向没有辐射。当偶极子天线小于一个波长时，在沿垂直于偶极子轴向即 90°方向上，偶极子天线的辐射最强，并且在$\frac{l}{\lambda}<0.5$这个范围内，随着$\frac{l}{\lambda}$的增大，方向图逐渐变窄，其辐射方向更加集中。这是因为在$\frac{l}{\lambda}<0.5$这个范围内，偶极子两臂的电流流向相同，在此前提下，随着长度的增加，基本电振子的个数也随之增加，造成 90°方向辐射叠加逐渐加强。同理可解释当$\frac{l}{\lambda}>0.5$时，偶极子天线两臂开始出现了反向电流，基本电振子在叠加的同时由于反向电流的出现而导致了辐射的不同向，乃至造成削弱，于是在$\frac{l}{\lambda}=\frac{3}{2}$的时候，方向图在 90°方向继续变窄的同时，也出现了副瓣。

总而言之，偶极子天线的辐射方向和强度是由其基本电振子场的相互作用而形成的，而各电振子的分场又是由其电流分布来决定的，偶极子天线的方向图的决定因素是各分场的强度大小以及与方向有关的波程差所引起的相位差。

半波偶极子天线一直是偶极子天线中最受青睐的天线，其原因大概有以下几个：

(1)其方向性系数 2.15 dB 在工程上是一个非常合理的值——比全波偶极子小，比短偶极子天线要大。也是正由于它的半波长度处于偶极子天线中间的位置，因而它的各项天线参数性能都相对地合理，比如其具备的全向性,而不像$\frac{l}{\lambda}>0.5$的偶极子天线辐射方向图越来越窄。

(2)它的阻抗对天线两臂的半径的变化并不是很敏感,它的阻抗为73 Ω,与标准的传输线的特性阻抗75 Ω或者是50 Ω都相对于其他偶极子天线匹配得比较理想,因而它在工程上得到最多的应用。

半波偶极子天线上电流或场的确定是设计天线的最核心任务,最严格的方法是在数学上通过边值问题求解积分方程,但在实际应用中,经典的电磁场计算方法难以处理具有复杂边界的工程问题。随着计算机技术的发展,产生了许多应用于电磁场领域的电磁场数值分析方法如矩量法、有限元法、边界元法,以及时域有限差分法。在以上四种方法中,天线的仿真分析计算大多是基于有限元法(Finite Element Method,FEM)和矩量法(Method of Moment,MoM)。下面重点介绍两者之间的异同,最后重点介绍天线仿真所基于的有限元法。

1.6 微带天线小型化的主流技术

1.6.1 加载技术

加载技术是天线工程中常用的小型化与宽带化方法,即通过在天线的适当位置加载电阻、电抗或导体来改善天线中的电流分布,从而达到改变天线的谐振频率,或者在同样的工作频率下降低天线的高度以及改变天线的辐射方向图等目的。科研工作者已经做过许多关于加载天线的研究,如Altshuler等根据传输线理论,将偶极子天线近似看作开路传输线,在距离开路末端1/4波长处串联一个等于开路线特性阻抗的电阻,可以在天线上得到行波电流,从而使偶极子天线在较宽的频带内匹配良好。由于天线要求加载点到末端的距离为1/4波长,若该条件不满足,加载电阻的作用就会被削弱甚至不起作用,这样很难在HF、V/UHF频段继续减小天线的尺寸。1996年,BOag和Mittra等人又提出用RLC并联电路对单极子天线实行分段加载,同时借助遗传算法(Genetic Algorithms,GA)和计算机模拟全局搜索最佳加载位置和加载元件值,成功设计了30～450 MHz单鞭和双鞭加载天线。孙保华博士综合上述方法,结合加载快速处理技术以及GA与SA(Simulated Annealing,模拟退火)相结合的优化设计方法设计制作了单鞭天线，进一步优化了天线的性能指标。虽然R、L、C及其组合加载可以减小天线尺寸，展宽天线带宽，但是有耗元件的引入必将降低天线的辐射效率。阻抗加载天线是通过牺牲增益来获得宽频带特性的，因此带宽和增益之间是一对矛盾，尤其是当频率较高、天线电长度较小时，这种矛盾表现得更突出。

在实际的通信中，往往要求天线既有好的带宽又有可以接受的增益。因此，设计时必须在带宽和增益之间做一个适当的选择，更多的是将加载技术和分形技术、折合单极子、宽带匹配网络、遗传算法组合应用，这样可以有效快速地设计出较为理想的天线。这种组合技术的使用在国内外均得到了较快的发展。2006年，我国电子科技大学的阮成礼提出了一种小型化宽带加载单极子天线，对有顶部加载的单极子天线进行准分形和RLC集总加载[如图1-15(a)]所示；2007年，西安电子科技大学的李绪平等人又提出在矩形平面单极子天线上端采用弯折线来增加天线的电长度，并在适当的位置进行加载[如图1-15(b)所示]，实现了天线宽带化、小型化的要求；2009年，厦门大学林斌等人设计了一款双频加载对称偶极子天线[如图1-15(c)]，实现了双频工作且具有较小的尺寸。因此，将其他技术与加载融合到天线设计中是非常必要的，有待进一步的研究。

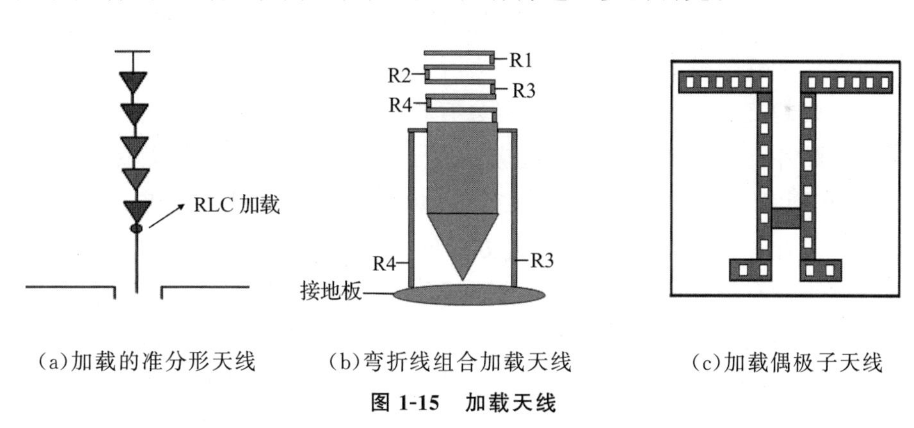

(a)加载的准分形天线　　(b)弯折线组合加载天线　　(c)加载偶极子天线

图1-15　加载天线

1.6.2　曲流技术

“曲流”顾名思义就是延长电流的有效路径，主要包括贴片曲流和接地板曲流。贴片曲流技术指的是弯曲贴片表面激励电流路径的天线小型化技术，通过开槽、开缝等方法可使常规贴片天线表面电流路径弯曲，这样就增加了天线贴片的有效长度，从而使谐振频率降低。图1-16是矩形贴片天线的曲流方法,图 1-16(a)是在矩形贴片的非辐射边插入一些细缝,由图可以看出,天线表面电流被有效地弯曲,从而使固定尺寸的矩形贴片上的电流路径的有效长度增加,天线的谐振频率会有显著的下降。对于固定的频率,天线的尺寸可以有效地得到缩减。图 1-16(b)是另一种矩形贴片曲流的方法,从矩形贴片的两条非辐射边上切去一对三角形的槽,贴片中激励电流的路径同样得到了有效的延长,这类似一种蝶形微带天线,在固定

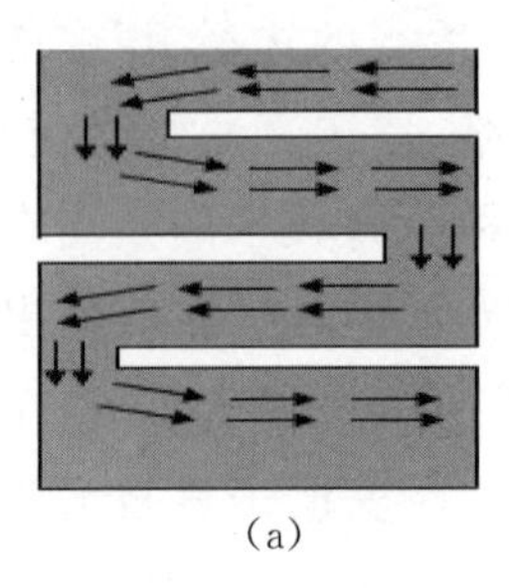

(a)

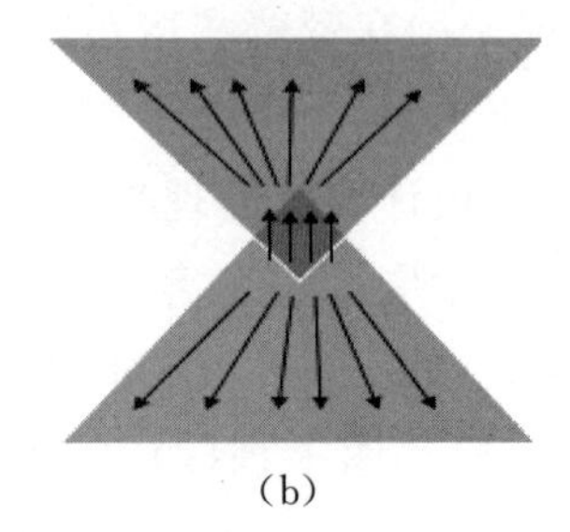

(b)

图 1-16　矩形贴片的曲流

的谐振频率下,天线的尺寸比通常的矩形微带天线有所缩减。

接地板曲流技术指的是通过在接地板上开槽实现电流路径改变的小型化天线技术,在接地板上开槽可以达到与贴片上开槽同样的曲流效果。保持天线贴片的形状不变,在接地板上开槽,可以引导贴片中的电流弯曲,从而增加电流路径的有效长度,降低谐振频率。同时,由于地板开槽造成了微带线 Q 值的降低,天线的带宽会有相应的增加。

在贴片上开有特殊形状的缝隙已成了曲流技术的主流手段,常见的有 H 形、E 形、I 形、T 形、F 形等。另外缝隙曲流也是实现天线多频段的一种有效手段,国内外有着诸多关于此方面的研究。因此设计新颖结构的缝隙进行曲流具有重要的意义,既缩减天线尺寸,又能有效实现多频。但是在开槽开缝的过程中,要保证槽的宽度适当,否则会影响到天线的辐射场。因为天线表面开槽会激发额外的电流分布,这样就大大增加了天线的交叉极化,天线的辐射效率变低,增益下降。此外,曲流技术加大了寻找合理馈电点位置的难度,增加了天线设计过程中的复杂度。

1.6.3　提高介电常数

高介电常数材料在微波天线上的使用成了许多科研工作者的研究热点,因为介电常数的提高能够很有效地减小天线尺寸。通常的微带天线是一个半波辐射结构,基本的工作模式是 TM_{01} 或者 TM_{10}。对于采用薄基板

的矩形微带天线，其谐振频率可由下式近似得出

$$f = \frac{c}{2l\sqrt{\varepsilon_r}} \tag{1-71}$$

式中，c 是真空中的光速，l 是矩形贴片的长度，ε_r 是基板材料的相对介电常数。由式 1-71 可以看出，天线谐振频率 f 与 $\frac{1}{\sqrt{\varepsilon_r}}$ 成正比，因此对于一个固定的工作频率，采用高介电常数基板可以有效降低天线的尺寸。不过高介电常数材料往往会带来一系列的负面影响，一般会造成天线带宽窄且激励出较强的表面波，导致天线的增益变差，同时高介电常数必将导致制作成本的提高，所以高介电常数材料的使用具有一定的局限性。

1.6.4 采用电磁带隙结构

电磁带隙(electromagnetic bandgap，EBG)结构是具有带阻特性的周期结构，最初的概念来源于光学的光子带隙结构(photonic bandgap)，也叫光子晶体（PBG，photonic bandgap crystal）结构，是由美国 UCLA (University of California，加州大学)的 Yabnolovitch 教授在研究如何抑制自发辐射时在 1987 年提出的，它具有类似于半导体能带的光子禁带，频率处于禁带内的光子将无法传播。电磁带隙结构具有带阻、慢波、高阻抗、制作简单、体积小、重量轻、便于集成等优点，被广泛应用于微带天线设计中，由于它的慢波特性，这一结构也经常成为实现天线小型化的手段。

慢波的主要目的是将传播的相速度减慢，而相速度与电感电容的关系如下式

$$v_p = \frac{\omega}{\beta} = \frac{1}{\sqrt{LC}} \tag{1-72}$$

式中，$\beta = \omega\sqrt{LC}$，v_p 为相位速度，L 为电感值，C 为电容值。显然，增加天线的谐振长度路径上的电感和电容可以降低相速度，相速度与波长的关系为

$$v_p = f \cdot \lambda \tag{1-73}$$

式中，f 为谐振频率，λ 为谐振频率的波长。在相同的谐振频率要求下，降低相速度就能降低谐振波长，天线谐振长度为 $\lambda/4$ 或 $\lambda/2$，所以也能降低天线的实际长度。根据对 EBG 结构的研究，在微波电路中的衬底或接地板上刻蚀周期性的阵列，使得微带传输线的分布参数或介电常数周期性地变化，引起分布参数 L 和 C 产生慢波效应，可使原始传输系统的

相对电长度变大，对应于在较小空间内实现天线结构，最终达到天线的小型化。

国内外学者提出的EBG结构多种多样，常见的有方形、圆形、振子形[如图1-17(a)]，后来蘑菇形[如图1-17(b)]、共面波导形[如图1-17(c)]多层EBG结构也相继出现。随着通信设备小型化的发展，对于平面天线的要求将越来越高，EBG结构类的高性能天线必将得到人们更多的关注，并且随着人们对缺陷接地结构认识和理解的深入，将会有更多更新的结构形式出现。

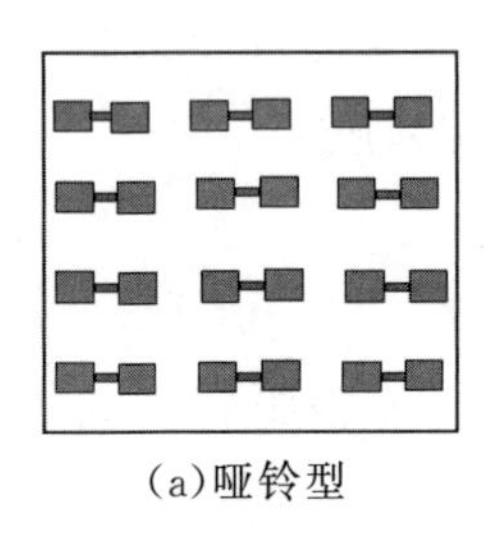
(a)哑铃型

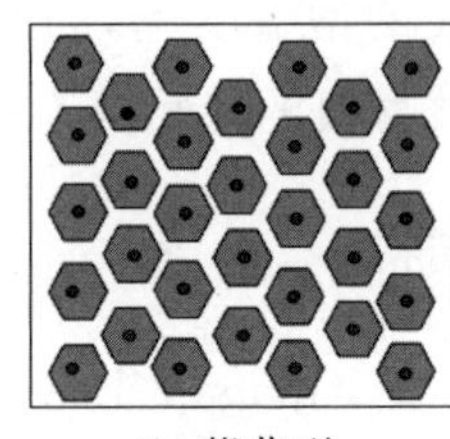
(b)蘑菇型

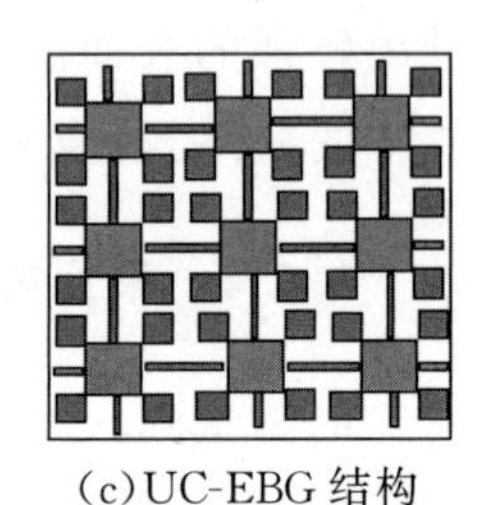
(c)UC-EBG结构

图1-17　典型的EBG结构

1.6.5　分形技术

分形也是一种较为常用的小型化手段，很多实例证明它们在不同程度上可使得天线的尺寸得到缩减。分形天线与其他小型化手段相比具有如下的一些特点：

(1)分形天线仅从改变天线结构入手而一般不引入有耗加载量，所以可以使天线尺寸减小而不影响其他指标，尤其是对增益的影响较小。而许多小型化方法的结果是牺牲了诸如带宽、增益等重要指标换取的。

(2)分形天线本身所具有的规律性结构也使得小型化天线设计得到了一定程度的简化。目前基本上都是将已知的著名分形结构直接应用到天线设计中，但是未来可以充分利用数学领域对分形的研究成果，使得分形结构更加丰富，这也是分形天线的发展日益迅速的原因之一。从某种意义上来说，分形的引入由于实现了专业分工而使得天线设计变得简单起来。

(3)分形天线本身的自加载性能由于不是人为刻意引入的，所以针对性较差，对天线指标的改善并没有确切的影响机理，这一点和其他加载天线不同。在小型化天线的设计中，往往都有具体的应用背景，而天线的指标如增益、带宽、小型化尺寸之间是相互牵制的，因此必须在权衡之中寻求适应天线特性需要的最佳平衡点。

因此，对分形天线的研究具有较高的理论和实用价值，不仅能在实现天线小型化上发挥独特的优势，同时还能够实现天线的多频特性。本书中对分形技术进行了创新的应用，设计了许多新颖的分形结构天线，这将为未来分形天线新结构的出现开辟较为广阔的空间。

1.7 叠层耦合微带天线基础

1.7.1 叠层耦合微带天线概述

微带天线的概念首先是由 Deschamps 于 1953 年提出来的，但当时并未引起重视。一直到 20 世纪 70 年代，由于微波集成技术的发展以及各种低功耗介质材料的出现，微带天线的制作得到了工艺上的保证，而随着空间技术的发展，尤其是应用于高性能的航空器、飞机、卫星和导弹上的天线，天线的尺寸、重量、成本、性能、是否易安装和空气阻力等都受到了限制，科技的发展迫切地需要低剖面的天线。1970 年出现了第一批真正实用的微带天线，这以后关于微带天线的研究有了迅猛的发展，各种新形式和新性能的微带天线不断出现。近些年来，移动通信和无线通信的快速发展对其天线有着相似的需求，而微带天线同样可以满足这些要求，这些都再一次刺激了微带天线的发展。微带天线在有着上述优点的同时，也有一些固有的劣势，如效率低、功率容量小、极化纯度低、寄生的馈电辐射以及带宽非常窄。围绕着这些课题，学者们做了大量的研究，也提供了多种解决或者改善的方案。1979 年，Stuart 等人提出了双频叠层圆形贴片天线，调整上层圆形贴片和下层圆形贴片的半径，实现了双频工作；针对微带天线的带宽较窄的弱点，Sabban 和 Dahele 等人于 1983 年提出一种宽带叠层双层微带天线，该天线下层贴片是馈电单元，上层寄生贴片是辐射单元，中间层为空气，天线的相对带宽高达 15%。本书中的研究实例主要采用叠层结构和其他方法相互结合，从而实现多频兼容、宽带化和小型化的设计，后面会有详细的论述。

1.7.2 叠层耦合微带天线的定义与结构

微带天线是在带有导体介质板的介质基片上贴加导体薄片而形成的

天线，它利用微带线或同轴线等馈线馈电，在导体贴片与接地板之间激励起射频电磁场，并通过贴片四周与接地板之间的缝隙向外辐射。

微带天线的结构和形式有很多，常用的微带天线是基于一个薄的介质基片，一面附上金属薄层作为接地板，另一面用雕刻腐蚀等方法做出一定形状的金属贴片，利用微带线或者同轴探针对贴片馈电，这样就构成了微带天线。而叠层微带天线是在单层微带天线上加一层或者多层介质基板，每层介质上都有一层薄导体贴片。一般情况下，上层贴片是寄生单元，工作在高频段；以下层贴片为地板，下层贴片工作在低频段。常见的双层微带天线的结构如图 1-18 所示，叠层天线的下层贴片馈电方式一般为耦合馈电或同轴馈电。

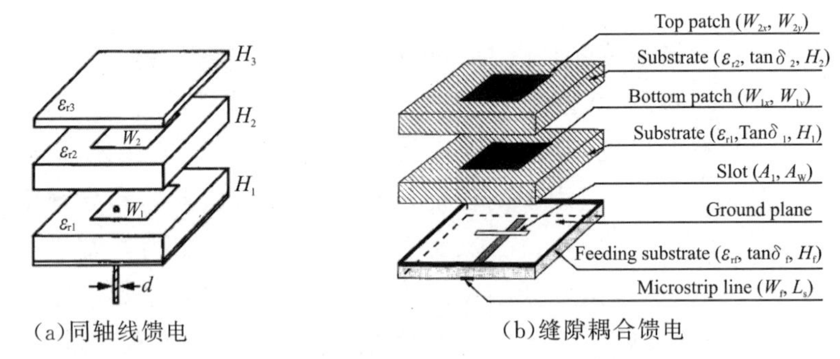

(a)同轴线馈电　　(b)缝隙耦合馈电

图 1-18　叠层耦合微带天线结构示意图

1.7.3　天线基板的选择

介质基板的选择是设计制作微带天线的第一步，因为基板材料的特性会对微带天线的性能产生显著影响。尤其在进行微带天线设计时，基板的厚度 h、介电常数 ε_r、损耗角正切 $\tan\delta$ 是应该首要考虑的三个重要因素。

先来讨论基板厚度 h。通过采用厚基板，即增加 h，来增大微带贴片天线四周缝隙的宽度，从而增加从谐振腔中辐射出的能量的方法来实现微带天线宽频带设计。但同时随着 h 的增加，会激励起更多的表面波，从而改变了天线的方向特性；且随着 h 的增加，天线的损耗也会变大，使得辐射效率降低。故基板厚度需要在带宽、增益、辐射效率等多种因素综合考虑下合理地进行选择。对于介电常数 ε_r，选择 ε_r 小的基板可以减小谐振腔中储存的电场能量，从而通过降低天线的 Q 值来展宽带宽。不过，在实际应用中介电常数 ε_r 最小值为 1，即采用空气介质。同时，伴随着 ε_r 的减小，微带天线贴片的面积也会不断地增加，不利于小型化设计。关于基板损耗大小的选择，在微带天线基板中一般用损耗角正切 $\tan\delta$ 来反映介质板的损耗大小。通常介质基板的 $\tan\delta$ 的值越小，基板损耗越小，这有利于改善天线的增益和辐射效率。

另外，还需考虑基板材料的结构硬度、抗拉强度、材料的韧性、可切削性、均匀性、各向同性性能、热系数和温度范围，包括介质材料和金属材料热系数的一致性，基板厚度及在加工中的稳定性，温度、湿度的影响和老化性能。目前比较主流的微带天线介质基板主要包括聚四氟乙烯材料、陶瓷、半导体材料、磁性材料以及一些新型的复合材料等。

综上所述，本书中均采用高性能介质板作为微带天线的基板。

1.7.4 叠层耦合微带天线馈电方法

对微带天线进行馈电的方法有很多，其中最为流行的四种馈电方法是微带线馈电、同轴线馈电、缝隙耦合馈电与临近耦合馈电。馈电方式和馈电位置的不同会对原先贴片带来不同的影响，选择合理的馈电方式应该遵循的原则是：①容易对微带天线进行阻抗匹配；②尽量减小对原先贴片辐射场的影响；③工程上容易生产制造。

微带线馈电容易引入额外的干扰和寄生辐射，不适合层间耦合已经较为复杂的叠层微带天线；而临近耦合馈电需要引入额外的一层，对于已经较厚的叠层耦合微带天线并不合适，此处就不再展开介绍。因其易于调谐，同时不会引入寄生干扰的优点，本书中所涉及的叠层耦合微带天线均采用同轴线馈电。对于缝隙耦合馈电，其在多叠层微带天线的应用中具有很大的潜力，通过缝隙形状和大小的调控，有可能对叠层耦合贴片的性能进一步地优化，在此也进行了介绍。

1.7.4.1 同轴线馈电

同轴线馈电是最为常见的馈电方式，又被称为背馈。同轴线馈电是利用从接地板上的小孔伸入谐振空腔内的探针激励贴片天线，探针与同轴的内导体相连，同轴线的外导体与接地板相连，如图 1-19 所示。同轴线馈电的优点：一是馈电点可置于贴片空腔内任意位置，便于天线与馈线的匹配；二是馈线位于接地板的下方，对天线辐射造成影响很小，可以忽略不计。

但这种馈电方式也有缺点，即不便于集成，特别是用于天线阵列和大规模量产时工程量较大，图 1-20 给出了同轴线馈电的等效电路模型。

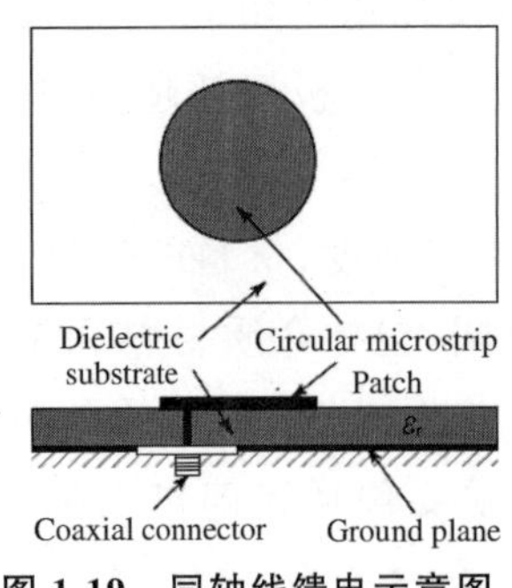

图 1-19　同轴线馈电示意图

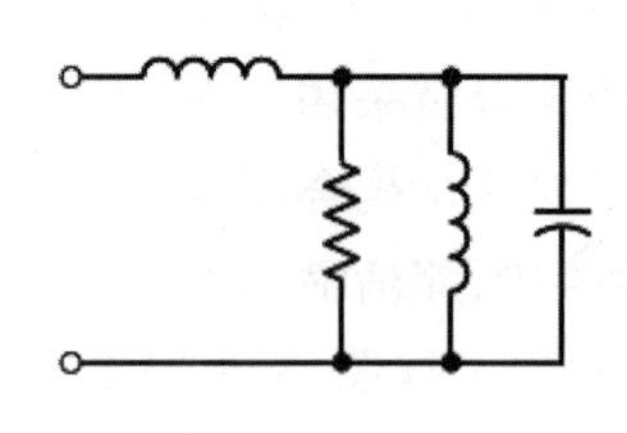
图 1-20　同轴线馈电等效电路模型

1.7.4.2　缝隙耦合馈电

缝隙耦合馈电是一种非接触式的馈电技术。如图 1-21，在介质板的最下层是微带馈线，两层介质板被带有缝隙的接地板隔开，辐射贴片位于介质板的最上层，微带馈线通过缝隙将能量耦合到贴片上。缝隙耦合馈电是四种常用的馈电方式中最为复杂也是最难制造的。

缝隙耦合馈电有很多优点：其一，缝隙耦合馈电可以非常容易地避免寄生辐射；其二，辐射贴片和微带馈线被隔开，馈电网络不会对贴片的辐射性能造成影响，易于进行阻抗匹配；其三，可以同时采用低介电常数的厚基板和高介电常数的薄基板，从而对各自性能进行独立优化和调谐；其四，通过调节缝隙的形状和缝隙，可以对贴片的性能进行优化。图 1-22 给出了缝隙耦合馈电的等效电路模型。

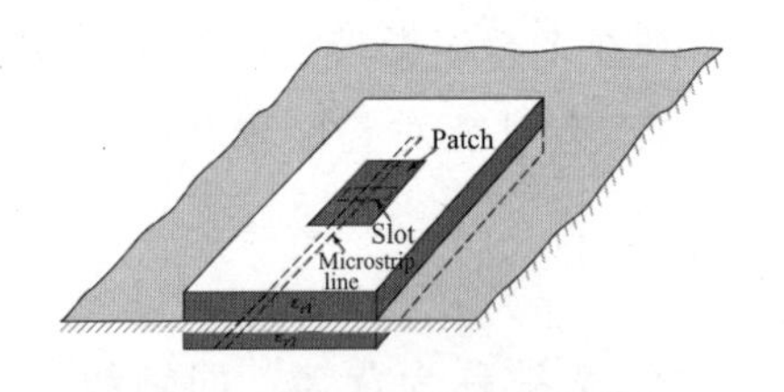

图 1-21　缝隙耦合馈电示意图

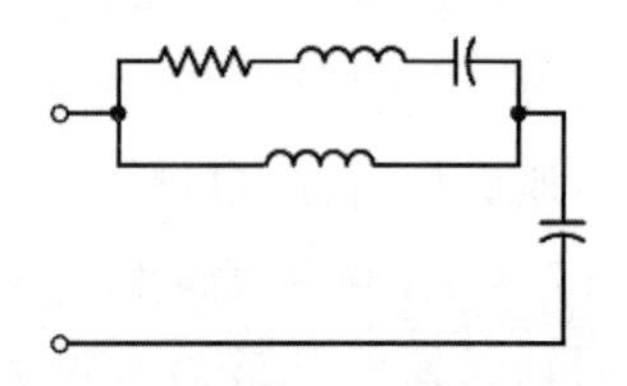
图 1-22　缝隙耦合等效电路模型

1.8　本章小结

本章简单阐述了本专著所涉及的近代天线设计及应用中常见的基本参数、术语及部分基础理论，包括天线的阻抗带宽和输入阻抗、方向图、增益和极化、输入阻抗与辐射效率等，以及天线的基本辐射理论、偶极子天线的基本理论。此外，还初步介绍了微带天线小型化的主流技术，如加载、曲流、分形以及采用高介电常数基材或电磁带隙结构等近代前沿发展。最后，针对叠层耦合微带天线基础这种有望在现代多频多应用兼容中展示优势的手段，简洁描述了其定义与结构，并介绍了介质基板选择和馈电的主要方法。更加专业化的新技术术语及理论，如"分布加载"、"方向图综合"、"陷波"等将在涉及的章节中阐述。

参考文献

[1]Warren L. Stutzman, Gary A. Thiele. Antenna theory and design. New York: John Wiley and Sons. 2012.

[2]S.M. Moon, H.K. Ryu, J.M. Woo, et al. Miniaturisation of λ/4microstrip antenna using perturbation effect and plate loading for low-VHF-band Applications. Electronic letters. 2011, 47(3): 162-164.

[3]M. Hirbonen. Dielectric cap loading technique for improving the antenna element performance. IEEE Antennas and Wireless Propagation Letters. 2011, 10: 431-434.

[4]Andrew R. Weily, Karu P. Esselle, Kara P. Esselle. Linear array of woodpile EBG sectoral horn antennas. IET. Antenna and Propagation. 2010: 1750-1755.

[5]Baiqiang You, Bin Lin, Jianhua Zhou, et al. Dual-frequency folded dipole antenna with PBG structure. Electronics Letters. 2009, 45(12): 594-596.

[6]谢拥军，刘莹. HFSS原理与工程应用. 北京：科学出版社，2009：28-44.

[7]王文祥. 微波工程技术. 北京：国防工业出版社，2009：126-130.

[8]Bin Lin, Jianhua Zhou, Baiqiang You. A novel printed folded dipole antenna used for RFID system. Proceedings of the 3rd International Conference on Communications and Network in China, ChinaCom'08, Aug. 25-27, 2008, Hangzhou, China. 2008:773-777.

[9]Xiong Z.X., Xue H., Qiu H., et al. Microwave dielectric ceramics and devices for wireless technologies. Key Engineering Materials. 2008.

[10]Yi Huang, Kevin Boyle. Antenna from theory to practice. New York: John Wiley and Sons. 2008.

[11]Mikhnev V. A, Vainikainen P. Ultra-wideband tapered-slot antenna with non-uniform resistive loading. International Conference on Antenna Theory and Technology. 2007:281-283.

[12]Yuehe Ge, Karu P. Esselle, Yang Hao. Design of low-profile high-gain EBG resonator antennas using a genetic algorithm. IEEE Transactions on Antennas and Propagation. 2007, 6: 480-483.

[13]A. Ameelia Roseling, K. Malathi, A. K. Shrivasta. Enhanced performance of a patch antenna using spiral-shaped EBG for High-speed Wireless networks. IET. Antenna and Propagation. 2006：2263-2272.

[14]约翰·克劳斯. 天线(第 3 版). 北京：电子工业出版社，2005.

[15]廖承恩.微波技术基础. 西安：西安电子科技大学出版社，2005：45-56.

[16]L. L. Liu, Y. Su, C. L. Huang. Study about radiation characteristics of bow-tie antennas with discrete resisitor-loaded. Microwave Conference Proceedings. Dec.2005.

[17]Zeev Iluz, Reuven Shavit, Reuven Bauer. Microstrip antenna phased array with EBG. IEEE Transactions on Antennas and Propagation. 2004, 52(6)：1446-1453.

[18]Gil-Young Lee, Yonghoon Kim, Jong-Sik Lim, et al. Size reduction of microstrip-fed slot antenna by inductive and capacitive loading. IEEE Transactions on Antennas and Propagation. 2003：312-315.

[19]Shau-Gang Mao, Chih-Mying Chen, Dau-Chyrh Chang. Modeling of slow-wave EBG structure for printed-bowtie antenna array. IEEE Antennas and Wireless Propagation Letters. 2002, 1：124-127.

[20]Yuchun Guo, Xiaowei Shi. Theoretical study of wideband antenna using high efficiency impedance. IEEE Transactions on Antennas and Propagation. 2001：218-222.

[21]John Gianvittorio. Fractal antennas：design, characterization and applications. Master's degree thesis. University of California, Los Angeles. 2000.

[22]金建铭，王建国，葛德彪. 电磁场有限元法. 西安：西安电子科技大学出版社，1998.

[23]Caries Puente-Baliarda. On the behavior of the Sierpinski multiband fractal antenna. IEEE Transactions on Antennas and Propagation. 1998, 46(4)：517-524.

[24]D. Lacey, G. Drossos, Z. Wu, et al. Minaturised HTS microstrip patch antenna with enhanced capacitative loading. Superconducting Microwave Circuits, IEE Colloquium on. 1996：4/1-4/6.

[25]吕善伟. 微波工程基础. 北京：北京航空航天大学出版社，1995.

[26]王朴中，石长生. 天线原理. 北京：清华大学出版社，1993.

[27]F. L. Zeisler, J. R. Brauer. Automotive alternator electromagnetic calculations using three dimensional finite elements. IEEE Trans, Magnetics. 1985, MAG-21：2453-2456.

[28]Kraus, John D. Antennas since Hertz and Marconi. IEEE Transactions on Antennas and Propagation. 1985, AP-33：131-137.

[29]谢处方，邱文杰. 天线原理与设计. 西安：西北电讯工程学院出版社，1985：1-5.

[30]魏文元，宫德明，陈必森. 天线原理. 北京：国防工业出版社，1985：56-58.

[31]N. A. Demerdash, T. W. Nehl, F. A. Fouad. Finite element formulation and

analysis of three dimensional magnetic field problems. IEEE Transactions on Magnetics. 1980, MAG-16: 1092-1094.

[32]H. C. Martin, G. F. Carey. Introduction to finite element analysis: theory and application. New York: McGraw-Hill. 1973.

第二章　对称振子线天线及其变形

本章将通过应用在RFID、移动通信、北斗导航体系等领域中的天线设计实例，来探讨最基本的振子类天线及其改进设计方案。

2.1　带镜像结构的折叠偶极子天线的设计与分析

在RFID系统中，所采用的天线主要分为标签天线和读写器天线两种。不同的应用环境和频率需要具有不同特性参数的天线，而其中标签芯片部分已模块化。标签天线是RFID系统中最易变化的部分，其设计除了需满足小型化、共形化、低损耗和低成本的基本要求外，往往还需要具有较为广谱的环境适应能力，属于系统中主要部件之一。

标签天线设计必须达到一定的要求，如天线足够小以至能够贴在需要的物品上，具有全向或半球覆盖的方向性，能够提供最大可能的信号给标签芯片，具有一定的鲁棒性，天线弯曲一定程度后仍能正常工作，成本也必须低廉。在选择标签天线时，需要考虑的因素包括天线的类型、天线的阻抗、标签天线附着于物品后的射频性能，以及其他物品围绕贴标签物品时天线的射频性能等。

目前标签天线最常见的形式主要有线圈天线、偶极子天线以及微带天线。其中，线圈天线已经有一套成熟的理论和工艺，应用较为广泛，但只适用于1 m左右的近距离RFID系统，在高频率、大信息量以及工作距离和方向不定的场合应用受限；单片微带天线由于其方向图是定向的，所以仅适用于通信方向变化不大的RFID系统；而偶极子天线，其辐射能力强，制造工艺简单，成本低，且能够实现全向性，经常应用于远距离RFID系统中，缺点是尺寸偏大，需要做出各种改进形式。2007年4月发布的《800/900 MHz频段射频识别(RFID)技术应用规定(试行)》标志着我国UHF

频段 RFID 天线研究应用正式起步。针对目前标签天线的小型化问题，本文提出了一种利用折天线臂技术和镜像补偿技术的小型化 RFID 印刷折叠偶极子标签天线，验证其在 900 MHz 频段和 2.45 GHz 频段应用的可行性。

2.1.1 偶极子天线理论分析

对于天线上的电流(或场)的确定，严格的方法应通过边值问题求解积分方程得出。但是，经典的电磁场计算方法很难处理具有复杂边界的实际工程问题，事实上就偶极子这种结构非常简单的天线也很难得出它的严格解。20 世纪 60 年代以后，随着计算机技术的发展，电磁场数值分析方法得到飞速发展，目前在天线领域中常用的电磁场数值分析方法包括矩量法、有限元法、边界元法和时域有限差分法等。由于这些方法适用于分析电尺寸较小的物体，通常称为低频近似方法，其中最为著名的是矩量法(Method of Moment，MoM)。矩量法是求解微分方程和积分方程的一种重要数值计算方法，是美国学者 Harrington 于 1968 年针对电磁场问题提出来的。一般来说，偶极子天线的臂长不超过一个波长，因此，用矩量法近似计算臂上的电流分布、阻抗和方向性等参数是适用的，本章中折叠偶极子天线的仿真分析均可基于矩量法来进行。

所谓矩量法就是将微分方程或积分方程化为线性代数方程组，然后通过矩阵求逆的方法得出未知函数的数值解。这里将所要求解的方程写成如下一般非齐次算子方程的形式进行讨论

$$L(f)=g \tag{2-1}$$

其中，算子 L 可以是微分、积分或微积分混合算子，g 是源或激励(已知函数，如正切电场)，f 是场或响应(待定的未知函数，如电流)。L 的运算空间称为 L 的定义域，$L(f)$组成的空间称为 L 的值域，且 L 是线性算子。

矩量法利用离散和选配两个运算过程将连续变量的算子方程式 2-1 变换为一个矩阵方程，离散和选配是两个独立的运算过程，可根据具体情况决定运算的先后次序，一般是先离散后选配。

将 f 在 L 的定义域内展开为某一组已知的简单函数 $f_1, f_2, f_3, \cdots$ 的组合，即

$$f=\sum_{n=1}^{N}\alpha_n f_n \tag{2-2}$$

式中，α_n 为待定的展开系数，f_n 称为展开函数或基函数。对于精确解，式

2-2 为无穷项之和，f_n 形成一个基函数的完备集；而对于近似解，式 2-2 则为有限项之和。

将式 2-2 代入式 2-1，并利用算子 L 的线性化得出

$$\sum_{n=1}^{N} \alpha_n L(f_n) = g \tag{2-3}$$

离散过程得到一个关于 N 个未知数 α_n 的方程。为了求解这 N 个未知数，需要建立 N 个方程，此由选配过程来完成。

首先，定义一个内积运算 $\langle f, g \rangle$ 如下

$$\langle f(*), g(*) \rangle = \int_{\Omega} f(*) g(*) \mathrm{d}\Omega \tag{2-4}$$

式中 Ω 为 $f(*)$ 和 $g(*)$ 的定义域。然后，在 L 的值域内定义一组检验函数或称权函数 $\omega_1, \omega_2, \omega_3, \cdots$，对方程 2-3 两边取内积得

$$\sum_{n=1}^{N} \alpha_n \langle \omega_m, Lf_n \rangle = \langle \omega_m, g \rangle, m = 1, 2, \cdots, M \tag{2-5}$$

此即为选配过程或检验过程。这一结果得到关于 α_n 的 M 个方程，如果基函数与权函数的项数相同，则此方程可写成如下的矩阵形式

$$[l_{mn}][\alpha_n] = [g_m] \tag{2-6}$$

式中，

$$[l_{mn}] = \begin{bmatrix} \langle \omega_1, Lf_1 \rangle & \langle \omega_1, Lf_2 \rangle & \cdots & \langle \omega_1, Lf_n \rangle \\ \langle \omega_2, Lf_1 \rangle & \langle \omega_2, Lf_2 \rangle & \cdots & \langle \omega_2, Lf_n \rangle \\ \vdots & \vdots & & \vdots \\ \langle \omega_m, Lf_1 \rangle & \langle \omega_m, Lf_2 \rangle & \cdots & \langle \omega_m, Lf_n \rangle \end{bmatrix},$$
$$[\alpha_n] = \begin{bmatrix} \alpha_1 \\ \alpha_2 \\ \vdots \\ \alpha_n \end{bmatrix}, [g_m] = \begin{bmatrix} \langle \omega_1, g \rangle \\ \langle \omega_2, g \rangle \\ \vdots \\ \langle \omega_m, g \rangle \end{bmatrix} \tag{2-7}$$

如果矩阵 $[l_{mn}]$ 是非奇异的，其逆矩阵 $[l_{mn}]^{-1}$ 存在，则 $[\alpha_{mn}]$ 由下式给出

$$[\alpha_{mn}] = [l_{mn}]^{-1}[g_{mn}] \tag{2-8}$$

求出 $[\alpha_{mn}]$ 后，f 的解可由式 2-2 推出。

考虑如图 2-1 所示的偶极子天线，天线在激励源 E^i 的作用下产生感应电流 J 和感应电荷 σ，它们在空间产生散射场 E^s。散射场 E^s 由下式计算

$$E^s = -\mathrm{j}\omega A - \nabla \varphi \tag{2-9}$$

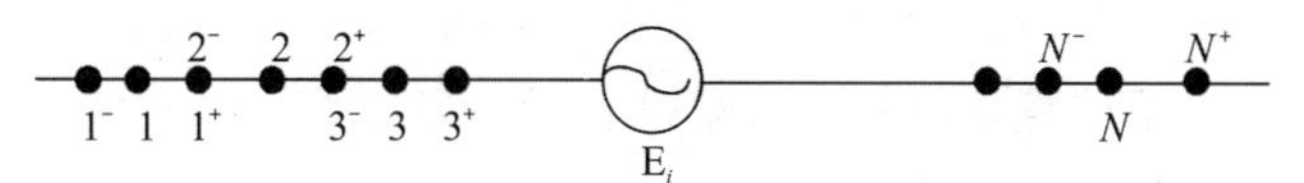

图 2-1　偶极子天线的分段示意图

式中，

$$A=\frac{\mu_0}{4\pi}\int_s\frac{J}{R}\mathrm{e}^{-\mathrm{j}k_0R}\mathrm{d}s,\varphi=\frac{1}{4\pi\varepsilon_0}\int_s\frac{\sigma}{R}\mathrm{e}^{-\mathrm{j}k_0R}\mathrm{d}s,\sigma=-\frac{1}{\mathrm{j}\omega}\nabla\cdot J \tag{2-10}$$

假设天线由理想导体构成，则边界条件为

$$\hat{n}\times E^s=-\hat{n}\times E^i \tag{2-11}$$

在上面的方程中，电流 J、电荷 σ 及散射场E^s 均为未知数，入射场E^i 是已知的。为了求解电流和电荷，将场点限制在导线表面，利用导体表面的边界条件 $\hat{n}\times E^s=-\hat{n}\times E^i$ 使场E^s 成为已知量，从而构成电流和电荷的积分方程。

假设电流只沿导线轴向流动，电流 J 和电荷 σ 近似为线电流 I 和线电荷 σ。再假设导线具有轴对称性，只需要考虑导线表面电场的轴向分量。在这些假设之下方程(2-9)简化为

$$-E_l^i=-\mathrm{j}\omega A_l-\frac{\partial\varphi}{\partial l}\hat{\boldsymbol{l}} \tag{2-12}$$

式中，

$$A_l=\frac{\mu_0}{4\pi}\int_l I(l')\frac{\mathrm{e}^{-\mathrm{j}k_0R}}{R}\mathrm{d}l',\varphi=\frac{1}{4\pi\varepsilon_0}\int_l\sigma(l')\frac{\mathrm{e}^{-\mathrm{j}k_0R}}{R}\mathrm{d}l',\sigma=-\frac{1}{\mathrm{j}\omega}\frac{\partial I}{\partial l} \tag{2-13}$$

其中，$\hat{\boldsymbol{l}}$ 是沿导线轴切线方向的单位矢量，R 是从轴线上的源点指向导线表面场点之间的距离。式 2-12 即为求解天线电流的微分方程，可利用矩量法求解。将线天线沿轴划分为 $N+1$ 分段，各分点的标号如图 2-1 所示，每小段的长度为 Δl_n，各段 Δl_n 并不一定等长。基函数采用分段矩形脉冲函数，权函数采用 δ 函数，同时对电流 I 和电荷 σ 进行展开，两个电荷脉冲的中点位于电流脉冲的两端点，一个为正，一个为负，如图 2-2 所示。

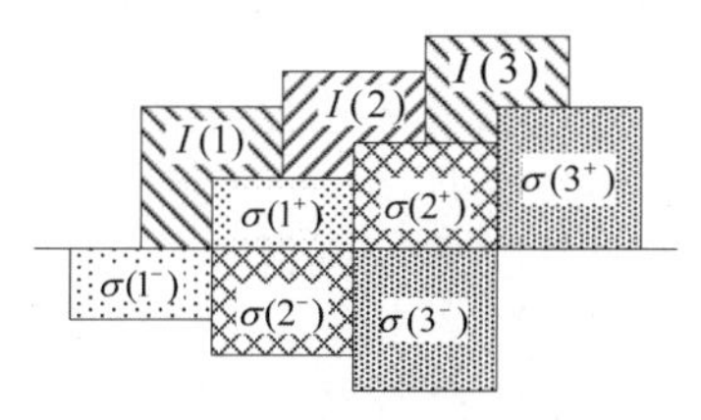

图 2-2　电流脉冲和电荷脉冲

鉴于矩量法中的离散和选配过程是相互独立的,可以根据需要先进行任何一个。为方便计算,先进行选配过程的内积运算,定义权函数和内积分别为

$$W_m = \Delta l_m \delta(m), \langle u, v \rangle = \int_l u \cdot v \mathrm{d}l \tag{2-14}$$

对方程 2-12 两端作内积得到

$$E^i(m) \cdot \Delta l_m = \mathrm{j}\omega A_l(m) \cdot \Delta l_m + \frac{\partial \varphi(m)}{\partial l} \Delta l_m, m = 1, 2, \cdots, N \tag{2-15}$$

采用差分算子代替微分算子,即$\frac{\partial \varphi(m)}{\partial l} = \frac{\varphi(m^+) - \varphi(m^-)}{\Delta l_m}$,上式成为

$$E_l^i(m) \cdot \Delta l_m = \mathrm{j}\omega A_l(m) \cdot \Delta l_m + [\varphi(m^+) - \varphi(m^-)] \tag{2-16}$$

设 $V(m) = E_l^i(m) \cdot \Delta l_m$,显然 $V(m)$ 可认为是第 m 段上的外加电压,上式变为

$$\mathrm{j}\omega A_l(m) \cdot \Delta l_m + [\varphi(m^+) - \varphi(m^-)] = V(m), m = 1, 2, \cdots, N \tag{2-17}$$

接着进行离散过程,将电流和电荷采用如图 2-2 所示的矩形脉冲展开

$$I(l) = \sum_{n=1}^{N} I(n) P_n \Delta l_n, \sigma(l) = \sum_{n=1^-}^{N^-+1} \sigma(n^-) P_n \tag{2-18}$$

式中

$$P_n = \begin{cases} 1 & \Delta l \in \Delta l_n \\ 0 & \Delta l \notin \Delta l_n \end{cases} \tag{2-19}$$

代入式 2-17,式中各项为

$$\mathrm{j}\omega A_l(m) \cdot \Delta l_m = \mathrm{j}\omega\mu \sum_{n=1}^{N} I(n) \int_{\Delta l_n} \frac{\mathrm{e}^{-\mathrm{j}kR_{mn}}}{4\pi R_{mn}} \mathrm{d}l' \Delta l_m \cdot \Delta l_n \tag{2-20}$$

$$\varphi(m) = \frac{1}{\varepsilon} \int_l \sigma(l') \frac{\mathrm{e}^{-\mathrm{j}kR}}{4\pi R} \mathrm{d}l' = \frac{1}{\varepsilon} \sum_{n=1^-}^{N^-+1} \int_{\Delta l_{n^-}} \sigma(n^-) \frac{\mathrm{e}^{-\mathrm{j}kR_{mn}}}{4\pi R_{mn}} \mathrm{d}l' \tag{2-21}$$

其中

$$\sigma(n^-) = -\frac{1}{\mathrm{j}\omega} \frac{I(n) - I(n-1)}{\Delta l_{n^-}} \tag{2-22}$$

不考虑因子 $1/\mathrm{j}\omega$,将 $\sigma(n^-)$ 各项重写可得

$$\sigma(1^-) = -\frac{1}{\Delta l_{1^-}} I(1) + \frac{1}{\Delta l_{1^-}} I(0) = -\frac{1}{\Delta l_{1^-}} I(1) + 0$$

$$\sigma(2^-) = -\frac{1}{\Delta l_{2^-}} I(2) + \frac{1}{\Delta l_{2^-}} I(1) = -\frac{1}{\Delta l_{2^-}} I(2) + \frac{1}{\Delta l_{1^+}} I(1)$$

$$\cdots$$

$$\sigma(N^-) = -\frac{1}{\Delta l_{N^-}} I(N) + \frac{1}{\Delta l_{N^-}} I(N-1) = -\frac{1}{\Delta l_{N^-}} I(N) + \frac{1}{\Delta l_{N^+-1}} I(N-1)$$

$$\sigma(N^-+1) = -\frac{1}{\Delta l_{N^-+1}} I(N+1) + \frac{1}{\Delta l_{N^-+1}} I(N) = 0 + \frac{1}{\Delta l_{N^+}} I(N) \tag{2-23}$$

注意 $I(0)$和 $I(N+1)$均为零。将上面第一式右端的第一项与第二式右端的第二项相加作为 $\sigma(1^-)$,第二式右端的第一项与第三式右端的第二项相加作为 $\sigma(2^-)$,依次类推。如此重新组合后可将 $\sigma(n^-)$用 $I(n)$来表示

$$\sum_{n=1^-}^{N^-+1} \sigma(n^-) = \frac{1}{\mathrm{j}\omega} \sum_{n=1}^{N} \left[-\frac{I(n)}{\Delta l_{n^-}} + \frac{I(n)}{\Delta l_{n^+}} \right] \tag{2-24}$$

于是式 2-21 可以写成

$$\varphi(m) = \sum_{n=1}^{N} I(n) \left[\frac{1}{\mathrm{j}\omega\varepsilon} (\psi_{mn^+} - \psi_{mn^-}) \right] \tag{2-25}$$

式中

$$\psi_{mn^\pm} = \frac{1}{\Delta l_{n^\pm}} \int_{\Delta l_{n^\pm}} \frac{\exp(-\mathrm{j}kR_{mn^\pm})}{4\pi R_{mn^\pm}} \mathrm{d}l' \tag{2-26}$$

将 m 点也限制在 m^+ 或 m^-,则有

$$\varphi(m^\pm) = \frac{1}{\mathrm{j}\omega\varepsilon} \sum_{n=1}^{N} I(n) (\psi_{m^\pm n^+} - \psi_{m^\pm n^-}) \tag{2-27}$$

其中

$$\psi_{m^\pm n^\pm} = \frac{1}{\Delta l_{n^\pm}} \int_{\Delta l_{n^\pm}} \frac{\exp(-\mathrm{j}kR_{m^\pm n^\pm})}{4\pi R_{m^\pm n^\pm}} \mathrm{d}l' \tag{2-28}$$

将式 2-20 和式 2-27 代入方程 2-17,可得

$$\sum_{n=1}^{N} I(n) \Big\{ \mathrm{j}\omega\mu \Delta l_n \cdot \Delta l_m \psi(m,n) + \frac{1}{\mathrm{j}\omega\varepsilon} [\psi(m^+,n^+) - \psi(m^+,n^-) - \psi(m^-,n^+) + \psi(m^-,n^-)] \Big\} = V(m),\ m = 1,2,\cdots,N \tag{2-29}$$

写成矩阵形式为

$$[Z][I] = [V] \tag{2-30}$$

其中[Z]矩阵的矩阵元为

$$Z_{mn}=\mathrm{j}\omega\mu\Delta l_n\cdot\Delta l_m\psi(m,n)+\frac{1}{\mathrm{j}\omega\varepsilon}[\psi(m^+,n^+)-\psi(m^+,n^-)-\psi(m^-,n^+)+\psi(m^-,n^-)] \tag{2-31}$$

上式可称为广义欧姆定律，[Z]称为广义阻抗矩阵，$\psi(m,n)$可表示第 n 段电流在第 m 点产生的位势。由以上方程即可求出偶极子天线上的电流。

对于如图 2-3 所示的偶极子天线，由矩量法计算结果可知，当$\frac{l}{a}>500$（a 为天线横截面半径）时，天线上的电流分布与均匀无耗开路传输线上的电流分布几乎无差别，也就是说，此时可认为偶极子天线上的电流为理想的正弦形分布。数学表达式为

$$I(z)=\begin{cases}I_m\sin k(l-z), & 0<z<l\\ I_m\sin k(l+z), & -l<z<0\end{cases} \tag{2-32}$$

式中，I_m 为电流波幅值，$k=2\pi/\lambda_0$ 为均匀无耗传输线上的传播常数，也即自由空间的传播常数，其中 λ_0 为自由空间波长。当$\frac{l}{a}<100$ 时，天线上的电流分布已非理想的正弦分布。与细偶极子天线相比较，在电流波节点处的变化较大。考虑到在研究天线方向性时是以远场区出发的，并且波节点附近电流的幅度也较低，因而对远场的贡献较小，所以这种近似仍能满足工程需要。当然若研究天线的阻抗，这时考虑的是贴近天线的场，必须对正弦近似作适当修正，否则误差很大。

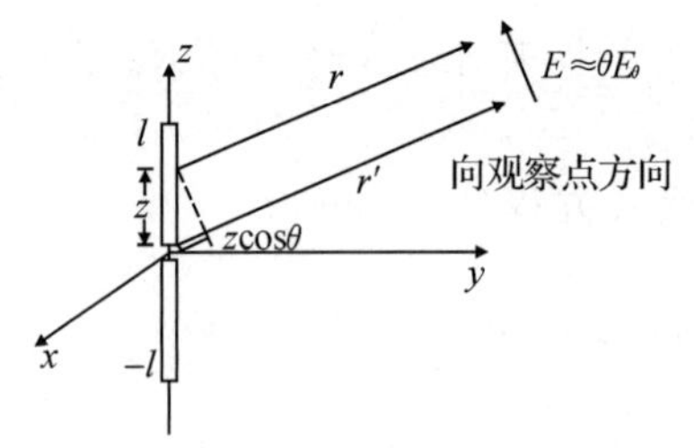

图 2-3　通过叠加计算偶极子天线辐射电场

若将以角频率 ω 振荡的一对电荷 $\pm q$ 沿 z 轴方向放置，间隔为 Δz，构成偶极矩为 $q\Delta z$ 的赫兹偶极子，则其远区辐射电场为

$$E = -\hat{\theta}\eta \frac{k\omega q \Delta z}{4\pi r} \sin\theta \cos(kr - \omega t) \tag{2-33}$$

利用复相位因子 $e^{j\omega t}$，可以通过对时间求导得到电流矩 $I\Delta z = j\omega q \Delta z$。将上面的表达式转化为复相位因子，可以得到

$$E = \hat{\theta}\eta \frac{jkI\Delta z}{4\pi r} \sin\theta e^{-jkr} \tag{2-34}$$

式中，$\eta = \sqrt{\mu_0/\varepsilon_0}$ 是自由空间的特征阻抗。

如图 2-3 所示，为了计算偶极子天线的辐射场，可将天线划分为很多无限小的线段，每个小的线段均可以看作一个赫兹偶极子。由于观察点很远，从天线上位置为 z、长度为 Δz 的小线段单元到观测点的距离矢量 $\boldsymbol{r}'$ 与从坐标原点到观测点的距离矢量 $\boldsymbol{r}$ 平行，而且这个线段单元偶极子的辐射电场 $\boldsymbol{E}$ 也是 $\hat{\theta}$ 方向的。可以将从这个线段单元到观察点的距离近似表示为

$$r' = r - z\cos\theta \tag{2-35}$$

那么在位置 z 处电流段 $I(z)\Delta z$ 的辐射电场 ΔE 为

$$\Delta E \approx \hat{\theta}\eta \frac{jkI\Delta z}{4\pi r'} \sin\theta e^{-jkr'} \approx \hat{\theta}\eta \frac{jkI\Delta z}{4\pi r} \sin\theta e^{-jkr} e^{jkz\cos\theta} \tag{2-36}$$

偶极子天线总的辐射电场可以通过将天线上所有小的线段的辐射电场叠加而得到，即在天线长度上进行积分可以得到

$$E = \hat{\theta}\eta \frac{jk\sin\theta}{4\pi r} e^{-jkr} \int_{-l}^{l} dz I(z) e^{jkz\cos\theta} = \hat{\theta} E_\theta \tag{2-37}$$

用类似的方法可以得到偶极子天线的辐射磁场 H，它可以用辐射电场表示为

$$H = \hat{\varphi} \frac{1}{\eta} E_\theta \tag{2-38}$$

所以偶极子天线辐射场的计算就归结为式 2-37 所提供的积分计算。将电流分布的式 2-32 代入式 2-37，可以得到

$$\begin{aligned} E_\theta &= \eta \frac{jI_m e^{-jkr}}{2\pi r \sin\theta} [\cos(kl\cos\theta) - \cos(kl)] \\ &= j\frac{60I_m}{r} \frac{\cos(kl\cos\theta) - \cos(kl)}{\sin\theta} e^{-jkr} \end{aligned} \tag{2-39}$$

在上式中含有球面波函数 $\frac{e^{-jkr}}{r}$，说明偶极子天线辐射的是球面波。球面波的球心在偶极子天线的中心点，此点称为偶极子天线的相位中心，好像波是由此点辐射出去的。

当仅考虑场强的大小时，可舍去式2-39中的相位因子，得到

$$|E_\theta|=\left|\frac{60I_m}{r}\frac{\cos(kl\cos\theta)-\cos(kl)}{\sin\theta}\right|=\frac{60I_m}{r}|f(\theta)| \quad (2\text{-}40)$$

式中 $f(\theta)$ 为方向函数。偶极子天线归一化方向函数为

$$|F(\theta)|=\frac{|f(\theta)|}{|f_{\max}|}=\frac{1}{|f_{\max}|}\left|\frac{\cos(kl\cos\theta)-\cos(kl)}{\sin\theta}\right| \quad (2\text{-}41)$$

其中 $f_{\max}$ 是 $f(\theta)$ 的最大值。

由辐射方向图的表达式可见，基本方向特性与 $kl=(2\pi/\lambda)l$ 相关，即与 l/λ 有关。如在偶极子天线的长度 l 确定的条件下，随着频率(波长)的变化，方向性图的形状或最大辐射方向将发生改变，边瓣电平可能增大，阻抗匹配将变坏等。因此，对于一个特定的偶极子天线，对应有一定的通频带。在通频带内，天线参数的变化不应超出具体应用预先规定的范围。然而，采用天线的方向性和阻抗等因素来综合定义天线的通频带是非常困难的，通过观察偶极子天线的方向性图可以发现，相对长度较短($l<0.5\lambda$)的偶极子天线的方向性图随频率的变化不显著。但是，阻抗随频率的变化是很大的，因此经常以阻抗特性来定义偶极子天线的通频带。

天线输入阻抗的变化会引起天线与馈线匹配状态的改变及馈线中电压驻波比的增加，通常根据天线的工作条件与要求，以给定一个允许的最大电压驻波比(VSWR)来定义偶极子天线的频带。随着频率的变化，要求馈线中的电压驻波比不应超过预先给定的最大值。例如，设定馈线中的电压驻波比不应超过5.83，试求偶极子天线的通频带。由此，与电压驻波比相对应的电压反射系数为

$$|\Gamma|=\frac{\rho-1}{\rho+1}=0.707 \quad (2\text{-}42)$$

式中，ρ 为电压驻波比，相应的功率反射系数为 $|\Gamma|^2=0.5$。假设偶极子天线的工作频率为 f_0(谐振频率)，则在 f_0 时输入阻抗的电阻为 R_A，电抗 $X_A=0$，天线与馈线相匹配。在频率从 f_0 变到 f_1 或 f_2($f_1>f_0>f_2$)时，其电抗 $|X_A|$ 从零增加到 f_0 时的 R_A，则 R_A 上的吸收功率为谐振时的一半，即功率反射系数为0.5。所以，$2\Delta f=|f_1-f_2|$ 为满足馈线上电压驻波比不超过5.83的偶极子天线的通频带。

如果已知天线上的电流分布，则天线的输入阻抗可以简单求出。在 $l<0.35\lambda$ 时，求得天线输入电抗为

$$X_A=-W_a\cot(kl) \quad (2\text{-}43)$$

其中 W_a 为不考虑损耗时偶极子天线的平均特性阻抗，即

$$W_a = \frac{1}{l}\int_0^l 120\ln\frac{2z}{a}\mathrm{d}z = 120\left(\ln\frac{2l}{a} - 1\right) \tag{2-44}$$

根据上述对通频带的要求，在通频带的边界频率上天线的输入电阻等于输入电抗，即

$$X_A = -W_a\cot(k_1 l) = R_A \tag{2-45}$$

式中，k_1 为在 f_1 时的相位常数，且有 $k_1 = \frac{2\pi}{\lambda_1} = \frac{2\pi}{v}f_1$，其中 v 为电波传播速度。由此可得

$$f_1 = \frac{v}{2\pi l}\mathrm{arccot}\frac{R_A}{W_a} = \frac{v}{2\pi l}\arctan\frac{W_a}{R_A} \tag{2-46}$$

在 f_0 时电抗 $X_A = W_a\cot(k_0 l) = 0$，则有

$$k_0 l = \frac{2\pi}{v}f_0 l = \frac{\pi}{2} \tag{2-47}$$

所以

$$f_0 = \frac{v}{4l} \tag{2-48}$$

于是相对通频带为

$$\frac{2\Delta f}{f_0} = \frac{|f_1 - f_2|}{f_0} = 2\frac{|f_1 - f_0|}{f_0} = 2\left|1 - \frac{2}{\pi}\arctan\frac{W_a}{R_A}\right| \tag{2-49}$$

可以看出，当 W_a 越小，或 R_A 越大时，通频带就越宽。

2.1.2 折叠偶极子天线的结构设计

天线结构对于天线方向图、极化方向、阻抗特性、驻波比、天线增益和工作频段等诸多特性有很大的影响。方向性天线具有更少的辐射模式和返回损耗的干扰，比较适合电子标签应用；而天线增益和阻抗特性又会对RFID系统的作用距离产生较大影响，天线的工作频段对天线尺寸以及辐射损耗有较大影响。因此，天线结构的选取会在很大程度上决定了天线实现的成败。

对于工作频率小于 2 GHz 的 RFID 标签天线，常规的微带天线尺寸如果不做改进则明显过大，最为直接简易的方案就是采用尺寸小、辐射能力强、具有全向辐射特性、制造工艺简单、成本低的偶极子天线，有希望较好地满足 RFID 系统中标签天线的要求。但是，根据波长、频率的关系估算，

直线型偶极子天线直接用作标签天线，显然对于多数应用场合是不合适的。例如，一般的片状偶极子天线若要工作于 900 MHz 频段，其长度将达到十几厘米，宽达到 6 cm 以上，这是多数场合不能容忍的。如果我们在直线型偶极子天线基础上采用折天线臂技术进行改进设计，有望将天线尺寸小型化到较为理想的程度，关键在于折叠方式以及结构参数与电参数之间关系的综合考虑，而折叠的方案可以有很多种。

为了改善天线性能，从镜像原理启示，可以在印刷偶极子天线的下方添加镜像补偿结构，其形状大小与偶极子天线臂形状大小极其相似。通过仿真和实测结果可以发现，这种镜像结构能很好地改善天线的回波损耗，并扩展天线的工作带宽。

以 RFID 系统中工作于 900 MHz 频段为例，带宽要求为 920～925 MHz 的标签天线，研究带有镜像结构的印刷折叠偶极子天线的尺寸结构。基底材料采用了高性能的 FR4 介质板，其厚度 $h=1$ mm，相对介电常数 $\varepsilon_r=4.4$。天线的结构示意图如图 2-4 所示，天线尺寸为 44 mm×30 mm。

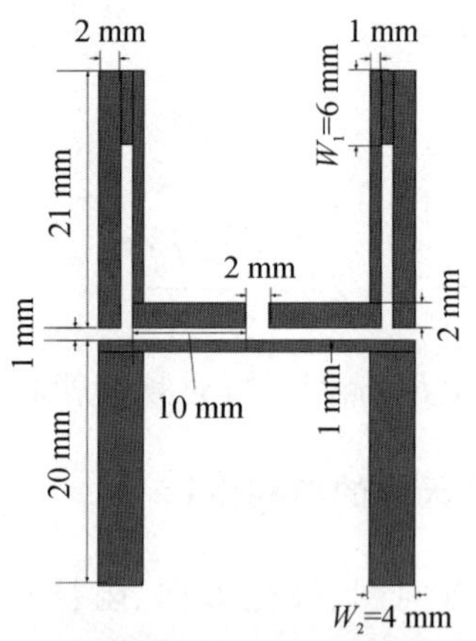

图 2-4　900 MHz 频段带镜像结构的折叠偶极子天线结构示意图

图中天线结构由两部分组成，上半部分即为印刷折叠偶极子天线，下半部分为镜像补偿结构。在保持天线臂的绝对长度不变情况下，将其进行弯折，由此达到不改变天线工作频率而使天线尺寸缩小的目的。由式2-48可得

$$l=\frac{v}{4f_0} \tag{2-50}$$

对于印制天线有 $v \approx c/\sqrt{\varepsilon_r}$，所以

$$l = \frac{c}{4f_0\sqrt{\varepsilon_r}} \tag{2-51}$$

其中,自由空间波速 $c=3.0\times10^8$ m/s,f_0 为天线谐振频率,l 为天线臂长。令天线谐振频率 $f_0=915$ MHz,利用式 2-51 可得天线臂长 $l\approx39$ mm,即电流流经折叠偶极子天线臂的最小长度大约为 39 mm。显然,折叠式与传统型的天线臂长数值大致相等,说明可以通过弯折天线臂来缩小天线尺寸。但是随着天线尺寸的缩小,天线的电性能会逐渐恶化,回波损耗变大,带宽变小,增益变小。因而在设计过程中,添加了镜像结构进行补偿以改善天线性能,其尺寸大小可以与主天线臂大小基本相当。通过仿真分析可以发现,这种镜像结构能很好地改善回波损耗,但是对带宽和增益的改善并不太明显。其实在很多情况下,以带宽和增益的减小为代价来达到缩小天线尺寸的目的是值得的。

2.1.3 天线性能仿真与分析

用矩量法对所设计的折叠偶极子天线进行仿真分析,得到天线的回波损耗和方向图特性,如图 2-5 所示。由图 2-5(a)可知,该天线的谐振频率在 915 MHz 处,回波损耗 $S_{11}=-32.85$ dB。当驻波比 $\rho<2$ 时,由反射系数公式

$$|\Gamma| = \frac{\rho-1}{\rho+1} \tag{2-52}$$

可得反射系数 $|\Gamma|<\frac{1}{3}$。因此,根据回波损耗计算公式

$$S_{11} = 20\lg|\Gamma| \tag{2-53}$$

得知 $S_{11}<-9.54$ dB。此时,天线的工作带宽约为 88 MHz(875.59～963.60 MHz),其相对带宽为 9.6%。由此可见,天线具有较好的回波损耗特性,带宽也能够满足要求。由图2-5(b)和(c)可知,天线在 E 面方向图为“8”字形,而 H 面的方向图是以天线为中心的一个圆(图中只给出了 H 面的上面部分,下面部分与上面部分基本一样)。可以发现,由于基板的原因,H 面方向图不是绝对的圆,在基板平面会有凹陷,但折叠偶极子天线仍然具有半球覆盖方向性。

上述讨论中设定介电常数为 $\varepsilon_r=4.4$,实际加工制作过程中所选基底的介电常数可能有所偏差,因而有必要讨论介电常数变化对天线性能的影响。通过改变基底介电常数,经一系列的仿真计算所得到的结果数据如图

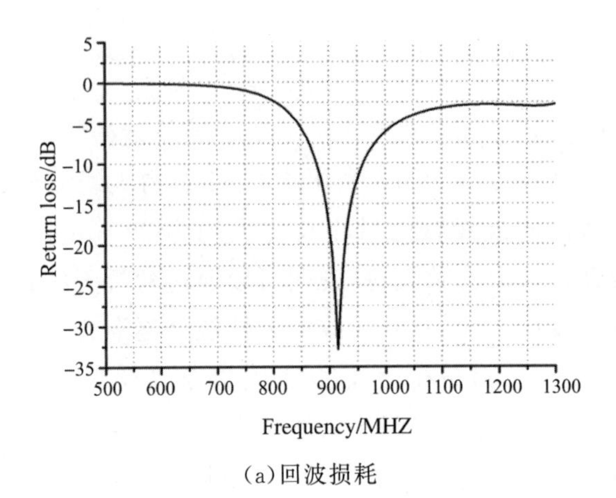

(a)回波损耗

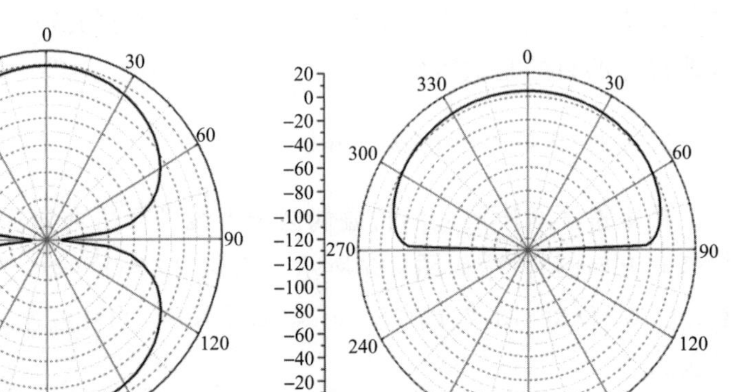

(b)E 面方向图　　(c)H 面方向图

图 2-5　天线的回波损耗与方向图特性

2-6 所示。由式 2-51 可知,介电常数增大将使天线尺寸减小,也就是说对于一定的天线结构,随着介电常数的增大,谐振频率会变小,这一点在图中可明显看出。随着介电常数的增大,天线的 S_{11} 参数起先逐渐变小,而后渐渐变大。总体来说,辐射特性始终保持良好满足需求。另外,介电常数增大除了使谐振工作频率变小外,天线在驻波比 $\rho<2$ 时的绝对带宽也随之变小,但是其相对带宽始终保持在 9.6%附近。当介电常数以 0.1 的步调增加时,工作频率以平均 5 MHz 的速率下降,绝对带宽以平均 0.5 MHz 的速率下降,S_{11} 参数在介电常数为 4.2～4.5 之间变化程度相对较大,对于介电常数的变化较为敏感。由此可见,在实际加工制作过程中,为使天线性能满足设计要求,所选基底的介电常数应在 4.37～4.44 之间。

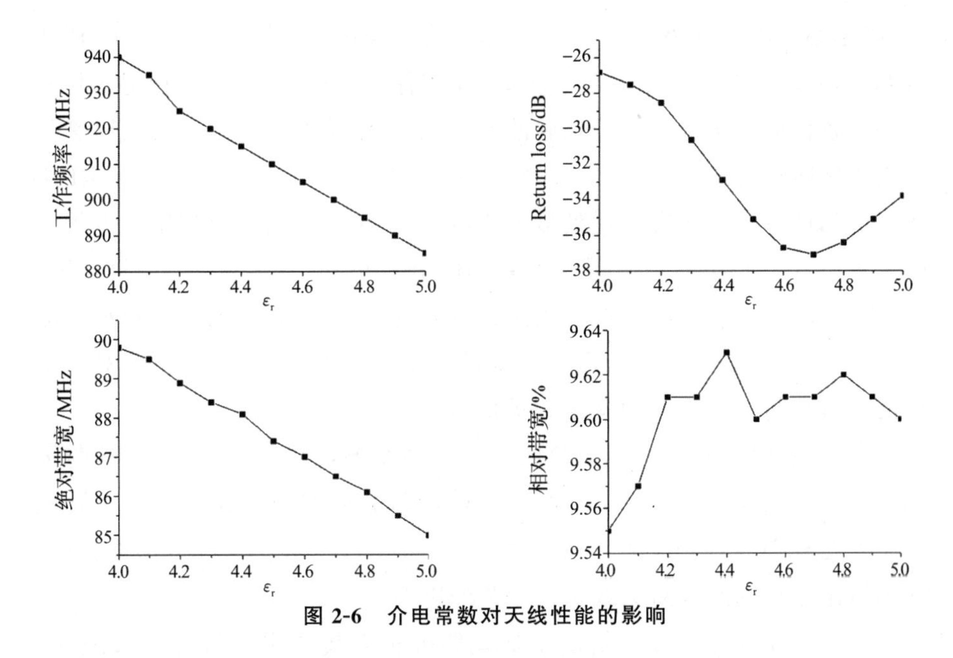

图 2-6　介电常数对天线性能的影响

微带天线基板的厚度会影响到电磁辐射效率，对于所设计的天线，基板厚度对天线工作状态的影响仿真结果如图 2-7 所示。

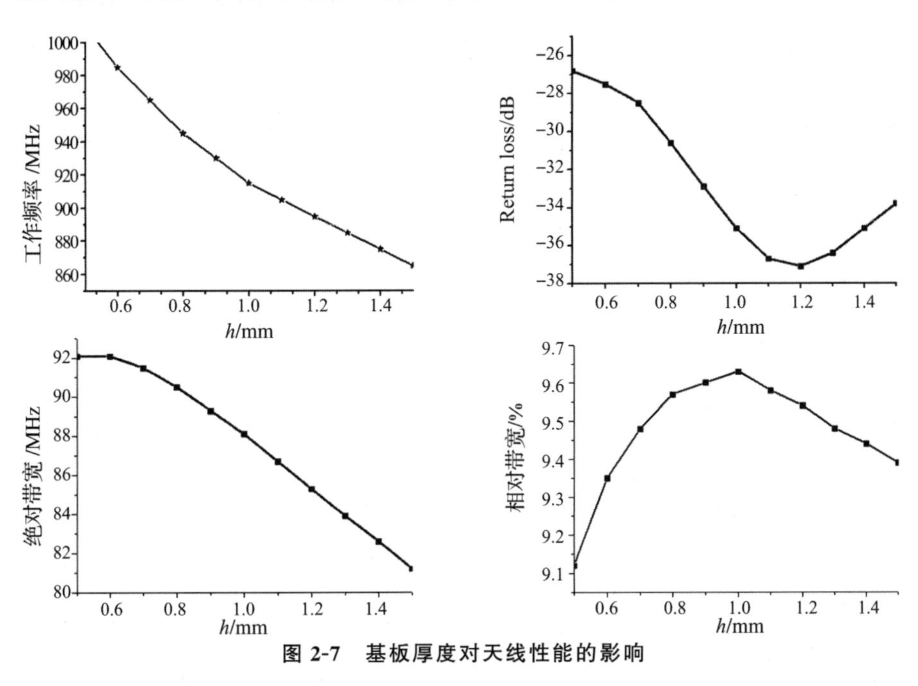

图 2-7　基板厚度对天线性能的影响

从图中可以看出随着基板厚度的增大，天线的谐振工作频率逐渐变小，减小幅度由大变小，从 1 mm 开始呈线性变化。谐振频率处的 S_{11} 值随着基板厚度的增大，先变小后变大，但始终保持实用水平，对于特定的材质有一个较佳的优选值。天线在驻波比 $\rho<2$ 时的绝对带宽随着基板厚度的增大不断减小，但相对带宽先逐渐增大后逐渐减小；在谐振频率达到 RFID 的 915 MHz 时，相对带宽达到最大值，这种结果说明前面对特定频点的结构优化设计是成功的。通过这一系列的分析可知，在实际加工制作过程中，为了改善天线的性能，应适当选择基板的厚度，使天线的回波损耗性能和工作带宽均能满足要求，而且这种最优选择并非唯一，这也说明对于不同的材料均是有可能实现特定的优化结果的。

在天线结构中，每一条边长的改变均会影响天线的辐射特性，这与天线馈电状态相关，有些边的变化对天线性能的影响较小，而有些影响则较大。为此有必要对天线两个相对比较敏感的边 W_1 和 W_2 进行仿真分析，详细讨论边长的改变对天线特性参数的影响。

图 2-8 和图 2-9 分别给出了折叠偶极子天线的主要特性参数随 W_1 和 W_2 变化的规律。从天线结构图可以看出，W_1 变小相当于天线臂的绝对长度变长，所以天线的谐振工作频率应该变小，图中的数据变化规律证

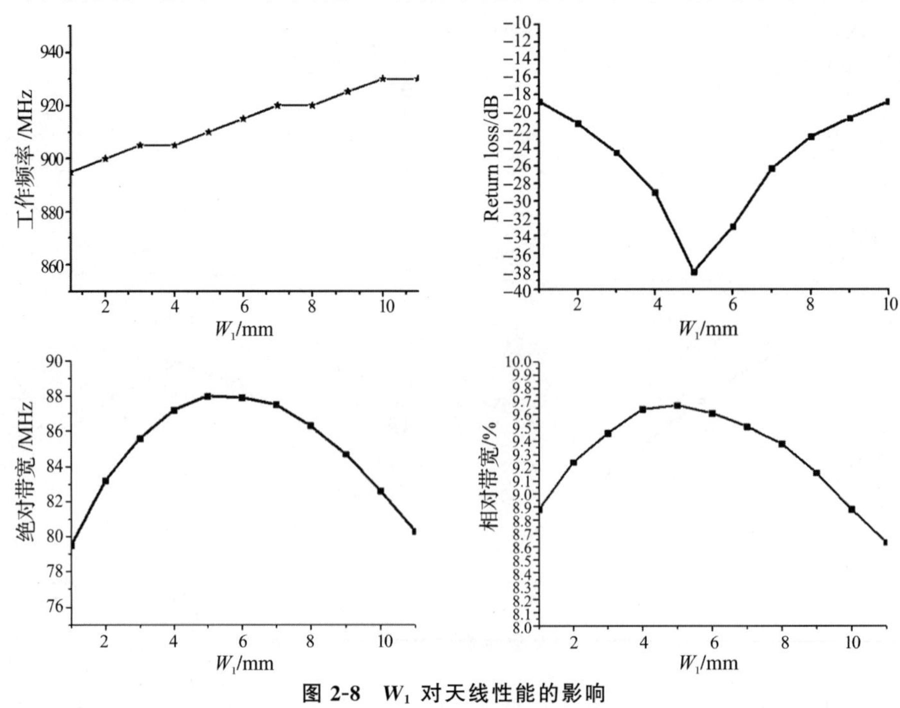

图 2-8　W_1 对天线性能的影响

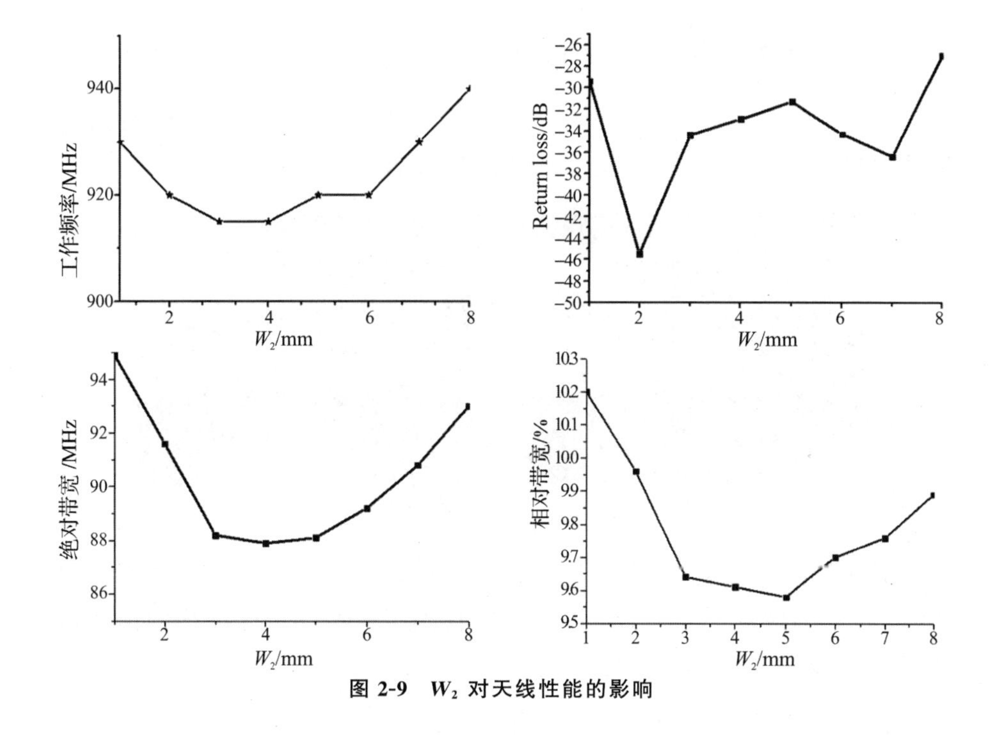

图 2-9　W_2 对天线性能的影响

明了这一点。由图 2-8 还可发现，随着 W_1 的变大，天线的回波损耗$\rho<2$时的绝对带宽及其相对带宽均在刚开始时变大，而后就逐渐变小了。特别是在 $W_1=6$ mm 处，天线的谐振工作频率为 915 MHz，天线性能接近最佳。当 W_1 在 5～7 mm 之间变化时，工作频率仍是以 5 MHz 的步调变化，绝对带宽和相对带宽较其他时候变化相对平缓，而 S_{11} 较其他时候变化相对较大，对于 W_1 的变化较为敏感。考虑到天线辐射特性随 W_1 的变化而有所变化，在实际加工制作过程中必须注意加工精度，不能因为工艺误差过大而影响天线性能。经过一系列仿真分析，得知 W_1 在 5.5～6.5 mm 范围内变化时，天线工作频率保持为 915 MHz，绝对带宽和相对带宽几乎不变，S_{11} 参数变化程度小于 10%，满足天线设计要求。

由图 2-9 发现，随着 W_2 由小变大，天线的谐振工作频率、$\rho<2$ 时的绝对带宽及其相对带宽均是起先变小，随后变大。W_2 以 4 mm 为起始点，无论变大还是变小，天线 S_{11} 参数均是起先变小，继而增大。同样通过一系列的仿真分析，得知 W_2 在 2.5～4.5 mm 范围内变化时，天线工作频率保持为 915 MHz，相对带宽和绝对带宽几乎不变，S_{11} 参数变化程度在 20% 之内，基本满足天线设计要求。

2.1.4 天线实物制作与实测分析

针对前面的仿真设计结构制作出了天线样品，如图 2-10 所示，并对所制作的折叠偶极子天线进行了回波损耗和方向图的测量。

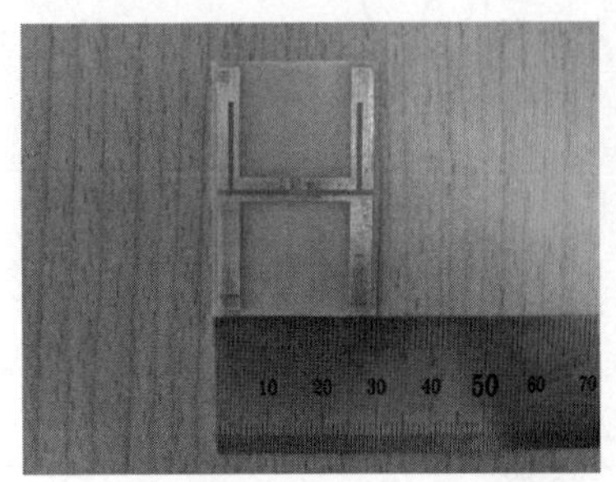

图 2-10 900 MHz 频段带镜像结构的折叠偶极子天线实物图

天线的回波损耗是表征天线辐射特性的一个重要指标，这里采用 AV3619 系列射频一体化矢量网络分析仪测量折叠偶极子天线的回波损耗，测量结果如图 2-11 所示。

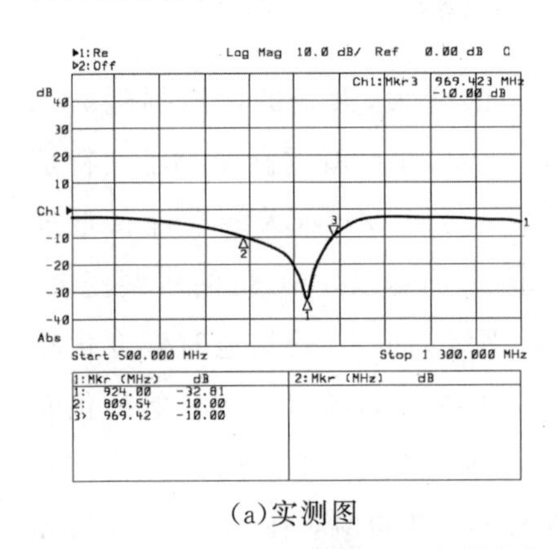

(a)实测图

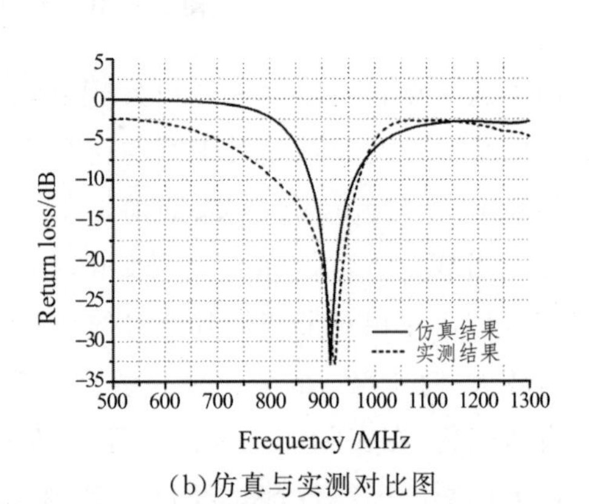

(b)仿真与实测对比图

图 2-11 折叠偶极子天线回波损耗测量结果

由图可知，折叠偶极子天线的实测工作中心频率为 924 MHz，对应回波损耗值为 −32.81 dB，$\rho<2$ 时的绝对工作带宽为 160 MHz(809.54～969.42 MHz)，其相对带宽为 17.3%。与仿真结果对比可知，中心频率上移 9 MHz，绝对带宽和相对带宽均有较大提高，这可能是因为受到仿真软件自身误差、天线加工误差、匹配误差、实验测试设备误差和实验环境的影响。但无论是仿真结果还是实测结果，均覆盖了 920～925 MHz 工作频段，实测结果更覆盖了 840～845 MHz 频段，而这两个频段是我国刚刚试

行规定的 RFID 技术应用新频段。

测量方向图常用的方法是旋转天线法及固定天线法，其中旋转天线法是待测天线绕自己的轴旋转，辅助天线固定不动；而固定天线法是待测天线不动，辅助天线绕待测天线转动。结合实验室条件，这里选择旋转天线法测量，测试系统如图 2-12 所示，其中信号发生器采用 Agilent E4432B，场强仪采用 Micronix MSA338。当工作频率为 920 MHz 时，方向图测量结果如图 2-13 所示。考虑到天线设计和制作过程中的各种误差以及周围环境和人体的辐射干扰，实测结果会与仿真结果存在一定差距，但实测方向图与仿真方向图形状大致吻合。

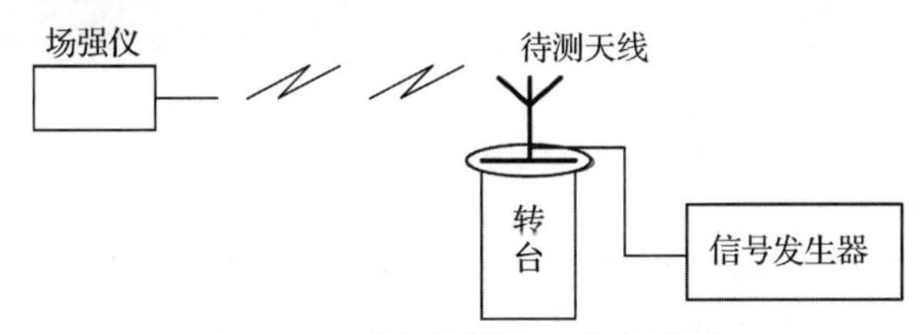

图 2-12　方向图测试系统原理图

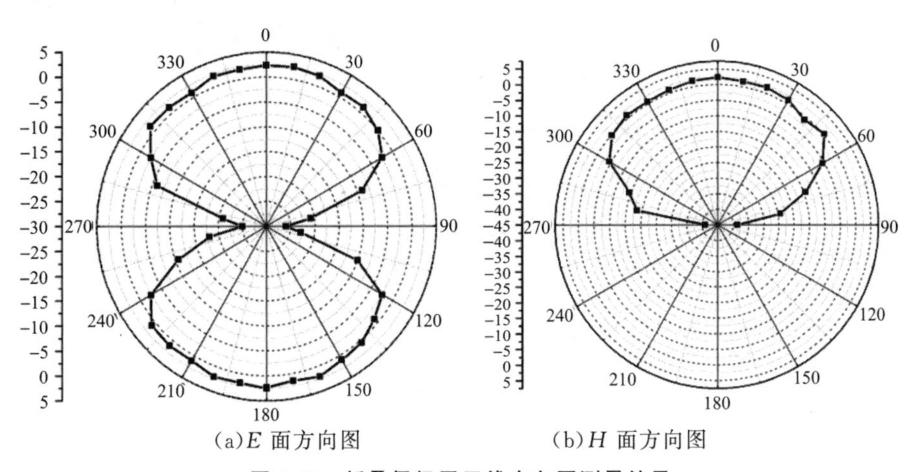

图 2-13　折叠偶极子天线方向图测量结果

2.1.5　应用于其他频段的天线结构

为了进一步验证此种天线结构的合理性，设计并制作了另一款工作于 2.45 GHz 频段的这类天线，如图 2-14(a)和(b)所示。基板尺寸为26 mm×14 mm，介电常数 $\varepsilon_r=4.4$，厚度 $h=1$ mm。令天线谐振频率 $f_0=2.45$ GHz，利用式 2-51 可得天线臂长 $l\approx14.6$ mm，由结构图可看出电流流经

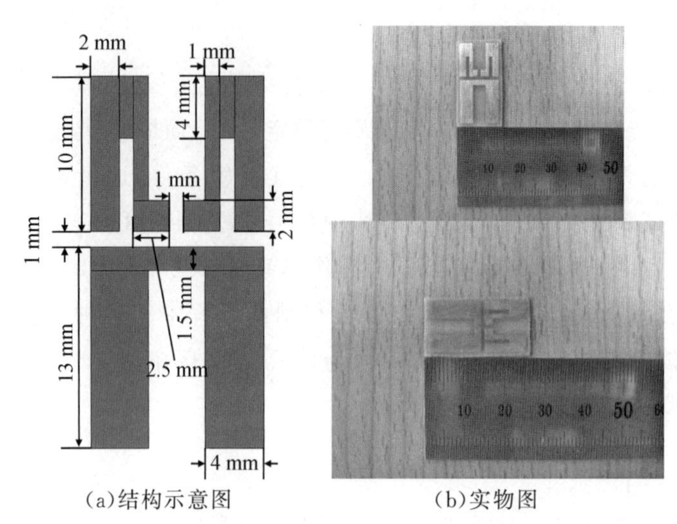

(a)结构示意图　　　(b)实物图

图 2-14　2.45 GHz 频段带镜像结构的折叠偶极子天线

折叠偶极子天线臂的最小长度大约为 15.5 mm，与理论值基本一致。

用矩量法对所设计的折叠偶极子天线进行仿真分析，得到天线的回波损耗如图 2-15(a)所示。天线的谐振频率在 2.44 GHz 处，回波损耗 $S_{11}=-34.55$ dB。此时，天线的工作带宽为 120 MHz(2.38～2.50 GHz)，其相对带宽为 4.9%。回波损耗的实测结果如图 2-15(b)所示，天线谐振频率在 2.45 GHz 处，相应回波损耗 $S_{11}=-35.8$ dB，天线工作带宽为 195 MHz(2.348～2.543 GHz)，相对带宽为 8%。可见实测结果与仿真结果所存在的差别与前面讨论的 900 MHz 频段的天线类似。

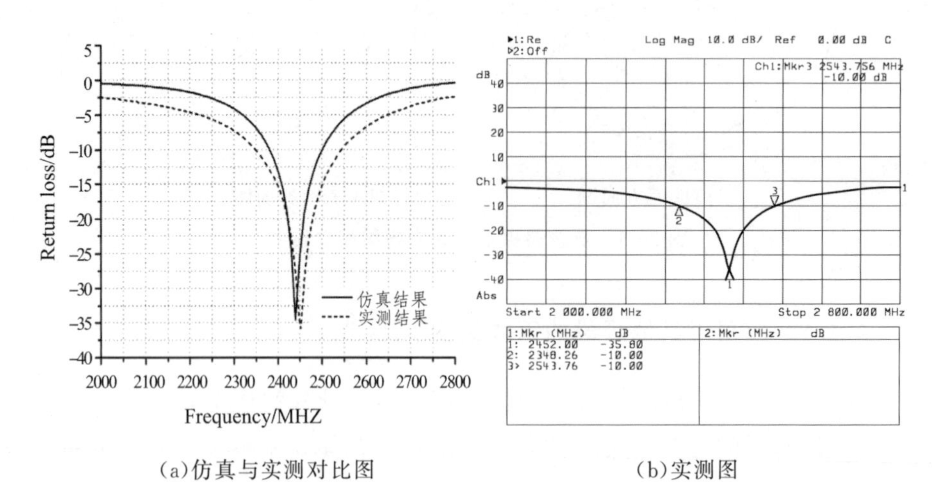

(a)仿真与实测对比图　　　(b)实测图

图 2-15　折叠偶极子天线的回波损耗

当工作频率为 2.45 GHz 时,天线方向图的仿真结果与实测结果如图 2-16 所示,可见仿真与实测结果大致相同,天线具有半球覆盖方向性。

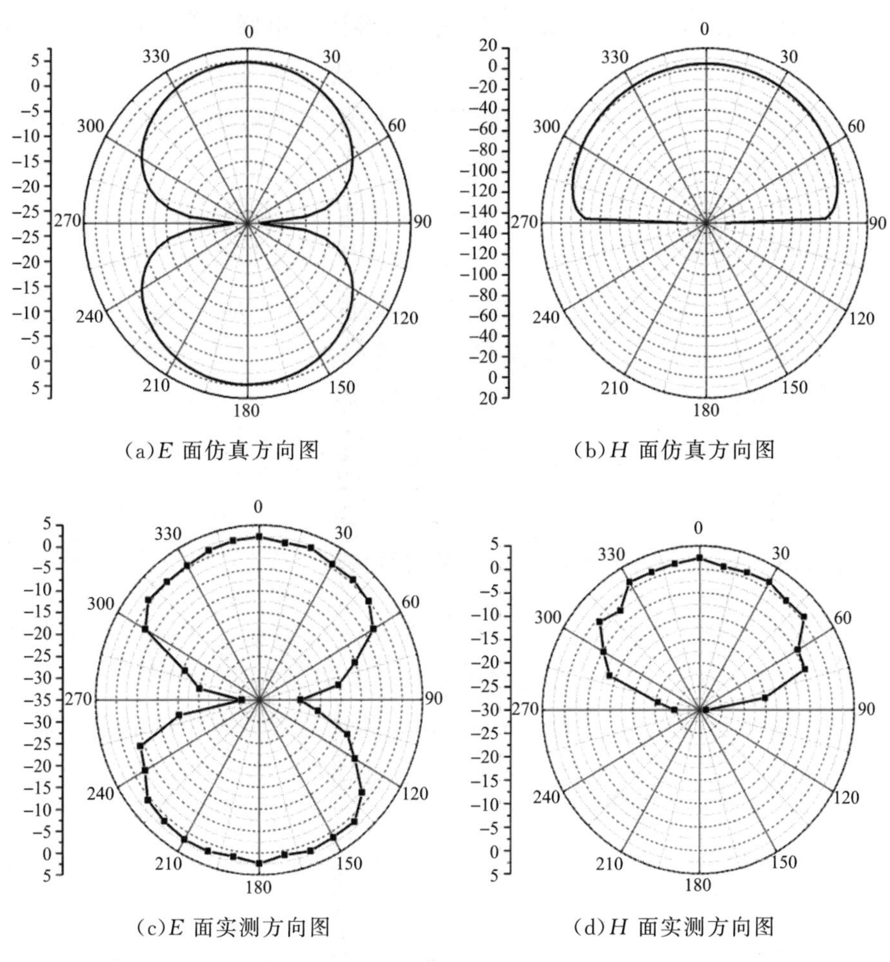

图 2-16 折叠偶极子天线的方向图

2.2 带 PBG 结构的双频螺旋偶极子天线的设计与分析

UHF 频段(300 MHz～3 GHz)的 RFID 具有波长适中、远场耦合、标签尺寸较小、空间损耗小、工作距离相对较远等优点,适于远距离识别和大规模应用。该频段的 RFID 技术是构建未来物联网、泛在和异构的未来无线通信网的重要接入技术载体,所以,UHF 频段的 RFID 技术服务于全世界将成为不争的事实。应用最为广泛的主要是 800/900 MHz 和 2.45 GHz 这两个频段。其中,800/900 MHz 是全球范围内货物流通领域大规模使用 RFID 技术的最合适频段,但此频段除国际电联划分的第一区中的 902～928 MHz 为 ISM 频段外,其他国家和地区的使用必须考虑与已有无线电业务的兼容问题。根据我国频率使用的实际状况,我国规划出 840～845 MHz 及 920～925 MHz 频段用于 RFID 技术。至于 2.45 GHz 频段,2.400 0～2.483 5 GHz属于 ISM 频率范围,其典型应用即为 RFID 技术应用。鉴于 UHF 频段中这两个频段 RFID 技术的诸多优点和广泛应用前景,本章设计了一款带 PBG 结构的双频螺旋偶极子天线。

平面螺旋天线着重于角的变化关系,这导致了天线的宽频带特性,这里将印刷偶极子天线臂设计成螺旋结构,以期展宽天线频带。采用添加光子带隙(Photonic Band-Gap,PBG)结构的方法,改善天线性能,产生较好的双频特性

2.2.1 螺旋偶极子天线理论分析与结构设计

天线的特性之所以随频率而改变,皆因天线的电尺寸随频率发生变化,这就限制了天线有效工作的频率范围。如果能构造一种天线,当工作频率改变时,其电尺寸并不改变,那么这种天线的带宽在理论上必定是没有限制的。等角无限长螺旋天线就是符合这种要求的一种结构,因为既然其长度是无限长,对于任何频率其电长度都是相同的,所以这种天线的特性就只由其角度所决定。实际上不可能存在无限长的天线,然而因为在天线上所激励起的电流是随其离开激励点而逐渐减小的,因此对某个频率,当离开激励点足够远使天线上的电流变得很小而可以忽略不计时,将该点以后部分截断而舍去,这将是对无限长天线的一种很好的近似。由于截断点是对某个频率而言的,所以有限长天线实际上还是有上下边界频率的限制,即还是为有限的带宽,只不过如果设计得当,这有限的带宽可以做得极宽。换言之,在某一极宽的频带内,天线的特性几乎与频率无关。下面讨论由 Rumsey 于 1966 年提出的一种完全由角度确定形状的平面天线,设原天线表面在极坐标中的方程为

$$r = F(\varphi) \tag{2-54}$$

当频率改变时,径向距离 r 的电尺寸将发生变化。如果 r 变化了 k 倍,而相应的 kr 在另一个辐角满足曲线方程即 $kr = kF(\varphi) = F(\varphi')$,则天线的

特性不会发生变化，仅方向图旋转了一个相应的角度 $\psi=\varphi'-\varphi$。此时，频率的变化对天线的影响仅相当于将曲线绕极轴旋转一个角度

$$kF(\varphi)=F(\varphi+\psi) \tag{2-55}$$

式中，ψ 为使 r 变化 k 倍时原始曲线应旋转的角度。显然 ψ 与 k 有关，若要求天线与频率无关，则要求 ψ 和 k 与 r 和 φ 无关。将上式两边分别对 ψ 和 φ 求导，得

$$F(\varphi)\frac{\mathrm{d}k}{\mathrm{d}\psi}=\frac{\partial F(\varphi+\psi)}{\partial\psi} \tag{2-56}$$

$$k\frac{\mathrm{d}F(\varphi)}{\mathrm{d}\varphi}=\frac{\partial F(\varphi+\psi)}{\partial\varphi} \tag{2-57}$$

因为 ψ 与 φ 无关，因此

$$\frac{\partial F(\varphi+\psi)}{\partial\psi}=\frac{\partial F(\varphi+\psi)}{\partial(\varphi+\psi)}=\frac{\partial F(\varphi+\psi)}{\partial\varphi} \tag{2-58}$$

从而

$$F(\varphi)\frac{\mathrm{d}k}{\mathrm{d}\psi}=k\frac{\mathrm{d}F(\varphi)}{\mathrm{d}\varphi} \tag{2-59}$$

将式 2-54 代入上式，得

$$r\frac{\mathrm{d}k}{\mathrm{d}\psi}=k\frac{\mathrm{d}r}{\mathrm{d}\varphi} \tag{2-60}$$

令 $\alpha=\dfrac{1}{k}\dfrac{\mathrm{d}k}{\mathrm{d}\psi}$，显然 α 是一个与 r 和 φ 均无关的常数，由上式可解出 r 与 φ 的显式关系为

$$r=r_0\mathrm{e}^{\alpha(\varphi-\varphi_0)} \tag{2-61}$$

即等角螺旋线方程，如图 2-17 所示。式中，r 为矢径，φ 为转角，r_0 为参考矢径，即 $\varphi=\varphi_0$ 时的矢径。α 的大小影响螺旋张开的速度，称 $1/\alpha$ 为螺旋率。此等角螺旋线因为其角度的变化与 $\ln\dfrac{r}{r_0}$ 成正比，故称之为对数螺旋线。

有时采用展开系数 ε 来表示螺旋的张开率更为方便，其定义为

$$\varepsilon=\frac{r(\varphi+2\pi)}{r(\varphi)}=\frac{r_0\mathrm{e}^{\alpha(\varphi-\varphi_0+2\pi)}}{r_0\mathrm{e}^{\alpha(\varphi-\varphi_0)}}=\mathrm{e}^{2\pi\alpha} \tag{2-62}$$

表示螺旋线旋转一周(2π)其矢径增长的倍数。ε 的典型值为 4，对应的 $\alpha=0.221$，如图 2-17 中所示的右旋螺旋线，如果 α 取负值则为左旋螺旋线。

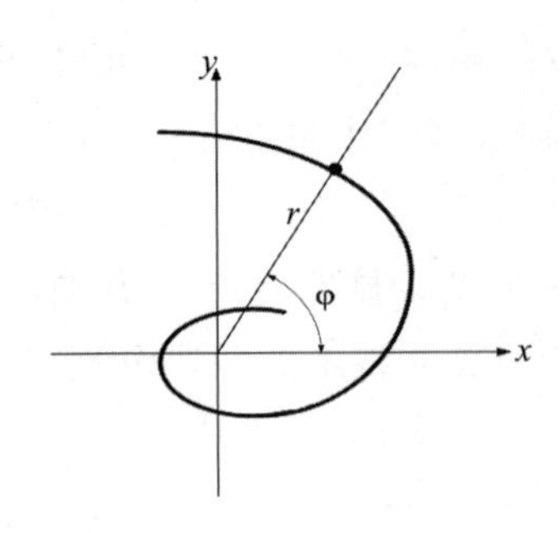

图 2-17　平面等角螺旋线

图 2-18　双频螺旋偶极子天线结构示意图

如果对应于工作波长为 λ_1 的等角螺旋线为 $r_1=r_0\mathrm{e}^{\alpha(\varphi_1-\varphi_0)}$，对应于工作波长为 λ_2 的等角螺旋线为 $r_2=r_0\mathrm{e}^{\alpha(\varphi_2-\varphi_0)}$，则

$$\frac{\lambda_2}{\lambda_1}=\mathrm{e}^{\alpha(\varphi_2-\varphi_1)} \tag{2-63}$$

可见，同一个等角螺旋线在不同的频率（λ_1 和 λ_2）上，其"形状与尺寸"可认为是相同的，只不过旋转了一个 $\varphi_2-\varphi_1$ 的角度而已，因此这种结构应有很宽的频带。

这里所设计的双频螺旋偶极子天线结构如图 2-18 所示，由两对称的等角螺旋臂构成，每一个螺臂又由内、外两条螺旋线所界定。其内、外边缘的螺旋线可分别表示为

$$\begin{cases} r_1=r_0\mathrm{e}^{\alpha\varphi} \\ r_2=r_0\mathrm{e}^{\alpha(\varphi+\delta)} \end{cases} \tag{2-64a}$$

则另一螺臂可由此螺臂旋转180°而成，即为

$$\begin{cases} r_3=r_0\mathrm{e}^{\alpha(\varphi-\pi)} \\ r_4=r_0\mathrm{e}^{\alpha(\varphi+\delta-\pi)} \end{cases} \tag{2-64b}$$

天线特性要完全与频率无关，等角螺旋线应向里及向外无限延伸。实际上这是不可能的，因向里延伸受到无限小尺寸及馈电点之间尺寸的限制，向外延伸则受到天线最大尺寸的限制。因此，这种与频率无关的天线还是有一定的带宽，其最低工作频率发生在最大矢径约为 $\lambda_{\max}/4$ 时，最高工作频率发生在最小矢径约为 $\lambda_{\min}/4$ 时，因而绝对带宽为 $\dfrac{f_{\max}}{f_{\min}}=\dfrac{\lambda_{\max}}{\lambda_{\min}}$。等角平面螺旋天线之所以有宽频带特性，是由于螺臂上的电流随着螺臂的扩张而呈指数率衰减。实验表明，经一个波长的衰减可达 20 dB 以上。在电流衰减到很小时将其截断，并不严重影响天线的性能。对一定几何尺寸的

螺旋天线来说，当工作频率改变时，意味着天线的主辐射体沿螺旋臂自动往内或往外移动，但以波长为单位量度的尺寸变化不大，所以天线的各项特性参数几乎与频率无关。

光子带隙(Photonic Band-Gap，PBG)又称光子晶体，最初在光学领域提出并得到一定应用。近年来在RF微波器件中，由于从制备到实验测试均有相当成熟的技术和仪器设备，所以光子晶体在微波频段的研究得到快速开展起来，用于调整器件电磁辐射特性并且不断获得新的成果。结合螺旋偶极子天线的单面结构，考虑可以在基板背面添加周期性的金属贴片，结构尺寸如图2-19所示。这里选用的是4×2的二维结构，可以适当地增减光子晶体的行数或列数，根据实际情况选择光子晶体周期和贴片长宽。

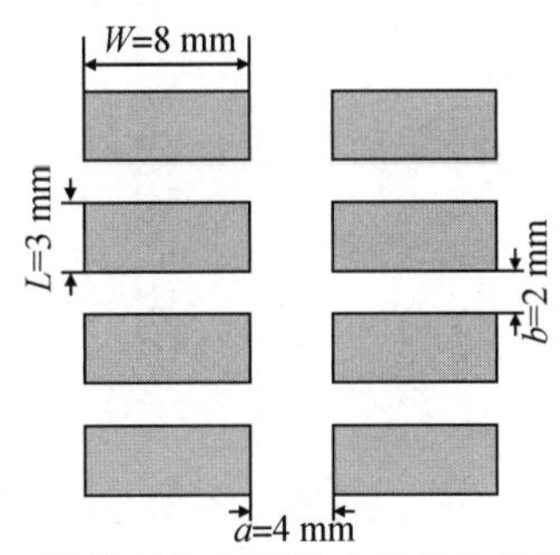

图2-19 螺旋偶极子天线光子晶体结构示意图

2.2.2 天线性能的仿真与分析

利用螺旋天线的宽频带特性和PBG结构的三大特性，设计了一款能覆盖800/900 MH和2.45 GHz频段的双频螺旋偶极子天线，选择陶瓷作为天线基板，其介电常数$\varepsilon_r=19$，尺寸为30 mm×30 mm×1 mm。利用矩量法对其进行仿真，得到天线回波损耗和方向图特性，如图2-20所示，可以看出天线具有较好的双频特性。在低频段，天线的工作中心频率约为900 MHz，对应回波损耗约为19.01 dB，电压驻波比$\rho<2$时的天线带宽约为280 MHz(0.77～1.05 GHz)，相对带宽为31.1%；在高频段，天线的工作中心频率约为2.3 GHz，对应回波损耗约为32.98 dB，电压驻波比$\rho<2$时的天线带宽约为937 MHz(1.877～2.814 GHz)，相对带宽为40.7%，由此可见天线具有较大的带宽。根据E面方向图，2.45 GHz时的方向图相当于920 MHz时的方向图逆时针旋转几度得到；而根据H面方向图，920 MHz时的方向图几乎与2.45 GHz时的相同。整体来看，920 MHz与

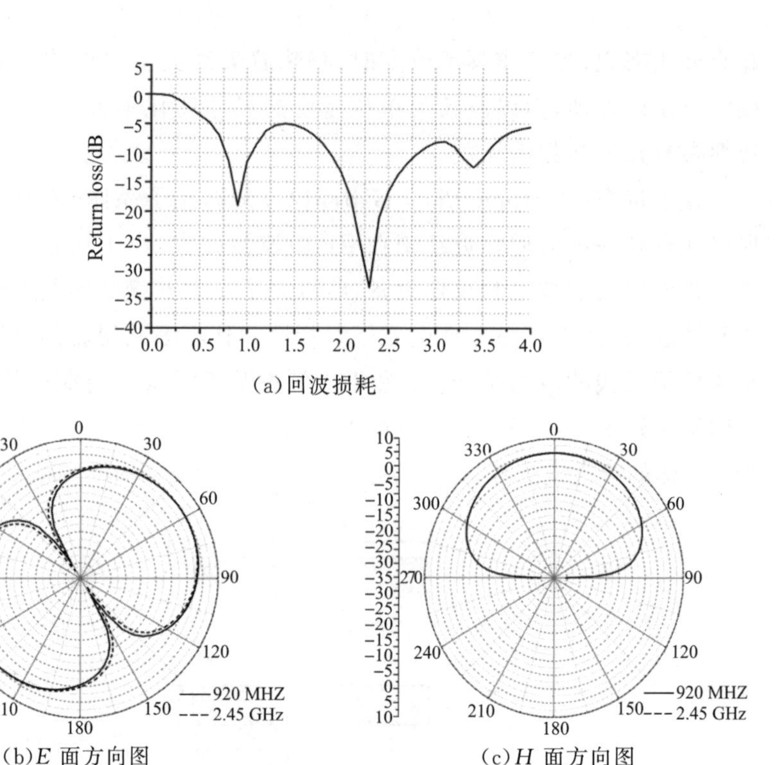

图 2-20　天线的回波损耗与方向图特性

2.45 GHz 时的天线方向图大致相同。

所选陶瓷材料的介电常数为19,是结合实验条件考虑的,并不是因为介电常数为 19 的陶瓷材料最好。针对所设计的双频天线,改变陶瓷介电常数后分别进行了仿真分析,其回波损耗如图 2-21 所示。由图可知,随着介电常数的增大,天线的两个工作频带均往更低频段漂移。在 800/900 MHz 频段,天线工作频率往低频段漂移,对应回波损耗逐渐变小,绝对带宽大致不变,但由于中心频率有所降低,使得相对带宽相应增大。在 2.45 GHz 频段,天线工作频率也往低频段漂移,对应回波损耗起先变小然后变大,绝对带宽略有变小,但由于中心频率有所降低,使得相对带宽大致不变。总体来看,介电常数在很

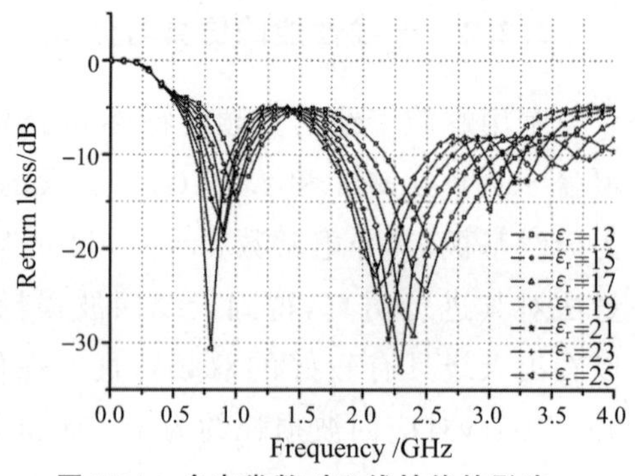

图 2-21　介电常数对天线性能的影响

大范围内变化时，天线始终保持较好的双频特性。从图形的变化规律来看，在介电常数变化到很小时，天线的低频工作点将会逐渐消失，最终变成单频天线；在介电常数变化到很大时，天线的高频段将会逐渐分为两个工作频段，最终变成三频天线。由此可见，陶瓷材料的选择对天线频段具有相当重要的影响。

在陶瓷基板的烧制过程中，由于加工误差，难免导致基板厚度有所偏差，另外基板厚度直接决定着光子晶体距离天线辐射金属片的距离，因而仿真分析基板厚度对天线性能的影响是必要的且有意义的。

仿真结果如图 2-22 所示。由图可知，随着基板厚度增大，天线工作频段将往更高频段漂移。在 800/900 MHz 频段，随着基板厚度增大，天线工作频段往高频漂移，对应回波损耗略有降低，绝对带宽变大；虽然中心频率相应变大，但相对带宽仍略有增大。在 2.45 GHz 频段，随着基板厚度增大，天线工作频段往高频漂移，对应回波损耗有增有减，始终保持较好水平，天线绝对带宽增大；虽然中心频率相应变大，但相对带宽仍略有增大。总体来看，基板厚度在很大范围内变化时，天线始终保持较好的双频特性。从图形的变化规律来看，当基板厚度很小时，天线低频工作点处的回波损耗逐渐变大，工作频段逐渐消失，而高频工作频段，逐渐分成两个工作频段，导致天线三频工作；当基板厚度很大时，天线的两个工作频带性能均能保持较好水平，仍然具有良好的双频工作特性。由此可见，基板厚度对天线性能具有较大的影响，设计过程中应该仔细选择基板厚度，制作过程中应该尽量控制误差范围。

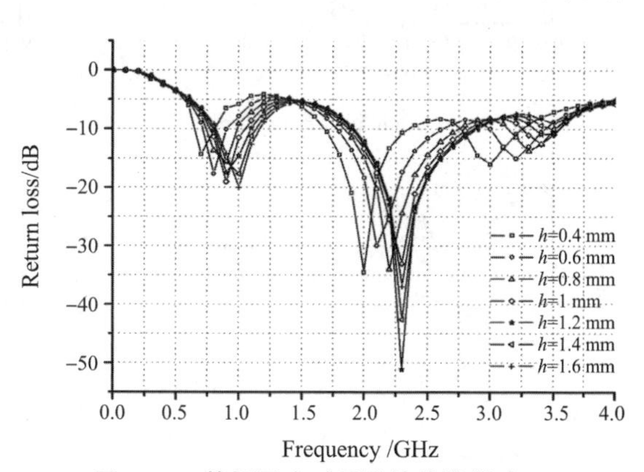

图 2-22　基板厚度对天线性能的影响

光子晶体周期和贴片的宽、高以及间距决定着光子晶体阻带中心频率和宽度，因而直接决定着天线性能。这里分别仿真分析了 W、L、a 和 b 变化时天线回波损耗的变化规律，使得光子晶体对天线性能的影响更形象化，仿真结果如图 2-23(a)～(d)所示。由图可知，随着 W、L 和 b 的增大，光子晶体周期变大，天线工作频率往低频段漂移。但是随着 a 变大，天线工作频率往高频段漂移。总体来看，当光子晶体贴片尺寸和间隔变化时，天线低频工作点基本只有回波损耗深度的变化，频率漂移很小；而高频工作点处的频率漂移和回波损耗深度均有较大影响，也就是说，光子晶体贴片尺寸和间隔主要对天线的高频段产生影响。另外，在保持贴片尺寸和间隔不变的情况下，改变贴片个数得到的回波损耗如图 2-23(e)所示。可见，

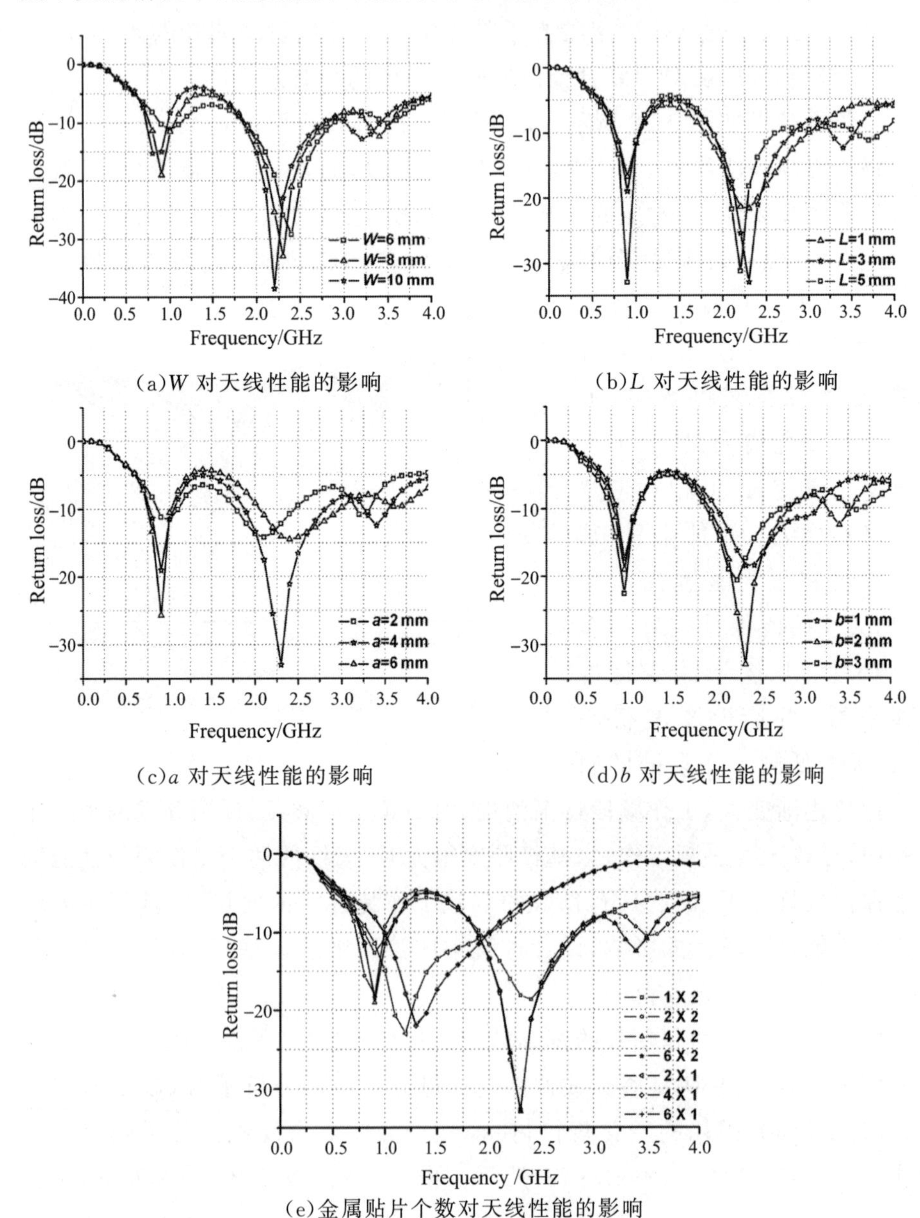

(a)W 对天线性能的影响

(b)L 对天线性能的影响

(c)a 对天线性能的影响

(d)b 对天线性能的影响

(e)金属贴片个数对天线性能的影响

图 2-23　光子晶体对天线性能的影响

横向周期结构对天线双频特性的影响较大，纵向周期结构主要影响天线回波损耗深度，且当周期结构满足一定数量时，天线性能不再有较大变化。

2.2.3 天线实物制作与实测分析

针对前面的仿真设计，制作出的天线样品如图 2-24 所示，并对天线样品进行了回波损耗和方向图的测量。

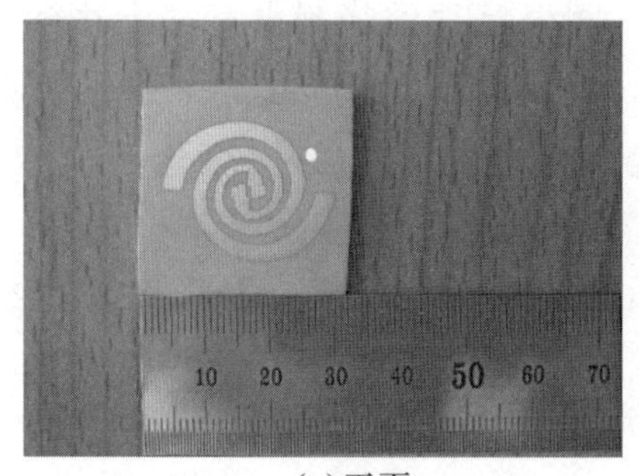

(a)正面

(b)背面

图 2-24 带 PBG 结构的双频螺旋偶极子天线实物图

天线回波损耗测量结果如图 2-25 所示，由图可知，天线样品具有双频特性。低谐振频率约为 870 MHz，对应回波损耗为－29.4 dB，$\rho<2$ 时的绝对带宽约为 45 MHz(847～892 MHz)，对应相对带宽为 5.2%。高谐振频率约为 1.76 GHz，对应回波损耗为－15.4 dB，$\rho<2$ 时的绝对带宽约为 260 MHz(1.65～1.91 GHz)，对应相对带宽为 14.7%。与仿真结果相比较，可以看出天线的工作频率向低频段偏移了，尤其是高谐振频率从 2.45

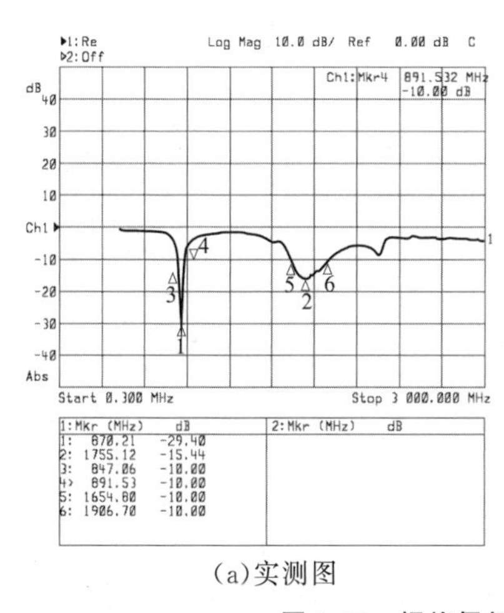

(a)实测图

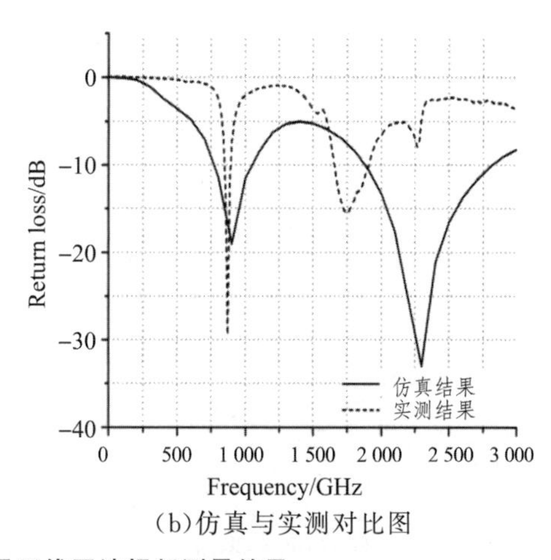

(b)仿真与实测对比图

图 2-25 螺旋偶极子天线回波损耗测量结果

GHz 偏移到了 1.76 GHz，这是一个相当大的偏移。另外，天线的工作带宽也变窄了很多，总结可能造成此种情况的原因大致有如下几点：

1. 忽略了陶瓷材料的某些特性。在天线的设计过程中，主要考虑的是陶瓷的介电常数，对于陶瓷材料的谐振品质因素和谐振频率温度系数等几乎没有考虑。可以多烧制几款陶瓷天线，通过比较实测结果来分析各陶瓷特性对天线性能的影响。

2. 天线制作过程的误差与不足。陶瓷基片的烧制没有完全达标，基片尺寸偏大，基片不是规则的正方形，边缘有所弯曲，并且基片表面不够平滑，导致镀银效果不好，因而螺旋天线和光子晶体形状略有变化。

3. 阻抗匹配的不足以及测试环境的影响。

工作频率分别为 870 MHz 和 1.76 GHz 时的方向图测量结果如图 2-26 所示。

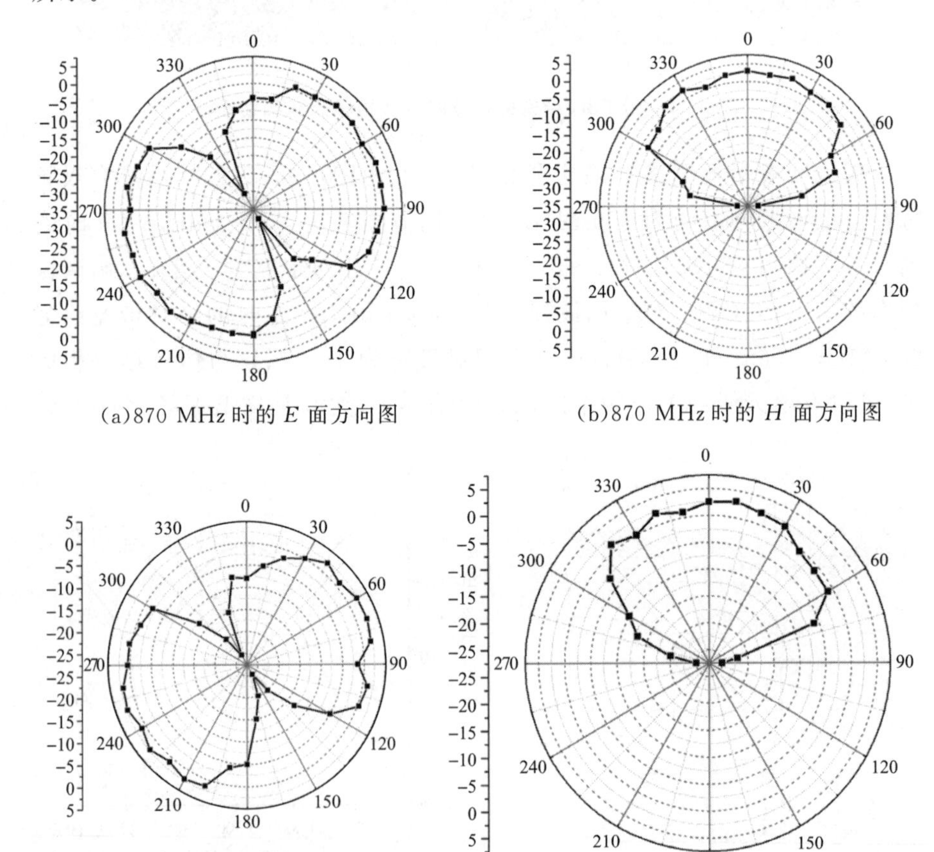

(a)870 MHz 时的 E 面方向图　　(b)870 MHz 时的 H 面方向图

(c)1.76 GHz 时的 E 面方向图　　(d)1.76 GHz 时的 H 面方向图

图 2-26　螺旋偶极子天线方向图测量结果

2.3　双频镜像分形偶极子天线

RFID电子标签天线的工作频率大约有三个范围，即低频（30～300 kHz）、高频（3～30 MHz）和超高频（300 MHz～3 GHz），而常见的工作频率有低频125 kHz与134.2 kHz，高频13.56 MHz，超高频433 MHz、860～930 MHz、2.45 GHz和5.8 GHz等。RFID的低频系统主要用于短距离、低成本的应用中，这个频段的应用已经非常成熟。其中，应用较多的是工作于13.56 MHz的标签天线。该频点的电子标签天线设计大多是线圈型天线，其工作方式为电感耦合方式，一般适合于中、低频工作的近距离射频识别系统，识别作用距离小于1 m，典型作用距离为10～20 cm。工作于超高频的RFID电子标签天线的工作方式为电磁反向散射耦合方式，识别作用距离大于1 m，典型作用距离为3～10 m。

本节所设计的电子标签天线应用于物流，需要较远作用距离，故工作频段设为超高频的2.45 GHz和5.8 GHz。为了提升天线的特性，也将把PBG结构应用于天线结构中，具有抑制表面波和利用高阻表面特性提高天线增益、加强前向辐射、抑制背瓣和旁瓣等良好性能。在引入镜像结构和分形结构的前提下，也结合了PBG结构来进一步提高天线性能。将分形结构和PBG结构结合起来应用于天线的设计，近几年来也有应用但并不多见。从效果上来看，均在一定程度上改善了天线相应工作频率上的方向性，从而得到具有更优方向性的分形天线。

2.3.1　3/2 Curve分形曲线

3/2 Curve分形曲线在偶极子的应用中并不常见，分形形状有如图2-27所示的不同阶次迭代。可以看出3/2 Curve分形曲线由8段长度为自身1/4的基元组成，按分形维数定义式则有3/2 Curve分形曲线的维数如下

$$D=\frac{\ln b}{\ln a}=\frac{\ln 8}{\ln 4}=1.4999\approx\frac{3}{2}$$

这也是3/2 Curve分形曲线名字的来源。3/2 Curve的总长度与生成元之间的关系为

$$r_n=2^n r_0$$

图 2-27　3/2 Curve 分形

式中，r_n 为 3/2 Curve 迭代 n 次后的总长度，r_0 是基元长度。说明每迭代一次，迭代后的长度是迭代前长度的两倍。

综合 Sadat 等人的成果，这里将几种不同的分形应用在偶极子天线上并对其性质进行对比，如表 2-1 所示。可以看出，从谐振频率角度来看，在同样的横向尺寸的情况下，Koch 分形、Minkowski 分形、3/2 Curve 分形的谐振频率依次降低；从等效成相应谐振频率的常规天线的尺寸以及缩减程度来看，Koch 分形、Minkowski 分形、3/2 Curve 分形的尺寸缩减能力逐渐增强，2/3 Curve 分形的缩减度达到 37%；从增益的对比来看，3/2 Curve 分形在诸多优点的前提下，增益在这几类天线里属于中等。但综合以上几类常用于天线的分形结构对天线性能的影响，3/2 Curve 分形无疑是最佳选择，因而此处的双频偶极子天线设计即是基于这种分形结构的。

表 2-1　各种天线结构参数对比

天线结构种类		谐振频率/GHz	等效成常规情况下的尺寸	缩减程度/%	增益
常规		2.7	40	0	8
Koch 分形	迭代 1 次	2.3	46.956	14.814	7.1
	迭代 2 次	2.3	46.956	14.814	6.9
Minkowski 分形	迭代 1 次	2.2	49.091	18.519	4.9
	迭代 2 次	2.1	51.429	22.229	4.5
3/2 Curve 分形	迭代 1 次	1.9	56.842	29.63	6.25
	迭代 2 次	1.7	63.529	37	5.9

2.3.2　基于 3/2 Curve 的双频镜像偶极子天线仿真设计

该款天线的设计目标参数包括工作频率为 2.45 GHz 和 5.8 GHz，基本具备全向辐射能力，回波损耗为－20 dB 以下，带宽为 200 MHz 左右。选取天线尺寸约为 25 mm×15 mm，介质板为 FR4 微波板，其介电常数为5，厚度为 0.8 mm。印刷在 FR4 介质板上的偶极子天线的尺寸与频率之间的关系为

$$l=\frac{\lambda}{4}=\frac{c}{4f\sqrt{\varepsilon_r}}$$

计算天线长度尺寸可得 $l=\frac{c}{4f\sqrt{\varepsilon_r}}=14$ mm，其结构图如图 2-28 所示。

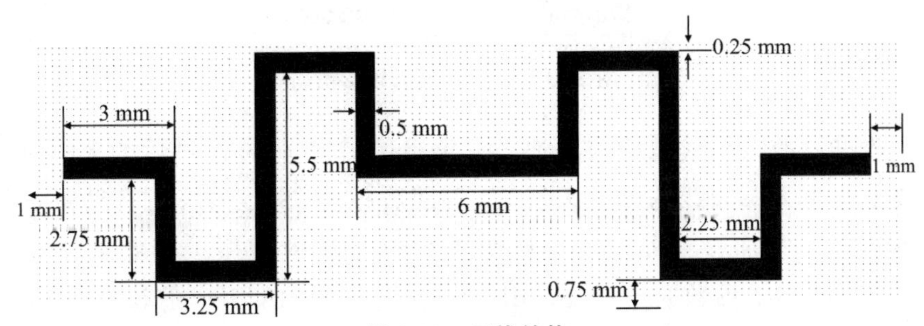

图 2-28　天线结构

若采用这种结构，天线尺寸为 24 mm×7 mm，其馈电位置为天线的中心位置，即两臂的连接点，线宽为 0.5 mm。回波损耗（S_{11} 系数）的仿真结果如图 2-29 所示，可以看出，简单地以一阶 3/2 Curve 作为偶极子天线的双臂时，天线的谐振频点为 5.9 GHz 左右，S_{11} 系数为－21 dB 左右，带宽为 0.371 GHz；而在频点 2.4 GHz 时，S_{11} 系数却仅为－3 dB 左右。仿真结果说明天线在频点 2.4 GHz 时的性能无法达到预期要求。在此基础之上，对天线结构进行了改进和优化，初步改进后的结构如图 2-31 所示。

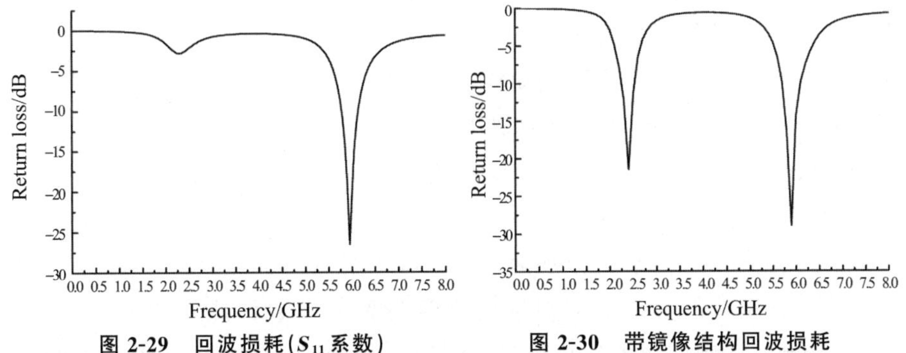

图 2-29　回波损耗（S_{11} 系数）　　图 2-30　带镜像结构回波损耗

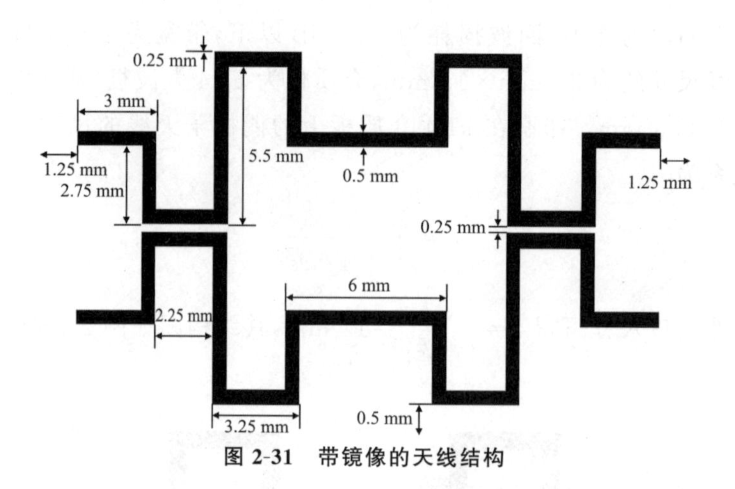

图 2-31 带镜像的天线结构

改进后的结构较原结构添加了一个镜像结构，这样改进后的天线结构等效于一个无源天线的二元天线阵，其回波损耗（S_{11}系数）仿真结果如图2-30所示。添加镜像结构后，天线基本满足双频谐振。在低频谐振点2.4 GHz的 S_{11} 系数从－2.86 dB 下降到－21.48 dB，在高频谐振点5.8 GHz的 S_{11}系数从－20.58 dB 下降到－28.91 dB；两个频点的带宽均在250 MHz 以上，在谐振点 2.4 GHz 和 5.8 GHz 处的带宽分别为 0.279 GHz 和 0.395 GHz。天线尺寸为 24.5 mm×13 mm，基本上满足设计期望的性能参数。

为了进一步改进天线结构，以期获得更好的天线性能，这里还再次尝试引入 PBG 结构，利用其带阻特性可以实现宽带滤波，从而改善天线的方向图。所添加的 PBG 结构位于天线 FR4 基板的背面，结构如图 2-32 所示。在 PBG 结构中，有 3 行 3 列共 9 片矩形片，每个矩形片的尺寸相同，每片矩形片的长度为 2 mm，宽度为 2 mm；每行中相邻两矩形片的间距为 1.5 mm，每列中相邻两矩形片的间距为 1.5 mm。PBG 结构下边沿与基板下边沿的距离为 1 mm，左边沿与基板左边沿的距离为 7.75 mm，右边沿与基板右边沿的距离为 7.75 mm。

添加 PBG 结构后，其回波损耗（S_{11}系数）的仿真结果如图 2-33 所示。可以看出，在添加镜像结构的前提下引入 PBG 结构后，在 2.4 GHz 频点处，S_{11}系数从之前的－21.48 GHz 略增加到－21.06 GHz；在 5.8 GHz 频点处，S_{11}系数从之前的－28.9 GHz 下降到－38.9 GHz；在 2.4 GHz 和 5.8 GHz 两个频点的带宽分别为 0.278 GHz 和 0.406 GHz。

将三种结构的天线的回波损耗以及带宽的参数性能对比列于表 2-2 中，为了更加直观和形象地描述，还将性能对比绘制于图 2-34 所示。可以

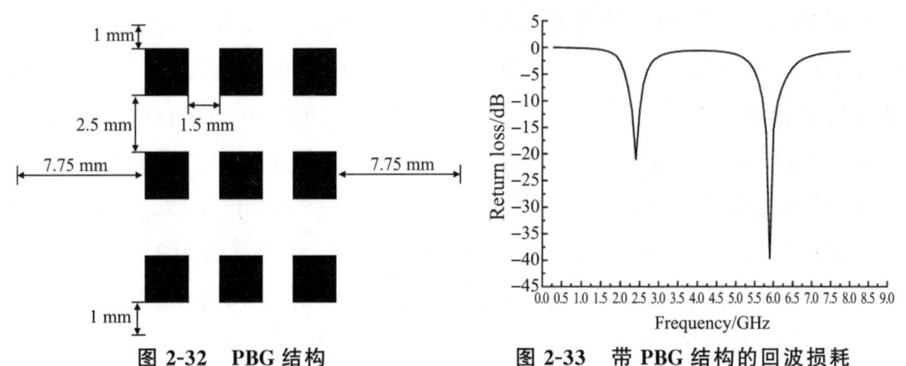

图 2-32　PBG 结构

图 2-33　带 PBG 结构的回波损耗

表 2-2　三种结构的天线参数性能定量对比

结构	2.4 GHz		5.8 GHz	
	回波损耗/dB	带宽/GHz	回波损耗/dB	带宽/GHz
3/2 分形结构	－2.86	0	－20.6	0.371
3/2 分形结构镜像结构	－21.48	0.279	－28.9	0.395
3/2 分形结构镜像结构 PBG 结构	－21.06	0.278	－38.9	0.406

看出，无论从回波损耗还是带宽来看，带镜像和 PBG 结构的 3/2 Curve 分形偶极子天线在保证低频点性能基本不变的情况下，在高频点进一步降低了回波损耗，并扩展了带宽；在镜像结构的分形偶极子天线的前提下，引入 PBG 结构的偶极子分形天线具有更好的性能。图 2-35 是镜像 PBG 分形偶极子天线的方向图，可以看出基本为全向辐射，满足 RFID 标签物流应用的全向辐射的要求。

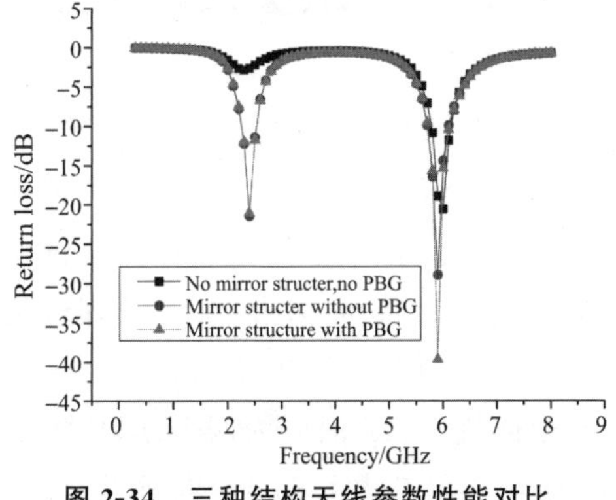

图 2-34　三种结构天线参数性能对比

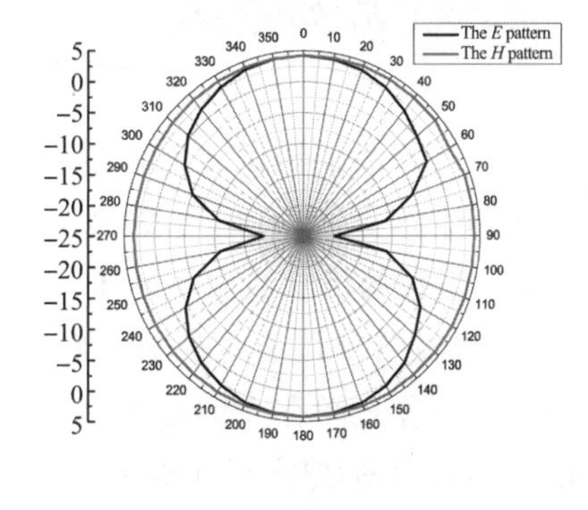

图 2-35　方向图 ***E*** 面和 ***H*** 面

影响天线性能的参数很多，其中FR4介质板的厚度和介电常数是影响较大的两个因素，这里对这两个因素的影响作具体仿真分析。经过优化验证介质基板的厚度为0.7或者0.8 mm时，天线性能最好；而当介电常数为5时，2.4 GHz和5.8 GHz两个频点上的天线的综合性能参数为最佳。综上所述，最理想的情况为介质板厚度取为0.8 mm左右，介电常数为5左右，但为方便制作和考虑实验条件，选取厚度为0.8 mm、介电常数为4.4的介质板来实际制作。优化设计完成后，实际制作成的天线尺寸为24.5 mm×13 mm，符合期望值，如图2-36所示，实测系统如图2-37所示。

图2-36　天线照片

图2-37　实际测试系统

天线样品的测试数据绘制于图2-38中，与原始仿真回波损耗（S_{11}系数）相比基本符合，如图2-39所示。可以看出，在介质板介电常数取4.4的情况下，S_{11}系数的仿真数据要好于实测数据4 dB左右，中心谐振频点基本保持不变，带宽略窄几十兆赫兹。考虑到实际制作机器、人为误差，以及理论值与现实制作之间存在的必然差别，实测值较好地符合了理论仿真值。天线的实测方向图如图2-40所示，E面基本全向辐射；H面分为两个瓣，所覆盖的角度分别为300°～67°和120°～340°，H面辐射基本上满足全向辐射。

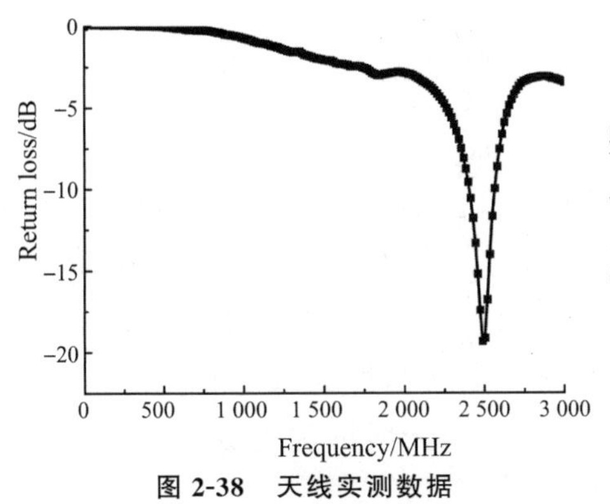

图 2-38　天线实测数据

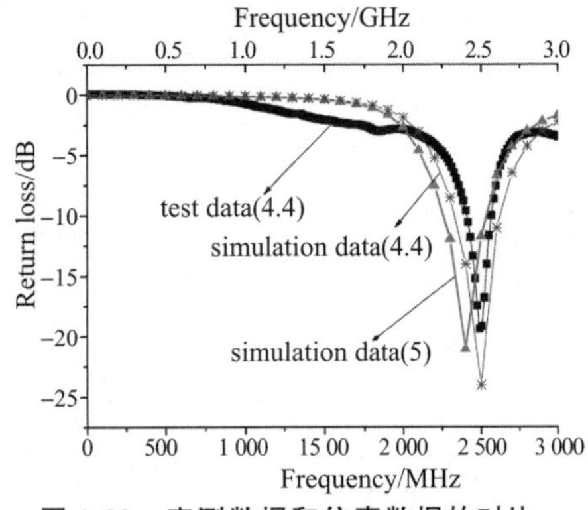

图 2-39　实测数据和仿真数据的对比

对于微波而言，在天线结构中引入光子晶体（PBG）结构后，电磁波在传播时会在介质表面或内部形成禁带，形成频率带隙，即一些频率的电磁波能通过并辐射出去，而某些频率的电磁波则被“禁锢”在光子晶体结构中，不能传播或辐射出去。理论上的解释为，在光子晶体中将 Maxwell 方程重组为时谐电磁场分量的本征值问题，通过求解本征值，采用平面波法等即可计算出光子晶体的能带结构，并可以清晰地看到带隙现象。上述方法虽严密但理论过于复杂难懂，这里采取一种相对比较简单而又形象具体的分析方法。该分析针对偶极子引入的光子晶体结构，从辐射场叠加的角度进行了简要分析，偶极子引入光子晶体结构的简单描述如图 2-41 所示。

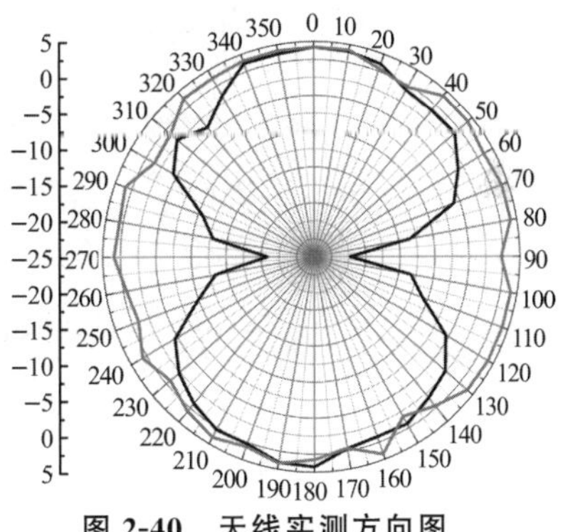
图 2-40　天线实测方向图

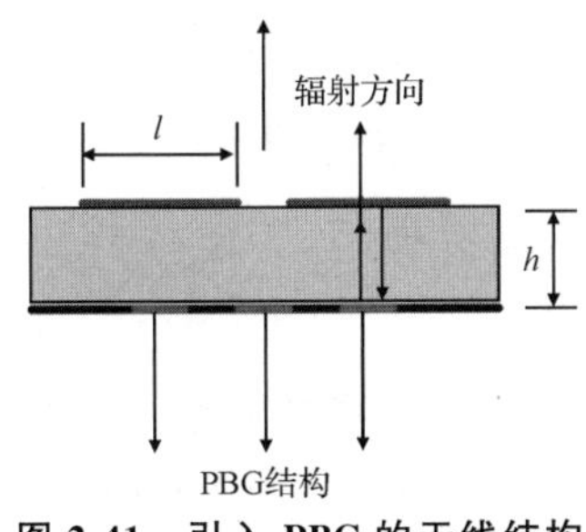

图 2-41　引入 PBG 的天线结构

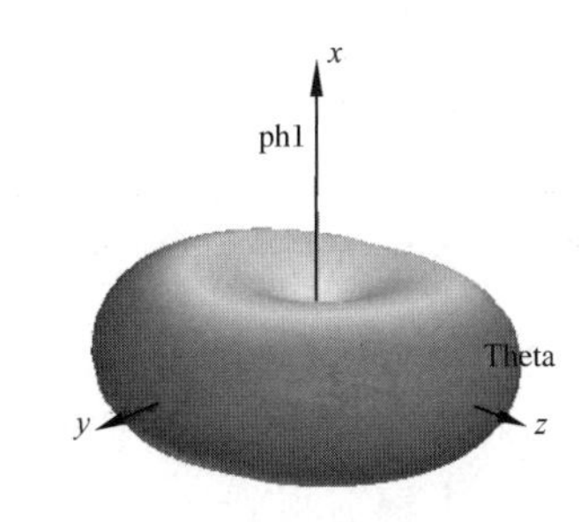

图 2-42　半波偶极子辐射方向图

半波偶极子天线的辐射场公式为

$$E(\theta)=\mathrm{j}\eta\frac{I_0\mathrm{e}^{-\mathrm{j}\beta r}}{2\pi r}\left[\frac{\cos\left(\frac{\pi}{2}\cos\theta\right)}{\sin\theta}\right] \tag{2-65}$$

其辐射图如图 2-42 所示，沿 x 轴截面即可得出具有两个相同的波瓣 E 面方向图，沿垂直于 x 轴即可得 H 面方向图。而如果引入 PBG 结构后，在此天线辐射的过程中，矩形 PBG 结构类似于一个 PEC（Perfect Electric Conductor，理想电导体）面，PEC 上的镜像电流与原天线反相，此时等效为相距 $2h$。激励电流反相的两个平行偶极子天线的辐射场的叠加可表示为

$$\begin{aligned}E_\theta&=E_\theta^1+E_\theta^2\\&=-\frac{\mathrm{j}\eta I_0\mathrm{e}^{-\mathrm{j}\beta r}}{2\pi r}\sin\theta\int_{-l}^{l}\sin[\beta(l-|z|)]\mathrm{e}^{\mathrm{j}\beta(h\sin\theta+z\cos\theta)}\mathrm{d}z+\\&\quad\frac{\mathrm{j}\eta I_0\mathrm{e}^{-\mathrm{j}\beta r}}{2\pi r}\sin\theta\int_{-l}^{l}\sin[\beta(l-|z|)]\mathrm{e}^{\mathrm{j}\beta(-h\sin\theta+z\cos\theta)}\mathrm{d}z\\&=-\mathrm{j}\eta I_0\frac{\mathrm{e}^{-\mathrm{j}\beta r}}{r}\sin\theta\sin(\beta h\sin\theta)\int_{-l}^{l}\sin[\beta(l-|z|)]\mathrm{e}^{\mathrm{j}\beta z\cos\theta}\mathrm{d}z\\&=2\mathrm{j}\sin(\beta h\sin\theta)\cdot\frac{\mathrm{j}\mathrm{e}^{-\mathrm{j}\beta r}\eta I_0}{2\pi r}\left[\frac{\cos\left(\frac{\pi}{2}\cos\theta\right)}{\sin\theta}\right]\end{aligned} \tag{2-66}$$

从上述推导所得到的公式其后半部分是普通半波偶极子的辐射场公式，引入 PBG 后则场叠加的理论计算公式等效于半波偶极子天线的辐射场乘以因子 $2\mathrm{j}\sin(\beta h\sin\theta)$，进一步将辐射场所乘的因子清晰地表达为 $2\mathrm{j}\sin\left(\frac{2\pi f}{c}h\sin\theta\right)$。从此式可以更加清晰地看出，对于不同频率的电磁波，其辐射场所乘的因子不同，等同于一个滤波器，也就导致了不同频率的波的不同辐射程度，由此有一些形成禁带，另外一些则能较好地辐射出去。另一方面，天线的辐射通过 PBG 的 PEC 反射，反射后的电磁波和天线本身辐射的电磁波的场相互叠加，使得某些频率在某些点的辐射场加强，一些频率的波得到衰减。

总而言之，通过调整 PBG 结构的位置和大小，能够使所需的频率在所需的方向上辐射得到加强，而另外一些不需要的频点处辐射被抑制，从而达到天线的需求。

2.4 基于 PET 材料的 RFID 标签天线的设计

在 RFID 实际应用中，在低频段以及中高频段应用较普遍的工作频率有 125 kHz、134.2 kHz、13.56 MHz，它们通信的原理是基于电感耦合，即依据电磁感应定律通过空间高频交变磁场实现耦合，识别作用距离小于 1 m，典型作用距离为 10～20 cm。在超高频频段较典型的应用频率是 433 MHz、860～930 MHz、2.45 GHz、5.8 GHz 等，它们依据电磁波的空间传播规律，采用电磁反向散射耦合的通信模式，识别作用距离大于 1 m，典型作用距离为 3～10 m。这里所设计的天线拟应用于物流运输，需要较远的读写作用距离即对应超高工作频段，又考虑到在供应链中的实际应用中以及芯片厂家生产的超高频芯片工作频段大多是 915 MHz 左右的情况，所以将工作频段定在 860～960 MHz 这个频段。

对于具有非常大容量的物流运输标签来说，要求 RFID 能够实现全方向的无线数据通信，且价格低廉、体积小。偶极子天线辐射能力较强，可以设计成适用于全方向通信的 RFID 应用系统，再者，偶极子天线具备结构简单、易于批量加工制造、成本较低等优点。在 RFID 标签天线的小型化设计中，有两种比较常用的缩减尺寸的方法：弯折结构和倒 F 结构。对于弯折臂偶极子结构而言，在天线谐振的时候，横向线路相邻的弯折臂部分电流有着相反的相位。因此，当偶极子弯折以后，谐振频率往往均会降低，即达到了尺寸缩减的作用，但伴随而来的是带宽的减小以及效率的降低。垂直单极天线可以通过形成一个倒 L 结构来实现尺寸的减小，其中弯折部分与地板平行，进一步在倒 L 结构上又引入一个短路线，这就是通常所看到的倒 F 结构（Inverted F Antenna，IFA）。在倒 F 结构中，其辐射体的主要部分是与地板垂直的导体，由于地板的存在，这些结构更加适用于大量存在金属的环境。

2.4.1 蝙蝠型超高频电子标签天线的设计与仿真

如图 2-43 所示，所设计的蝙蝠型半波偶极子天线采用折叠型结构，尺寸为 10 cm×4.5 cm，偶极子的左臂铜线的宽度为 0.8 mm，馈电点位于天线中间环形的下方。天线设计的谐振频点为 915 MHz 左右，偶极子的尺

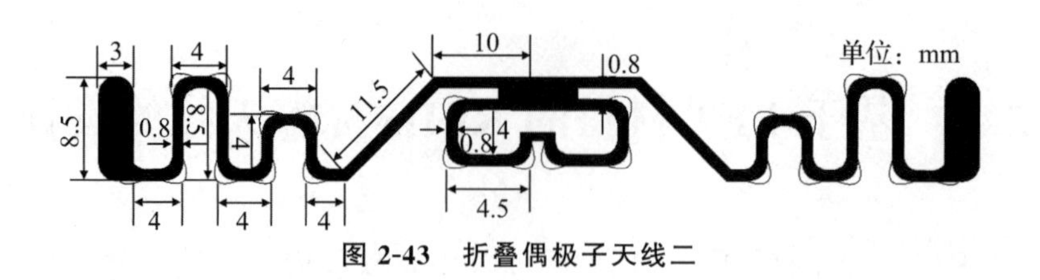

图 2-43 折叠偶极子天线二

寸需满足如下

$$l=\frac{c}{4f\sqrt{\varepsilon}}=\frac{3\times 10^{8}}{4\times 915\times 10^{6}\times\sqrt{3.6}}\approx 4.3(\text{cm})$$

所以，将半波偶极子天线的总长大致定为 9 cm，而实际设计的天线考虑边沿后最终尺寸为 10 cm 左右。天线的基板采用工业上所用的 PET (polyethylene terephthalate，聚对苯二甲酸乙二酯)材料，为乳白色或浅黄色、高度结晶的聚合物，化学式为 $COC_6H_4COOCH_2CH_2O$，表面平滑有光泽。PET 材料在较宽的温度范围内具有优良的物理机械性能，长期使用温度可达 120 ℃，电绝缘性优良，甚至在高温高频下其电性能仍较好，但耐电晕性较差，抗蠕变性、耐疲劳性、耐摩擦性、尺寸稳定性均很好，并且这种材料柔软，方便使用。材料的基本参数如表 2-3 所示。

表 2-3 PET 介质材料基本性能参数

性能	参数	性能	参数
拉伸强度	152 MPa	弯曲模量	10 343 MPa
比重	1.67	热变形温度	224℃
介电常数	3.5～3.8	介质损耗	0.011～0.018
悬臂梁冲击强度	85 J/m	熔点	254 ℃

在远场作用范围内，由电磁反向散射耦合原理在标签天线两端产生感应电势差，并在标签芯片通路中形成微弱电流。如果这个电流强度超过一个阈值，就将激活 RFID 标签芯片电路工作，从而对标签芯片中的存储器进行读/写操作。与基于传统 FR4 微波板材料的天线不同的是，基于 PET 材料的天线需要跟相关芯片连接，天线的阻抗需要跟芯片固定的阻抗共轭匹配，这里所选用的芯片型号为 NXP 的 SL3 ICS 12 02 G2XL，相关参数如表 2-4 中所列。

表 2-4　NXP SL3 ICS 12 02 G2XL 芯片特性

性能名称	标准	UHF 范围	尺寸	工作温度	储存温度	阻抗
具体参数	符合 UHF G2 标准	860～960 MHz	56.4 μm×56.4 μm	−40℃～85℃	−55℃～125℃	22−j195

通过有限元法仿真得到的天线回波损耗结果如图 2-44 所示。可以看出，天线主谐振点为 915 MHz，在主谐振点的回波损耗为−26.33 dB，频带范围为 893～952 MHz，位于 NXP 芯片的 860～960 MHz 范围内，天线带宽为 59 MHz。图 2-45 为天线阻抗的实部和虚部随频率变化的特性，可见在 915 MHz 附近，天线的阻抗为 22.46+j196.66，基本满足与芯片阻抗 22−j195 的共轭匹配。图 2-46 为蝙蝠天线的 3D 方向图，图 2-47 为 *H* 面和 *E* 面的二维方向图，显然天线的辐射并不是很理想，*H* 面的辐射角度分别为 320°～40° 和 220°～140°，总的辐射角度小于 240°，未完全达到全向辐射。

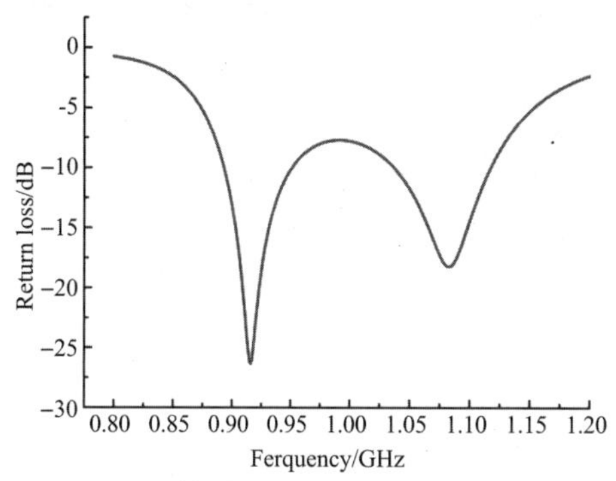

图 2-44　蝙蝠天线的回波损耗（S_{11} 系数）

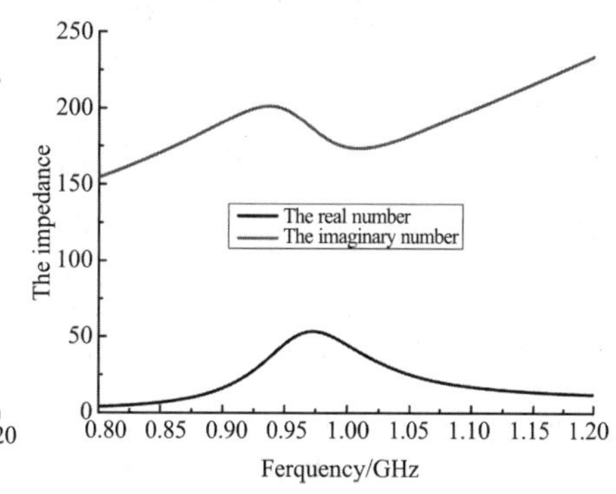

图 2-45　蝙蝠天线的阻抗特性图

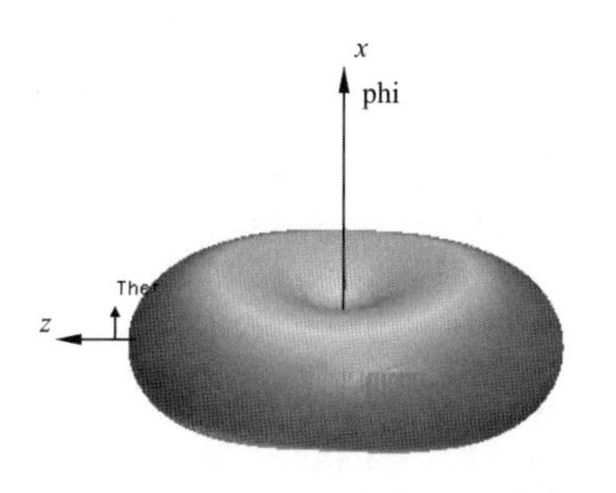

图 2-46　蝙蝠天线辐射 3D 方向图

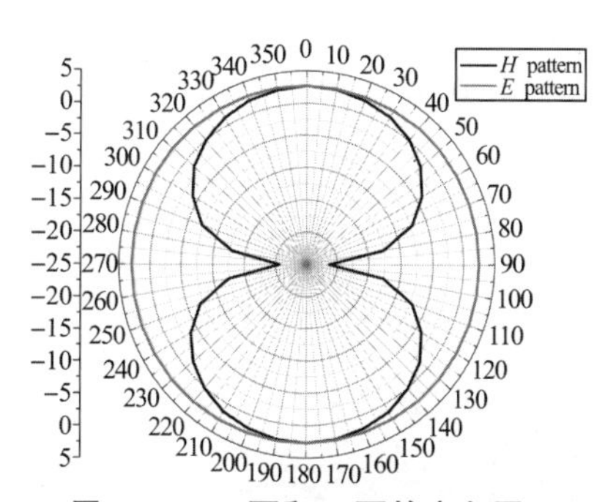

图 2-47　*H* 面和 *E* 面的方向图

第二章　对称振子线天线及其变形

2.4.2 蝙蝠天线的优化和改进

为进一步改善天线的方向图进而满足 RFID 天线全向辐射的性能要求，如图 2-48 所示对蝙蝠偶极子天线进行了改进。该天线的尺寸定为 45 mm×35 mm，其为无源馈电，依靠芯片的感应电流进行馈电。

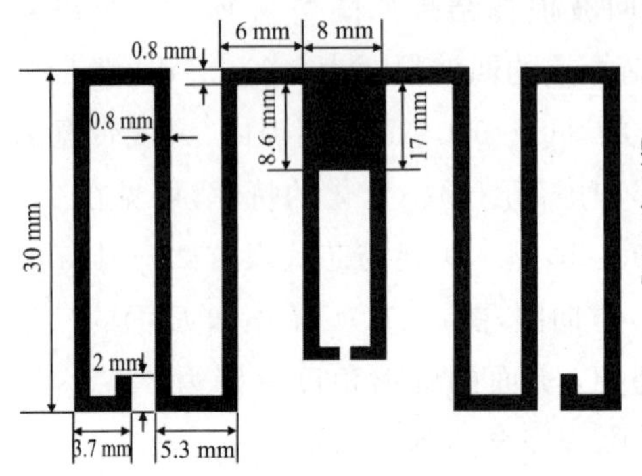

图 2-48　改进后的蝙蝠偶极子天线

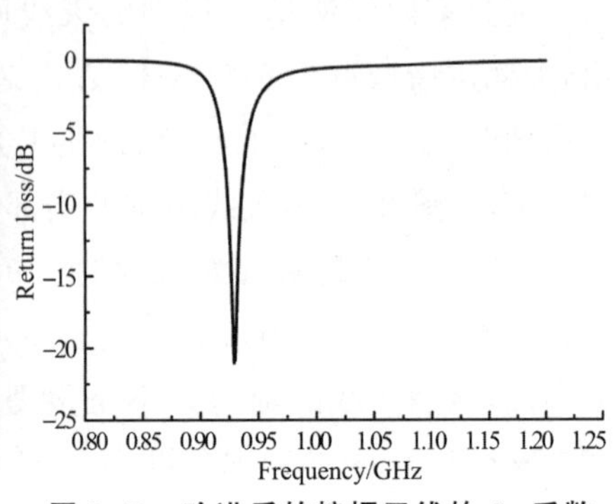

图 2-49　改进后的蝙蝠天线的 S_{11} 系数

仿真得到的天线回波损耗结果如图 2-49 所示。可见改进后的蝙蝠偶极子天线其谐振频点为 928 MHz，S_{11} 系数为 −30.16 dB，频带宽带为 12 MHz，位于 922～934 MHz 范围内。图 2-51 和 2-52 较为详细地反映了改进后的蝙蝠天线的方向图情况，E 面基本为全向辐射，H 面的单瓣的辐射角度接近 120°，也基本满足全向辐射。

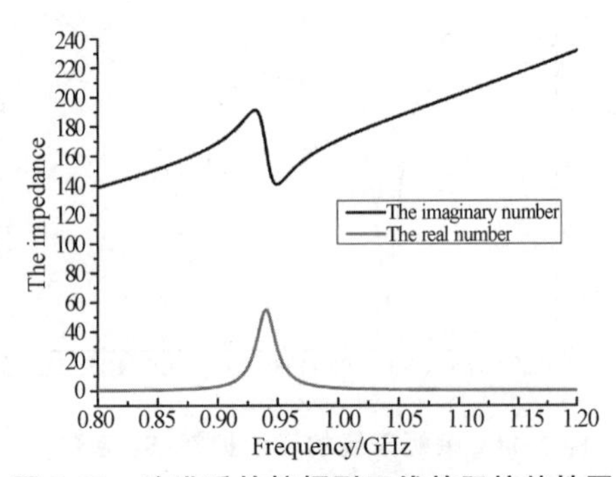

图 2-50　改进后的蝙蝠型天线的阻抗特性图

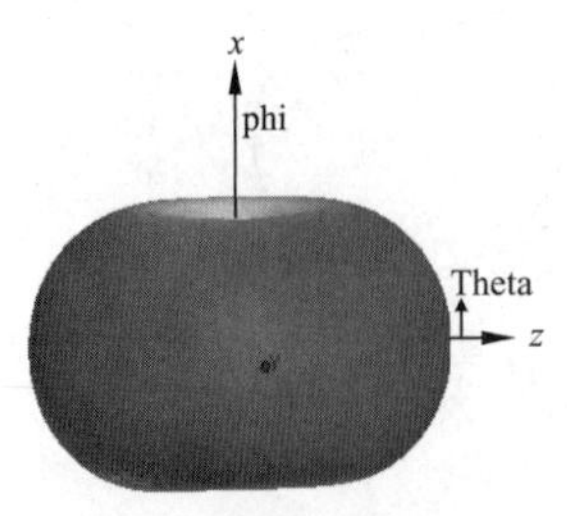

图 2-51　改进后的蝙蝠天线的三维方向图

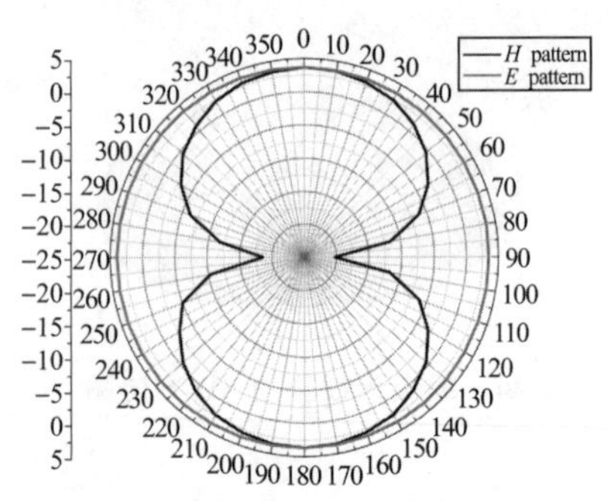

图 2-52　改进后的天线的方向图 H、E 面

对于 RFID 标签天线而言，尤其看重的性能是快速以及较远距离的读取，这就对天线性能中的 S_{11} 系数、方向图两个参数而非带宽性能的要求比较高。这里将改进前后的蝙蝠型天线进行定性对比，如图 2-53 和2-54 所示。可以看出，改进后的 S_{11} 系数比改进前要更低，达到了－30 dB以下，相比而言降低了5 dB(20%)；改进后的辐射基本上纠正了改进优化前的辐射方向不满足全向辐射，在某些角度影响 RFID 读写的情况。唯一不足的是改进前后，标签天线的带宽相比而言有较大幅度的降低，但在实际应用中带宽已经可以满足要求。

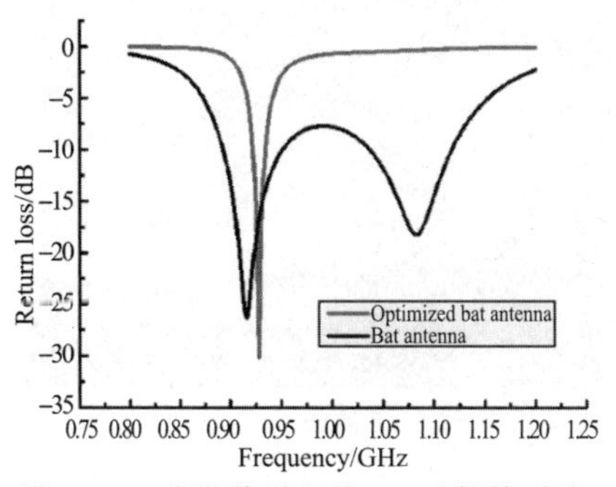

图 2-53　改进前后天线 S_{11} 系数的对比

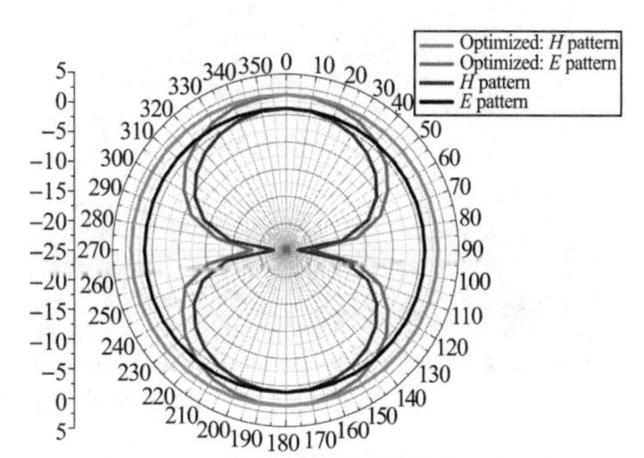

图 2-54　改进前后辐射方向图对比

2.4.3　天线的制作

这两款天线的制作采取的是典型的工艺流程，具体的流程如图 2-55 所示，其中芯片的凸点在封装上有几种功能：①提供了从芯片焊盘到基材的导电通道；②提供了从芯片到基材的导热通道，起到一个将芯片与基材连接的机械固定作用；③提供了空间使得芯片不会与基材导电连接。天线采取的具体制作工艺为蚀刻技术，即将印刷油墨图案已固化的片材浸入蚀刻液中，溶蚀掉未印刷抗蚀油墨层区域的金属，然后再去除薄膜片材天线图案金属层上的抗蚀刻油墨，这样就完成了天线结构的加工过程。这里实际制作了改进优化前后的蝙蝠天线样品，分别如图 2-56 和 2-57 所示。

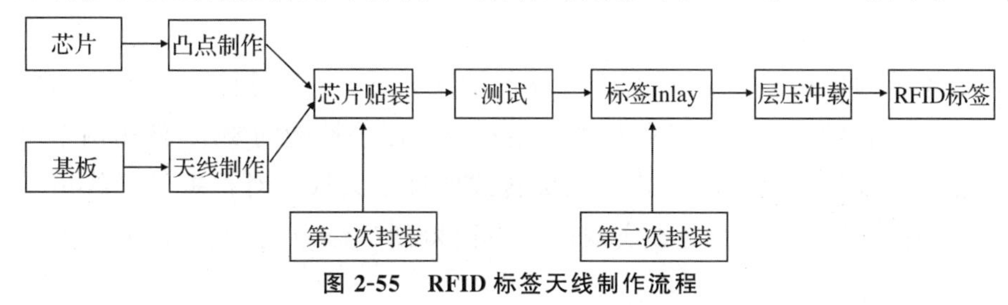

图 2-55　RFID 标签天线制作流程

芯片贴装标签芯片的绑定主要包括两步：一是将芯片准确放置在天线的连接点处，二是连接芯片与天线各自的电学触点。这两个步骤均因为对精度和速度的要求高而显得难度很大，而且随着标签芯片的尺寸越来越小，Philips 的研究发现如果芯片与天线发生相对位移或倾斜，可能对芯片阻抗产生不可忽略的影响，进而影响标签性能。除了需要仔细地进行温度控制外，对于不同的基板还需要采用不同的工艺，譬如通常的焊接工艺对聚合厚膜无效，这就要求额外的设备与工艺，进而增加标签成本。

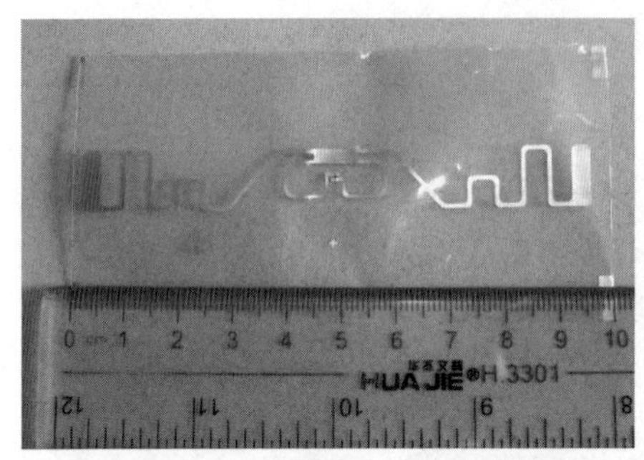

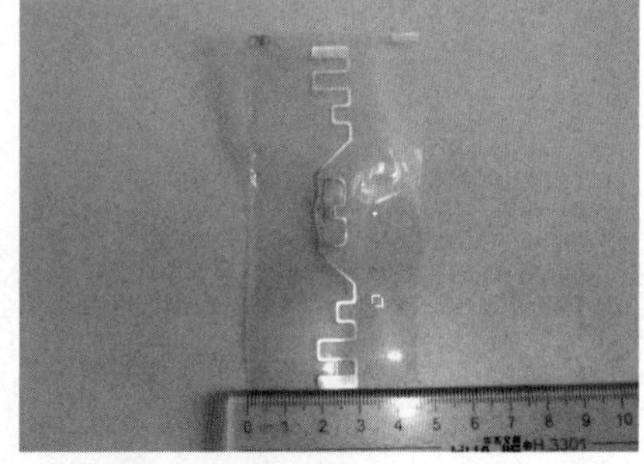

图 2-56　实际制作的改进优化前的蝙蝠天线样品

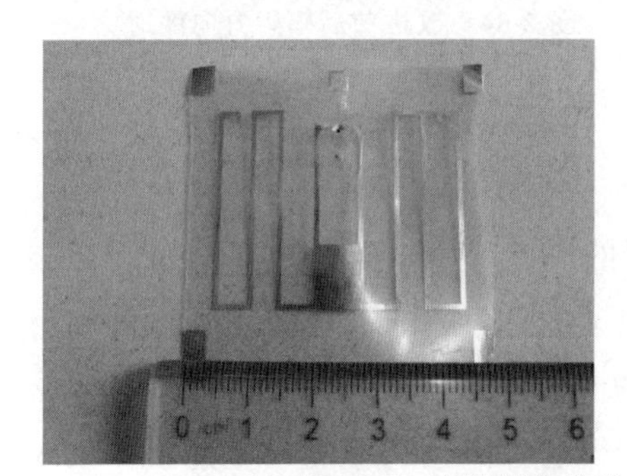

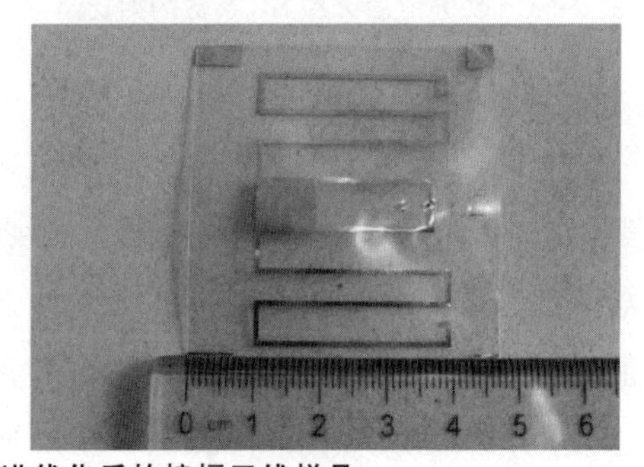

图 2-57　实际制作的改进优化后的蝙蝠天线样品

2.5　旋转式偶极子车载天线

本节为应用于车载卫星接收设备设计天线，基于对称振子天线的原理，为了满足双频工作、极化特性和增益方向图等性能的要求，使用两个对称振子天线十字交叉的方式形成旋转式偶极子天线。对称振子天线由于其效率高、结构简单和易于实现的优点而得到广泛应用，但其性能对天线的物理长度非常敏感，尺寸的缩减会引起天线阻抗不匹配、效率低下和频率变窄等。随着天线技术的发展，对天线的小型化有了更高的要求，传统对称振子天线已经不能满足要求。这里将对天线结构中的辐射臂进行弯折变化，如图 2-58 所示，基于分形几何理论，但不能算是严格依据迭代函数系统(Iterated Function System，IFS)产生分形结构，而是一种广义上的分形天线。具体借助电磁仿真对弯折角为不同角度时的对称振子天线进行研究，再对直边弯折臂圆滑处理，演变成两个 S 形递归分形结构的叠加，再通过进一步设计完成十字旋转式偶极子车载天线设计。

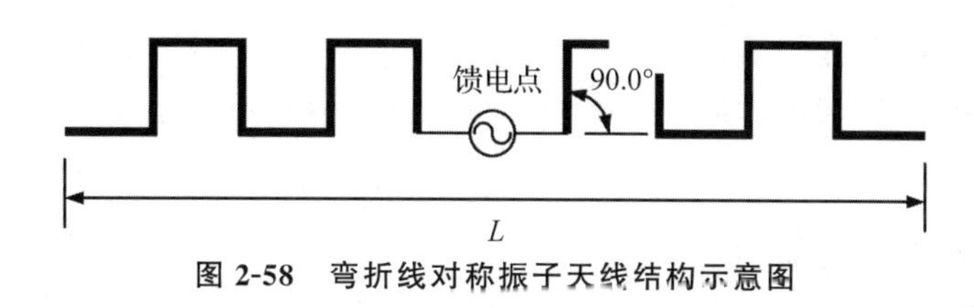

图 2-58　弯折线对称振子天线结构示意图

2.5.1　旋转式偶极子车载天线的结构设计

本次设计的嵌套矩形微带天线具备对称振子天线的优点，利用弯折分形技术在有限的空间上实现小型化，且使用两组天线上下放置来实现北斗卫星对接收天线的双频要求。

因为在两个谐振频率上的天线相对独立，所以采用双馈电的方式。但是采用递归分形技术的对称振子天线依然存在耦合效果，有较低的辐射损耗，有利于提高天线效率；导体是不位于同一平面内的立体天线，所以可以通过封装到汽车顶部，并且有很好的隔离度。

首先通过天线的电流分布对其进行分析，偶极子天线可以看作传输线的一种变形，其电流分布可以从传输线方程来推导。传输线集总参数等效电路如图 2-59 所示，依据基尔霍夫定律有

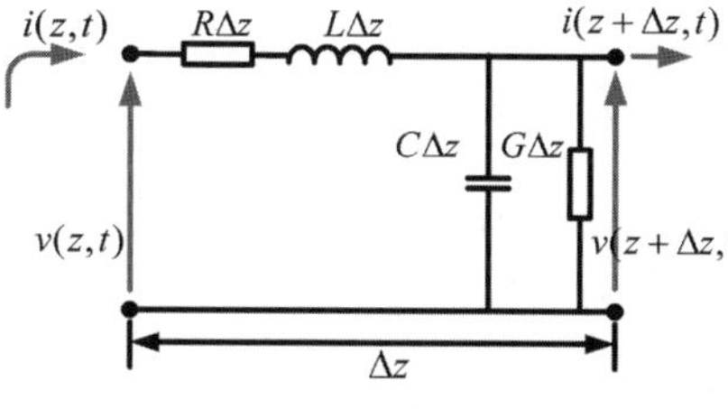

图 2-59　传输线集中参数等效图

$$v(z+\Delta z,t)-v(z,t)=-(R+\mathrm{j}\omega L)\Delta z i(z,t)$$
$$i(z+\Delta z,t)-i(z,t)=-(G+\mathrm{j}\omega C)\Delta z v(z,t)$$

将上式变换可得

$$\frac{dv(z,t)}{dz}=-(R+j\omega L)i(z,t) \tag{2-67}$$

$$\frac{di(z,t)}{dz}=-(G+j\omega C)v(z,t) \tag{2-68}$$

联立式 2-67 和 2-68,可得

$$\frac{d^2 v(z,t)}{dz^2}=(R+j\omega L)(G+j\omega C)v(z,t) \tag{2-69}$$

$$\frac{d^2 i(z,t)}{dz^2}-\gamma^2 i(z,t)=0 \tag{2-70}$$

其中,$\gamma=\sqrt{(R+j\omega L)(G+j\omega C)}$ 。

传输线上的总电压为入射和反射电压的叠加,可表示为

$$v(z,t)=v_+(z,t)+v_-(z,t)=A_1 e^{j\omega t-\gamma z}+A_2 e^{j\omega t+\gamma z} \tag{2-71}$$

由电压公式推出电流为

$$i(z)=\frac{1}{z_0}(A_1 e^{j\omega t-\gamma z}-A_2 e^{j\omega t+\gamma z}) \tag{2-72}$$

传输线特性阻抗为

$$z_0=\sqrt{\frac{R+j\omega L}{G+j\omega C}} \tag{2-73}$$

式中,γ 为传输常数,$\gamma=\alpha+j\beta$,其中 α 为衰减常数,$\beta=\frac{2\pi}{\lambda}$为相位常数,其定义

$$\alpha=\left[\frac{1}{2}\sqrt{(R^2+\omega^2 L^2)(G^2+\omega^2 C^2)}+(RG-\omega^2 LC)\right]^{\frac{1}{2}} \tag{2-74}$$

$$\beta=\left[\frac{1}{2}\sqrt{(R^2+\omega^2 L^2)(G^2+\omega^2 C^2)}-(RG-\omega^2 LC)\right]^{\frac{1}{2}} \tag{2-75}$$

在基本的偶极子天线中可假设其为理想的无损耗情况,即 $\alpha=0$,并且将天线等效为终端开路的传输线,传输线两端阻抗无穷大,则可以给出反射系数公式如下

$$\Gamma=\frac{Z_L-Z_0}{Z_L+Z_0}=\frac{\infty-Z_0}{\infty+Z_0}\approx 0 \tag{2-76}$$

所以 $v_+(z,t)=v_-(z,t)$,考虑天线在时谐场的分布,则式 2-72 可以改为

$$i(z)=\mathrm{Re}\left\{\frac{1}{z_0}(A_1 e^{j\omega t-\gamma z}-A_2 e^{j\omega t+\gamma z})\right\}=\frac{2}{z_0}A_1\sin(\omega t)\sin(\beta z) \tag{2-77}$$

当不考虑时间 t 的因子,并认为天线驻波在 $z=\frac{\lambda}{4}+\frac{n\lambda}{2}$时取得最大值,假

设 I_0 为电流最大值，上式则简化为

$$i(z)=I_0\sin(\beta z) \tag{2-78}$$

偶极子天线的电流分布即由式 2-78 所表示，并且可以利用对称偶极子天线的分布参数得到等效电路图如图 2-60 所示。应该注意到，沿着偶极子天线臂的方向，将每个单位长度臂单元等效为一个阻抗和电感，其分布均匀；而在垂直偶极子天线臂的方向上，对应的每个单位长度臂单元之间距离不等，产生的等效电容参数不相同。图中的虚线框表示略去的部分，最右端电容表示为参数不同电容。

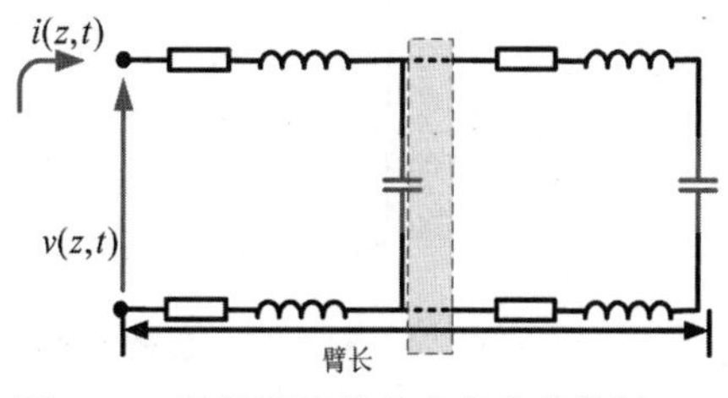

图 2-60　偶极子天线分布参数等效图

天线的基本结构在图 2-61 中给出，使用两个对称弯折偶极子天线十字交叉后组合在一起，既保证天线的辐射性能，又可以缩小天线的物理尺寸。其辐射臂高度 $h=5$ mm，铜臂厚度为 0.4 mm。为方便与测试设备相连接，采用同轴馈电，其阻抗依然按 50 Ω 设计。因此，根据对称偶极子天线的计算理论，由两组长为 64 mm 的弯折偶极子组成低频谐振频率，两组臂长为 44 mm 的弯折偶极子组成高频谐振频率。天线的回波损耗参数如图 2-62 所示，由于天线采用弯折递归分形设计和独立的设计原理，因而天线在两个频点上有很好的隔离度，利于天线实现两个频段的独立调整和优化，并且针对有收发独立要求的北斗卫星接收机是可行的设计思路。

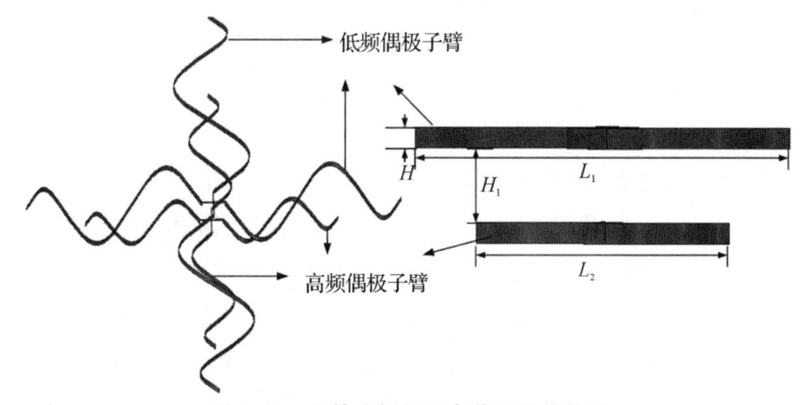

图 2-61　旋转式偶极子车载天线结构图

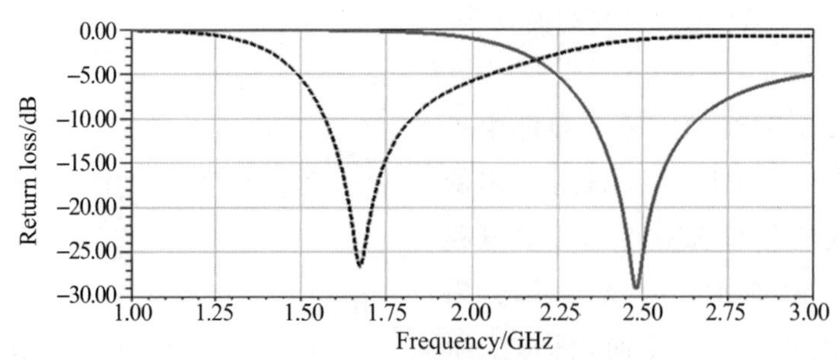

图 2-62　旋转式偶极子车载天线回波损耗参数

图 2-62 为旋转式偶极子车载天线在谐振频率为 1.616 GHz(虚线)与 2.492 GHz(实线)的反射系数仿真值对比图,可以看出原天线在低频处的反射系数小于－10 dB 的带宽范围是 1.570～1.828 GHz,天线在高频处的反射系数小于－10 dB 的带宽范围是 2.350～2.668 GH。在高频部分带宽会更好,北斗卫星天线对反射系数的要求是谐振频率带宽为±5 MHz,说明达到设计目标。

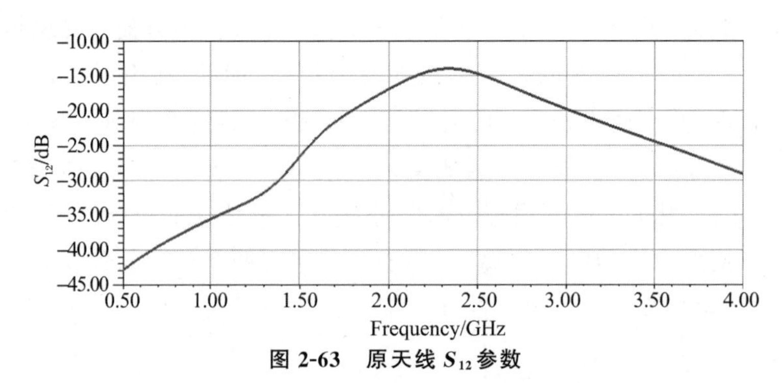

图 2-63　原天线 S_{12} 参数

由图 2-63 可知,天线的 S_{12} 参数对于天线设计要求的两个频段均能达到－15 dB 以下的要求,证明这种结构下的隔离度参数是满足设计要求的。但是,部分频段上没有达到很好的隔离度,原因在于天线的两个贴片辐射会产生感应电感和感应电容,对隔离度有影响,其对应频段的回波损耗很大,这样即便隔离度不好也没有太大影响,因为此段频段是不使用的。

由于旋转式偶极子车载天线是由两个旋转十字交叉偶极子天线组合而成,那么针对两个谐振频率的增益图就可以独立进行增益分析。根据图 2-64 左图中 1.616 GHz 处的增益方向图,可以看到有较好增益场强,达到 3 dB 左右。如果加入镜像反射面会大大提高增益性能,可以类比做偶极子阵列天线。而在右图中,2.492 GHz 处的增益方向图有很好的方向性和

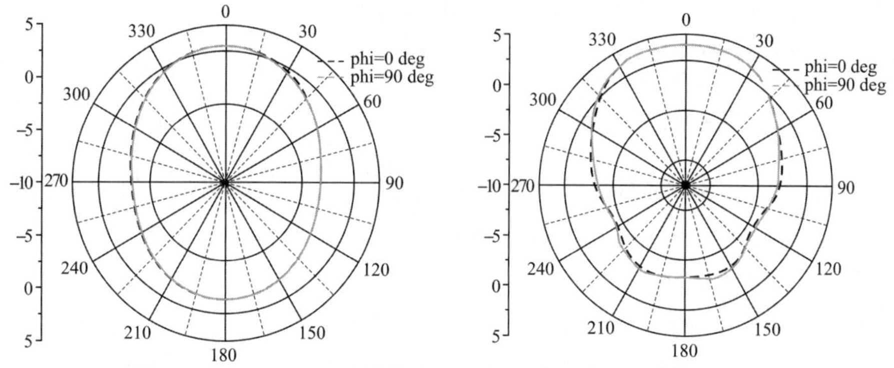

图 2-64　1.616 GHz 处增益方向图与 2.492 GHz 处增益方向图

不错的增益，增益为 4 dB 左右。如果增加镜像反射面同样可以类比做偶极子阵列天线，使天线的理想导体接地板成为电磁波辐射的反射面，使得天线增益性能提高，但是两组旋转式偶极子十字天线之间的距离以及到镜像反射面的距离会大大影响天线的各种指标参数。

图 2-65 为天线回波损耗的仿真和实测结果，可以看出低频处反射系数小于－10 dB 的仿真阻抗带宽为 1.518～1.756 GHz，具有很好的带宽；高频处反射系数小于－10 dB 的仿真阻抗带宽为 2.344～2.684 GHz，也具有很好的带宽，优于目前的偶极子天线。实测低频处阻抗带宽为 1.52～1.69 GHz 以及高频处阻抗带宽为 2.43～2.54 GHz，较仿真阻抗带宽有所减小，并且在 2.492 GHz 处的回波损耗为－16 dB 左右，相比于仿真性能明显弱化，在实际系统中这是允许的范围。从仿真结果看，天线在阻抗匹配方面达到要求，通过十字弯折偶极子的递归分形结构，改善了振子体与接地面之间以及振子间的电流耦合作用，降低了两谐振点之间的电抗成

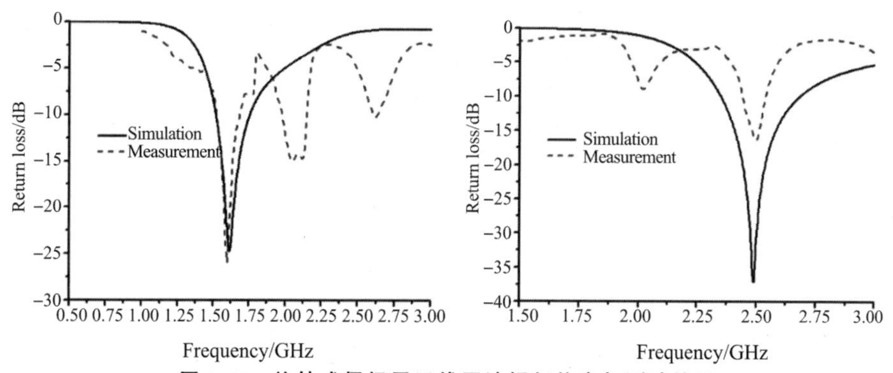

图 2-65　旋转式偶极子天线回波损耗仿真与测试结果

分，使天线在工作带宽内谐振点之间的反射系数均小于－10 dB，且有很好的隔离度和小型化的优点。

2.5.2　弯折辐射臂性能分析

天线中影响阻抗特性的因素有很多，这里主要分析偶极子臂弯折递归分形技术这个主要因素对天线阻抗特性的影响。本系列天线设计可以分为两种，分别为Z形递归分形对称偶极子天线和S形递归分形对称偶极子天线。这里只讨论Z形递归分形对称偶极子天线，因为两种分形原理类似。那么在其他参数取最优尺寸情况下，改变分形对称偶极子天线臂上分形结构偏离直线臂的距离 K_1、K_2、K_3（如图 2-66），Z形递归分形对称偶极子天线阻抗特性随 K_1、K_2、K_3变化如图 2-67 所示。从图中可以看出，当 K_1为 0 mm 时，谐振频点在 1.71 GHz 附近，随着缝隙 K_1不断递增，谐振频段的偶极子辐射臂的物理长度是相对递增的，也就是说辐射臂的长度增加对应的谐振频率应该减小；K_1在 0～10 mm 间变化时天线谐振点有明显降低，也就是说可以通过增加 K_1使天线尺寸减小。但是不断加大其弯折高度会使阻抗匹配变差，所以选择 K_1为 7 mm 时 S_{11}在－20 dB 左右，又能有效减小天线的尺寸，说明弯折分形宽度一定时，可以有效地减小对称振子天线的尺寸，故取 7 mm 作为最佳尺寸。

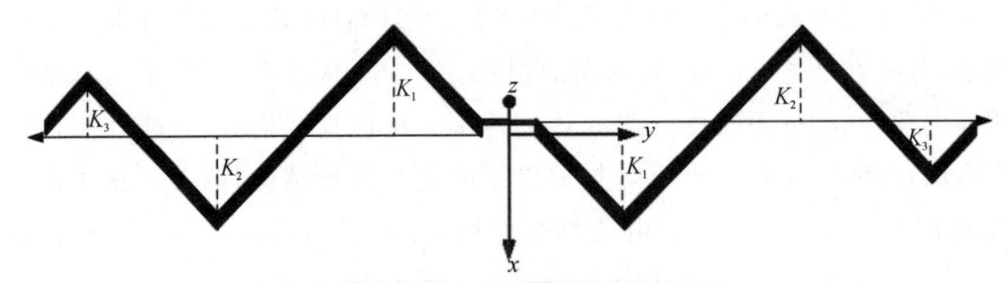

图 2-66　Z形递归分形对称偶极子天线

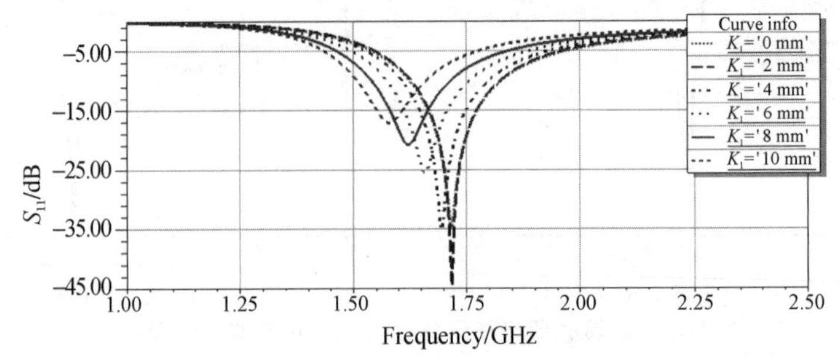

图 2-67　Z形递归分形对称偶极子天线变量 K_1 对比 S_{11} 参数

同理可知，弯折天线第二个弯折处高度 K_2，Z 形递归分形对称偶极子天线阻抗特性随 K_2 变化如图 2-68 所示。从图中可以看出，当 K_2 为7 mm 时，谐振频点在 1.64 GHz 附近，同样考虑小型化和阻抗匹配的平衡，在 K_2 为 7 mm 时最佳。进而分析弯折天线臂上的第三个弯折处高度 K_3，Z 形递归分形对称偶极子天线阻抗特性随 K_3 变化如图 2-69 所示。从图中可以看出，随着变量 K_3 从 0 mm 到 5 mm 变化时，回波损耗的参数没有改善或变差，只是谐振频率发生变化，说明弯折分形结构的天线的阻抗匹配主要影响因素是前两个弯折处的高度。

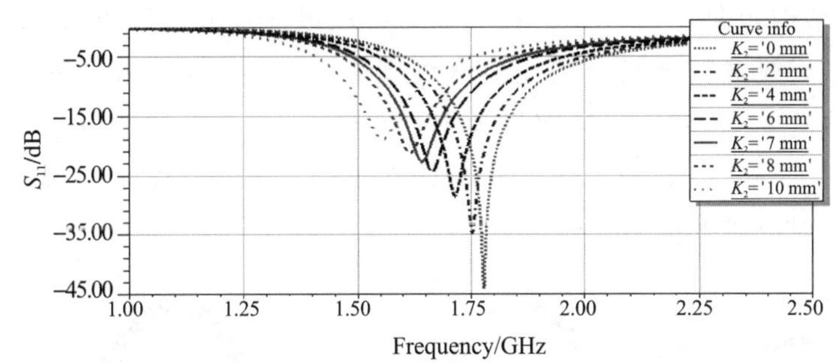

图 2-68　Z 形递归分形对称偶极子天线变量 K_2 对比 S_{11} 参数

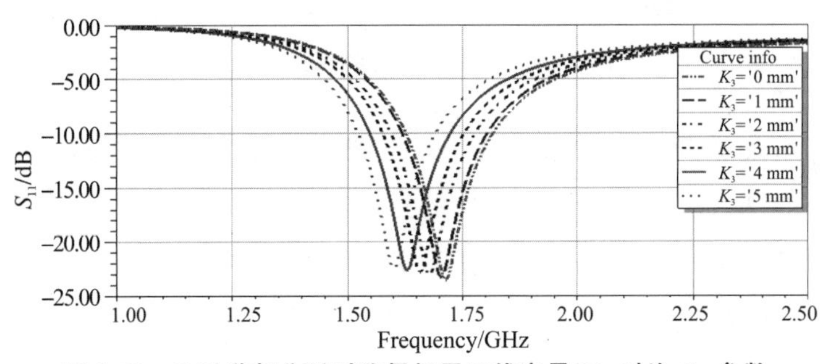

图 2-69　Z 形递归分形对称偶极子天线变量 K_3 对比 S_{11} 参数

在天线其他条件不变的情况下，Z 形递归分形对称偶极子天线在 y 轴长度为 64 mm 时其谐振频率为 1.644 GHz，那么去除弯折分形后基本结构的对称偶极子天线长度为 82 mm，证实 Z 形递归分形可以实现小型化设计。在增益方面，随着递归分形的变化，天线增益性能在分形后要比分形前略差，但是影响不大。

2.5.3　旋转式偶极子车载天线的实现

天线使用 Z 形递归分形单元得到很好的小型化效果，但简单的折线有可能引入阶梯不连续，因此可以考虑渐变的压缩方法提升系统性能，如通过在天线辐射臂添加S形递归分形的方式达到天线小型化的特性。添加S形递归分形可有多次递归分形结构，使用分形结构可以有效地增加电流路径，并且凭借耦合的方式在边缘上产生感应电流。与传统分形改进类似，随着分形递归次数的增加，性能平滑变得越好的同时，加工的复杂程度及尾端效应也会增加，使得综合性能反而变差，综合分析后，较佳的是用两次递归分形，兼顾耦合电流及小型化效果因素。

在Z形递归分形偶极子天线的基础上，设计一种S形递归分形偶极子天线，其结构如图2-70所示。在其他参数取最优尺寸情况下，改变分形对称偶极子天线臂上分形结构偏离直线臂的距离 K_1、K_2、K_3，按北斗卫星接收天线的要求，将中心频率设为1.616 GHz，取S形递归分形单元尺寸如下：$K_1=7$ mm，$K_2=7$ mm，$K_3=3.5$ mm。这时天线回波损耗最优且实现锁定对应谐振频率。

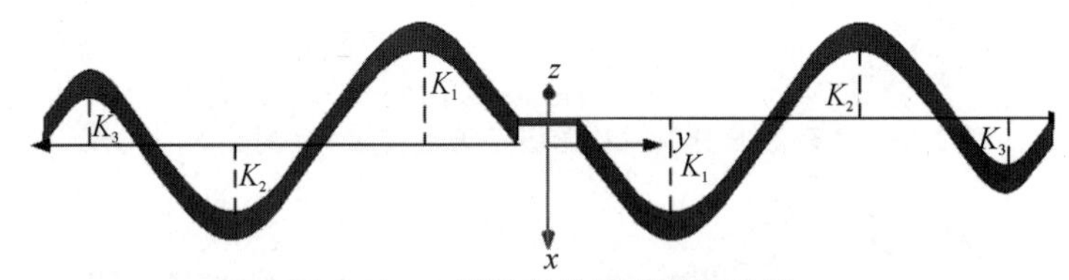

图 2-70　S形递归分形偶极子天线

添加S形递归分形的天线其等效电路模型如图2-71所示，其中 Z_{in} 为天线输入导纳，L_k 为分形结构产生的感应电感，C_k 为分形结构产生的感应电容。由图可以看到，加入S形递归分形单元后，相当于加入一个 C/L 谐振电路，对偶极子辐射臂来说，这使得天线阻抗发生变化，输入阻抗变小，这也是分形使得天线的匹配更加容易的原因所在；而等效电感对应于实际

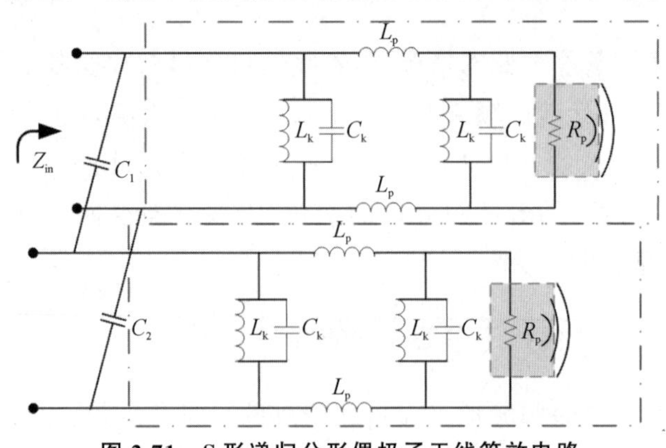

图 2-71　S形递归分形偶极子天线等效电路

天线中的弯折边，因为弯折边对电流的流通来说，起到阻碍电流的作用，电流方向的改变会导致电场能量的抵消和损耗。电流通过电感时，也会产生轻微的损耗，对比分形前后天线两个谐振频率的增益极大值，可以看出添加分形结构会对谐振边缘处电流产生微扰，恰当的设计可使得对应等效电路谐振频率下降，相当于延长天线的电长度，从而达到减小尺寸的目的。

图 2-72 为 S 形递归分形天线回波损耗的实测、仿真结果以及与 Z 形递归分形对比。从图可以看出，添加 S 形递归分形单元后，与 Z 形递归分形对比可知，天线谐振频率部分辐射性能略微变差；优点体现在谐振频率从 1.644 GHz 降至 1.592 GHz，说明 S 形递归分形结构有更好的小型化效果。实测天线谐振频率较好，谐振频率在 1.616 GHz 满足性能指标要求；但是由于加工精度差和外界环境影响天线辐射性能，实测天线在阻抗带宽上明显比仿真差，其实测带宽为 1.57～1.67 GHz。对比不同分形结构的两种类型天线，阻抗匹配变化明显，这种情况形成的原因主要是分形后边缘曲流效应明显，增加电流路径；同时在分形结构之间产生耦合现象，在前面等效电流部分已经分析过其原理，从而实现天线小型化设计的初衷。

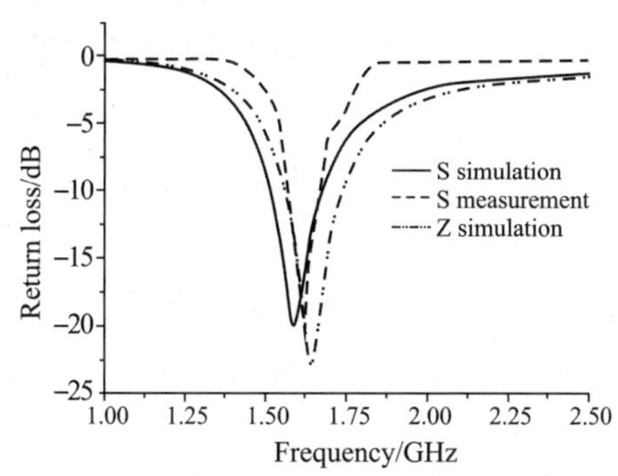

图 2-72　两种类型递归分形天线回波损耗仿真与测试对比图

图 2-73 为两种递归分形结构天线的增益仿真结果。可以看出，两种递归分形结构在谐振频段上对增益均有所弱化，S 形递归分形天线在谐振频段的增益为 2.35 dB，Z 形递归分形天线在谐振频段的增益为 2.8 dB，总体增益效果仍有调节余地。增益的差异主要是由两种递归分形结构天线自身的耦合差异造成，因为递归分形结构添加使天线辐射臂的电流分布在第一个弯折处较强，偶极子天线臂外端电流较弱，相比于基本偶极子天线阻抗增加，且分形结构在远场的辐射由于弯折在 x 轴方向有所抵消，对于电流的分布改变较大。对于增益的控制，也可以采用传统十字天线加电磁

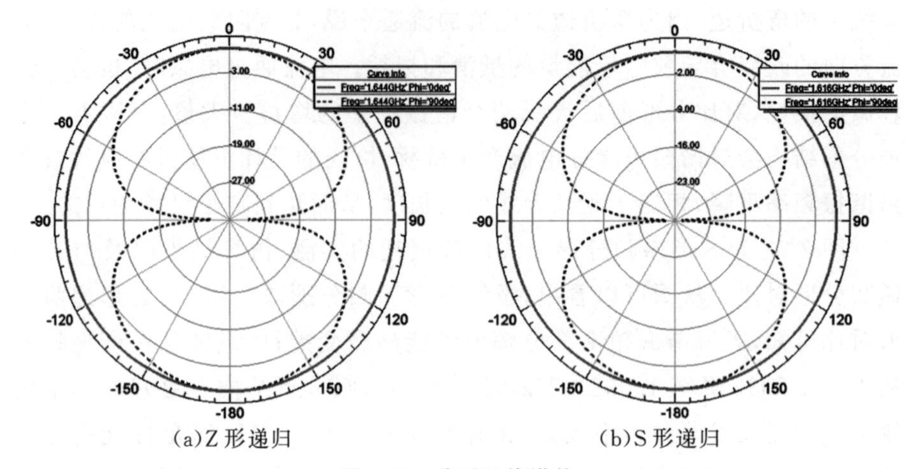

(a)Z形递归　　(b)S形递归

图 2-73　分形天线增益

反射面技术。

2.5.4　旋转式偶极子单频点天线实现

为了满足北斗系统天线双频工作需求，这里以S形递归分形偶极子天线为基础，使天线形成交叉十字结构，这样做的目的是实现天线圆极化特性，天线结构如图2-74所示。先进行十字结构的S形递归分形偶极子天线性能分析，再通过加载反射镜面实现增益优化和小型化设计，设计的天线单元谐振频率锁定为1.616 GHz。为讨论方便，下文中使用旋转式偶极子天线命名这类天线结构；而北斗高端谐振频率2.492 GHz的十字S形递归分形偶极子天线原理上与低频天线设计继续一致，只需要按比例缩放即可。

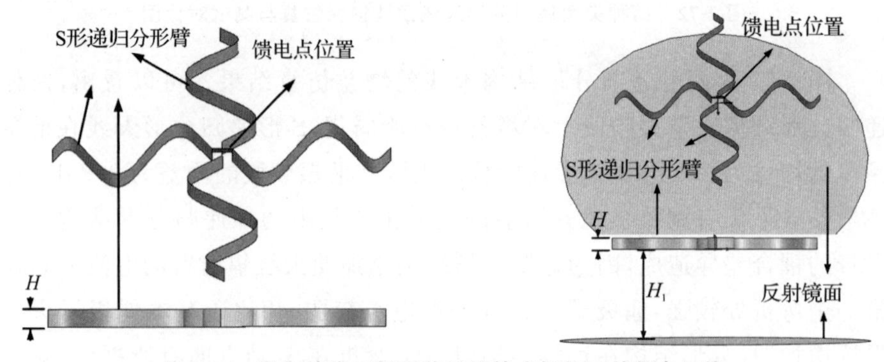

图 2-74　添加镜像反射面前后旋转式偶极子单频点天线

S形递归分形结构相当于在基础偶极子天线上增加了分布加载的电磁耦合效果，那么在等效电路就相当于并联电感电容，在完善的十字旋转式结构上又会引入新的耦合电容和耦合电感。基本偶极子臂可以认为是单位长度微带线结构，其可以等效为串联电感，那么两个偶极子悬臂之间不同位置的单位长度微带线段之间又会有不同大小的耦合电容，可以等效为并联电容。引入递归分形结构，对辐射臂产生电容电感耦合效果，结合曲流效应可以有助于小型化设计。复杂的分形递归可以引入众多的空间调节参数，在不影响设计复杂度的情况下有希望从更多可调因素上提升天线系统的性能，相关机理有待进一步提炼。实际电抗变化初步结果如图 2-75。

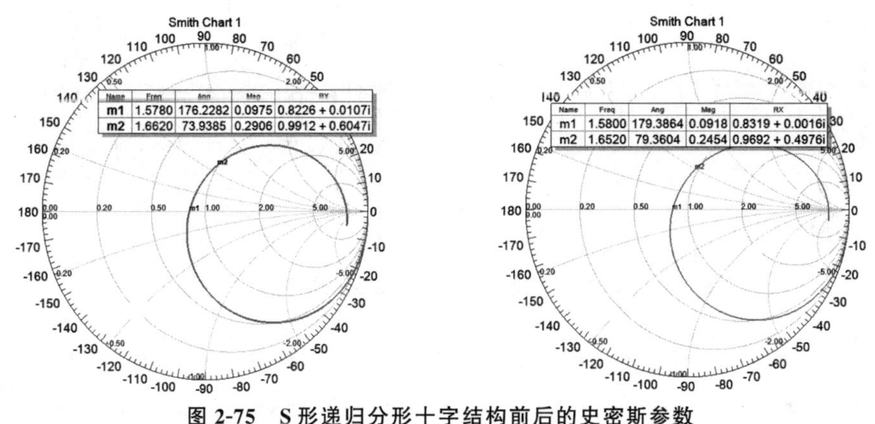

图 2-75　S形递归分形十字结构前后的史密斯参数

这种设计的改进效果是十分明显的：与原基本十字天线相比较，天线的尺寸从偶极子长 81 mm 减小到 64 mm，证明递归分形结构可以实现小型化设计；通过馈电点的相位可以实现天线圆极化特性，并且可以通过改变相位差（提前 90°或滞后 90°）来调整天线谐振频率上的左圆极化或右圆极化。对于增益提升，采用传统反射面提升技术：首先进行无镜像反射面大的旋转式偶极子天线分析，从添加 S 形递归分形后天线的等效电路可知，偶极子天线的辐射臂可以等效为电感 L_p和天线阻抗 R_p的串联，电感 L_p的大小与天线的结构有关，两个辐射臂之间的耦合用等效电容 C_1、C_2表示；而添加 S 形递归分形结构可相当于在偶极子等效电路中并联耦合电感 L_k和耦合电容 C_k。由于递归分形结构设计合理，因而降低了耦合的电容效应，从而降低了品质因数 Q 值，增加了等效电长度。

图 2-76 给出旋转式偶极子单频点天线回波损耗及增益参数，可以看

到天线回波损耗参数可以达到－30 dB,说明天线具有很好的阻抗匹配特性,这是添加S形分形递归结构改善阻抗的结构,并且锁定在北斗卫星要求的低频谐振点上以及满意的带宽。天线增益方向图说明可以实现全向辐射,其增益为2 dB左右。这是由于添加递归分形结构导致电流分布发生改变,在边缘处产生耦合作用,虽然满足天线小型化和阻抗匹配的要求,但是付出增益减小的代价。同样,适用于十字交叉的结构利于实现天线的圆极化设计,却更加剧天线之间的电磁扰动,这些扰动会影响到天线的增益性能,说明天线增益有待提高和改善。

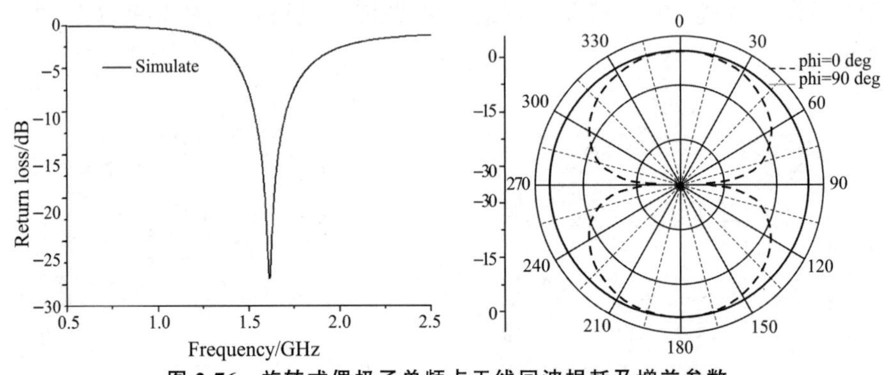

图 2-76　旋转式偶极子单频点天线回波损耗及增益参数

为解决增益不佳的问题,这里尝试采用添加镜像反射面技术,从而优化天线增益方向图性能。添加镜像反射面的原理是取1/4波长的整数倍为镜像反射面到天线的距离 H_1,这里的波长是根据谐振频率算出的,这样就可以形成虚拟的旋转式偶极子阵列,大大增加了天线的辐射能力。由图2-77左图中回波损耗性能参数可知,在低频谐振频率上天线的回波损耗性能又得到提升,接近－40 dB。右图为添加镜像反射面前后的天线增益方向图,依据仿真数据可知,改进天线的增益为8.51 dB,验证了这种镜

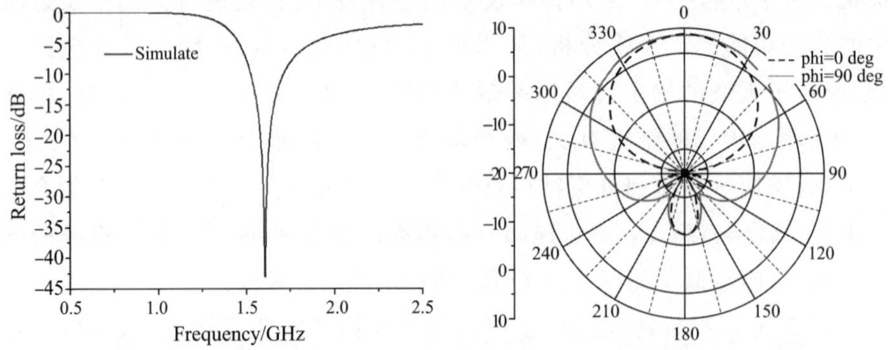

图 2-77　添加镜像反射面旋转式偶极子单频点天线回波损耗及增益参数

像反射面技术与递归分形技术结合设计的旋转式偶极子天线是值得信赖的和性能优越的小型化天线。

为更加直观地对比添加镜像反射面前后的性能差异，给出3D增益效果图如图2-78所示，并且镜像反射面还可以进一步缩减旋转式偶极子尺寸，这里并没有把镜像反射面的尺寸算入，因为本次设计的天线目的是设计一款用于车载导航系统上的终端定位天线，汽车顶部就是天然的镜像反射面。

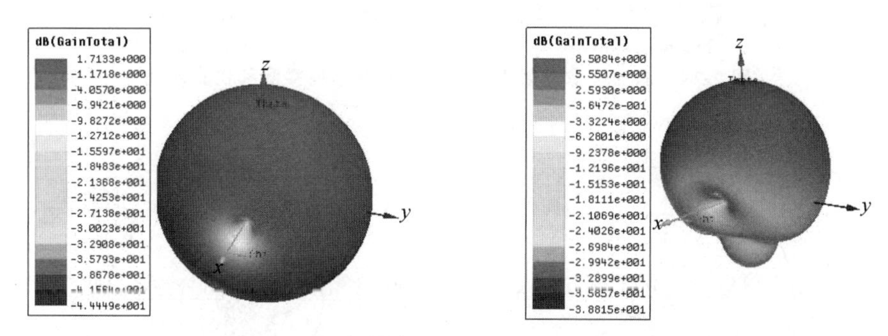

图2-78　添加镜像反射面前后天线增益参数

2.5.5　旋转式偶极子天线的性能对比分析

首先，给出旋转式偶极子天线的谐振频率在1.616 GHz处与2.492 GHz处的回波损耗对比图(如图2-79所示)。其中包括：没有加载镜像反射面的旋转式偶极子天线的仿真回波损耗，图中用虚线表示，命名为S simulate；加载镜像反射面的旋转式偶极子天线的仿真回波损耗，图中用实线表示，命名为Rel S simulate；加载镜像反射面的旋转式偶极子天线的实测回波损耗，图中用虚点线表示，命名为Measurement。可以看出，加载镜像反射面后天线在高频和低频处的谐振频率均有所下降，这样就说明具有小型化作用；并且从仿真数据可以看出天线回波损耗不错，但是对比实测数据发现，天线高频处的回波损耗明显大于仿真数据，分析原因主要是由于加工过程中采用的同轴线馈电，同轴线的长度决定天线的输入阻抗匹配的好坏。同时，由于辐射臂加工不够精细，因而天线本身阻抗也与仿真中有所差异，使天线性能衰减，实测天线满足卫星通信的设计要求。从实测曲线可以看出，天线激励起高频的谐振频率，原因是仿真中是理想情况，不存在天线辐射臂与同轴线之间形成辐射的情况，但是这在实际中是常常存在的，并且实际环境中会有物体发射电磁波和其他信号源干扰天线正常工作。综上所述，实测旋转式偶极子天线形成多峰是合理的。

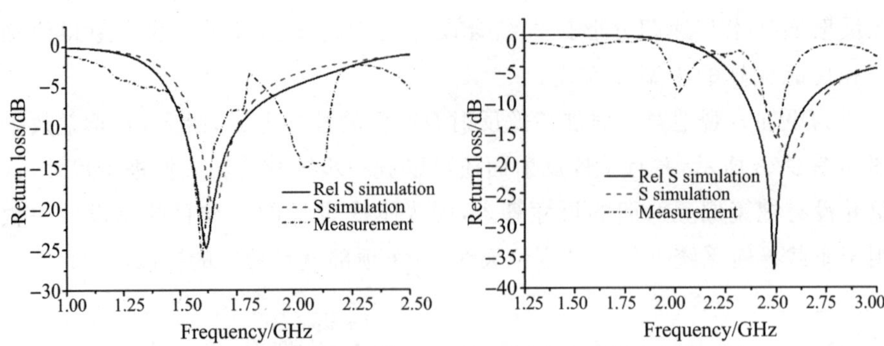

图 2-79　添加镜像反射面前后天线回波损耗实测和仿真对比

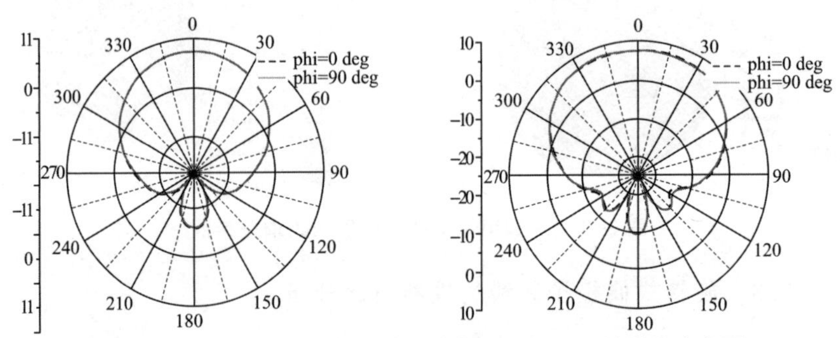

图 2-80　1.616 GHz 处增益方向图与 2.492 GHz 处增益方向图

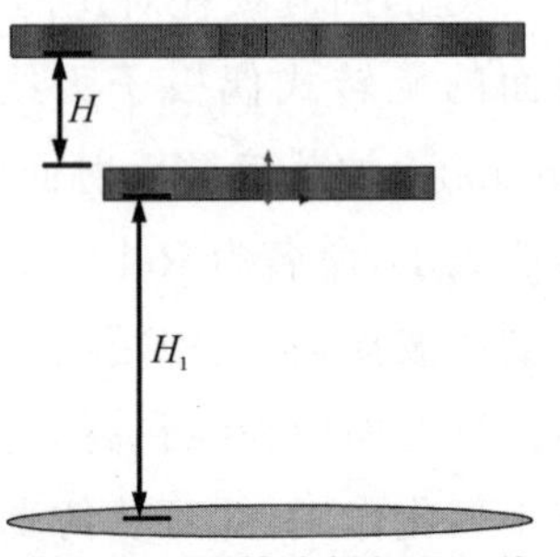

图 2-81　旋转式偶极子天线

下面针对天线增益性能进行分析，由图2-80可知，同样的旋转式偶极子车载天线在没有镜像反射面的情况下，低频(1.616 G)和高频(2.492 G)处的增益分别为 3 dB 和 4 dB 左右。那么增加镜像反射面可以把旋转式偶极子天线类比为偶极子阵列天线，使天线的理想导体接地板成为电磁波辐射的反射面，使得天线增益性能进一步提高，并且回波损耗也得到优化；但是两组旋转式偶极子十字天线之间的距离以及到镜像反射面的距离会大大影响天线的各种指标参数。为达到最优性能，如图 2-81 中取 $H=1.6$ cm，$H_1=3.6$ cm，这时可以达到性能最优，加载镜像反射面后的天线增益参数有很大的提升，低频处增益在 8 dB 以上，高频处的增益在 6.7 dB 以上。阻抗匹配和增益性能有很多影响因素，如果 H_1 发生变化或是 H 变小，会使镜像产生的虚拟偶极子天线对整体产生干扰，不但无法提高增益，反而会使天线阻抗匹配大幅下降，这是在实测和仿真中得到验证的推测。

最后，从轴比性能验证天线圆极化特性。由图 2-82 可知，在 phi 角分别为 0°和 90°时，天线在低频 1.616 GHz 处和高频 2.492 GHz 处均实现圆极化特性。这说明使用相位差 90°的同轴馈电可以实现圆极化特性，在理论上早已得到证实，这里通过实验数据证实设计的可行性。那么，两个谐振频率同时工作会使天线产生互扰，这是由于辐射臂之间、振子体之间以及和镜像反射面之间均会产生互耦现象，使电磁环境变复杂，增加串扰的可能性。

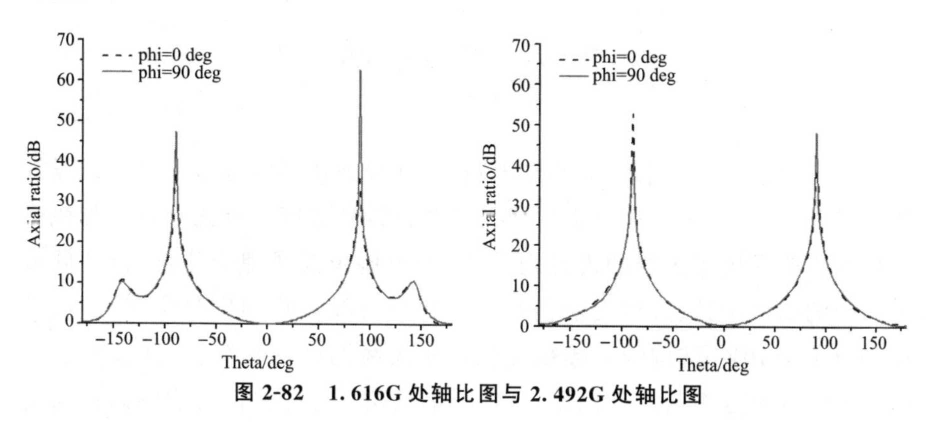

图 2-82　1.616G 处轴比图与 2.492G 处轴比图

从图 2-83 所示的天线传输系数仿真和实测结果看，传输系数的仿真数据在北斗卫星定位系统要求的低频 1.616 GHz 处小于－15 dB，满足天线隔离度要求；其在高频 2.492 GHz 处小于－12 dB，基本满足天线隔离度要求。在高频处传输系数不是很理想，对应回波损耗参数只有高频旋转式偶极子单频天线有谐振，而且有串扰现象，这是由于辐射臂之间、振子体

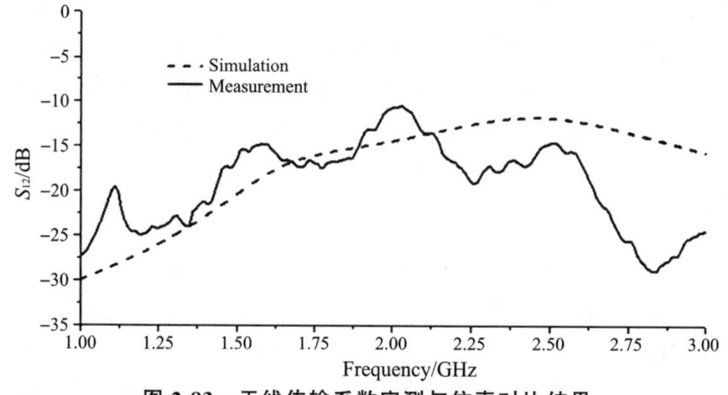

图 2-83　天线传输系数实测与仿真对比结果

之间以及和镜像反射面之间均会产生互耦现象，使得电磁环境变复杂，增加串扰的可能性，在实际应用中这是允许的范围。实测传输系数的较差频段向低频偏移，偏移原因跟前文分析一致，其手工加工精度远低于仿真建模，例如S形递归分形结构的平滑度就有很大差异和误差，加之测试环境并非微波暗室从而增加干扰的可能性。但通过尺寸微调可以实现设计要求，并且北斗卫星定位系统要求的谐振频段有很好的隔离度，S_{12}控制在－20 dB左右。

2.6 本章小结

本章通过应用在RFID、移动通信、北斗导航体系等领域中的天线设计实例，探讨了最基本的振子类天线及其改进设计方案。首先介绍了带镜像结构的折叠偶极子天线的设计与分析，涉及偶极天线理论分析、折叠偶极子天线的结构设计、天线性能仿真与分析以及线实物制作与实测分析；其次介绍了带PBG结构的双频螺旋偶极子天线的设计与分析，涉及螺旋偶极子天线理论分析与结构设计、天线性能的仿真与分析以及实物制作与实测分析；接着又提供了双频镜像分形偶极子天线的设计实例，探讨了平面镜像结构对天线特性的影响。此外，也通过基于3/2 Curve的双频镜像偶极子天线的仿真设计，给出了分形及镜像多技术结合的思路。随后还提供了基于PET材料的RFID标签天线的设计实例，主要是蝙蝠型超高频电子标签天线的设计与仿真及其宽带化优化改进和制作。最后针对旋转式偶极子车载天线的设计实例，围绕结构设计、弯折辐射臂性能分析、车载天线的实现、单频点天线实现以及性能对比分析几方面展开了讨论。全部样例均源于系列专利技术，这些技术也是现代天线小型化设计、方向增益、相位及极化控制的有效参考手段，并正在不断的发展完善之中。

参考文献

［1］Baiqiang You, Tuanhui Xue, Yang Zhao, et al. A dual-band S-shaped fractal orthogonal dipole antenna for vehicular navigation systems, Electromagnetic Compatibility (APEMC), 2015 Asia-Pacific Symposium on, 2015:158-161.

［2］Jianhua Zhou, Yong Luo, Baiqiang You, et al. Three to two curve fractal folded dipole antenna designed for RFID application. Microwave and Optical Technology Letters.

2010, 52(8):1827-1830

[3]Bin Lin, Jianhua Zhou, Baiqiang You. A dual-frequency ceramic spiral antenna with rectangle PBG structure array used for modern RFID system. Proceedings of the 2nd International Conference on Wireless, Mobile and Multimedia Networks, ICAWMMN'08, Oct. 12-15, 2008

[4]汤伟,林斌,周建华,等. 一种小型化 RFID 标签天线的仿真设计. 厦门大学学报, 2008,47: 50-54

[5]游佰强,林斌,周建华,等.射频识别系统矩形阵列光子带隙陶瓷平面螺旋双频带天线.中国国家发明专利 200810071310.7.

[6]汤伟. RFID 天线设计与实现. 厦门大学硕士学位论文,2008.

[7]赖小伟. 电子标签油墨天线制作与 Inlay 封装的研究. 华中科技大学硕士学位论文,2008.

[8]信息产业部.800/900MHz 频段射频识别(RFID)技术应用规定(试行)[R].北京:信息产业部,2007.

[9]中国科技部等.中国射频识别(RFID)技术政策白皮书.北京:中国科技部. 2006.

[10]陈浩,游佰强.蓝牙微带天线的设计和仿真.厦门大学学报,2005,44:307-331.

[11]付云起,袁乃昌,温熙森.微波光子晶体天线技术.北京:国防工业出版社,2006.

[12]闻映红.天线与电波传播理论.北京:清华大学出版社,2005:67-68.

[13]卢万铮.天线理论与技术.西安:西安电子科技大学出版社,2004:23-24,68-71.

[14]Jin Au Kong 著.吴季译.电磁波理论.北京:电子工业出版社,2003:155-157.

[15]林昌禄.天线工程手册.北京:电子工业出版社,2002:463-464.

[16] Fu Y Q, Zhang G H, Yuan N C. A PBG microstrip line with fractal characteristics. Aeta Electronica Sinica. 2002, 30(6): 913-915.

[17]Y. Lee. Antenna circuit design for RFID applications. Microchip Technology Inc., Application Note AP710. 2003.

[18]J. Anguera, C. Puente, J. Soler. Miniature monopole antenna based on the fractal Hilbert curve. IEEE International Symposium on Antennas and Propagation Digest. 2002, 4: 546-549.

[19]J. Zhu, A. Hoorfar, N. Engheta. Feed point effects in Hilbert curve antennas. IEEE International Symposium on Antennas and Propagation and USNC/URSI National Radio Science Meeting URSI Digest. 2002: 373.

[20]Cohen. (Unsigned) Fractal antenna white paper. Fractal Antenna Systems. Inc., 1999.

[21]M. Thevent, C. Cheype, A. Reineix, et al. Directive photonic-bandgap antennas. IEEE Transations on Microvave Theory and Technigues., 1999, 47(11):2115-2122.

[22]Yasushi Horri, Makoto Tsutsumi. Suppression of the harmonic radiation from

the PBG microstrip antenna.1999 IEEE MIT-S, 724-727.

[23]Qian Y, Coccioli R, Sievenpiper D, et al. A microstrip patch antenna using novel photonic band-gap structures. Microwave J. 1999, 42(1): 66-76.

[24]C. Puente, J. Romeu, R. Pous, et al. Small but long koch fractal monopole. Electronics Letters. 1998, 34(1): 9-10.

[25]C. Puente, J. Romeu, R. Pous, et al. On the behavior of the Sierpinski multiband fractal antenna. IEEE Transations on Antennas Propagation. 1998, AP-46: 517-524.

[26] Cohen. Fractal antenna applications in wireless telecommunications. IEEE Electronics Industries Forum of New England. 1997: 43-49.

[27]C. A. Balanis. Antenna theory: analysis and design (2nd ed.), John Wiley & Sons Inc., 1997.

[28]D. H. Werner, P. L. Werner. Frequency independent features of self-similar fractal antennas. Radio Scienee.1996, 31(6):1331-1343.

[29]Kesler M P, Maloney J G, Shirley B L. Antenna design with the use of photonic bandgap materials as all dielectric planar reflectors. Microwave and Optical Technology. Letters. 1996, 11(3): 169-174.

[30] Ellis T J, Rebeiz G M. MM-wave tapered slot antennas on micromachined photonic bandgap dielectrics. IEEE MIT-S, Int. Microwave Symp. Dig. 1996: 1157-1160.

[31]H. Sagan. Space-filling curves. New York: Springer-Verlag, 1994.

[32]E. Yablonovitoh. Photonic band-gap structures. Journal of the Optical Society of America B. 1993, 10(2): 283-295.

[33]Lauwerier. Fractals-endless repeated geometrical figures. New Jersy: Princeton University Press. 1991.

[34]E. Yablonovitoh, T. J. Gmitter, K.M.Leung. Photonic band structure: the face-centered cubic case employing nonspherical atoms. Physical Review Letters. 1991, 67: 2295-2298.

[35]陈顺生. 天线原理. 东南大学出版社. 1989:143-144.

[36]H. O. Peitgen, P. H. Richter. The beauty of fractals. New York: Springer. 1986.

[37]I. J. 鲍尔,P. 布哈蒂亚著.梁联倬,寇廷耀译.微带天线.北京:电子工业出版社,1984:49-57.

[38]Benoit Mandelbrot. The fractal geometry of nature. New York: W.H. Freeman, 1983.

第三章　宽带工作的天线

3.1　宽带天线概述

在现代通信系统中，利用无线电波来传递信息完成整个系统的工作是最传统的模式，天线是这些无线系统中用以辐射或接收无线电波的部件，其基本功能是：在发射端，将由发射机（或传输线）送来的高频电流（或导波）能量转变为无线电波并传送到空间；而在接收端，则将空间传来的无线电波能量转变为向接收机传送的高频电流（或导波）能量。由此可见，天线属于导波和辐射波不同电磁载体之间的能量转换器件。

随着现代集成电路技术的发展，无线电设备的体积大大减小，而相比之下，天线作为整个设备的一部分似乎在外形上的相对尺寸显得越来越大。所以，现代通信系统迫切需要一种体积小、重量轻的新型天线。1953年，Deschamps 提出了微带天线的概念，它具有重量轻、体积小、成本低、平面结构、可以与集成电路兼容等优点，在几何尺度上有了很大的改观。但是，结构简单的微带天线也同时带来了一系列固有的缺点，如频带相对较窄，在 2 GHz 这个频段天线的尺寸过大，无法集成到手机里。如果不采用展宽频带技术，微带天线通常的频带只有 2％～5％，限制了其广泛应用。

常用的展宽微带天线带宽的方法有：

（1）增加介质基板的厚度。这种方法在空气动力性能及重量限制不太苛刻的场合是行之有效的，但将引起表面波损耗。

（2）采用多层介质基片微带天线的结构结合多频拼接技术，将馈电网络与天线贴片分别置于不同的介质基片上，这样可以获得宽频带的驻波比特性。这种类型的微带天线普遍采用的是电磁耦合的馈电方式。同时，采用多层介质基片可以实现多频段工作，当配置得当时多个谐振频率适当接近，结果将形成频带大大展宽的多峰谐振电路。

（3）采用楔形或阶梯形基板，相当于在一定尺度的天线上获取连续渐变的辐射长度。这种方法在 VSWR＜2 的频带可达 25％～28％。但是这种方法对装配误差较为敏感，也要求很精确的装配工艺。

（4）采用非线性调整元件。这种方法是在天线的辐射端并联变容二极管，控制加到变容二极管的电压以控制天线的工作频率，从而加大天线的工作频率范围。这种方法并不会增加天线的瞬时阻抗带宽，而且响应速度不太理想。

（5）采用天线加载，即在微带天线上加载短路探针，可以提高谐振频率以调谐天线。主要是通过调整馈电探针的位置来激励多种相邻的谐振模式，然后借助于短路销钉调谐各个谐振频率，使所有的谐振点适当接近，这样天线总的工作频带将得到大大展宽。将短路探针替换为低阻抗的切片电阻，在进一步降低谐振频率的同时还可以增加带宽，随着加载电阻增大，天线品质因数降低，带宽增加，制作公差降低，但这些性能的提高以牺牲增益为代价。

（6）伴随加载技术属于近年来新的探索，可通过微细结构调整控制辐射单元的特性，有关研究我们会在后续章节中阐述。

以上展宽带宽的方法各有优缺点，我们将先讨论直接宽频带天线的设计思路，即螺旋天线。众所周知，螺旋天线具有宽波束、圆极化的性能，可分为圆锥螺旋天线、谐振式四臂螺旋天线、对数螺旋天线、平面等角螺旋天线、阿基米德螺旋天线等，它们各自具有如下特点：

（1）圆锥等角螺旋天线：圆锥等角螺旋天线是将等角螺旋线绕在一个半锥角为 θ 的圆锥上，属于柱面天线，从空间占用的角度来看，比平面天线要好。圆锥对数螺旋天线的基本参数为：圆锥半张角、螺旋线包角、天线臂角宽度。增加天线臂长可确保天线的宽带特性；改变圆锥角和螺旋包角可以控制辐射场的波瓣宽度；增加包角或减小圆锥角，天线的主瓣方向性会减弱，后瓣会增大。对于移动终端内应用的天线，柱面天线就不太适合，而且圆锥等角螺旋天线是单向辐射，辐射方向范围过小，但它在实验室小范围近距测试中是一种有效的选择。

（2）谐振式四臂螺旋天线：谐振式四臂螺旋天线主要应用在卫星移动通信中，近年来也已经在北斗导航等场合成功制作出了立体螺旋天线。它有以下一些优点：天线的损耗小；方向图的旋转对称性好；天线之间的互耦小;通过多参数优化及多层拓展,较易获得多频工作特性。上述特点使得这种天线既能单独应用,又非常适合于作为天线阵的辐射单元。利用较粗的螺旋臂可使天线输入端的电抗随频率的变化减低变慢,能在一定范围内改善频带特性,但这种改进受到很大的限制,且付出的代价是增加了天线的重量和加工难度。

(3)阿基米德平面螺旋天线:阿基米德平面螺旋天线是一种超宽带天线,它的带宽只与螺旋线的内外直径有关,其主瓣宽度60°~80°。阿基米德螺旋天线的结构包括平面螺旋辐射器、馈电电路板、普通反射腔和在普通反射腔体内填充的微波吸收材料等。填充微波吸收材料会极大降低天线的辐射效率,但如不加则会使天线方向图带宽变得很窄,而且阿基米德平面螺旋天线的圈数过多,传输损耗过大,增益过小。

(4)平面等角螺旋天线:平面等角螺旋天线是一种自互补天线结构,在很宽的频带范围内具有非频变特性。平面等角螺旋天线的输入阻抗为120~140 Ω,主瓣宽度达 90°以上,工作带宽可达 10∶1。该天线为双向辐射天线,即有两个主瓣(第四章中有详细介绍),辐射方向大(至少有 180°以上),非常适合用于移动终端中,也可以尝试使用于无线能量传输体系。但是,低频端增益和极化特性受到螺旋臂外径尺寸的影响很大,导致天线整体增益相对较低。近年来也有在平面背板上添加 PBG 类的电磁反射面来提升增益。在等角螺旋天线中,大部分辐射来自结构的周长约为一个波长的区域,通常称为有效区。因而,随着频率的变化有效区移动可获取频带展宽;而在有效区以外电流迅速减小,使得天线的长度天线近似拓展为无限长。

3.2 宽频带天线理论

宽频带天线又称为非频变天线,要求各项电指标均具有极宽的频带特性。但是,由于天线的等效电长度是伴随工作频率(波长)变化的,对于固定尺寸的成品天线的电特性,要想在所有频率都近似保持恒定一般来说是不可能的。实际上,我们阐述的频率无关(宽带)天线是指在很宽的频带内,天线所有的电特性随频率变化都很微小。

宽频带天线通常分为角度天线及对数周期天线两类,天线的电性能取决于它的电尺寸。当天线的几何尺寸一定时,频率的变化也就是电尺寸的变化，因此天线的性能也将随之变化。如果能设计出一种与几何尺寸无关的天线，则其性能就不会随频率的变化而改变，这就是所谓的角度天线。角度天线是按照相似原理设计的一种天线，其天线结构完全由角度决定，当角度连续变化时，必可得到连续与原来结构相似的缩比天线。另一种宽频带天线是所谓的对数周期结构天线，这种天线按照某一特定的比例变换后仍等于它自己，即在离散的频率点上满足"自相似"条件。对数周期结构天线的电特性严格来说是与频率有关的，它仅在一些离散的频率点上电特性相同，但只要在一个频率周期内电性能变化不大，就可近似认为其特性与频率无关。

无论是前一类天线（按任意比例尺寸变换）还是后一类天线（按特定比例尺寸变换）都是在相似原理的基础上构成的。但要满足相似原理还必须具备一个条件，即终端效应必须很弱。但由于实际天线结构不可能是无限长的，如果用两个同心球面来包围天线，小球面的尺寸等于馈电区的尺寸，大球面的尺寸等于天线的外尺寸。对于有限长天线，延伸出球面以外的天线部分将被切除，这种天线只有在终端效应很弱的条件下才能近似等效为无限长天线。如果激励产生的 TEM（Transverse Electric and Magnetic Field）波向外传送到大球面时，由于终端的不连续而激励产生高次模，在大球面产生反射从而在天线上形成驻波，这种天线的终端效应强，因而不能满足相似条件。只有当延伸部分截除后并不明显地影响原先的电流（或场）分布的天线，才能近似地认为它在一定频率范围中满足相似条件。在满足终端效应弱的条件下，可以认为天线工作频率的上限由小球面的尺寸所决定，工作频率的下限则由大球面的尺寸决定，在上、下限频率之间天线的性能基本不变。

宽频带天线的导出基于相似原理，也称缩比原理。相似原理指出若天线的所有尺寸和工作频率按相同比例变化，则天线特性保持不变。换言之，若天线的电尺寸保持不变，天线的性能将不变。例如，若天线的所有尺寸增加为原来的 2 倍，而工作频率降低 50%，天线的性能就能保持不变。

在 ε、μ 为常数的空间，天线的场方程为：

$$\nabla\times\vec{E}=-\mathrm{j}\omega\mu\vec{H} \tag{3-1a}$$

$$\nabla\times\vec{H}=\mathrm{j}\omega\varepsilon\vec{E}+\vec{J} \tag{3-1b}$$

式中各量的单位为：$\vec{E}$（V/m）、$\vec{H}$（A/m）、$\vec{J}$（$\mathrm{A/m^2}$）、μ（H/m）、ε（F/m）、ω（rad/s）。

若天线的所有尺寸增加到原来的 K 倍，天线材料的电导率将随之减

小到原来的 $1/K$，而工作频率降低到原来的 $1/K$，则新的场方程可写为

$$\nabla' \times \vec{E}' = -\mathrm{j}\omega'\mu' \vec{H}' \tag{3-2a}$$

$$\nabla' \times \vec{H}' = \mathrm{j}\omega'\varepsilon' \vec{E}' + \vec{J}' \tag{3-2b}$$

采用新的单位制，长度单位是原单位制的 K 倍，其他单位不变。式中各量的单位：$\vec{E}'$(V/Km)、$\vec{H}'$(A/Km)、$\vec{J}'$(A/K^2m^2)、μ'(H/Km)、ε'(F/Km)、ω'(rad/s)。

工作频率降低到原来的 $1/K$ 和天线材料的电导率减小到原来的 $1/K$ 意味着在数值上 $\omega'=\omega/K$ 和 $\vec{J}'=\vec{J}$，因而有 $\omega'\mu'=\omega\mu$ 和 $\omega'\varepsilon'=\omega\varepsilon$，于是式 3-2 变为

$$\nabla' \times \vec{E}' = -\mathrm{j}\omega\mu \vec{H}' \tag{3-3a}$$

$$\nabla' \times \vec{H}' = \mathrm{j}\omega\varepsilon \vec{E}' + \vec{J}' \tag{3-3b}$$

式 3-1 和 3-2 不仅有相同的形式，而且有数值相同的常数($\omega\mu$、$\omega\varepsilon$)和自由项(J)，并且由于新天线的所有尺寸均是原天线的 K 倍，即在新单位制中新天线各点的坐标，在数值上等于原单位制中原天线相应点的坐标，这意味着两天线具有相同的边界条件，因而式 3-1 和式 3-2 具有数值完全相同的解，两天线具有相同的方向图、阻抗和极化特性，满足相似原理，有可能实现宽带效应。

3.3 利用平面螺旋结构实现 2G 频段宽带天线的设计样例

3.3.1 辐射频点设计

首先通过求非频变螺旋天线的方向图函数 $f(\theta)$ 的导数得出

$$f'(\theta) = A\delta(\frac{\pi}{2} - \theta) \tag{3-4}$$

式中，A 为常数，$\delta\left(\dfrac{\pi}{2}-\theta\right)$为狄拉克(Dirac)函数，可得到平面螺旋天线的螺旋线向径为

$$r\mid_{\theta=\pi/2} = A\mathrm{e}^{a\varphi} = r_0\mathrm{e}^{a(\varphi-\varphi_0)} \tag{3-5}$$

式中，r_0 为 $\varphi=\varphi_0$ 时的向径，a 为平面螺旋天线的螺旋线的扩展率，用展开系数 ε 表示扩展更方便：

$$\varepsilon = \frac{r(\varphi + 3\pi)}{r(\varphi)} = \frac{r_0 e^{a(\varphi + 3\pi - \varphi_0)}}{r_0 e^{a(\varphi - \varphi_0)}} = e^{a2\pi} \tag{3-6}$$

它表示对于螺旋线的一圈向径增长的倍数。ε 的典型值为 4，那么由式3-6可得到 $a=0.221$。

平面螺旋天线的每一条臂由两条起始角相差 δ 的等角螺旋线构成，两臂的 4 条边缘分别为 4 条等角螺旋线，如图 3-1 所示。螺旋线方程为

$$\begin{aligned} r_1 &= r_0 e^{a\varphi} & r'_1 &= r_0 e^{a(\varphi-\delta)} \\ r_2 &= r_0 e^{a(\varphi-\pi)} & r'_2 &= r_0 e^{a(\varphi-\delta-\pi)} \end{aligned} \tag{3-7}$$

其中，r_1、r_1'分别为一条臂的内、外边缘，r_2、r_2'分别为另一条臂的内、外边缘；r_0 是起始点到原点的距离，$r_0=0.3$ cm，$a=0.221$，$\delta=\pi/2$；最大外径 $R=1.3$ cm。我们可以将这个结构制备到微带贴片的辐射面上，由此来获取宽频带天线。

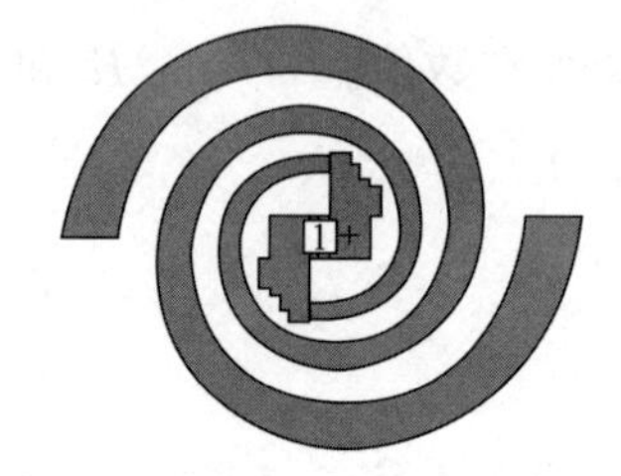

图 3-1　平面螺旋天线结构图

3.3.2　光子带隙结构的改进

在上述平面螺旋天线的结构基础上，我们还可以做出如下改进：如图 3-2 所示，可在天线背面添加 PBG 结构来控制电磁辐射。选取的原则是使尺度与波长在数量级上相当，整个基板采用正方形。

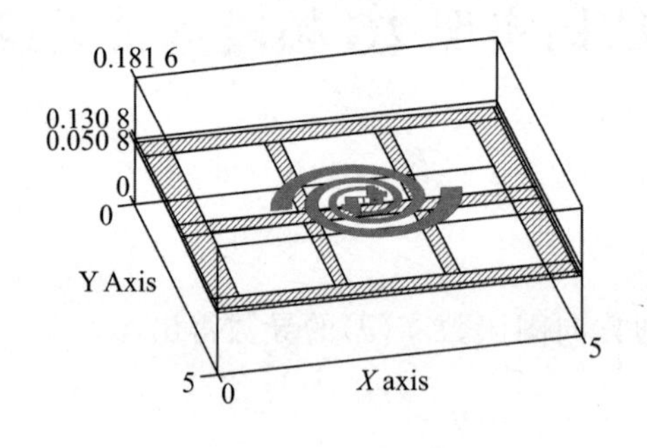

图 3-2　PBG 结构图

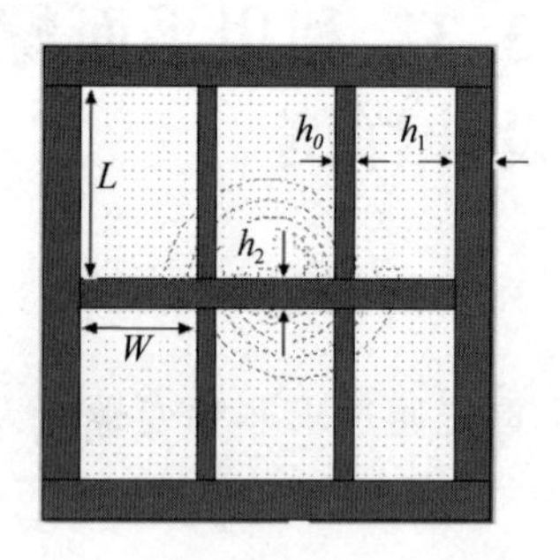

图 3-3　螺旋天线的 3D 显示图

在天线背面按周期有规律地腐蚀 6 个小方孔，结构可以如图 3-3 所示，经优化可设定每个方孔大小为 13 mm×19 mm。图中，$L=1.9$ cm，$W=1.3$ cm，边长为 5 cm，$h_0=0.2$ cm，$h_1=0.4$ cm，$h_2=0.3$ cm。图3-4为具有周期规律 PBG 结构的天线回波损耗图。从图中可以看出，覆盖的频率范围已经下降，向后偏移，其工作频带与不加 PBG 的基本结构相比已经

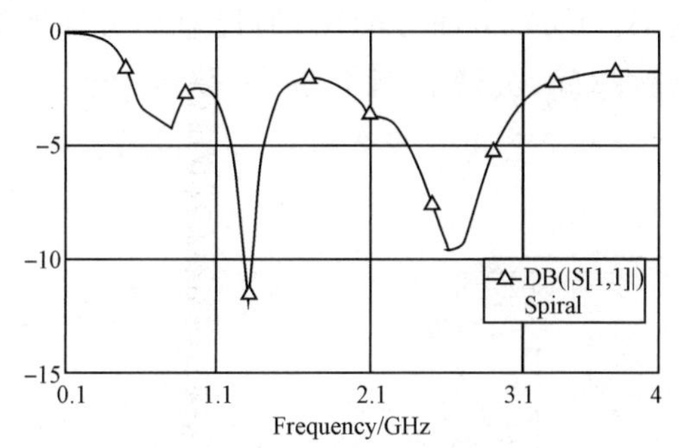

图 3-4　具有 PBG 结构的天线回波损耗 S_{11}

下移到 1.2～2.8 GHz，大部分回波损耗已经降到 −5 dB 以下，工作频点可通过基本尺寸按比例调节。由于存在 PBG 结构，如图 3-5 所示，H 面的方向图也不对称了，说明其对天线辐射有一定影响。

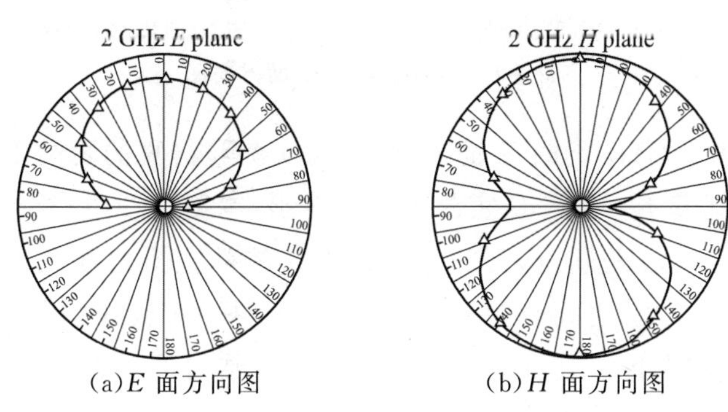

(a)E 面方向图　　(b)H 面方向图

图 3-5　具有 PBG 结构的天线方向图

3.3.3　实际宽带天线样品

采用螺旋结构及 PBG 补偿，我们在一块 5 cm×5 cm 的电路板上完成了天线的制作。如图 3-6 所示，正面是平面螺旋天线，背面是 PBG 结构。

(a)正面图　　(b)背面图

图 3-6　平面螺旋天线实物图(f=2 GHz 频段)

图 3-7 为 2 GHz 下的 H 面方向图，通过对比可知实测和仿真的两个 H 面图的形状大致相同，天线有两个瓣，一个在 180°～270°之间，另一个在 0°～120°和 320°～360°之间。两个瓣基本上覆盖大部分角度，辐射具有全向性。

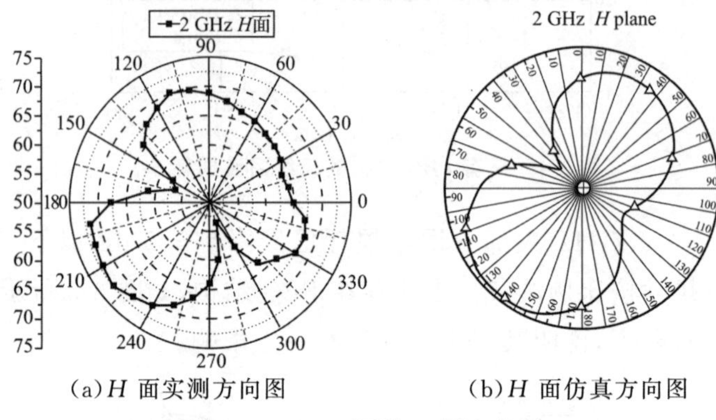

(a) H 面实测方向图　　(b) H 面仿真方向图

图 3-7　2 GHz 下的 H 面方向图

图 3-8 为 2 GHz 下的 E 面方向图，从实测和仿真的两图中可以看出，上半部分形状基本一致。从实测图可以看出，主瓣在 30°～150°之间，与仿真图相比有一些小差别，仿真的效果没有实测的主瓣角度大；而对于下半部分，在 270°～320°之间有辐射泄漏，这主要是由于天线的背面具有 PBG 结构，电磁波在腐蚀方孔处有泄漏，这是 PBG 结构带来的负面影响。

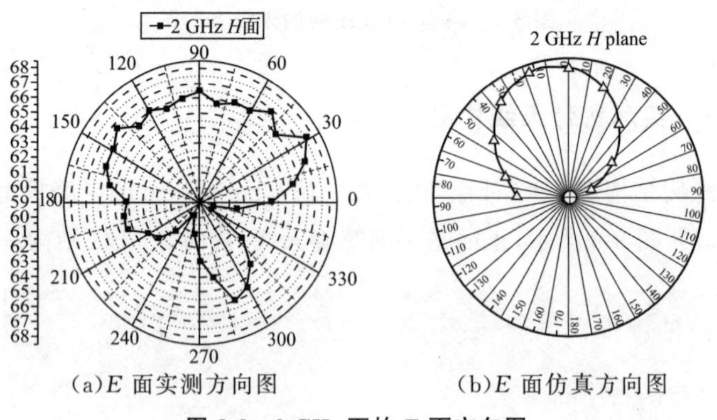

(a) E 面实测方向图　　(b) E 面仿真方向图

图 3-8　2 GHz 下的 E 面方向图

3.4 多谐振宽带化叠层耦合微带天线的设计

现代便携式导航系统一般比较紧凑，因而采用叠层结构来设计应用于北斗导航系统的双频微带天线具有诸多优势。对高频贴片和低频贴片图案的设计相对独立，低频贴片面积较大，刚好可放在下层，高频贴片面积较小，直接放在上层，叠层整体呈现出金字塔形状，低频辐射贴片同时作为高频辐射贴片的地板。经过优化后，两个工作频段之间的隔离度较好，抗干扰性能好；匹配网络独立，容易实现阻抗匹配。但是，采用叠层结构的微带贴片天线由于叠层之间的耦合作用会影响天线的阻抗带宽、增益，尤其是低频贴片的增益。同时，叠层之间的相互耦合有着极大的不确定性，很难获得较为稳定的实际产品模型。

带宽窄是微带天线的固有缺点，微带天线宽带化设计一直以来都是研究人员关注的热点，多叠层微带天线同样面临带宽较窄的瓶颈。所以我们也会讨论由多叠层耦合微带天线本身的堆叠结构引入的串联电容效应，分析使低频的工作带宽得到优化的现象。另外，合理地利用层间耦合，尝试在天线的工作频点附近形成双频谐振，有希望大幅度地拓宽微带天线带宽。本节中，我们也尝试用加载过孔和环形缝隙耦合腔的方法来验证上述设想。最终的仿真数据表明，对于在上层贴片加载 CSRR 阵列的微带天线，在叠层耦合的低频贴片加载大小与互补金属开口谐振环相同的环形缝隙阵列能够有效地优化叠层耦合微带天线的低频和高频带宽，进一步优化了特性。

3.4.1 叠层微带天线宽频带设计技术

对一般的微带天线而言，输入阻抗随频率的变化是最敏感的，即如果输入阻抗满足频带要求，则其他技术指标也基本能满足频带要求。

与其他各种天线相比，微带天线的阻抗带宽是最窄的，典型微带贴片天线的相对阻抗带宽不到 2%～3%。微带贴片天线的窄频带特性是由其高 Q 的谐振特性决定的，即储存于天线结构中能量比辐射能量和其他损耗能量大得多。展宽微带贴片天线阻抗带宽的方法主要是降低 Q 值或附加匹配措施。下面结合本节研究的叠层耦合天线介绍一些拓宽阻抗带宽的常用措施。

由式 3-8 可见,天线辐射有关的 Q 值会随介质基片厚度 h 的增加而降低。从物理意义上说,增大基片的厚度相当于增大了微带贴片四周缝隙的宽度,从而增加了从谐振腔中辐射出的能量。

$$Q_{\mathrm{r}}=\frac{\omega W}{P_{\mathrm{r}}}=\frac{\omega\varepsilon_0\varepsilon'_{\mathrm{r}}ab}{h\delta_{\mathrm{om}}\delta_{\mathrm{on}}G_{\mathrm{r}}} \tag{3-8}$$

对于叠层耦合微带天线,本身的堆叠结构就起到了增加基板厚度的作用,对微带天线的带宽有一定优化。不过天线厚度不能无限制地增加,且随着基板厚度的增加,损耗增加影响辐射增益。

微带天线可以等效为一个 RLC 并联谐振电路,采用与电路理论中调整双调谐回路的耦合度可以出现双调谐峰,从而扩展带宽,或用多耦合回路参差调谐拓宽带宽类似的方法,可以有效地拓宽微带天线的阻抗带宽。此类双层结构的两个贴片形成两个谐振回路,调整多贴片之间的耦合可以出现双调谐特性,使两个谐振频率适当接近,形成双峰谐振特性,从而展宽阻抗带宽。

比如阶梯形微带贴片天线,两个厚度不同的谐振腔经由阶梯电容耦合产生双调谐特性,调整阶梯的高度可以调整耦合度,从而实现较宽的频率特性,通常可以将阻抗带宽展宽到 30%以上。

3.4.2 多谐振宽频带叠层双频微带天线的设计

苏联物理学家 Veselago 在 1968 年首次提出左手材料(LHM)的概念,在当时的学术界引起了很大的轰动。到了 2000 年之后,伴随着无线通信技术的快速发展尤其是手持移动终端的大范围普及,对无线通信系统的尺寸要求日趋苛刻。而天线在整个系统中所占的空间较大,因此小型化、易集成的微带天线的研究成为近几年天线领域的热点。一些研究人员和学者尝试多种技术手段来减低微带贴片天线的尺寸,特别是 Pendry 等人在研究左手材料的时候提出了周期性排列的金属谐振环结构,给微带天线的设计打开了一个新的思路。随后,Falcon 和 Marques 等人在研究金属开口谐振环(SRR)结构的基础上,创造性地提出了互补金属开口谐振环(CSRR)结构。CSRR 的物理尺寸较小,其显著的慢波特性在微带天线小型化方面具有重大意义,同时 CSRR 结构在谐波抑制和高频率选择性方面的应用也引起了广泛关注。基于上面的这些特性,CSRR 结构也是近几年来微带天线小型化的一种重要技术手段。

Pendry 等提出的 SRR 结构既具有容性又具有感性，由电磁感应定律可以得到，入射电磁波变化的磁场能在谐振环内产生感应电流，从而形成 LC 谐振电路，谐振频率由 SRR 中的电感与电容值决定

$$\omega_0 = 1/\sqrt{LC} \tag{3-9}$$

CSRR 是 SRR 的互补结构，根据对偶原理，电流在连接内外的金属带上流动，产生电感 L；而金属带与内外金属之间的缝隙将产生电容 C，电容 C 的大小取决于CSRR的周长。改变内、外金属环之间的距离和周长可以灵活地控制其谐振频率。

CSRR 结构的集总参数等效电路如图 3-9，L_r 和 C_r 的谐振模型构成了 CSRR 的基本单元。当 CSRR 结构被加载到微带贴片上时，将受到天线上传输的准 TEM 波激发，接着与传输线之间耦合会产生一个容性的电抗分量 C_C。对于上面的等效模型，假设忽略贴片的损耗，即 $R=0$。则

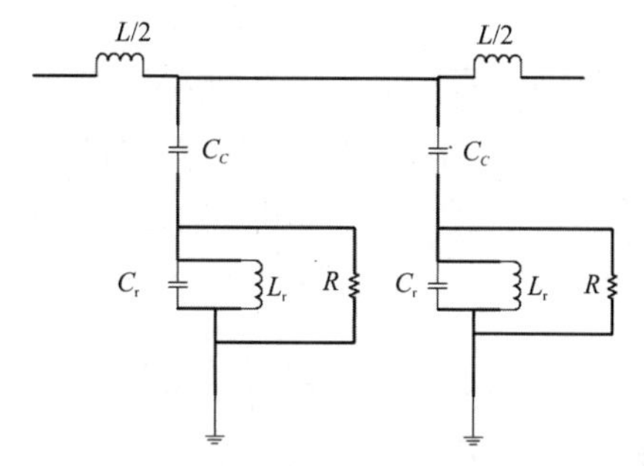

图 3-9　CSRR 结构的等效电路图

$$f_0 = \frac{1}{2\pi\sqrt{L_r C_r}} \tag{3-10}$$

$$f_z = \frac{1}{2\pi\sqrt{L_r(C_C + C_r)}} \tag{3-11}$$

在贴片电路上加载 CSRR 结构相当于并联一个图中的电路模型，导致整个贴片的谐振频率降低，达到了天线小型化的目的。

3.4.3　矩形贴片天线与加载 CSRR 阵列天线的对比

为了更好地对比 CSRR 结构对微带天线小型化的效果，首先我们建立一个传统的矩形微带贴片天线模型。其中，天线基板采用相对介电常数为 10、厚度是 3 mm、介质损耗角正切为0.002 5的高性能陶瓷介质板。假设矩形微带贴片的宽度为 W，根据介质的介电常数 ε 和工作频点 2.492 GHz 来估算微带辐射贴片的尺寸

$$W = \frac{c}{2f}\left(\frac{\varepsilon_r + 1}{2}\right)^{-\frac{1}{2}} \tag{3-12}$$

式中，f 为工作频点，ε_r 为介质的相对介电常数，c 为光速。辐射贴片的长度一般取 $\lambda_e/2$ 其中 λ_e 是介质内的导波波长，即

$$\lambda_e = \frac{c}{f\sqrt{\lambda_e}} \tag{3-13}$$

考虑到边缘缩短效应，实际的辐射单元长度 W' 应该是

$$W' = \frac{c}{f\sqrt{\lambda_e}} - 2\Delta L \tag{3-14}$$

式中，ε_e 是有效介电常数，ΔL 是等效辐射缝隙长度，分别由以下两式得到

$$\varepsilon_e = \frac{\varepsilon_r + 1}{2} + \frac{\varepsilon_r - 1}{2}\left(1 + 12\frac{h}{w}\right)^{-\frac{1}{2}} \tag{3-15}$$

$$\Delta L = 0.412h\frac{(\varepsilon_e + 0.3)\left(\frac{W}{h} + 0.264\right)}{(\varepsilon_e - 0.3)\left(\frac{W}{h} + 0.8\right)} \tag{3-16}$$

将工作频率 $f = 2.492$ GHz、光速 c 以及相对介电常数 $\varepsilon_r = 10$ 代入上述公式，可以得到 $W \approx 19.00$ mm。加载 CSRR 结构的矩形贴片尺寸较小，边长 $W' = 16.30$ mm，具体结构参见下图，其中图 3-10 是加载 CSRR 结构的矩形贴片，而图 3-11 是传统的矩形贴片。

图 3-10　加载 CSRR 结构的矩形贴片

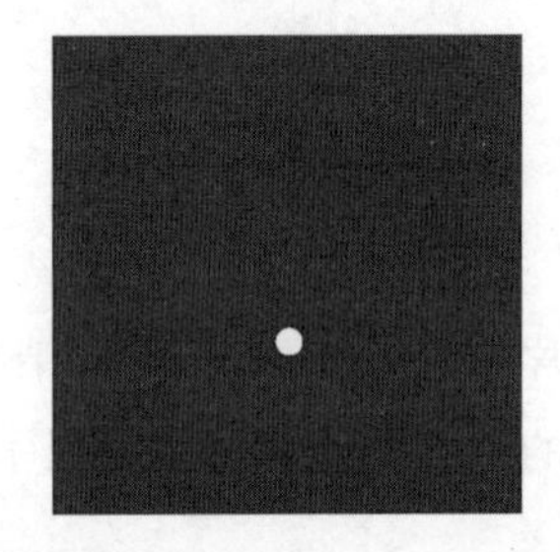

图 3-11　传统矩形贴片

按照图 3-12 所示采用单馈单层的结构对其分别进行建模和仿真，如其中介质板相对介电常数为 10，损耗角正切是 0.025，厚度为 2.9 mm，采用同轴线馈电。

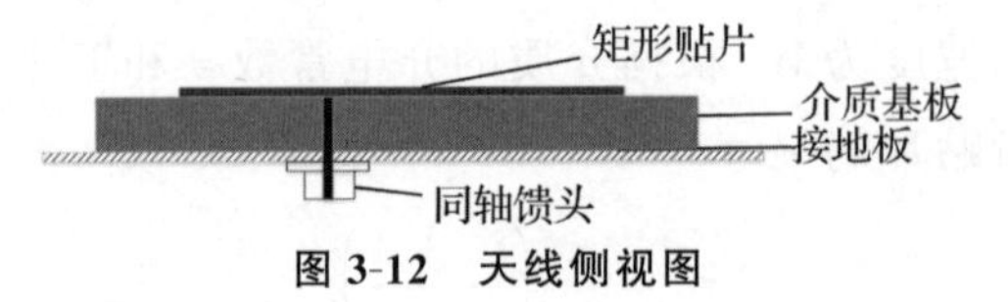

图 3-12　天线侧视图

基于上面对 CSRR 结构的理论分析，针对 2.492 GHz 频点设计了一款矩形微带贴片天线和一款加载有 CSRR 结构的矩形微带贴片天线。前者贴片的边长 L 为 17.60 mm，馈电点在 y 轴上，距离矩形中心的距离为 2.5 mm。加载有 CSRR 阵列结构的矩形微带天线的贴片的边长 L 为 16.3 mm，馈电点在 y 轴上，距离矩形中心的距离为 2.50 mm，贴片上加载 4 组矩形 CSRR 缝隙。具体对于一个单元来说，外环的边长为 5.00 mm，内环的边长为 3.00 mm，两环之间间距 0.50 mm，缝隙宽度也是 0.50 mm，外环距离贴片外边缘 2.10 mm，CSRR 单元之间的距离为 2.00 mm。显然，加载有 CSRR 阵列的贴片面积比传统矩形贴片的面积小了 14.23%。

分别对天线回波损耗和方向图进行仿真得到四张结果图。从传统矩形贴片的高频回波损耗图 3-13 可以看出，天线的中心频点都是北斗卫星导航系统终端天线的接收频点，其中传统矩形贴片天线在工作频段内的回波损耗最低值是 −32.5 dB，反射系数低于 −10 dB 的阻抗带宽为 35 MHz，满足北斗导航系统终端天线的技术指标；从其增益方向图 3-14 可以看出，天线的方向性较好，最大辐射方向在天线的正上方，其值约为 3.77 dB。而对于加载了 CSRR 阵列的微带贴片天线，从图 3-15 观察得到，中心频点也是北斗导航系统终端天线的接收频点，且在工作频段内的回波损耗最低值为 −28.2 dB，反射系数低于 −10 dB 的阻抗带宽为 42 MHz，满足北斗导航系统终端天线的技术指标；从图 3-16 看出天线的方向性较好，最大辐射方向在天线的正上方，约为 −3.7 dB。对比后得出，加载有 CSRR 阵列的矩形贴片天线的物理尺寸较原先缩小了 10% 以上，阻抗匹配略有下降但性能同样较好，且通过 CSRR 单元的调谐在贴片上引入了容性阻抗，降低了贴片的 Q 值，使得阻抗带宽有所增加，而两款天线的增益几乎

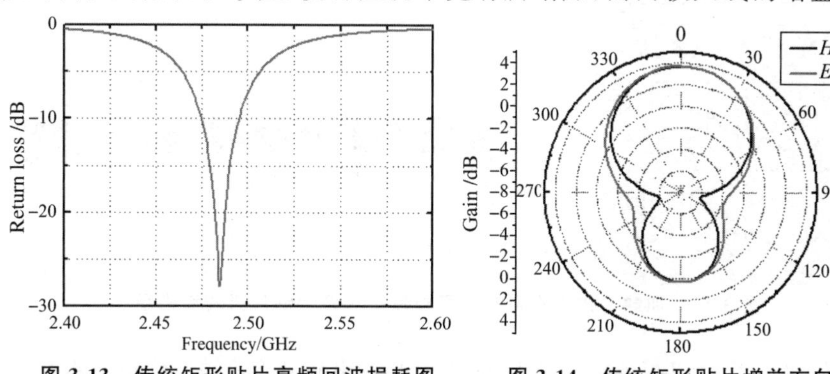

图 3-13　传统矩形贴片高频回波损耗图　　图 3-14　传统矩形贴片增益方向图

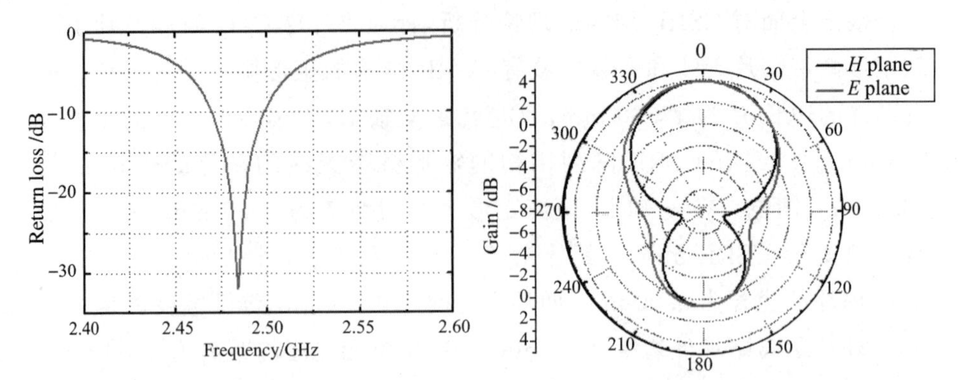

图 3-15　加载 CSRR 结构的矩形贴片高频回波损耗图

图 3-16　加载 CSRR 结构的矩形贴片增益方向图

没有变化。理论和仿真结果都表明,CSRR 结构作为微带天线小型化的重要技术手段是可行的,效果也非常好。

3.4.4　加载 CSRR 阵列的内切圆弧矩形微带贴片天线

在加载 CSRR 阵列矩形贴片天线的基础上,我们引入内切圆弧控频结构来实现圆极化,从而拓宽带宽,同时通过改变圆弧的半径可以非常灵活地对贴片的工作频点进行调谐。

引入内切圆弧控频结构的加载 CSRR 阵列矩形贴片和微带天线结构的侧视图如图 3-17 所示,其中贴片的尺寸比之前略小,内切圆弧的半径是 1.90 mm,介质层厚度为 2.90 mm。其他参数的具体数值为:$L=14.3$ mm,$R=2.0$ mm,$A=5.0$ mm,$B=2.25$ mm,$N=0.5$ mm,$C=2.0$ mm,$P=2.0$ mm,$Q=2.1$ mm。

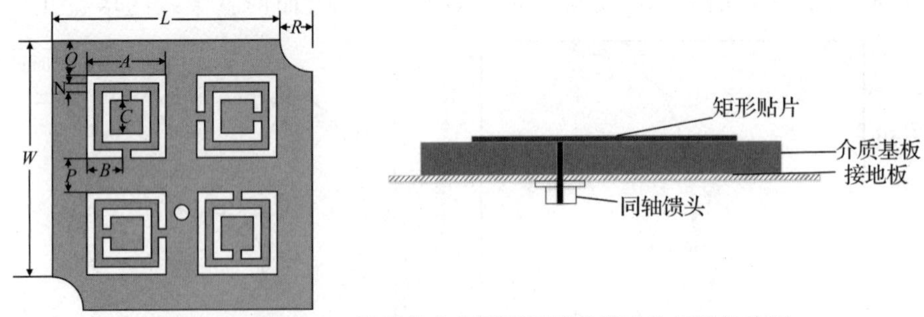

图 3-17　加载 CSRR 阵列的内切圆弧矩形微带贴片天线结构图

在加入了内切圆弧结构之后对贴片的馈电点重新调整,分析馈点位置对回波损耗的影响。从图 3-18 可以看出,当馈电点在距离 y 轴 4.00 mm

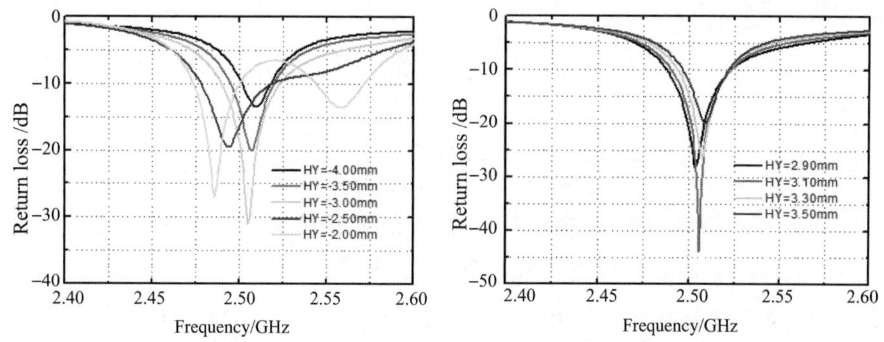

图 3-18　CSRR 阵列的内切圆弧矩形微带贴片馈电点位置对天线性能的影响

处时，反射系数低于－10 dB 的阻抗带宽是 2.489～2.523 GHz，约为 34 MHz，阻抗带宽内的回波损耗最低值达到－31 dB，满足北斗导航系统终端天线的要求。很显然，从回波损耗图中可以看出，该贴片天线在 2.492 GHz 附近存在两个谐振点。从传输线理论的角度来看，引入内切圆弧结构之后将原先的贴片分为两个新的谐振电路，在合理调节馈电点位置之后，使得两个谐振点不断靠近，当谐振点相邻很近时，天线的带宽就会被大幅拓宽。

下面用腔膜理论来解释该结构可以拓宽贴片带宽的原理。对于矩形贴片天线，我们可以将其看作四周为磁壁、上下为电壁的谐振腔。贴片的边长为 L，馈电点在 y 轴上，记为 Feed，s 为原先矩形贴片的面积，$\Delta s<0$，设 $A=|s|$ 为切去的 1/4 内切圆弧所包围的贴片面积。矩形贴片的辐射场和对应的特征值在引入内切 1/4 圆弧结构之后均发生了改变。若新的辐射场是 ψ'，其特征值是 k'，则

$$\psi'=P\psi_a+Q\psi_b \tag{3-17}$$

$$k'^2=\frac{\int_{s+\Delta s}\nabla\psi'\cdot\nabla\psi'\mathrm{d}s}{\int_{s+\Delta s}\psi'^2\mathrm{d}s} \tag{3-18}$$

其中，将新的辐射场 ψ' 看作两个正交辐射场 ψ_a 和 ψ_b 的线性叠加，P 与 Q 是待定系数，具体数值可以由式 3-16 来确定。将式 3-16 代入式 3-17 中，我们得到

$$k'^2=\frac{\int_{s+\Delta s}(P\nabla\psi_a+Q\nabla\psi_b)\cdot(P\nabla\psi_a+Q\nabla\psi_b)\mathrm{d}s}{\int_{s+\Delta s}(P\nabla\psi_a+Q\nabla\psi_b)^2\mathrm{d}s}=\frac{U(P,Q)}{V(P,Q)} \tag{3-19}$$

根据伽辽金(Galerkin)法可知 P 和 Q 分别有

$$\frac{\partial U(P,Q)}{\partial P}-k'^{2}\frac{\partial V(P,Q)}{\partial P}=0 \tag{3-20}$$

$$\frac{\partial U(P,Q)}{\partial Q}-k'^{2}\frac{\partial V(P,Q)}{\partial Q}=0 \tag{3-21}$$

对于本章所涉及的天线贴片馈电点在 y 轴上，且 $\Delta s<0$，此属于 A 类模型，因此贴片上相互正交的辐射场为 TM_{10} 和 TM_{01}。在引入内切 1/4 圆弧结构之前，因为贴片上对角线之间的长度相等，故 TM_{10} 和 TM_{01} 谐振频点相等。当在一组对角上引入该内切圆弧结构之后，假设 TM_{10} 所对应的对角线长度不变，则其辐射场对应的谐振频点也没有变化，仍为 f。而相应的 TM_{01} 所对应的对角线长度变短，其辐射场所对应的谐振点会向高频产生一个很小的漂移量 Δf，Δf 的具体值与 Δs 以及其对应的拓扑结构相关，使得原先贴片在工作频带内出现了 f 和 $f+\Delta f$ 两个谐振点。对内切圆弧的半径和馈电点位置进行调谐，可以有效地拓宽贴片的阻抗带宽。

接下来，我们再来讨论内切圆弧结构的半径对天线工作频带的影响，即内切圆弧结构的控频拓频特性。馈电点与矩形中心位置的距离设为 3.00 mm，对内切圆弧的半径从 1.60 mm 到 2.20 mm 进行扫频仿真。

从图 3-19 中我们看到，当内切圆弧 $h_r=1.60$ mm 时，反射系数低于 −10 dB的阻抗带宽是 2.478～2.527 GHz，约为 49 MHz，阻抗带宽比原先增加了 15 MHz，拓宽了接近 44%的带宽，远远超过北斗导航系统终端天线 10 MHz 的带宽要求。工作频段内的回波损耗最低值达 −34 dB，较以前工作频段内的阻抗匹配也得到了改善。理论分析和仿真结果都表明，引入内切圆弧结构不仅能够实现小型化、圆极化，同时有拓宽频带、优化频带内阻抗匹配的作用，并且可以通过对内切圆弧半径和馈电点位置的改变来对贴片的谐振点进行调谐。

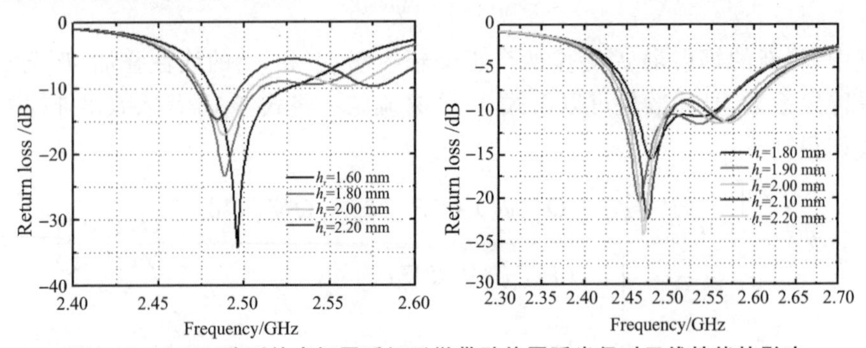

图 3-19　CSRR 阵列的内切圆弧矩形微带贴片圆弧半径对天线性能的影响

3.4.5 加载环形缝隙阵列耦合腔和内切三角结构的低频贴片的设计

下层贴片以传统的矩形贴片为基本结构，引入内切三角形结构实现小型化、圆极化，以及频带拓宽和频点调谐的作用。前两者的原理类似于上节中对内切圆弧结构的分析，但该内切三角形结构针对低频贴片工作频带较窄的问题对频带拓宽方面的作用效果更好。图 3-20 为带内切三角形结构的矩形贴片。

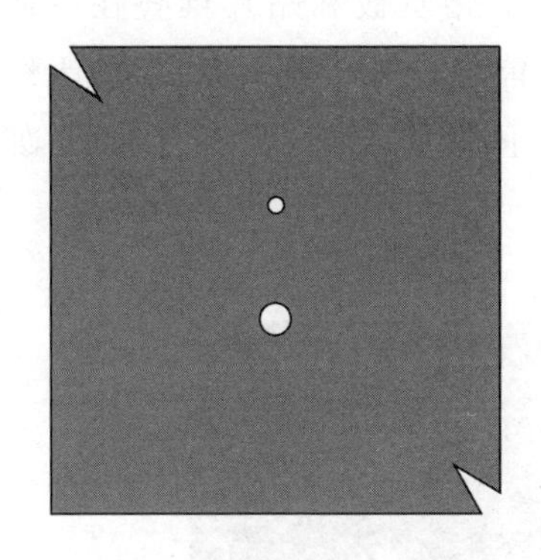

图 3-20 内切三角结构的低频贴片

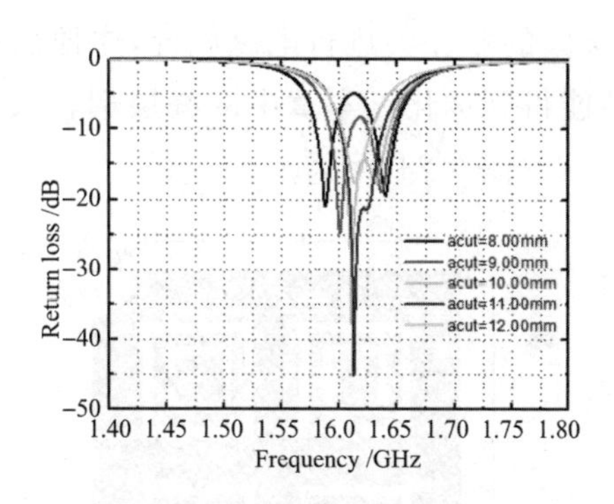

图 3-21 内切三角结构随顶点位置变化的回波损耗图

显然内切三角形结构在不增加贴片面积的前提下，对贴片的边长利用率更高。内切三角形为等腰三角形，在矩形贴片对角线上调节内切三角形顶点的位置，会对贴片的工作频带以及带宽造成影响。图 3-21 是随着三角形切角顶点位置的改变，天线谐振点等参数受影响的规律。

从图 3-21 中可以看出，当 acut＝11.00 mm 时，贴片天线反射系数低于－10 dB 的阻抗带宽是 1.598～1.641 GHz，约为 43 MHz，远远超出北斗卫星导航系统终端天线所要求的 10 MHz 带宽。在工作频段中，回波损耗在绝大多数频点上都低于－20 dB，最低值达到了－44.9 dB，表明贴片的阻抗匹配非常好。如果调整内切三角形顶点的位置，尤其是在内切三角形顶点位置 acut＝8.00 mm 时，很显然我们看到了两个距离较近的谐振频点。当 acut 的值从 8.00 mm 向 12.00 mm 增加时，两个谐振点逐渐靠近，在 acut＝10.00 mm 时，两个较窄的频带合并成一个较宽的频带，之后继续调节 acut 的值为 11.00 mm 时，使得工作带宽内的阻抗匹配得到明显改善，如图中仅有一个深变谐振点的图线所示。同时，由于该内切三角结构的引入，因而有效辐射边长增加，兼有小型化设计的作用。

3.4.6 叠层耦合结构微带天线的设计

由于导航卫星系统的快速发展,尤其是手持式设备的普及,传统的微带天线设计方案已经不能满足系统的要求。在移动设备不断小型化的趋势之下,对天线尺寸的要求也越来越苛刻。而采用叠层结构可以有效地提高微带天线的空间利用率,实现小型化的目的。北斗叠层天线可以实现收发一体:高频贴片实现信号接收,在上层;低频贴片实现信号发射,在下层。叠层结构并非单层天线的简单叠加,在将两层介质板和贴片堆叠在一起时,层间的贴片会进行电磁耦合,这种耦合可能会带来干扰,也可能使天线的性能得到优化。本章中的叠层耦合天线层间紧紧相连,没有空气层,如图 3-22～图 3-24 所示。

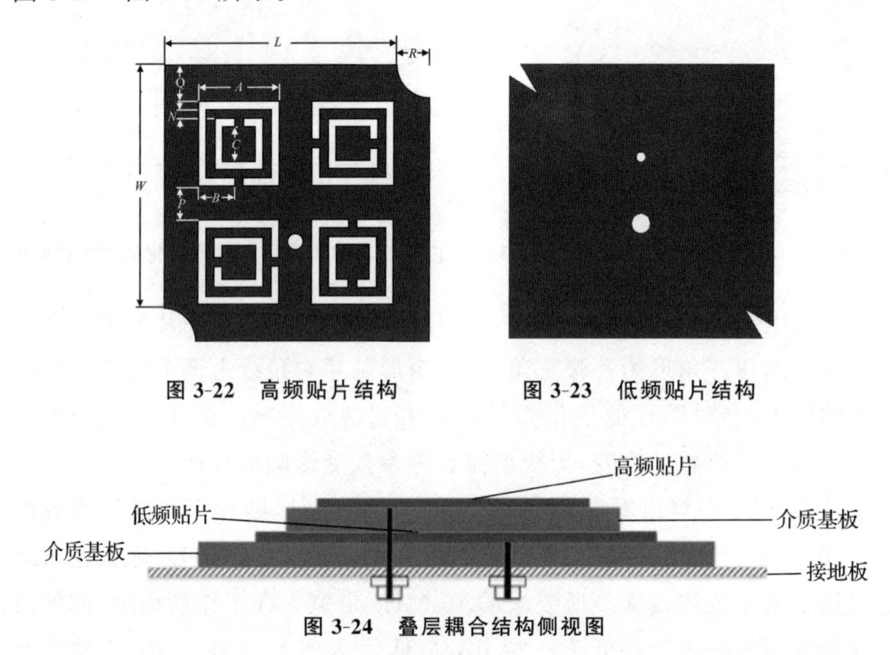

图 3-22 高频贴片结构

图 3-23 低频贴片结构

图 3-24 叠层耦合结构侧视图

根据上文中分别对高频贴片和低频贴片的设计,采用内切三角形结构的低频贴片尺寸较大,将其放在底层;而加载 CSRR 阵列的采用内切圆弧结构的高频贴片尺寸较小,置于顶层。另外,通过同轴馈头对上下层的贴片独立馈电,因此,在低频贴片上会有过孔,过孔的位置和尺寸对上层贴片的辐射性能和层间的电磁耦合效果会有影响。在天线调试的时候,首先调谐上层贴片的频点、带宽和轴比等,因为上层贴片在叠层结构中可以近似看作以低频贴片为接地板的单层天线,受到的干扰较小。在调节上层贴片时，先设计一个传统的工作于北斗导航终端天线接收频段的矩形贴片，接着对矩形贴片加载 CSRR 阵列，通过内切圆弧控频结构对频点和轴比进行调谐。其次调谐下层贴片。在调节下层贴片时，先根据北斗导航发射频段设计一个矩形贴片，在贴片上加载过孔，然后对其一组对角采用内切三角形来实现圆极化，通过调节内切三角形来调整轴比和进行频点调谐。

此外，上、下两层的介质基板尺寸也对贴片的辐射性能有着不小的影响。图 3-24 中所示的金字塔式叠层结构是比较合理的堆叠方式。其中，上层基板的尺寸要大于高频贴片的等效尺寸，保证微带天线的中心频点不受影响，同时辐射方向图能呈现半球形。此外，上层介质板不能覆盖低频贴片的辐射缝隙，本章所涉及的叠层天线，因为低频贴片主要以矩形和耳状环的边缘进行辐射，所以上层介质基板只要小于低频贴片的有效尺寸即可。对于下层介质基板的设计，同理，基板的尺寸一定要大于低频贴片的有效尺寸，这样可以保证天线的中心频率、辐射方向性和增益。对于下层介质板不存在覆盖贴片辐射缝隙的问题，一般情况下，下层介质基板比低频贴片的有效尺寸略大即可。

最后是接地板的选择。理论上，当接地板的长度 GND$\geqslant L+6h$ 时，上层贴片可以看作无限大接地板。在这种情况下，接地板相当于理想反射面，由于镜像原理会大幅度地优化天线的增益，抑制辐射方向图的后瓣，使得天线的大部分辐射能量集中在贴片的上半球空间内。理论分析和下面的实测都印证了这一模型。

对该叠层天线进行仿真分析得到如下结果。从图 3-25 来看，天线在低频频段的阻抗带宽为 1.596～1.628 GHz，约为 32 MHz，工作带宽内回波损耗的最低值达－26.6 dB；从图 3-27 看出天线的方向性很好，最大辐

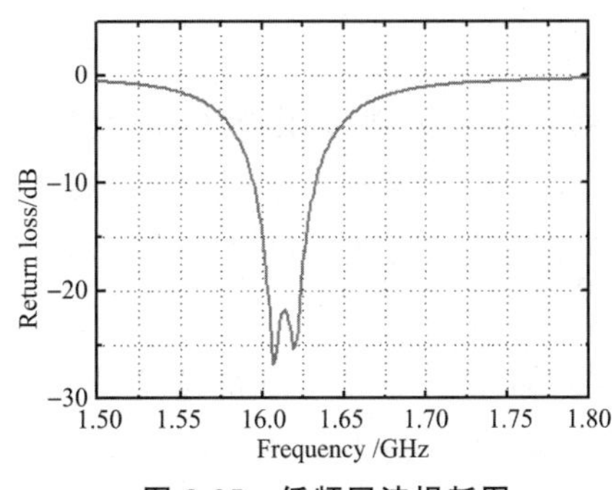

图 3-25　低频回波损耗图

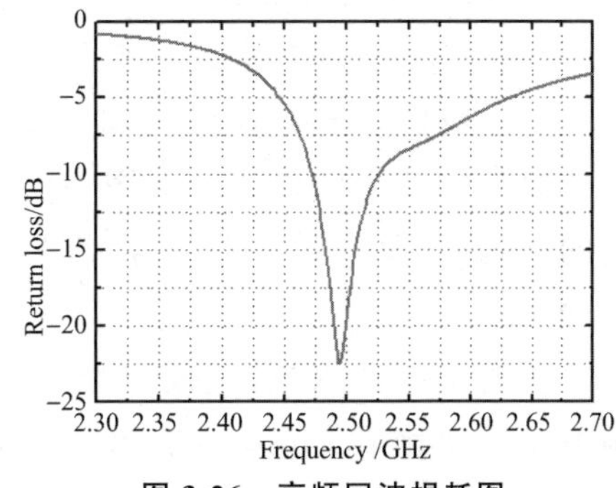

图 3-26　高频回波损耗图

射方向在天线的正上方，其值约为 3.92 dB。从图 3-26 来看，天线在高频频段的阻抗带宽为 2.474～2.525 GHz，约为 51 MHz，工作带宽内回波损耗的最低值达－24.9 dB；从方向图 3-28 看出天线的方向性较好，天线正上方的增益约为 3.66 dB。

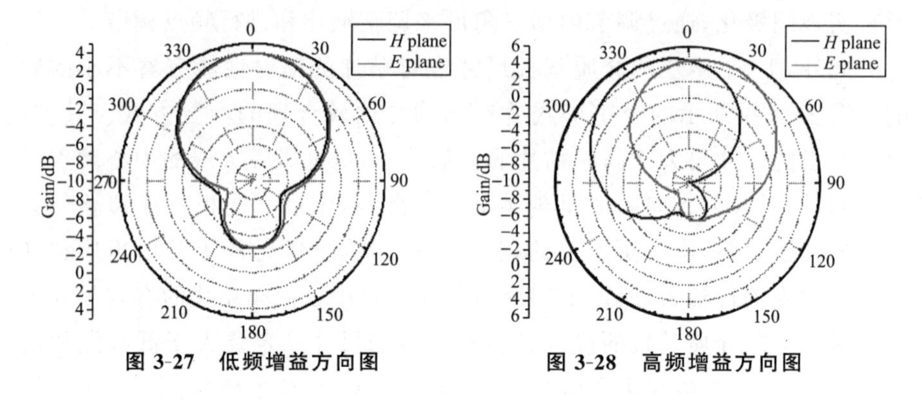

图 3-27 低频增益方向图　　图 3-28 高频增益方向图

3.4.7 层间耦合对天线性能影响因素的探讨

我们知道，采用叠层结构之后，处在最上层的高频贴片以低频贴片为接地板反射面，当在低频贴片的居中区域雕刻有缝隙、过孔等图案时，由于存在缝隙耦合，会对高频贴片的性能带来影响；而对处在中间层的低频贴片来说，在其贴片上层堆叠了介质层，如果我们将空气看作介电常数近似等于 1 的介质层，那么在低频贴片上面出现了介电常数不同的介质层，又加上高频贴片与低频贴片之间的耦合效应，因而低频贴片的性能也会发生改变。如果不针对上述问题进行调整，叠层之间的耦合可能引入新的干扰，导致天线整体性能恶化；若能够把握层间耦合的规律，对天线进行调谐，也能够让叠层天线的整体性能得到进一步优化。

3.4.7.1 过孔对叠层天线性能的影响

下面我们来研究叠层结构的层间耦合对本章所讨论的微带叠层贴片天线整体性能的影响。如图 3-29～3-31 所示，是在低频铁片上加载过孔的结构图，其中过孔与上层 CSRR 缝隙的中心对应，过孔的半径均为 1.00 mm。

从图 3-32 中看出，在低频微带天线上加入 4 个过孔使得贴片的工作频带向高频漂移，并且原先两个谐振回路的谐振点分开，其中一个在 1.630 GHz 左右，另一个在 1.658 GHz 左右。对高频贴片来说，由于在其反射面上引入过孔，因而工作频带的阻抗匹配情况恶化，如图 3-33 所示，

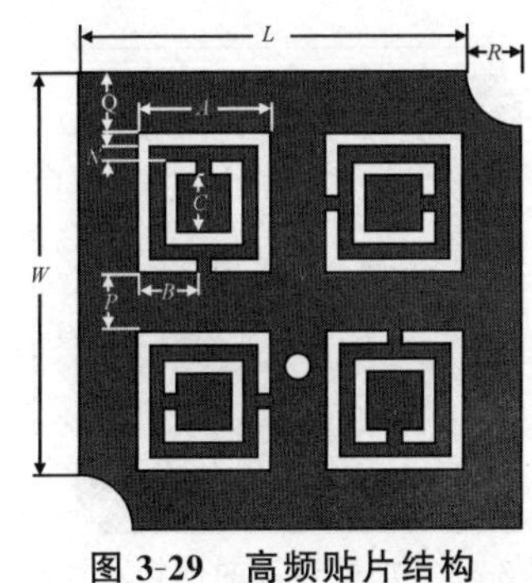

图 3-29　高频贴片结构

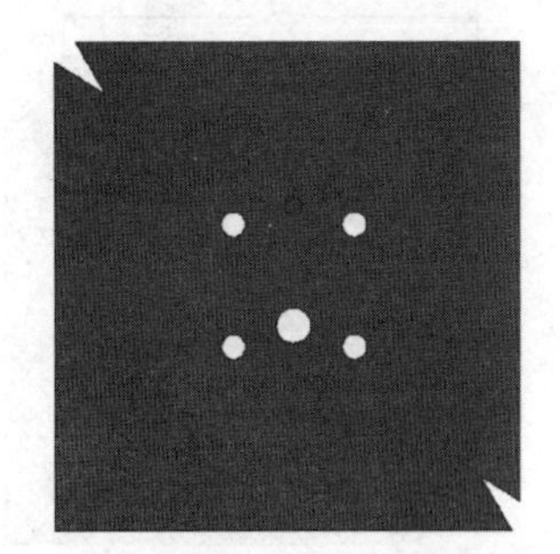
图 3-30　加载过孔的低频贴片结构

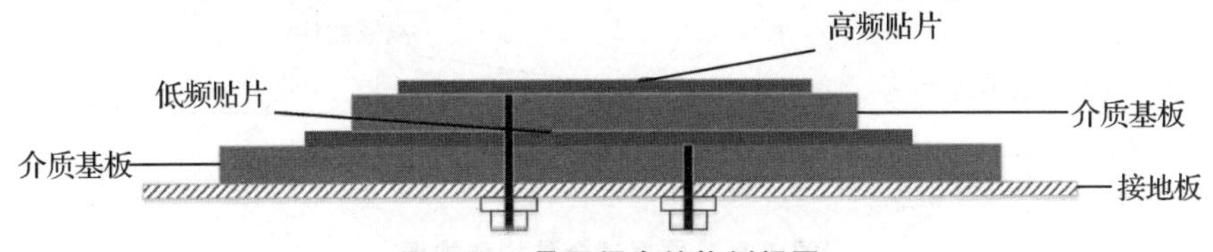

图 3-31　叠层耦合结构侧视图

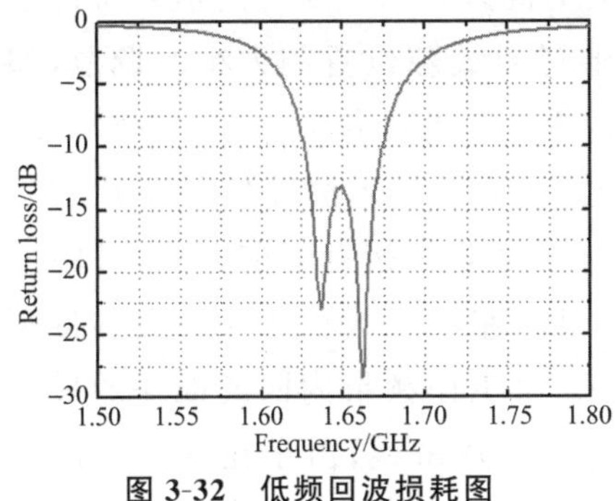

图 3-32　低频回波损耗图

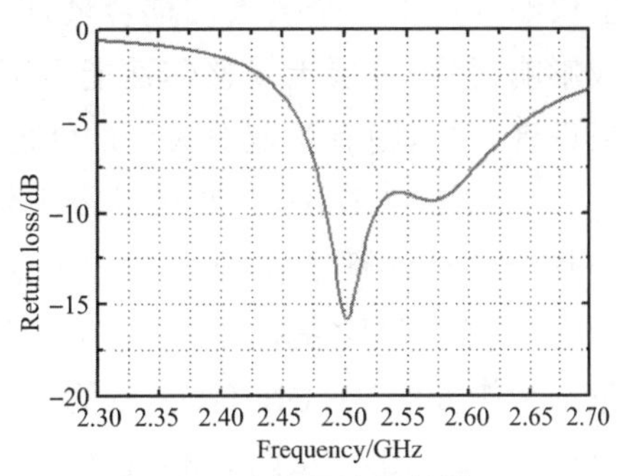

图 3-33　高频回波损耗图

频带内回波损耗的最低值为 −16.1 dB，显然阻抗带宽变窄为原先的 60%左右。因此，过孔本身对低频贴片带来的影响和与 CSRR 阵列之间的耦合对高、低频贴片带来的干扰，导致了天线整体性能的降低，在低频贴片上引入过孔的方案并不可取。

3.4.7.2　环形缝隙对叠层天线性能的影响

如图 3-34～3-36 所示，我们尝试在低频贴片上加载与上层贴片CSRR大小相当的环形缝隙，其中：$l=w=26.80$ mm，$a=3.00$ mm，$b=3.00$ mm，ro=1.85 mm，IR=4.30 mm，OR=4.80 mm，$p=2.20$ mm，$q=8.10$ mm。根据上文提到过的曲流法，我们知道在贴片上加载缝隙，其本身就有小型化的作用，该天线中低频贴片的尺寸减小了 5.5%。同时，缝隙本身会与

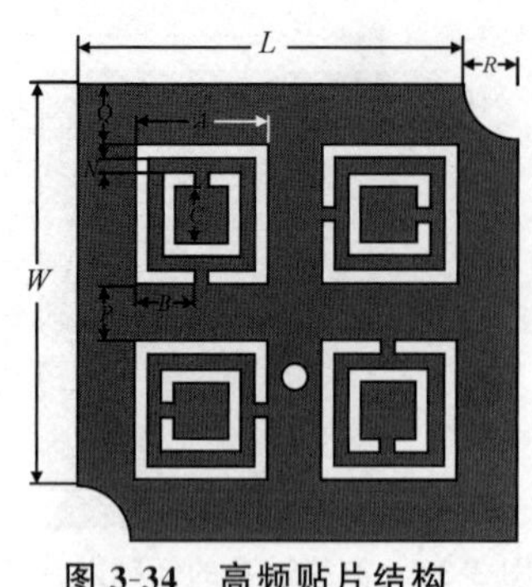

图 3-34　高频贴片结构

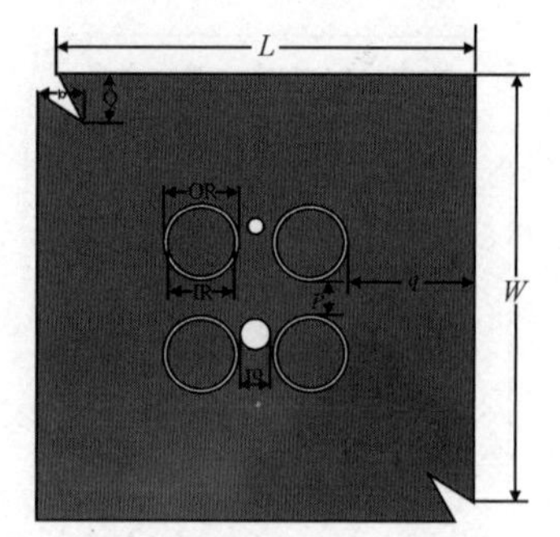

图 3-35　加载过孔的低频贴片结构

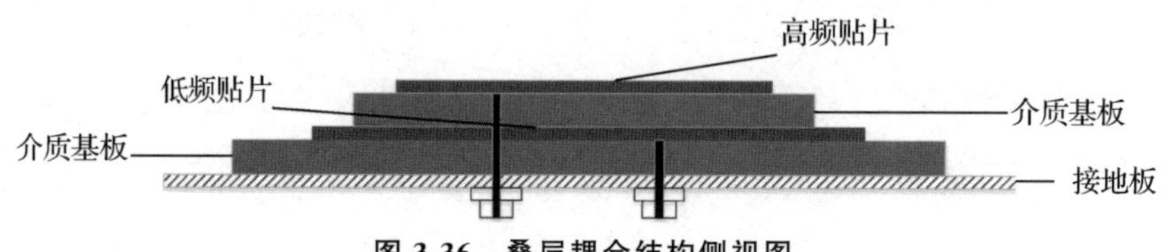

图 3-36　叠层耦合结构侧视图

上层贴片产生一个较大的耦合量，可能会对高频和低频贴片的辐射特性造成影响，使得叠层天线整体性能下降。通过对缝隙位置和大小的调节，如果设置合适，则有可能对天线的性能进行进一步的优化。

从图 3-37 看出，在低频微带天线上加入 4 个环形缝隙使得贴片的工作频带略向高频漂移，并且原先的贴片有两个非常接近的谐振点，其中一个在 1.610 GHz 左右，另一个在 1.632 GHz 左右。低频贴片的阻抗带宽范围为 1.605～1.646 GHz，约为 41 MHz，且工作频带内回波损耗的最低点达－27.4 dB。从图 3-38 中发现，对高频贴片来说，由于在其反射面上引入环形缝隙阵列，且环型缝隙外环大小与 CSRR 结构的外环大小一致，位置也恰好对应，以致环形缝隙阵列和 CSRR 阵列之间的电磁耦合小些，加上对低频贴片馈电点的未调整，因而高频工作频带的阻抗带宽达到 2.452～2.557 GHz，约为 105 MHz。这较原先拓宽了一倍多，且频带内回波损耗的最低值为－17.1 dB。因此，环形缝隙阵列本身对低频贴片带来的影响和与 CSRR 阵列之间的电磁耦合对高、低频贴片带来的作用，使得天线整体性能得到了进一步优化，仿真结果表明在低频贴片上引入与高频贴片 CSRR 位置对应、外环大小和 CSRR 外环大小相同的环形缝隙阵列耦合腔的方案是可取的。

图 3-39 是低频增益的方向图，从中可以看出天线在低频的方向图有所改善，不过正上方的增益最大值略有下降，为 3.78 dB；图 3-40 是高频增

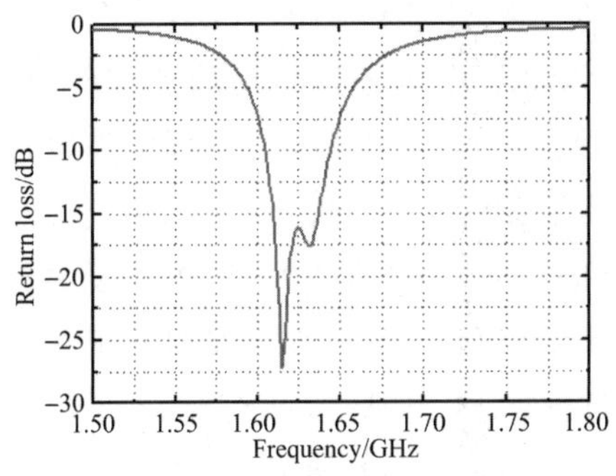

图 3-37 低频回波损耗图

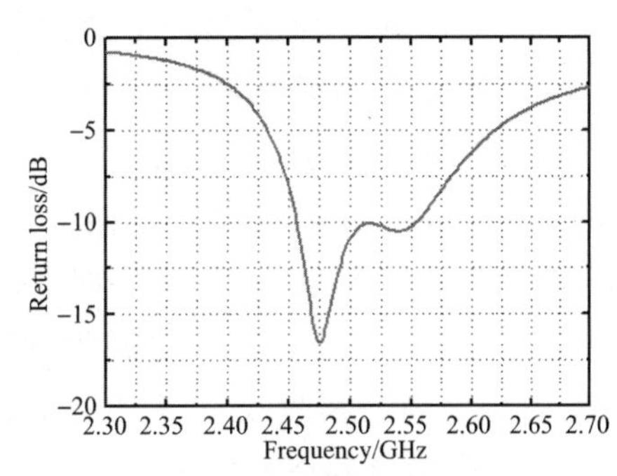

图 3-38 高频回波损耗图

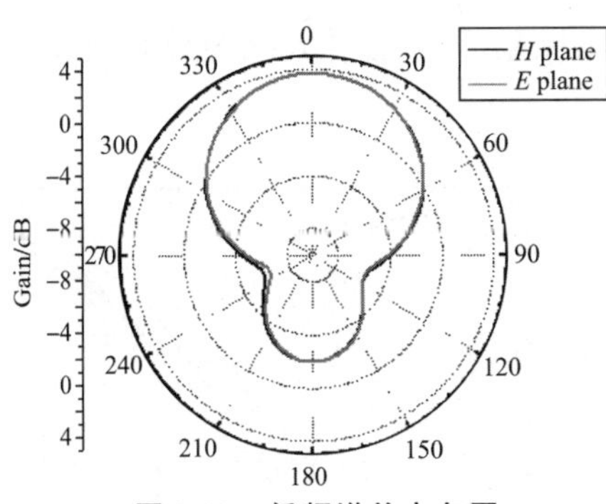

图 3-39 低频增益方向图

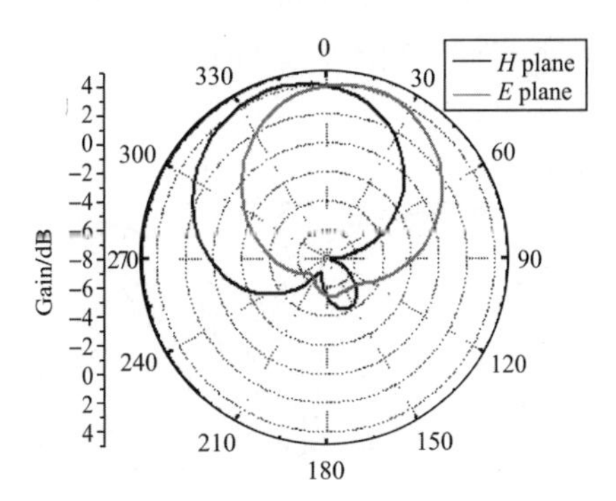

图 3-40 高频方向增益图

益的方向图，从中发现天线在高频辐射的方向性有明显改善，辐射最强的方向与之前相比更接近于正上方，且在正上方的增益达 3.99 dB，增加了 0.33 dB。图 3-41 和图 3-42 给出了加载环形缝隙耦合腔进行优化后贴片上电流的分布情况，显然在环形缝隙阵列耦合腔的作用下，高频和低频贴片的电流分布都有明显的改善。

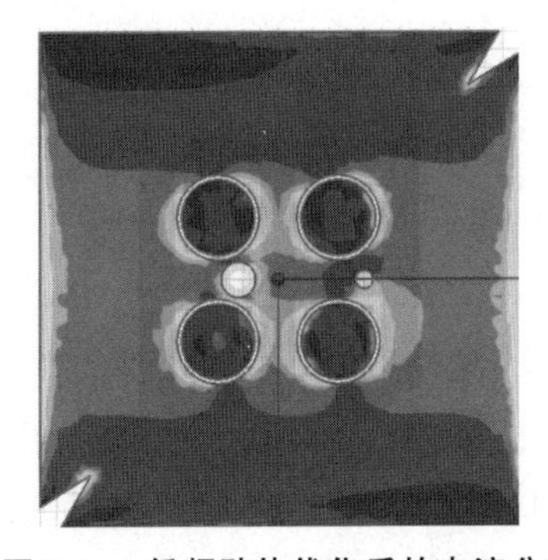

图 3-41 低频贴片优化后的电流分布

图 3-42 高频贴片优化后的电流分布

图 3-43 和 3-44 是对环形缝隙大小对天线性能影响的讨论，从图中可以清晰地发现，环形缝隙大小的改变对高频贴片和低频贴片的工作频点、阻抗带宽和带内的匹配状况有着直接的影响。对于低频工作频段，随着环形缝隙的缩小，工作频带内的两个谐振点逐渐分开，且阻抗匹配情况恶化，但带宽增加明显；对于高频工作频段，随着环形缝隙的变大，工作频段内较高的谐振频点阻抗匹配明显恶化，变得不能满足工程上所要求的低于－10 dB，而较低的谐振点工作频点略微向低频漂移，但阻抗匹配情况变化不大。所以，需要综合上述因素，把握规律，在带宽、阻抗匹配和工作频点之间寻求平衡，最终得出结论：当环形缝隙外环大小与上层贴片 CSRR 外环大小相同、缝隙宽度与 CSRR 一致时，电磁耦合效应对天线整体性能的优化效果最好。

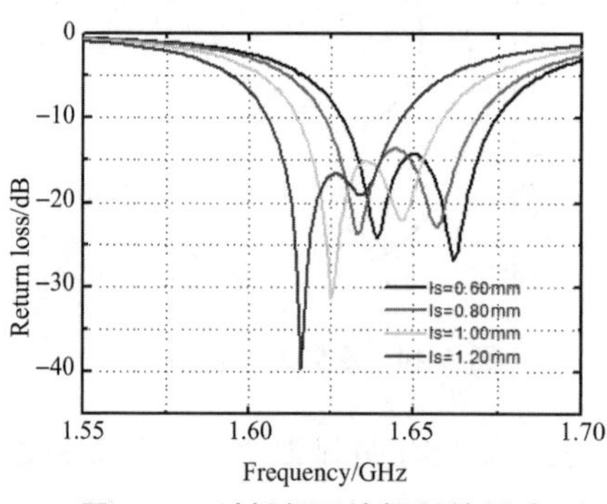

图 3-43　对低频回波损耗的影响

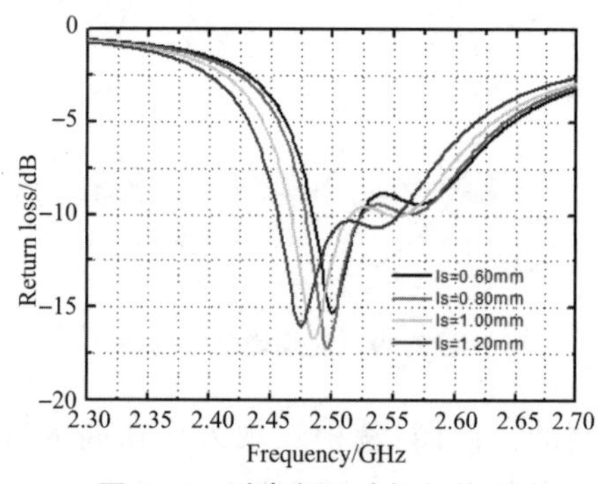

图 3-44　对高频回波损耗的影响

3.5　基于缝隙谐振器结构的多频宽带平面印刷天线研究

3.5.1　技术背景综述

随着无线通信技术在当今社会的发展，其终端设备在人们日常生活与工作中发挥着越来越重要的作用。与此同时，通信终端设备在全球通信市场的地位也越来越高，种类繁多，外形多样，集成度高，各种新型无线通信系统不断产生、发展并投入使用（例如 DCS、UMTS、PCS、WLAN、WiMAX、Bluetooth 等），这使得频率资源利用率日益紧张。天线在无线通信系统中扮演非常关键的角色，负责电磁信号发射与接收，其设计也伴随无线通信系统的发展遇到更多的挑战。

当前无线通信终端设备往往要能在多个频段工作，为了精简系统成本和复杂度，研发可以同时谐振于多个频段的多频宽带天线是一种非常可行方法，通过这种方法实现的一个天线可取代多个天线要完成的工作。印刷天线因为具有工艺简单、成本低、集成性能好以及全向的辐射方向图和较大的阻抗带宽，非常适合应用于多频宽带天线设计中。

本节结合无线网络通信终端设备用途，共设计出两款印刷多频宽带天线：基于箭头形对称双偶极调控缝隙耦合谐振器的微带馈电印刷天线以及基于“工”形对称双偶极调控缝隙耦合谐振器的共面波导馈电印刷天线。这些多频宽带印刷天线结构简单，成本低廉，在满足小型化的同时，还适用于 WLAN/WiMAX 等应用需求。本节将详细分析讨论两款天线的阻抗特性和辐射特性。

3.5.1.1 单极子天线基本理论

单极子天线是结构相对简单的一种天线，性能稳定，带宽较宽，具有双向或近似全向辐射特性，因而成了研究热点。图 3-45 所示即为单极子天线的典型结构。

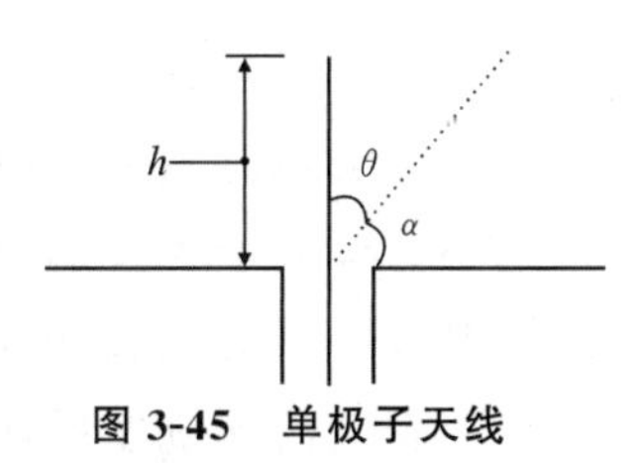

图 3-45 单极子天线

单极子天线由直立振子和无限大地板组成，地面作为镜像，代替天线的另一半，因此单极子天线可以等效为对称振子在自由空间中的计算公式来进行计算，即

$$E_\theta=\frac{60I_m\cos[\cos(\beta l)\cos\theta]-\cos(\beta l)}{r\sin\theta} \tag{3-22}$$

式中，I_m 是波腹电流，I_0 是输入电流，α 是仰角，$\theta=90°-\alpha$，h 为天线高度。将 $I_m=I_0/\sin(\beta l)$ 代入上式，得到：

$$E_\theta=\frac{60I_0\cos[\cos(\beta h)\sin\alpha]-\cos(\beta h)}{r\sin(\beta h)\cos\alpha}=\frac{60I_0}{r\sin(\beta h)}[1-\cos(\beta h)]F(\alpha) \tag{3-23}$$

式中 $F(\alpha)$ 为方向函数

$$F(\alpha)=\frac{\cos[(\beta h)\sin\alpha]-\cos(\beta h)}{[1-\cos(\beta h)]\cos\alpha} \tag{3-24}$$

由 $F(\alpha)$ 可知，方向图在水平面是全向的，在垂直面由天线高度决定。

单极子天线有一个关键参数就是有效高度，可表征辐射强度，定义为：

$$h_e=\frac{1}{I_0}\int_0^h I_z\,\mathrm{d}z=\frac{\lambda}{2\pi}\,\frac{1-\cos(\beta h)}{\sin(\beta h)} \tag{3-25}$$

当 $h \ll \lambda$ 时，上式可简化为

$$h_e = \frac{1}{\beta}\tan\frac{\beta h}{2} \approx \frac{1}{2}h \tag{3-26}$$

单极子天线平均特性阻抗的公式为

$$Z_{0a} = \frac{1}{h}\int_0^h Z_0(z)\,dz = 120\left(\ln\frac{2h}{a} - 1\right) \tag{3-27}$$

a 是天线振子的半径。

单极子天线输入阻抗为：

$$Z_{in} = \frac{1}{2}Z_{0a}\frac{1}{ch(2\alpha l) - \cos(2\beta l)}\left[\left(sh(2\alpha l) - \frac{\alpha}{\beta}\sin(2\beta l)\right) - j\left(\frac{\alpha}{\beta}sh(2\alpha l) + \sin(2\beta l)\right)\right] \tag{3-28}$$

当单极子天线高度较小时，输入阻抗主要表现低电阻特性，并且该电阻主要是损耗电阻。当天线电长度增大时，辐射电阻开始占主要，损耗电阻越来越小。单极子天线的电长度通常不大于 $\lambda/4$，因此辐射电阻较小，要提高辐射效率就必须改变天线其他参数来增大辐射电阻的成分。

随着通信系统发展需求，单极子天线在不断改进，涌现出许多新型结构。辐射体形状有矩形、圆形、三角形等，并且单极子天线由原先立体结构向平面印刷结构发展，而印刷电路板技术使天线加工流程更加简化，被广泛应用于现代通信设备中。

3.5.1.2 对称双偶极调控缝隙谐振器结构

Rcineix 和 Jecko 于 1989 年提出一种边缘地板扼流结构，如图 3-46 所示。

这种扼流结构主要为在地板边缘蚀刻缝隙，在上层进行枝节加载，加载的枝节与地板通过馈电探针连接，相当于在有限空间内大大加长扼流传输线长度，形成四分之一传输线，实现阻断电流功能。本节在此基础上做出改进，研究出一种对称双偶极调控缝隙耦合谐振器结构，直接应用于改进单极子天线中，主要改进为在上层辐射贴片进行缝隙蚀刻，在地板上加载

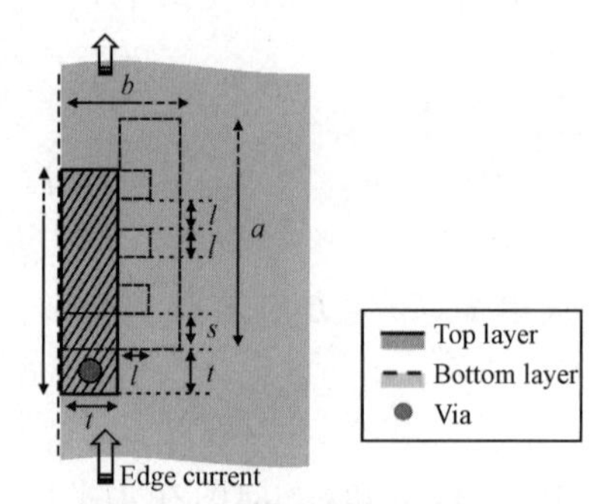

图 3-46　边缘地板扼流结构

枝节，二者只通过电磁耦合作用实现谐振器功能，产生新的谐振频点，而不

是完成扼流功能。基于这一思想，本章设计了两类基于该改进结构的单极子天线，不仅满足小型化的要求，同时符合天线多频宽带工作需求。

3.5.2 基于箭头形对称双偶极调控缝隙耦合谐振器的微带馈电印刷天线

天线的结构示意图如图 3-47 和图 3-48 所示，天线雕刻在介电常数为 3.2 的印刷板上，采用微带线馈电形式将微带馈线直接和贴片相连。在上层辐射贴片中间凹陷部分加载 T 形枝节，在贴片两边边缘处刻有两个对称新型箭头形缝隙；在下层地板上刻有两个对称 L 形缝隙，同时地板平面上加载两个矩形枝节与上层两个箭头形缝隙相应，形成对称双偶极调控缝隙耦合谐振器结构，从而实现 WLAN/WiMAX 的多频宽带需求。

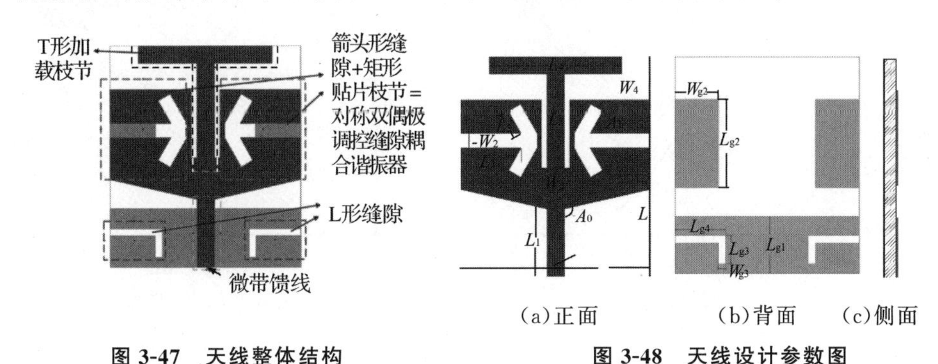

(a)正面　(b)背面　(c)侧面

图 3-47　天线整体结构　　图 3-48　天线设计参数图

经过仿真优化，天线得到最优尺寸如表 3-1 所示。

表 3-1　天线尺寸参数表

L	L_1	L_2	L_3	L_4	L_5	W	W_1	W_2	W_3
22.7 mm	7.0 mm	6.4 mm	9.7 mm	14 mm	2.6 mm	20 mm	1.8 mm	1.5 mm	3.0 mm
W_4	L_{g1}	L_{g2}	L_{g3}	L_{g4}	W_{g2}	W_{g3}	A_0	A_1	
2.7 mm	6.0 mm	9.2 mm	3.0 mm	5.5 mm	4.7 mm	0.8 mm	102°	60°	

如图 3-49 给出了该款天线结构逐步演变过程，其中天线 1、2、3、4 的尺寸都相同，介质基板也相同。

为了更好地发现各部分结构的电磁调控功能，图 3-50 分别展示了天线 1、2、3、4 的 S_{11} 仿真结果。

由图 3-49 和 3-50 可知，天线 1 为改进带凹陷结构的平面单极子天线，通过微带馈线与贴片连接处设计斜边渐变结构来缩减天线与微带馈线间的不连续性，进而提高天线阻抗匹配性能，采用这种结构设计能够实现

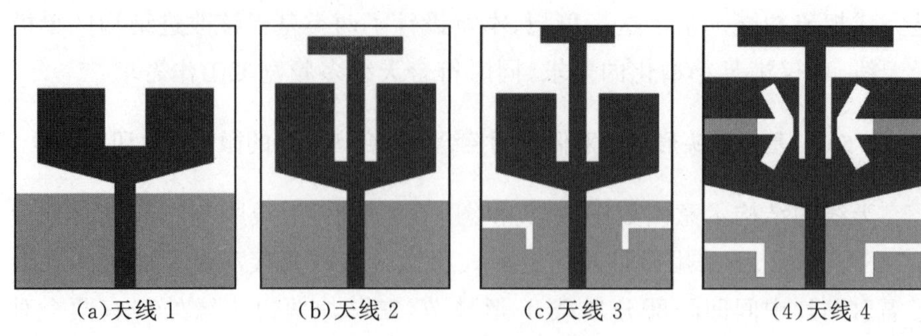
(a)天线 1　(b)天线 2　(c)天线 3　(4)天线 4

图 3-49　天线结构演变图

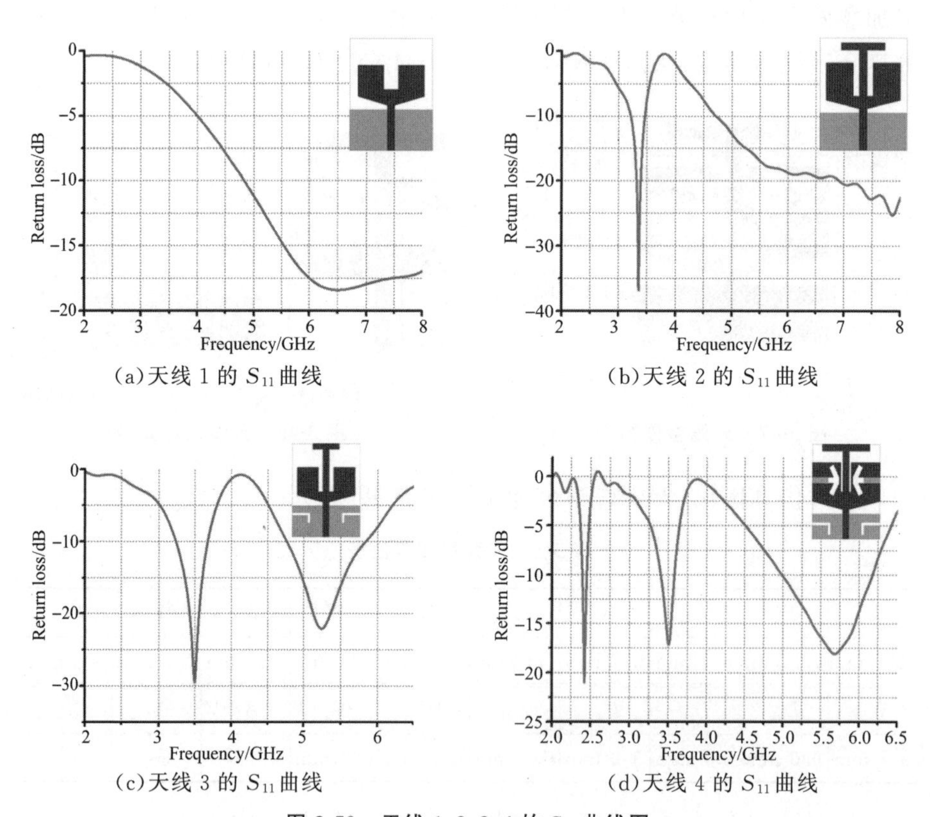

(a)天线 1 的 S_{11} 曲线　(b)天线 2 的 S_{11} 曲线
(c)天线 3 的 S_{11} 曲线　(d)天线 4 的 S_{11} 曲线

图 3-50　天线 1、2、3、4 的 S_{11} 曲线图

4.8～8 GHz 的宽频带工作。天线 2 在天线 1 的基础上加载了 T 形枝节，因此天线 2 在天线 1 基础上增加了一个谐振频点，说明 T 形枝节谐振于 3.5 GHz 的 WiMAX 频段。天线 3 在天线 2 基础上增进一对 L 形缝隙，可以在高频段内形成一个阻带，大大改善高频段阻抗匹配特性，设计出我们需要的阻抗带宽，包含 WLAN 的 5.2/5.8 GHz 频段，而对低频点 3.5

GHz 的 WiMAX 频段几乎没有影响。天线 4 在天线 3 基础上引入了箭头形对称双偶极调控缝隙耦合谐振器结构，这种谐振器的电尺寸非常小，可以很好地嵌入辐射贴片中，通过上层箭头形缝隙和下层矩形贴片枝节的强耦合作用，天线能在 2.4 GHz 的 WLAN 频点处产生谐振，并获得 60 MHz 的阻抗带宽。

图 3-51 展示了该天线的等效电路模型。天线 1 结构可用一个 RLC 并联等效电路来表示天线的基本谐振模式。对称双偶极调控缝隙耦合谐振器结构由上层箭头形缝隙和下层矩形贴片枝节交叠而成，缝隙的长度可等效为电感模型，缝隙宽度两边贴片等效为电容模型，上层贴片与下层矩形贴片枝节交叠部分等效为耦合电容，整体结构可等效为 RLC 串并联等效电路。在谐振时，它们之间将产生强电磁耦合作用，激励出 2.4 GHz 的 WLAN 频率。在贴片上加载的 T 形枝节结构可等效为一个开路四分之一波长 LC 并联谐振器，激励出所需要的 3.5 GHz 的 WiMAX 频率。在地板上加载的 L 形缝隙可等效为一个短路四分之一波长 LC 并联谐振器，激励出 WLAN 附近高频阻带，改善高频段的阻抗匹配特性，获得所需要的 5.2/5.8 GHz 的 WLAN 频率。

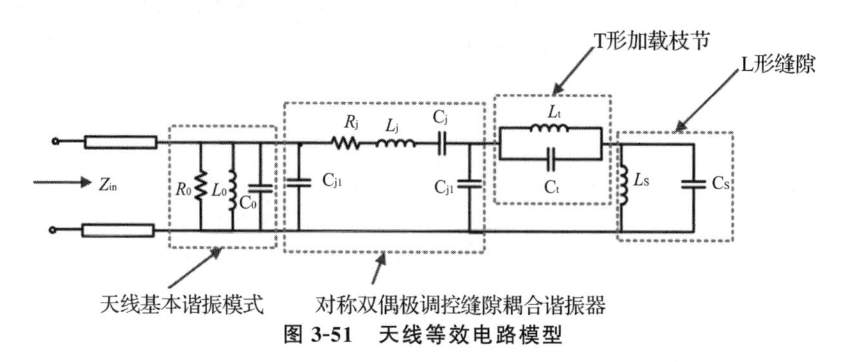

图 3-51　天线等效电路模型

下面，我们重点分析对称双偶极调控缝隙耦合谐振器结构的等效电路模型。从图 3-51 可以知道，该结构可等效为 LC 串并联电路模型。根据传输线阻抗计算公式得到

$$\mathrm{j}X_L = \mathrm{j}wL \qquad X_L = wL = 2\pi fL \tag{3-29}$$

$$\mathrm{j}X_C = \frac{1}{\mathrm{j}wC} \qquad X_C = \frac{1}{wC} = \frac{1}{2\pi fC} \tag{3-30}$$

设传输谐振器在谐振频点处的输入阻抗为

$$Z_{\mathrm{in}} = R_{\mathrm{in}} + \mathrm{j}X_{\mathrm{in}} \tag{3-31}$$

根据图中的缝隙耦合谐振器模型等效电路，我们可以计算出此时电路等效输入阻抗为

$$Z_{\text{model}}=R_{\text{j}}+\text{j}\left(2\pi fL_{\text{j}}-\frac{1}{2\pi fC_{\text{j}}}-\frac{1}{4\pi fC_{\text{j1}}}\right) \tag{3-32}$$

$$f=\frac{1}{2\pi\sqrt{LC}}=\frac{1}{2\pi\sqrt{L_{\text{j}}\dfrac{2C_{\text{j}}C_{\text{j1}}}{C_{\text{j}}+2C_{\text{j1}}}}} \tag{3-33}$$

因此，结合上面式子可以求得等效电路参数为

$$R_{\text{j}}=R_{\text{in}}=\text{Re}(Z_{\text{in}}) \tag{3-34}$$

$$2\pi fL_{\text{j}}-\frac{1}{2\pi fC_{\text{j}}}-\frac{1}{4\pi fC_{\text{j1}}}=X_{\text{in}}=\text{Im}(Z_{\text{in}}) \tag{3-35}$$

由上式可得，等效电路参数 R_{j} 是输入阻抗实部，等效电路参数 C_{j}、C_{j1} 决定输入阻抗虚部。如果能够求得该等效电路对应的缝隙谐振器结构的输入阻抗，则可以计算出等效电路的电容和电感参数值。同时，我们可以知道，该谐振器谐振频率随着电感/电容的增大而减小。

基于箭头形对称双偶极调控缝隙耦合谐振器结构的天线输入阻抗如图 3-52 所示。当天线在谐振频点 2.4 GHz 时，天线输入阻抗实部为 34.93 Ω，输入阻抗虚部为 13.08 Ω。将数据代入上述计算公式中，可得天线等效电路参数。

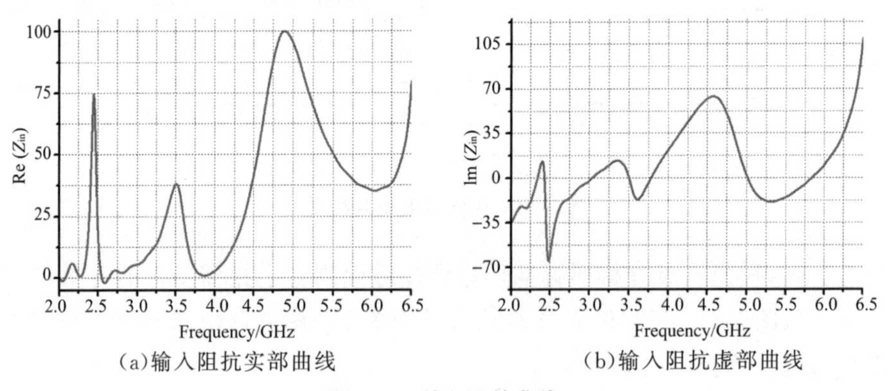

(a)输入阻抗实部曲线　　(b)输入阻抗虚部曲线

图 3-52　输入阻抗曲线

前面我们已经从传统电路理论模型中分析出等效电路中电感电容参数值的变化对天线的影响，为更深入地探讨箭头形缝隙耦合谐振器对天线影响，下面我们对箭头形缝隙耦合谐振器结构尺寸做参数分析，根据二者的对比找出箭头形缝隙耦合谐振器结构的每一个尺寸参数如何等效为电

容电感参数。

由图 3-53 可知,L_2、W_{g2} 作为箭头形缝隙耦合谐振器结构的关键尺寸参数,其变化能引起天线低频段 S_{11} 的显著变化。从图中可看出,随着 L_2、W_{g2} 的增大,天线的低频谐振频率明显减小,而对其他谐振频段几乎无影响,进一步证明了缝隙耦合谐振器的主要作用是激励 2.4 GHz 频段谐振模式,同时也说明天线低频谐振频率减小的原因是等效电路模型中的电容或电感值增大。结合前面分析我们知道,L_2 决定箭头形缝隙的长度,其尺寸变化会引起等效电路中电感值的变化;W_{g2} 决定矩形贴片枝节与上层辐射贴片所重叠的面积大小,其尺寸变化会引起等效电路中电容值的变化。

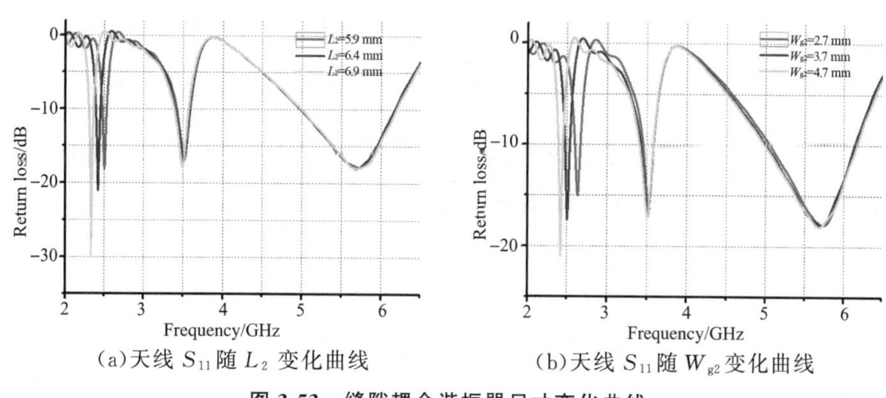

(a)天线 S_{11} 随 L_2 变化曲线　　(b)天线 S_{11} 随 W_{g2} 变化曲线

图 3-53　缝隙耦合谐振器尺寸变化曲线

通过以上分析,我们对缝隙耦合谐振器的工作原理有了一定的了解,除了改变缝隙耦合谐振器的结构尺寸外,我们对缝隙耦合谐振器的结构形状的改变也进行了分析。下面我们给出一个天线模型,如图 3-54 所示。

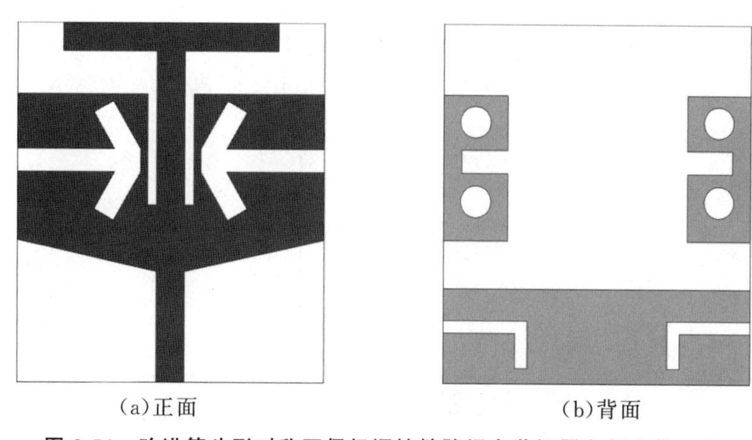

(a)正面　　(b)背面

图 3-54　改进箭头形对称双偶极调控缝隙耦合谐振器多频宽带天线

如图 3-54 所示，该天线在天线 4 的基础上把加载的矩形贴片枝节设计成耦合腔加载的 U 形贴片枝节加载，其他结构不变。通过对该天线进行仿真优化，得到结果如图 3-55 所示。

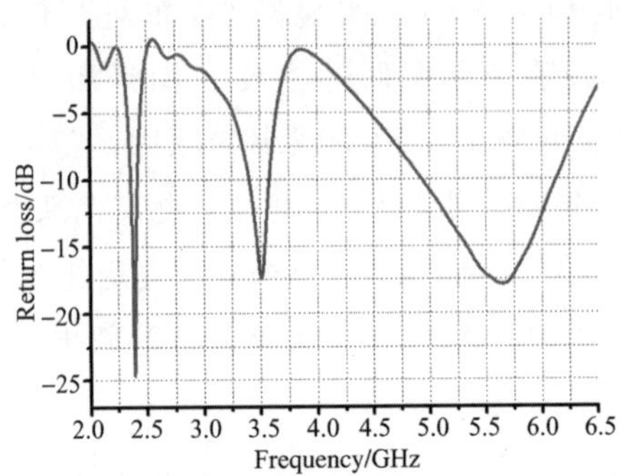

图 3-55　改进箭头形对称双偶极调控缝隙耦合谐振器多频宽带天线仿真 S_{11}

由图 3-55 可知，当缝隙结构形状进行改变时，缝隙耦合谐振器仍具有低频段谐振特性，并且不影响其他频段。为了优化得到 2.4 GHz 频段，缝隙耦合谐振器中加载枝节宽度 W_{g2} 由 4.7 mm 增加到 6.2 mm，原因是 U 形贴片枝节与上层辐射贴片重叠的面积变小，等效电路的电容值减小，因此需要增加枝节宽度来增大重叠面积，从而增大等效电路电容值，实现 2.4 GHz 频段的激励谐振。

L_4 为 T 形加载枝节上端的长度，由图 3-56 可知，随着 L_4 的增大，天线的回波损耗 S_{11} 在低频段和高频段都几乎没有变化，而中频 3.5 GHz 的 WiMAX 频段向低频点端偏移，因此可以认为，T 形加载枝节的长度只调节中频，几乎不影响其他频点和阻抗特性。

L_{g4} 为 L 形缝隙的长度，由图 3-57 可知，随着 L_{g4} 的增大，天线的回波损耗 S_{11} 在低频段和中频段都几乎没有变化，而高频 5.2/5.8 GHz 的

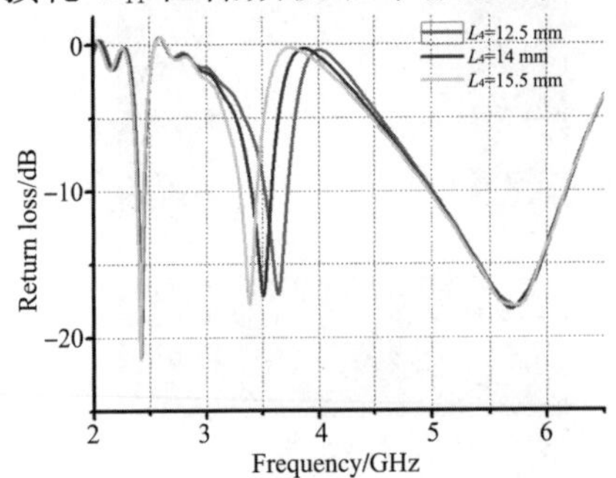

图 3-56　天线 S_{11} 随 L_4 变化曲线

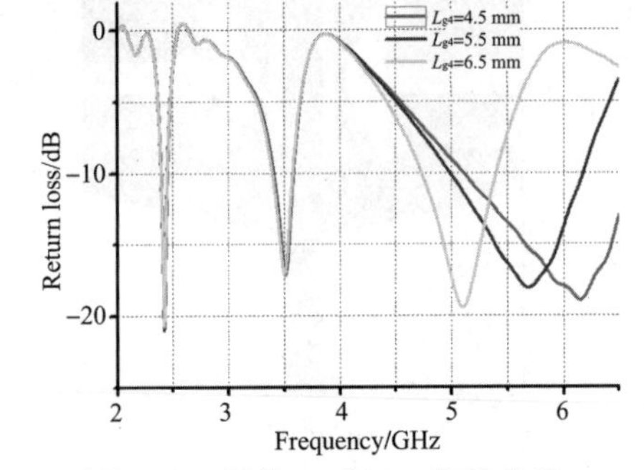

图 3-57　天线 S_{11} 随 L_{g4} 变化曲线

WLAN频段向低频点端移动，因此可以认为，改变 L 形缝隙的长度可独立调节天线高频点，且不影响其他频点和阻抗特性。

图 3-58 直观具体地展示天线在 2.4 GHz、3.5 GHz、5.2 GHz 和 5.8 GHz 四个频点处的天线表面电流分布。由图 3-58(a)可知天线工作在 2.4 GHz 时，大量的表面电流分布在两个对称的箭头形缝隙耦合谐振器上，更加表明箭头形缝隙耦合谐振器主要激励 2.4 GHz 谐振模式；由图 3-58(b)可知，天线工作在 3.5 GHz 时，大量电流聚集在 T 形加载枝节上，表明 T 形加载枝节主要激励 3.5 GHz 谐振模式；由图 3-58(c)可知，天线工作在 5.2 GHz 时，大量电流分布在辐射贴片上，表明辐射贴片本身主要激励 WLAN 高频段；由图 3-58(d)可知，天线工作在 5.8 GHz 时，大量的表面电流集中在辐射贴片和 L 形缝隙上，表明 L 形缝隙主要起到改善高频谐振特性。

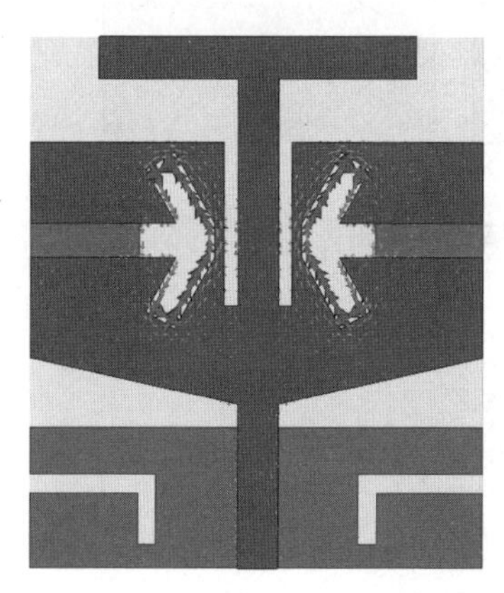

(a)2.4 GHz

(b)3.5 GHz

(c)5.2 GHz

(d)5.8 GHz

图 3-58 天线的表面电流分布

由图 3-59 和图 3-60 可知，天线 A 为矩形辐射贴片的单极子天线模型。天线 B 是在天线 A 的基础上在微带馈线与贴片连接处进行了切角处理，使天线阻抗具有更好的连续性，以获得更好的阻抗匹配及更宽的阻抗带宽。天线的回波损耗大大减小，阻抗带宽得到很大提高，这点从图 3-60 可以很明显地看到。天线 C 是在天线 B 的基础上在辐射贴片上挖去一块矩形，为加载 T 形枝节创造空间。从图中我们可以看出，切去部分对单极子天线阻抗特性基本没什么影响。

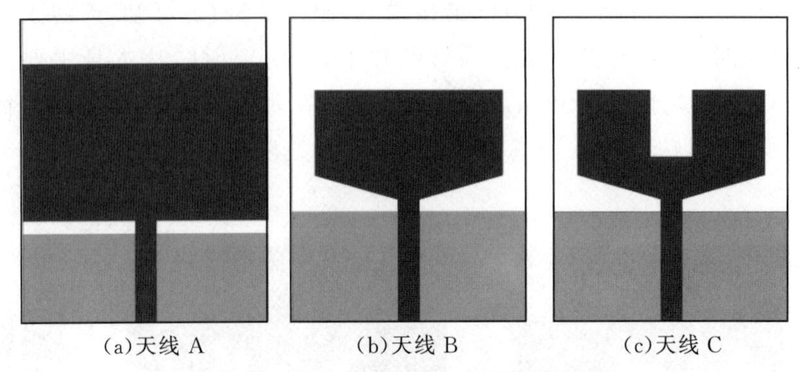

(a)天线 A　(b)天线 B　(c)天线 C

图 3-59　单极子天线宽带特性结构演变图

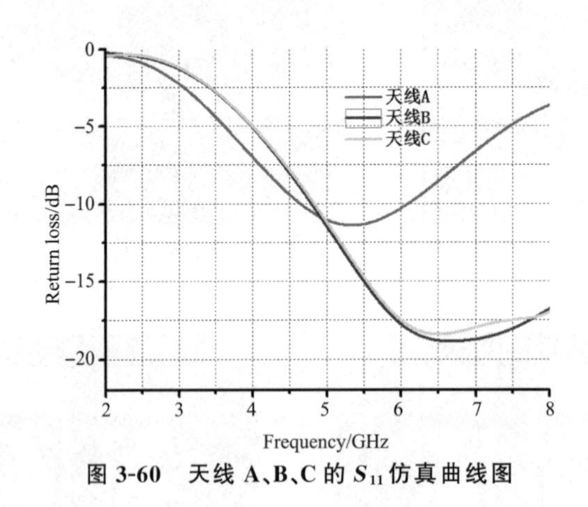

图 3-60　天线 A、B、C 的 S_{11} 仿真曲线图

为了验证所设计的天线具有良好的多频宽带特性，根据优化后的结构参数，我们加工制作了该款天线实物模型，并对实物模型进行了相关测试。图 3-61(a)(b)为天线的实物模型照片。图 3-61(c)给出了天线的 S_{11} 仿真与测试结果对比，从图中可看出，在误差允许的范围内，测试和仿真结果基本一致。天线的多频谐振频率及阻抗带宽如表 3-2 所示。

(a)正面

(b)背面

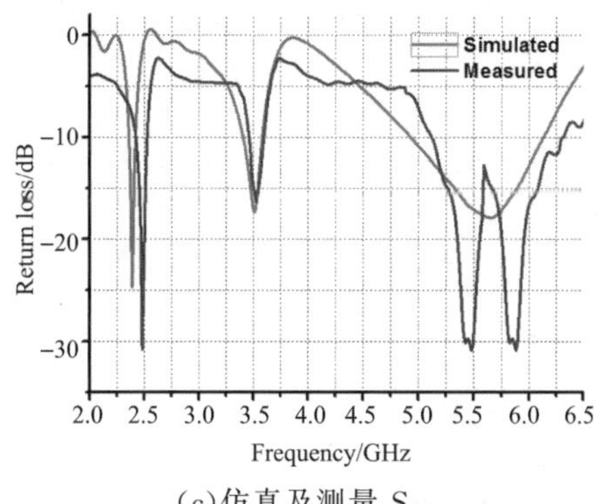

(c)仿真及测量 S_{11}

图 3-61　天线实物图及 S_{11} 仿真测量结果

表 3-2　天线多频谐振频点及阻抗带宽

谐振频点/GHz	仿真		实测	
	工作频段/GHz	阻抗带宽/MHz	工作频段/GHz	阻抗带宽/MHz
2.4	2.39～2.45	60	2.42～2.53	110
3.5	3.40～3.58	180	3.46～3.59	130
5.6	5.00～6.18	1 180	5.12～6.32	1 200

由表 3-2 可得，天线仿真结果和测试结果相比，天线工作频段基本都满足设计要求，阻抗带宽存在一些差异，但仿真结果与测量结果总体上还算一致，较为吻合。

图 3-62 所示为天线在 2.4 GHz、3.5 GHz、5.2 GHz 和 5.8 GHz 频点处的仿真辐射方向图。从图中可得，天线在这四个工作频点处的 E 面方向图近似于双向辐射，H 面方向图近似全向特性，辐射性能良好。

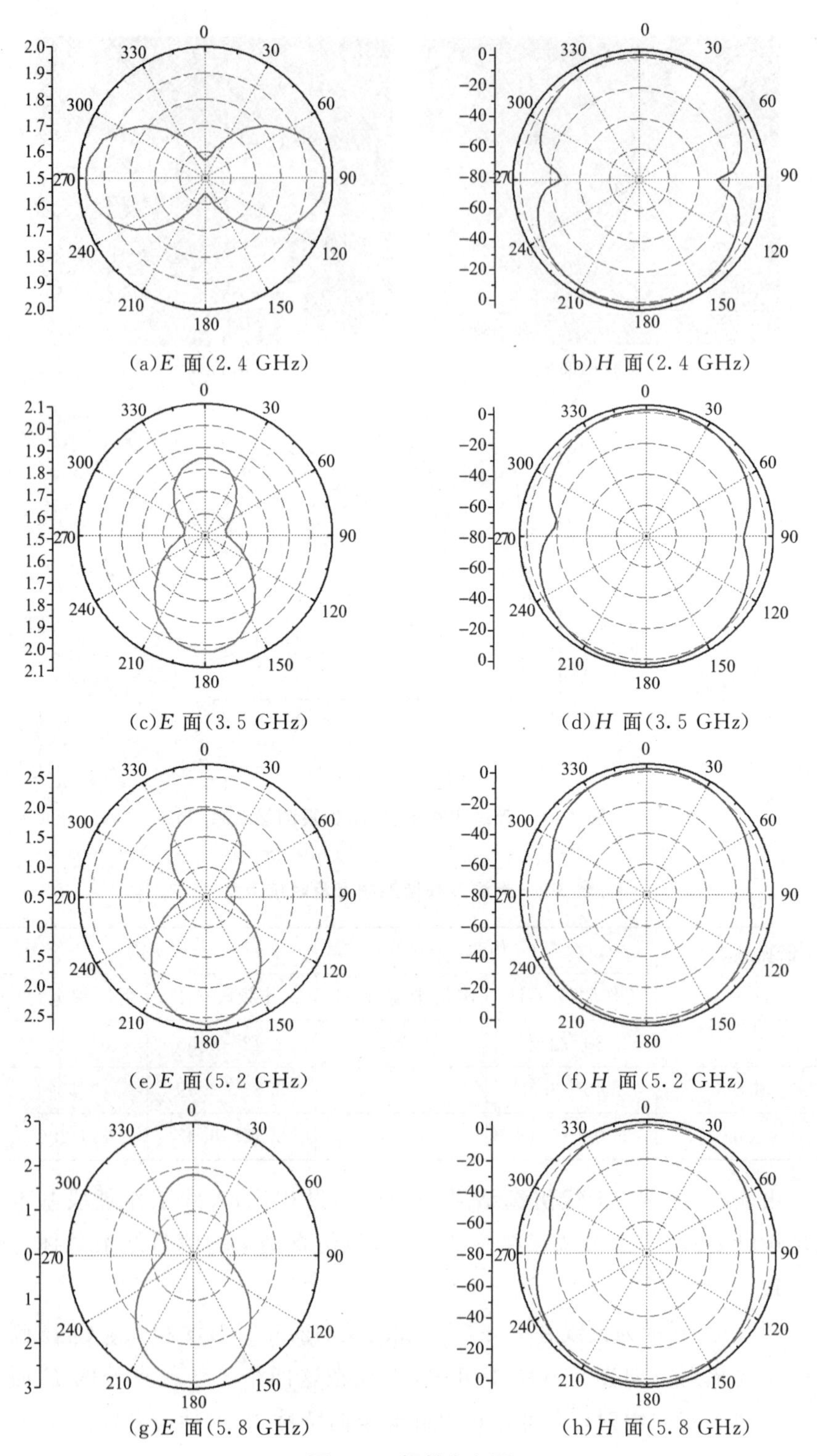

(a)E 面(2.4 GHz)　(b)H 面(2.4 GHz)

(c)E 面(3.5 GHz)　(d)H 面(3.5 GHz)

(e)E 面(5.2 GHz)　(f)H 面(5.2 GHz)

(g)E 面(5.8 GHz)　(h)H 面(5.8 GHz)

图 3-62　辐射方向图

图 3-63 给出了天线的增益性能。从图中可以看出,天线在 2.4 GHz 处的最大增益为 1.57 dB,在 3.5 GHz 处的最大增益为 1.85 dB,在 5.2 GHz 处的最大增益为 1.95 dB,在 5.8 GHz 处的最大增益为 1.83 dB,因此该天线具有可观的增益特性。

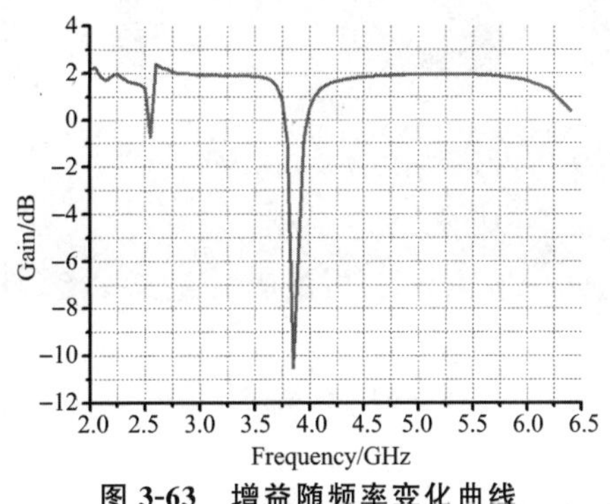

图 3-63 增益随频率变化曲线

综上所述,该天线设计结构简单,多频宽带特性良好,辐射性能较好,满足 WLAN、WiMAX 频段应用。

3.5.3 基于"工"形对称双偶极调控缝隙耦合谐振器的共面波导馈电印刷天线

基于本章提出的缝隙耦合谐振器结构,本节设计了一类三频宽带印刷天线。天线结构示意图如图 3-64 和图 3-65 所示,天线雕刻在介电常数为 3.2 的印刷板上,采用共面波导馈电,微带馈线与主贴片相连在馈线与贴片顶端连接处,贴片采用弧形渐变形状,地板挖去弧形缺陷结构。天线辐射贴片两侧刻蚀两个"工"形缝隙,同时在基板下平面上加载两个矩形带状枝节与上层两个"工"形缝隙相对应,实现对称双偶极调控缝隙耦合谐振器结构,接地板顶端内侧加载短 T 形枝节,从而实现 WLAN/WiMAX 的多频段需求。

经过仿真和优化,得到天线的最优尺寸参数如表 3-3 所示。图 3-66 是该多频宽带天线设计的结构逐步演变过程,其中天线 1、天线 2、天线 3 尺寸都相同,介质基板也相同。

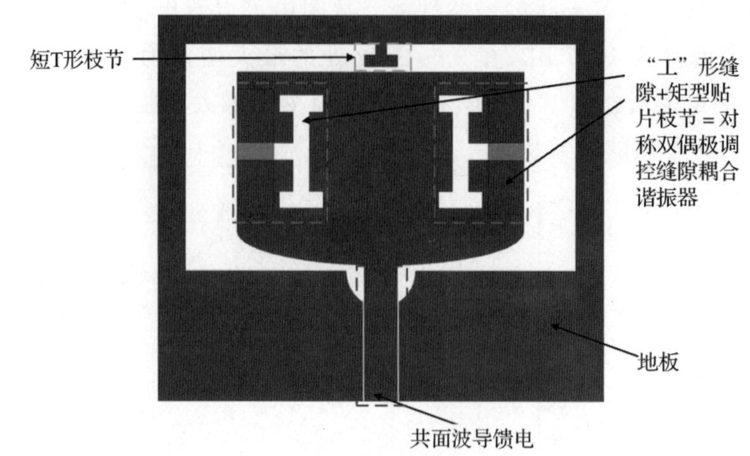

图 3-64 天线整体结构

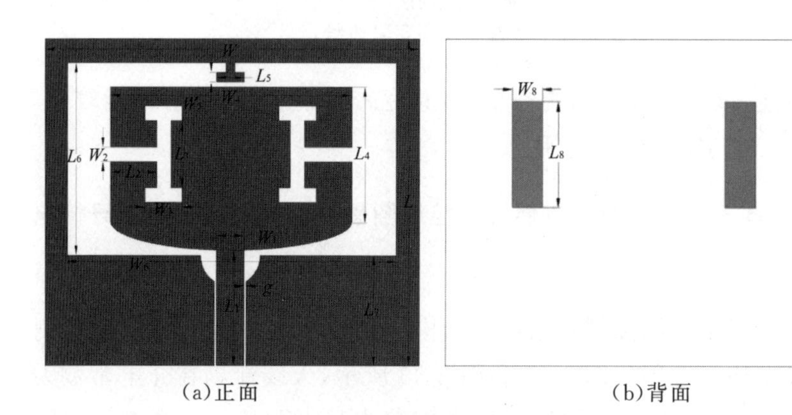

(a)正面 (b)背面 (c)侧面

图 3-65 天线设计参数图

表 3-3 天线优化参数尺寸 单位:mm

L	L_1	L_2	L_3	L_4	L_5	L_6	L_7	L_8
34.0	12.0	5.00	7.00	14.0	3.00	20.0	11.5	11.0
W	W_1	W_2	W_3	W_4	W_5	W_6	W_8	g
40.5	3.00	1.50	4.00	26.0	1.00	35.5	3.20	0.200

从图 3-66 和图 3-67 可知,天线 1 为共面波导带缝隙的改进单极子天线,通过对贴片和馈线连接处进行弧形渐变结构处理,缩减天线与馈线间的不连续性,在馈线顶端的地板处采取弧形缺陷地结构来实现多频兼容特性,进而调高天线阻抗匹配性能,采用这一系列结构设计能够实现 4.4～

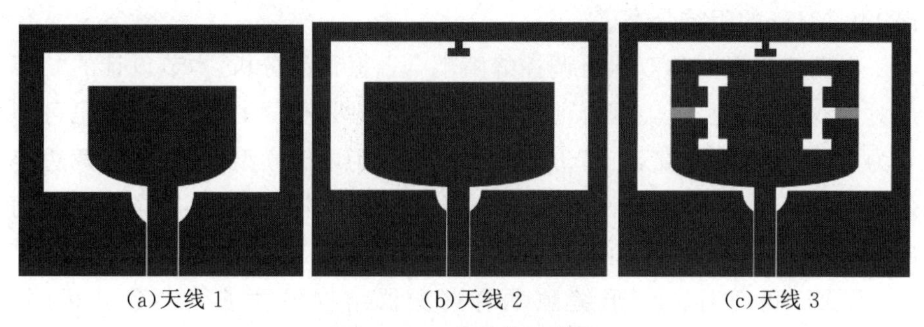

(a)天线 1　　(b)天线 2　　(c)天线 3

图 3-66　天线结构演变图

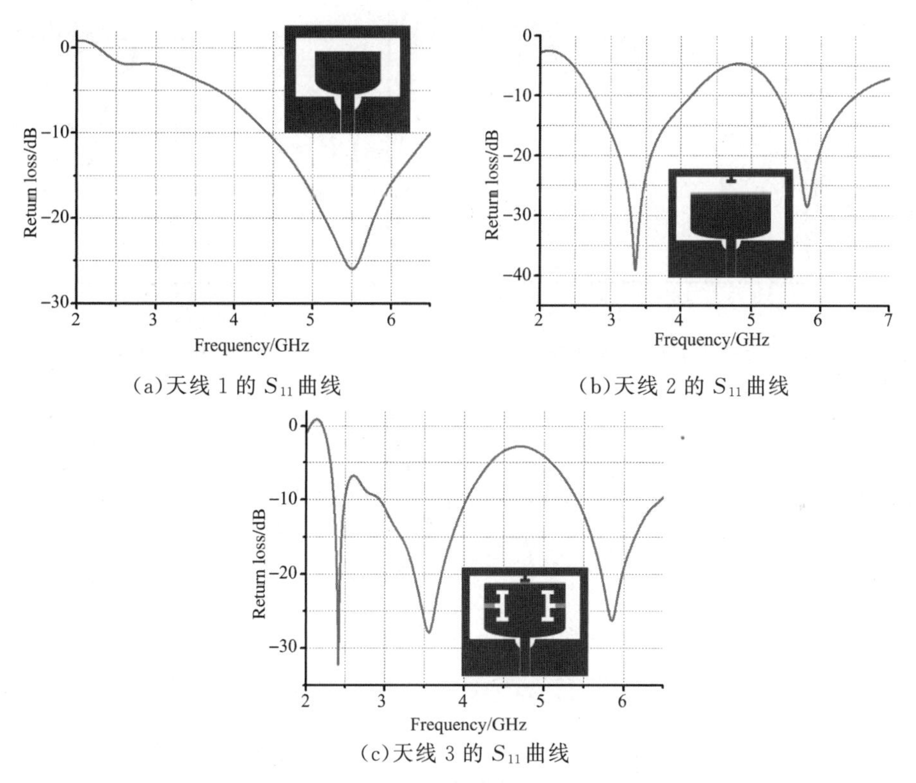

(a)天线 1 的 S_{11} 曲线　　(b)天线 2 的 S_{11} 曲线

(c)天线 3 的 S_{11} 曲线

图 3-67　天线演变结构 1、2、3 的 S_{11} 曲线

6.5 GHz 的宽频带工作。天线 2 在天线 1 基础上加载了短 T 形枝节，该结构可以实现频率调谐，因此在天线 1 基础上增加了一个谐振频点，可以看到短 T 形枝节谐振于 WiMAX(3.5 GHz)频段。天线 3 在天线 2 基础上引入了一对“工”形对称双偶极调控缝隙耦合谐振器结构，这种谐振器的电尺寸非常小，可以很好地嵌入辐射贴片中。通过上层“工”形缝隙和下层矩形贴片枝节的强耦合作用，天线能在 WLAN(2.4 GHz)频段产生谐振，并获得 140 MHz 的阻抗带宽。

根据箭头形对称双偶极调控缝隙耦合谐振器的分析，本节设计的“工”形对称双偶极调控缝隙耦合谐振器的工作原理是相同的，整体结构也可等效为 RLC 串并联电路，“工”形缝隙长度等效为电感模型，缝隙宽度两边等效为电容模型，上下层贴片交叠部分等效为耦合电容模型，共同作用激励出 2.4 GHz 的 WLAN 频率，具体电路参数我们不再讨论。

下面，我们对“工”形缝隙耦合谐振器结构尺寸进行参数分析，如图 3-68所示。

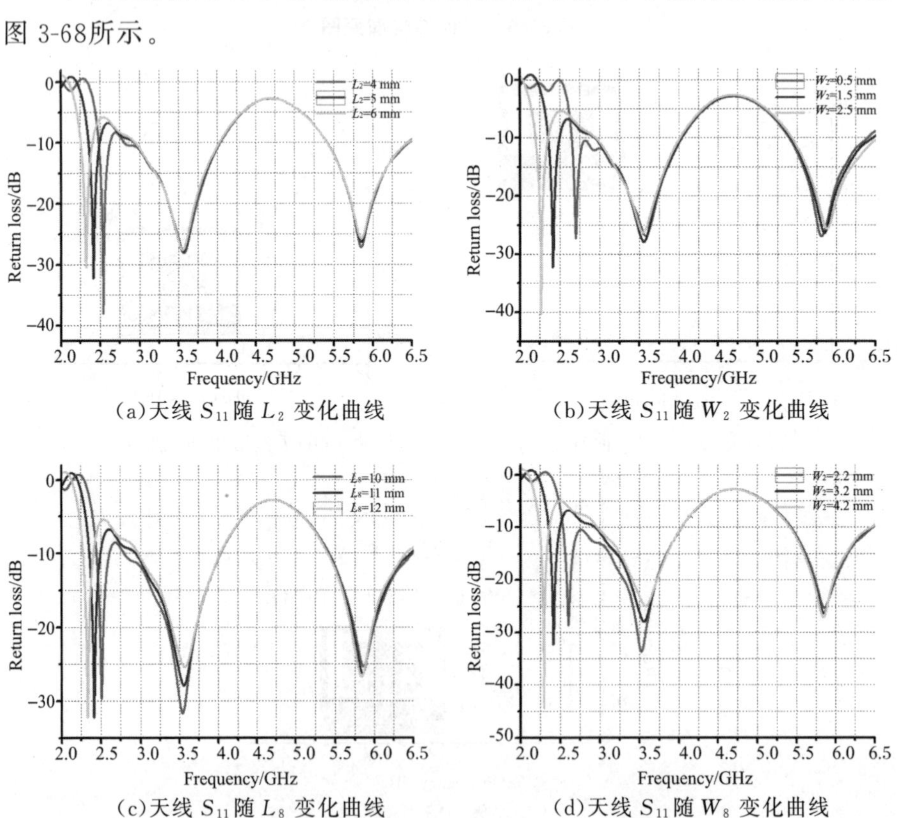

(a)天线 S_{11} 随 L_2 变化曲线　(b)天线 S_{11} 随 W_2 变化曲线

(c)天线 S_{11} 随 L_8 变化曲线　(d)天线 S_{11} 随 W_8 变化曲线

图 3-68　缝隙耦合谐振器结构尺寸变化对天线的影响

由图 3-68 可知，L_2、W_2、L_8、W_8 作为“工”形缝隙耦合谐振器结构的关键尺寸参数，其变化能引起天线低频段 S_{11} 的显著变化。从图中可以看出，随着 L_2、W_2、L_8、W_8 的增大，天线的低频谐振点明显减小，而对其他频段几乎没影响，进一步验证缝隙耦合谐振器的主要作用是激励 2.4 GHz 谐振模式，同时也说明天线低频频率减小的原因是等效电路中的电容或电感值增大。L_2 决定“工”形缝隙的长度，其尺寸变化会引起等效电路中电感值的变化;W_2 决定“工”形缝隙的宽度,其尺寸变化会引起等效电路中电容值变化;L_8 和 W_8 决定矩形贴片枝节与上层辐射贴片所重叠面积大小,其尺寸改变会导致等效电路中耦合电容值变化。

通过以上分析,我们对缝隙耦合谐振器的工作原理有了一定的了解,除了改变缝隙耦合谐振器的结构尺寸外,我们对缝隙耦合谐振器的结构形状的改变也进行了分析,下面我们给出一个天线模型,如图 3-69 所示。

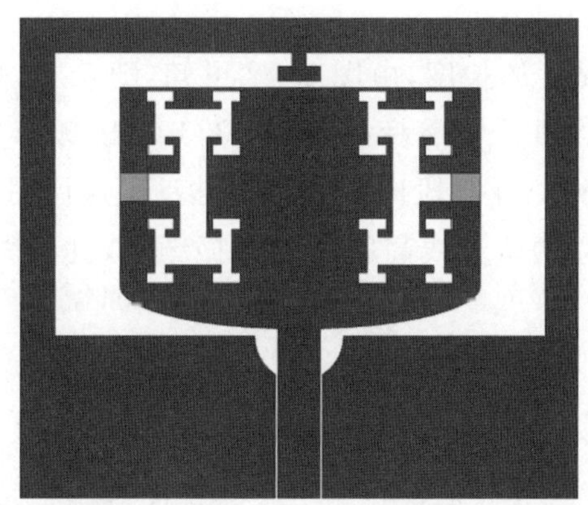

图 3-69 “工”形分形递归对称双偶极调控缝隙耦合谐振器多频宽带天线

该天线在天线 3 基础上对“工”形缝隙进行了二阶分形递归,其他结构不变。通过对该天线进行仿真优化,得到结果如图 3-70 所示。

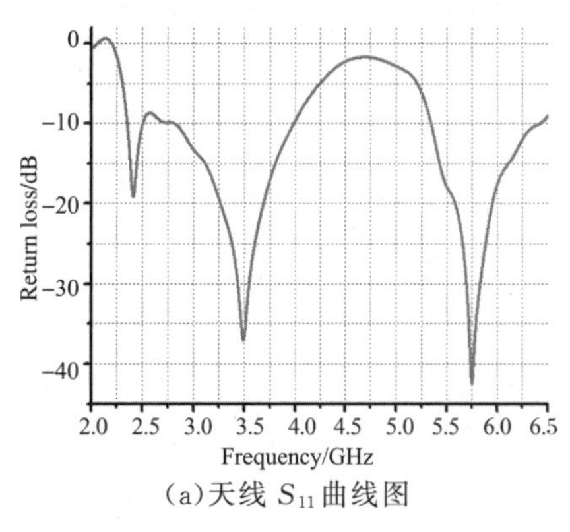

(a)天线 S_{11} 曲线图

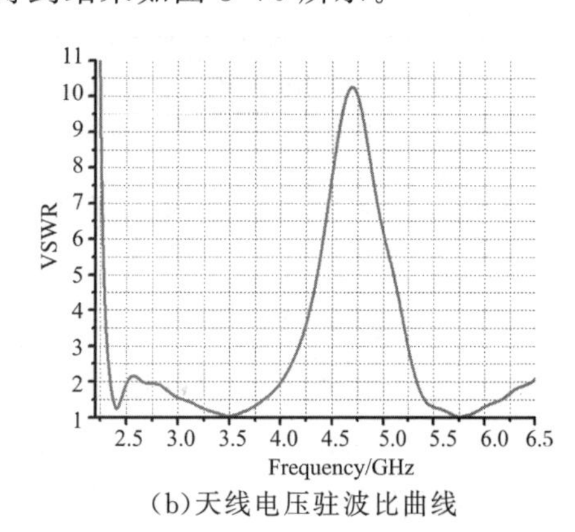

(b)天线电压驻波比曲线

图 3-70 天线 S_{11} 及 VSWR 曲线图

当缝隙结构形状改变时,缝隙耦合谐振器仍具有低频段谐振特性,并且不影响其他频段,但此时天线低频段为 2.34～2.50 GHz,工作带宽是 160 MHz。由前面分析知,天线 3 低频段为 2.35～2.49 GHz,工作带宽是

140 MHz。因此,可以说明对天线 3“工”形缝隙进行分形递归后,天线的谐振特性基本没有改变,天线的带宽得到一定程度的扩展。

L_5 为短 T 形加载枝节的长度,由图 3-71 可知,随着 L_5 的增大,天线的回波损耗 S_{11} 在低频段频点不受影响,回波损耗越来越大;而中频 WiMAX(3.5 GHz)频段向低频点端移动,高频段改变稍小,向低频点端移动。我们可以认为,改变短 T 形加载枝节的长度只影响中频段频率,同时具有调谐作用,对低频段和高频段的反射系数和谐振特性具有一定调节作用。

L_4 为主辐射贴片的长度,由图 3-72 可知,随着 L_4 的增大,天线的回波损耗 S_{11} 在低频段几乎没有变化,中间 3.5 GHz 频点稍有影响;而高频 5.2/5.8 GHz 的 WLAN 频段向低频点端移动。这说明,通过改变主辐射贴片的长度,可独立调节天线高频段的谐振频率,且不影响其他频段的谐振频率和阻抗特性。

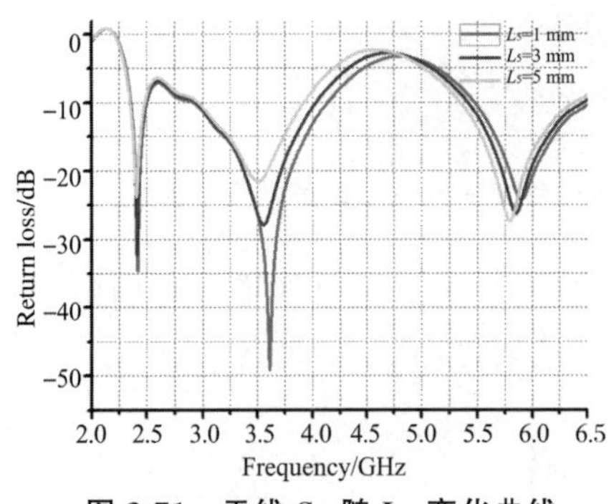

图 3-71　天线 S_{11} 随 L_5 变化曲线

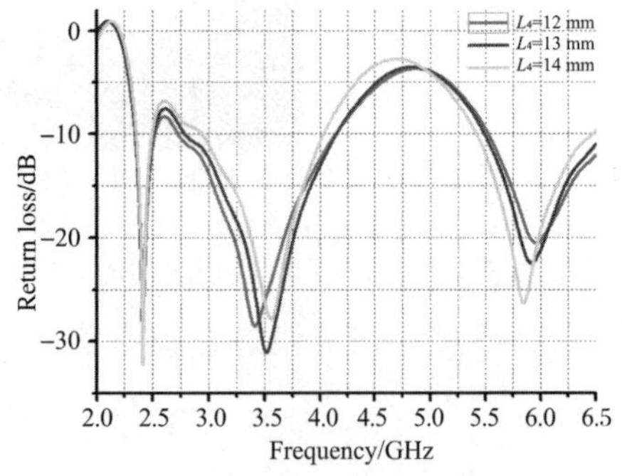

图 3-72　天线 S_{11} 随 L_4 变化曲线

图 3-73 直观具体地展示天线工作在 2.4 GHz、3.5 GHz、5.8 GHz 频点处的表面电流分布。由图 3-73(a)可知,天线谐振在 2.4 GHz 时,大量电流分布在两个对称的“工”形缝隙耦合谐振器上,表明箭头形缝隙耦合谐振器主要激励 2.4 GHz 谐振模式;由图 3-73(b)和 3-73(c)可知,天线工作在 3.5 GHz 和 5.8 GHz 时,大量电流分布在主馈线端,同时加载的短 T 形枝节在 3.5 GHz 时也有一定的电流分布,主要对天线细微调谐。

在本节天线设计中,我们在天线馈线与贴片连接处的地板位置挖去一个弧形缺陷地结构,下面我们对弧形缺陷地结构进行分析。如图 3-74 和 3-75,我们分别在天线 1 和天线 3 基础上去掉弧形缺陷地结构,对其进行仿真分析,结果如图 3-76 和 3-77 所示。

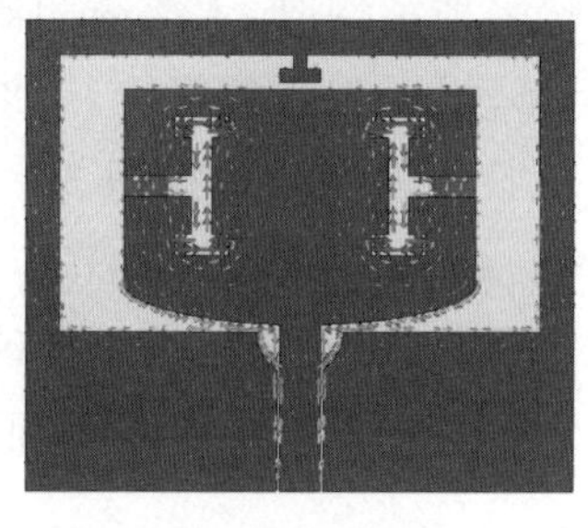

(a)2.4 GHz

(b)3.5 GHz

(c)5.8 GHz

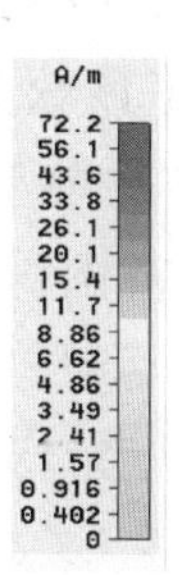

图 3-73　天线的表面电流分布

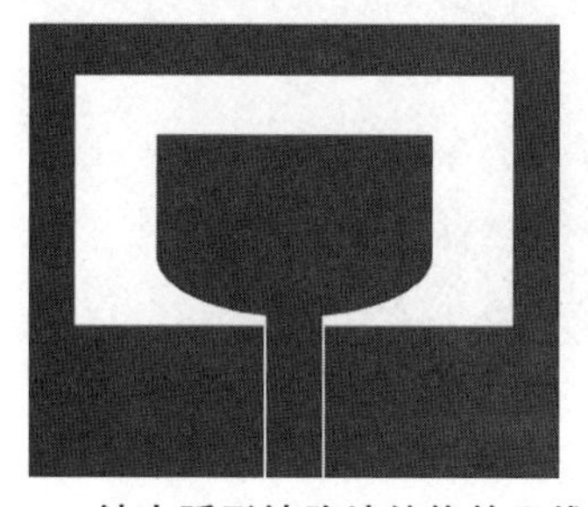

图 3-74　缺少弧形缺陷地结构的天线 1

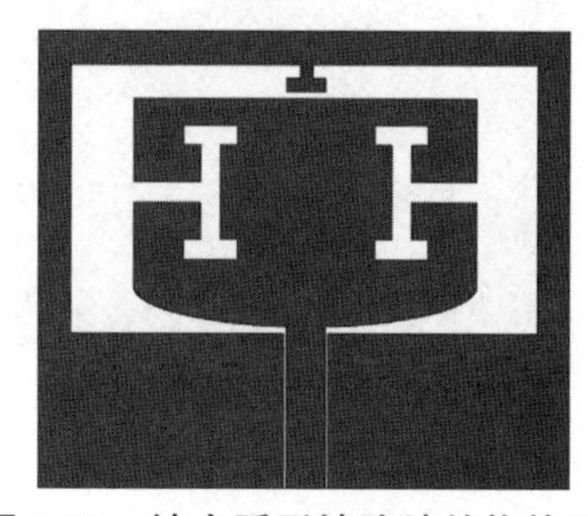

图 3-75　缺少弧形缺陷地结构的天线 3

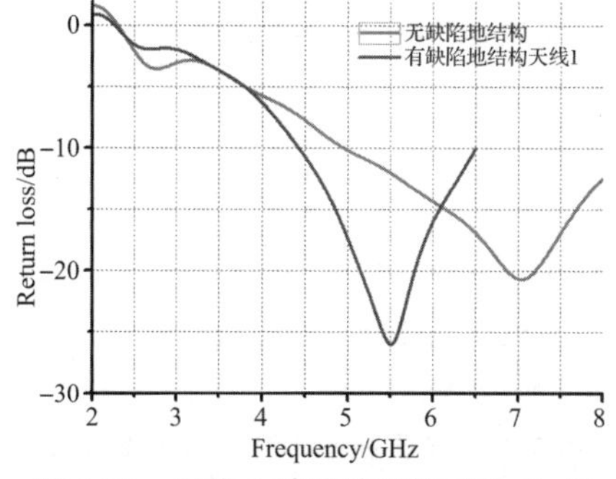

图 3-76　天线 1 缺陷地结构对比 S_{11} 图

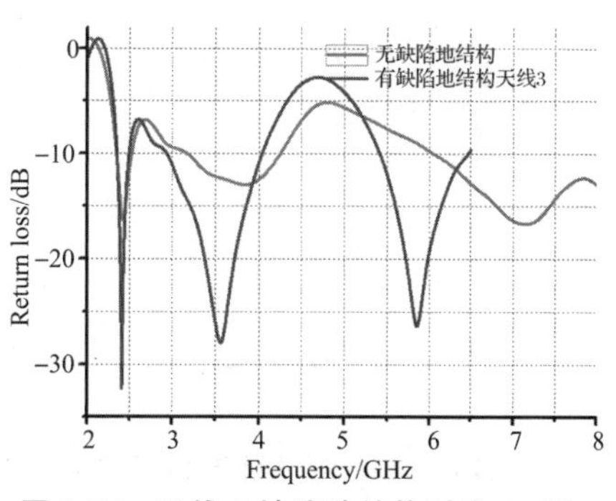

图 3-77　天线 3 缺陷地结构对比 S_{11} 图

如图 3-76 所示，可以清楚地发现无缺陷地结构时，天线高频段谐振特性变差，天线高频段谐振频点向高频方向移动，回波损耗变差，这说明缺陷地结构主要调节高频段的谐振特性和阻抗特性。同时根据图 3-77 我们可以发现，缺陷地结构对多频段天线的功率分配有着良好的调节作用，同时使得低、中、高每个频段都达到较强谐振，主要原因是缺陷地结构改变了馈线的特性阻抗，使得天线主贴片与馈线间阻抗变得连续可调，从而使天线有宽带阻抗匹配。

为了验证所设计的天线具有良好多频宽带特性，根据优化后的结构参数，我们加工制作了该款天线实物模型，并对实物模型进行了相关测试。图 3-78 为天线的实物模型照片，图 3-79 给出了天线 S_{11} 的实测与仿真结果。在误差允许的范围内，实测与仿真结果基本一致。图 3-80 给出了天线电压驻波比的仿真和实测结果对比图，从图中可知，实测与仿真结果基本一致，天线阻抗匹配特性良好，天线的谐振频率及阻抗带宽如表 3-4 所示。

(a)正面

(b)背面

图 3-78　天线实物图

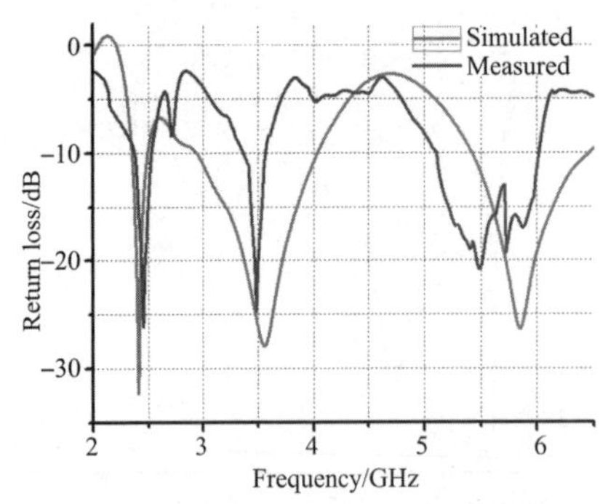

图 3-79　天线 S_{11} 实测与仿真结果

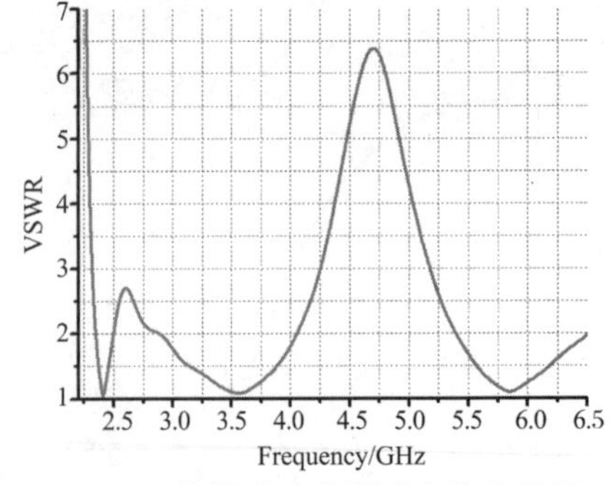

图 3-80　电压驻波比测试和仿真结果

表 3-4　天线多频谐振频点及阻抗带宽

谐振频点/GHz	仿真		实测	
	工作频段/GHz	阻抗带宽/MHz	工作频段/GHz	阻抗带宽/MHz
2.4	2.35～2.49	140	2.37～2.52	150
3.5	2.93～4.03	1 100	3.36～3.57	210
5.8	5.41～6.47	1 060	5.15～6.01	860

由表中数据可得，天线仿真工作频段与谐振工作频段较为一致，满足设计要求。由于加工误差等原因，天线实际测量的阻抗带宽与仿真结果存在一些差异，但仿真与实际测量结果总体上还算一致，较为吻合。

图 3-81 展示天线在 2.4 GHz、3.5 GHz 和 5.8 GHz 频点处的仿真辐

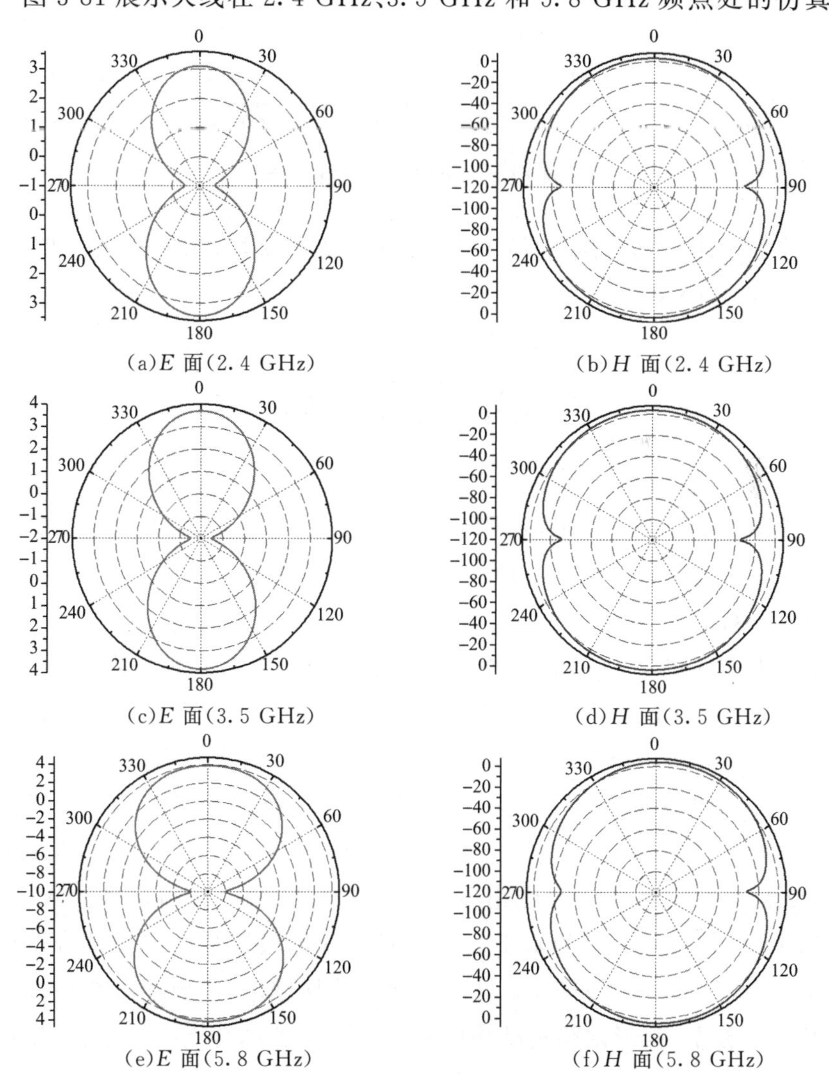

(a)*E* 面(2.4 GHz)　(b)*H* 面(2.4 GHz)

(c)*E* 面(3.5 GHz)　(d)*H* 面(3.5 GHz)

(e)*E* 面(5.8 GHz)　(f)*H* 面(5.8 GHz)

图 3-81　辐射方向图

射方向图。从图中可知,天线在这三个工作频点处的 E 面方向图近似于双向辐射,H 面方向图近似全向特性,辐射性能良好。

图 3-82 给出了天线的增益性能。天线在 2.4 GHz 处的最大增益是 3.1 dB,在 3.5 GHz 处的最大增益是 3.7 dB,在 5.8 GHz 处的最大增益是 3.9 dB,因而该天线具有可观的增益特性。

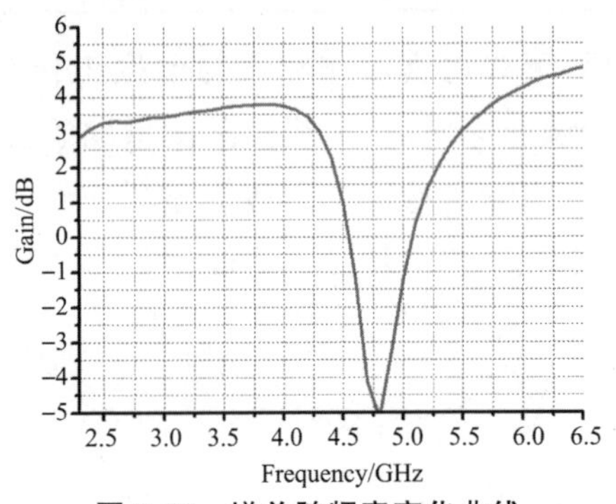

图 3-82 增益随频率变化曲线

综上所述,该天线结构简单,多频宽带特性良好,辐射性能较好,满足 WLAN、WiMAX 频段应用。

3.6 本章小结

本章给出了多款可用于 RFID、北斗导航及 WLAN/WiMAX 的印刷多频宽带天线的设计实例。所有样例都通过实际应用检验,性能良好。用于北斗导航的天线复合利用了左手材料复合环立体结构,RFID 则采用了螺旋微带加变尺度 PBG 反射面,可以较有效地控制天线的辐射方向及宽带特性。而 WLAN/WinMax 的第一款天线为基于箭头形对称双偶极调控的缝隙耦合谐振器结构的多频宽带印刷天线,该天线为微带线馈电,主要通过在辐射贴片加载 T 形枝节、地板上蚀刻对称 L 形缝隙以及箭头形的缝隙耦合谐振器结构,使得天线能够实现 WLAN(2.4/5.2/5.8 GHz)和 WiMAX(3.5 GHz)频段应用需求,并具有较宽的宽频特性。WLAN/WiMAX 的第二款天线为基于“工”形对称双偶极调控的缝隙耦合谐振器结构的多频宽带印刷天线,该天线为共面波导馈电,主要通过在地板上加载短 T 形枝节、弧形缺陷地结构以及“工”形缝隙耦合谐振器结构,使得天线能够实现 WLAN(2.4/5.8 GHz)和 WiMAX(3.5 GHz)频段应用需求，并具有较宽的宽频特性。

参考文献

[1]游佰强，黄疆，周涛，等.对称双偶极调控缝隙耦合谐振器的多频段天线.中国国家发明专利 201510219289.0.

[2]游佰强，程飞，周涛，等.工形对称双偶极调控缝隙耦合谐振器多频段天线.中国国家发明专利 2015101807224.

[3]游佰强，李世冲，周建华，等.互补开口环与环型缝隙立体腔阵列调控北斗双频微带天线.中国国家发明专利 201510249503.7.

[4] Malheiros-Silveira G N，Yoshioka R T，Bertuzzo J E，et al. Printed monopole antenna with triangular-shape groove at ground plane for bluetooth and uwb applications. Microwave and Optical Technology Letters. 2015，57(1)：28-31.

[5]Basaran S C，Sertel K. Dual band frequency-reconfigurable monopole antenna for WLAN applications. Microwave and Optical Technology Letters. 2015，57(1)：55-58.

[6]Ren X S，Gao S，Yin Y Z. Compact tri-band monopole antenna with hybrid strips for WLAN/WiMAX applications. Microwave and Optical Technology Letters. 2015，57(1)：94-99.

[7] Yoon J H. Triple-band cpw-fed monopole antenna with three branch strips for WLAN/WiMAX triple-band application. Microwave and Optical Technology Letters. 2015，57(1)：161-166.

[8]Bao J H，Huang Q L，Wang X H，et al. Compact multiband slot antenna for WLAN/WiMAX operations. Int J Antenn Propagmion，2014：1-7.

[9] Huang H F，Zhang S F. Compact multiband monopole antenna for WLAN/WiMAX applications. Microwave and Optical Technology Letters. 2014，56(8)：1809-1812.

[10]Liu Y F，Qin H，Wang P. Compact triband ACS-fed stepped monopole antenna with inverted-L slot for WLAN/WiMAX applications. Journal of electromagnet Waves and applications. 2014，28(15)：1944-1952.

[11] Andeeswari R，Raghavan S. Broadband monopole antenna with split ring resonator loaded substrate for good impedance matching. Microwave and Optical Technology Letters. 2014，56(10)：2388-2392.

[12] Moradikordalivand A，Rahman T A，Ebrahimi S，et al. An equivalent circuit model for broadband modified rectangular microstrip-fed monopole antenna. Wireless Personal Communication. 2014，77(2)：1363-1375.

[13]游佰强，李立之，周涛，等.CSRR 阵列叠层耦合北斗双频微带天线.中国国家发明

专利 201310019915.2.

[14]Ramli N，Ali M T，Yusof A L，et al. A reconfigurable stacked patch microstrip array antenna（RSPMAA）for long term evolution（LTE）and WiMAX applications// Electrical Engineering/Electronics，Computer，Telecommunications and Information Technology（ECTI-CON），10th International Conference on，IEEE. 15-17 May，2013：1-5.

[15] Basaran S C，Olgun U，Sertel K. Multiband monopole antenna with complementary split-ring resonators for WLAN and WiMAX applications. Electron Letters. 2013，49(10)：636-637.

[16] Adams J J，Bernhard J T. Broadband equivalent circuit models for antenna impedances and fields using characteristic modes. IEEE T Antenn Propagation. 2013，61(8)：3985-3994.

[17]Li D，Guo P，Dai Q，et al. Broadband capacitively coupled stacked patch antenna for GNSS applications. Antennas and Wireless Propagation Letters. 2012，11：701-704.

[18]Mahatthanajatuphat C，Wongsin N，Akkaraekthalin P. A multiband monopole antenna with modified fractal loop parasitic for DCS 1800，WLAN，WiMAX and IMT advanced systems. IEICE T Communication. 2012，95(1)：27-33.

[19]Khan M R，Morsy M M，Khan M Z，et al. Miniaturized multiband planar antenna for GSM，UMTS，WLAN，and WiMAX bands. IEEE International Symposium on Antennas and Propagation (Apsursi). 2011，1387-1389.

[20]Kim D G，Smith C B，Chi-Hyung Ahn，et al. A dual-polarization aperture coupled stacked microstrip patch antenna for wideband application. Antennas and Propagation Society International Symposium（APSURSI），IEEE. 11-17 July 2010：1-4.

[21]Hu C L，Lee W F，Wu Y E，et al. A compact multiband inverted-F antenna for LTE/WWAN/GPS/WiMAX/WLAN operations in the laptop computer. IEEE Antenn Wirel Pr. 2010，9(4)：1169-1173.

[22]Zuo S L，Yin Y Z，Zhang Z Y. A coupling-fed multiband antenna for WLAN/WiMAX applications. Microwave and Optical Technology Letters. 2010，52(6)：1283-1286.

[23]Wang Y S，Lu J C，Chung S J. A miniaturized ground edge current choke-design，measurement，and applications. IEEE T Antenn Propagation. 2009，57(5)：1360-1266.

[24]游佰强，林斌，徐伟明，等.一种光子带隙双折叠偶极子双频带天线.中国国家发明专利 200810071309.4.

[25]Ruan Y F，Guo Y X，Shi X Q. Equivalent circuit model of a tri-resonance wideband dielectric resonator antenna. Microwave and Optical Technology Letters. 2007，49(6)：1427-1433.

[26]游佰强，董小鹏，陈浩，等.用于3G系统移动终端平面螺旋微带天线.中国国家发

明专利 200610071371.4.

[27]车仁信，程鑫，张坤武.宽带微带天线设计方法研究.大连铁道学院学报，2005，01：76-79.

[28]Su C M，Wong K L. A dual-band GPS microstrip antenna. Microwave and Optical Technology Letters. 2002，33(4)：238-240.

[29]周朝栋，王元珅，杨恩耀. 天线与电波. 西安：西安电子科技大学出版社，1999 年.

[30]Z. D. Liu，P. S. Hall，D. Wake. Dual-frequency planar inverted-F antenna. IEEE Transations on Antennas Propagation. 1997，45：1451-1458.

[31]高本庆. 时域有限差分法 FDTD Method. 北京：国防工业出版社，1995 年 3 月.

[32]徐健，徐晓文，李世智. 重叠微带贴片天线的理论分析与实验研究. 北京理工大学学报，1994，14(1)：53-57.

[33]Y. Qian，S. Iwata，E. Yamashita. Optimal design of an offset-fed，twin-slot antenna element for millimeter-wave imaging arrays. IEEE Microwave Guided Wave Letters. 1994，l4：232-234.

[34]P. A. Tirkas，C. A. Balanis. Contour path FDTD methods for analysis of pyramidal horns with composite inner E-plane walls. IEEE Transations on Antennas Propagation.1994，42：1476-1483.

[35]M. A. Jensen，Y Rahmat-Samii. Performance analysis of antennas for hand-held transceivers using FDTD. IEEE Transations on Antennas Propagation. 1994，42：1106-1113.

[36]康行健. 天线原理与设计. 北京：北京理工大学出版社. 1993 年.

[37]B. Toland，J. Lin，B. Houshmand. FDTD analysis of an active antenna. IEEE Microwave and Guided Wave Letters. 1993，3(11)：423-425.

[38]P. A. Tirkas，C. A. Balanis. Finite-difference time-domain method for antenna radiation. IEEE Transations on Antennas Propagation. 1992，5：334-340.

[39]C. Wu，K. L. Wu，Z. Q. Bi，J. Litva. Accurate characterization of planar printed antennas using finite-difference time-domain method. IEEE Transations on Antennas Propagation. 1992，40：526-533.

[40]D. S. Katz，M. J. Piket-May，A. Taflove，et al. FDTD analysis of electromagnetic wave radiation from systems containing horn antennas. IEEE Transations on Antennas Propagation. 1991，39：1203-1212.

[41]J. G. Maloney，G. S. Smith，W R. Scott. Accurate computation of the radiation from simple antennas using the finite-difference time-domain method. IEEE Transations on Antennas Propagation. 1990，38：1059-1068.

[42]A. Rcineix，B. Jecko. Analysis of microstrip patch antennas using finite difference time domain method. IEEE Transations on Antennas Propagation. 1989，37：1361-1369.

[43]H. G. Pues, A. R. Van. An impedance-matching technique for increasing the bandwidth of microstrip antennas. IEEE Transactions on Antennas and Propagation. 1989, 37(11): 1345-1354.

[44]张钧,刘克诚,张贤铎.微带天线理论与工程.北京:国防工业出版社,1988年7月.

[45]G. Kumar, K.C. Gupta. Nonradiating edges and four edges gap-coupled multiple resonator broad-band microstrip antennas. IEEE Transactions on Antennas and Propagation. 1985, 33: 173-178.

[46]Carve K, Mink J. Microstrip antenna technology. IEEE Transactions on Antennas and Propagation. 1981, 29 (1): 2-24.

[47]G. Mur. Absorbing boundary conditions for the finite-difference approximation of the time-domain electronmagnetic field equations. IEEE Transactions on Electromagnetic Compatibility. 1981, 23: 377-382

[48]P. S. Hall, C. Wood, C. Garrett. Wide bandwidth microstrip antennas for circuit integration. Electronics Letters. 1979, 15: 458-460.

[49]Yee, K. S. Numerical solution of initial boundary value problems involving Maxwell's equations in isotropic media. IEEE Transactions on Antennas and Propagation. 1966, 14: 302-307.

[50]R. F. Harrington. Time-harmonic electromagnetic fields. New York: McGraw-Hill. 1961.

第四章　微带天线和缝隙天线

4.1　微带天线的结构和分类

目前常用的微带天线是在介质基片上制作而成的，可以是单层或者多叠层结构。其中，通常有一个表面用良导体膜片作为共用的接地板，另一个或者多个面采用光刻或者腐蚀等方法按微带理论设计要求制成特定形状的金属辐射贴片，然后采用微带线（侧馈）、同轴探针或者缝隙耦合对辐射贴片馈电，最终构成微带天线。当辐射贴片采用面单元结构时，称为微带天线，此面积单元经常采用的形状有矩形、圆形、三角形、嵌套环或者分形结构等。当贴片采用细长带条结构时，则称为微带振子天线，也可以在表面设计振子阵列，则在特定方向获得增强的辐射效应，比如提升北斗导航系统的低仰角特性。还有一种称为微带缝隙天线，它是在完整的辐射面上刻蚀缝隙形成电流不连续区域，向空间辐射电磁波，这种缝隙天线或者缝隙阵列也可以采用上面描述的方法馈电，比如在介质基片的另一面使用微带线通过耦合对缝隙馈电。

如果按电磁工作机制来划分，我们也可以将微带天线分为谐振型（驻波型）和非谐振型（行波型）微带天线。谐振型有由几何形貌决定的特定的谐振尺寸，一般简单结构只能工作于单一谐振频率附近，近年来也有通过各种微变型结构设计各类隐含多谐振长度的多频微带天线；而非谐振型没有谐振尺寸方面的限制，但是需要在末端加匹配负载以保证传输行波。

4.2　微带天线的性能及其应用

微带天线已经在 1～50 GHz 频段内获得了大量的应用，而且微带能量传输结构也开始在70～100 GHz的微波耦合及滤波器件中得到新的发展，有望拓展应用范围。与其他常规的微波天线相比，微带天线有以下优点：

(1)体积小，重量轻，具有剖面低，可以做成共形天线或者多叠层结构；除了在馈电点处外，不破坏载体的机械结构，适合于高速飞行器。

(2)能与有源器件、电路集成为统一的组件，适合于批量生产，制作成本低；作为新技术拓展，很容易加工成各种形貌，获取多频兼容或者宽频带特性。

(3)天线的散射截面较小，辐射方向特性比较容易通过设计优化控制。

(4)馈线和匹配网络可以与天线结构同时制作，采用多种灵活的1D～3D的结构。

(5)易于与新材料设计融合，如左手材料或左右手复合材料，获取其他技术无法得到的特性。

但是，与通常的微波天线相比，微带天线也有一些缺点：

(1)传统的微带天线频带相对较窄，这主要是指单一谐振式天线。不过目前已经对此进行了大量的研究，出现了各种扩展微带天线工作频带的方法。

(2)损耗比较大，从而导致增益较低，最大增益实际上受到限制(约为20 dB)。

(3)一般的微带天线只向半空间辐射，需要采用多维结构设计加以弥补，但由此会使得馈电网络设计复杂化。

(4)介质基片对性能影响大。由于工艺条件的限制，介质基片的均匀性和一致性欠缺影响了微带天线的批量生产和大型天线阵的构建。

虽然微带天线有许多的缺点，但是对于我们日常众多的实际应用，其优点要远远地超过它的缺点；而且微带天线的一些缺点是可以采用优化设计及微变形克服的，本书第二章描述的对微带天线的宽带化设计就是很好的样例。因而随着当今微机电加工技术及高性能电磁材料的发展，微带天线必将会有更为广阔的应用前景。一般来说，微带天线在飞行器上的应用处于优越地位，可用于卫星通信、导弹测控设备、环境监测设备、共形相控阵、平面阵列、反射阵列等。随着其缺点逐渐被克服，微带天线在各种工业及民用通信设备中也逐渐占据了主导地位。

4.3　微带天线的理论分析方法

天线分析的基本问题是求解天线在周围空间建立的电磁场，进而得出其方向图增益和输入阻抗等特性指标。传统的方法是采用麦克斯韦方程结合边界条件求解，近代则多采用传输线等效或数值分析技术。单纯从电磁辐射结构来看，微带天线的辐射是由微带天线导体边沿和地板之间的边缘的缝隙场产生的，其基本工作原理可由最简单的矩形微带贴片来理解。如图 4-1 和图 4-2 所示，辐射元长 L、宽 W，介质基片的厚度为 h，$h \ll \lambda_0$，λ_0为自由空间波长。微带贴片可看作宽 W、长 L 的一段微带传输线，其终端 W 边处因为对应传输波呈现开路，将形成电压波腹。一般取 $L=\lambda_g/2$，λ_g 为微带线上的工作波长，于是另一端 W 边处也呈电压波腹，这样的结构就可以成为获取侧馈的经典设计范例。

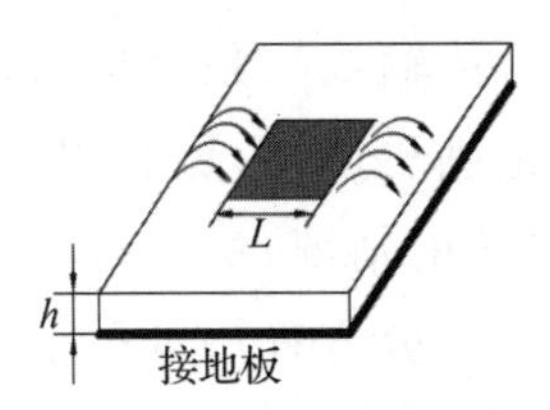

图 4-1　矩形微带天线开路端电场结构

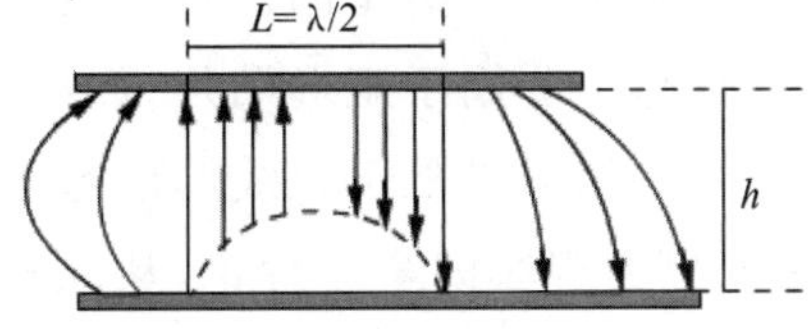

图 4-2　矩形微带天线结构图

假定电场沿微带结构的宽度与厚度方向没有变化，仅沿约为半波长的贴片长度方向变化，该电场可近似表达为

$$E_x = E_0 \cos\left(\frac{\pi y}{b}\right) \tag{4-1}$$

由图 4-3 可见，在两开路端的电场均可分解为相对于接地板的垂直分量和水平分量，两垂直分量方向相反，水平分量方向相同，因而在垂直于接地板的方向，两水平分量电场所产生的远区场同相叠加，而两垂直分量所产生的场反向相消。因此，两开路端的水平分量可以等效为无限大平面上同相激励的两个缝隙，缝的电场方向与长边垂直，并沿长边 W 均匀分布。缝的宽度为 $\Delta L \approx h$，长度为 W，两缝隙间距为 $L=\lambda/2$。这就是说，微带天线的辐射可以等效为由两个缝隙所组成的二元阵列，如图 4-4 和图 4-5 所示。

随着微带天线研究的发展，为预测和计算微带天线的辐射特性，人们

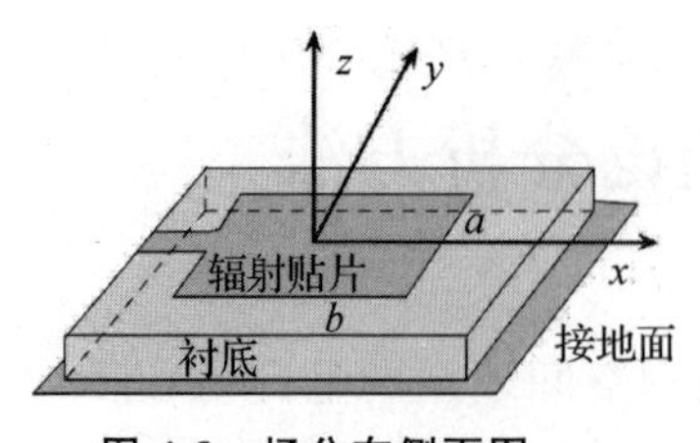

图 4-3　场分布侧面图

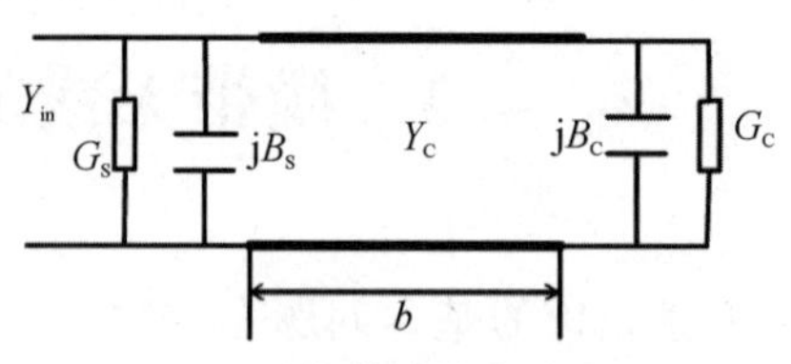

图 4-4　矩形微带贴片等效电路

做了很多努力，并获得了显著的理论成果。这些结果从复杂的数学表示式到简单的模型，各不相同，但是相互补充，各有长短。虽然这些数学表达式和模型并不能得到微带天线辐射的精确解，但是对我们初步地分析设计微带天线是十分有利的。

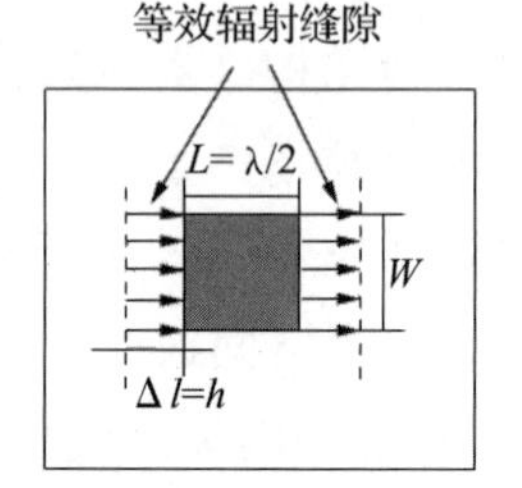

图 4-5　等效辐射缝隙

微带天线的分析方法有很多种，如传输线法、腔模理论、积分方程法、格林函数法、矩量法等等，其中最常用的为传输线法、腔模理论和积分方程三种。这三种分析方法各有特色，适合用于不同类型的微带天线。其中，传输线法是最早出现也是最简单的理论，主要用于矩形贴片；而腔模理论则更严格，更有用，适用于各种规则贴片，但多局限于天线厚度远小于波长的情况；最严格而计算最复杂的是积分方程法即全波理论，从原理上讲，积分方程法可用于各种结构、任意厚度的微带天线。下面，我们就先回顾这三种理论，并作一简略的分析对比。

4.3.1　传输线法

传输线法是 1974 年由芒森（Munson）首先提出，而后由德纳瑞特（Derneryd）等人加以发展，是微带天线类器件设计中最早出现也最简单的理论。其主要应用于矩形微带天线的分析，可得出满足大多数工程应用的结果，并且需要的计算量不大。但是这种方法也有其缺点，特别是它仅适用于矩形贴片。尽管如此，这种分析为辐射机理提供了一个相当好的解释，同时又给出了特性的简单表达式。

这种方法的基本思想是：首先将矩形微带的两个开路端等效为两个辐射缝隙，长为 W，宽为 h，缝口径场即为传输线开口端场强；其次，假设微带线与接地板构成的微带传输线传输准 TEM 波，波的传输方向取决于馈电点，线段长度 $L\approx\lambda_g/2$，λ_g 为准 TEM 波的波长。场在传输方向是驻波分布，而在其垂直方向是常数。虽然这种模型只有一阶理论精度，但作为现代设计的初值是非常不错的选择。

由以上两条基本假设可以得到，当 $L=\lambda_g/2$ 时，二缝上切向电场均为 $\hat{x}$ 方向，且等幅同相。它们等效为磁流，由于接地板的作用，相当于有两倍磁流向上半空间辐射。缝上等效磁流密度为 $M=\hat{y}2V/h$，其中 V 为传输线开口端电压。由于缝已经放平，我们在计算上半空间辐射场时，就可按自由空间处理，这就是这种方法的方便之处。

利用传输线理论求出缝隙上的切向电场，利用等效原理求出缝隙的面磁流密度，最终求出辐射场的场源。整个微带天线的辐射场可以从由两个缝隙组成的二元阵求出，输入阻抗也可由等效传输线计算。这种方法特别适用于解释微带天线的辐射机理及分析矩形微带天线的电特性。我们从这个模型分析可以获取有用的改进信息：只要通过精细调控等效辐射单元的尺度，就有希望控制器件的工作频点，这也是近年来各类新型天线设计技术的切入点。

经典传输线法的物理概念清晰，分析计算简便，但是它的应用范围在理论上受到了一定的限制，传输线模型最初限制了它一般只适用于矩形微带天线及微带振子。对于圆形微带天线，由于其中心馈电的圆形辐射源的非线性，因而不适合直接采用传输线法分析；但实际上采用等效谐振长度适当估计异型结构的工作频率范围也是可以的。另外，使用传输线法计算输入阻抗时误差普遍较大，除了谐振点之外，由于等效电长度随频率是一个变量，输入阻抗随频率变化的曲线只能是近似值。实验表明，阻抗曲线与馈电点的二维位置有关，并且当馈电点由边缘向中心移动时，阻抗曲线的不对称性逐渐显著，并向电感区收缩。这些频变特性如果加以利用，也是新型天线设计的突破口。

4.3.2 腔模理论

经典腔模理论是在微带谐振腔分析的基础上发展起来的，罗远祉等人提出了将微带天线视为微带线腔体的模型。实际上，谐振式微带天线的形状与微带谐振腔在等效电壁及磁壁结构上并无显著区别，借助于谐振腔理论是很自然的。分析微带谐振腔的一般方法是：规定腔的边界条件，找出腔中的一个主模，从而计算出谐振频率、品质因数和输入阻抗等。将这种方法用到微带天线中，称为单模理论。显而易见，对于固定尺度的电磁结构，必然还会有系列高次模激励。正是由于单模理论存在的缺陷，在一些情况下不一定能得到满意的结果。作为单模理论的改进，多模理论可以把腔内的场用无限多正交模的组合来表示，从而能够较为准确地代表腔内场，现代电磁仿真软件求解模式中也有模式选取。由于计算中采用了多模理论，因此通常可以得到比较满意的结果，且计算也不会很复杂，因而已经在工程界得到广泛采用。有意识地采用这种技术还有可能获得天线的多谐振/多极化，这将在后续章节中探讨。

腔模理论的基本构思是将微带天线的微带片和接地板之间的盒形区域看作谐振腔，它的上下壁是微带片和面积相同的接地板，四周以磁壁为界的介质腔体。首先假设腔内场是与 z 无关的二维场，腔内的电场仅有 E_z 分量，并且 E_z 不随 z 变化；且 $H_z=0$，对 z 轴而言，腔内仅存在 TM 波。其次假设腔的侧壁为磁壁，谐振腔可视上、下为电壁，周围为磁壁的腔体。这是由于在微带片的周界上，片电流没有垂直于周界的分量，意味着沿侧壁 H 的切向分量为零。在理论上，封闭的磁壁和电壁一样都能将区域内外的场互相隔离。但是在这里，腔的侧壁虽然等效为磁壁，但它实际是连续空间的一部分，也存在固有误差。对计算外部空间场而言，侧壁上的 E_z 可近似等效为磁流。

假定微带天线的周界可用理想导磁壁围起来而不扰动场分布，则腔内的场可用模函数 φ_{mn} 来展开，因此 E_z 分量可以写为

$$E_z=\mathrm{j}k_0\eta_0\sum_{m=0}^{\infty}\sum_{n=0}^{\infty}\frac{\varphi_{mn}(x,y)\varphi_{mn}(x',y')}{k^2-k_{mn}^2}\sin\left[c\left(\frac{m\pi d}{2L}\right)\right] \tag{4-2}$$

式中，$k^2=\varepsilon_r(1-\mathrm{j}\tan\delta)k_0^2$，$k_0=2\pi/\lambda_0$，$\tan\delta$ 是介质的损耗角正切，d 是沿 z 方向的安培均匀馈电电流带的有效宽度；另外，

$$\varphi_{mn}(x,y)=\frac{\varepsilon_{0n}\varepsilon_{0m}}{LW}\cos\left(\frac{m\pi x}{L}\right)\cos\left(\frac{n\pi y}{W}\right) \tag{4-3}$$

其中，ε_{0n} 和 ε_{0m} 是黎曼(Riemann)数，定义为

$$\begin{matrix}\varepsilon_{0n}\\ \varepsilon_{0m}\end{matrix}=\begin{cases}0 & n,m=0\\ 2 & n,m\neq 0\end{cases}$$

当知道了场分布后，可将惠更斯(Hugens)原理应用于腔体磁壁，确定在周界上的磁流源如下

$$M(x,y)=2\hat{n}\times\hat{z}E_z \tag{4-4}$$

于是，方向图、辐射功率、输入阻抗等均可很容易地求出来了。

总的来说，腔模理论是根据谐振腔理论建立起来的腔内电磁场方程，

导出腔内电(磁)场的一般表达式,然后利用边界条件和激励条件,求解腔内的场,从而得到腔体边缘面上的场分布,最后由该口面上的场分布对应的等效源计算出微带天线的远区场。腔模理论优于传输线模理论的主要方面是可以按需考虑腔内场的多模形式,使之更符合激励的实际情况。在现代电磁仿真体系中,我们还可以通过 RF 电流的流向及场图,判断电磁结构的工作模式。腔模理论也是目前应用较为广泛的一种理论,它适用于分析多种形状的微带天线。

4.3.3 积分方程法

无论是传输线法还是腔模理论,都没有考虑腔内场在贴片厚度方向上的变化,对大多数片状结构的薄微带天线来说,这样的简化还不致引入显著的误差。但是,当微带天线的基片厚度与波长比值较大时($h/\lambda \geqslant 0.1$),这种简化就不够准确了。对于目前高介电常数的基材的微带器件,为了获取足够的电磁辐射功率而提升板材厚度,这种情形是非常棘手的,而积分方程法就不会受这些条件的限制。积分方程法即全波(Full Wave,FW)理论是最严格且计算最复杂的理论之一。从理论上说,积分方程法适用于各种结构、任意厚度的微带天线的精确分析,应用范围更为广泛。积分方程法发展较晚,但是由于它的严格性和使用的灵活性,目前正受到国内外许多学者的关注。

使用这种方法分析微带天线首先需要建立微带天线的积分方程,常用的有两种方法:一是按照给定的模型,通过格林函数建立场与源之间的关系,从而得出积分方程;另一种是利用反应概念和互易性建立反应积分方程。

以上简单讨论了几种微带天线常用的分析方法,这几种方法各有其优缺点,在一定的应用范围内只要应用合适,都可能得到良好的结果,这是由于在实际 RF 器件设计过程中,材料及应用环境的波动变化是更为敏感的参量。在上述三种方法中,传输线法最为简单也最为直观,利用端缝辐射的概念可以清晰地观察到辐射的机理,并且能够拓展应用到各类异形结构等效长度的对应估算。可惜由于传输线模式的限制,它对于除矩形贴片之外的微带天线只能算是“估算”,即使对于矩形贴片微带天线,传输线模式相当于只考虑了腔模理论中的基模。实验证明,在谐振频率上,只要满足传输线理论的基本条件,计算出的场分布与实际还是很接近的,参量计算基本合乎工程精度。单纯使用传输线法对谐振频率预测是不够准确的，但是可以利用一些修正方法（如等效伸长）将误差减小到1%以内，实际设计与研究者的经验相关联。腔模理论是对传输线法的进一步发展，特别是多模理论。它能应用在更多类型的微带天线上，而且由于考虑了高次模，得到的阻抗曲线比较准确，在一定精度条件下是目前计算机能够胜任的计算，比较适合工程设计。同样，如果需要得到更为精确的结果，也需要对腔模理论进行进一步修正。积分方程法则与传输线法、腔模理论的基本立足点不同，它是以开放空间的格林函数为基础的，从而得到的基本方程是严格的，但是由于严格的格林函数需要在谱域展开，因此求解其基本的积分方程需要较大的计算量，且难度较大。

4.4 微带天线技术发展概况

近十几年来，随着对微带天线研究的不断深入，微带天线的理论和技术均得到了极大的发展，特别是在多频段技术、圆极化技术、宽频带技术、分形技术、伴随加载技术、引向技术、提高增益技术及智能化技术等方面。下面对这些技术的前沿发展进行简单的回顾，进而用一些实际设计例子进行分析讨论。

4.4.1 多频段技术

随着通信技术的不断发展，如今的通信系统将会越来越趋向于各种功能的兼容，例如GSM设备中实现GSM三频兼容以及实现对蓝牙的兼容；移动通信中的2G、3G、4G的兼容；家庭使用的通信设备中需要实现WLAN与蓝牙之间的兼容等。值得注意的是，这些不同的通信协议使用的是不同的工作频率，如GSM工作在900 MHz、1 800 MHz、1 900 MHz，而蓝牙则工作在2.4 GHz。显然在这些设备中，通过采用多个天线使某一设备能同时工作在这些频率下来实现兼容是很不方便的，因而这就对系统使用的天线提出了工作于多频的要求。实现双频、多频、双极化等特点的多功能微带天线在这些领域的应用具有很大吸引力，各国投入了大量的科研力量，目前已出现多频段、多极化，频率或极化动态切换等的各种多功能天线。

目前,利用微带天线实现双频或多频工作的方法一般有:

(1)采用单一贴片的模式控制技术。最简单的是在相同的结构上激励两种不同的模式(如矩形贴片的 TM_{01} 和 TM_{10} 模)来实现,通常这些工作状态可以通过控制辐射表面电流的流向获取。

(2)利用等效电抗加载的办法。电抗加载微带天线依然由单一的辐射单元所构成,早期是将同轴短路或微带短路接于矩形贴片的辐射边缘,可实现双频段工作特性;近年来也开始采用在辐射结构边缘伴随加载,开多个缝隙及微谐振结构获取加载的电抗来实现等效多谐振。

(3)采用共用地板、多个辐射贴片的结构。如采用谐振尺寸(工作波长/频率)不同的贴片获取多谐振的特性,也可以采用在单个辐射贴片上制作多个辐射单元构成多频点谐振的微带天线。

(4)采用多层重叠迭片结构。如利用多个独立辐射结构粘接形成多个谐振器,从而产生多频段工作特性;采用多层贴片重叠、各自馈电的圆形贴片结构得到具有双频段工作特性的微带天线。

(5)采用双频技术与宽频带技术相结合来实现多频工作。首先实现双频工作,然后在两个主要的工作频点上扩展工作频段,从而达到实现多频工作的目的。这种方法多适用于几个工作频段比较接近的情况。

上面介绍的方法各有特点,适用的情况各不相同。本节将通过双频技术与宽频带技术相结合的方法设计一款简洁的嵌套式三频天线,展示现代微带天线修正设计技术。实例中充分利用了 GSM1800 与 GSM1900 两个频段很接近甚至有部分重叠的特征,首先完成 GSM900 与 GSM1800 双频工作的天线,然后使用匹配网络等技术扩展微带天线的工作频段,使之能覆盖到 GSM1900 频段上。

4.4.2 宽频带技术

微带天线的诸多优点,使得对于移动通信和个人通信的应用微带天线的地位在将来的发展中将无可比拟。然而,一般单层微带天线直缝结构的带宽只有 0.7%~7%,频带窄这一主要缺点又制约了它的发展。目前,很多的研究人员致力于展宽微带天线带宽的研究,采用了各种方法使得天线单元的带宽达到了 13%、16%、25%甚至是 40%(以 VSWR<2 为参考)。

目前,用于扩展微带天线的工作频段的方法一般有:

(1)采用特殊材料的介质基片。主要是通过降低微带天线等效谐振电

路的 Q 值，采用增大基片厚度、降低基片的介电常数 ε_r 等方法实现。另一个不常用但非常简单的降低 Q 值的方法是采用大损耗基片或附加有耗材料，例如用铁氧体材料作基片可以明显展宽频带，且使贴片尺寸大为减小。

(2)附加阻抗匹配网络。由于微带天线的工作带宽主要受其阻抗带宽限制，因此采用匹配技术就能使它工作于较宽频域上。例如采用简单的双枝节匹配技术可将带宽增大至2倍左右；利用切比雪夫网络来综合宽频带阻抗匹配网络可将带宽增大到4倍左右。本章设计实例主要是采用附加阻抗匹配网络的方法来扩展GSM1800频段的带宽，使工作频率能够覆盖GSM1900。由于我们的例子是应用在GSM设备上，工作频率相对较低，并且出于工程上所追求的低成本、高稳定性考虑，我们将采用分立元件（电感与电容）来对微带天线进行匹配，采用M形网络。

(3)天线加载。在微带天线上加载短路探针可以提高谐振频率以调谐天线，主要是通过调整馈电探针的位置来激励多种相邻的谐振模式，然后借助于短路销钉调谐各个谐振频率使所有的谐振点适当接近，这样天线总的工作频带将大大展宽。若将短路探针替换为低阻抗的切片电阻，在进一步降低谐振频率的同时还可以增加带宽。随着加载电阻的增大，天线品质因数降低，带宽增加，制造公差降低，但这些性能的提高以牺牲增益为代价。

(4)采用多层介质基片微带天线的结构。将馈电网络与天线贴片分别置于不同的介质基片上，这样可以获得宽频带的驻波比特性，这种类型的微带天线普遍采用电磁耦合的馈电方式。同时，采用多层介质基片可以实现多频段工作，当配置得当时，多个谐振频率适当接近，结果将形成频带大大展宽的多峰谐振电路。

虽然当前针对微带天线提出了很多扩展频带的方法，但是都存在不足，而且实用性不是很高，还有待于进一步的研究和改进。微带天线的增益、带宽等多项技术指标是互相联系、互相影响的，不可能全部满足，肯定存在顾此失彼的情况。因此，在后续的研究中要寻找一个最佳的平衡点以尽可能满足设计和工程要求。

4.4.3 圆极化技术

单贴片微带天线具有易于实现圆极化辐射的优点，通常有两种方法：单馈点法和多馈点法。其中，单馈点法基于腔模理论，其利用两个辐射正交极化的简并模工作，无须任何外加的相移网络和功率分配器就可以实现圆极化辐射。对于各种形状较规则的贴片天线，只要在贴片下的空腔区域有一对辐射正交极化的模，当二者辐射场之比为$\pm J$时，便能形成圆极化辐射。多馈点法主要有双馈点和四馈点法，其中双馈点法用2个馈电点来馈电贴片单元，激励一对极化正交的简并模（即二模振幅相等，相移90°），用馈电网络来保证圆极化工作条件；而四馈点法则是用4个馈电点来馈电贴片单元，4个馈点激励的振幅相等，相位分别为0°、90°、180°、270°。

4.4.4 增益提高技术

微带天线另一个主要的缺点是其低增益特性，近年来人们对关于如何提高微带天线增益的问题展开了大量研究工作，相继报道了许多有关提高增益的方法，例如：

（1）在贴片上面加盖介质层。在这种方法中，多层介质加盖于微带贴片之上，通过适当调整介质基片和加盖介质层的厚度值，可以在任意期望角度上获得较高的增益。近年来还有采用左手材料导引遮障层来提升天线特性的系列研究。

（2）采用有源与辐射单元一体化设计技术制成有源微带天线。这种方法把微波固态放大器引入微带天线中，集天线、有源器件于一体，使微带天线获得额外的增益。

而有源微带天线结构基本上又可分为两类：

（1）辐射单元与有源器件位于接地板的同侧。这种结构使辐射单元与有源器件之间的集成较易实现，但同时也不可避免地造成辐射单元和有源电路之间的相互影响。

（2）辐射单元和有源电路分别位于接地板的两侧，二者之间的耦合由穿过接地板两侧的探针来实现。这种结构的最大好处在于它消除了天线辐射与有源电路寄生辐射之间的相互干扰。

除了上面提到的几种微带天线技术的发展外，还有如智能化技术近几年也有了很大的进步。另外，在这些技术发展的同时，其他新技术也不断地出现，如微带天线中的光子带隙技术等。光子带隙微带天线具有明显的表面波抑制性能，可增强贴片单元的方向性，提高天线增益等。

4.5 三频微带天线设计样例

4.5.1 调控设计的构思

目前最常用的微带天线设计一般分为两种，一种是以微带贴片为基础发展起来的，特别是在矩形贴片的基础上进一步演化而来，例如双矩形贴片微带天线、分形天线等。这种设计的特点是原理比较简单，但是缺点也是显而易见的。例如，就多频段方面来说，这样设计的微带天线往往只能双频工作，很难达到三频或者多频，或者即使设计达到了多频，但也只能实现以某一频段为基础的倍频，这样的方式自然就限制了其使用的范围。另一种是新近出现的倒 F 天线（Planar Inverted-F Antenna，PIFA），这种新型微带天线也是采用矩形的平面贴片为主，一般采用探针进行馈电。整个贴片的形状像一个倒置的字母 F，通常贴片部分会有一个比较长的微带线，但是可以将其卷起，因而整个天线的尺寸会相对较小，比较适合用在较小的移动设备中。通常也是采用两块介质板组成完整的天线，两块板之间会采用电缆进行馈电，而且会有金属铜带将两块板的地极相连。鉴于此，这种新型天线虽然尺寸可以做得相对较小，但是制作工艺较为复杂，且由于是采用电缆式馈电，也会对天线装入设备的过程造成麻烦。本节样例采用的是前一种设计，即是对传统的矩形贴片进行改进，采用双贴片技术和宽频带技术来共同实现天线的三频工作，而叠片及其他改进技术将在后续样例中展示。

4.5.2 介质基板材料的选择

进行微带天线设计的首要工作便是选定介质基板并确定其厚度，这是因为介质基板材料的 ε_r 和 $\tan\delta$ 及其厚度 h 将直接影响到微带天线的一系列性能指标。此外，基板上的铜箔厚度也会对微带天线的制作造成影响，薄的铜箔能使微带天线便于制造，而较厚的铜箔则容易焊接，且容易承受相对较大的功率。

对于一般的微带天线，工作于主模 TM_{01} 模的矩形微带贴片的长度 L 近似为 $\lambda_g/2$，其中 λ_g 为介质波长，即 $\lambda_g=\lambda_0/\sqrt{\varepsilon_e}$，$\lambda_0$ 为自由空间的波长，ε_e

为有效的介电常数且可表示为：

$$\varepsilon_e = \frac{\varepsilon_r + 1}{2} + \frac{\varepsilon_r - 1}{2}\left(1 + \frac{10h}{W}\right)^{-\frac{1}{2}} \tag{4-5}$$

可以看出 L 与 ε_r 是直接相关的，是我们设计中要考虑的第一个问题，如果对微带天线的尺寸大小有要求，使用 ε_r 较大的介质基板材料比较有利。

同时，基板材料对天线的方向图也有影响。根据前面介绍的微带天线的传输线模型来分析，矩形微带天线的 E 面方向图宽度与两辐射边间距 L 有关。又由于 L 与基板的介电常数 ε_r 和高度 h 有关，因而基板材料便影响到了波束的宽度。一般来说，基板介质介电常数 ε_r 越大，相应的波束的宽度也就越大。另外，频带窄是微带天线的主要缺点之一，这主要是因为矩形天线两个辐射缝隙之间传输线特性阻抗比较低，增大基板的厚度便可以使传输线特性阻抗增大，使得天线的工作频带变宽。

当然，上面所提到的选择基板的几点因素有些是互相制约的。例如为了展宽频带和提高频率而增大基板厚度，但是厚度的增加不但使得天线的重量增加，而且还破坏了低剖面的特性。事实上并不存在各方面都理想的基板材料，主要是根据各种具体的应用要求和条件来选择。目前一般用于制作微带天线的基板材料有聚四氟乙烯（俗称特富龙）、Duroid（辐照交联聚烯烃）、FR4（环氧树脂玻璃布），它们各有其优点和缺点。其中，聚四氟乙烯和聚烯烃在高频段具有良好的特性，它们的介电常数分别为 2.2 和 2.32，损耗角正切都比较小，特别适用于高频微波电路，但是其价格非常昂贵，通常是普通 FR4 基板的 6~8 倍。FR4 是目前市场上最常见的一种电路板基板材料，介电常数为 4.4 左右，损耗角正切较大，一般为 0.014。因而用此材料制作高频电路板，板上的介质损耗会比较大，但是其价格非常低。鉴于目前工业上降低成本的强烈要求，现在一般的天线公司制作的微带天线都是采用 FR4 的介质基板，故此处的设计样例中也是如此选用基材的。

选定介质基板后，需要对介质基板的厚度做出初步的设定。虽然基板的厚度取得较厚能适当地展宽频带，而且也易于制造，但是会使天线的长度 L 变长（具体分析参见下节），直接影响到天线的整体尺寸。更重要的是，如果厚度取得较厚，则会影响整个低剖面的特性，因而我们依然采用较薄的基板来设计。而从频带方面考虑，由于将采用天线的匹配网络来展宽天线的频带，故此也允许我们采用较薄的基板。鉴于目前工业上的基板厚度多为 0.4、0.6、0.8、1.0、1.2（单位为 mm），即以 0.2 mm 为基数递增，我们初步采用 0.8 mm 厚的基板来进行天线的设计。此外，从易于工业制作方面的考虑，我们对天线辐射贴片部分和孔径耦合馈电部分的两块电路板均采用同一种规格的介质基板，即 $h=0.8$ mm 的 FR4 介质基板。

4.5.3 矩形单贴片的设计

一般使用的矩形微带天线如图 4-6 所示，主要包括接地板、辐射单元和馈电单元。在设计中需要确定的参数有：基板的尺寸 L_0、W_0、h，辐射贴片的尺寸 L、W，以及馈线的长度、宽度、馈入点位置和馈电方式。

另外，在设计矩形微带天线的各种参数之前，我们需要知道设计的具体要求，即设计的微带天线需要满足的一系列技术指标。一般来说，天线几个的比较重要指标为：中心工作频率及其工作频率带宽；天线辐射的方向特性；微带天线阻抗特性，即需要天线输入端的反射系数或者驻波比在规定的频带范围内要小于某值；等等。

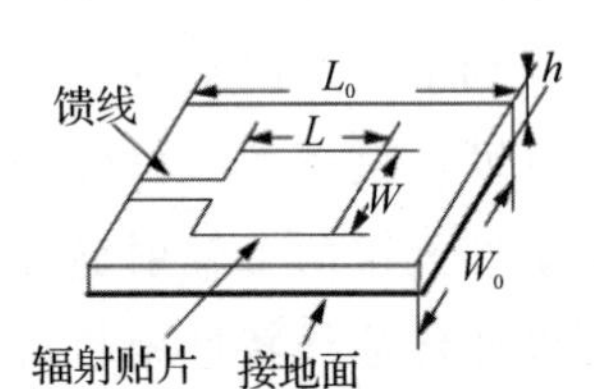

图 4-6 矩形微带天线结构图

在确定介质基板的材料和厚度之后，就可以先确定辐射贴片的宽度 W，其大小影响着微带天线的方向图、辐射电阻以及输入阻抗等指标，从而也就影响着频带宽度和辐射效率。另外，W 的大小也直接支配着微带天线的总尺寸。如果 W 取得较大，对于频带、效率及阻抗匹配都是有利的。但是当 W 过大时，将会产生高次模，从而引起场的畸变，而且我们还需要考虑到天线尺寸的限制。一般来说，工程上 W 不能超过如下所计算的值

$$W=\frac{c}{2f_r}\left(\frac{\varepsilon_r+1}{2}\right)^{-\frac{1}{2}} \tag{4-6}$$

式中，c 是光速，f_r 是谐振频率。当 W 的取值比此计算值小时，辐射器的效率会降低。另外，矩形微带天线的长度 L 在理论上应取 $\lambda_g/2$，但是实际上由于边缘场的影响，设计 L 的尺寸应该满足

$$L=0.5\lambda_g-2\Delta L \qquad 或者 \qquad L=\frac{c}{2f_r\sqrt{\varepsilon_e}}-2\Delta L \tag{4-7}$$

其中等效介电常数为

$$\varepsilon_e=\frac{\varepsilon_r+1}{2}+\frac{\varepsilon_r-1}{2}\left(1+\frac{12h}{W}\right)^{-\frac{1}{2}} \tag{4-8}$$

$$\Delta L=0.412h\,\frac{(\varepsilon_e+0.3)(W/h+0.264)}{(\varepsilon_e-0.258)(W/h+0.8)} \tag{4-9}$$

对于介质基板的尺寸 L_0 和 W_0，由于辐射场主要集中在辐射边附近很小的区域内，因而介质过多地向外延伸对场的分布并没有显著的影响，而从减小天线尺寸的角度考虑，介质基板的 L_0 和 W_0 应尽可能地小。一般来说，取 $L_0=L+0.2\lambda_g$，$W_0=W+0.2\lambda_g$ 即可。至于对微带天线的馈电，我们采用的是孔径耦合的馈电方式，在下节中会有详细介绍。

4.5.4 矩形双贴片的设计

对于此次我们设计的三频微带天线，其主要需要实现的技术性能指标要求包括：

（1）满足天线的三频段工作，即在 GSM900、GSM1800、GSM1900 三频段内均能工作；

（2）在 GSM 三个频带内，具有特定的方向特性图；

（3）在 GSM 三个频带内，微带天线的输入阻抗都能小于规定的值。

首先要解决的问题是使微带天线可以满足三频工作，我们采用的方法是将双频天线技术与宽频带技术相结合，即首先实现微带天线的 GSM900 和 GSM1800 的双频工作，然后将 GSM1800 工作频带扩展到 GSM1900。实现微带天线的双频工作目前采用比较多的是使用单层双贴片技术，此方法的优点在于能有效地控制微带贴片单元的尺寸以及微带天线的厚度，且位于同一层的两贴片能够同时进行馈电，其缺点便是两个工作频率只能呈倍频关系。但是，由于我们设计的 GSM900 与 GSM1800 频段属于倍频，因而可以直接采用倍频的微带天线技术。通常，倍频贴片的微带天线的结构如图 4-7 所示，内层是一个接近正方形的贴片，工作于高频 GSM1800，外层是一个接近正方形的矩形框贴片，工作于低频 GSM900。

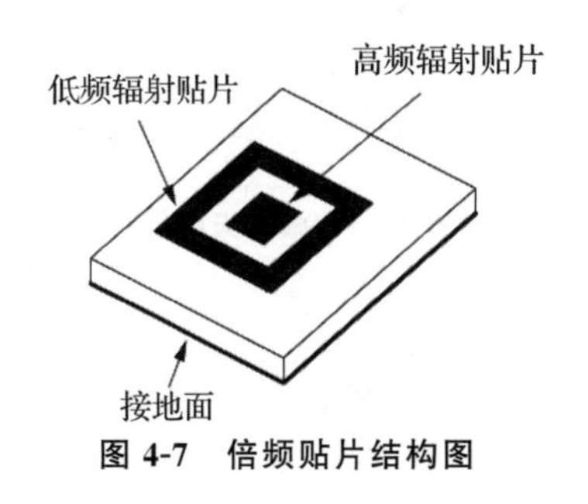

图 4-7　倍频贴片结构图

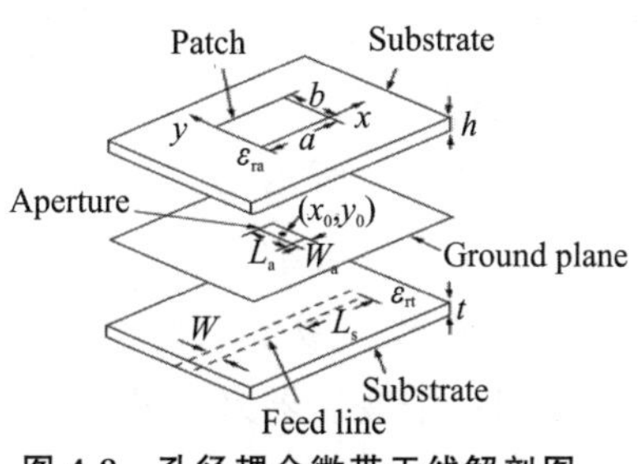

图 4-8　孔径耦合微带天线解剖图

此处主要就是采用这种结构来进行设计，首先估算出低频与高频贴片的尺寸，然后结合实际条件进行适当地调整，如图 4-8 所示。最终初步确定高频贴片的尺寸为 $L_H=50$ mm，$W_H=45$ mm；低频贴片的尺寸为 $L_L=110$ mm，$W_L=100$ mm。而由于高频贴片处在低频贴片的中心，因而两贴片之间需要一定的空间来隔开，初步选 x 方向的间隔为 5 mm，y 方向的间隔为 5 mm。上面这些尺寸数据只是初步的设定，有待通过仿真优化来确定最终的数值。

4.5.4.1 孔径耦合馈电

微带天线的馈电方式有多种，用得最普遍的有微带线馈电、探针馈电、孔径耦合馈电和邻近耦合馈电四种。其中，孔径耦合馈电多用在宽频带的天线上，这是由于孔径耦合馈电技术涉及很多可以用来调整的参数，例如微带线和孔缝的长度、宽度、形状等。如果合理地使用这种耦合方式，可以对微带天线的工作频带有相当大的提高，此处便采用了孔径耦合馈电方式进行天线设计。

孔径耦合馈电是传输线通过接地板上的槽缝对辐射元馈电，在基片间的接地板将辐射元和馈电网络隔开，减少寄生辐射对方向图和极化纯度的影响。采用孔径耦合馈电的微带天线的等效原理图如图 4-9 所示，包括一个矩形的微带贴片，尺寸为 $a\times b$，基板的厚度为 h，介电常数为 ε_{ra}。首先，在大面积的接地板上刻出相应的孔或者缝隙，然后设计一根微带线穿过此缝隙来对上面的微带贴片进行馈电。这个孔径的尺寸为 $L_a\times W_a$，中心点为(x_0, y_0)，微带线的宽度为 W，且将此微带线印制在厚度为 t、介电常数为 ε_{ra}的基板上。此外，微带天线的特性阻抗设为 Z_{om}，缝隙的特性阻抗设为 Z_{os}。

4.5.4.2 传输线模型

孔径耦合可以用很多的方法来分析，其中使用最广泛的是传输线模型。一个孔径耦合馈电微带天线的简化等效电路如图 4-9 所示，其中天线贴片部分等效定义为一导纳 Y_{patch}，孔径等效定义为一导纳 Y_{ap}，微带贴片与孔径之间的耦合用一个变压器来等效，其匝数比大致等于贴片被孔径所截取的电流与总的贴片电流之比，即 $n_1=L_a/b$。

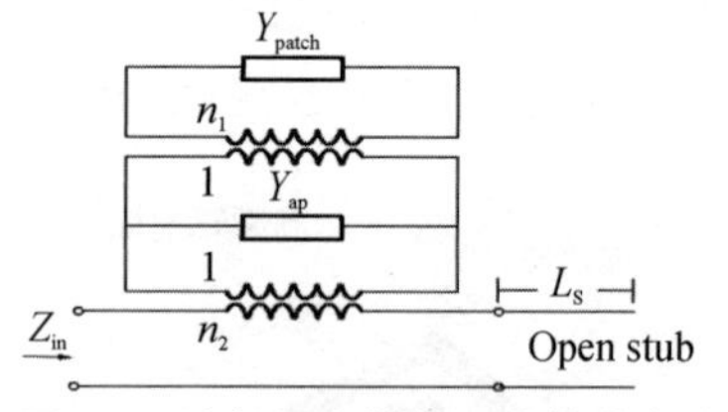

图 4-9 孔径耦合微带天线等效电路

贴片导纳被放置在缝隙的中心位置，其导纳值可以从简单的传输线模型中得到，如图 4-10 所示。如果假定 Z_1 和 Z_2分别为从孔径左方和右方看

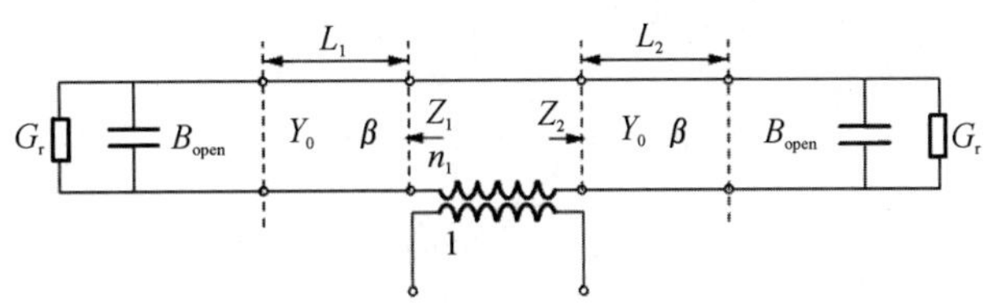

图 4-10　孔径耦合微带天线传输线等效电路

去的阻抗，则有

$$Z_{\text{patch}} = Z_1 + Z_2 = 1/Y_1 + 1/Y_2 \tag{4-10}$$

$$Y_1 = Y_0 \frac{(G_r + \text{j}B_{\text{open}}) + \text{j}Y_0 \tan(\beta L_1)}{Y_0 + \text{j}(G_r + \text{j}B_{\text{open}})\tan(\beta L_1)} \qquad (L_1 = x_0) \tag{4-11}$$

$$Y_2 = Y_0 \frac{(G_r + \text{j}B_{\text{open}}) + \text{j}Y_0 \tan(\beta L_2)}{Y_0 + \text{j}(G_r + \text{j}B_{\text{open}})\tan(\beta L_2)} \qquad (L_2 = a - L_1) \tag{4-12}$$

这里 Y_0 和 β 是将矩形微带贴片当作宽度为 b 的微带线，$G_r + \text{j}B_{\text{open}}$ 是贴片的边缘导纳。孔径的电纳 Y_{ap} 表示储存在缝隙附近的能量，Y_{ap} 的值也可以通过短缝的传输线模型计算得到

$$Y_{\text{ap}} = -\text{j}2Y_{\text{os}}\cot(\beta_s L_a/2)$$

同时，我们使用另一变压器来等效天线与微带馈线之间的耦合，变压器的匝数比 n_2 可由电路理论计算，有无限缝和有限缝两种表达式。其中，无限缝的表达式为

$$n_2 = \frac{J_0(\beta_s W/2) J_0(\beta_m W_a/2)}{\beta_s^2 + \beta_m^2}\left[\frac{\beta_m^2 k_2 \varepsilon_{rf}}{k_2 \varepsilon_{rf}\cos(k_1 h) - k_1 \sin(k_1 h)} + \frac{\beta_s^2 k_1}{k_1 \cos(k_1 h) + k_2 \sin(k_1 h)}\right] \tag{4-13}$$

式中 J_0 是零阶 Bessel 函数。

且

$$k_2 = k_0 \sqrt{|\varepsilon_{\text{res}} + \varepsilon_{\text{rem}} - 1|}$$

$$\beta_s = k_0 \sqrt{\varepsilon_{\text{res}}} \qquad \beta_m = k_0 \sqrt{\varepsilon_{\text{rem}}}$$

式中，W、ε_{rem}、β_m、Z_{om} 为微带线的参数，W_a、ε_{res}、β_s、Y_{os} 为缝隙参数。考虑到微带线边缘开路枝节的影响（长度为 L_s），在缝隙中心的天线输入阻抗为

$$Z_{\text{in}} = \frac{n_2^2}{n_1^2 Y_{\text{patch}} + Y_{\text{ap}}} - \text{j}Z_{\text{om}}\cot(\beta_m L_s) \tag{4-14}$$

设置 $n_1^2 B_{\text{patch}} + B_{\text{ap}} = 0$，因而有：

$$B_{\text{patch}} = \frac{-B_{\text{ap}}}{n_1^2} \approx \frac{4b^2}{Z_{\text{os}}\beta_s L_{\text{a}}^3} \tag{4-15}$$

从上式可以看出，如果需要增加 L_{a}，便需要增加 B_{patch}，且谐振频率相应增加。

通过传输线理论对孔径耦合微带天线分析可以得知，当缝隙的长度较小时，天线处于欠耦合状态，且此时谐振阻抗比馈线的特性阻抗要小；而当缝隙的长度增加时，耦合度、谐振阻抗、回路尺寸等参数都会相应地增加。当我们减小天线的基板厚度时，相同的情况也将会出现。因而通过调整孔径的长度，便可以获得大范围内的阻抗和电抗值，同时根据公式 4-14 中 $-jZ_{\text{om}}\cot(\beta_m L_s)$，通过改变枝节的长度来调整天线的输入阻抗。而在一般的孔径耦合馈电中，只有横向缝隙与微带天线贴片进行耦合，而纵向缝隙通常用来使横向缝隙获得近似的均匀场分布。场分布得均匀可以增加天线的耦合，但是不会增加反向辐射。

4.5.4.3 其他形状的孔径设计

为了提高天线的耦合，出现了其他各种形状的孔径，如图 4-11 所示。这些不同形状的孔径的导纳同样可以由传输线理论得到。在这里我们使用了 H 形的孔径，它的导纳为

$$Y_{\text{ap}} = j2Y_{\text{os}} \frac{-\dfrac{Y_{\text{os}}}{2}\cot(\beta_s L_{\text{h}}/2) + Y_{\text{os}}\tan(\beta_s L_{\text{a}}/2)}{Y_{\text{os}} + \dfrac{Y_{\text{os}}}{2}\cot(\beta_s L_{\text{h}}/2)\tan(\beta_s L_{\text{a}}/2)} \tag{4-16}$$

式中 L_{h} 和 L_{a} 分别为 H 形孔径中纵向和横向的缝隙长度。

图 4-11　各种形状的孔径

当微带贴片辐射主模占主要时，传输线理论模型是非常有用的，而这正是薄的介质基板所具有的特性。当使用厚的介质基板时，为了分析的精确性，贴片以及缝隙的高次模效应就必须要加以考虑了。经过优化设计后，我们得到了框式双频微带天线，仿真及实际测试的方向图对比分析如下。

图 4-12 为 900 MHz 的 H 面方向图，通过对比可知，两 H 面图大致相

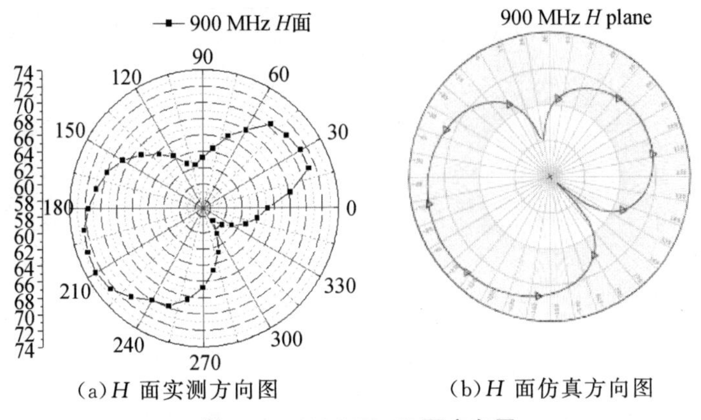

(a)H 面实测方向图　　(b)H 面仿真方向图

图 4-12　900 MHz *H* 面方向图

同，主瓣在 150°与 270°之间，在 0°到 60°之间还存在一副瓣。图 4-13 为 900 MHz 的 E 面方向图，且固定 $\varphi=90°$。实测图与仿真图有一些差别，从实测图中可看出主瓣在 60°与 180°之间。如图 4-14 所示，$\varphi=0°$的 E 面实测图与仿真图相比有些偏角，主瓣在 0°到 120°之间；主瓣辐射最大点在 60°处，这应该与测量方向图时天线放置的倾斜度相关。如图 4-15 所示，1 800 MHz的 H 面仿真图和实测图也大致相同，但是实测图在 340°附近有一处凹陷，这是由与连接 RF 信号源与天线的同轴电缆线的辐射造成的，主瓣大致在 15°到 90°以及 260°到 320°之间。

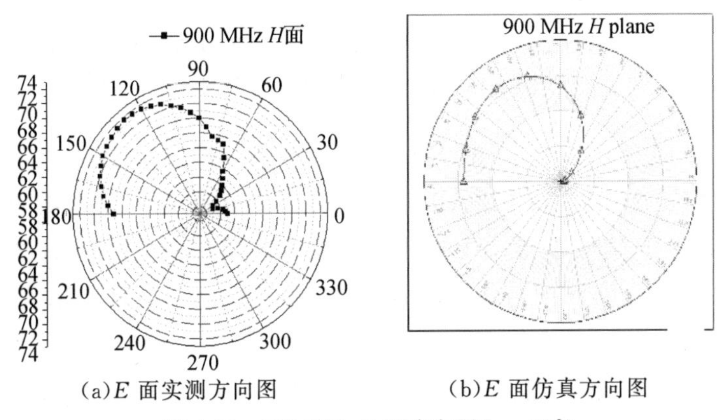

(a)E 面实测方向图　　(b)E 面仿真方向图

图 4-13　900 MHz *E* 面方向图(φ=90°)

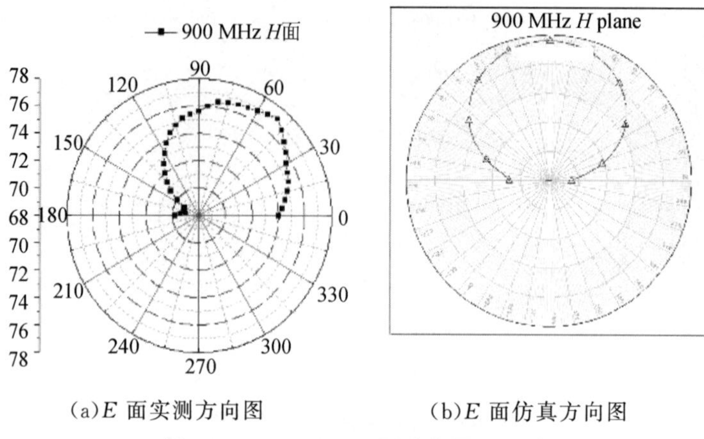

(a)E 面实测方向图　　(b)E 面仿真方向图

图 4-14　900 MHz E 面方向图($\varphi=0°$)

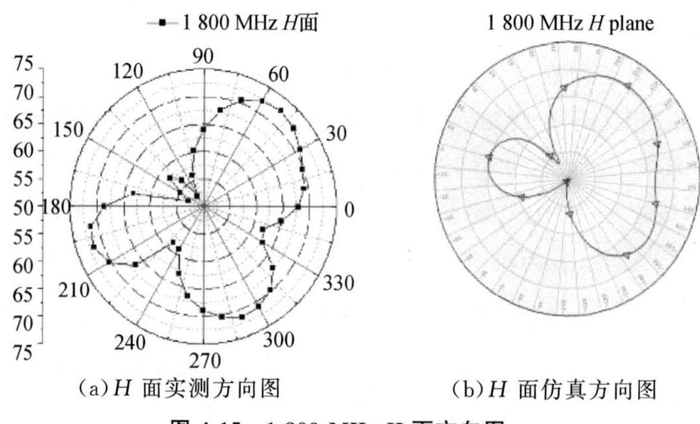

(a)H 面实测方向图　　(b)H 面仿真方向图

图 4-15　1 800 MHz H 面方向图

如图 4-16 所示,$\varphi=90°$的 E 面实测图与仿真图差异较大,从实测图中可看出主瓣在 30°与 150°之间;0°附近造成的实测图与仿真图的差异主要还是由连接 RF 信号源与天线的同轴电缆线的辐射引起的。如图 4-17 所示,$\varphi=0°$的 E 面实测图与仿真图也大致相同,相比于仿真图来说,实测图的主瓣宽度更大,大致在 30°到 150°之间。而实测图中 0°与 180°附近辐射突变也是由同轴线的辐射造成的。如图 4-18 所示,1 900 MHz的 H 面仿真图和实测图也有些差异,实测图在 0°到 120°之间存在一个主瓣,且在 180°到 320°之间存在两个副瓣。如图 4-19 所示,$\varphi=90°$的 E 面实测图与仿真图差异较大,从实测图中可看出主瓣在 0°到 120°之间。同样,180°附近造成的辐射突变主要还是由同轴电缆线的辐射引起的,在 150°到 180°之间存在

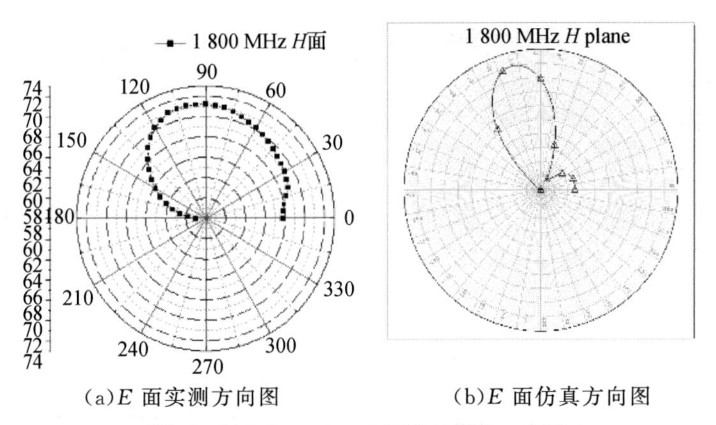

(a)E 面实测方向图　　　　(b)E 面仿真方向图

图 4-16　1 800 MHz E 面方向图(φ=90°)

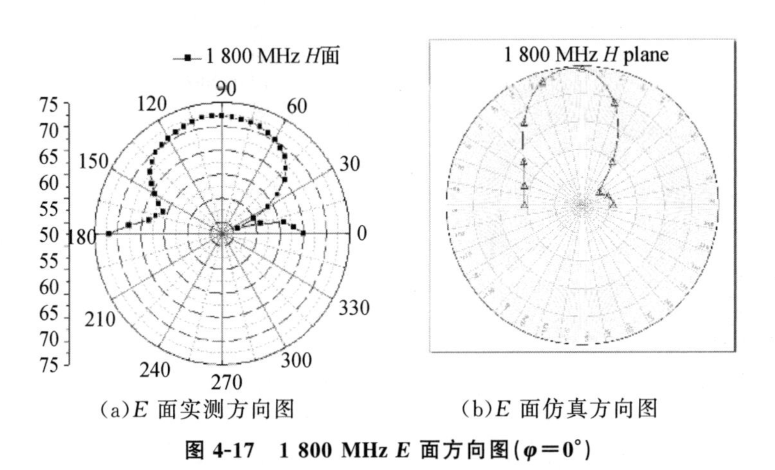

(a)E 面实测方向图　　　　(b)E 面仿真方向图

图 4-17　1 800 MHz E 面方向图(φ=0°)

一副瓣。如图 4-20 所示,φ=0°的 E 面实测图与仿真图大致相同,只是在0°附近由同轴线辐射造成了测量误差。主瓣在 40°到 180°之间。

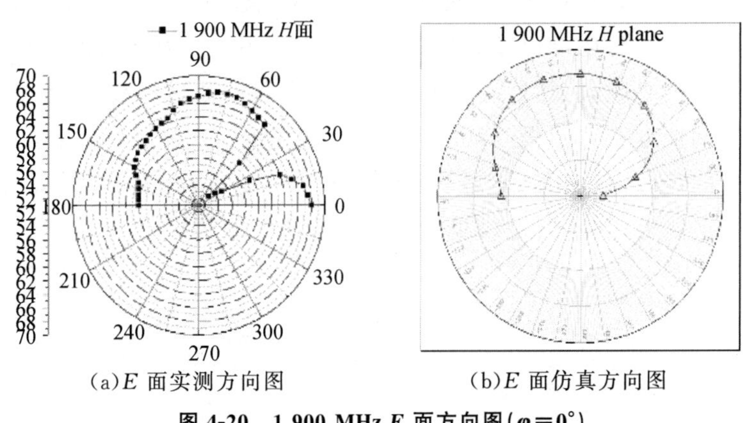

(a)E 面实测方向图　　　　(b)E 面仿真方向图

图 4-20　1 900 MHz E 面方向图(φ=0°)

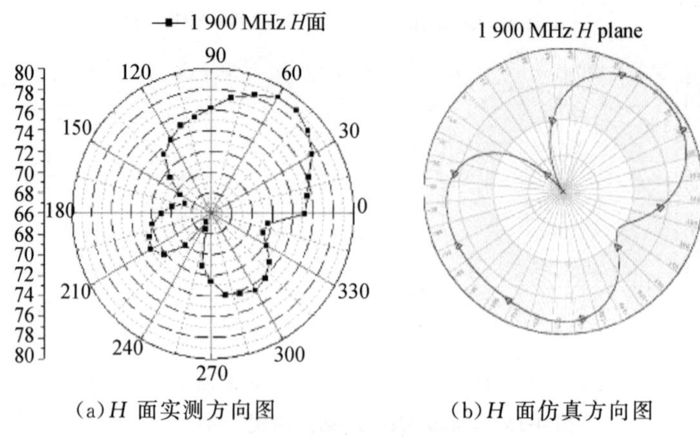

(a)H 面实测方向图　　(b)H 面仿真方向图

图 4-18　1 900 MHz H 面方向图

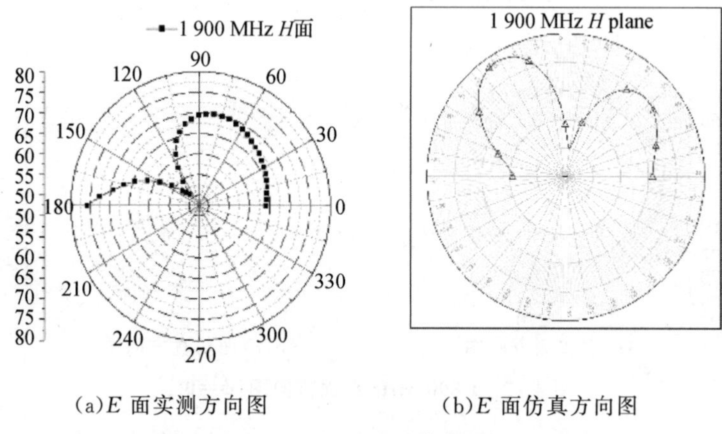

(a)E 面实测方向图　　(b)E 面仿真方向图

图 4-19　1 900 MHz E 面方向图($\varphi=90^\circ$)

总体上看，无论是仿真还是实测数据都还是比较理想的，验证了首先通过双谐振结构获取双频然后通过拓展完成三频率覆盖的构思。这种设计方法也可进一步用于更多频段的兼容设计之中：作为最初的结构，不妨选取若干个核心频点，然后按需要在核心频点附近通过加载、微细变形、阶梯切角等调控方法达到设计目的。值得注意的是，实测数据往往会有这样或者那样的偏差，成因多样，需要不断摸索修正，一旦结构确定，只要基本材料及加工能够保障，获得较高的成品率也是可能的。

4.6 分形阵元的微带阵列天线的设计样例

数字卫星接收天线的工作频率在 Ku 波段内,Ku 波段是受到国际相关法律保护的,主要用于接收卫星数字电视信号(DTV)。其工作频段很高,下行波段覆盖 11.7～12.7 GHz,上行波段覆盖 14～14.5 GHz,本节样例所设计的数字卫星电视接收天线将频点设置为 12 GHz。在阵列天线中,若阵元间距接近或小于半波长,阵元间会相互影响,使得阵元的输入阻抗改变影响天线谐振性和微带馈线之间的阻抗匹配,方向性也受到影响,如使得阵列主瓣宽度变大等,即为我们平时所说的互耦现象。但是,若增大阵元间距又会使副瓣电平上升,造成主瓣性能降低等不利影响。在此将分形理论运用到阵列的设计中,以此增大阵元相邻边之间的距离,即在阵元间距不变的情况下可以有效减小互耦现象,以此达到改进天线性能的目的。近几年来有相应的研究文章将分形结构应用于阵列技术中,但并不多见,而 Ku 波段的分形阵元微带阵列天线是我们团队前些年的专利尝试。

本节将首先对普通的矩形贴片阵元、康托尔分形阵元以及 minkowski 分形阵元进行设计,得到相同频点的阵元,并做性能对比。在此基础上,再利用设计所得的阵元分别组成 1×4、4×1、4×4、8×8 等阵列形式,并利用同轴多端口同相等幅度的馈电形式进行仿真计算,以便查看各个阵元之间的传输系数,并以此判断阵元间的互耦强度,以此说明分形在阵列设计中的优势。接着采用相同的阵元间距,利用康托尔阵元、minkowski 分形阵元设计微带功分网络的 4×4 微带阵列,并与多端口馈电阵列做性能比较。然后设计方向性、增益等性能优异的 8×8 分形微带阵列天线,并制作样品进行测试与仿真数据对比。在此之后,本节对于阵列性能的改进做出进一步尝试,利用相同的阵元间距设计 4×4 缝隙耦合分形阵元阵列天线,并进行样品制作;再对新型陶瓷材料与分形结合的北斗卫星定位天线进行深入研究与设计及制作。本设计中将采用相对介电常数为 2.2、厚度为 0.8 mm 的高频微波 F4 板材对边馈阵列天线进行设计;利用广东生益科技有限公司生产的标称相对介电常数为 16、厚度为 2.4 mm 的陶瓷基底材料以及本校材料学院自行研制的相同参数的新型陶瓷基底,分别对卫星定位分形微带天线进行设计。

4.6.1 分形阵元的设计

在设计阵列之前，必须对组成阵列的阵元进行设计。首先进行普通矩形贴片的设计。设贴片长为 L，宽为 W，贴片厚度为 h，介质基板介电常数为 ε_r，由于本设计采用的是谐振腔理论，则由 $\lambda/2$ 波导谐振腔理论，可以近似地将 L 表示为

$$L = 0.49\lambda_m = 0.49\frac{\lambda_0}{\sqrt{\varepsilon_r}} \tag{4-17}$$

输入阻抗可以表示为

$$Z_A = 90\frac{\varepsilon_r^2}{\varepsilon_r - 1}\left(\frac{L}{W}\right) \tag{4-18}$$

其中，边缘场的存在，使得贴片的尺寸相当于得到了延长。所以在设计半波贴片的时候，要将贴片的实际尺寸缩小一点，比实际的半波长短，而缩短的具体尺寸是由 ε_r、h、W 三个参量所决定的。

首先计算介质基板的等效介电常数 ε_{re} 如下

$$\varepsilon_{re} = \frac{\varepsilon_r + 1}{2} + \frac{\varepsilon_r - 1}{2}\left(1 + \frac{10h}{W}\right)^{-\frac{1}{2}} \tag{4-19}$$

于是可以得到由于边缘场的影响所产生的等效延长长度为

$$\Delta L = 0.412h\frac{(\varepsilon_{re} + 0.3)(W/h + 0.264)}{(\varepsilon_{re} - 0.258)(W/h + 0.8)} \tag{4-20}$$

最终得到改进的天线的半波谐振长度为

$$L = \frac{\lambda_e}{2} - 2\Delta L = \frac{c}{2f_0\sqrt{\varepsilon_{re}}} - 2\Delta L \tag{4-21}$$

这里 W 是由 $W = \frac{c}{2f_0}\left(\frac{\varepsilon_r + 1}{2}\right)^{-\frac{1}{2}}$ 先行给出的。

通过上述理论公式，最终计算得到矩形贴片的尺寸参数为 $L = 7.68$ mm，$W = 9.6$ mm。经过计算机编程仿真并优化后，最终得到了中心频点在 12 GHz 的矩形贴片天线，图 4-21 所示为其正面及侧面视图，其尺寸参数列于表 4-1 中。

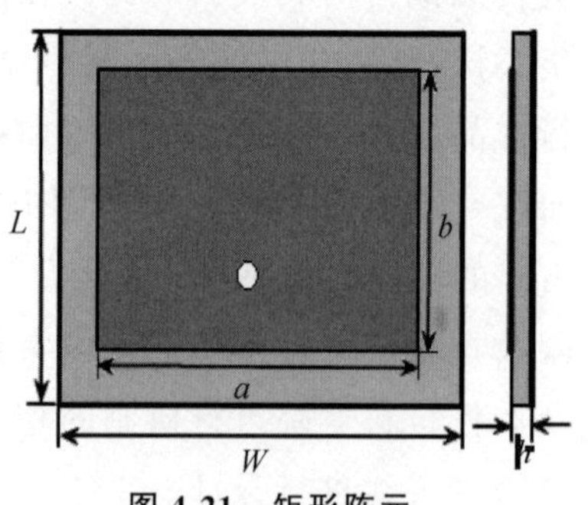

图 4-21　矩形阵元

表 4-1　矩形微带天线尺寸　　单位:mm

W	L	h	a	b
14	12	0.8	9.6	7.68

图 4-22 所示为所设计矩形贴片的回波损耗,中心频点在 12.0 GHz,与理论设计值相符;衰减幅度可以达到－42 dB,通带为 11.88～12.15 GHz,相对带宽为 2.25%。图 4-23 和图 4-24 分别为其 E 面和 H 面方向图,天线的辐射性能良好,增益可以达到 8.46 dB,E 面与 H 面上的 3 dB 波瓣宽度分别为 73°与 82°。对于数字卫星电视的设计,这一波瓣宽度已经足够,因为转播卫星为地球同步卫星,所以需要的是天线的强方向性;但对于卫星定位接收天线的设计,就需要宽波瓣宽度的低仰角微带天线,这样不管是对定位卫星的布星数目还是信号质量的要求都会低很多,非常有利于整个系统性能的提升与成本的控制。

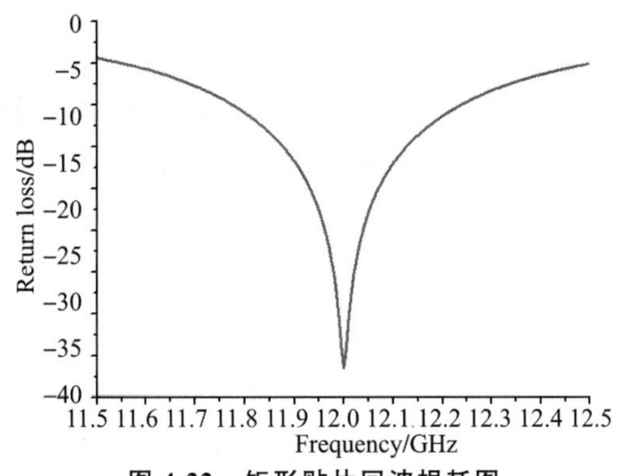

图 4-22　矩形贴片回波损耗图

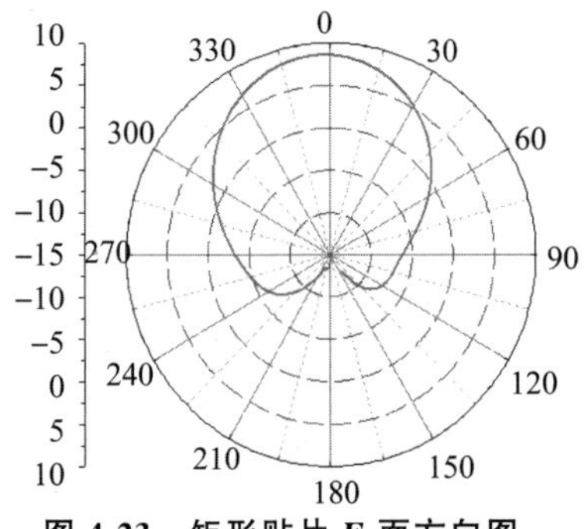

图 4-23　矩形贴片 E 面方向图

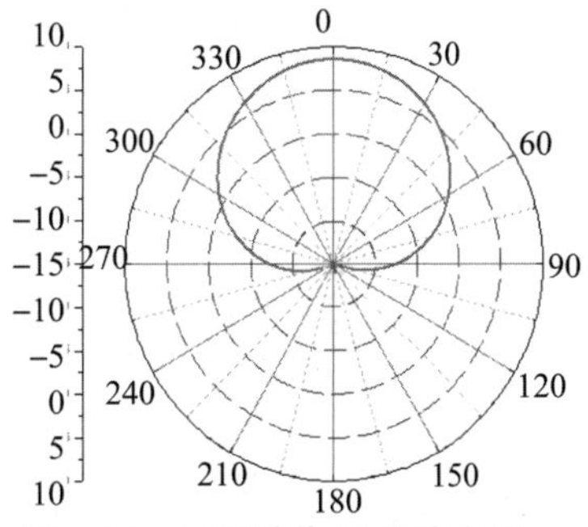

图 4-24　矩形贴片 H 面方向图

接下来将基于分形理论对此矩形的辐射边进行弯折，利用分形的体积填充性缩小其空间尺寸，达到天线小型化的目的。

(1)康托尔分形的应用

按照康托尔分形理论得到平面地毯形分布阵，然后将相邻两一阶单元合并，并与中心单元相连接，于是得到了康托尔分形。如图 4-25 为所设计的康托尔分形微带阵元，利用模型初值仿真计算后，具体尺寸参数列于表 4-2。

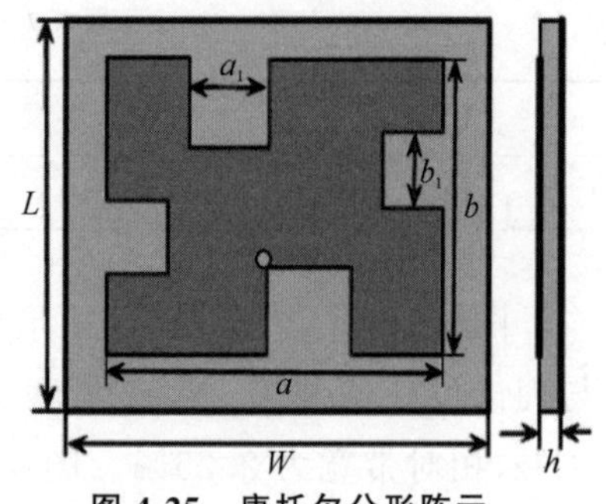

图 4-25　康托尔分形阵元

表 4-2　康托尔分形微带天线尺寸　　单位：mm

W	L	h	a	b	a_1	b_1
14	12	0.8	6.528	5.382	1.632	1.346

由表 4-2 可以看到，实际折合的总边长要稍长于等效的矩形贴片，这是由于辐射边弯折后，电流并没有完全按照曲折后的辐射边流动，弯折的拐点是奇点，所以电流真实的流动路径不包括奇点，这使得电流路径比实际换算长度短一些，这就需要我们继续增大贴片以增加电流路径长度。但是，由仿真优化后的尺寸我们可以看到这种现象很轻微，由此可见分形对于缩小贴片尺寸的作用十分明显。图 4-26 为天线的回波损耗，天线中心频点为 11.97 GHz，通带在 11.88～12.07 GHz 之间，相对带宽为 1.59%；图 4-27 和图 4-28 分别为其 E 面和 H 面方向图，由图可见峰值增益为 7.65 dB，而两方向上的 3 dB 波瓣宽度分别为 78°与 72°。

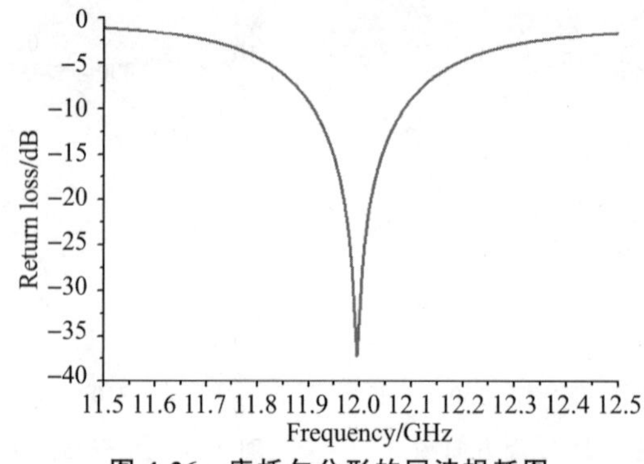

图 4-26　康托尔分形的回波损耗图

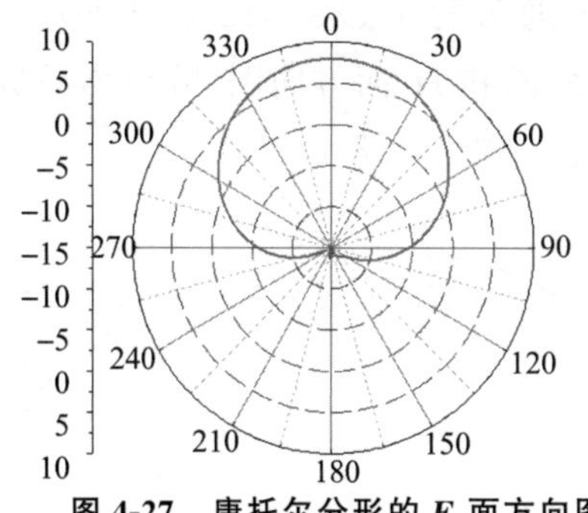

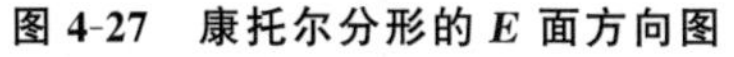
图 4-27　康托尔分形的 *E* 面方向图

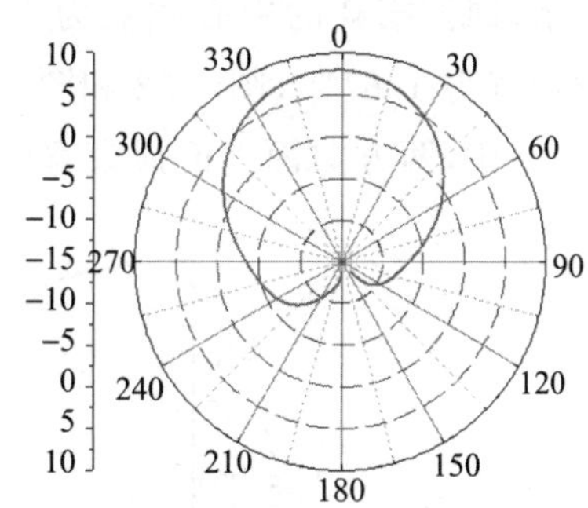

图 4-28　康托尔分形的 *H* 面方向图

(2)minkowski 分形的应用

按照 minkowski 分形理论,如图 4-29 所示,首先将一条直线三等分,然后将中间一段进行弯折,就得到了一阶的 minkowski 分形。将矩形贴片各边按照此方法采用图中的生成元取代,便得到了一阶 minkowski 分形贴片。由于分形优异的空间填充特性,所以可以比传统的欧式几何所设计的天线具有更加有效的间距,从而缩小尺寸,提高性能。最终经过计算仿真优化后得到的 minkowski 分形微带天线其正面与侧面如图 4-30 所示,具体尺寸如表 4-3 中所列。

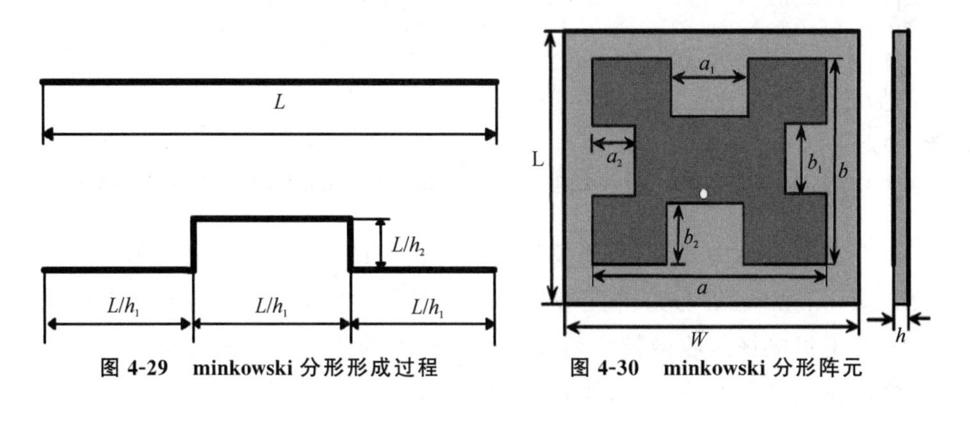

图 4-29　minkowski 分形形成过程　　图 4-30　minkowski 分形阵元

表 4-3　minkowski 分形微带天线尺寸　　单位:mm

W	L	h	a	b	a_1	b_1	a_2	b_2
14	12	0.8	7.68	6.214	1.92	1.554	1.152	0.926

由表 4-3 中的数据可以看到,minkowski 分形贴片的分形边折合后的总长度也大于理论计算值,原因与康托尔分形贴片的讨论类似。如图4-31

所示，回波损耗的中心频点为 11.98 GHz，通带为 11.89～12.09 GHz，相对带宽为 1.67%；图 4-32 和图 4-33 为其 E 面和 H 面方向图，峰值增益为 7.82 dB，两方向面上的波束宽度分别为 72°与 76°。

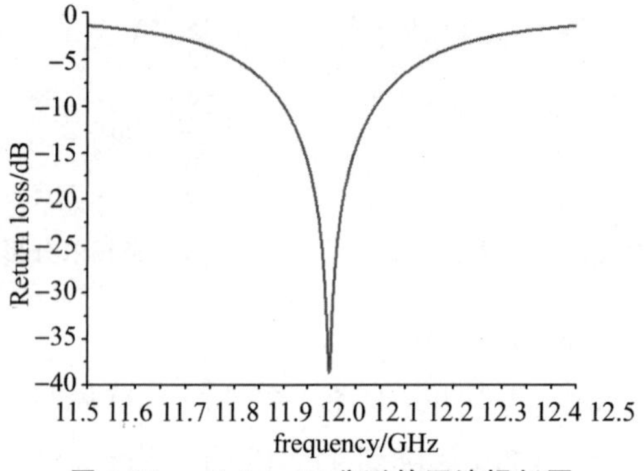

图 4-31　minkowski 分形的回波损耗图

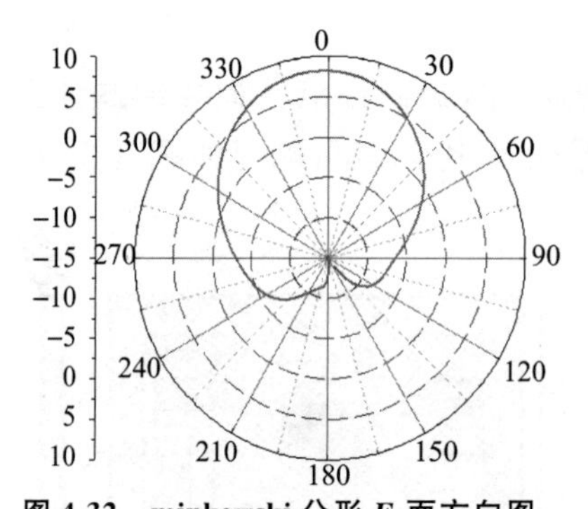

图 4-32　minkowski 分形 E 面方向图

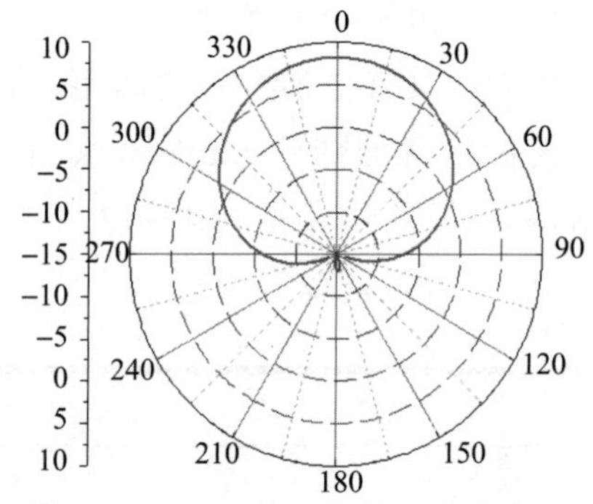

图 4-33　minkowski 分形 H 面方向图

在本节内容中，分别利用模型初值对传统的矩形阵元、康托尔分形阵元以及 minkowski 分形阵元进行了仿真计算，并得到了三组非常近似满足数字卫星电视接收微带阵列天线性能要求的阵元。下面将对三组阵元的性能参数进行对比分析，如表 4-4 所示。

表 4-4　各微带阵元参数对比

天线结构种类	谐振频率/GHz	谐振边长 L/mm	缩减程度/%	增益	相对带宽/%	E 面波束宽度	H 面波束宽度
传统矩形	12	7.68	0	8.48	2.25	73°	82°
康托尔分形		5.38	30.12	7.64	1.59	76°	72°
minkowski 分形		6.21	16.4	7.86	1.68	72°	76°

由表中三组阵元的性能对比我们可以看到，从模型初值进行计算仿真后得到的数据结果来看，性能参数非常接近；分形边折合成等效的矩形贴片后，谐振长度会略长。为了更加直观地解释此现象，下面我们对分形微带天线进行传输线模型的等效，并以此为基础来验证由表 4-4 中所得出的结论。图 4-34 所示为在微带天线的传输线等效电路基础上所得到的分形微带天线的传输线等效电路。

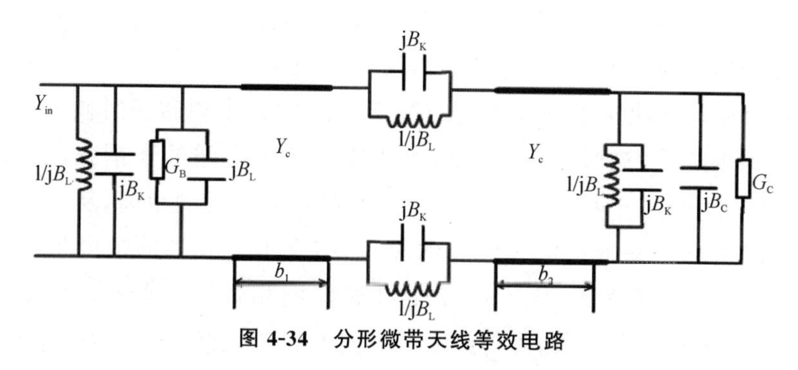

图 4-34　分形微带天线等效电路

由图 4-34 可以看到，加入分形边后，相当于加入了一个 C/L 谐振电路，对两个辐射缝隙来说，这使得天线阻抗发生变化，输入阻抗变小，这也是分形使得天线的匹配更加容易的原因所在；而等效电感，对应于实际的分形微带天线中的弯折边，因为弯折边对电流的流通来说，起到了阻碍电流的作用，电流方向的改变会产生电场能量的抵消和损耗，而电流通过电感时也会产生轻微的损耗。对比表 4-4 中关于峰值增益的性能参数可以看到，分形边的加入使得能量产生了轻微的损耗；而对于两条谐振边来说，振荡电路的工作状态将决定天线的谐振长度的改变。当谐振电路的谐振频率低于工作频率时，那么谐振电路表现为容性加载，将可以延长天线的电长度，而这也是我们采用分形的目的所在。对应于具体的微带结构，更深的凹陷和更小的开口可以得到更大的等效电容。由于康托尔分形比 minkowski 分形开口更小，凹陷更深，所以得到了更好的增加电长度的效果，但是由于更加曲折的电流路径使得等效的电感也相对更大一些，因而康托尔分形的增益没有 minkowski 分形的高。对于分形边的应用，我们利用传输线理论进行分析可知，分形边等效的矩形尺寸是不可能达到理想情况的，因为等效出的电感与电容都是一直存在的。若没有等效电感的存在，作为纯容性的加载，分形边的作用将达到理想情况，但这显然是不可能的，所以等效电长度略长是正常的现象。

4.6.2 均匀直线微带阵列的设计

在本节内容中，将对平面内的水平和竖直方向上直线阵进行设计。在阵列天线中，一般阵元间距设置会小于一个波长以抑制栅瓣，并尽量大于半个波长来减小互耦现象对天线阵列的影响。阵元间的相互影响，会使得阵元的输入阻抗改变影响天线谐振性和微带馈线之间的阻抗匹配；方向性也受到影响，使得阵列副瓣电平上升等，这些就是我们平时所说的互耦现象。但是随着现代通信技术的发展，天线的小型化越来越重要，很多通信系统的有限体积决定了阵列天线的尺寸不能太大，所以很多时候阵元间距不能达到半波长，这时就需要采取手段以减小天线间的互耦强度。很明显，减小阵元的尺寸可以有效地增大阵元相邻边之间的距离，从而减小互耦现象的影响。基于均匀直线阵的原理，结合本节阵列的馈电形式与条件，确定四元直线阵即 $N=4$，各端口等幅同相馈电，即馈电幅度增量 $a=0$，并且波数 $k=2\pi/\lambda$，可得到水平方向上的四元直线阵的 H 面方向图表达式为

$$|F_H|=NI_0\left|\frac{\sin(\frac{4\pi}{\lambda}d\cdot\cos\varphi)}{\sin(\frac{2\pi}{\lambda}d\cdot\cos\varphi)}\int g(z')\mathrm{d}z'\right| \tag{4-22}$$

由式 4-22 可以推知，当$\frac{2\pi}{\lambda}d\cdot\cos\varphi=2m\pi(m=0,1,2,\cdots)$时取得最大值，即为主瓣与副瓣所在位置；当阵元间距 $d\leqslant\lambda/2$ 时，由 $\varphi=0$ 取得第一个零点后，取得下一个零点的间隔将越来越大，即主瓣宽度越大，副瓣出现次数越少；若 $d\geqslant\lambda/2$，则可以看到这个间隔将越来越小，即副瓣开始增加。在实际的阵列设计过程中，阵元间距越小，主瓣宽度越大。但是，阵元间距过小，互耦将变得越来越严重，这将严重影响阵列的性能，所以阵元间距要进行综合考虑取中间值。利用原始矩形贴片组成四元阵（如图 4-39 所示），其在 0.4λ 以及 0.8λ 时的方向图（如图 4-35～图 4-38 所示）。

从两组方向图的对比中我们可以看到，在阵元间距为 0.4λ 的情况下，阵列的增益很低，只有 11.64 dB。这说明互耦强度很大，能量损耗严重，由其 H 面方向图来看，波束宽度大，为 30.9°。在阵元间距为 0.8λ 的情况下，增益良好，为 14.78 dB。这说明阵元间距大，互耦损耗的能量少；由其 H 面方向图来看，虽然主瓣波束宽度减小为 17.4°，得到了更好的强方向

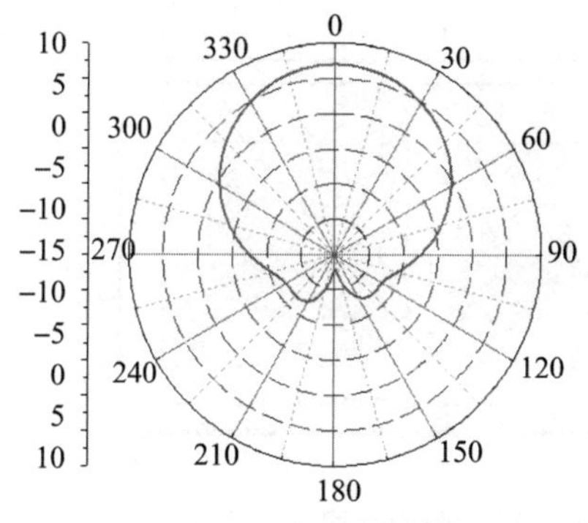

图 4-35　间距 0.4λ 的矩形四元阵 *E* 面方向图

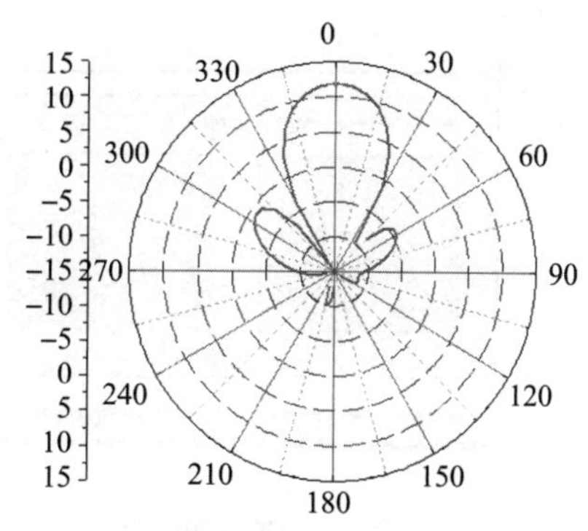

图 4-36　间距 0.4λ 的矩形四元阵 *H* 面方向图

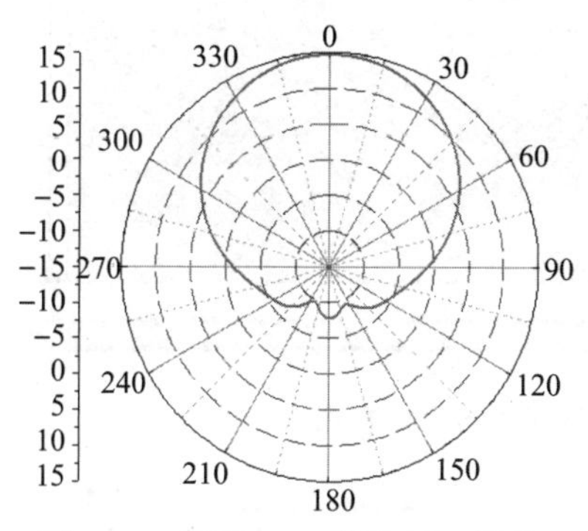

图 4-37　间距 0.8λ 的矩形四元阵 *E* 面方向图

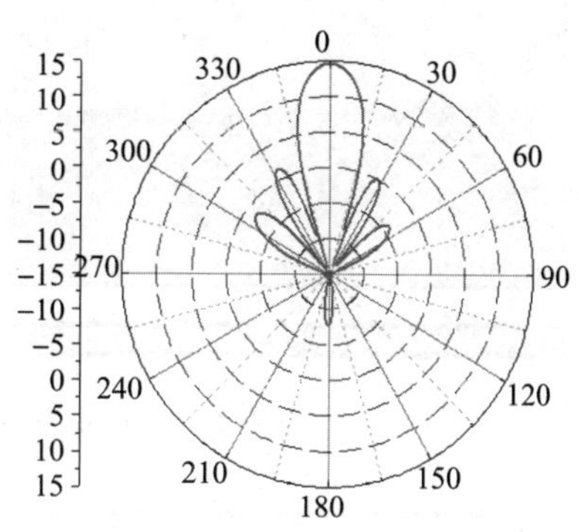

图 4-38　间距 0.8λ 的矩形四元阵 *H* 面方向图

性，但是副瓣个数增加。以上数据和分析说明，对于阵元间距 d 的选择要从增益、波束宽度以及副瓣电平等多方面考虑。本节将阵元间距选定在 0.57λ，这样既不会产生更多的副瓣，增益也相对较高。

下面将分别利用所设计的三种阵元组阵进行阵列天线设计，并对天线阵性能做出对比分析。为了对两阵元间的互耦强度做出判断，这里将用多馈电端口对各阵元进行等幅度、同相位的馈电，通过查看两阵元间的传输系数来判断互耦强度。而为了说明此方法的可行性，即采用此种馈电方法的天线阵列性能与采用其他馈电方式达到一致，本节将加入微带功分馈电网络，设计得到 4×4 边馈微带阵列，并查看其性能是否与多端口馈电设计相符。

首先是在水平的方向上利用矩形贴片和两种分形贴片分别组成四元直线阵，图 4-39、图 4-40 和图 4-41 所示分别为矩形阵元、minkowski 阵元

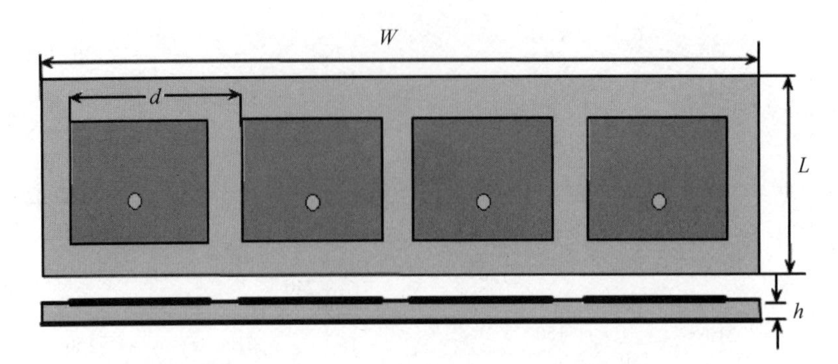

图 4-39　矩形贴片四元线阵正面与侧面视图

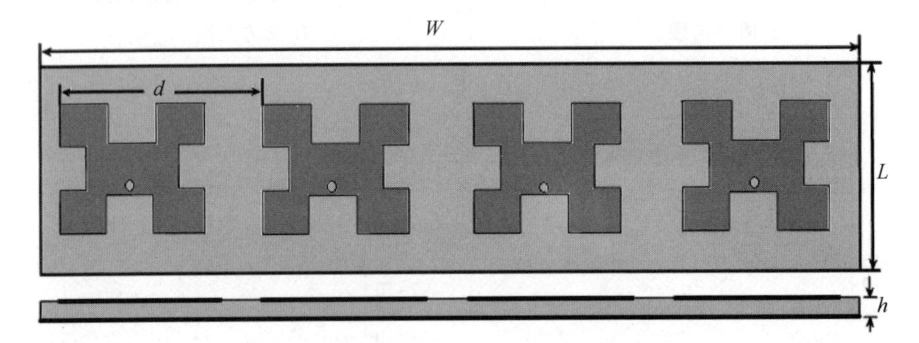

图 4-40　minkowski 四元线阵正面与侧面视图

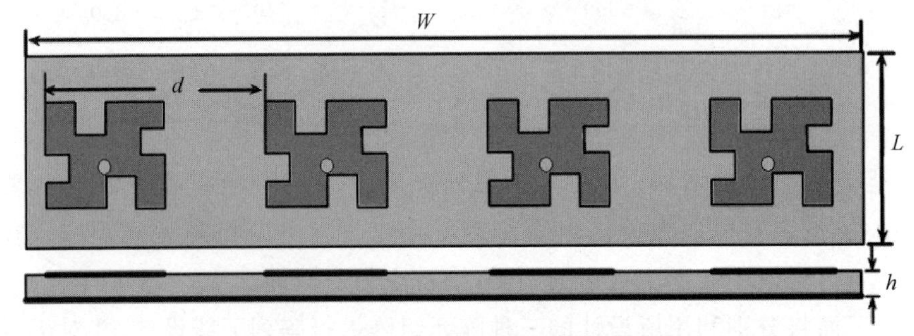

图 4-41　康托尔四元线阵正面与侧面视图

和康托尔阵元的四元水平直线阵，间距采用先前分析所确定的 0.57λ，即 13.7 mm。馈电方式采用同轴多端口同相同幅度馈电，这样我们就可以利用各馈电端口间的传输系数来判断各阵元间互耦现象的强度。

四元阵的整体尺寸与阵元间距如表 4-5 中所列，阵元尺寸与前面设计相同。利用近似的模型初值进行计算仿真，得到各四元线阵的 E 面、H 面方向图。图 4-42 和图 4-43 为矩形贴片线阵的方向图，图 4-44 和 4-45 为 minkowski 分形线阵的方向图，图 4-46 和 4-47 为康托尔分形线阵的方向图。

表 4-5　四元直线阵的具体尺寸　　单位：mm

W	L	h	d
60	16	0.8	13.7

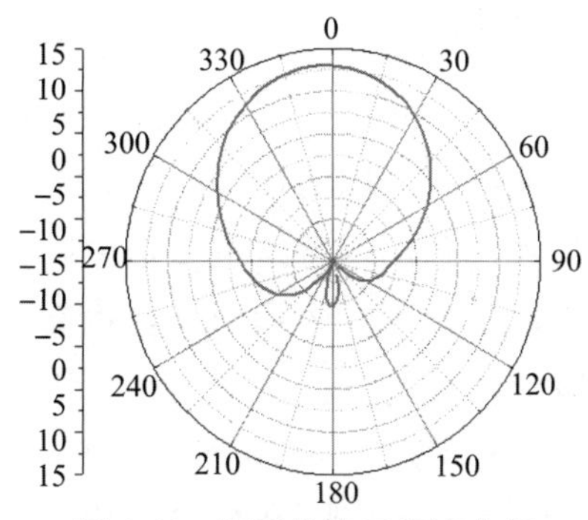

图 4-42　矩形线阵 E 面方向图

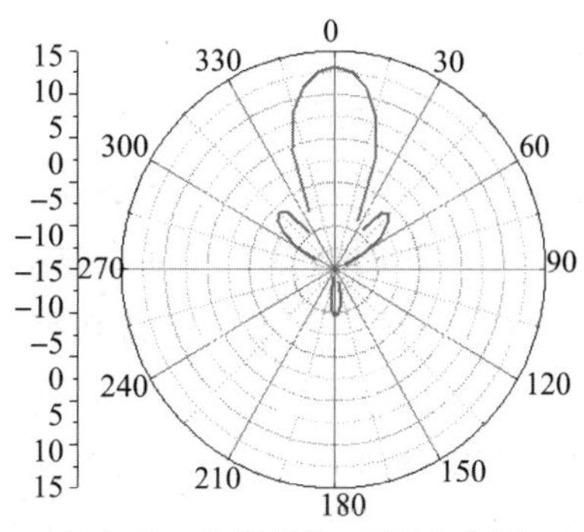

图 4-43　矩形线阵 H 面方向图

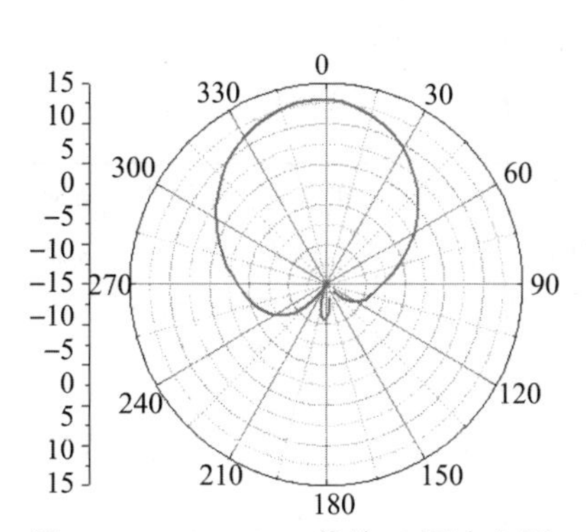

图 4-44　minkowski 线阵 E 面方向图

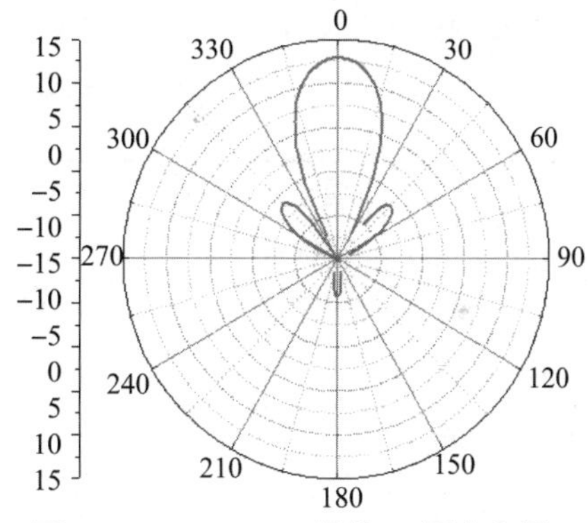

图 4-45　minkowski 线阵 H 面方向图

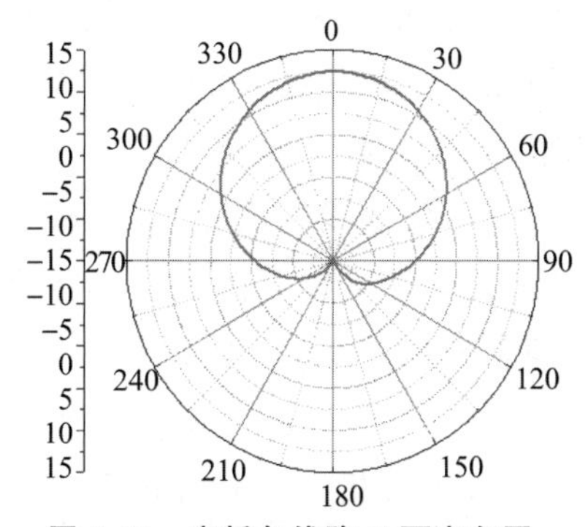

图 4-46　康托尔线阵 E 面方向图

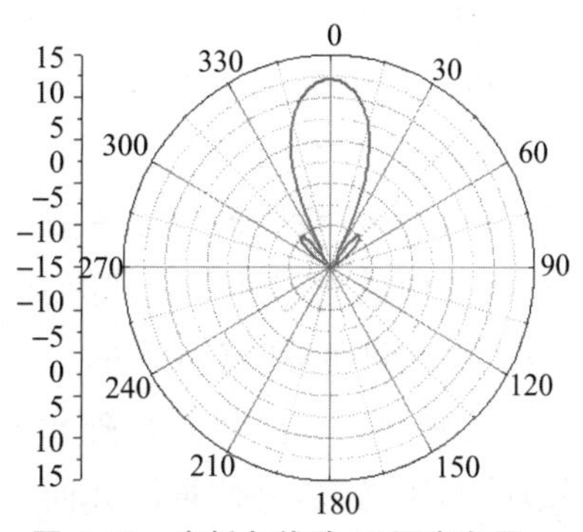

图 4-47　康托尔线阵 H 面方向图

首先，相比于矩形贴片线阵，采用分形阵元的天线阵的方向特性在主辐射方向上波瓣形状基本相同，除后向波瓣采用分形阵元后形状变小以外，方向特性基本相同。表 4-6 中列出了三个阵列的参数以及一些阵元的参数，由此可以看到，H 面方向图在组阵压缩后方向性明显变强，波束宽度变窄，增益升高；而对于 E 面方向图，我们通过和阵元波束宽度的对比发现，并没有发生改变，基本与阵元相同。这说明均匀线阵只对水平方向上的方向特性产生了影响，这也与方向图相乘原理相符。在增益方面，四元阵与单独阵元的峰值增益差相近，而两不同阵列之间的增益差与相对应的阵元之间的增益差相同。这说明，组阵后各阵列的增益差主要是由阵元引起的，而组阵带来的增益在阵列形式不变的情况下大体相同。这也充分说明了方向图相乘原理，方向性因子等于阵元因子与阵因子的乘积。而通过与理论计算所得到的阵列理想增益的比较发现，阵列的效率很高，为77%以上。而在增益方面，分形阵列要略低于矩形阵列，主要还是阵元间的差距，原因在阵元设计时已经阐明。随着阵列规模的增大，增益差基本不变，但相对于不断变大的峰值增益，将显得越来越小。

表 4-6　阵元与四元阵参数对比

4×4 阵列	四元阵 E 面波束宽度	阵元 E 面波束宽度	四元阵 H 面波束宽度	四元阵峰值增益/dB	阵元峰值增益/dB	阵列与阵元增益差	阵列理想增益/dB	组阵效率/%
矩形	72°	73°	27.1°	13.11	8.48	4.63	6	77.4
康托尔分形	74°	76°	25.9°	12.31	7.64	4.67	6	77.8
minkowski 分形	71°	72°	28.6°	12.48	7.86	4.62	6	77.2

接下来，我们利用多端口馈电的优势对阵元间的传输系数进行分析对比，并以此为依据来判断均匀直线阵之间的互耦强度。图 4-48 所示为三个水平方向上的四元直线阵的相邻阵元间的传输系数对比。从图中可以看到，矩形贴片线阵的传输系数最高，minkowski 分形线阵次之，而康托尔分形线阵的最小；分形阵元阵列的传输系数相比于矩形阵元阵列至少下降 4 dB。由此可见，随着分形的应用，阵元间的互耦强度减弱，阵元尺寸缩小越多，这种现象越明显。在阵元间距不变的基础上，分形的运用使得天线邻边的间距增大，这使得阵元间的互耦减小。以上分析结果充分说明了分形阵元在阵列设计中的重要作用，这在阵列尺寸缩小的设计中将起到非常

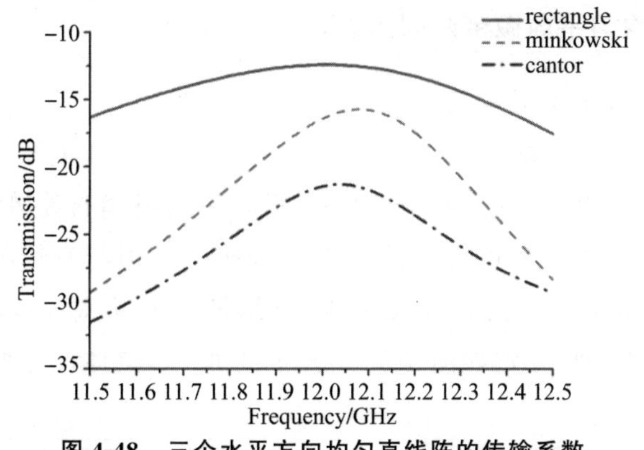

图 4-48　三个水平方向均匀直线阵的传输系数

关键的作用。

同样地，尝试在竖直方向上组建直线阵进行对比分析。由于两者结构、性质非常接近，所以通过仿真所得到的结果与水平方向上的直线阵基本一致。图 4-49 所示为在竖直方向上的三个四元直线阵列的传输系数对比。由对比结果我们可以看到，传输系数的分布和水平阵列一致，都是矩形阵列最大，minkowski 分形阵列次之，康托尔分形阵列最小。但是竖直方向上阵元边长小，所以组成阵列后阵元相邻边之间的距离更大，互耦强度更小；传输系数整体向下偏移，而且康托尔分形阵列与 minkowski 分形阵列在频段内的差距变小。这也说明随着距离的增大，各阵列间的互耦强度将趋于近似，在无穷远处互耦强度为零。

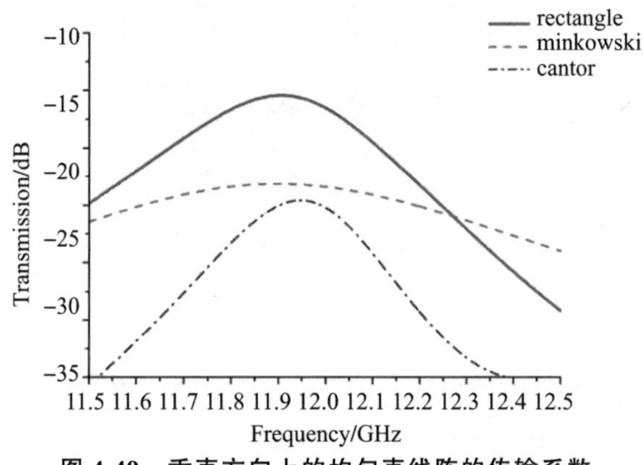

图 4-49　垂直方向上的均匀直线阵的传输系数

4.6.3 均匀平面微带阵列的设计

4.6.3.1 多端口馈电的4×4均匀平面阵

在对均匀平面阵的阵因子推导过程中，得出平面阵的阵因子可以分解成两个方向上的直线阵阵因子的乘积，所以利用组建直线阵的结果，我们接下来将对均匀平面阵进行设计仿真与分析。采用与直线阵相同的阵元间距，分别组建矩形阵元、minkowski分形阵元以及康托尔分形阵元的4×4均匀平面阵列，分别如图4-50～图4-52所示，具体尺寸如表4-7。

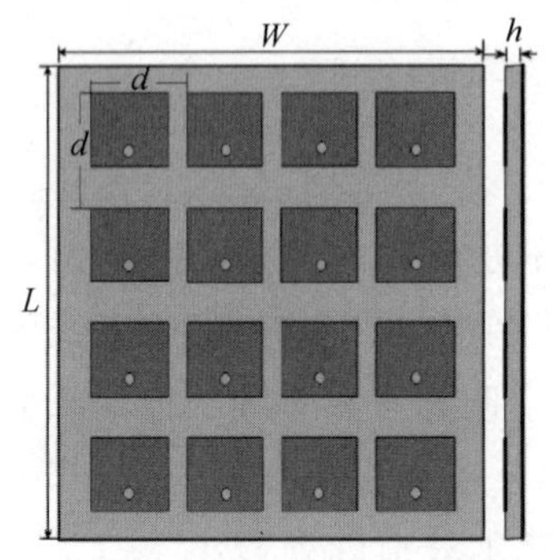

图4-50 矩形贴片4×4平面阵

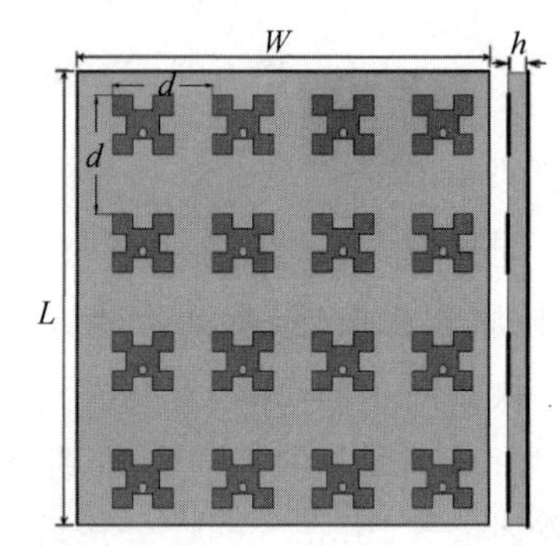

图4-51 minkowski分形4×4平面阵

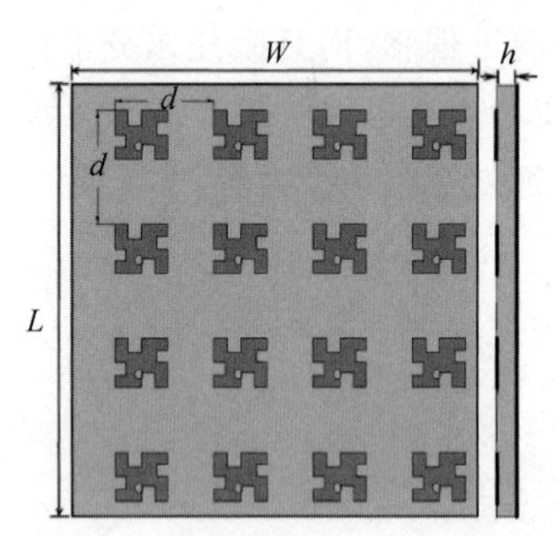

图4-52 康托尔分形4×4平面阵

表4-7 4×4均匀平面阵列尺寸　　单位：mm

W	L	h	d
60	58	0.8	13.7

三种阵元组成的4×4均匀平面阵列在两个方向上的阵元间距都为0.57λ，即13.7 mm，阵元尺寸与前文设计相同。馈电方式采用多馈电端

口，这样我们就可以对同一阵元分别在两个方向上查看其传输系数，并做出对比分析。经过计算仿真后得到三个阵列的方向图，图 4-53、图 4-54 为矩形阵元 4×4 阵列的方向图，图 4-55、图 4-56 为 minkowski 分形阵元的 4×4阵列的方向图，图 4-57、图 4-58 为康托尔分形阵元的4×4阵列的方向图。三平面阵列部分性能参数与基本阵元参数对比如表4-8中所列。

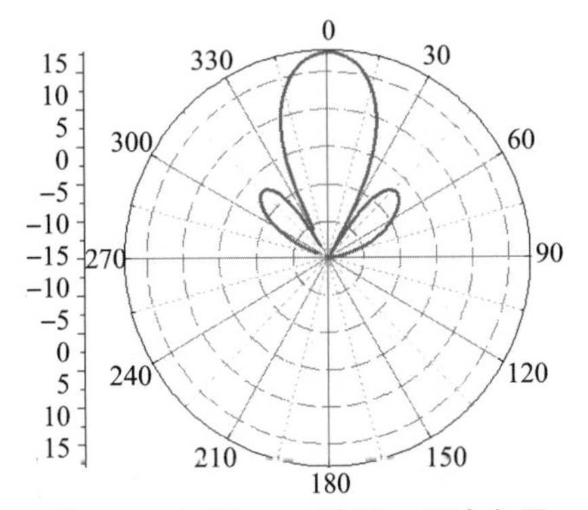

图 4-53　矩形 4×4 阵列 *E* 面方向图

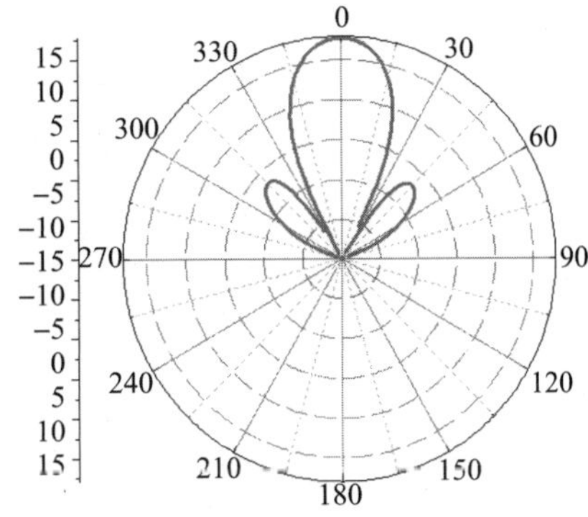

图 4-54　矩形 4×4 阵列 *H* 面方向图

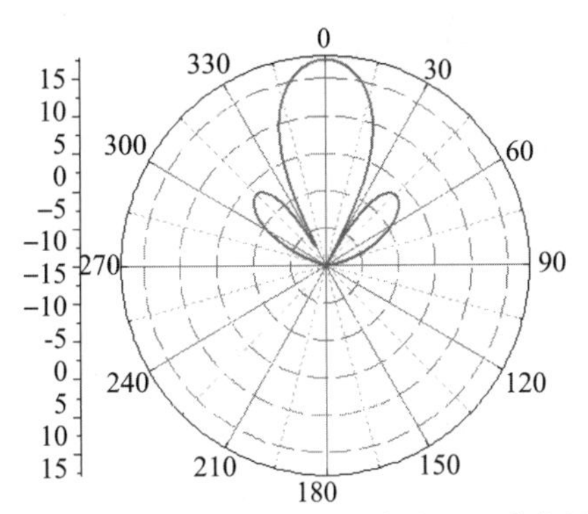

图 4-55　minkowski 4×4 阵列 *E* 面方向图

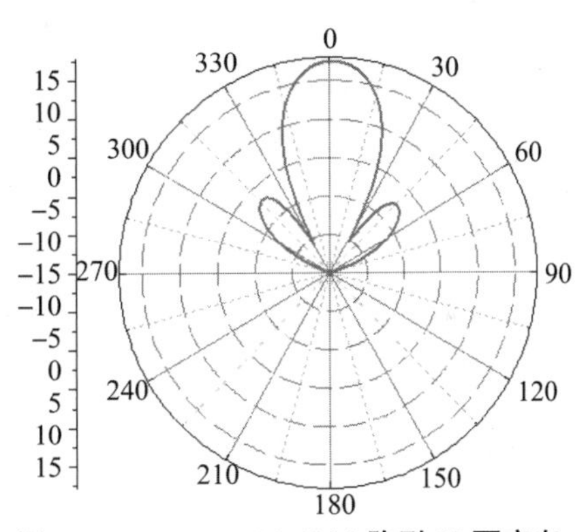

图 4-56　minkowski 4×4 阵列 *H* 面方向

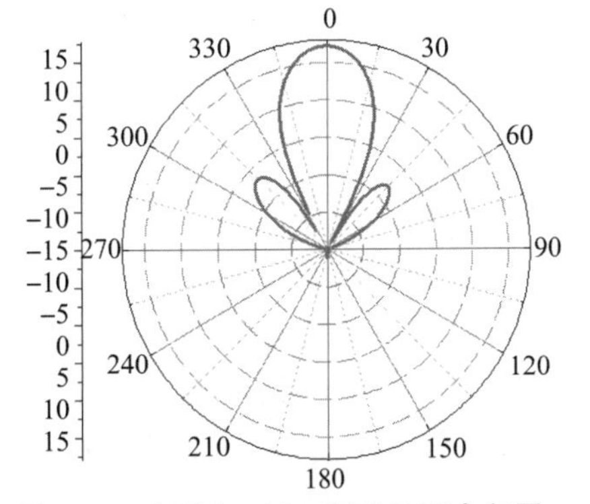

图 4-57　康托尔 4×4 阵列 *E* 面方向图

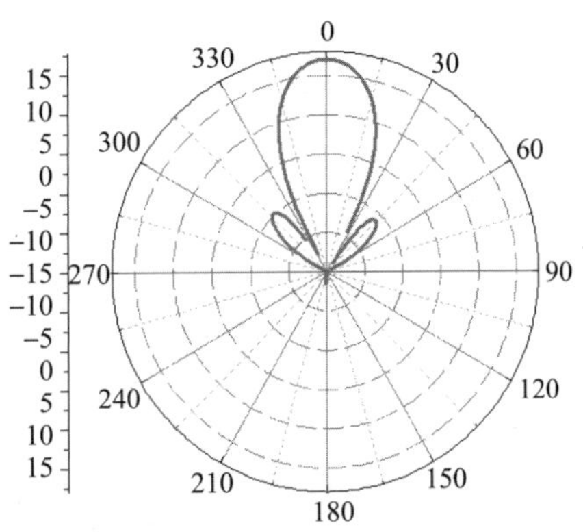

图 4-58　康托尔 4×4 阵列 *H* 面方向图

表 4-8　4×4 阵列性能参数对比

	4×4 阵列 E 面波束宽度	4×4 阵列 H 面波束宽度	4×4 阵列峰值增益/dB	基本阵元峰值增益/dB	增益差/dB	理想阵列增益/dB	组阵效率/%
矩形阵列	25.6°	24.7°	17.91	8.48	9.43	12	78.6
康托尔分形阵列	25.3°	24.8°	17.15	7.64	9.51	12	79.2
minkowski 分形阵列	26.2°	26.5°	17.42	7.86	9.46	12	78.8

如表中所列，在组成 4×4 阵列后，两个方向上的方向特性都得到了压缩，波束宽度相比于阵元急剧变窄，体现出阵列的强方向特性，波束宽度通过对比来看相差不大。这也说明在阵列规模变大后，阵因子将起决定作用，阵元因素的影响变弱；而阵列间的增益差与对应阵元间的增益差也基本相同，这说明增益的差别主要是由阵元性能引起的，而与组阵无关。通过与理论计算的理想阵列增益比较，组阵的效率为 78.5%以上。由表中数据对比可见，相同的阵列形式其效率是固定的，但由四元阵的组阵效率与 4×4 阵列组阵效率的对比来看，随着阵列规模的增大，效率略有增大。

通过仿真计算得到水平和竖直两个方向上的相邻阵元间的传输系数，如图 4-59 和图 4-60 所示。由传输系数的对比可以看到，随着阵元尺寸的减小，阵元间的传输系数逐次减弱，这说明阵元越小，互耦强度变得越小。具体到我们所得到的数据，即为康托尔分形阵列最小，minkowski 分形阵列次之，矩形贴片互耦强度最大，这与我们对四元直线阵的结果分析得到的结论相一致。进一步分析，在水平向上，由于阵元的边长较长，所以阵元相邻边的距离较小，传输系数整体较高；而在竖直方向上，传输系数总体向下移，这是由于竖直方向上边长相对较短，阵元相邻边之间的距离更大，所以互耦相对较弱。故图 4-60 所示的传输系数比图 4-59 整体向下移，而此时康托尔分形阵列与

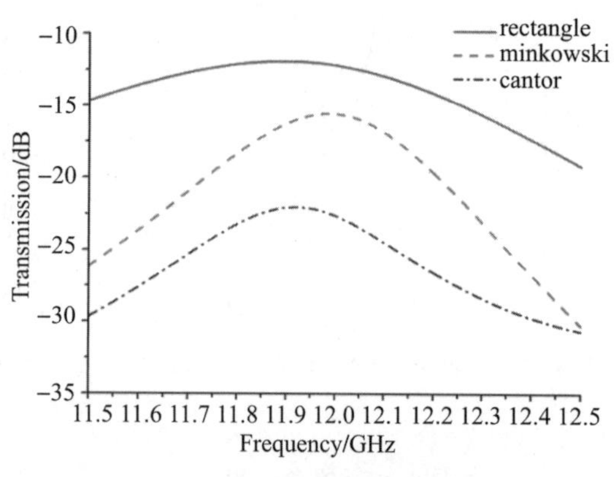

图 4-59　4×4 阵列水平方向上相邻阵元传输系数对比

minkowski 阵列的传输系数已经十分接近，但总体趋势不变，这也支持了我们的结论。

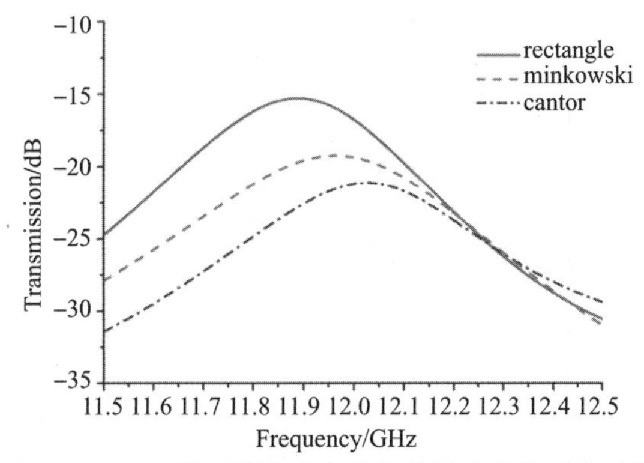

图 4-60　4×4 阵列竖直方向上相邻阵元传输系数对比

4.6.3.2　微带功分网络馈电的均匀平面阵

为了证明本节所用多端口馈电方式的可行性，现利用相同阵元与间距，加入微带功分馈电网络，将得到的阵列性能与多端口馈电方式的结果进行对比，以此来说明我们前面所做分析的合理性。馈电网络的设计将采用微带二等分功分网络和 1/4 波长匹配技术，由于加入了微带馈线，阵元与微带线之间产生的耦合使得天线性能发生了轻微的改变，但为了与多端口馈电的结果做出对比说明，所以不对阵元中心频点进行调整。图 4-61 所示为 4×4 康托尔分形微带阵列天线，表 4-9 中列出了微带功分网络馈电的 4×4 阵列尺寸。图 4-62 为仿真计算后得到的回波损耗数据。我们看到中心频点产生了偏移，这是由于微带线的加入，使得微带线与阵元间

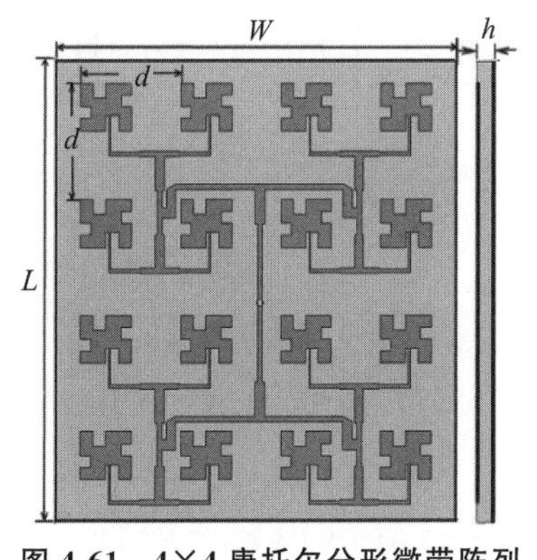

图 4-61　4×4 康托尔分形微带阵列

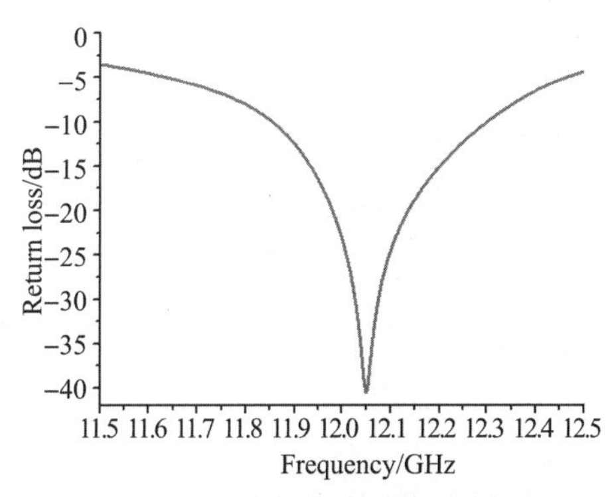

图 4-62　4×4 康托尔阵列的回波损耗图

表 4-9　微带功分网络馈电 4×4 阵列尺寸　　单位:mm

W	L	h	d
60	64	0.8	13.7

产生了耦合,电参数发生了改变。图 4-63 所示为康托尔分形 4×4 微带阵列的 E 面方向图,可见在信号馈入方向上的副瓣电平很高,这是微带馈线的加入产生的。而由图 4-63 与图 4-64 所示的增益来看并与多端口馈电方式相对比,可以看到增益基本与多端口馈电方式一致,约为 17.01 dB,这说明馈电网络损耗很小。

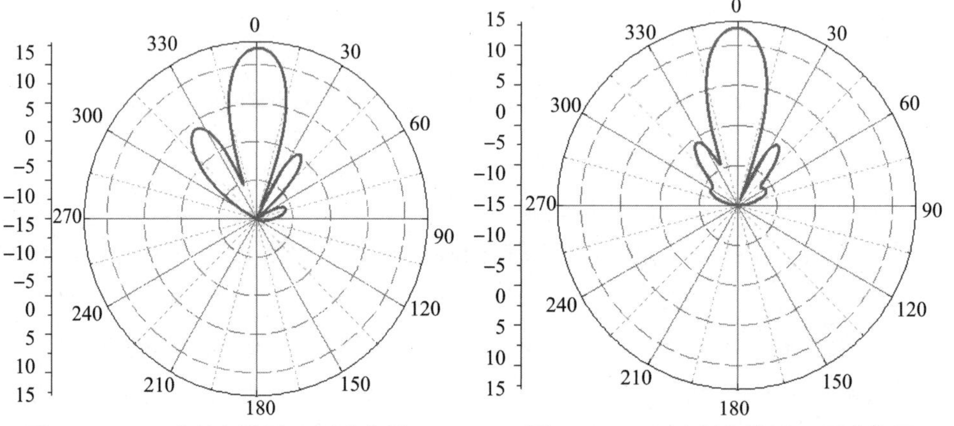

图 4-63　4×4 康托尔阵列 E 面方向图　　图 4-64　4×4 康托尔阵列 H 面方向图

利用功分原理继续用微带线组阵,得到 8×8 分形阵元的微带阵列天线。图 4-65 所示为康托尔分形的 8×8 分形阵元的微带阵列天线,其中 $W=120$ mm,$L=124$ mm,$h=0.8$ mm。通过仿真计算得到的回波损耗特性如图 4-66 所示,频点偏移为 12.14 GHz,通带为 11.88~12.31 GHz,相

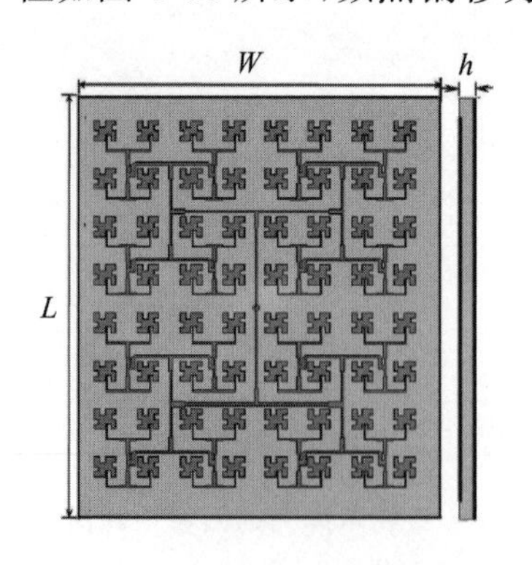

图 4-65　8×8 康托尔分形微带阵列

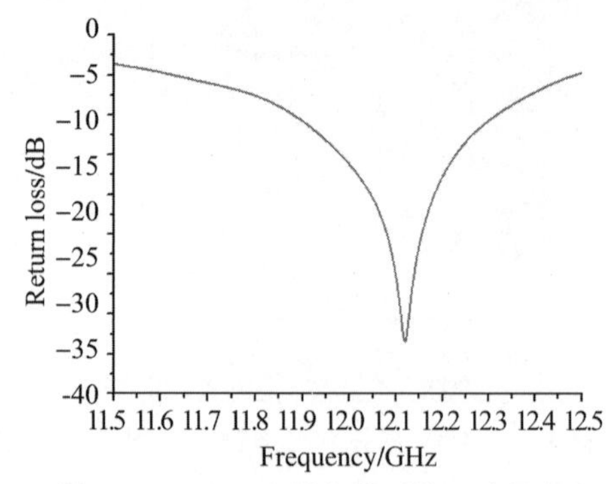

图 4-66　8×8 康托尔阵列的回波损耗图

对带宽为 3.57%；图 4-67 和图 4-68 为阵列的方向图，E 面与 H 面的波束宽度分别为 13.2°与 12.7°，表现出了强方向性；主瓣增益达 22.41 dB，副瓣电平均低于主瓣 10 dB。在馈线馈入的方向上，副瓣电平明显偏高，这也说明了馈线对阵列方向特性的影响。

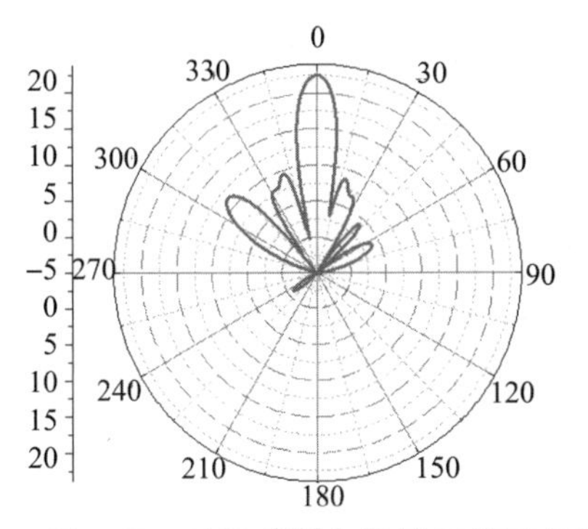

图 4-67　8×8 康托尔阵列 *E* 面方向图

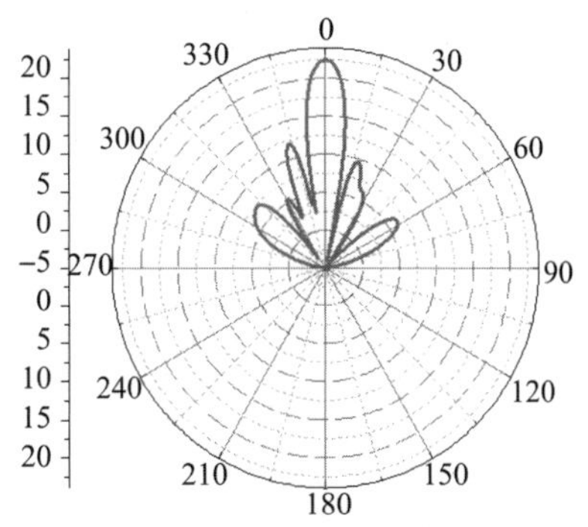

图 4-68　8×8 康托尔阵列 *H* 面方向图

如图 4-68 所示，为采用 minkowski 分形的 8×8 分形阵元的微带阵列天线，馈电网络与康托尔分形 8×8 阵列完全相同，以便做出对比。经过仿真设计得到的回波损耗如图 4-70 所示，中心频点发生了轻微的偏移，为 11.95 GHz，而且衰减强度相比于康托尔分形阵列较小，为－20.6 dB，相对带宽相比于康托尔分形阵列小，为 1.67%；图 4-71 和图 4-72 为其方向图，E 面与 H 面的波束宽度分别为 12.6°与 1.9°，与康托尔分形基本相同；副瓣电平偏高，接近 12 dB，而且主瓣的增益为 19.62 dB。这些结果说明了在使用相同的微带网络馈电情况下，minkowski 分形阵元与网络的阻抗匹配相对较差，使得阵列性能受到了更大的影响。表 4-10 中列举了两种 8×8阵列的性能参数对比。

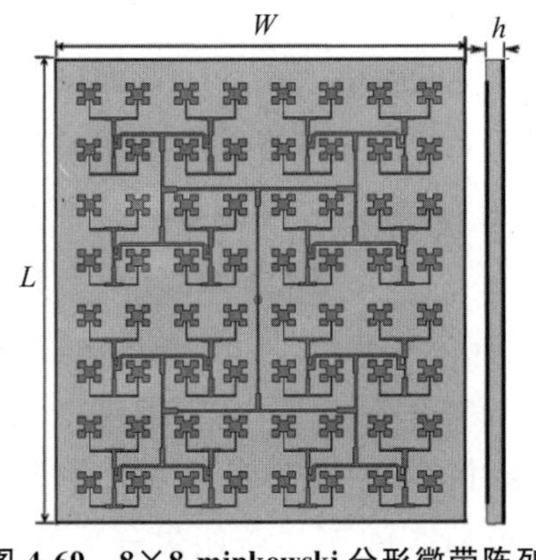

图 4-69　8×8 minkowski 分形微带阵列

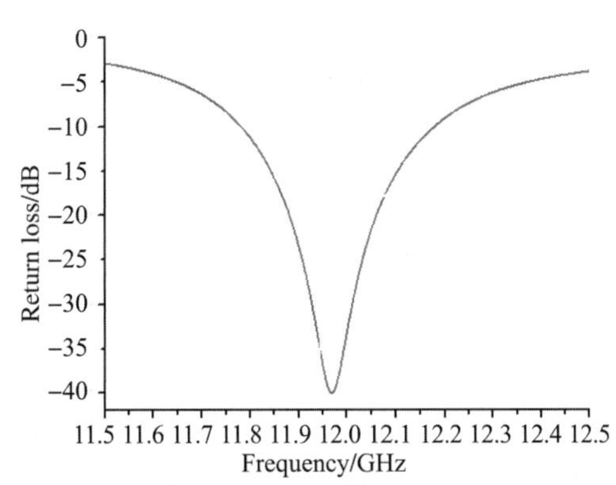

图 4-70　8×8 minkowski 阵列的回波损耗图

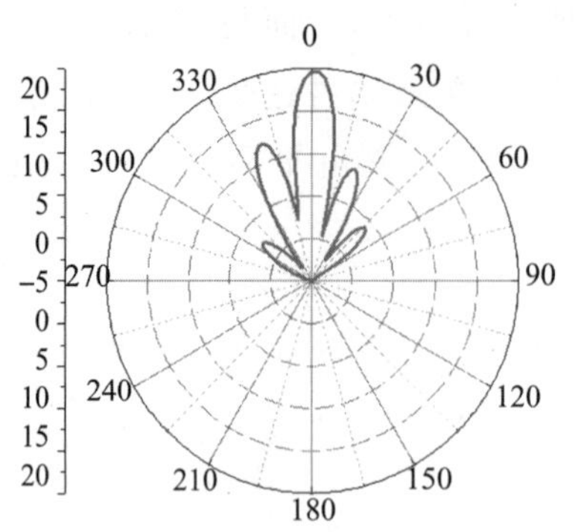

图 4-71　8×8 minkowski 阵列 *E* 面方向图

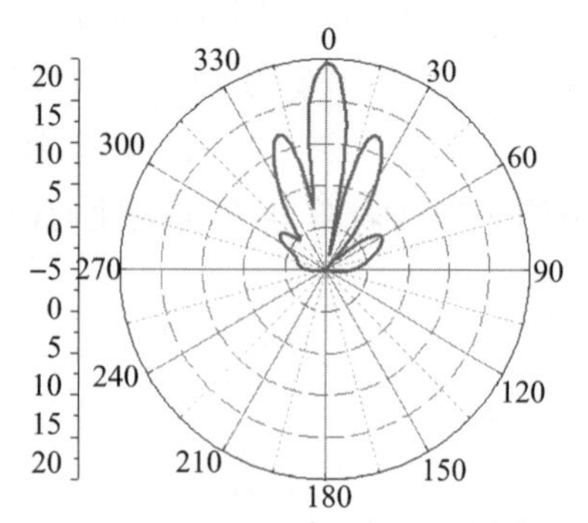

图 4-72　8×8 minkowski 阵列 *H* 面方向图

表 4-10　两种 8×8 阵列性能参数

8×8 阵列	*E* 面波束宽度	*H* 面波束宽度	主瓣峰值增益/dB	与阵元增益差/dB	组阵效率/%	*E* 面副瓣峰值增益/dB	*H* 面副瓣峰值增益/dB
康托尔分形	13.2°	12.7°	22.41	14.77	80.2	9.5	11.9
minkowski 分形	12.6°	11.9°	19.62	11.76	65.5	11.7	11.6

通过对结果的对比分析可以看到，频点产生了微小的偏差，其中康托尔分形阵列为 12.13 GHz，minkowski 分形阵列为 11.95 GHz，这是由微带线与阵元间的耦合造成的；带宽不大，康托尔分形阵列为 3.57%，而 minkowski 分形阵列由于馈电网络的不匹配，带宽只有 1.67%，这是因为采用直接接触馈电方式其馈电网络中能量的损失不能自由调控造成的；康托尔分形阵元微带阵列增益达 22.41 dB，minkowski 分形微带阵列增益为 19.62 dB，在减去阵元增益后我们得到了组阵所带来的增益，康托尔分形阵列增益比 minkowski 分形阵列大 3 dB。而 4×4 阵列只有 1 dB，这说明由网络的不匹配所造成的能量损失，随着阵列规模的增大而增大。而通过直线阵、4×4 康托尔分形阵列以及 8×8 康托尔分形阵列的组阵效率对比可以发现，随着阵列规模的增大，组阵效率略有升高；从阵列的方向特性来看，康托尔分形阵列明显优于 minkowski 分形阵列。这里我们分析有两点原因：第一，由于阵元间距相同，但是康托尔阵元相较于 minkowski 阵元更小，所以互耦现象会更弱，对天线的辐射特性影响会更小，方向特性表现更好；第二，说明馈电网络损耗 minkowski 阵列相较于康托尔阵列较大，这说明相同的馈电网络对 minkowski 分形的匹配不如康托尔分形好，

这直接导致了回波损耗的表现相对较差与副瓣电平的升高。

4.6.4 缝隙耦合技术的尝试

缝隙耦合馈电技术是由 Pozar 于 1985 年提出的，经过多年的研究实验，已经证实其是展宽微带天线带宽的有效手段。缝隙耦合馈电是非接触式馈电的一种，图 4-73(a)所示为缝隙耦合微带天线的传输线等效电路，缝隙与微带贴片之间为开路耦合。所以，馈电缝隙与辐射贴片之间是相对独立的，即 G_{SL} 与 G_{in} 是可以独立调节的。具体到实际的天线，G_{SL} 即由辐射缝隙与馈电微带线来调节，G_{in} 则由缝隙与微带贴片之间的对位位置来调节。这样可以十分有效地提高天线的阻抗带宽，使得天线的通频带得到有效的拓展。图 4-73(b)所示为缝隙耦合天线的模拟等效电路，天线贴片等效为串联 RLC 谐振电路，而耦合缝隙则等效为并联的电感 L_t。由于是并联的关系，所以各参数可以独立调节。使用相对介电常数较低、厚度较大的基底作辐射贴片，而相对介电常数高、厚度较小的基底作馈电层，这样可以使馈电与辐射都达到最优化，有效提高增益与阻抗带宽，这也是缝隙耦合天线增益高、带宽大的原因所在。

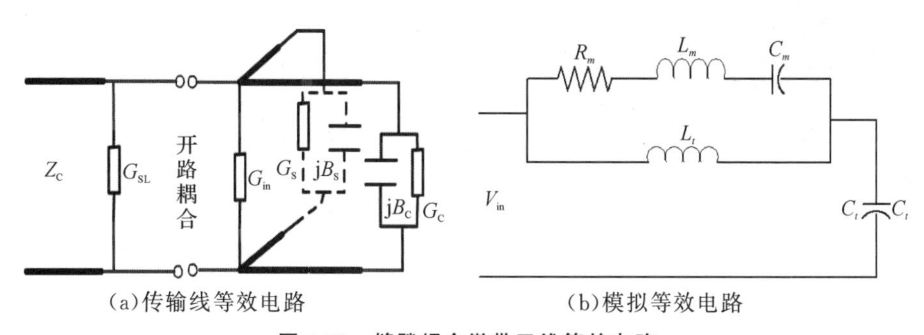

图 4-73 缝隙耦合微带天线等效电路

为了形成有效的对比，本节设计中阵元间距仍为 0.57λ，阵元采用康托尔分形，并用矩形缝隙的改进形式 H 形缝隙对分形阵元进行馈电。图 4-74、图 4-75 与图 4-76 所示分别为 4×4 缝隙耦合馈电分形阵元微带阵列天线的辐射贴片与对应的中间层缝隙以及背面馈电网络，图中 $h_1=0.8$ mm，$h_2=0.2$ mm，缝隙尺寸为 4.0 mm×0.8 mm，其他尺寸如表 4-9 所列。

图 4-77 为仿真得到的缝隙耦合阵列的回波损耗，与利用微带功分网络馈电的康托尔分形阵列做对比可以看到，阵列天线的带宽明显增大，通

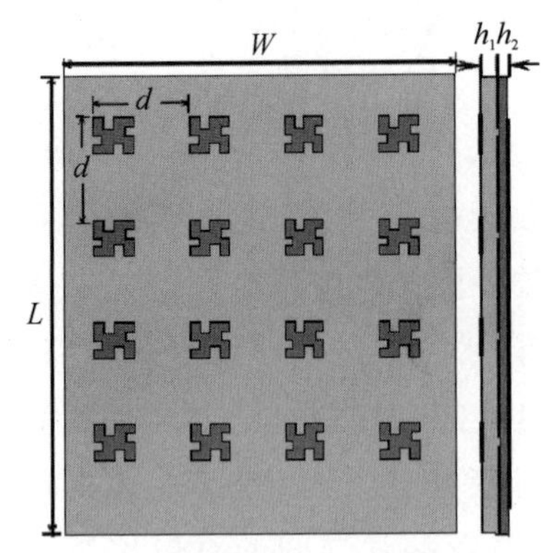

图 4-74　缝隙耦合阵列辐射贴片

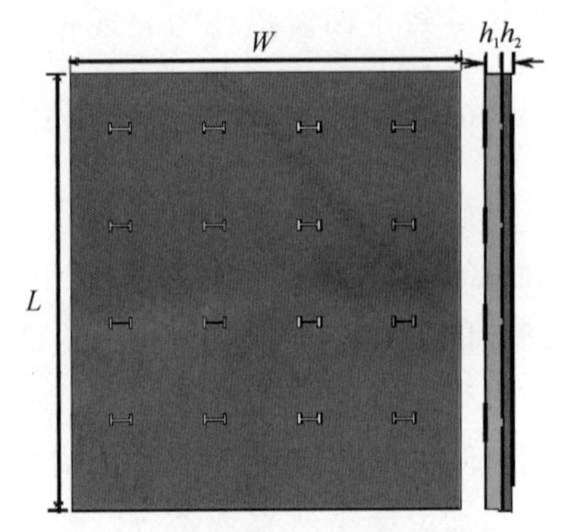

图 4-75　缝隙耦合阵列耦合缝隙

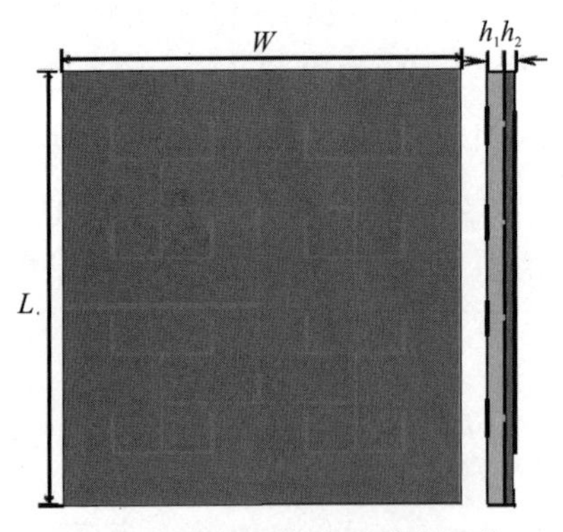

图 4-76　缝隙耦合阵列馈电网络

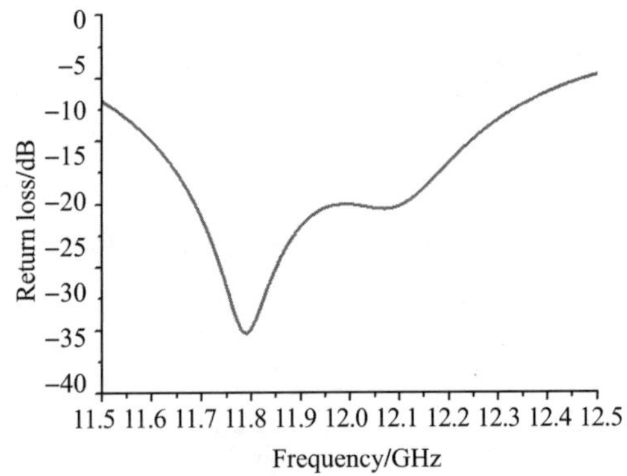

图 4-77　缝隙耦合阵列的回波损耗图

带为 11.60～12.24 GHz，相对带宽达 5.38%，相较于边馈方式的阵列相对带宽增大了近一倍，起到了明显增大带宽的作用。如图 4-78 和图 4-79 所示为其方向图，由于没有微带馈线的耦合干扰，其方向特性与多端口馈电的方式更加符合。由于缝隙耦合中贴片会微弱地反射一部分能量，所以后向副瓣会出现增大的现象，使得阵列的前后比增大；由于天线的辐射与馈电两部分可以独立调节，这样可以使得天线馈电网络的效率更高。这一点由天线的峰值增益可以体现出来，缝隙耦合馈电方式的增益达 18.05 dB，而边馈方式馈电的阵列，增益相对较低，为 17.01 dB。由上述分析可见，缝隙耦合馈电技术相比于传统馈电方式具有很大的优势，是改进阵列性能的有效手段。

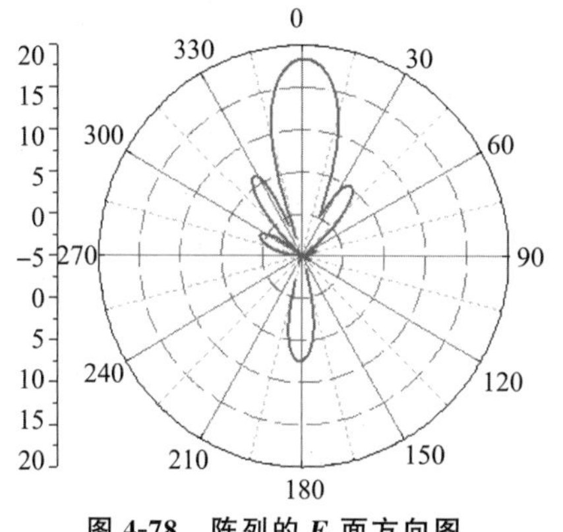

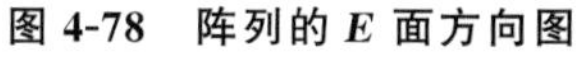
图 4-78　阵列的 *E* 面方向图

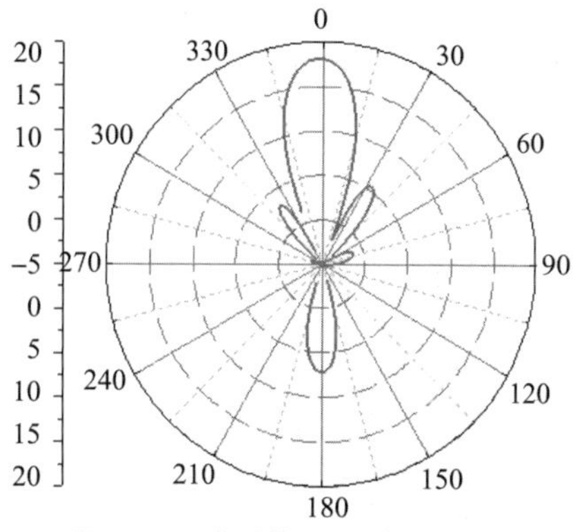

图 4-79　阵列的 *H* 面方向图

4.6.5　新型陶瓷基底材料结合分形技术的应用

在讨论了馈电方法对阵列性能改进的可能性后，我们继续采用新性能高介电常数陶瓷基底材料与分形技术相结合所设计的微带贴片天线进行系统的分析，对新型陶瓷基底材料的应用条件做出了深入讨论。设计中所用陶瓷基底为广东生益科技公司正在研制的产品以及本校材料学院制作的陶瓷材料，两者参数相同，相对介电常数标称16，厚度为 2.4 mm。设计的北斗卫星定位天线中心频点在 1.60 GHz 与 2.49 GHz。

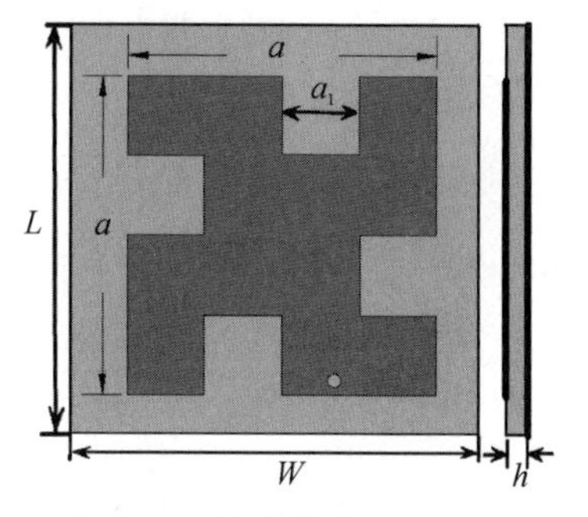

图 4-80　陶瓷基底康托尔分形微带天线

图 4-80 所示为陶瓷基底的康托尔分形微带天线，两款天线频点分别为 1.60 GHz 与 2.49 GHz，其具体尺寸如表 4-11 所列。经仿真计算后得到两天线的回波损耗如图 4-81 与图 4-82 所示，前者中心频点为 1.605 GHz，后者中心频点为 2.485 GHz。使用新型的陶瓷基底后，天线尺寸得到了很好的控制，相对于传统的介质基底具有非常明显的优势。

表 4-11　两频点陶瓷基底微带天线具体尺寸　　单位：mm

	W	*L*	*a*	*h*	a_1	馈电点位置
1.6 GHz	40	40	28.5	2.4	7.12	(5.5，−12)
2.49 GHz	30	30	19.9	2.4	4.98	(4.1，−9)

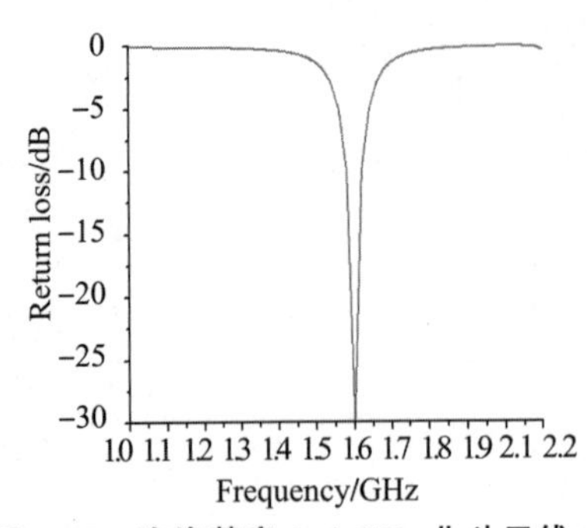

图 4-80　陶瓷基底 1.6 GHz 北斗天线

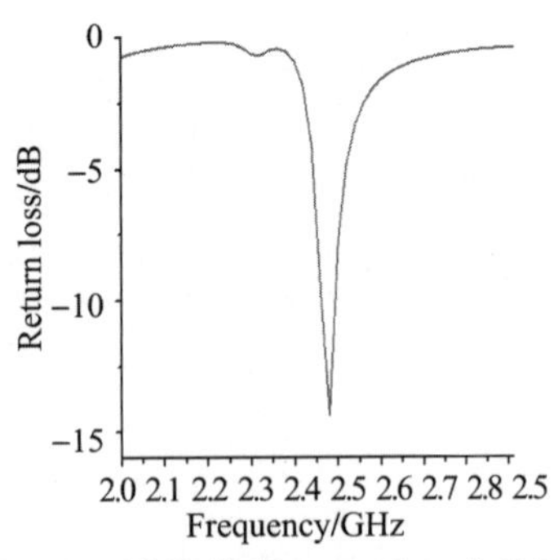

图 4-81　陶瓷基底 2.49 GHz 北斗天线

在仿真优化的过程中发现，馈电点的位置对天线性能的影响非常明显，所以下面将以不同的馈电点对 1.60 GHz 的康托尔分形微带天线进行馈电，并将结果进行对比，找出最佳馈电点。设微带贴片中心坐标为(0,0)，现在以 mm 为单位分别取(0,0)、(5.5,0)、(0,－6)、(5.5,－6)、(5.5,－12)五个均匀分布的馈电点进行馈电，所得结果对比如图 4-83 所示。

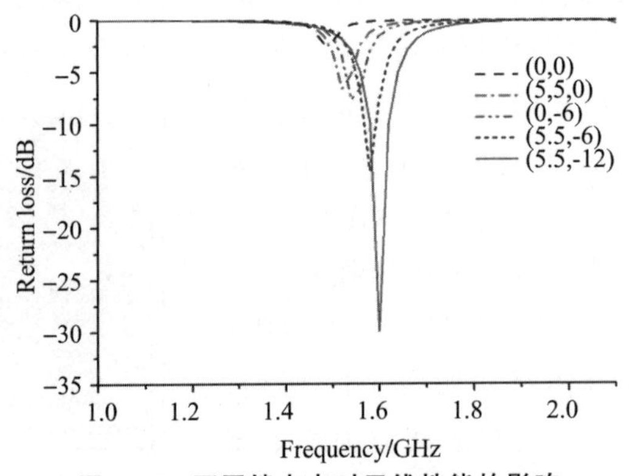

图 4-83　不同馈电点对天线性能的影响

当馈电点在(5.5,－12)时，天线取得了最佳的馈电效果；当改变馈电点位置后，随着馈电点偏离最佳馈电点的距离增大，回波损耗的衰减也逐步变小，并且频点会产生轻微的偏差，这个偏差也随着偏离最佳馈电点距离的增加而增大。结合分形的等效电路对上述现象进行分析，可以推知当馈电点位置发生改变后，谐振边上的容性加载发生改变，这导致频点的轻微偏移；而在辐射边，由于电抗的改变，输入阻抗发生改变，从而使得阻抗匹配变差，这导致了衰减幅度的变小。而通过腔模理论来分析，基底材料为相对介电常数非常高的陶瓷，使得介质中的波长变短，而相对于基板的厚度 2.4 mm 来说，这个比值变得很小。由于基板厚度很大，所以空腔所传输的模式不止有准 TEM 模，很有可能存在其他模式的波，传输模式的复杂化使得对馈电点位置的要求变得更加严格，所以馈电点位置的改变对天线频点和衰减幅度都会产生影响。

4.6.6 基底材料对天线的影响

在 12 GHz 的微带阵列天线设计中，我们采用了相对介电常数为 2.2、厚度为 0.8 mm 的介质基板，现在讨论相对介电常数以及厚度对所设计天线的影响。

(1)相对介电常数

在天线设计中，相对介电常数越高，所设计的微带天线尺寸越小。如图 4-84 所示，以矩形贴片为例，在相同情况下研究不同介电常数对天线性能的影响。由此可见，随着相对介电常数的上升，贴片的设计可以更小。但是我们在实际的设计仿真过程中发现，在基板厚度一定的情况下，随着介电常数的增大，对天线进行优化时，相同幅度的改变使得天线性能改变更大。图 4-85 所示为在不同相对介电常数情况下，将贴片尺寸减小 0.2 mm 时天线中心频点的移动情况。将两图中对应的中心频点做比较，得到结果如表 4-12 所列。可以看到，随着相对介电常数的增大，频点移动的范围变大(我们只是取了本设计所采用的相对介电常数 2.2 附近的几个值)。可想而知，当相对介电常数比 2.2 大很多时，这个范围会变得更大，这对我们进行仿真优化设计是十分不利的。

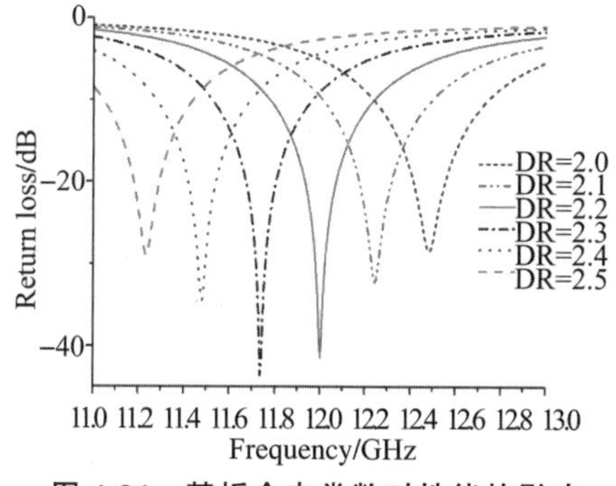

图 4-84 基板介电常数对性能的影响

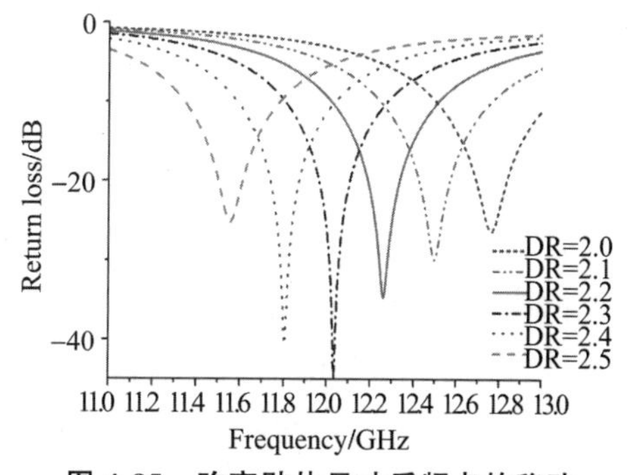

图 4-85 改变贴片尺寸后频点的移动

表 4-12　改变贴片尺寸后各介电常数下频点偏移量

相对介电常数	2.5	2.4	2.3	2.2	2.1	2.0
中心频点偏移量/GHz	0.32	0.34	0.29	0.26	0.24	0.25

(2)基板厚度

图 4-86 所示为基板厚度对天线性能的影响，可见随着基板厚度的增加，中心频点向低频位移/移动。为了探求基板厚度对仿真优化过程所产生的影响，再将阵元尺寸缩小 0.2 mm。图 4-87 所示为改变后各基底厚度对应的频点移动情况，表 4-13 给出了各频点移动的范围。可以看到，随着基底厚度的增加，频点移动得更加剧烈。所以若采用很厚的基底，很小的参数改变都会引起天线性能的急剧变化。

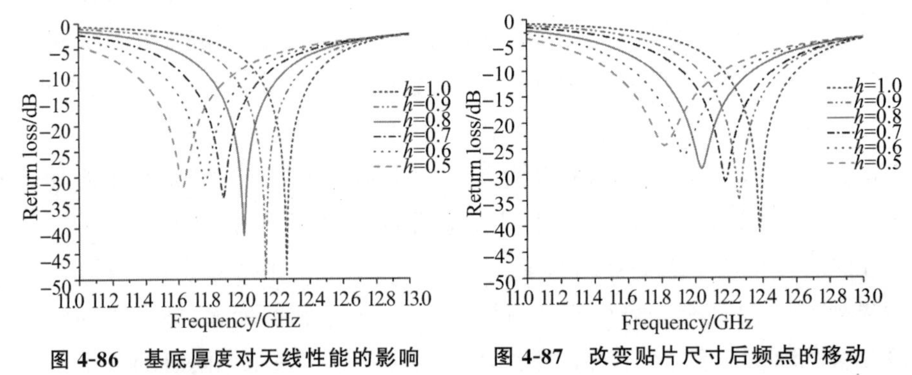

图 4-86　基底厚度对天线性能的影响　　图 4-87　改变贴片尺寸后频点的移动

表 4-13　改变贴片尺寸后各基底厚度下频点的变化

相对介电常数	1.0	0.9	0.8	0.7	0.6	0.5
中心频点偏移量/GHz	0.32	0.31	0.28	0.29	0.26	0.22

腔模理论对介质中的波长与基板厚度比值的要求为 $10<\lambda_m/h<100$，这样腔模理论模型的精准度才能得到保证；而由实际情况分析，若相对介电常数太大，在波的传播过程中，将不止有准 TEM 模的传输，还将存在其他的模式，这样天线模型将复杂化，腔模理论将不能完全解释此时天线的具体性能。所以相对介电常数的选择不宜太大，厚度的选择也是如此，即需要综合各种因素全面考虑后再进行选择。

4.6.7　天线样品及实测与仿真结果对比

图 4-88 为分形阵元康托尔 4×4 缝隙耦合微带阵列样品，图4-89和图4-90分别为康托尔 8×8 和 minkowski 8×8 分形阵列样品。如图4-91所

示，将康托尔分形 8×8 微带阵列实测与仿真结果进行对比，可见测试结果中心频点略有偏移，为 12.07 GHz，相对于仿真结果预期的 12.05 GHz 偏移不大；通带为 1.86～12.11 GHz，相对带宽为 2.34%，与仿真结果相比偏小，但是整个通带都与仿真结果重合；仿真结果回波损耗衰减为－40 dB，而测试结果只有－32 dB。图 4-92 和图 4-93 分别为康托尔分形 8×8 陈列实例和仿真的 E 面和 H 面方向图，基本一致。

图 4-88　分形阵元 4×4 缝隙耦合微带阵列样品

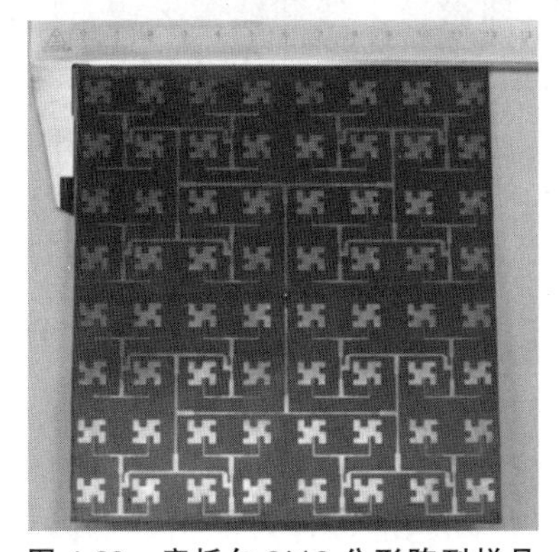

图 4-89　康托尔 8×8 分形阵列样品

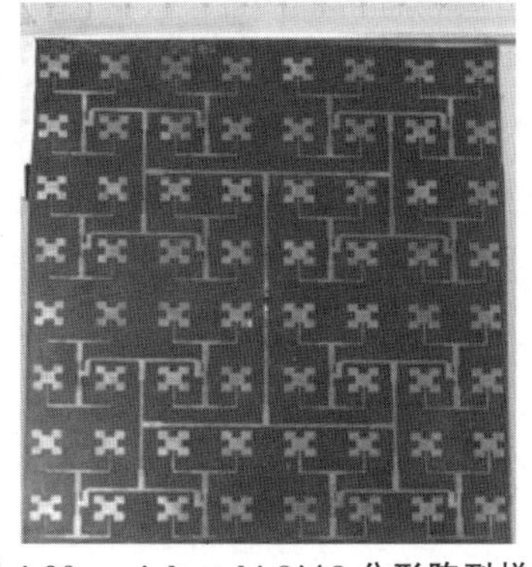

图 4-90　minkowski 8×8 分形阵列样品

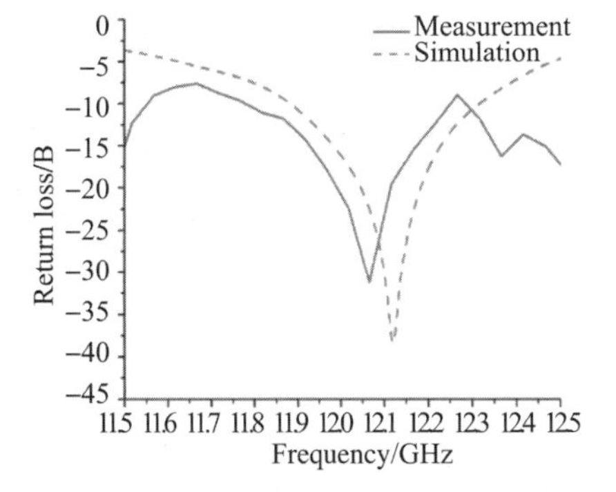

图 4-91　康托尔分形 8×8 微带阵列实测结果与仿真结果对比

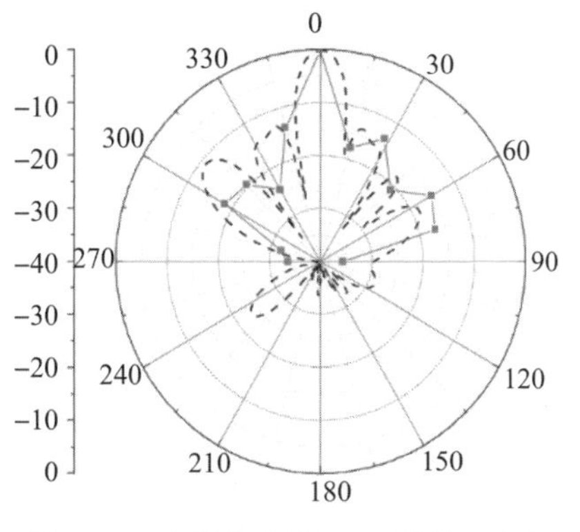

图 4-92　康托尔分形 8×8 阵列 E 面方向图对比

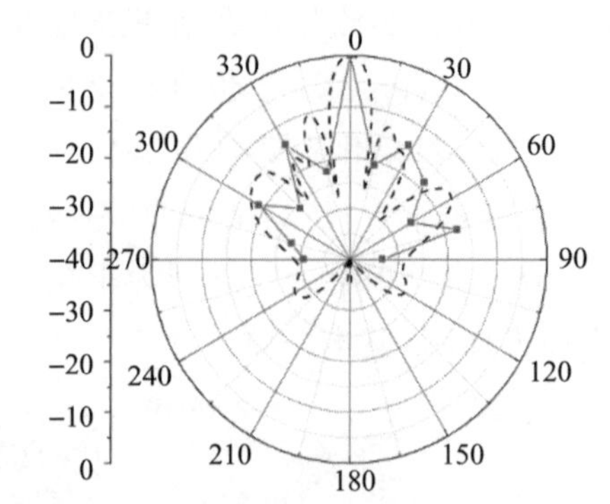

图 4-93　康托尔分形 8×8 阵列 H 面方向图对比

4.7　本章小结

本章主要针对两大类片式结构天线，即微带天线和缝隙天线，进行了较详尽的论述。在简单介绍微带天线的结构和分类、性能及其应用后，阐明了几种常用的微带天线理论分析方法，包括传输线法、腔模理论和积分方程法等。接着，通过从多频段技术、宽频带技术、圆极化技术、提高增益技术几个角度分析，阐明了微带天线技术发展的总体概况。结合现代天线多应用兼容发展需求，给出了更具体的针对三频微带天线的设计样例，阐述了调控设计的构思、介质基板材料的选择依据，以及矩形单贴片和双贴片的设计思路；而针对分形阵元的微带阵列天线的设计样例，则给出了分型阵元、均匀直线微带阵列和均匀平面微带阵列的设计思路。在缝隙耦合技术的尝试方面，介绍了新型陶瓷基底材料结合分形技术的应用，并讨论了基底材料对天线的影响，最后还提供了天线样本照片，以及天线性能实测与仿真结果的对比。值得注意的是，本章给出的样例是多技术融合的尝试，读者可以更加自由地组合发挥，推进天线按需设计，提升特需性能的理念。

参考文献

[1]Jianhua Zhou, Bingyang Liang, Baiqiang You, et al. A fractal microstrip array antenna with slots feeding network for DTV reception. Progress in Electromagnetics Research Symposium, PIERS 2013 Stockholm: 262-265.

[2]王晓天，薛谦忠，刘濮鲲.基于两种单元贴片的毫米波平面反射阵列天线. 微波学

报,2010,26(3):88-91.

[3]林其水.RFID标签天线的三种制作方法.印刷电路信息,2010,3:30-35.

[4]罗勇.应用于RFID系统的标签天线的设计和实现.厦门大学硕士学位论文,2010.

[5] Renxin Che, Baoyu Dong, Chong Yu. Study and design of Ku band direct broadcast satellite microstrip antenna. Proceedings of ICCTA. 2009:952-957.

[6]王晨,阎鲁滨.平面反射阵天线扫描特性的研究.航天器工程,2009,18(4):94-101.

[7]杨秀丽,葛建民,李铭祥,等.12.5 GHz微带阵列天线的设计.中国新通信,2008,9:58-60.

[8]冯雪晴.分形天线与阵列技术.微波学报,2006,22(增):90-95.

[9]陈浩.平面螺旋天线.厦门大学硕士学位论文,2006.

[10]游佰强,董小鹏,夏飞,等.GSM三频微带天线,中国国家发明专利:200610071369.7.

[11]Gao. S. C, LI L W, Leong. M. S, et al. Wideband microstrip antenna with an H-shaped coupling aperture. IEEE Transactions on Vehicular technology. 2002, 51(1):17-27.

[12] José A. Encinar. Design of two-layer printed reflectarrays using patches of variable size. IEEE Transactions on Antennas and Propagation. 2001, 49(10):1403-1410.

[13]Kopp V. I, Fan B, Vithana H. K. M. Low-threshold lasting at the edge of a photonic stop band in cholesteric liquid crystals. Optics letters. 1998, 23:1707-1709.

[14]Gupta S, Tuttle G, Sigalas M. Infrared filters using metallic photonic band gap structures on flexible substrates. Applied Physics letters. 1997, 71:2412-2414.

[15]汪茂光.吕善伟.刘瑞祥.阵列天线分析与综合.成都:电子科技大学出版社,1989.

[16]Pozar D M. A microstrip antenna aperture coupled to a microstrip line. Electronics Letters, 1985, 21 (1):49-50.

[17] Berry D G, Malech R C, Kennedy W A. The reflect array antenna. IEEE Transactions on Antennas and Propagation. 1963, 645-651.

第五章　阵列天线的分析与方向图综合

利用多天线可以构成阵列系统，通过控制各个阵元的位置分布及激励控制，并经系列优化处理，就可能获取与某种需求方向图相吻合或者逼近的系统能量分布状态，达到波束可控的先进阵列体系。如果合理充分地加以利用，则有望在现代雷达、导航、卫星电视和移动通信等领域发挥重要作用。

按目前阵列天线的技术现状，低副瓣阵列天线需要配备较为复杂的馈电网络来达到特定的辐射特性，这会使制造成本增加及体系总体可用增益下降。本章在回顾方向图综合理论的基础上，提出了一些方法以简化低副瓣阵列天线的馈电网络结构，其中包括采用模组化技术、口径天线以及不等距阵列天线，有望在实现低副瓣辐射方向图的同时，保持相对简易的馈电网络，减少体辐射损耗，降低设计难度，节约制造成本。在随后针对模组化的设计过程中，考虑到由于模组间距较大，其阵因子方向图可能引起栅瓣或者较高的副瓣电平的问题，讨论了按不同能量分布设置阵元的不等距阵列天线，通过消除栅瓣不利影响实现低副瓣的辐射方向图，并且列举出相应的实施例以验证上述方法的有效性。

本章将按三个层次展开：

1. 低副瓣阵列天线的模组化设计。首先将阵列天线划分为若干个模组，以各个模组作为新的阵元；然后采用 Taylor 综合法得到模组阵因子方向图；最后采用 SPM 综合法抵消阵因子方向图的栅瓣，获得低副瓣辐射方向图。为了简化模组阵因子的计算步骤，本章还推导了能够应用于离散阵列天线的 Taylor 综合法。由于模组之间的间距往往超过一个波长，其阵因子方向图会引起栅瓣，采用 SPM 综合法能够产生与栅瓣角度对应的零陷，再根据方向图相乘原理使栅瓣与零陷互相抵消。在该低副瓣阵列天线的模组化设计中，每个模组的内部结构完全相同，所需的馈电网络也完全相同，能够达到简化馈电网络本的设计目标。

2. 低副瓣口径阵列天线的设计。首先选用口径天线替代上述的模组化结构,并对口径天线同样采用 Taylor 综合法获得低副瓣阵因子方向图;其次对每个口径天线采用 LSE 算法综合出带有零陷的辐射方向图,而且此时零陷的角度与阵因子栅瓣角度相对应;最终根据方向图相乘原理获得低副瓣的辐射方向图。利用口径天线作为新的阵元替代模组结构,极大减少了所需的阵元总数,馈电网络便相应得到了简化。

3. 低副瓣不等距模组化阵列天线的设计。这里继承前面部分的设计方法,对不等距阵列天线采用模组化技术,并有效结合了阵元分布位置和激励幅度这两个参数综合出低副瓣的辐射方向图。由于不等距阵列天线比等距阵列天线多了一个设计自由度——阵元间距,所以其辐射方向图更容易达到预期的低副瓣辐射特性。在该低副瓣不等距模组化阵列天线的设计中,各阵元的激励幅度成简单的自然数比例关系,能够达到简化馈电网络的目的。

5.1 阵列天线方向图综合技术

5.1.1 方向图综合概述

天线辐射方向图是辐射电磁波的场强分布图形,图 5-1 给出了相控阵列天线的辐射方向示意图。电磁波在空间的这种辐射特性是可以通过对阵列天线的优化设计来控制的:具体来说,可以通过阵元的种类选取、激励元的位置分布等参数调整,精准地控制其辐射方向图。这个技术可划分为两个层次:首先正向设计,其属于阵列天线的特性观测,是在已知阵元总数、激励和空间分布的情况下,计算出阵因子(Array Factor,AF),并利用阵因子分析阵列天线的电磁辐射特性(如方向性系数、副瓣电平和主瓣宽度)的过程;其次反向设计,即阵列天线的方向图综合,是上述分析的逆过程,即根据某种需求提出预定辐射方向图的要求,运用恰当的综合方法得出辐射阵元最佳的激励或者分布位置配置,其中主要涉及的四个参数包括阵元总数、阵元间距、阵元激励幅度和相位。

根据综合结果可以将阵列天线的辐射方向图分为扇形、低副瓣和窄波束三种,如果根据综合过程则可以将阵列天线的方向图综合问题分为如下

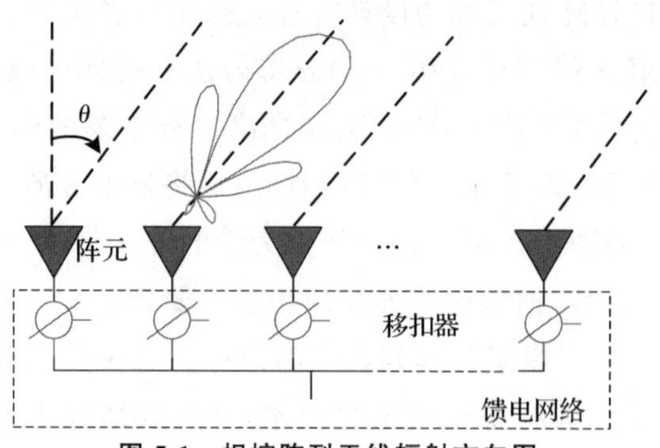

图 5-1　相控阵列天线辐射方向图

四大类：

(1)已知阵元总数和阵元间距，根据预设的副瓣电平值或者零陷角度值，综合出每个阵元的激励幅度和相位信息。这类综合方法包括传统的 Dolph-Chebyshev 综合法与 Taylor 综合法等。

(2)根据预期的辐射方向图形状，综合出阵元的总数和间距，或激励幅度和相位信息，称为波束赋形法。主要有傅里叶变换法、Woodward-Lawson 法、内插法和 Bernstein 多项式逼近法等。

(3)在辐射方向图已知的情况下，利用微扰法逐步改变阵元的激励幅度、相位以及分布位置参数，使得阵列天线的方向图逼近要求的指标。

(4)利用数值算法，对辐射方向图的关键参数如副瓣电平值、主瓣宽度和方向性系数等进行优化设计，得出阵元总数、间距、激励幅度和相位信息。这类算法包括遗传算法、模拟退火算法和粒子群算法等。

作为新的发展思路，还可以将上述各种方法组合运用，本章在后半部分也将做出一些相关探索。

5.1.2　方向图综合的发展历程

阵列天线方向图综合技术最早由 Schelkunoff 提出，他利用静态权重方法综合出具有低副瓣特性的辐射方向图或者具有指定零陷角度的辐射方向图，并称之为 SPM 综合法(Schelkunoff Polynomial Method)。他还指出实现低副瓣电平的辐射方向图是以增大主瓣宽度为代价的。Dolph 在 1946 年使用 Chebyshev 多项式来逼近阵因子函数，并经过 Riblet、Barbiere、Stegen 和 Dran 等多位学者的进一步探讨，形成了应用于均匀直线阵列天线的 Dolph-Chebyshev 综合法。该方法使阵列天线的辐射方向图在一定的主瓣宽度条件下，副瓣电平达到最低值；反之，在副瓣电平一定的条件下，主瓣宽度达到最窄。1955 年，Taylor 进一步对 Chebyshev 多项式进行适当的修正，使得阵列天线辐射方向图的主瓣宽度和副瓣电平均达到最优，且物理上比 Dolph-Chebyshev 综合法更容易实现，特别适用于连续口径天线，并称之为 Taylor 综合法。除此之外，常用的综合法还有 Woodward-Lawson 抽样法和傅里叶变换法，前者常用于波束赋形，通过对不同离散角度进行抽样使辐射方向图符合预设要求；后者则将阵元的激励幅值与阵因子构成一对傅里叶变换，通过对预期的辐射方向图进行反傅里叶变换得到各个阵元的激励系数。值得注意的是，傅里叶变换法要求阵因子为周期性函数，而且理想的傅里叶变换基于无限线源，实际上却无法实现，因此傅里叶变换法通常作为其他综合法中的一个变换步骤。

以上所述的各种方法通常均直接应用于由各向同性阵元构成的均匀阵列天线，如果要使用复杂的分形阵元或异形阵元，在算法上还需更深入的探讨。例如，对于在雷达系统、卫星电视和移动通信等中的实际应用，阵列天线一般会受到空间尺寸限制，为了获取特殊性能，阵元往往还会选取出不规则的几何分布(常用稀布阵列技术)，此时就需要研究能够应用于稀布阵列天线的方向图综合法。Unz 于 1960 年首次提出不等距阵列天线，利用傅里叶－贝塞尔展开式将阵因子改写成以阵元的分布位置为变量的函数。考虑到现实应用中很难使用该表达式得到有效的数据结果，于是他又提出使用正交法来综合不等距阵列天线，并由 Sahalos 于 1974 年进一步阐述了正交法。20 世纪 60 年代还有 Harrington 和 Lo 在各自的研究工作中进行了一系列的试验来计算不等距阵列天线的阵因子，以及分别使用微扰法和近似积分法来优化阵元的间距，以实现具有最低副瓣电平的辐射方向图。针对不等距阵列天线，则由 Ishimaru 首次阐述了离散阵和连续阵之间的关系，并在 Taylor 综合法的基础上，利用泊松求和展开式提出一种计算阵因子的解析方法。近年来，国内学者如陈客松仍不断地在对稀布阵列天线的方向图综合问题展开研究。

5.1.3 发展现状和未来发展方向

便携机动及多应用兼容是现代无线通信系统的发展趋势，这就要求其具有小体积、宽频带、强方向性以及低副瓣电平等优良特性。因此，高性能阵列天线的设计已经成为无线通信的研究热点，而方向图综合是阵列天线设计的关键步骤，相应的理论与方法一直在不断地发展中。尤其是近年来，随着计算机运算速度的不断提升，出现了一系列可应用于方向图综合的数值优化算法，如模拟退火算法、差分进化算法、遗传算法、粒子群算法、矢量搜寻算法和混合算法等等，这些算法均致力于寻找最优的阵元激励幅度、相位以及分布位置配置，以获得具有某种设计特征的辐射方向图。相对于传统的方向图综合法，在完成数值建模后，数值优化算法既适用于等距阵列天线，又适用于不等距阵列天线。然而，方向图综合本质上必然是一种多目标优化问题，常规数值优化算法有可能陷入局部最优解，而无法直接运用。因此，阵列天线的方向图综合问题在实际的设计中，通常采用传统的综合方法作为主导，数值优化算法作为辅助，进一步修正计算结果，从而最终得到精确的综合结果。

近年来，针对阵列天线的馈电网络简化问题和方向图综合问题，国内外多位学者均将阵列天线划分为若干个完全相同的子阵，继而分别对阵因子和子阵的辐射场进行方向图综合，从而实现低副瓣或者多波束的辐射方向图。图 5-2 展示了将一个 16 元均匀直线阵列天线分解为 4 个子阵，并分级进行方向图综合设计的过程，其辐射总场 $\overline{E}_{\text{tot}}(\theta)$ 的表达式为

$$\overline{E}_{\text{tot}}(\theta)=\overline{E}_{\text{sub}}(\theta)\cdot \text{AF} \tag{5-1a}$$

$$\text{AF}=\sum_{n=1}^{N}a_n \text{e}^{\text{j}knd_a\sin\theta} \tag{5-1b}$$

式中，$\overline{E}_{\text{sub}}(\theta)$ 为子阵的辐射场；AF 为阵因子；N 为子阵个数；子阵间距 $d_a=2\lambda$；α_n 为各个子阵的激励；j 为复数，满足式 $\text{j}^2=-1$；波数 $k=2\pi/\lambda$；θ 为扫描角度。此时，子阵辐射场为

$$\overline{E}_{\text{sub}}(\theta)=\overline{E}_{\text{ele}}(\theta)\cdot \text{AF}_{\text{sub}} \tag{5-2a}$$

$$\text{AF}_{\text{sub}}=\sum_{m=1}^{M}\beta_m \text{e}^{\text{j}kmd\sin\theta} \tag{5-2b}$$

其中，假设阵元的辐射场 $\overline{E}_{\text{ele}}(\theta)=\cos\theta$，$\text{AF}_{\text{sub}}$ 为子阵的阵因子，β_m 分别为子阵内部各个阵元的激励，子阵内部阵元数量 $M=4$，阵元间距 $d=0.5\lambda$。其归一化辐射方向图如图 5-3 所示，可见阵因子方向图产生了栅瓣，而子阵阵因子方向图产生了零陷。根据方向图相乘原理，子阵辐射方向图的零陷将抵消对应角度的阵因子栅瓣。因为每个子阵的内部结构均完全相同，所以馈电网络得到了简化。

基于上述国内外学者的研究，本章将继续探讨对阵列天线划分子阵的

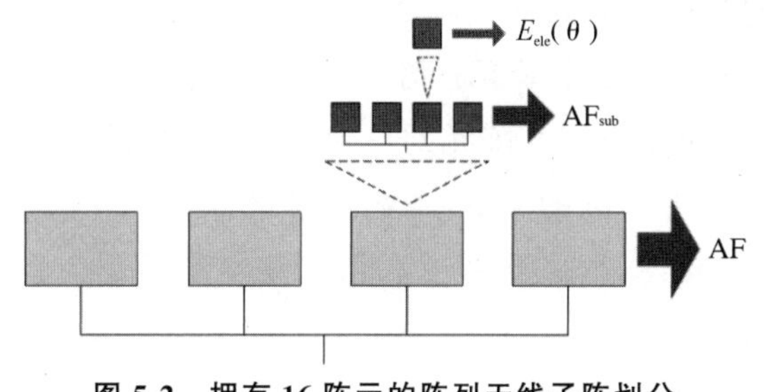

图 5-2　拥有 16 阵元的阵列天线子阵划分

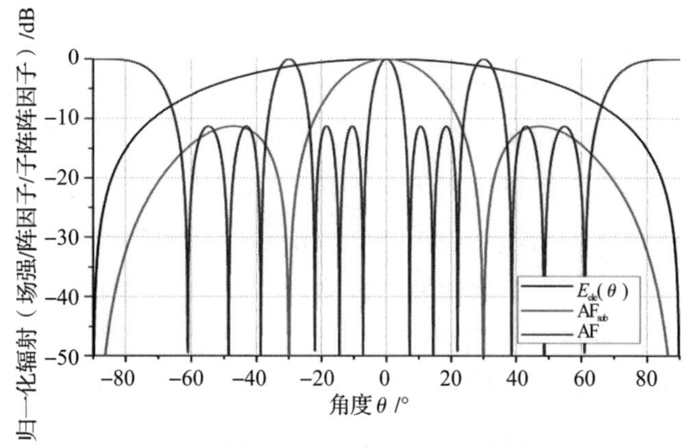

图 5-3　阵元、子阵和阵因子的辐射方向图

设计方法，并首次称之为阵列天线的模组化技术，结合方向图综合方法，设计出具有低副瓣电平特性的阵列天线，并保持简化的馈电网络，降低其设计难度与制造成本，使得阵列天线在军用和民用通信系统中得到更广泛的应用。

5.2　简单阵列天线方向图综合方法

对于现代通信体系，拥有良好性能的天线将会提高整个系统的可靠性，而天线设计是系统设计的一个核心环节，高性能的天线技术越来越受到重视。系统对天线具有小型化、宽频带、高增益和波束可控等优良特性的需求已经常态化，显然单个天线再也难以满足这些高要求的应用场合。此时，需要将若干天线按照某种方式排列构成阵列天线，以更好地满足无线通信系统的要求。因此，阵列天线是一个多天线系统，通过控制各个阵元的激励和位置配置使其辐射方向图能够在特定的角度增强，而在特定的角度衰弱，以抵抗其他信号的干扰，提高辐射效率。近年来，阵列天线不仅被广泛应用于雷达、遥感等军事通信领域，而且越来越多地被应用于商业通信领域，如移动通信系统。阵元的总数、激励幅度、相位和分布形式均是决定阵列天线辐射方向图的关键参数，通过设计这些参数可以实现优良的辐射特性，如强方向性、窄主瓣宽度和低副瓣电平等。方向图综合技术则是根据具体需求的辐射特性，进一步运用相关算法来获得上述四个参数平衡优化的过程。

5.2.1 阵列天线基础

根据电磁波在空间相定向传播的原理，将一定数量的某种基本天线单元按一定规律及馈电控制排列在一起，便构成阵列天线，其中基本天线单元称为阵元。典型的半波振子天线、喇叭天线、开口波导天线、微带天线、波导缝隙天线和八木天线等均可以充当阵列天线的阵元，分形振子、多谐振环等则可以作为某种性能提升的高级阵元。采用何种形式的阵元取决于阵列天线的工作频率、应用场合和制造成本等诸多因素。天线的辐射方向图指辐射场强度随角坐标分布，其主瓣宽度与天线口径大小成反比，即天线口径越大，主瓣宽度越窄。因此，与单一天线相比，阵列天线一般具有更高的增益、更窄的波束和更强的方向性。如果合理设计阵元的激励幅度和相位等参数，不仅可以使阵列天线实现与预期相吻合的辐射方向图，而且可以使其辐射波束在空间具有扫描特性。另外，阵列天线的设计具有很强的灵活性，通过选择阵元的类型、空间分布形式以及馈电方式，能够获得单个天线难以实现的优良辐射特性。虽然采用尽可能多的阵元连续布阵更有可能逼近具体设计要求的特性，但这样做显然是不切合实际的。天线阵本身是有源器件的集合体，阵元的数量和馈电网络的形式都是影响阵列天线造价的重要参数，在获得良好性能的同时也必须考虑到可实现性及制作成本。阵元的分布形式也不是任意选取的，必须符合特定的空间要求，而且当阵元的间距超过半波长时，其辐射方向图就可能出现栅瓣的不利影响。Ren 等学者于 2011 年指出辐射方向图出现栅瓣是由于阵元的周期性排列引起的，因此如果打破阵元的周期排列或许可以抑制栅瓣的产生，即形成不等距阵列天线。在实际设计中，阵元的分布及馈电强度及相位也是可以相互补偿的。

通过天线辐射或接收的电磁波的场强（或功率）随着方向角度的变化

规律称为场方向图(或功率方向图)。根据定义,天线远场区的辐射方向图只与方向角度有关,而与径向距离无关。这里以微带天线作为阵列天线的阵元,并用等效磁流元的辐射场推导出其辐射方向图,即采用最简单的传输线模型来分析微带天线,如图 5-4 所示。天线单元的长度为 L,宽度为 W,介质基板的厚度为 h。可见,微带天线的辐射方向图等效为二元缝隙阵列,其辐射场为

$$E_\theta = A\cos\varphi\cos\left(\frac{K_0 L}{2}\sin\theta\cos\varphi\right)\cdot F_1(\theta,\varphi)\cdot F_2(\theta,\varphi) \tag{5-3}$$

$$E_\varphi = A\cos\theta\sin\varphi\cos\left(\frac{K_0 L}{2}\sin\theta\cos\varphi\right)\cdot F_1(\theta,\varphi)\cdot F_2(\theta,\varphi) \tag{5-4}$$

式中,$F_1(\theta,\varphi)=\dfrac{\sin\left(\dfrac{K_0 W}{2}\sin\theta\sin\varphi\right)}{\dfrac{K_0 W}{2}\sin\theta\sin\varphi}$,$F_2(\theta,\varphi)=\dfrac{\sin\left(\dfrac{K_0 h}{2}\sin\theta\cos\varphi\right)}{\dfrac{K_0 h}{2}\sin\theta\cos\varphi}$,

$A=\mathrm{j}\,\dfrac{2VW}{\lambda r'}e^{-\mathrm{j}k_0 r'}$,$r'$ 是微带天线中心到观察点的距离,且 $h \ll \lambda$。所以,$F_2(\theta,\varphi)\approx 1$。

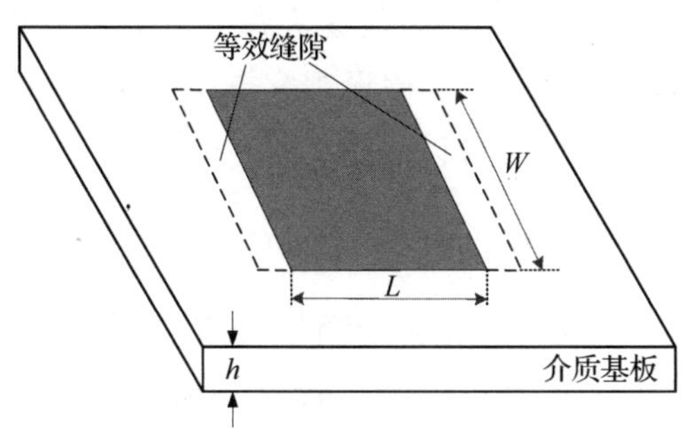

图 5-4　微带天线的传输线模型

由式 5-3、式 5-4 可知,若 $\varphi=0°$,则微带天线的辐射场仅有 E_θ 分量,为 E 面,其归一化辐射方向图为

$$f_E(\theta)=\cos\left(k_0\,\frac{L}{2}\sin\theta\right) \tag{5-5}$$

若 $\varphi=90°$,则辐射场仅有 E_φ 分量,为 H 面,其归一化辐射方向图为

$$f_H(\theta)=\frac{\sin\left(k_0\,\dfrac{W}{2}\sin\theta\right)\cos\theta}{k_0\,\dfrac{W}{2}\sin\theta} \tag{5-6}$$

因此，微带天线的辐射功率为

$$P=\frac{1}{2}\oint_{s}E\times H^{*}\cdot\bar{r}\mathrm{d}s=\frac{1}{240\pi}\oint_{s}(|E_{\theta}|^{2}+|E_{\varphi}|^{2})\mathrm{d}s \tag{5-7}$$

由于金属接地板的作用，理论上向半空间辐射，则辐射功率改写为

$$P=\frac{1}{240\pi}\int_{0}^{2\pi}\int_{0}^{\frac{\pi}{2}}(|E_{\theta}|^{2}+|E_{\varphi}|^{2})r^{2}\sin\theta\mathrm{d}\theta\mathrm{d}\varphi \tag{5-8}$$

在设计阵列天线时，必须考虑到阵元之间的耦合效应，尤其当阵元之间的间距较小时，其辐射功率将受到耦合效应的影响而减小，此时阵元的耦合效应不能忽略。因为随着阵元之间间距的减小，耦合效应增强，如果不考虑阵元的耦合作用，则会导致较大的设计误差。研究结果表明，当相邻阵元的边缘距离大于 1/4 波长时，其阵元之间的耦合效应可以忽略，只有当阵列天线中的阵元间距设计合理时，其辐射方向图才能够避免栅瓣的产生。通常，在对阵元进行分析时可以将其当作一个孤立的单元，也可以将其放在阵列环境中进行研究。本章在阵列天线设计时近似认为每个阵元均是印制在介质基板上的独立单元，假设每个阵元为各向同性的辐射源，其远场区的辐射场完全相同，并忽略其相互之间的耦合效应。

如图 5-5 所示，阵列天线的辐射场为每个阵元辐射电场的叠加，这里的辐射电场指的是远场区情况。假设观察点与坐标中心的距离 r 为常数，则第 n 个阵元的远区辐射场可以表达为

$$\overline{E}_{n}(\theta,\varphi)=A_{n}\mathrm{e}^{\mathrm{j}\alpha_{n}}f_{0}(\theta,\varphi)\frac{\mathrm{e}^{-\mathrm{j}k\bar{r}_{n}}}{r} \tag{5-9}$$

其中，常数 A_n 和 α_n 分别为阵元 n 的激励幅度和相位；j 为复数，满足 $\mathrm{j}^2=-1$；$f_0(\theta,\varphi)$为天线单元的方向图函数；$k=2\pi/\lambda$，为自由空间的波数，λ 为天线的波长；$\bar{r}_n$ 为观察点与阵元 n 的矢量距离。故阵列天线总的辐射场为

$$\overline{E}_{\mathrm{tot}}(\theta,\varphi)=\sum_{n}\overline{E}_{n}(\theta,\varphi)=f_{0}(\theta,\varphi)\frac{\mathrm{e}^{-\mathrm{j}k\bar{r}}}{r}\sum_{n=1}^{N}A_{n}\mathrm{e}^{\mathrm{j}\alpha_{n}}\mathrm{e}^{-\mathrm{j}k(r_{n}-r)} \tag{5-10}$$

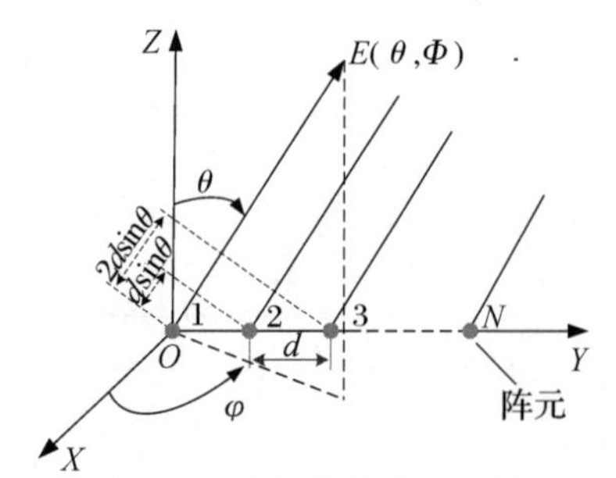

图 5-5 均匀直线阵列天线

这里假设所有的阵元均具有相同的辐射特性，且忽略阵元之间的耦合效应，则上式可改写成与阵因子 AF 的乘积形式，即

$$\overline{E}_{\text{tot}}(\theta,\varphi)=\frac{\mathrm{e}^{-\mathrm{j}k\bar{r}}}{r}f_0(\theta,\varphi)\cdot \text{AF} \tag{5-11}$$

其中，阵因子 $\text{AF}=\sum_{n=1}^{N}A_n\mathrm{e}^{\mathrm{j}\alpha_n}\mathrm{e}^{-\mathrm{j}k(r_n-r)}$。由上式可看出，阵列天线远场区的辐射总场为天线单元的辐射场与阵因子的乘积，即为方向图相乘原理。图 5-5 所展示的直线阵列阵元均匀分布，其间距为 d，辐射方向与阵列天线口径面的法线成 θ 角。因此，式 5-8 中的波程差可表示为 $r_n-r=-nd\sin\theta$，则阵因子可以改写为

$$\text{AF}=\sum_{n=1}^{N}A_n\mathrm{e}^{\mathrm{j}(knd\sin\theta+\alpha_n)} \tag{5-12}$$

当每个阵元的激励幅度均相等且相位均匀递变时，即令 $A_n=A_0$，$\alpha_n=n\alpha_0$，则称为均匀直线阵列天线，其阵因子为

$$\text{AF}=A_0\frac{\sin\left[\frac{N}{2}(kd\sin\theta+\alpha_0)\right]}{\sin\left[\frac{1}{2}(kd\sin\theta+\alpha_0)\right]}=A_0\frac{\sin\frac{Nu}{2}}{\sin\frac{u}{2}} \tag{5-13}$$

式中，$u=kd\sin\theta+\alpha_0$。归一化阵因子的表达式为

$$\text{AF}_{\text{nor}}=\frac{\text{AF}}{\text{AF}_{\max}}=\frac{\sin\frac{Nu}{2}}{N\sin\frac{u}{2}} \tag{5-14}$$

下面将根据式 5-13 和式 5-14 分析直线阵列天线的相关参数。

(1)主瓣角度

由式 5-13 可知，当 $u=0$ 时，阵因子将出现主瓣最大值 $\text{AF}_{\max}$，其对应的方向为最大指向 θ_{m}，即为主瓣角度

$$\theta_{\text{m}}=\arcsin\left(-\frac{\alpha_0}{kd}\right) \tag{5-15}$$

(2)边射阵、端射阵和扫描阵

根据式 5-15 主瓣角度的表达式，可以将直线阵列天线划分为以下三种类型：

①当 $\alpha_0=0$ 时，$\theta_{\text{m}}=0^\circ$，即主瓣角度与阵列天线垂直，为边射阵；

②当 $\alpha_0=\pm kd$ 时，$\theta_{\text{m}}=\pm 90^\circ$，即主瓣角度平行于阵列天线轴线，为端射阵；

③当 α_0 为其他值时，主瓣角度可由上式计算得到，称为扫描阵。

(3)可见区

从数学的角度分析式 5-13 式可知，阵因子 AF 是在 $-\infty<u<\infty$ 范围内以 2π 为周期的周期函数。根据图 5-5，实际的观察角 θ 的变化范围是 $-90°\sim90°$，因为 $u=kd\sin\theta+\alpha_0$，所以 u 的实际范围是

$$-kd+\alpha_0\leqslant u\leqslant kd+\alpha_0 \tag{5-16}$$

参数 u 在该范围内称为可见区，其余范围则为不可见区。由上式可以看出，α_0 的变化可以使可见区发生移动，阵元间距 d 的变化则可以改变可见区的范围。

(4)栅瓣

因为阵因子 AF 是以 2π 为周期的周期函数，所以其最大值不仅出现在 $u=0$ 一处，而会周期性地出现，即

$$u=2n\pi,\quad n=0,\pm1,\pm2,\cdots \tag{5-17}$$

当 $n=0,u=0$ 时，对应为式 5-13 的主瓣角度；当 n 为上式当中的其他值时，则对应的是栅瓣角度。栅瓣会对阵列天线的辐射特性造成不利的影响，如会使辐射能量分散，增益下降，这是不希望出现的，设计过程中应该抑制栅瓣。阵因子 AF 的第二个最大值出现在 $u=\pm2\pi$ 时，此时栅瓣的抑制条件为 $|u|_{\max}<2\pi$，由式 5-13 可知，$\alpha_0=-kd\sin\theta_m$，所以 $u=kd(\sin\theta-\sin\theta_m)$，即

$$d<\frac{\lambda}{|\sin\theta-\sin\theta_m|_{\max}} \tag{5-18}$$

已知 $-90°\leqslant\theta\leqslant90°$，得 $|\sin\theta-\sin\theta_m|_{\max}=1+|\sin\theta_m|$，则上式变为

$$d<\frac{\lambda}{1+|\sin\theta_m|} \tag{5-19}$$

即均匀直线阵列天线的栅瓣抑制条件，也可以作为非均匀直线阵列天线栅瓣抑制条件。因此，对边射阵而言，即 $\theta_m=0°$时，栅瓣抑制条件为 $d<\lambda$。

(5)零点角度

辐射方向图两个波瓣之间的节点位置称为零点角度，令式 5-14 阵因子归一化函数 $AF_{nor}=0$，此时$\dfrac{Nu}{2}=\pm n\pi(n=1,2,3,\cdots)$，可以计算出零点角度($u=0$ 为主瓣角度，除外)，即

$$\theta_{null}=\arcsin\left(\sin\theta_m\pm\frac{n\lambda}{Nd}\right) \tag{5-20}$$

根据上式，边射阵($\theta_m=0°$)的零点角度为 $\theta_{null}=\arcsin\left(\pm\dfrac{n\lambda}{Nd}\right)$。

(6)主瓣宽度

辐射方向图的主瓣宽度是指主瓣两侧的辐射功率等于最大值的一半所对应的波瓣角宽度,或者等于场强为最大值的 $1/\sqrt{2}$ 所对应的角宽度,是天线的重要辐射特性指标之一。

(7)副瓣电平

辐射方向图的副瓣电平(Side-Lobe Level,SLL)是指除主瓣之外其他副瓣波束的最大值,也是天线的重要辐射特性指标,其归一化的数学表达式为

$$\mathrm{SLL} = 20\lg \frac{|E_{\max}^{\mathrm{side}}|}{|E_{\max}^{\mathrm{main}}|} \tag{5-21}$$

式中,$E_{\max}^{\mathrm{side}}$ 和 $E_{\max}^{\mathrm{main}}$ 分别代表副瓣和主瓣的场强最大值。对于均匀直线阵列天线,其副瓣电平就是靠近主瓣的第一副瓣最大值,约为 SLL = −13.4 dB。

为了更加直观地展示阵列大线的方向图相乘原理,这里以图 5-2 的实例说明。该阵列天线由 4 个水平偶极子构成,为均匀直线阵列天线,其中阵元的间距 $d=\lambda/2$,阵元的激励相位 $\alpha_0=\pi/2$。从图 5-6 中可以看出,阵列天线总的辐射方向图为阵元的辐射方向图与阵因子方向图的乘积,这便是阵列天线的方向图相乘原理。

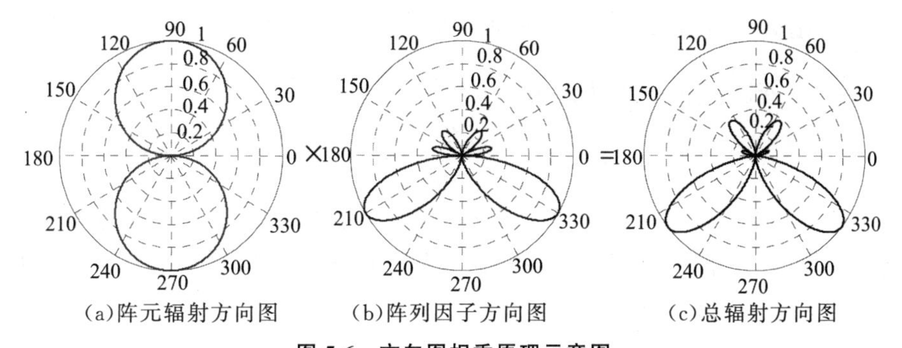

(a)阵元辐射方向图　(b)阵列因子方向图　(c)总辐射方向图

图 5-6　方向图相乘原理示意图

为简化分析,本章只阐述矩形平面阵列天线的情况,如图 5-7 所示,每个阵元分布于矩形栅格的节点上,并且沿 x 轴方向排列的阵元间距为 d_x,沿 y 轴方向排列的阵元间距为 d_y。假设阵元总数为 $2M\times 2N$,坐标原点 O 为阵列天线的相位中心,x 方向的阵元编号为 $m(m=-M,-M+1,\cdots,M-1,M)$,$y$ 方向阵元的编号为 $n(n=-N,-N+1,\cdots,N-1,N)$,则阵元 (m,n) 的分布位置为 (md_x,nd_y)。

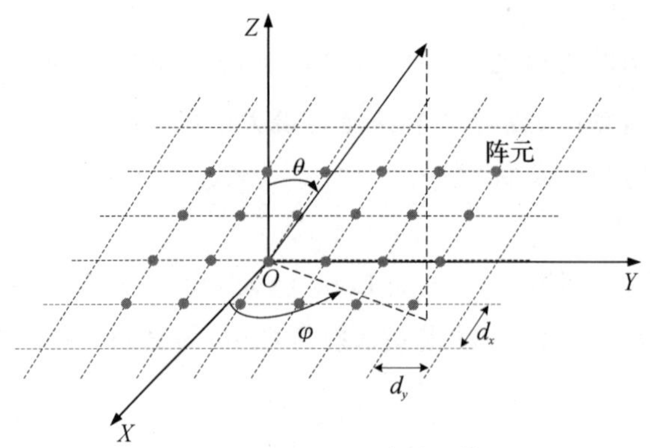

图 5-7　矩形平面阵列天线

忽略阵元之间的耦合效应，并假设阵元(m,n)的激励为$A_{mn}\mathrm{e}^{\mathrm{j}(m\varphi_{xs}+n\varphi_{ys})}$，则该阵列天线的远区辐射总场为

$$\overline{E}_{\mathrm{tot}}(\theta,\varphi)=f_0(\theta,\varphi)\cdot \mathrm{AF} \tag{5-22}$$

式中，$f_0(\theta,\varphi)$为阵元的方向图函数，阵列因子 AF 为

$$\mathrm{AF}=\sum_{m=-M}^{M}\sum_{n=-N}^{N}A_{mn}\mathrm{e}^{\mathrm{j}[m(\varphi_x+\varphi_{xs})+n(\varphi_y+\varphi_{ys})]} \tag{5-23}$$

其中，$\varphi_x=kd_x\sin\theta\cos\varphi$，$\varphi_y=kd_y\sin\theta\sin\varphi$，波数 $k=2\pi/\lambda$。当每行(列)阵元的激励幅度分布规律均相同时，即$\dfrac{A_{mn}}{A_{m0}}=\dfrac{A_{0n}}{A_{00}}$，并假设 $A_{00}=1$，则有 $A_{mn}=A_{m0}A_{0n}$，阵因子可化简为

$$\mathrm{AF}=\sum_{m=-M}^{M}A_{m0}\mathrm{e}^{\mathrm{j}m(\varphi_x+\varphi_{xs})}\cdot\sum_{n=-N}^{N}A_{0n}\mathrm{e}^{\mathrm{j}n(\varphi_y+\varphi_{ys})}=\mathrm{AF}_x\cdot\mathrm{AF}_y \tag{5-24}$$

上式表明，在阵元激励可分离的前提下，矩形平面阵列天线的阵因子可分解成两个直线阵因子的乘积，从而使方向图综合问题简化为一维的直线阵列综合，降低了计算的复杂度。

5.2.2　常用的方向图综合方法

在实际的通信应用领域，通常要求阵列天线具有良好可控的辐射特性，即辐射方向图在特定角度产生零陷或者具有窄波束、低副瓣等。此时，就需要方向图综合技术来满足这些指标，以抑制干扰信号的影响，提高辐射效率。虽然阵列天线方向图综合技术已经有几十年的发展历程，但是传统的综合方法在当今的阵列天线设计中仍然十分实用。以下主要对 SPM 综合法、Dolph-Chebyshev 综合法和 Taylor 综合法展开讨论。

5.2.2.1　SPM 综合法

SPM 综合法能够使阵列天线的辐射方向图在预设的角度产生零陷，即已知辐射方向图零陷的个数和角度，使用 SPM 综合法就可以得出各个阵元的激励幅度和相位信息。由前面叙述可知，对于由 N 个阵元构成的均匀直线阵列，当阵元间距为 d，激励幅度为 A_n（$n=1,2,\cdots,N$），且相邻阵元的相位差为 α 时，阵因子表达式为

$$\mathrm{AF}=\sum_{n=1}^{N}A_n\mathrm{e}^{\mathrm{j}(n-1)(kd\sin\theta+\alpha)} \tag{5-25}$$

令 $z=x+\mathrm{j}y=\mathrm{e}^{\mathrm{j}\varphi}=\mathrm{e}^{\mathrm{j}(kd\sin\theta+\alpha)}$，则上式可改写成

$$\mathrm{AF}=\sum_{n=1}^{N}A_n z^{n-1}=A_1+A_2z+A_3z^2+\cdots+A_Nz^{N-1} \tag{5-26}$$

上式为 Schelkunoff 综合法引用的 $N-1$ 次多项式。因为 N 次幂的多项式有 N 个根（复根），所以，式 5-26 可以改写成 $N-1$ 个因式的连乘积形式，如下

$$\mathrm{AF}=A_n(z-z_1)(z-z_2)(z-z_3)\cdots(z-z_{N-1}) \tag{5-27}$$

式中，$z_1,z_2,z_3,\cdots,z_{N-1}$ 为多项式的根，每一个因式相当于一个二元阵列天线的阵因子，并且可以得到以下结论：

（1）对于阵元总数为 N 的均匀直线阵列天线，其阵因子为 $N-1$ 次幂多项式；

（2）阵因子 $N-1$ 次幂多项式可以改写成 $N-1$ 个二元阵的阵因子连乘积，因为每个二元阵的方向图产生一个零点，所以 N 元直线阵列可产生 $N-1$ 个零点；

（3）均匀直线阵列天线的阵因子函数的 $N-1$ 个根与阵元的激励相关。

由于以上假设 $|z|=1$，因此 z 的轨迹是复平面内的一个圆，可写成 $z=1\angle\varphi$，$\varphi=kd\sin\theta+\alpha$，$k=2\pi/\lambda$。显然，$z$ 的相位 φ 与 d、α 和 θ（$\theta\in\left[-\dfrac{\pi}{2},\dfrac{\pi}{2}\right]$）有关。当 $\alpha=0$，即每个阵元的激励相位均相同时，z 随 d 的变化如图 5-8 所示。

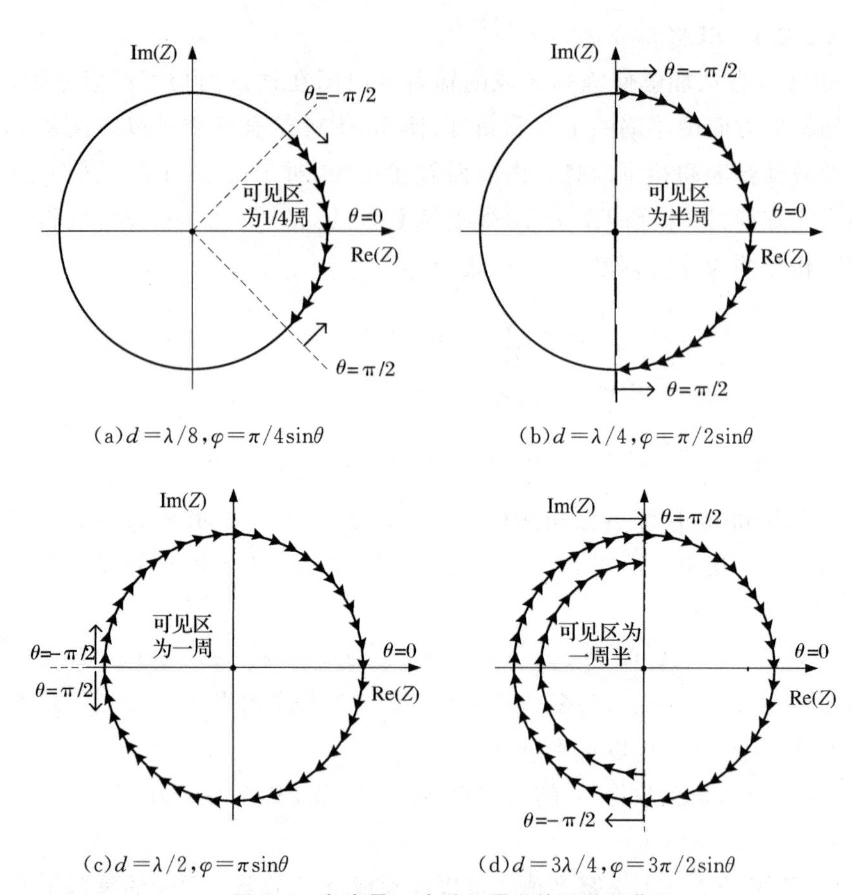

(a) $d=\lambda/8, \varphi=\pi/4\sin\theta$　　(b) $d=\lambda/4, \varphi=\pi/2\sin\theta$

(c) $d=\lambda/2, \varphi=\pi\sin\theta$　　(d) $d=3\lambda/4, \varphi=3\pi/2\sin\theta$

图 5-8　复变量 Z 在单位圆上的可见区范围

图中 θ 的变化范围从 $-\pi/2$ 到 $\pi/2$，将单位圆可实现的部分称为复变量 z 的可见区，其余部分则称为不可见区。由图 5-8(a)～(d)可以看出，复变量 z 的可见区随着阵元间距 d 的改变而发生变化，并且当阵元间距 $d>\lambda/2$时，z 的可见区将超过一周，即复变量 z 在单位圆上将出现多个值。由于单位圆和正实轴的交点就是方向图的最大值点，所以当 $d\geqslant\lambda$ 时，z 的可见区大于或等于两周，此时出现两次最大值，分别为辐射方向图的主瓣和栅瓣的角度值。同理，复变量 z 的可见区位置会随着激励相位 α 的改变而发生变化。因此，阵元间距 d 能够控制复变量 z 的可见区范围；阵元激励相位 α 则能够控制可见区的相对位置。总之，SPM 综合法的基本思想是基于控制复变量 z 的可见区的范围和相对位置来实现预期的辐射方向图。

一般 SPM 综合法用来辅助阵列天线的方向图综合过程，如段文涛等学者于 2008 年利用此法获得了低副瓣阵列天线的阵元电流幅度；Lindmark等学者于 2013 年则利用该法在预定的辐射角度产生所需的零陷值。近年来，随着计算机运算能力的明显提升，遗传算法及其改进优化算法越来越多地应用于阵列天线的方向图综合中。正因为 SPM 综合法对于预定零陷角度的方向图综合问题具有明显的优势，所以国内外很多研究者尝试将遗传算法与 SPM 综合相结合，形成一种能够有效应用于带零陷的低副瓣方向图综合问题的混合算法。

这里以等距直线阵列天线为例，已知阵元间距 $d=0.5\lambda$，阵元激励相位 $\alpha=0°$，其辐射方向图的预设零点角度位置为 $\theta_1=-30°$、$\theta_2=0°$和 $\theta_3=30°$，将这些参数代入式 5-26 和式 5-27，即可得出式 5-24 中的系数 $A_1=A_3=-1$ 和 $A_2=A_4=1$。也就是说，需要 4 个阵元，且阵元的激励幅度比值依次为 -1、$+1$、-1、$+1$。将结果代入式 5-25 以验证 SPM 综合法的正确性，图 5-9 给出了其阵因子方向图，可以看出此法确实能够使阵列天线的辐射方向图实现预设的零陷角度。

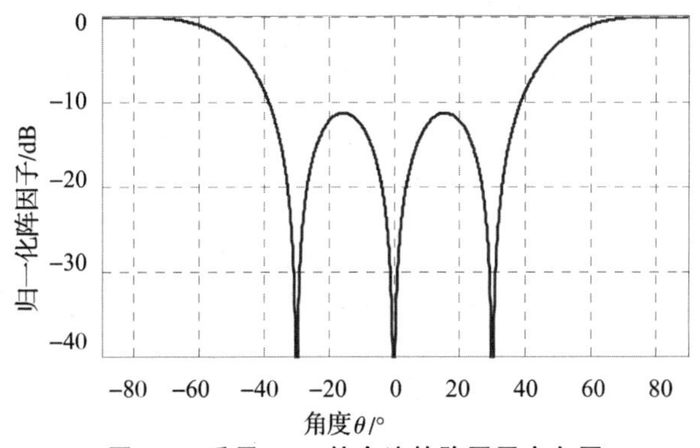

图 5-9 采用 SPM 综合法的阵因子方向图

5.2.2.2 Dolph-Chebyshev 综合法

早在 1942 年，Dolph 利用 Chebyshev 多项式来逼近阵因子函数，形成可应用于均匀直线阵列天线的 Dolph-Chebyshev 综合法。其中，Chebyshev 多项式是如下微分方程

$$(1-x^2)\frac{\mathrm{d}^2 T_m}{\mathrm{d}x^2}-x\frac{\mathrm{d}T_m}{\mathrm{d}x}+m^2 T_m=0 \tag{5-28}$$

其在实数域上的解为：

$$T_m(x)=\begin{cases}(-1)^m\cosh(m\cosh^{-1}|x|), & x<-1\\ \cos(m\cos^{-1}x), & -1\leqslant x\leqslant 1\\ \cosh(m\cosh^{-1}x), & x>1\end{cases} \tag{5-29}$$

这里采用第一类 Chebyshev 多项式来综合阵列天线，即

$$T_m(x)=\cos(m\cos^{-1}x),\quad -1\leqslant x\leqslant 1 \tag{5-30}$$

其递推公式为

$$T_{m+1}(x)=2xT_m(x)-T_{m-1}(x) \tag{5-31}$$

因此，上式若给出 $T_0(x)$和 $T_1(x)$，就可以得到任意阶的 Chebyshev 多项式

$T_0(x)=\cos(0)=1$

$T_1(x)=\cos(u)=x$

$T_2(x)=\cos(2u)=2x^2-1$

$T_3(x)=\cos(3u)=4x^3-3x$

$T_4(x)=\cos(4u)=8x^4-8x^2+1$

$\vdots$

$T_9(x)=\cos(9u)=256x^9-576x^7+432x^5-120x^3+9x$

$T_{10}(x)=\cos(10u)=512x^{10}-1\,280x^8+1\,120x^6-400x^4+50x^2-1$

$\vdots$

其中，级数中的每一项就是一个 Chebyshev 函数，即

$$\cos[2(n-1)u]\Leftrightarrow T_{2(n-1)}(x);\quad \cos[(2n-1)u]\Leftrightarrow T_{2n-1}(x) \tag{5-32}$$

可见，对于中心对称的阵列天线，阵元总数无论是奇数还是偶数，其阵因子均为一系列的余弦之和。因此，阵元的激励幅度根据 Chebyshev 多项式的系数取值即为 Dolph-Chebyshev 综合法的原理。采用该方法能够使阵列天线辐射方向图的副瓣电平低于某个预定的值，且副瓣电平高度相等。对于相同尺寸和副瓣电平的阵列天线，Dolph-Chebyshev 综合法能够使其主瓣宽度达到最窄。但是，如果一味使用该方法来降低副瓣电平，则阵元的激励幅度容易发生跳变，特别是位于阵列边缘的阵元激励幅度，这样一来就会使馈电网络的设计复杂化，且增大了辐射损耗。

以图 5-10 所示的等距直线阵列天线为例，其中阵元总数 $N=10$，阵元间距 $d=0.6\lambda$，且关于阵列中心对称。图中横坐标也给出了阵元的分布位置，预设的辐射方向图副瓣电平 SLL 分别为 -20 dB、-30 dB 和 -40 dB。其方向图综合结果如图 5-11 所示，可见由 Dolph-Chebyshev 综合法所得到的副瓣电平高度相等，但随着副瓣电平的下降，位于阵列边缘的阵元激

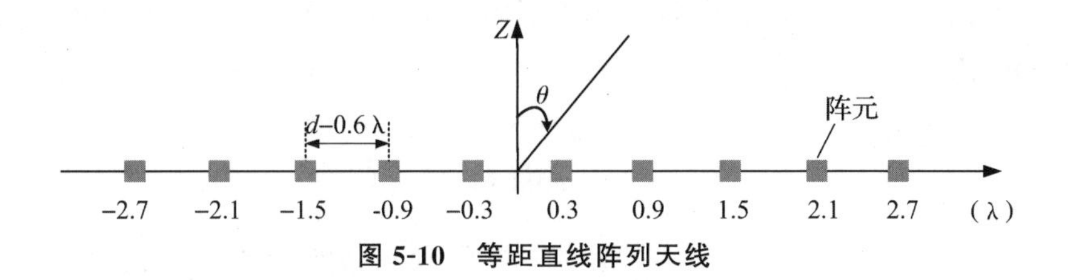

图 5-10　等距直线阵列天线

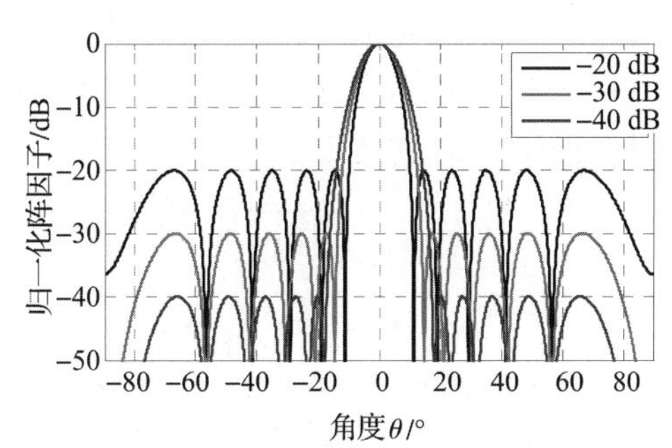

图 5-11　采用 Dolph-Chebyshev 综合法的辐射方向图

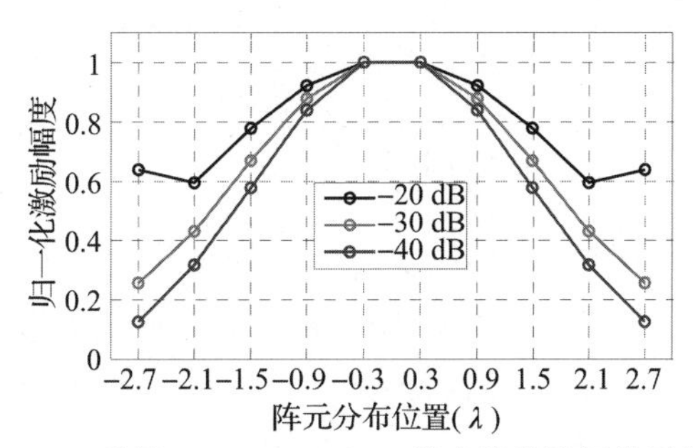

图 5-12　采用 Dolph-Chebyshev 综合法的阵元激励幅度

励幅度发生了跳变，图 5-12 给出了与之相对应的阵元归一化激励幅度。

5.2.2.3　Taylor 综合法

Taylor 综合法是通对 Chebyshev 多项式进行适当的修正，使得阵列天线辐射方向图的主瓣宽度与副瓣电平同时达到最优，且物理上比 Dolph-Chebyshev综合法更容易实现。对于连续线源，其空间因子(Space Factor，SF)相当于离散直线阵列的阵因子，分布于 z 轴长度为 l 的连续线源空间因子为

$$\mathrm{SF}=\int_{-\frac{l}{2}}^{\frac{l}{2}} I_n(z)\,\mathrm{e}^{\mathrm{j}[kz\sin\theta+\varphi_n(z)]}\,\mathrm{d}z \tag{5-33}$$

其中，$I_n(z)$和 $\varphi_n(z)$分别代表幅度和相位分布。如果相位是均匀分布的，

则可令 $\varphi_n(z)=0$。如果连续线源的辐射方向图副瓣电平高度相同,则其归一化空间因子为

$$\mathrm{SF}=\frac{\cosh\sqrt{(\pi A)^2-u^2}}{\cosh(\pi A)} \tag{5-34}$$

式中,$u=\pi\dfrac{l}{\lambda}\cos\theta$,常数 $A=\dfrac{1}{\pi}\cosh^{-1}R_0$。这里,$R_0$ 的值与副瓣电平的大小相关,即 $\mathrm{SLL}=20\lg R_0$,所以当 $u=0$ 时,空间因子达最大值。因为式5-34为理想情况下的空间因子,物理上不能够实现,因此,Taylor 在Chebyshev误差范围内提出新的空间因子如下

$$\mathrm{SF}(u,\bar{n})=\frac{\sin(u)}{u}\frac{\prod\limits_{n=1}^{\bar{n}-1}\left[1-\left(\dfrac{u}{u_n}\right)^2\right]}{\prod\limits_{n=1}^{\bar{n}-1}\left[1-\left(\dfrac{u}{n\pi}\right)^2\right]} \tag{5-35}$$

$$u_n=\pi\frac{l}{\lambda}\cos\theta_n=\begin{cases}\pm\pi\sigma\sqrt{A^2+\left(n-\dfrac{1}{2}\right)^2}, & 1\leqslant n\leqslant\bar{n}\\ \pm n\pi, & \bar{n}\leqslant n\leqslant\infty\end{cases} \tag{5-36}$$

$$\sigma=\frac{\bar{n}}{\sqrt{A^2+\left(\bar{n}-\dfrac{1}{2}\right)^2}} \tag{5-37}$$

在以上三个式子中,θ_n 代表零点的角度值,$\bar{n}$ 为预设的正整数,u_n 为方向图的零点角度。Taylor 综合法引进的常数 σ 通常认为是波瓣展宽因子,能够获得比 Dolph-Chebyshev 综合法更佳的主瓣宽度。当副瓣包络 $|u/\pi|\leqslant\bar{n}$ 时,主瓣周围区域的副瓣电平可近似为 $1/R_0$;当 $|u/\pi|>\bar{n}$ 时,则副瓣电平以 π/u 的速率递减。

利用 Taylor 综合法,得到的归一化线源表达式为

$$I(z')=\frac{\lambda}{l}\left[1+2\sum_{p=1}^{\bar{n}-1}\mathrm{SF}(p)\cdot\cos\left(\frac{2\pi pz'}{l}\right)\right] \tag{5-38}$$

式中,SF(p)代表式 5-27 中空间因子的抽样函数,此时 $u=\pi p$。

$$\mathrm{SF}(p)=\begin{cases}\dfrac{[(\bar{n}-1)!]^2}{(\bar{n}-1+p)!\,(\bar{n}-1-p)!}\prod\limits_{m=1}^{\bar{n}-1}\left[1-\left(\dfrac{\pi p}{u_m}\right)\right]; & |p|<\bar{n}\\ 0; & |p|\geqslant\bar{n}\end{cases} \tag{5-39}$$

因此,采用 Taylor 综合法能够使阵列天线的辐射方向图主瓣周围的副瓣电平保持预设的值,随后逐渐降低。与 Dolph-Chebyshev 综合法相

比，Taylor 综合法明显的优势在于：分布于阵列边缘的阵元激励幅度仍然是单调递减的，一般不会出现突然跳变的情况。由此可见，Taylor 综合法更为灵活，适用面宽，更适合用于低副瓣阵列天线的方向图综合。

这里同样以等距直线阵列天线为例，其参数设置与上述 Dolph-Chebyshev综合法的实例相同，另外参数常量 $\bar{n}=4$。采用 Taylor 综合法得到的辐射方向图如图 5-13 所示，图 5-14 同样给出了相应的阵元归一化激励幅度，可见阵列天线的副瓣电平呈递减趋势，其阵元激励幅度变化相对于 Dolph-Chebyshev 综合法比较平稳。因此，后续内容将充分利用 Taylor 综合法进行低副瓣阵列天线的设计。

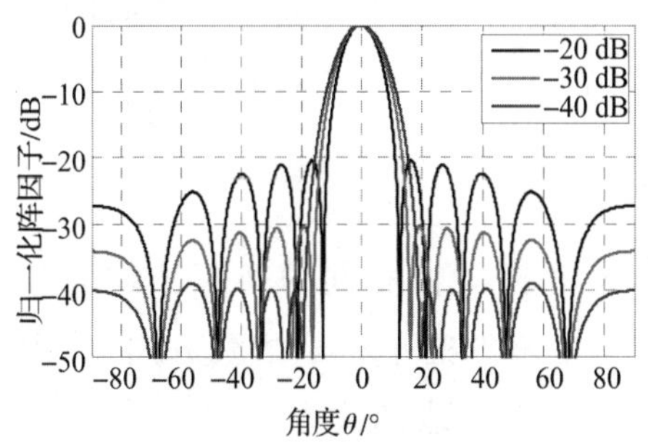

图 5-13　采用 Taylor 综合法的辐射方向图

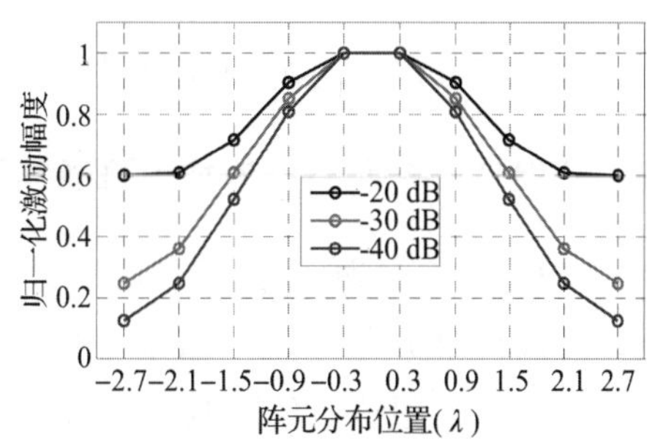

图 5-14　采用 Taylor 综合法的阵元激励幅度

5.3　低副瓣阵列天线的模组化设计

阵列天线辐射方向图的副瓣电平决定了天线体系的抗干扰、抗反辐射和抑制杂波等能力，是设计阵列天线的关键参数指标。对于现代雷达、导航和卫星通信等中远距离通信，发射端和接收端的天线具有低副瓣电平的辐射特性是最基础的要求，它可使系统拥有较好的抗干扰、抗反辐射能力。当阵列天线的副瓣电平比主瓣电平低 40 dB 以上时，通常认为是低副瓣或超低副瓣阵列天线。将微带天线作为阵列天线的阵元，不仅可以使阵列天线的辐射波束可控，实现低副瓣电平特性，还可以缩减所占的空间大小。可将阵元与馈电网络一体化设计，降低阵元之间的耦合程度，减小辐射损耗。

Blake 等于 1984 年根据副瓣电平对天线性能进行讨论，认为当副瓣电平 SLL≤－20 dB 时，天线性能良好；当 SLL≤－30 dB 时，性能优良；当

$SLL \leqslant -40$ dB 时，为高性能天线，但已经很难实现。对于直线阵列天线和平面阵列天线，为了实现低副瓣或者超低副瓣的辐射方向图，可以根据目标副瓣电平值来设计天线的口径电流函数，实现阵元所需的加权。这里的加权可分为幅度加权、相位加权和密度加权，其中幅度加权是以阵元的激励幅度为设计参数，相位加权就是熟知的相控阵列天线，密度加权则是以阵元间距作为设计参数。这里主要讨论幅度加权，即加权函数通过馈电网络合理使用等功率分配器、不等功率分配器或者衰减器来实现。因为随着副瓣电平的降低，微带阵列天线的导体损耗就会增大，其损耗主要来自馈电网络，而且工作频率越高，损耗越大。所以，对于微带阵列天线的设计，保持馈电网络的简易性至关重要。本节也将采用模组化技术和方向图综合技术组合，以满足低副瓣辐射方向图和简化馈电网络的设计目标。

5.3.1 中心对称的均匀直线阵列

由上一节阵列天线基本理论可知，N 个阵元以相同的间距 d 均匀分布，且假设第 n 个阵元的激励幅度为 A_n，主瓣方向平行于法线方向，即主瓣角 $\theta_0 = 0°$，则该直线阵列天线为边射阵，阵因子表达式为

$$\mathrm{AF} = \sum_{n=1}^{N} A_n \mathrm{e}^{\mathrm{j}knd\sin\theta} \tag{5-40}$$

式中，波数 $k = 2\pi/\lambda$，其中 λ 为天线的工作波长。下面将分别就阵元总数为奇数和偶数两种情况对阵因子展开讨论。

如图 5-15 所示为奇数单元的均匀直线阵列天线，$2M+1$ 个阵元均匀分布于 x 轴，且阵元激励关于阵列中心对称。假设阵元的激励相位均等于零，则其阵因子为

$$\begin{aligned}\mathrm{AF}_{2M+1} = 2A_0 + A_1\mathrm{e}^{\mathrm{j}kd\sin\theta} + A_2\mathrm{e}^{\mathrm{j}2kd\sin\theta} + \cdots + A_M\mathrm{e}^{\mathrm{j}Mkd\sin\theta} + \\ A_1\mathrm{e}^{-\mathrm{j}kd\sin\theta} + A_2\mathrm{e}^{-\mathrm{j}2kd\sin\theta} + \cdots + A_M\mathrm{e}^{-\mathrm{j}Mkd\sin\theta}\end{aligned} \tag{5-41}$$

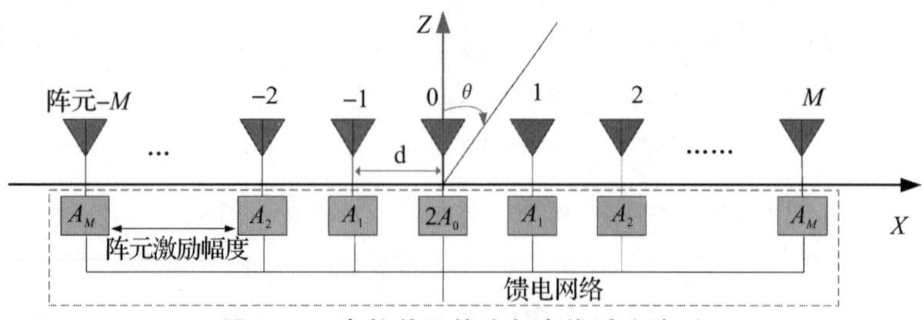

图 5-15 奇数单元的均匀直线对称阵列

令 $u=\frac{\pi d}{\lambda}\sin\theta$，则上式可简化为

$$\mathrm{AF}_{2M+1}=\sum_{n=0}^{M}A_n\cos[2(n-1)u] \tag{5-42}$$

当阵元的总数为 $2M$ 时，如图 5-16 所示为偶数单元的均匀直线阵列天线，同理各个阵元的激励也对称分布，其阵因子为

$$\begin{aligned}\mathrm{AF}_{2M}=&A_1\mathrm{e}^{\mathrm{j}(1/2)kd\sin\theta}+A_2\mathrm{e}^{\mathrm{j}(3/2)kd\sin\theta}+\cdots+\\&A_M\mathrm{e}^{\mathrm{j}[(2M-1)/2]kd\sin\theta}+A_1\mathrm{e}^{-\mathrm{j}(1/2)kd\sin\theta}+\\&A_2\mathrm{e}^{-\mathrm{j}(3/2)kd\sin\theta}+\cdots+A_M\mathrm{e}^{-\mathrm{j}[(2M-1)/2]kd\sin\theta}\end{aligned} \tag{5-43}$$

即

$$\mathrm{AF}_{2M}=\sum_{n=1}^{M}A_n\cos[(2n-1)u] \tag{5-44}$$

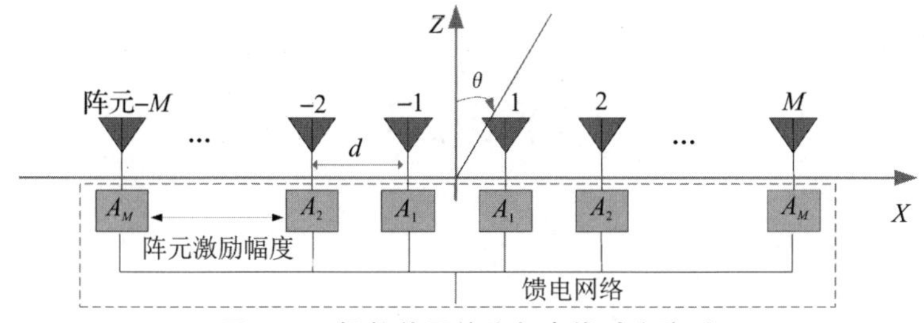

图 5-16 偶数单元的均匀直线对称阵列

由式 5-42 和 5-44 可得，已知阵元总数 M 和间距 d，如果再得知每个阵元的激励幅度 A_n，便可计算出阵因子，然后根据方向图相乘原理将阵因子方向图与阵元的辐射方向图相结合，即可得到整个阵列天线总的辐射方向图。

5.3.2 离散阵列 Taylor 综合法推导

基于传统的 Taylor 综合法的理论阐述，可知此法能够直接应用于连续口径天线的方向图综合。当离散阵列天线拥有足够多的阵元时，其激励分布可近似于连续线源。Taylor 综合法虽然也能够间接应用于离散阵列天线的方向图综合，但必须先根据抽样定理将激励电流离散化。

由式 5-41 可知，对于阵元总数为 $2N+1$ 的等距对称阵列天线，其阵因子表达式为

$$\mathrm{AF}=\sum_{n=-N}^{N}A_n\mathrm{e}^{\mathrm{j}knd\sin\theta} \tag{5-45}$$

式中阵列天线相差参数的定义与式 5-41 相同。

均匀分布于 Z 轴的阵列天线如果采用了 Taylor 综合法，则得到的连续线源 $I(z')$ 表达式为

$$\begin{aligned} I(z') &= \frac{\lambda}{l}\left[1+2\sum_{p=1}^{\bar{n}-1}\mathrm{SF}(p)\cdot\cos\left(\frac{2\pi p z'}{l}\right)\right] \\ &= \frac{\lambda}{l}\left[\sum_{p=-\bar{n}+1}^{\bar{n}-1}\mathrm{SF}(p)\cdot \mathrm{e}^{-\mathrm{j}\frac{2\pi p z'}{l}}\right] \end{aligned} \tag{5-46}$$

式中，λ 为工作波长，l 为天线口径大小，$\bar{n}$ 为预设的自然数参量，$\mathrm{SF}(p)$代表空间因子的抽样函数。

阵列天线空间因子 SF 的傅里叶变换式为

$$\mathrm{SF}=\int_{-\frac{l}{2}}^{\frac{l}{2}} I(z')\mathrm{e}^{\mathrm{j}k\sin\theta\cdot z'}\mathrm{d}z' \tag{5-47}$$

联立以上两式，可得

$$\mathrm{SF}=\frac{\lambda}{l}\int_{-\frac{l}{2}}^{\frac{l}{2}}\sum_{p=-\bar{n}+1}^{\bar{n}-1}\mathrm{SF}(p)\cdot \mathrm{e}^{-\mathrm{j}\frac{2\pi p z'}{l}}\mathrm{e}^{\mathrm{j}kz'\sin\theta}\mathrm{d}z' \tag{5-48}$$

令 $u=\frac{\pi l}{\lambda}\sin\theta$，则

$$\begin{aligned} \mathrm{SF}(u) &= \frac{\lambda}{l}\sum_{p=-\bar{n}+1}^{\bar{n}-1}\mathrm{SF}(p)\int_{-\frac{l}{2}}^{\frac{l}{2}}\mathrm{e}^{-\mathrm{j}\frac{2\pi p z'}{l}}\cdot \mathrm{e}^{\mathrm{j}\frac{2uz'}{l}}\mathrm{d}z' \\ &= \frac{\lambda}{l}\sum_{p=-\bar{n}+1}^{\bar{n}-1}\mathrm{SF}(p)\cdot\frac{2\mathrm{j}l\sin(u-\pi p)}{2\mathrm{j}(u-\pi p)} \\ &= \lambda\sum_{p=-\bar{n}+1}^{\bar{n}-1}\mathrm{SF}(p)\cdot\mathrm{Sa}(u-\pi p) \end{aligned} \tag{5-49}$$

因此，当 $I'(z')=I(z')\mathrm{e}^{\mathrm{j}\xi z'}$ 时，同理代入式 5-46～5-49，可得

$$\mathrm{SF}(u')=\lambda\sum_{p=-\bar{n}+1}^{\bar{n}-1}\mathrm{SF}(p)\cdot\mathrm{Sa}(u'-\pi p) \tag{5-50}$$

式中 $u'=u+\frac{\xi l}{2}$。

Civi 等学者于 1999 年指出利用泊松求和公式(Poisson Sum Formula，PSF)可以得到 Floquet 分解方程，即

$$\sum_{n=N_1}^{N_2} g(n)=\frac{g(N_1^{+})}{2}+\frac{g(N_2^{-})}{2}+\sum_{p=-\infty}^{\infty}\int_{N_1^{+}}^{N_2^{-}} g(v)\mathrm{e}^{-\mathrm{j}2\pi p v}\mathrm{d}v \tag{5-51}$$

忽略上式的两个端点值便可以将离散阵列与连续阵列联系起来，即：

$$\sum_{m=-M}^{M} g(m) \approx \sum_{p=-\infty}^{\infty} \int_{-M}^{M} g(v) e^{j2\pi pv} dv \tag{5-52}$$

联立式 5-45 和式 5-52,可得

$$AF = \sum_{p=-\infty}^{\infty} \int_{-N}^{N} A_n e^{jkv\Delta z\sin\theta} e^{-j2\pi pv} dv \tag{5-53}$$

其中,Δz 为阵元的间距。令 $z'=\Delta z \cdot v$,则 $dv=\frac{1}{\Delta z}dz'$,上式可改写为

$$AF = \frac{1}{\Delta z} \sum_{p=-\infty}^{\infty} \int_{-\frac{l}{2}}^{\frac{l}{2}} A_n e^{jkz'\sin\theta} e^{-j2\pi p\frac{z'}{\Delta z}} dz' \tag{5-54}$$

当阵列天线采用 Taylor 综合法时,阵元激励 A_n 等效于式 5-46 中的 $I(z')$。根据式 5-8～式 5-10 的处理方式,并对照式 5-50 可以得到此时的参数 $\xi=-\frac{2\pi p}{\Delta z}$,则 $u'=u+\frac{\xi l}{2}=u-\frac{\pi pl}{\Delta z}$。故上式便可以与 $SF(u')$联系起来,即

$$AF(u) = \frac{1}{\Delta z} \sum_{p=-\infty}^{\infty} SF\left(u - \frac{\pi pl}{\Delta z}\right) \tag{5-55}$$

如前面所定义的 $u=\frac{\pi l}{\lambda}\sin\theta$,令 $\zeta_p=-\frac{\pi pl}{\Delta z}$,推得

$$AF = \sum_{p=-\infty}^{\infty} AF_p; \quad AF_p = \frac{1}{\Delta z} \frac{\sin(u+\zeta_p)}{u+\zeta_p} \prod_{n=1}^{\bar{n}-1} \frac{1-\left(\frac{u+\zeta_p}{u_n}\right)^2}{1-\left(\frac{u+\zeta_p}{n\pi}\right)^2} \tag{5-56}$$

至此,采用 Taylor 综合法的离散阵列天线在其方向图综合过程中,阵因子可以改写为连续阵列天线的空间因子表达式,便可以直接计算离散阵列天线的阵因子,省略了激励电流的抽样离散化步骤,简化了设计流程。

5.3.3 阵列天线的模组化设计

当阵列天线的阵元数较多时,如果直接采用 Taylor 综合法,那么辐射方向图的副瓣电平值虽然可以达到预设值,但是其馈电网络往往比较复杂,不利于设计与实现。因为各个阵元的激励幅度均不相同,且随着副瓣电平的降低,阵列边缘的激励幅度甚至会发生跳变,增大了馈电网络的设计难度与辐射损耗。因此,如果将阵列天线划分为一定数量的子阵,则阵列天线的方向图综合就可以分解成子阵的方向图综合问题,这样可以简化

计算的复杂度，因而越来越受到学者的重视。本书首次将划分子阵的方法称为阵列天线的模组化设计，即每一个子阵认为是一个模组，如图 5-17 所示，将间距为 d 的 N 个阵元划分为 N_a 个完全相同的模组，每个模组包含 M 个阵元，模组之间的间距 $d_a = Md$。如此一来，阵列天线的馈电网络便分成了两级，第一级为模组内部的馈电网络，第二级为模组之间的馈电网络。

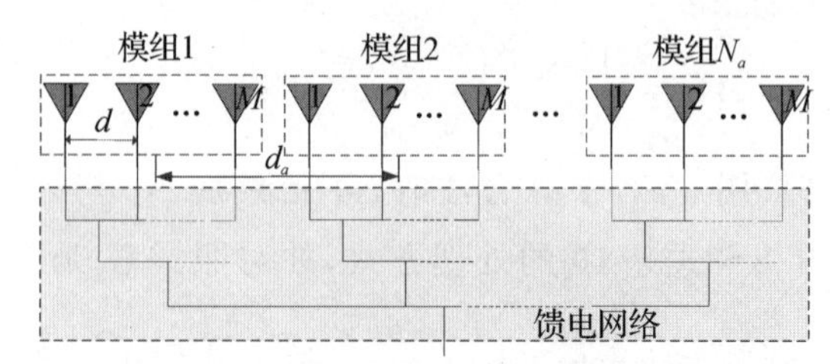

图 5-17　阵列天线的模组化

图 5-18 进一步说明了上述模组化阵列天线的两级馈电网络结构。图 5-18(a)表示第一级馈电网络，为模组内部的 M 个阵元提供激励幅度和相位信息 a_m；图 5-18(b)表示第二级馈电网络，为 N_a 个模组提供激励幅度和相位信息 b_n。因为 N_a 个模组拥有相同的辐射特性，所以其内部结构完全相同，即 N_a 个第一级馈电网络完全相同，因此便简化了馈电网络的设计与制作。

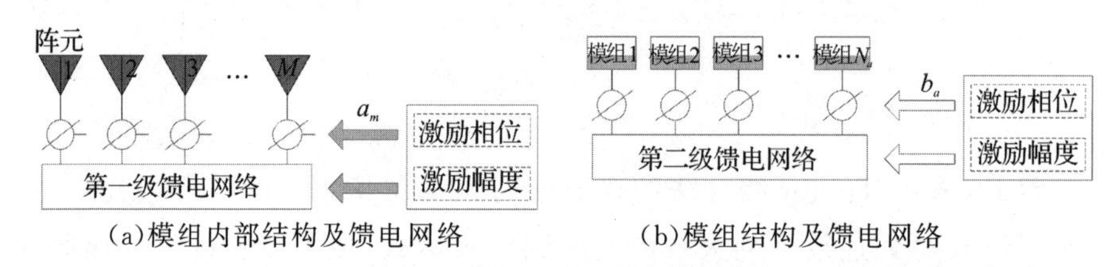

(a)模组内部结构及馈电网络　　(b)模组结构及馈电网络

图 5-18　阵列天线的两级馈电网络

模组化阵列天线的辐射场 $\overline{E}_{\text{tot}}(\theta)$ 可以表达为

$$\overline{E}_{\text{tot}}(\theta) = \overline{E}_{\text{sub}}(\theta) \cdot \text{AF} \tag{5-57}$$

$$\text{AF} = \sum_{n=1}^{N_a} b_n \mathrm{e}^{\mathrm{j}knd_a(\sin\theta - \sin\theta_0)} \tag{5-58}$$

式中，$\overline{E}_{\text{sub}}(\theta)$ 为每个模组的辐射方向图，AF 为 N_a 个模组的阵因子；b_n 为每个模组的激励，由第二级馈电网络提供，如图 5-18(b)所示；d_a 为模组间距，θ 和 θ_0 分别为观察角度和主瓣方向。

虽然阵列天线的模组化设计能够降低馈电网络的复杂度，但是模组之间的间距往往超过一个波长，即 $d_a > \lambda$，其辐射方向图会引起栅瓣。Suda 等于 2010 年指出，当阵元之间的间距大于半波长时，阵因子就有可能出现栅瓣。阵列天线的辐射方向图可以分解为多个 Floquet 模，当阵元激励均匀分布时，沿着传播方向的辐射平面波由下式决定

$$\sin\theta_p = \sin\theta_0 + \frac{p\lambda}{d_a} \tag{5-59}$$

式中，θ_p 为第 p 个 Floquet 模的传播角度。当 $p \neq 0$ 时，θ_p 表示第 p 个栅瓣的角度；当 $p=0$ 时，θ_p 表示主瓣方向角。这里以天线口径大小 $l=20\lambda$ 的直线阵列为例，阵元之间的间距分别为 $d=0.5\lambda$、$d=1.0\lambda$ 和 $d=1.25\lambda$，分别利用式 5-17 计算阵因子方向图，其中副瓣电平 SLL = −30 dB，参数 $\bar{n}=4$。计算结果如图 5-19 所示，由于三者的口径大小相同，所以主瓣宽度也相等。然而 $d=1.0\lambda$ 和 $d=1.25\lambda$ 情况下的阵列天线辐射方向图均出现了栅瓣，且随着阵元间距的增大，栅瓣的角度位置越靠近主瓣，符合式 5-20 的描述。

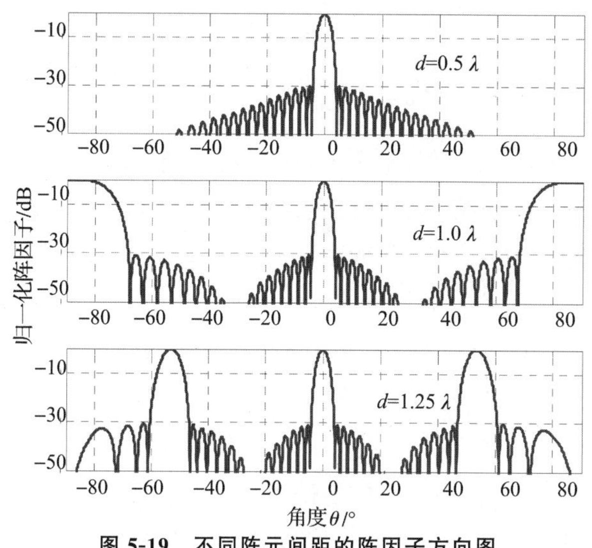

图 5-19 不同阵元间距的阵因子方向图

由于栅瓣会使天线的辐射效率和抗干扰能力下降，许多学者纷纷提出了多种方法来抑制栅瓣，其中包括非均匀子阵、重叠子阵和旋转子阵等，这些方法的共同点是通过打破阵列天线的周期性，进而达到抑制栅瓣的目的。

5.4 低副瓣模组化阵列天线

5.4.1 模组内部的 SPM 综合法

为了得到预期的低副瓣辐射方向图，这里首先对模组采用 Taylor 综合法，即直接运用式 5-17 计算模组的阵因子；然后对模组内部的阵元采用 SPM 综合法，使其方向图在预设角度产生零陷，且这些零陷的角度与模组阵因子的栅瓣相对应，根据方向图相乘原理，便可以抵消或者降低栅瓣。因此，此时 SPM 综合法所要产生的零陷预设角度就是模组阵因子栅瓣的角度值。

如图 5-18(a)所描述的每个模组的内部结构，包括基本的阵元、激励相位和激励幅度组成的馈电网络，其结构均完全相同，辐射场也相同，即

$$\overline{E}_{\text{sub}}(\theta)=\overline{E}_{\text{ele}}(\theta)\text{AF}_{\text{sub}} \tag{5-60}$$

$$\text{AF}_{\text{sub}}=\sum_{m=1}^{M}a_m \text{e}^{\text{j}kmd(\sin\theta-\sin\theta_0)} \tag{5-61}$$

式中，$\overline{E}_{\text{ele}}(\theta)$为阵元的辐射场，$\text{AF}_{\text{sub}}$为模组内部 M 个阵元的阵因子，a_m 为阵元的激励信息(由第一级馈电网络提供)，d 为阵元间距，θ 和 θ_0 分别为观察角度和主瓣方向。由上面的阐述可知，SPM 综合法能够将式 5-61 改写成

$$\text{AF}_{\text{sub}}=a_N(z-z_1)(z-z_2)\cdots(z-z_{N-1}) \tag{5-62}$$

$$z=\text{e}^{\text{j}kd(\sin\theta-\sin\theta_0)};\quad z_n=\text{e}^{\text{j}kd(\sin\theta_n-\sin\theta_0)} \tag{5-63}$$

其中，$\theta_n(n=0,1,2,\cdots,N-1)$为辐射方向图零陷的角度值，即与模组阵因子的栅瓣角度相对应。将预设的零陷角度 θ_n 代入式 5-62 和式 5-63，便可得出模组内部阵因子 AF_{sub}，然后再代入式 5-61，最终确定了激励 $a_m(m=1,2,\cdots,M)$的值。

由于模组内部采用 SPM 综合法预设的零陷角度与模组阵因子的栅瓣角度相对应，联立式 5-59 和式 5-63 可推得

$$z_p=\text{e}^{\text{j}kd(\frac{p\lambda}{d_s}+\Delta)} \tag{5-64}$$

式中，z_p 代表第 p 个栅瓣位置角度；一般情况下，角度偏移量 $\Delta=0°$。当栅瓣的宽度较大时，需要选择合适的微扰常量 Δ 使零陷宽度相应地增大。

由上式可看出，零陷的位置与主瓣角度无关，但是观察角度改变时，式 5-59 中的 Floquet 模就会改变，因此式 5-62 展开的系数 a_m 能够应用于图5-18(a)中的激励幅度。理论上，根据方向图相乘原理，一个零陷能够抵消或者降低一个栅瓣。但在实际的设计中，如果模组阵因子 AF 的栅瓣宽度较大时，则在产生栅瓣的角度周围需要用两个及以上零陷才足以达到抵消栅瓣的效果，上式中的 Δ 就是一个微小的角度偏移量，N 个阵元的辐射方向图拥有产生 $N-1$ 个零陷的能力。

5.4.2 矩形口径阵列天线

上述将 $\overline{E}_{\text{sub}}(\theta)$ 设为一系列基本场 $\overline{E}_n(\theta)(\theta=1,2,\cdots,M)$ 的线性叠加，这种假设也适用于大尺寸的口径天线，于是式 5-57 改写成

$$\overline{E}_{\text{tot}}(\theta)=\left(\sum_{n=1}^{M}b_n\overline{E}_n(\theta)\right)\cdot\left(\sum_{p=-\infty}^{\infty}\text{AF}_p\right) \tag{5-65}$$

式中，第二个括号内的表达式为式 5-56 中模组的阵因子，这里将带有栅瓣的辐射场定义为 $\overline{E}_g(\theta)$，其中考虑到式 5-57 的传播模，但忽略 $p=0$ 阶 Floquet模（因为该模产生主瓣）。由于消逝模随着传播距离的增大很容易衰退，并不会对远场的辐射方向图产生影响，因此这里忽略了消逝模的作用，$\overline{E}_g(\theta)$的表达式为

$$\overline{E}_g(\theta)=\left(\sum_{n=1}^{M}b_n\overline{E}_n(\theta)\right)\cdot\left(\sum_{p\neq0}\text{AF}_p\right)=\sum_{n=1}^{M}b_n\left(\overline{E}_n(\theta)\cdot\left(\sum_{p\neq0}\text{AF}_p\right)\right) \tag{5-66}$$

为了降低 $p=0$ 阶 Floquet 模在栅瓣角度位置对副瓣电平的影响，式 5-57中的零陷分布角度选择在 $u_n=u_p$ 周围，而且可以灵活选择，甚至可以在一个栅瓣角度位置选择产生多个零陷。通过一组测试函数$\{\overline{E}_i^{\text{test}}(\theta),i=1,2,\cdots,M\}$，运用最小二乘误差法（Least Square Error Method，LSE）来寻找式 5-56 中一系列$\{b_n,n=1,2,\cdots,M\}$的值，结果如下

$$\langle\overline{E}_g(\theta),\overline{E}_i^{\text{test}}(\theta)\rangle=\sum_{n=1}^{M}b_n\langle\left(\overline{E}_n(\theta)\cdot\left(\sum_{p\neq0}AF_p\right)\right),\overline{E}_i^{\text{test}}(\theta)\rangle \tag{5-67}$$

式中，$\langle f,g\rangle$表示函数 f 和 g 的内积，测试函数通常采用点匹配技术来测试栅瓣周围的辐射场，即 $\overline{E}_i^{\text{test}}(\theta)=\hat{e}\delta(u-u_i)$；$\hat{e}$ 为极化分量的单位向量，u_i 在栅瓣周围取值。当 u_i 刚好在栅瓣角度时，上式的内积函数可以得到简化，此时有：

$$\mathrm{AF}_p(u_i)=\frac{1}{\Delta z}\frac{\sin(u_i-\zeta_p)}{u_i-\zeta_p}\prod_{n=1}^{\bar{n}-1}\frac{1-\left(\dfrac{u_i-\zeta_p}{u_n}\right)^2}{1-\left(\dfrac{u_i-\zeta_p}{n\pi}\right)^2}=\begin{cases}\dfrac{1}{\Delta z},u_i=\zeta_p\\0,\text{else}\end{cases} \tag{5-68}$$

选取矩形口径天线替代模组作为阵列天线新的阵元，假设其分布于 x 轴，其电场分布为一系列的余弦函数之和

$$E_a(x')=b_1+b_2\cos\frac{\pi x'}{a}+b_3\cos\frac{2\pi x'}{a} \tag{5-69}$$

式中，参数 a 为矩形口径天线的尺寸，通过 LSE 法可获得最佳的系数 b_1、b_2、b_3。

5.4.3 仿真分析

本设计实例中的天线口径大小 $l=16.2\lambda$，将该阵列天线划分为 9 个模组，即模组以间距 $d_a=1.8\lambda$ 为周期直线分布。对模组采用 Taylor 综合法，设定参数 $\bar{n}=6$，SLL$=-40$ dB，便可得到该模组阵因子方向图，如图 5-20 所示。图中也给出了阵元均匀激励时的阵因子方向图作为对比，两者的主瓣两侧各产生了一个栅瓣，因为两者的口径大小、模组数量和间距均相同，所以其栅瓣角度也相同，

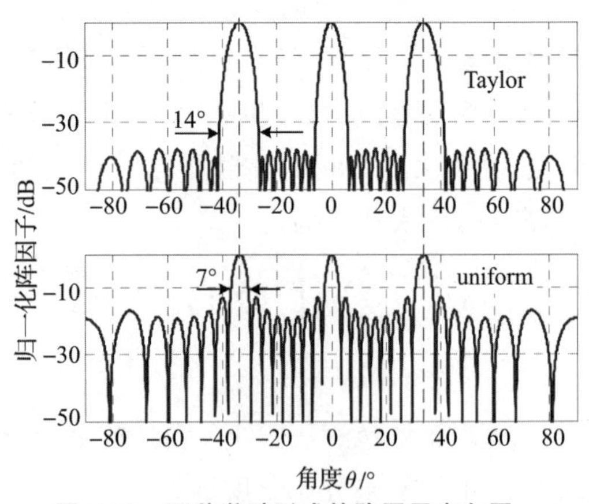

图 5-20 两种激励形式的阵因子方向图

并且由式 5-59 可计算出此时的栅瓣位置角度 $\theta_g=\pm\arcsin(\lambda/d_a)\approx\pm 33.75°$。然而，前者的栅瓣宽度约为 14°，后者的栅瓣宽度仅约为 7°。由此可见，栅瓣的宽度与副瓣电平有关，随着副瓣电平的降低，栅瓣的宽度增大，主瓣宽度也随之变大。因此，在设计阵列天线时，在使辐射方向图达到需求的副瓣电平的同时，还必须考虑到主瓣宽度和栅瓣宽度。

接下来将对模组内部的阵元采用 SPM 综合法以消除模组阵因子方向图中的栅瓣。根据上面的阐述，M 个阵元的辐射方向图能够产生 $M-1$ 个零点，所以该实例中的模组内部至少需要 3 个阵元以产生足够多的零陷与

栅瓣相对应。若假设模组内部均匀分布 3 个阵元，则阵元间距 $d=d_a/3$，此时阵元间距 $d>\lambda/2$，则式 5-62 和式 5-63 中的复变量 z 在单位圆上的可见区范围大于一周，如图 5-21 所示。根据栅瓣的角度值得出零点 Z_1、Z_2 的位置，虽然 Z 在单位圆上可能会出现多个值，但此例的主瓣角度没有落入重复轨迹区域，即其方向图不会引起栅瓣。因此，一旦选定模组内部的阵元数量，便可以确定所需的零陷个数，但值得注意的是，复变量 Z 的零点值必须落于单位圆的可见区范围内，如此一来 SPM 综合法才具有收敛性。

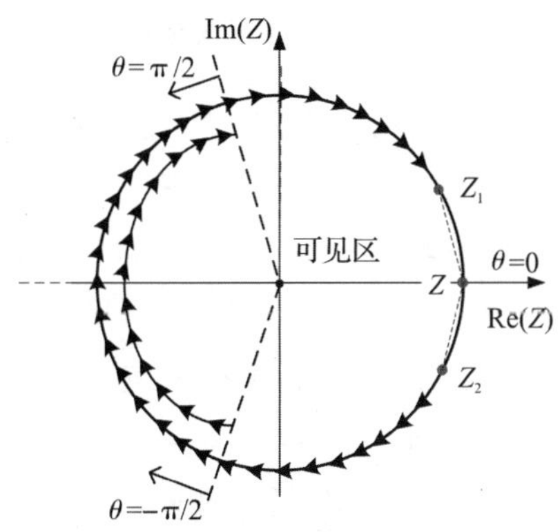

图 5-21　复变量 z 在单位圆上的可见区范围及零点位置

首先考虑模组均匀激励的情况，即式 5-58 中的 b_n 均相等时，其阵因子方向图再次以虚线展示于图 5-22 中，且此时的栅瓣宽度较窄。模组内部的阵元采用 SPM 综合法，已知 M 个阵元的辐射方向图能够产生 $M-1$ 个零陷。所以在此种情况下，每个栅瓣只需要一个零陷与之对应即可，即预设的零陷角度等于栅瓣角度，模组内部只需包含 3 个均匀分布的阵元，使其辐射方向图产生 2 个零陷，如图 5-21 所示。将零点值代入式 5-63 和 5-64，便可得到模组内部阵元的阵因子 $\mathrm{AF}_{\mathrm{sub}}$。本实例假设阵元的辐射场 $\overline{E}_{\mathrm{ele}}(\theta)=\cos\theta$，并由式 5-21 便可以得到每个模组的辐射方向图，如图 5-22(a)中的实线所示。可以看出，模组辐射方向图的主瓣两侧各产生了一个与栅瓣对应的零陷，再利用方向图相乘原理，便可得到阵列天线总的辐射方向图，如图 5-22(b)所示。可以看出，模组辐射方向图中的零陷很好地抵消了阵因子方向图的栅瓣，说明 SPM 综合法能够有效地应用于均匀激励的阵列天线中。

在完成基本设计后，可以考虑对模组采用 Taylor 综合法的情况，使副瓣电平达到−40 dB 的设计要求。然而，此时的副瓣电平远远低于均匀激

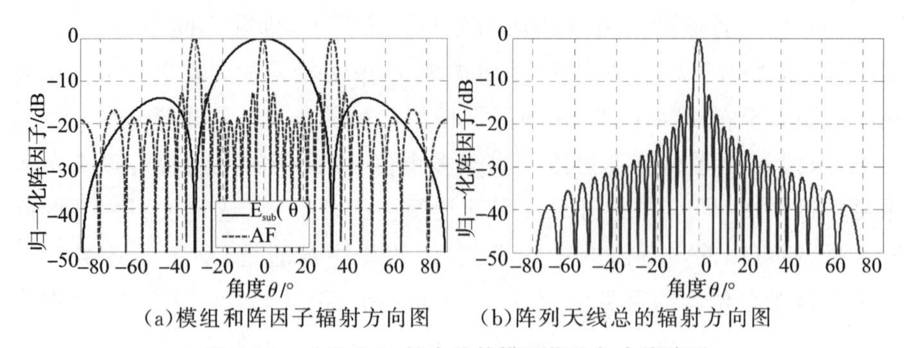

(a)模组和阵因子辐射方向图　　(b)阵列天线总的辐射方向图

图 5-22　采用 SPM 综合法的模组化均匀直线阵列

励的情况，所以栅瓣的宽度也相应地增大。如前面所阐述，对模组内部的阵元采用 SPM 综合法，预设零陷要分布于栅瓣角度的两侧，即通过设置偏移量 Δ 使得每个栅瓣的两侧各产生一个零陷，才足以完全抵消阵因子的栅瓣。这样一来，模组内部均匀分布 5 个阵元，则阵元间距 $d=d_a/5$，此时阵元间距 $d<\lambda/2$，式 5-62 和式 5-63 中的复变量 Z 在单位圆上的可见区范围小于一周，如图 5-23 所示。Z 在单位圆上不会出现多个值，即其方向图不会引起栅瓣，图 5-23 同样给出了零点 $Z_1 \sim Z_4$ 的位置，其阵因子方向图再次以虚线展示于图 5-24(a)中。同理，将预设的零陷角度值代入式 5-23～式 5-25，便可得到模组内部阵元的阵因子 $\mathrm{AF_{sub}}$，再代入式 5-60 中便可以得到每个模组的辐射方向图 $\overline{E}_{\mathrm{sub}}(\theta)$，如图 5-24(a)中的实线所示。靠近栅瓣两侧均产生了一个零陷，每个模组内部包含 5 个分布均匀的阵元，使其辐射方向图产生 4 个零陷。利用方向图相乘原理，所计算求得的阵列天线总的辐射方向图如图 5-24(b)所示，辐射方向图的栅瓣已经消失，副瓣电平达到预期的 −40 dB，即符合低副瓣阵列天线的设计要求。

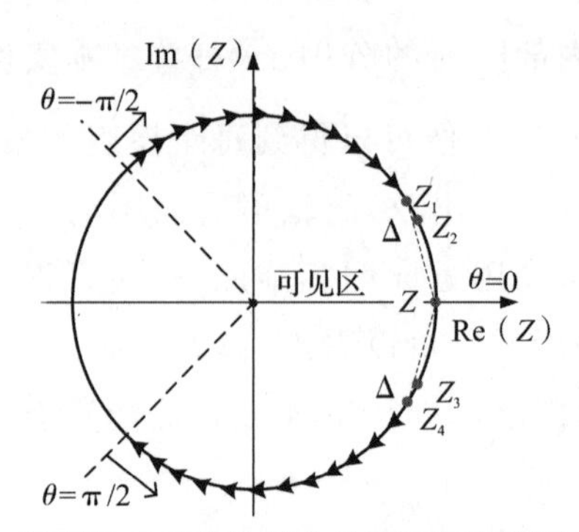

图 5-23　复变量 Z 在单位圆上的可见区范围及零点位置

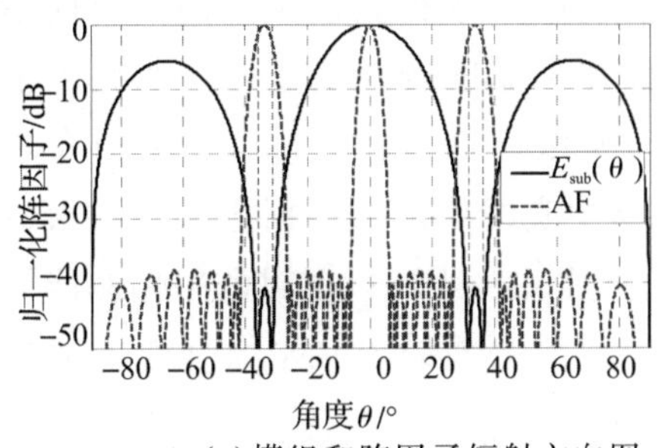

(a)模组和阵因子辐射方向图

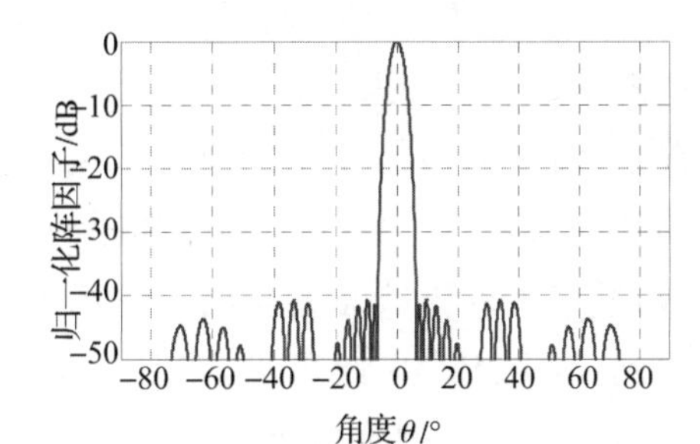

(b)阵列天线总的辐射方向图

图 5-24　采用 SPM 综合法的模组化 Taylor 直线阵列

当阵列天线的波束在一定的范围内进行扫描时，随着扫描角度的变化，阵元之间的耦合程度也会相应起变化，要求阵元所加载的激励幅度和相位也要有所变化。因此，对于低副瓣模组化阵列天线的设计，有必要考虑波束扫描的情况，与此同时，馈电网络的设计应该具有随波束扫描变化而自适应调整的能力。本章前面部分的讨论均是假设阵列天线为边射阵，即主瓣角 $\theta_0=0°$ 的情况，SPM 综合法能够有效地应用于低副瓣模组化阵列天线，消除阵因子方向图的栅瓣。下面继续讨论当主瓣角发生变化时 SPM 综合法的适用性，这里以主瓣角偏移到 30°为例，即 $\theta_0=30°$ 时，且同样分为模组均匀激励和采用 Taylor 综合法两种情况。

图 5-25(a)中虚线展示了当模组均匀激励时，其阵因子方向图的左侧出现了两个栅瓣的情况。此时栅瓣宽度仍然比较窄，每个栅瓣只需要一个零陷与之对应即可，所以每个模组内部同样包含 3 个均匀分布的阵元，其辐射方向图产生的零陷仍然与阵因子的栅瓣对应，如图 5-25(a)中实线所示。根据方向图相乘原理，所得阵列天线总的辐射方向图展示于图 5-25(b)中，可见此时模组辐射方向图的零陷仍然有效地抵消了阵因子方向图的栅瓣。

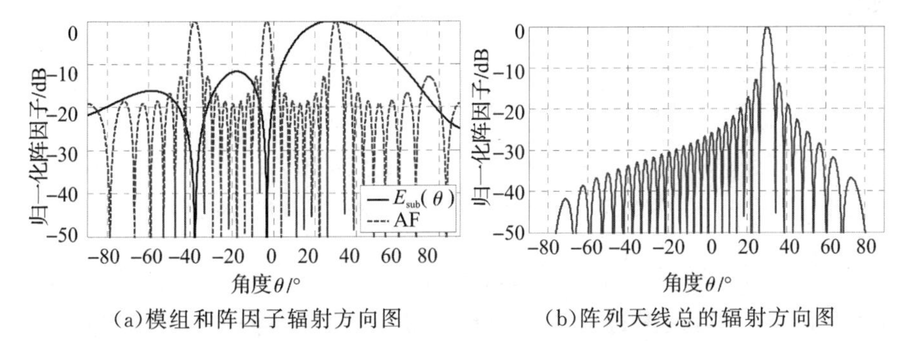

(a)模组和阵因子辐射方向图　　(b)阵列天线总的辐射方向图

图 5-25　采用 SPM 综合法的均匀直线阵列

当主瓣角 $\theta=30°$时，采用 Taylor 综合法，所求得其模组阵因子方向图如图 5-26(a)中虚线所示，主瓣的两边出现了宽度较大的栅瓣。在此种情况下，每个栅瓣需要用 2 个零陷来抵消，所以模组内部为包含 7 个分布均匀的阵元，以产生 6 个零陷，如图 5-26(a)中实线所示。根据方向图相乘原理，所得阵列天线总的辐射方向图展示于图 5-26(b)中，副瓣电平仍然能够达到−40 dB。由此可见，当主瓣角处于扫描状态时，SPM 综合法能够有效地应用于低副瓣模组化阵列天线的设计。

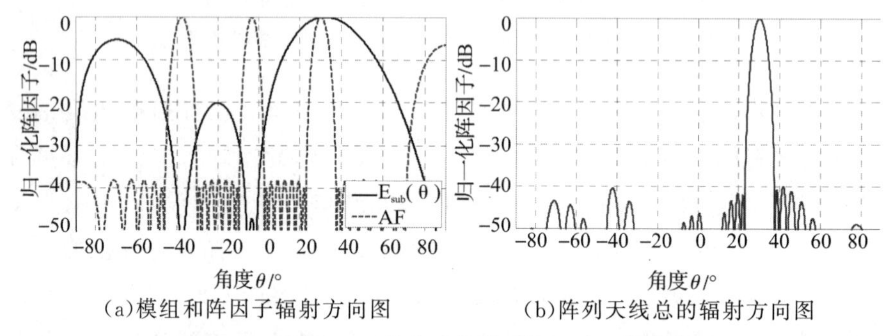

(a)模组和阵因子辐射方向图　　(b)阵列天线总的辐射方向图

图 5-26　采用 SPM 综合法的模组化 Taylor 直线阵列

图 5-27 分别给出了上述模组化阵列天线采用 Taylor 综合法和 SPM 综合法后所得到的阵元激励幅度分布，其中图 5-27(a)为图 5-24 所对应的阵元激励幅度分布，图 5-27(b)为图 5-26 所对应的阵元激励幅度分布。图中虚线代表模组的激励幅度分布，右上角部分则为采用 SPM 综合法得到的每个模组内部阵元的激励幅度分布，实线则为最终的阵元激励幅度分布。

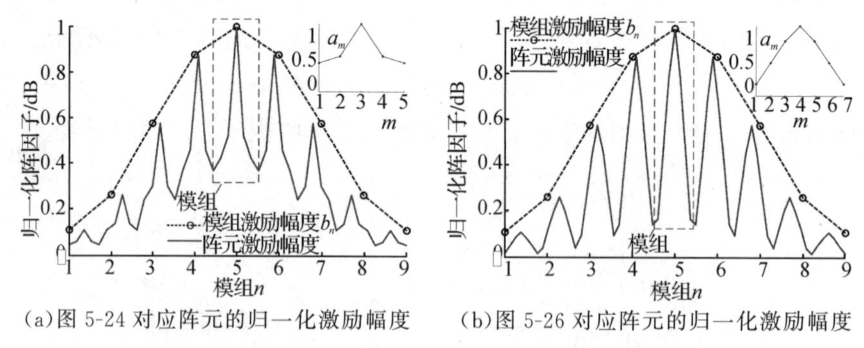

(a)图 5-24 对应阵元的归一化激励幅度　　(b)图 5-26 对应阵元的归一化激励幅度

图 5-27　采用 SPM 综合法的 Taylor 阵列天线激励幅度

接下来考虑矩形口径阵列天线的情况。本例中阵列天线的口径大小仍然为 $l=16.2\lambda$，这里选取 9 个矩形口径天线作为阵列天线新的阵元替代模组。根据式 5-69，此时选定参数 $a=1.7\lambda$，由所对应的零陷位置对矩形口径天线采用 LSE 法，结果得到系数的值分别为 $b_1=1$、$b_2=2.37$ 和 $b_3=-0.64$。其辐射方向图展示于图 5-28 中，由图 5-28(a)可以看出，矩形口径天线的辐射方向图仍然可以产生足够宽的零陷，有效地抵消阵因子方向图中的栅瓣。根据方向图相乘原理，阵列天线总的辐射方向图展示于图 5-28(b)，其副瓣电平仍然能够达到−40 dB。

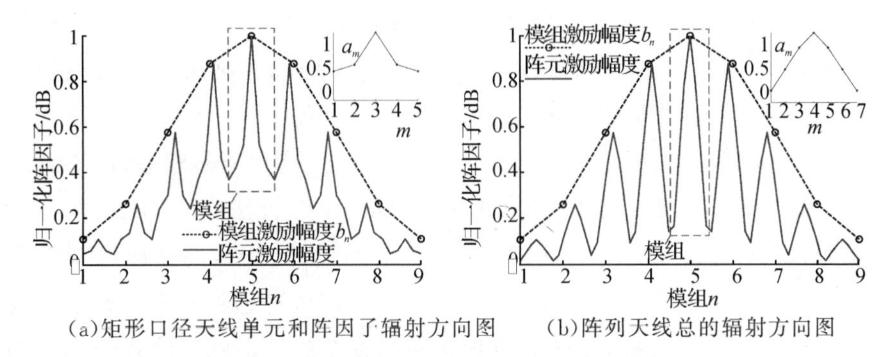

(a)矩形口径天线单元和阵因子辐射方向图　　(b)阵列天线总的辐射方向图

图 5-28　采用 Taylor 综合法的矩形口径阵列天线

从以上实例可以看出，在低副瓣模组化阵列天线的方向图综合过程中，可以用上述两种方法来消除阵因子方向图的栅瓣，此处涉及的综合算法流程图如图 5-29 所示。就各个模组而言，除了本章使用的 SPM 综合法和采用的口径阵列天线之外，还可以探讨其他多种方法。总之，模组化阵列天线的方向图综合比常规的阵列天线更为灵活，更容易找到合适的方法消除阵因子方向图的栅瓣，且整个综合过程简单，算法的收敛速度快，容易获得低副瓣的辐射方向图。

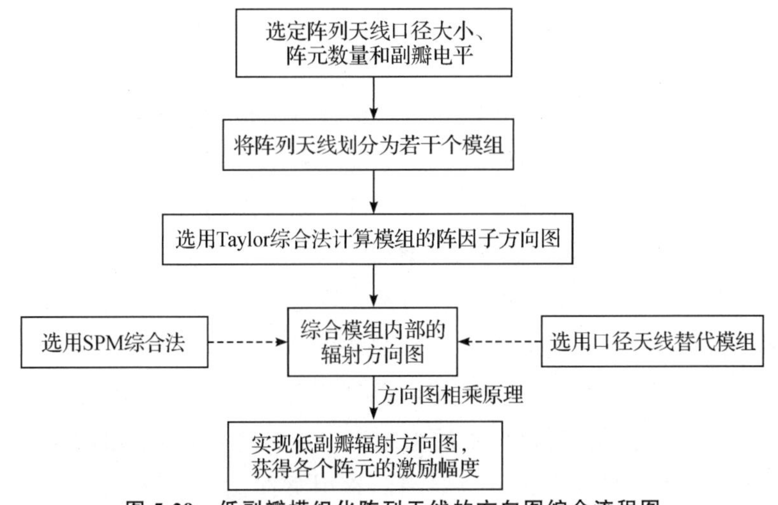

图 5-29　低副瓣模组化阵列天线的方向图综合流程图

5.5 低副瓣不等距模组化阵列天线的设计

一般来说,不等距阵列需要更为复杂的馈电网络,本节期望通过天线阵元的分组优化技术来获取更佳的方向图综合特性。对于激励均匀的等距阵列天线,若采用矩形口径天线,则其辐射方向图的副瓣电平典型值为SLL≈－13.2 dB;若采用圆形,则副瓣电平为SLL≈－17.6 dB。显而易见,这种均匀激励的阵列天线副瓣电平不太理想,抗扰能力较差,达不到高性能设计要求。采用传统的多项式法如Taylor综合法、Schelkunoff综合法和Dolph-Chebyshev综合法等,利用复杂的设计技术,均能通过调整等距阵列天线阵列的阵元及激励工作状态,使副瓣电平达到某个预设值。要使得以上结果得以实施,往往需要配备极为复杂的馈电网络给各个阵元提供激励,且随着阵元数量的增加,其馈电网络就越复杂,分布参数电抗也将参与其中。尤其对大型阵列而言,其馈电网络不仅损耗大,而且难以实现。此外,实际设计过程中采用多项式法综合阵列天线也具有一定的局限性:首先多项式的次数随着阵元数量的增多而变大,计算量也随之迅速变得无法承受;其次多项式法通常只适用于等距阵列天线,而无法直接应用于不等距阵列天线。由此可见,采用多项式法综合等距模组化阵列天线,虽然可以达到低副瓣的设计指标,但很可能是设计很成功而无法实现加工与制作。此外,如果一味地以阵元的激励幅度作为降低辐射方向图副瓣电平的综合参数,会使主瓣宽度变大,降低阵列天线的增益和方向性,不利于抵抗主瓣方向周围信号的干扰。

在实际应用中的雷达、导航和卫星电视等通信系统中,空间布局、区域大小等客观因素的限制,对阵列天线的尺寸要求严格。实际应用中往往还会遇到各种复杂的环境,减少阵元的数量可以使阵列天线的馈电网络得到简化,同时也缩小阵列天线的占用体积,减少各种不可预知的干扰因素。因此,针对不等距阵列天线的一系列研究均是基于减少阵元的数量。根据前面的叙述,Unz最早提出阵元任意摆放的构想,并指出除了控制每个阵元的激励幅度这个自由变量外,还可以利用阵元位置这一新的自由变量,使波束更加容易控制,其机理本质上相当于是某种理想波形的不同采样技术;而且能够通过调整阵元的位置消除辐射方向图的栅瓣,从而达到低副瓣电平的设计目的，即采用密度加权实现低副瓣阵列天线。因此，本节将继续对不等距阵列天线展开研究，给每个阵元提供相同的或者成比例的激励幅度，在实现低副瓣辐射方向图的同时降低馈电网络的复杂度。

Kumar 等学者于 1999 年根据阵元的分布情况将不等距阵列天线分为两类：一类是阵元的间距从阵列中心向边缘递增，称为锥削阵列天线，如图 5-30(a)所示，从阵元的分布位置 $S_n(n=-N,-N+1,\cdots,N-1,N)$ 可以看出阵元间距从阵列中心不断增大；另一类则是从等距阵列天线中移除一定数量的阵元，称为稀布阵列天线，如图 5-30(b)所示，随机移除了阵元 1、3、4、6 等，打破了阵元间距的规律分布。

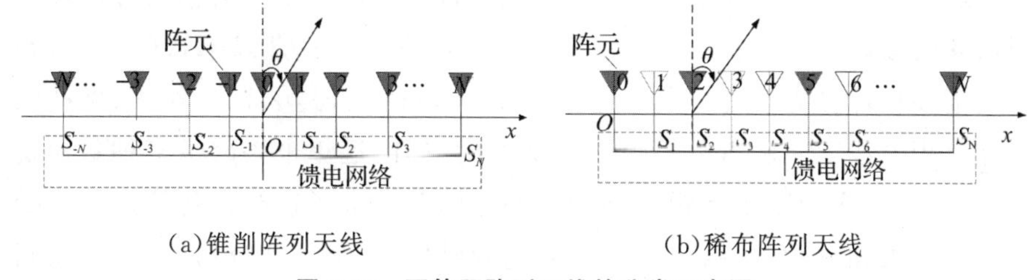

(a)锥削阵列天线　　(b)稀布阵列天线

图 5-30　不等距阵列天线的分类示意图

通常将单位长度阵元的分布数量称为阵元密度，对于锥削阵列天线，阵元密度从阵列中心往两边逐渐减小。换言之，对于锥削阵列天线，靠近阵列中心的阵元间距最小，远离阵列中心的阵元间距不断增大，阵列边缘的阵元间距最大。为了得到低副瓣的辐射方向图，对于等距阵列天线，多项式方向图综合法是给阵元提供锥削分布的激励幅度，即激励幅度从阵列中心往边缘逐渐减小，从而使得辐射(或接收)功率集中于天线口径中心位置。就此而言，锥削阵列的阵元位置分布与等距阵列的阵元激励分布具有很强的相似性，即锥削阵列天线可以产生低副瓣的辐射特性。研究指出，锥削阵列天线比一般不规则的不等距阵列天线更容易获得低副瓣的辐射方向图。在天线口径大小相同的情况下，不等距阵列天线的阵元总数比等距阵列天线少，且阵元激励也相对简单，因此不等距阵列天线通常拥有简易的馈电网络。

虽然不等距阵列天线的辐射方向图更容易实现低副瓣电平，但是如果单纯依靠调整阵元间距这一参数来降低副瓣电平，则可能会导致阵元之间的间距过小，而产生强烈的耦合效应。Visser 于 2012 年出版的《天线理论与应用》一书中也指出，如果阵元间距太小，则耦合效应不能再被忽略，否则将会影响阵元的阻抗特性和辐射特性，进而大大降低阵列的辐射效率。

前面章节所叙述的等距阵列天线以阵元的激励设计参数，其方向图综合问题是线性的；本节的不等距阵列天线则以阵元的间距为设计参量，比如阵元间距按照指数函数或者三角函数的形式增长，其方向图综合问题是非线性的。此时，最低副瓣电平与阵元分布位置的关系不是连续变化的，阵元间距除了要大于或等于半波长之外，还受到了更多的约束。况且，采用密度加权的不等距阵列天线是以抬高副瓣电平为代价来降低主瓣周围的副瓣电平的，因此不等距阵列天线的方向图综合问题更具有挑战性。

Sandler 早在 1960 年就指出，对于不等距阵列天线和等距阵列天线分别通过调节阵元的分布位置和阵元的激励幅度，均可以使其辐射方向图实现预期的参数特性，两者之间有着某种等效关系。一直以来，许多学者也运用了多种计算方法对不等距阵列天线进行研究，其中有矩阵法、微扰法和近似积分法等。随着计算机运算能力的提升，近年来兴起了多种数值优化算法，也均应用于不等距阵列天线的方向图综合。这些优化算法均是致力于寻找未知参数的最优解，如阵元的激励幅度、相位和分布位置，但是目前仍没有较好的理论来支撑不等距阵列天线的设计，即没有一个完整的计算式能够直接应用于不等距阵列天线的方向图综合。Angeletti 等于 2009 年对等距阵列天线和不等距阵列天线两者之间的联系展开研究，提出结合阵元间距和激励的方向图综合方法，据此本节将对低副瓣的不等距阵列天线方向图综合展开研究。

图 5-31 展现了关于中心对称的直线锥削阵列天线，其辐射场 $\overline{E}_{\text{tot}}(\theta)$ 为

$$\overline{E}_{\text{tot}}(\theta)=\overline{E}_{\text{ele}}(\theta)\cdot \text{AF} \tag{5-70a}$$

$$\text{AF}=\sum_{n=-N}^{N}A_n \mathrm{e}^{\mathrm{j}kS_n(\sin\theta-\sin\theta_0)} \tag{5-70b}$$

其中，阵元总数为 $2N$，式中参数的定义与等距阵列天线一样；$\overline{E}_{\text{ele}}\theta$ 为阵元的辐射场，AF 为阵因子，A_n 为各个阵元的激励信息，波数 $k=2\pi/\lambda$，θ 和 θ_0 分别为观察角度和主瓣角度，参数 S_n 为阵元分布位置。由于该阵列左右结构对称，所以式 5-70b 可以简化为

$$\text{AF}=\sum_{n=1}^{N}A_n\cos[kS_n(\sin\theta-\sin\theta_0)] \tag{5-71}$$

Ishimaru 等学者于 1962 年首次阐述了离散阵列和连续阵列之间的关系，并在 Taylor 综合法的基础上，利用泊松求和公式以及阵元位置归一化方程，使不等距阵列天线实现预设的辐射方向图，初步形成一个可以应用

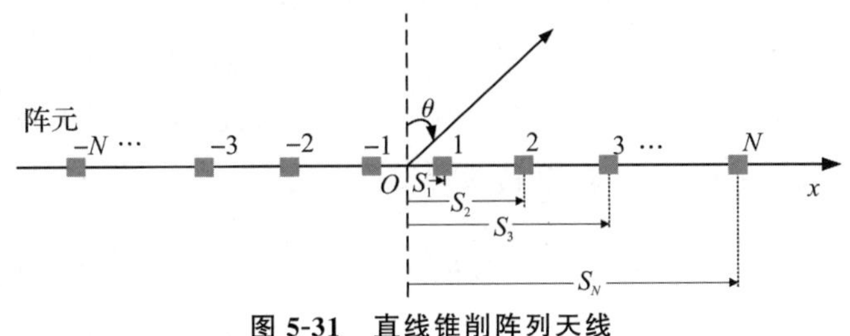

图 5-31　直线锥削阵列天线

于综合不等距阵列天线的理论。这里将运用这种理论设计的阵列天线，称为泰勒不等距阵列天线。如前面所述，对于拥有 $2M+1$ 个阵元的直线不等距对称阵列天线，其阵因子为

$$\mathrm{AF}=\sum_{n=-M}^{M} I_n \mathrm{e}^{\mathrm{j}ks_n(\sin\theta-\sin\theta_0)} \tag{5-72}$$

其中 I_n 代表第 n 个阵元的激励。泊松求和公式为

$$\sum_{n=-\infty}^{\infty} f(n)=\sum_{m=-\infty}^{\infty}\int_{-\infty}^{\infty} f(v)\mathrm{e}^{\mathrm{j}2m\pi v}\mathrm{d}v \tag{5-73}$$

因此，通过泊松求和公式可以将式 5-72 中的第 p 个 Floquet 模改写成

$$\mathrm{AF}_p=\int_{-M}^{M} I_v \mathrm{e}^{\mathrm{j}ks(v)\cdot(\sin\theta-\sin\theta_0)}\mathrm{e}^{\mathrm{j}2\pi pv}\mathrm{d}v \tag{5-74}$$

式中，$s=s(v)$ 为阵元位置归一化方程，它将离散阵列的阵元位置 s_n 转变为一个连续方程 $s(v)$，即当 $v=n$ 时，第 n 个阵元的位置 $s_n=s(n)$。式 5-74能够被改写成鞍点（saddle point）和端点（end point）的表达形式，即

$$\mathrm{AF}_p=\mathrm{AF}_p^{\mathrm{sad}}\cdot\Pi(\cdot)+\mathrm{AF}_p^{-M}F(ka^-)+\mathrm{AF}_p^{+M}F(ka^+) \tag{5-75}$$

式中，$\Pi(\cdot)$为矩形函数，当$-M<v_s<M$ 时，$\Pi(\cdot)=1$；其余情况下，$\Pi(\cdot)=0$。$F(ka^{\pm})$为一致性几何绕射（Uniform Geometrical Theory of Diffrraction，UTD）转换函数，$a^{\pm}$为调节鞍点 $v=v_s$ 和端点 $v=v_e^{\pm}=\pm M$ 之间相位差的参数。Felsen 等于 1994 年同样有提到 $a^{\pm}$的函数，这里不再赘述。$\mathrm{AF}_p^{\mathrm{sad}}$ 和 $\mathrm{AF}_p^{\pm M}$ 为鞍点在 $v=v_s$ 处和端点在 $v=v_e^{\pm}=\pm M$ 处的阵因子表达式，并分别由以下两式决定

$$\mathrm{AF}_p^{\mathrm{sad}}=I_{v_s}\mathrm{e}^{\mathrm{j}k\Omega(v_s)}\sqrt{\frac{-2\pi}{\mathrm{j}k\Omega''(v_s)}} \tag{5-76}$$

$$\mathrm{AF}_p^{\pm M}=\pm I_{v_e^{\pm}}\mathrm{e}^{\mathrm{j}k\Omega(v_e^{\pm})}\frac{1}{\mathrm{j}k\Omega'(v_e^{\pm})} \tag{5-77}$$

其中，$\Omega(v)=s(v)\sin\theta+p\lambda v$，鞍点 v_s 取决于：

$$\Omega'(v)=s'(v)(\sin\theta-\sin\theta_0)+p\lambda;\Omega'(v_s)=0 \tag{5-78}$$

上式表明，$p=0$ 模的鞍点发生在 $s'(v_s)=0$，且 $s(v)$ 或者 s_n 应该有超越二次多项的变化。Ishimaru 将泰勒线源分布应用于 $p=0$ 阶 Floquet 模的不等距阵列天线中，并令 $a=\frac{s_n-s_0}{2}$，$u=ka\sin\theta$。若只考虑 $u=0$ 附近的辐射场，则空间因子为

$$\mathrm{SF}(u)\approx\mathrm{SF}_0(u)=\frac{\sin(u)}{u}\frac{\prod\limits_{p=1}\left[1-\left(\frac{u}{u_p}\right)^2\right]}{\prod\limits_{p=1}\left[1-\left(\frac{u}{p\pi}\right)^2\right]} \tag{5-79}$$

$$u_p=(\bar{n}+1)\pi\frac{\sqrt{A^2+\left(p-\frac{1}{2}\right)^2\pi^2}}{\sqrt{A^2+\left(\bar{n}+\frac{1}{2}\right)^2\pi^2}} \tag{5-80}$$

如 Taylor 综合法定义，参数 $\bar{n}$ 为常数，决定了靠近主瓣有 $\bar{n}$ 个相同高度的副瓣电平；A 为决定副瓣电平的参数，即 $\mathrm{SLL(dB)}=20\log(\cosh A)$。第 n 个阵元的位置由下式可以计算得出

$$s_n=v(y_n) \tag{5-81a}$$

$$y(v)=v+2\sum_{q=1}A_q\frac{\sin(q\pi v)}{q\pi} \tag{5-81b}$$

其中，系数 $A_q=\mathrm{SF}_0(q\pi)$，代入式 5-79 便可得出。此种情况下阵元总数为奇数，即 $N=2M+1$，则有 $y_n=\frac{2n}{2M+1}$，阵因子表达式为

$$\mathrm{AF}(u)=\frac{1}{2M+1}\left[1+2\sum_{n=1}^{M}(\cos(us_n))\right] \tag{5-82}$$

当阵元总数为偶数时，即 $N=2M$，$y_n=\frac{n-1/2}{M}$，阵因子表达式为

$$AF(u)=\frac{1}{M}\sum_{n=1}^{M}\cos(us_n) \tag{5-83}$$

将式 5-76 的值限制为一个常数，再将上述泰勒不等距阵列的高阶 Floquet 模（或者栅瓣）限制在某一预设的水平，则可以进一步得到阵元的近似分布位置，如下所示（这里阵元的总数为 N）

$$s_n=\frac{s_1}{(1+\delta)\ln(1+\delta)}[(1+\delta)^n-1],n=2,3,\cdots,N \tag{5-84}$$

式中，s_1 表示阵元的初始位置，δ 为限制栅瓣的微扰常量。Chow 于 1965 年继续对该式求一阶导数，得出阵元间距 x_n 的变化规律

$$x_n = s_1 (1+\delta)^{n-1}, n = 2,3,\cdots,N \tag{5-85}$$

其中阵元的初始间距 $x_1 = s_1$。该式说明了阵元间距 x_n 呈指数分布，因此称为指数不等距阵列天线。此时，式 5-76 变成

$$\mathrm{AF}_p^{\mathrm{sad}} = I_{v_s} \mathrm{e}^{\mathrm{j}k\Omega(v_s)} \frac{1}{\sqrt{p\ln(1+\delta)}} \tag{5-86}$$

当每个阵元的激励均相等时，若已知阵元总数、阵元的初始位置（或者初始间距）以及微扰常量，则可以利用式 5-84 计算出各个阵元的分布位置，进而使用方向图综合方法，使指数不等距阵列天线的辐射方向图满足所需的辐射特性。因此，该类型的不等距阵列天线的阵元分布位置能够通过参数 s_1 和 δ 自由选取，其方向图综合具有很强的灵活性。值得注意的是，如果微扰常量 δ 选取得过小，则阵元间距变化不明显，该阵列就会趋近于等距阵列；如果选取得过大，则阵元间距变化过快，其辐射方向图将会出现栅瓣。

这里分别对上述泰勒不等距阵列天线和指数不等距阵列天线列举一个设计实例，以进一步阐述各自的方向图综合问题。首先，选定泰勒不等距阵列天线的口径大小 $2a = 31\lambda$，阵元总数 $N = 40$，并且关于阵列中心对称，副瓣电平 SLL＝－30 dB，参数 $\bar{n}=6$。因此，这里只需计算一半的阵元分布位置，其余部分将关于阵列中心对称。根据前面的叙述，继续假设阵元为各向同性辐射源，其辐射场为 $\overline{E}_{\mathrm{ele}}(\theta) = \cos\theta$，且各阵元的激励均相同。将上述设定的各个参数代入式 5-81 和式 5-83 中，并联立式 5-70，便可以计算出本实例中泰勒不等距阵列天线的辐射方向图，如图 5-32 所示。

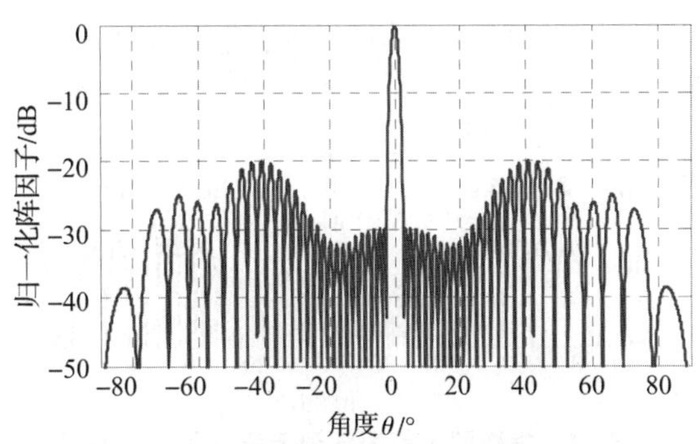

图 5-32　泰勒不等距阵列天线阵因子方向图

从图中可以看出，该泰勒不等距阵列天线的主瓣角度 $\theta_0=0°$，为边射阵。但是，其辐射方向图在 $-23°\sim23°$ 的范围内，才能符合预设的 SLL$\leqslant$$-30$ dB 要求，超出这个范围的仅为 -20 dB 左右，并且有出现栅瓣的趋势。图 5-33 也给出了该泰勒不等距阵列天线右半部分阵元的分布位置，左半部分则与之完全对称。可见阵元间距从阵列中心往边缘递增，其轨迹与指数函数类似。

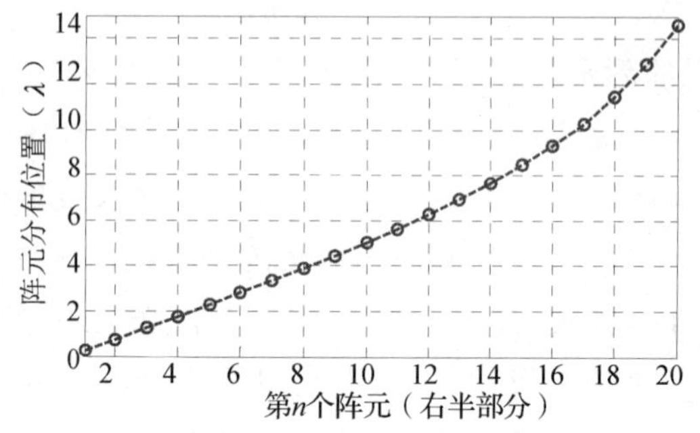

图 5-33　泰勒不等距阵列天线右半部分阵元的分布位置

接下来，列举一个实例进一步阐述指数不等距阵列天线的方向图综合问题。设定阵元总数 $N=40$，同样关于阵列中心对称，阵元初始间距 $x_1=0.5\lambda$，各阵元拥有相同的激励，假设阵元的辐射场 $\overline{E}_{\text{ele}}(\theta)=\cos\theta$。这里为了更好地形成对比，将选取两组微扰常量，分别为 $\delta_1=0.03$ 和 $\delta_2=0.06$。将设定的参数代入式 5-84 和式 5-85，并联立式 5-70，便可得出该指数不等距阵列天线的辐射方向图，如图 5-34 所示。

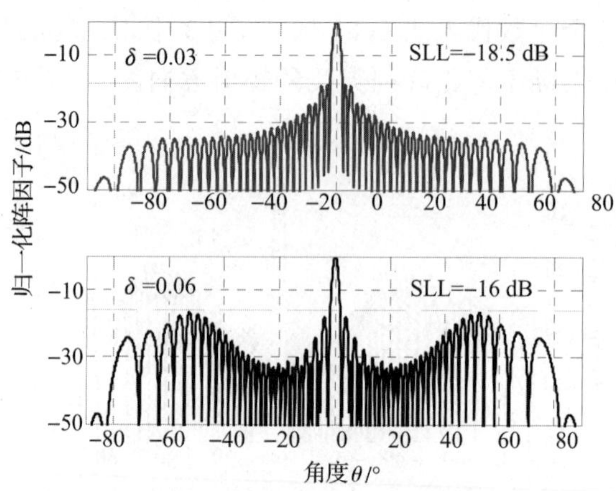

图 5-34　指数型不等距阵列天线阵因子方向图

由图中可见，该阵列仍然是主瓣角 $\theta_0=0°$ 的边射阵。当 $\delta_1=0.03$ 时，其辐射方向图类似于等距阵列天线，但副瓣电平有所下降，约为 −18.5 dB；当 $\delta_2=0.06$ 时，其辐射方向图则类似于上述泰勒不等距阵列天线，副瓣电平约为 −16 dB，但靠近主瓣的副瓣电平不如泰勒不等距阵列天线的低。图 5-35 给出了这两种情况下指数不等距阵列天线右半部分阵元的分布位置。可见阵元间距从阵列中心往边缘缓慢变大，且当微扰变量 δ 变大时，阵元间距的增大速度加快，当阵元间距超过一个波长时，其辐射方向图有可能产生栅瓣。

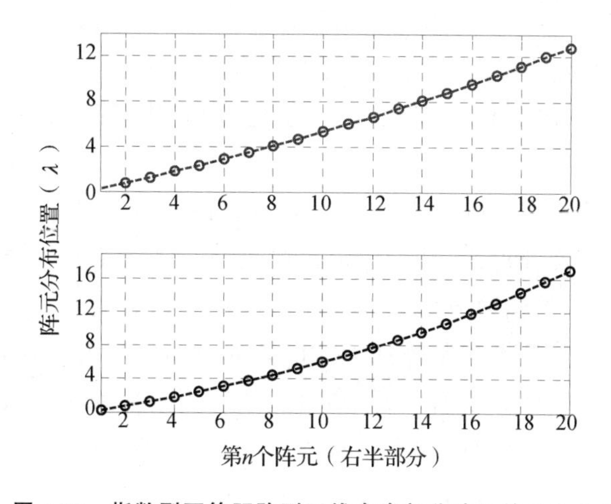

图 5-35　指数型不等距阵列天线右半部分阵元的分布位置

5.6　泰勒-指数复合不等距模组化阵列天线

保持阵列天线的口径大小不变，如果增大阵元的间距，那么阵元的总数就会随之减少，为了避免阵列天线的辐射方向图出现栅瓣，最大的阵元间距不能超过一个波长，即 $d_{\max}\leqslant\lambda$。考虑到现实制造的因素，阵元之间最小的间距一般不能小于半波长，即 $d_{\min}\geqslant\lambda/2$。前面讨论的泰勒不等距阵列天线和指数不等距阵列天线均是依靠阵元间距这一参数来实现其预设的辐射方向图的，这样的设计虽然理论上是可行的，但是实际上得到的阵元位置并不一定适合加工制造；而且式 5-6 的端点值对辐射方向图的副瓣影响很大，而这两种方法均没有考虑。因为泰勒不等距阵列天线和指数不等距阵列天线均属于锥削阵列天线，当阵元数量较多时，或者阵元间距变化较快时，靠近阵列边缘的阵元间距往往会超过一个波长，所以其辐射方向图会引起栅瓣。Skolnik 等于 1964 年也提到辐射方向图除了邻近主瓣的几个副瓣之外，其余的副瓣受阵元间距的影响胜过于受阵元激励的影响。因此，对于不等距阵列天线，或许关键的难点在于第二波束辐射方向图没有简单的解析形式，因而这个区域的方向图被理解为随机类型。Honey 和 Sharp 在 1961 年出版的《天线设计参数》一书中指出不等距阵列天线辐射方向图的副瓣电平峰值可以由下式近似计算得到

$$\mathrm{SLL(dB)} = -10\log\frac{N}{2} + 10\left(1 - \frac{\lambda}{2d_{\mathrm{av}}}\right) \tag{5-87}$$

其中，N 表示阵元总数，d_{av} 为阵元间距的平均值。由上式可看出，阵元的平均间距与辐射方向图的副瓣电平成正比，即平均间距减小时，副瓣电平随之降低。

将上述泰勒不等距阵列天线和指数不等距阵列天线相结合，进一步对阵元的分布位置展开讨论，并沿用前面的模组化技术给阵元提供简单的激励，以实现低副瓣的辐射方向图，将此称为泰勒-指数复合不等距模组化阵列天线。这种复合型不等距阵列天线的阵元分布位置的设计思路是：基于上述两种不等距阵列天线的阵元分布位置，利用一个余弦权重函数有效地将它们结合起来（这里假设阵元总数 $N=2M'$，且关于中心对称），即

$$s_m = f_m s_m^{\mathrm{Tay}} + (1 - f_m) s_m^{\mathrm{Exp}} \tag{5-88}$$

式中，s_m 为阵元 m 的分布位置，余弦权重函数 f_m 的变化范围是 0～1；s_m^{Tay} 和 s_m^{Exp} 分别表示泰勒不等距阵列天线和指数不等距阵列天线阵元 m 的分布位置，可由式 5-12 和式 5-15 计算得到。阵元的初始间距由 $p=0$ 阶的 Floquet 模在阵列天线口径的电流分布决定，随后逐渐变化，而高阶 Floquet模可以抑制栅瓣。这里选定余弦权重函数的数学表达式

$$f_m = \cos\frac{m\pi}{(2+\alpha)(M'+\beta)}, \quad m = 0, 1, \cdots, M' \tag{5-89}$$

式中，参数 α 为常数微扰量，β 为 0 附近的整数，这两个参数为优化副瓣电平值提供了额外的自由度，二者对于低副瓣优化设计有较大影响，其中存在一定范围的最优值。

此前泰勒不等距阵列天线已经阐述了式 5-77 的 $p=0$ 阶 Floquet 模，接下来将对高阶的 Floquet 模展开讨论。式 5-77 和式 5-78 中高阶Floquet 模的端点值会影响辐射方向图的副瓣电平，尤其是主瓣周围的副瓣电平，即 $\sin\theta \to \sin\theta_0$ 时。先将式 5-84 代入式 5-78，再将其结果代入式 5-77 中，

可以得到

$$\mathrm{AF}_P^{\pm M}=\pm I_{v_e^\pm}\mathrm{e}^{\mathrm{j}k\Omega(v_e^\pm)}\frac{1}{\mathrm{j}k\left[\dfrac{v_e^\pm s_1\ (1+\delta)^{v_e^\pm-2}}{\ln(1+\delta)}(\sin\theta-\sin\theta_0)+p\lambda\right]}\tag{5-90}$$

从上式可以看出,高阶 Floquet 模的端点值逐渐变小,即 $|p|\gg 1$ 时,式 5-78 中的 $\Omega(v)$一阶导变大。另外,增大 $\Omega'(v_e^\pm)$的值需要一个较大的 $s'(v_e^\pm)$值,这样会给确定阵元间距带来困难。当 $\ln(1+\delta)$下降到 0 时,式 5-89 便可忽略,但是式 5-85 中的高阶 Floquet 模会引起栅瓣,这样一来便限制了该技术的应用范围。另外,通过设计阵元的激励幅度 $I_{v_e^\pm}$,也可以达到降低式 5-89 端点值的目的。因此,本 ie 提出的泰勒-指数复合不等距模组化阵列天线,利用式 5-88 计算阵元的分布位置,并结合模组化技术,将不等距阵列天线划分为若干模块,然后对每个模块加载简单的激励幅度。因此,对于泰勒-指数复合不等距阵列天线的方向图综合问题,其参数自由变量既有阵元间距,又有模组化结构的激励幅度,为实现低副瓣辐射方向图提供了更多的可能。

5.6.1 设计样例

基于上述泰勒不等距阵列天线和指数不等距阵列天线的设计实例,这里仍然选定阵元总数 $N=40$,且关于中心对称,为边射阵,即主瓣角度 $\theta_0=0°$。阵列中心阵元的起始间距为 $x_1=0.5\lambda$,利用式 5-88 和式 5-89 可以计算出阵元的分布位置,其中微扰参数变量 $\alpha=0.2$,$\beta=2$。泰勒不等距阵列中的参数 $\bar{n}=6$,SLL$=-30$ dB;指数不等距阵列中的微扰常量 $\delta=0.01$。图 5-36 给出了上述三种不等距阵列天线的分布位置(这里只给出右半部分阵元分布位置,左半部分与之完全对称)。可以看出,大概从第 12 个阵元开始,泰勒-指数复合不等距阵列天线的阵元分布位置为泰勒不等距阵列天线和指数不等距阵列天线的折中,而此前三者的阵元分布位置几乎一致。所以,余弦权重函数能够有效地调节靠近阵列边缘的阵元分布位置,且在仿真过程中发现,其参数 α 的变化对于主瓣周围的副瓣电平影响较明显,参数 β 则对远离主瓣的副瓣电平影响较明显。

将上述得到的三组阵元分布位置分别代入式 5-70,便可以得到远场的辐射方向图,如图 5-37 所示。这里同样假设阵元的辐射场 $\overline{E}_{\mathrm{ele}}(\theta)=\cos\theta$。可以看出,泰勒不等距阵列天线辐射方向图的副瓣电平 SLL≈-19.5 dB,指数不等距阵列天线的 SLL≈-14.5 dB;而泰勒-指数复合不

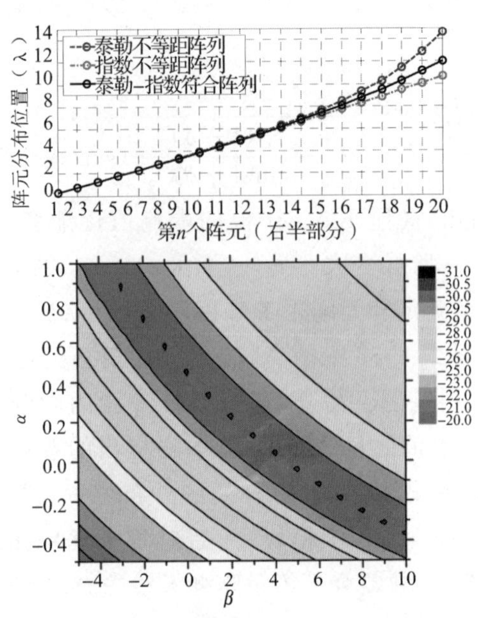

图 5-36　三种类型不等距阵列天线的阵元分布位置及组合系数 α、β 特性分析

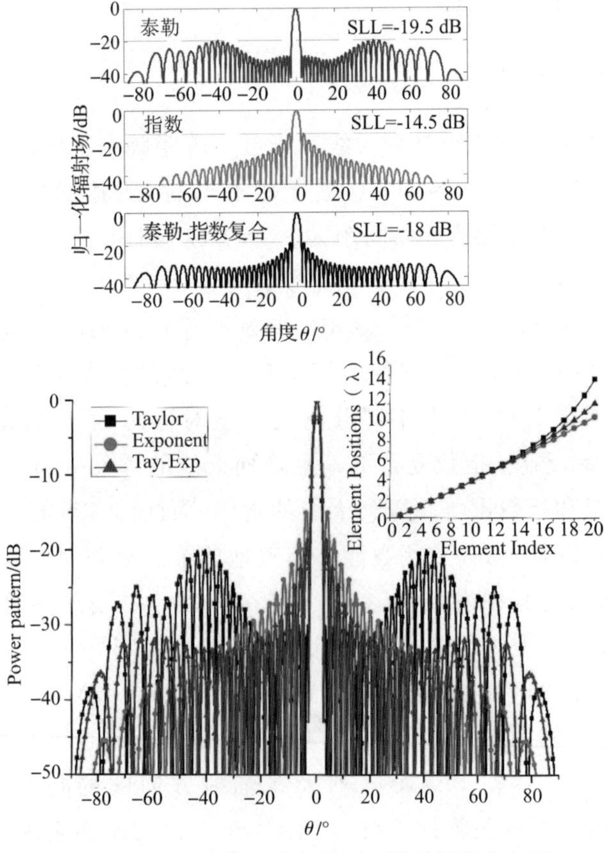

图 5-37　三种类型不等距阵列天线的辐射方向图

等距阵列天线的 SLL≈－18.5 dB,为前面两者的折中。另外,与等距阵列天线相比,泰勒-指数复合不等距阵列天线的副瓣电平有所下降,但主瓣周围的副瓣电平不够低,远离主瓣的副瓣电平有上升的趋势,仍然达不到低副瓣的设计要求。

根据低副瓣等距阵列天线的设计经验,如果不等距阵列天线的阵元也采用锥削的激励形式,那么应该同样可以获得低副瓣辐射方向图。因此,保持图 5-36 所示的阵元分布位置不变,对这三种类型的不等距阵列天线采用模组化技术,将右半部分的阵元划分为 4 个区域并分别加载适当的激励幅度,如图 5-38 所示。此时,式 5-70 中的激励幅度 A_n 成比例分布,$A_{n(n=1\sim8)} : A_{n(n=9\sim14)} : A_{n(n=15\sim18)} : A_{n(n=19\sim20)} = 4:3:2:1$,即从阵列中心往阵列边缘方向,依次将阵元按照 4∶3∶2∶1 的比例划分为 4 个模组,并且分别给每块模组加载 40%、30%、20%、10%的激励幅度。图 5-39 给出了在添加了模组化激励之后的三种类型不等距阵列天线的辐射方向图,对照图 5-8,三者的副瓣电平均有所下降,而且泰勒-指数复合不等距阵列天线的副瓣电平变化最为明显,由原来的 SLL≈－18 dB 变为 SLL≈－30.4 dB,表明加载模组化激励可以有效地降低不等距阵列天线的副瓣电平;并且因为此时的阵元激励成比例分布,其馈电网络也相对简单,容易制作与实现。表 5-1 详细给出了图 5-36 所示的泰勒-指数复合不等距模组化阵列天线的阵元分布位置,可以看出阵元分布位置关于阵元中心左右对称。

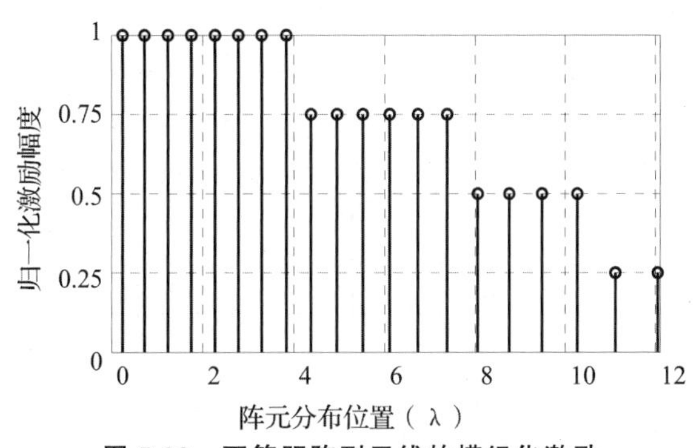

图 5-38　不等距阵列天线的模组化激励

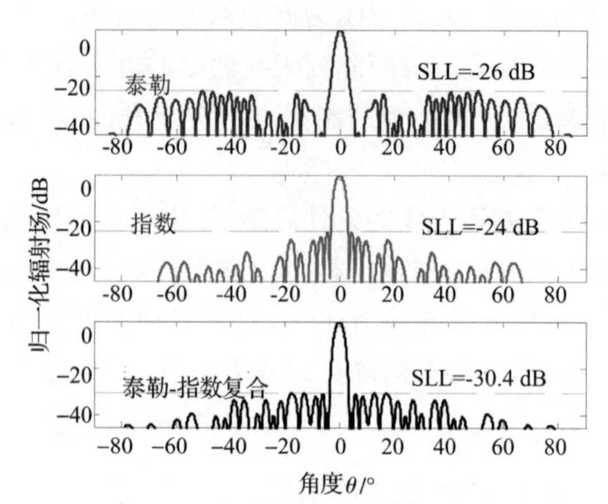

图 5-39 三种类型的不等距阵列天线辐射方向图

表 5-1 复合不等距阵列天线的阵元分布位置

阵元 n （左半部分）	分布位置 （λ）	阵元 n （右半部分）	分布位置 （λ）
−1	−0.250	1	0.250
−2	−0.753	2	0.753
−3	−1.257	3	1.257
−4	−1.763	4	1.763
−5	−2.274	5	2.274
−6	−2.791	6	2.791
−7	−3.317	7	3.317
−8	−3.851	8	3.851
−9	−4.398	9	4.398
−10	−4.958	10	4.958
−11	−5.534	11	5.534
−12	−6.130	12	6.130
−13	−6.747	13	6.747
−14	−7.389	14	7.389
−15	−8.058	15	8.058
−16	−8.757	16	8.757
−17	−9.493	17	9.493
−18	−10.276	18	10.276
−19	−11.124	19	11.124
−20	−12.055	20	12.055

从这个实例可以看出，泰勒-指数复合不等距模组化阵列天线的方向图综合问题涉及多个参数，为综合算法提供了更多的自由变量，提高了设计的灵活性，其流程图如图 5-40 所示。从中我们可以看出，如果能够合理地选取余弦权重函数的参数初值，则可以加快整个综合算法的收敛速度，合理使用不同的组合调控系数 α、β 非常关键，而且这两个参数的最优值并不是单一的点，而是条带装。所以实际优化需要多次往复循环，才能使辐射方向图的副瓣电平达到最优。

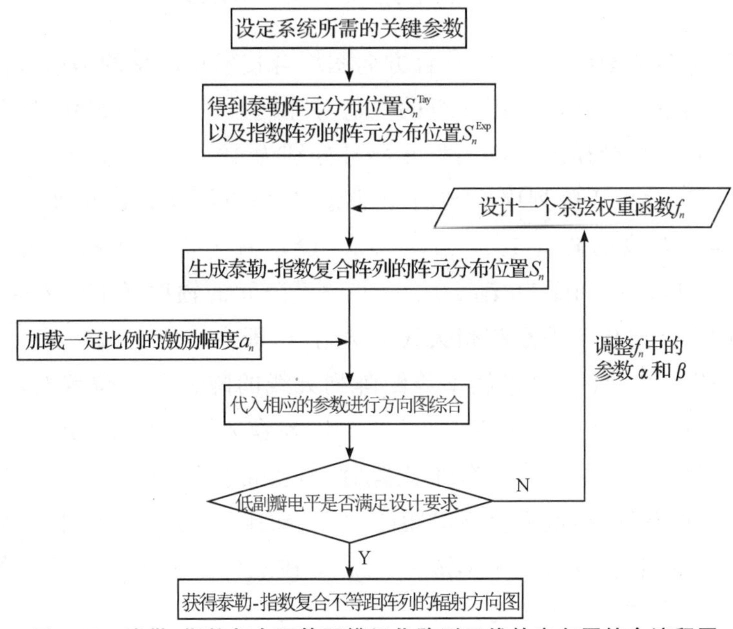

图 5-40　泰勒-指数复合不等距模组化阵列天线的方向图综合流程图

5.6.2　帕斯卡模组化不等距阵列天线

上述泰勒-指数复合不等距模组化阵列天线按照自然数比例进行划分模组，但实际上模组的划分方式是灵活多变的，此处接着尝试使用帕斯卡三角形的数值大小对不等距阵列天线进行模组化，如图 5-41 所示。其中，阵元的激励幅度仍然保持简单的比例关系，并称为帕斯卡模组化不等距阵列天线。

首先设定阵元的总数为 $2N$，且关于中心对称，假设阵元的起始位置为 s_1，起始间距为 d_0，所以 $s_1=d_0/2$；然后利用式 5-81、式 5-84 和式 5-88 分别计算三种类型的不等距阵列天线的阵元分布位置；最后对不等距阵列

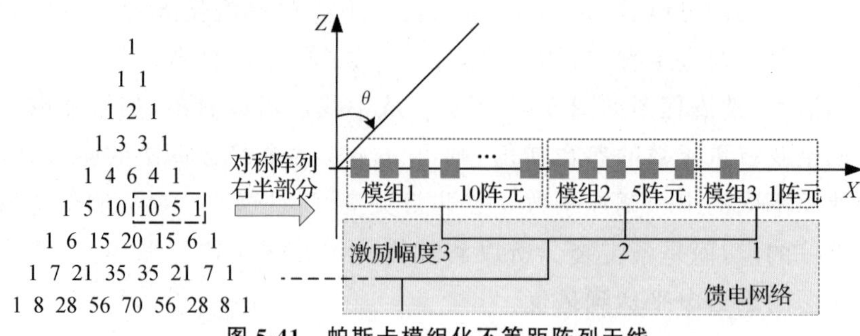

图 5-41　帕斯卡模组化不等距阵列天线

天线进行帕斯卡模组化设计，结合方向图综合技术得出总的辐射方向图。

选取帕斯卡三角形的第 6 行的数值对阵列天线进行模组化，即不等距阵列天线右半部分模组内部的阵元数量分别为 10 个、5 个和 1 个，如图中所示，左半部分关于阵列中心与右半部分完全相同，所以该帕斯卡模组化不等距阵列天线的阵元数量 $2N=32$。设定右半部分阵元起始位置为 $s_1=0.25\lambda$，即起始间距为 $d_0=0.5\lambda$，并假设阵元的辐射场 $\overline{E}_{\mathrm{ele}}(\theta)=\cos\theta$，且该帕斯卡模组化不等距阵列天线为边射阵，即主瓣角度 $\theta_0=0°$。

当利用式 5-81 计算泰勒不等距阵列天线的阵元分布位置时，天线口径大小 $2a=25\lambda$，副瓣电平 SLL＝－30 dB，参数 $\bar{n}=6$；当利用式 5-84 计算指数不等距阵列天线的阵元分布位置时，微扰常量设为 $\delta_1=0.05$；当利用式 5-88 计算泰勒-指数复合不等距阵列天线的阵元分布位置时，余弦权重函数的微扰参数变量 $\alpha=0.3$，$\beta=-1$。上述三种不等距阵列天线的阵元分布位置计算结果如表 5-2 所示。

表 5-2　三种不等距阵列天线右半部分阵元的分布位置

阵元 n	泰勒不等距(λ)	指数不等距(λ)	复合不等距(λ)
1	0.250	0.250	0.250
2	0.762	0.750	0.757
3	1.275	1.275	1.265
4	1.794	1.826	1.779
5	2.324	2.405	2.301
6	2.866	3.013	2.835
7	3.425	3.651	3.387

续表

阵元 n	泰勒不等距(λ)	指数不等距(λ)	复合不等距(λ)
8	4.007	4.321	3.963
9	4.619	5.025	4.569
10	5.269	5.763	5.212
11	5.970	6.539	5.902
12	6.738	7.353	6.647
13	7.602	8.209	7.455
14	8.624	9.106	8.338
15	9.931	10.049	9.311
16	11.602	11.039	10.393

接下来分别对这三组不等距阵列天线按照帕斯卡三角形的数值划分模组，即将右半部分阵元划分为3个模组，每个模组分别有10个、5个和1个阵元，并分别对每个模组加载3∶2∶1的激励幅度，即 $A_{n(n=1\sim10)}$ ∶ $A_{n(n=11\sim15)}$ ∶ A_{16} =3∶2∶1，如图5-42所示。最终得到的辐射方向图如图5-43所示，可以看出，帕斯卡模组化泰勒不等距阵列天线的副瓣电平SLL≈－24.5 dB，帕斯卡模组化指数不等距阵列天线的副瓣电平SLL≈－27 dB，帕斯卡模组化泰勒-指数复合不等距阵列天线的副瓣电平SLL≈－30 dB。

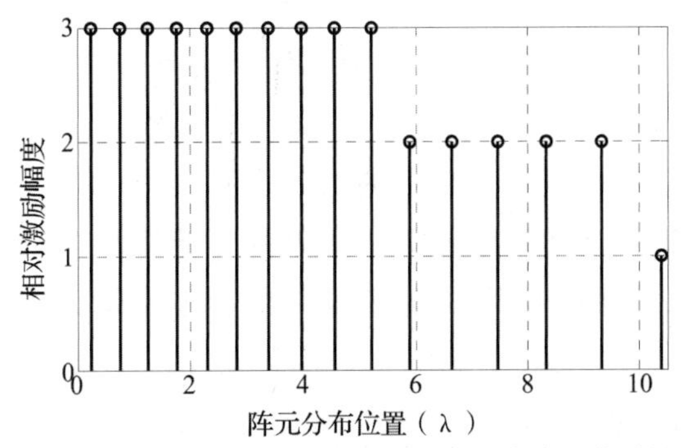

图5-42　帕斯卡模组化不等距阵列天线的阵元激励幅度

从以上三种类型的不等距阵列天线的实例可以看出，帕斯卡模组化不等距阵列天线能够实现低副瓣的辐射方向图，其中以帕斯卡模组化泰勒-指数复合不等距阵列天线最为明显。因为对每个模组加载的激励幅度仍然保持简单的自然数比例，所以该不等距阵列天线的馈电网络相对简单，

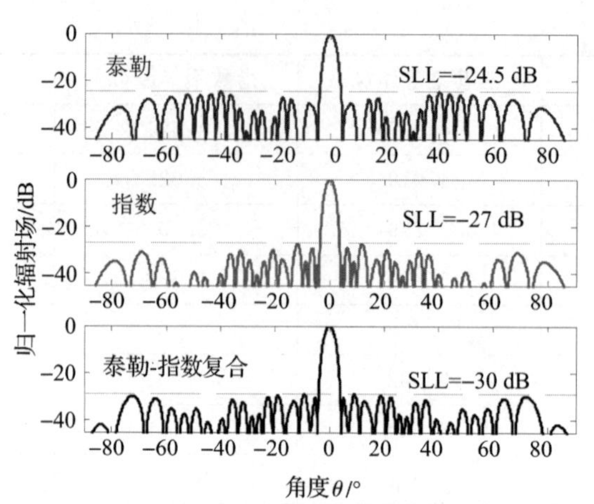

图 5-43 帕斯卡模组不等距阵列天线的辐射方向图

容易设计与实现。

5.7 本章小结

本章探讨了多种不等距模组化阵列天线的方向图综合问题，以实现低副瓣的辐射方向图。首先阐述了不等距阵列天线的优点与设计难点。其次介绍了泰勒不等距阵列天线和指数不等距阵列天线，并基于这两种不等距阵列天线，首次提出了泰勒-指数复合不等距模组化阵列天线，并初步探索了组合系数 α、β 的优化范围。通过具体的仿真设计实现了低副瓣的辐射方向图，且保持前端馈电网络的简易性。最后提出了帕斯卡模组化不等距阵列天线，即基于帕斯卡三角形的数值分布，对不等距阵列天线进行模组化设计，并通过设计样例验证此种类型的不等距阵列天线，其辐射方向图同样可以实现低副瓣电平，并保持简易的馈电网络。需要强调的是，低副瓣控制技术实际上存在很多组合方式，这是由于本身传统的单一分布各有优劣，完全可以按实际需求选取两种以上优化组合，合理加权就有可能获取更优异的特性。多种阵列排布方式的组合在性能得到优化的同时，将给馈电网络带来新的难题，这对当今微纳加工技术而言没有难度，实际上是采用更精细的馈电网附带出现的分布/耦合参数限制了更多形态的组合。

参考文献

[1]You B，Cai L，Zhou J，et al. Hybrid approach for the synthesis of unequally spaced array antennas with sidelobes reduction，Antennas and Wireless Propagation Letters，99：1569-1572.

[2]周建华，李坚，游佰强，等. 阵列天线泰勒-谢昆诺夫多项式设计方法. 中国国家发明专利.2015101558109.

[3]游佰强，蔡龙瑞，周建华，等. 泰勒-指数复合不等距模组化阵列天线方向图综合技术中国国家发明专利.201410032356.3.

[4]Long-Rui Cai，Bai-Qiang You，Hsi-Tseng Chou. Investigation of linear array of antenna modules to achieve a Taylor excitation distribution with grating lobe suppression. Antennas and Propagation Society International Symposium，AP-S'14 IEEE，July 6-11，2014，Memphis，USA.2014：1375-1376.

[5]张峰干，井亚鹊，肖磊，等. 多子阵平板天线峰值旁瓣优化. 电光与控制，2014，1：86-90.

[6]W. S. Lee，S. T. Khang，K. S. Oh，et al. Design methodology for phased subarray antennas with optimized element phase control. Microwave Conference (EuMC)，European. 2013：1659-1662.

[7]K. Nakabayashi，K. Sakakibara. Microstrip array antenna. Google Patents，2012.

[8]T. J. Brockett，Y. Rahmat-Samii. Subarray design diagnostics for the suppression of undesirable grating lobes. IEEE Transactions on Antennas and Propagation，2012，60(3)：1373-1380.

[9]C. A. Balanis，Antenna theory：analysis and design. New York：John Wiley & Sons，2012.

[10]J.Visser. Antenna theory and applications. New York：John Wily & Sons，U.K.，2012.

[11]T. Brockett，Y. Rahmat-Samii. Sub-array design diagnostics for the development of large uniform arrays. IEEE International Symposium on Antennas and Propagation (APSURSI). 2011：938-941.

[12]A. Hussein，H. Abdullah，A. Salem，et al. Optimum design of linear antenna arrays using a hybrid MoM/GA algorithm. Antennas and Wireless Propagation Letters，IEEE. 2011，10：1232-1235.

[13]T. Brockett，Y. Rahmat-Samii. On the importance of sub-array design in the suppression of undesirable grating lobes. IEEE International Symposium on Phased Array Systems and Technology (ARRAY). 2010：745-750.

[14]T. Suda，T. Takano，Y. Kazama. Grating lobe suppression in an array antenna

with element spacing greater than a half wavelength. Antennas and Propagation Society International Symposium (APSURSI), IEEE. 2010: 1-4.

[15]A. Laganà, D. Iero, T. Isernia, et al. Recent advances in the optimization of the array element positions in the geosounder instrument. 32nd ESA Antenna Workshop on Antennas for Space Applications. 2010: 5-8.

[16]Y. Liu, Z. P. Nie, Q. H. Liu. A new method for the synthesis of non-uniform linear arrays with shaped power patterns. Progress in Electromagnetics Research. 2010, 107: 349-363.

[17]A. Kordzadeh, F. Hojjat-Kashani, A new reduced size microstrip patch antenna with fractal shaped defects [J]. Progress In Electromagnetics Research B. 2009, 11: 29-37.

[18] P. Angeletti, G. Toso. Aperiodic arrays for space applications: a combined amplitude/density synthesis approach. EuCAP, 2009.

[19]R. L. Haupt. Optimized weighting of uniform subarrays of unequal sizes. IEEE Transactions on Antennas and Propagation, 2007, 55 (4): 1207-1210.

[20]K. Chen, X. Yun, Z. He, et al. Synthesis of sparse planar arrays using modified real genetic algorithm. IEEE Transactions on Antennas and Propagation, 2007, 55 (4): 1067-1073.

[21]N. Jin, Y. Rahmat-Samii. Advances in particle swarm optimization for antenna designs: real-number, binary, single-objective and multiobjective implementations. IEEE Transactions on Antennas and Propagation, 2007, 55 (3): 556-567.

[22]H. J. Visser. Array and phased array antenna basics. New Tork: John Wiley & Sons, 2006.

[23]R. J. Mailloux. Phased array antenna handbook. Artech House Boston, MA, 2005.

[24]N. Toyama. Aperiodic array consisting of subarrays for use in small mobile earth stations. IEEE Transactions on Antennas and Propagation, 2005, 53 (6): 2004-2010.

[25]G. Zheng, A. Kishk, A. Glisson, et al. Simplified feed for modified printed Yagi antenna. Electronics Letters. 2004, 40 (8): 464-466.

[26]何诚，刘永普. 波束形成网络中重叠子阵的设计. 雷达科学与技术，2003，2：120-124.

[27]D. G. Kurup, M. Himdi, A. Rydberg. Synthesis of uniform amplitude unequally spaced antenna arrays using the differential evolution algorithm. IEEE Transactions on Antennas and Propagation, 2003, 51 (9): 2210-2217.

[28]F. J. Pompei, S. C. Wooh. Phased array element shapes for suppressing grating lobes. The Journal of the Acoustical Society of America, 2002, 111: 2040.

[29]M. Dürr. A. Trastoy, F. Ares, Multiple-pattern linear antenna arrays with single

prefixed amplitude distributions: modified Woodward-Lawson synthesis. Electronics Letters, 2000, 36 (16): 1345-1346.

[30]O. A. Civi, P. H. Pathak, H. T. Chou. On the Poisson sum formula for the analysis of wave radiation and scattering from large finite arrays. IEEE Transactions on Antennas and Propagation, 1999, 47 (5): 958-959.

[31]B. P. Kumar, G. Branner. Design of unequally spaced arrays for performance improvement. IEEE Transactions on Antennas and Propagation, 1999, 47 (3): 511-523.

[32]V. Murino. A. Trucco, C. S. Regazzoni, Synthesis of unequally spaced arrays by simulated annealing. IEEE Transactions on Signal Processing, 1996, 44 (1): 119-122.

[33] Hall, M. Smith. Sequentially rotated arrays with reduced sidelobe levels. Microwaves, Antennas and Propagation, IEEE Proceedings, 1994: 321-325.

[34]L. B. Felsen, N. Marcuvitz. Radiation and scattering of waves. IEEE Press Piscataway, NJ, 1994.

[35]D. F. Kelley, W. L. Stutzman. Array antenna pattern modeling methods that include mutual coupling effects. IEEE Transactions on Antennas and Propagation, 1993, 41 (12): 1625-1632.

[36]E. Levine, G. Malamud, S. Shtrikman, et al. A study of microstrip array antennas with the feed network. IEEE Transactions on Antennas and Propagation, 1989, 37 (4): 426-434.

[37]L. V. Blake, M. W. Long. Antennas. NorWood,MA Artech House, 1984.

[38]R. Mailloux. Array grating lobes due to periodic phase, amplitude, and time delay quantization. IEEE Transactions on Antennas and Propagation, 1984, 32 (12): 1364-1368.

[39]K. R. Carver, J. Mink. Microstrip antenna technology. IEEE Transactions on Antennas and Propagation, 1981, 29 (1): 2-24.

[40]J. Sahalos. The orthogonal method of nonuniformly spaced arrays. Proceedings of the IEEE. 1974, 62 (2): 281-282.

[41]R. G. Kouyoumjian, P. H. Pathak. A uniform geometrical theory of diffraction for an edge in a perfectly conducting surface. Proceedings of the IEEE. 1974, 62 (11): 1448-1461.

[42]Y. Lo, S. Lee. A study of space-tapered arrays. IEEE Transactions on Antennas and Propagation, 1966, 14 (1): 22-30.

[43]Y. Chow, J. Yen. On grating plateaux of the conformal array: a class of planar nonuniformity spaced arrays. IEEE Transactions on Antennas and Propagation, 1966, 14 (5): 590-601.

[44]A. Ishimaru, Y. S. Chen. Thinning and broadbanding antenna arrays by unequal spacings. IEEE Transactions on Antennas and Propagation, 1965, 13 (1): 34-42.

[45]Y. Chow. On grating plateaux of nonuniformly spaced arrays. IEEE Transactions on Antennas and Propagation, 1965, 13 (2): 208-215.

[46] C. Drane Dolph-Chebyshev excitation coefficient approximation. IEEE Transactions on Antennas and Propagation, 1964, 12 (6): 781-782.

[47]M. Skolnik, J. Sherman Ⅲ, F. Ogg Statistically designed density-tapered arrays. IEEE Transactions on Antennas and Propagation, 1964, 12 (4): 408-417.

[48]A. Ishimaru. Theory of unequally-spaced arrays. IRE Transactions on Antennas and Propagation, 1962, 10 (6): 691-702.

[49]R. Willey. Space tapaering of linear and planar arrays. IRE Transactions on Antennas and Propagation, 1962, 10 (4): 369-377.

[50]R. Honey, E. Sharp. Antenna design parameters. DTIC Document, 1961.

[51]H. Unz. Linear arrays with arbitrarily distributed elements. IRE Transactions on Antennas and Propagation, 1960, 8 (7): 222-223.

[52]D. King, R. Packard, R. Thomas. Unequally-spaced, broad-band antenna arrays. IRE Transactions on Antennas and Propagation, 1960, 8 (4): 380-384.

[53]S. Sandler. Some equivalences between equally and unequally spaced arrays. IRE Transactions on Antennas and Propagation, 1960, 8 (5): 496-500.

[54]T. T. Taylor. Design of line-source antennas for narrow beamwidth and low side lobes. Transactions of the IRE Professional Group onAntennas and Propagation, 1955, 3 (1): 16-28.

[55]C. Dolph. A current distribution for broadside arrays which optimizes the relationship between beam width and side-lobe level. Proceedings of the IRE. 1946, 34(6): 335-348.

第六章　反射阵列天线设计技术

空间技术的快速发展对低剖面天线提出了迫切需求，Munson 和 Howell 等学者于 1972 年研制出了第一批微带天线。自 Hertz 于 1888 年发现电磁波的传播现象以来，反射面天线便开始得到应用，但直到第二次世界大战期间雷达系统的广泛使用才促进了反射面天线设计和理论分析的发展。到 20 世纪 60 年代，随着深空探测技术和太空远距离通信技术的发展，反射面天线有了长足发展并趋于成熟，开始广泛普及使用。自 20 世纪 80 年代以来，微带阵列天线由于其低成本、低剖面、易加工、易共形、重量轻等优点在卫星直播、航天技术、射频识别等领域得到了广泛的应用，与此同时，兼具微带天线和反射面天线优点的微带反射阵列被学者提出并开始引起关注。

6.1　反射阵列天线简介

近年来随着航空航天技术的发展，微波通信系统对高增益、低剖面、具有良好扫描特性的天线需求日益增大。抛物面天线由于其高增益、高效率的特性于过去几十年中在卫星通信系统、雷达系统以及长距离通信领域得到了广泛的应用，然而由于抛物面天线自身的结构特点，其存在加工难度大、难以共形、成本高等难以克服的问题，且需要移相器、功放等额外的馈电网络才能达到较大的扫描角度。平面反射阵列天线正是在这一实际应用背景下提出的，其既保留了高增益、强方向性、高效率、可实现多波束扫描等抛物面天线的优点，又省略了复杂的馈电网络，大大降低了天线的制造成本和复杂度。

反射阵列天线是由抛物面天线发展演变而来的一种天线结构，最早于 1963 年由 Berry、Malech 和 Kennedy 提出并使用波导作为反射阵列单元来实现的。19 世纪 20 年代以来，随着印制微带天线技术的发展，微带辐射单元开始应用于反射阵列天线并促进了其长足的发展。典型的微带反射阵列天线系统结构如图 6-1 所示，不包含馈电网络的阵列单元周期性地排列在介质板上，介质板的形状可以是圆形或方形等任意结构。天线口径面位于馈源天线的远场区，照射到天线表面的电磁波激励微带阵元并产生二次辐射，如图 6-2 所示。如果合理地调节由阵列单元引入的反射相位，使反射波在某反射方向达到同相，此时天线就可以在该方向实现聚焦，发射出强方向性的波束。这种定向反射如果设计合理，还可以多次聚焦，提升增益。

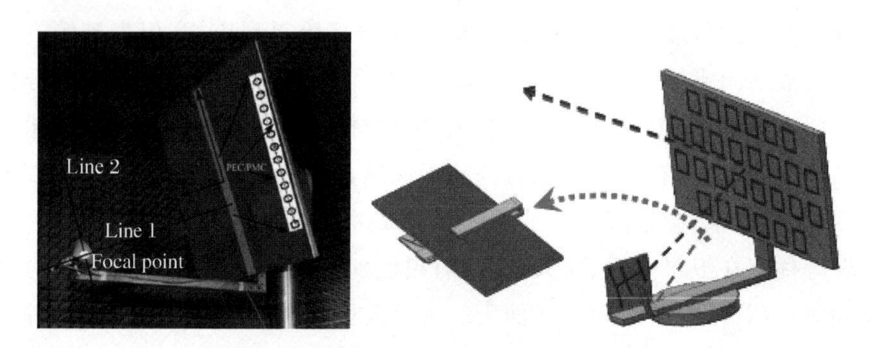

图 6-1　典型的平面反射阵列天线结构

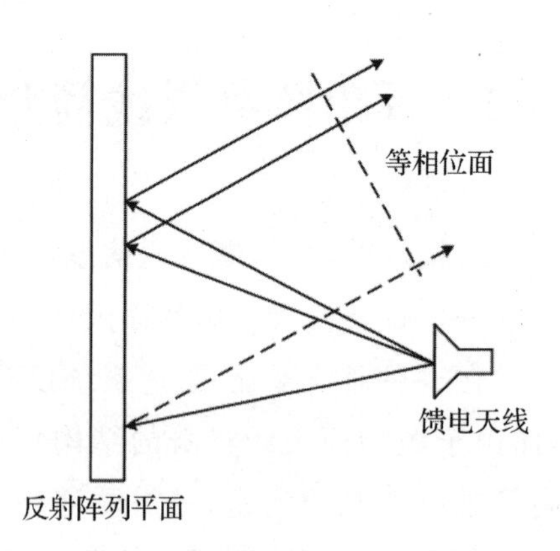

图 6-2　反射阵列天线工作原理

6.2 反射阵列天线的发展历史

6.2.1 早期的反射阵列天线结构

早期反射阵列天线的代表结构有波导反射阵列天线和“螺旋相位”反射阵列天线。波导反射阵列天线是由 Berry、Malech 和 Kennedy 最早提出的,其使用不同长度的终端短路波导作为阵列单元,如图 6-3(a)所示,馈电喇叭天线照射到阵列表面并将电磁波从波导开路端耦合进入波导传输,电磁信号在波导短路端产生全反射后从开路端重新辐射。如果合理调节波导的长度,便可控制辐射信号的相位,从而在远场区实现聚焦。由于当工作于低频段时该结构尺寸较大,结构复杂,因而没有得到进一步的发展。近年来随着微波系统工作频段不断提高,该结构在搭建近场微波测试系统等应用方向也有了新的发展空间。

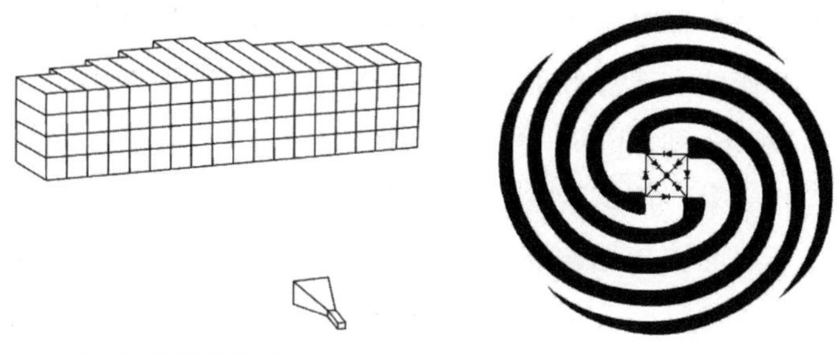

(a)波导反射阵列　　(b)“螺旋相位”反射阵列

图 6-3　早期的反射阵列天线

“螺旋相位”反射阵列天线是由 Phelan 于 20 世纪 70 年代中期提出的。如图 6-3(b)所示,该结构在圆极化四壁螺旋天线或“十”字形偶极子中引入开关二极管,通过开关二极管使不同对的螺旋臂处于工作状态,便可在远场区实现聚焦并使主波束达到较大的扫描范围。由于螺旋腔的厚度为四分之一波长,且需要复杂的二极管偏置电路,因而该天线结构仍显得复杂笨重。同时当该天线工作于高频段时由于螺旋臂的间距远大于半个波长,因而会导致较大的栅瓣,从而降低天线的效率,因此该天线自诞生后也没有获得进一步的发展。

6.2.2 微带反射阵列天线

微带反射阵列天线的概念最早由 Malagisi 于 1978 年提出，Montgomery 于同年首次尝试使用无限大阵列近似分析微带反射阵列天线，该结构采用微带单元引入的反射相位补偿馈电，由馈电天线照射天线口径而产生的相位差使天线在远场区达到同相，从而实现聚焦。尽管取得了一定的研究成果，但在随后的十几年里对微带反射阵列的研究进展缓慢。20 世纪 80 年代后期以来，由于印制微带天线的发展和各种新型微带辐射器的提出，微带反射阵列天线开始重新引起学者的关注并在以后的几十年里得到飞速发展。在随后提出的各种微带反射阵列天线结构中，主要使用了四种相位补偿机制。

第一种是通过在相同尺寸结构的微带阵元上添加不同长度的开路枝节来实现相移，如图 6-4 所示。该结构最早由 Munson 和 Haddad 于 1987 年提出，开路枝节又称为移相线，其电长度约为半波长或者略短于半波长。附加在微带阵元上的开路枝节线与微带阵元相匹配，馈源发出的电磁波照射到微带阵元上后进入匹配的枝节线上传播，在开路终端处反射后重新由微带阵元产生二次辐射。因此开路枝节起到了移相器的作用，合理地调节枝节长度便可补偿由馈源照射引入的相位差，从而实现聚焦。在随后的几年时间里，Metzler 和 Zhang 等学者对该结构进行了更深入细致的研究并取得了一定的成果。该结构的反射阵列天线无论在体积还是在加工难度上都远小于早期的波导结构和“螺旋相位”反射阵列天线，使得反射阵列天线的实际应用成为可能。但该结构由于添加了移相线单元，不可避免地会产生额外辐射，从而降低了天线的效率和交叉极化指标。

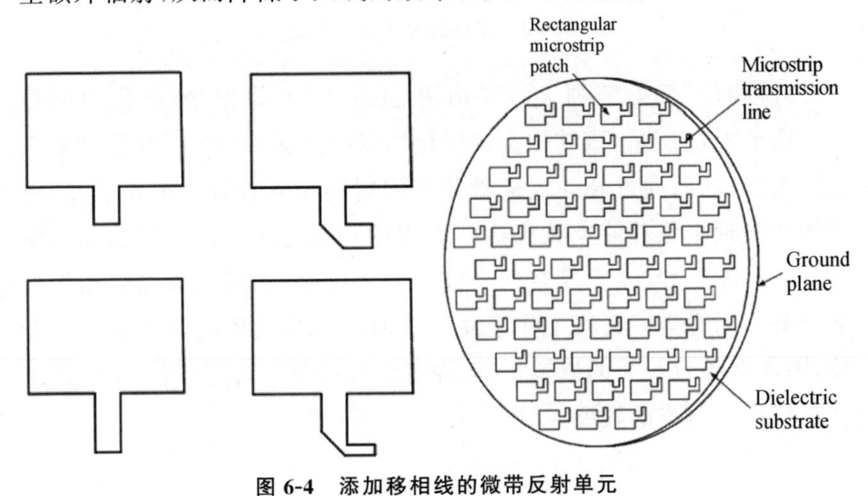

图 6-4 添加移相线的微带反射单元

第二种方法与圆极化相控阵天线中所使用的旋转单元类似，其结构通常为开槽圆环或方环等。该结构由 Huang 于 1995 年提出，如图 6-5 所示，通过将相同尺寸的圆极化阵元旋转不同的角度实现相位补偿，与旋转阵列单元的相控阵天线不同的是，反射阵列天线单元的反射相位改变的角度是旋转角度的 2 倍。由于大量旋转单元的平均效应，该结构大大降低了副瓣电平和交叉极化电平，同时由于所有阵元具有相同尺寸和谐振频率，因此具有相同的雷达散射截面(Radar Cross Section，RCS)，从而可以降低镜面反射，使天线具有较高的效率。该结构虽然弥补了移相线型反射阵列的缺陷，但由于阵元的角度旋转无具体规律，因此大大增加了加工难度。

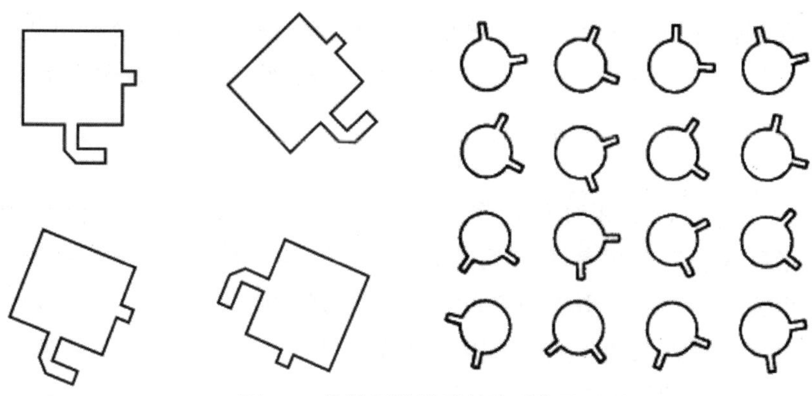

图 6-5 旋转型微带反射阵列单元

第三种方法是通过改变微带阵元的尺寸来实现相位补偿，其常见的形式包括由 Kelkar 于 1991 年提出的变尺寸“十”字形偶极子和 Pozar 于 1993 年提出的变尺寸矩形阵元结构，另外还有变尺寸圆环结构或其他混合型结构，如图 6-6 所示。由于微带天线属于谐振式天线，因此在天线的谐振长度附近，阵元的反射相位会随着尺寸的变化产生迅速的变化，通过改变尺寸可以使阵元工作于不同的谐振长度，从而实现相位补偿。理论上这种结构能达到与旋转阵元型反射阵列天线相同的效率，但相比之下，它有着更好的交叉极化特性，因为该结构所有的阵元都没有添加移相线，不存在额外的辐射波。但由于阵元尺寸的变化范围通常需要达到 40%左右才能覆盖 360°的相移范围，阵元之间 RCS 的巨大差异会导致镜面反射量的增加，所以如果设计不合理，反而有可能会导致天线效率降低。变尺寸相位补偿技术的发展同时也促进了矩量法在反射阵列天线分析设计中的应用。

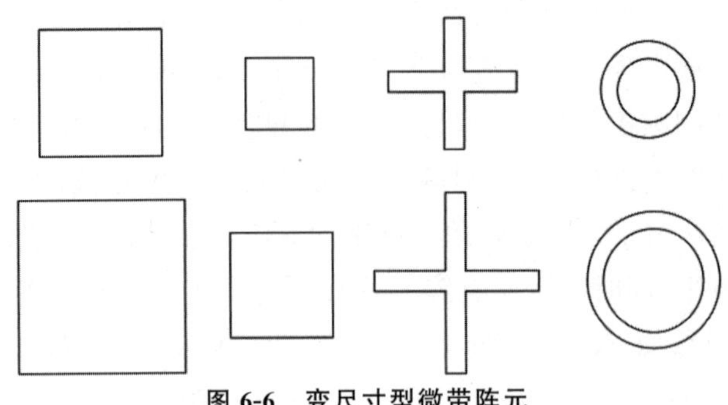

图 6-6 变尺寸型微带阵元

第四种方法是在阵元或者天线地板上开槽,通过改变天线的谐振特性来实现相位补偿。在阵元上开槽的实际原理与微带天线的缝隙加载技术类似,对于工作于基模(TM_{01}或TM_{10})的微带天线,其谐振频率约为

$$f=\frac{c}{2L\sqrt{\varepsilon}} \tag{6-1}$$

其中,c 为光速,ε 为相对介电常数。缝隙的存在延长了电流路径 L,从而降低了阵元的谐振频率,所以可实现一定的相移。在地板上开槽的原理是通过引入感性加载而引入相移,相移值可以通过调节缝隙的尺寸结构来调整。由于这种结构的阵元输入阻抗对缝隙尺寸等一些变量非常敏感,因此很难达到较高的精确性。

微带反射阵列天线所具有的许多优良特性使其在近些年来得到越来越广泛的应用。一方面是其简单的结构很容易折叠和共形,相对于抛物面天线更适合在卫星中集成使用,且与传统的抛物面天线类似具有高增益的特性,这主要得益于其简单馈电结构,因而避免了功率损耗。对于大口径的反射阵列天线,其效率通常可以达到 50%以上。另一方面,反射阵列天线阵元数量通常巨大,可以通过微调每个阵元结构来精确控制天线方向图,从而增大主波束角度扫描范围,实现多波束工作和 contour 波束赋形。但是,微带反射阵列天线自身也存在着窄带宽等缺陷,通常实际结构中的带宽一般不会超过 10%,这一点在理论上与抛物面天线(无限大)有较大的差距。因此,如何提高反射单元带宽并获得较大的相移范围成为之后很长一段时间的研究重点。限制微带反射阵列天线带宽的因素主要有两个:一是微带天线自身的谐振特性导致其带宽难以提高,二是空间相位延迟。

6.2.3 发展现状和未来发展方向

除了以上提到的基本设计原理和常见的天线结构形式外，20 世纪 90 年代以来为了满足实现波束扫描、多波束工作，提高天线工作带宽，优化天线方向图和辐射特性等应用要求，许多学者针对微带反射阵列天线的应用需求和某些缺陷提出了许多新型结构，并使用 GA(Genetic Algorithm)、Intersection Approach、SDM(Steepest Decent Method)等算法进行优化设计来改善天线的性能。

Gao 在 1995 年使用变尺寸圆环结构阵元设计了菲涅尔波带片形式的反射阵列天线，在每一个波带内所有阵元具有相同的尺寸结构，相邻的波带具有 360°的光程差。尽管菲涅尔波带片形式的反射阵列天线具有窄带宽和无法实现波束扫描两大固有缺陷，但其设计和制作过程极其简单，无须复杂的计算仿真过程，尤其是在低频段和毫米波段，这种优势更加明显。2001 年，Encinar 首次设计了一种新颖的多层堆叠结构微带反射阵列天线，该结构在不同层的基板间插入一定厚度的空气层，从而大大降低了微带阵元的谐振特性，使得在其谐振点附近反射波相位随阵元尺寸变化曲线的线性度大大增加，天线带宽从通常的几个百分点增加到十个百分点以上。如果使用三层堆叠结构，微带阵元的相移范围更是可以达到 600°以上，远远超过了实际设计过程中 360°相移范围的要求。这种改进大大降低了阵元的相移值与尺寸变化量的比值，从而大大降低了由加工误差导致的相位误差。2009 年，Chaharmir 等人设计了一款双频(Ka/X-band)反射阵列天线，该天线使用双层结构并在 Ka 频段结构层底部增加了 FSS 结构以提高两个频带间的隔离度。2011 年，Chou 等设计了一款应用于近场 RFID 系统的反射阵列天线，首次将研究重点转移到了反射阵列天线的近场聚焦特性上。

除了使用新型的阵元结构和阵列设计外，contour pattern 综合的研究工作也取得了很大进展。由于设计复杂程度和制造成本远远低于相控阵天线，反射阵列天线非常适合用来产生 contour pattern，从而应用于 DBS (Direct Broadcast Satellites)、RFID 等系统中。Bucci 等人于 1990 年提出使用 Intersection Approach 对反射阵列进行综合设计；Pozar 等人制作并测量了一款应用于 14 GHz DBS 系统，使用变尺寸阵元的反射阵列天线，其远场 contour 方向图可以在 99%的覆盖面积上产生不小于23 dB的增益并达到7%的工作带宽，此外单/多馈源结构的反射阵列也可以用来实现多波束工作。由于反射阵列对不同的线极化波可以独立地产生任意移相值，因此为实现多波束工作和多波束赋形提供了很大的灵活性。Arrebola等在2006年设计了一款应用于点—多点通信的中心基站天线，使用三个独立馈源照射并产生三个独立的赋形波束，每个波束覆盖邻近的30°扇区。

在反射阵列优化方面，由于阵元的结构参数较多(介电常数、阵元形状、介质板厚度、带宽、主波束方向、入射角度等)，因此GA是一种很好的优化设计算法。GA是模拟达尔文生物进化论的自然选择和遗传学机理的生物进化过程的计算模型，是一种通过模拟自然进化过程搜索最优解的方法。它是由美国Michigan大学的Holland教授于1975年首先提出的。在微带反射阵列天线的设计过程中，阵元结构对天线性能影响最大，也是最为重要的设计部分，可以设定天线增益和副瓣电平等参数为优化目标来对阵元结构参数进行全局优化。

虽然对反射阵列的研究已经取得了很多的成果，但未来还有很多需要继续研究解决的问题，主要有两点：

(1)常用的反射阵列天线相位综合(Phase-Only)算法计算效率普遍过低，虽然综合效果较好，但往往耗时较长，且需要计算能力较强的计算机来辅助计算，这无疑会延长天线的设计周期并占用大量资源，因此设计新的相位综合算法来加速计算就成了一项重要的研究工作。

(2)虽然许多学者针对反射阵列天线窄带宽的缺陷提出了许多解决方案，但很多情况都不能兼顾天线带宽、效率和结构体积等因素。因此未来仍需要对此做出进一步的研究改进。

微带反射阵列的分析方法通常可用聚焦原理或者多层周期结构的全波分析(含馈源建模)来完成，近年来相关理论模型及算法已逐步完善。

6.3 阵列单元设计

微带反射阵列天线设计过程中最重要的步骤就是合理地设计微带阵列单元并准确地预测其性能表现，如果阵列单元设计得不合理，反射阵列就不能有效地反射馈源的信号并使其产生聚焦。以下将要分析影响阵元设计的重要参数，并介绍微带阵元反射特性的分析方法，在此基础上提出本设计中使用的微带阵元结构。

6.3.1 微带阵元的性能分析

方向图是阵元设计中的一个重要参数，必须综合考虑天线的焦径比，使天线的方向图能适应馈源不同的入射角度。一方面，如果阵元方向图的波束宽度较窄且天线焦径比较小时，位于阵列边缘的阵元可能无法有效地接收馈源辐射的能量，如图 6-7 所示。

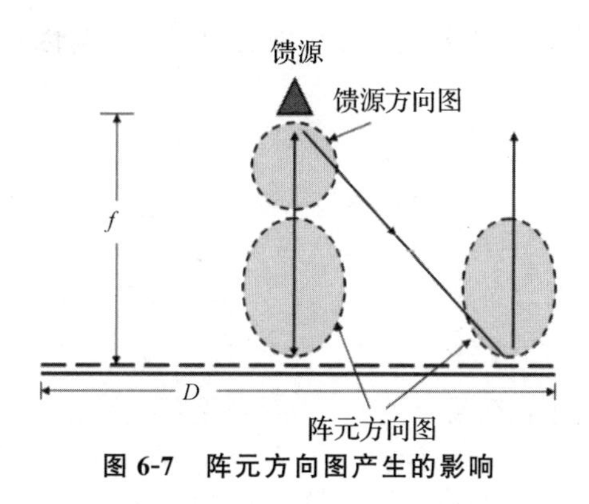

图 6-7 阵元方向图产生的影响

另一方面，如果阵元方向图波束宽度太宽而增益较低时，尽管阵列的增益主要取决于口径面的大小，但较低的阵元增益仍会在一定程度上降低阵列的增益。理想情况是，位于阵列中心附近的阵元有较窄的波束宽度和较高的增益，而位于阵列边缘的阵元有较宽的波束宽度和较低的增益，但这种结构无疑会增大加工成本和难度。由于通常使用的阵元结构一般不具有很强的方向性，因此也可以使用对馈源天线建模时所使用的 $\cos^q(\theta)$ 函数来对阵元的辐射方向图建模，其中 q 的数值同样可以通过将实测数据与 $\cos^q(\theta)$ 函数进行拟合来得到。

阵元带宽是决定微带反射阵列带宽的因素之一，通常微带阵元的带宽为 3%～5%。为了展宽微带阵元的带宽，国内外学者提出了多种方法，如采用多层堆叠阵列结构、逐渐旋转阵列单元等，通过使用这些技术可以使带宽提高到 15%以上。

由于金属地板的存在，入射到反射阵列表面的电磁波都会被散射回自由空间中。散射波主要由三个部分组成：一是由于谐振结构的微带阵元被激励而产生的二次辐射，二是由地板产生的几何反射，三是由额外附加的非谐振结构(如阵元上的移相线等)产生的辐射。由于阵元通常蚀刻在很薄的介质板上(通常厚度小于十分之一波长),因此只有前两种辐射占主要成分。如图 6-8 所示,对于中心馈电、主波束垂直于口径面的微带反射阵列,只有位于阵列中心附近的阵元,其二次辐射波的方向与几何反射波的方向一致;位于阵列边缘的阵元由于馈源照射角度较大,虽然其二次辐射波与天线主波束方向一致,但几何反射波则偏离主波束方向,正是这些位于阵列边缘的阵元使天线产生较大的副瓣,从而导致效率变低。为了减小这种作用的影响,在设计时可以使用较大的焦径比。对于旋转单元结构的微带反射阵列,由于阵元大小尺寸一致,谐振频率相同,因此不会产生这种影响。

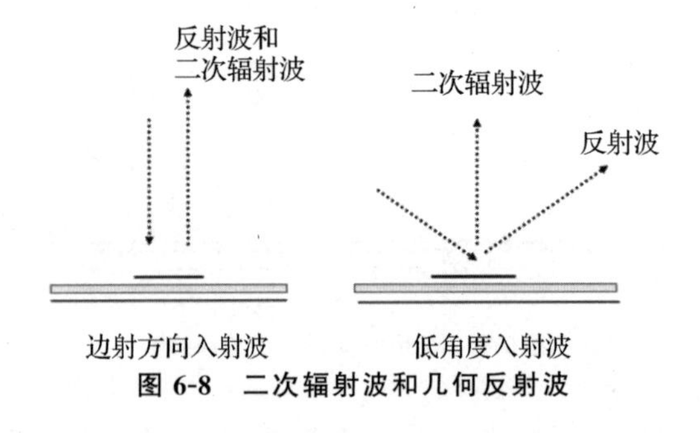

图 6-8　二次辐射波和几何反射波

微带反射阵列中的阵元间距要设计合理才能避免产生较大的副瓣。对于入射波和二次辐射波位于端射方向的阵元,其间距通常可以选择为较大值(大于十分之九波长);对于位于阵列边缘的阵元,馈源照射角度较大,阵元间距通常要求较小。通常可以使用以下公式对阵元间距进行估算

$$\frac{d}{\lambda_0} \leqslant \frac{1}{1+\sin\theta}\vec{E} \tag{6-2}$$

其中,d 是阵元间距,θ 是馈源的照射角度与主波束倾角(主波束方向与边射方向的夹角)之间的较大值。为了减小副瓣电平,d 应该使用位于阵列边缘的阵元间距值计算,而对于偏置馈电结构,当阵元间距大于半波长时副瓣就会显著增大。

在对反射阵列阵元进行分析时,可以将其当作一个孤立的单元,也可以将其放在阵列环境中进行研究。在设计反射阵列天线时经常近似认为每个阵元都是印制在介质基板上的独立单元,并忽略其相互之间的耦合效应。这种近似对于使用移相线结构的反射阵元是很普遍的,但在设计变尺寸结构阵元时也曾被使用过,研究结果表明,当相邻阵元的边缘距离大于

电介质中四分之一波长时，耦合效应就可以忽略。然而，微带阵元通常以矩形结构单元周期性地排列在基板上，结构单元的周长一般在波长的60%～70%之间，这样对于任何角度的入射波都可以避免出现较大的副瓣，此时阵元的边距有可能会小于四分之一波长，从而导致产生较大的耦合效应。

6.3.2 变尺寸微带阵元的相移曲线

在本章设计样例中，微带反射阵列天线均采用了相位补偿方法，因此如何获得微带阵元反射波相位随尺寸变化的曲线并合理设计阵元结构，改进相位响应曲线的特性也就成为阵列单元设计的重要部分。

为了确定位于阵列中阵元的反射特性就需要综合考虑周围阵元的影响，对此情况精确的求解方法是在完整的阵列中测量每个阵元的性能。当需要确定某个阵元的反射特性时，其他所有的阵元都需要使用合适幅度和相位激励，对于有成百上千个阵元的反射阵列，这种费时费力的方法无疑是不可取的。考虑到对于阵元数量很大的阵列，其所有的阵元尤其是处于阵列边缘的阵元近似具有相同的性能，因此大型反射阵列中的阵列单元可以用无限大阵列中的阵列单元模拟，这种方法可以同时将单元间的互耦效应考虑在内。对当前计算机的运算能力来说，完整、严格地计算所有阵元间的互耦效应是不现实的，这种假设所有阵元为一致结构的无限大阵列近似法的计算结果是用弗洛盖模(Floquet Mode)表示的周期解，是近似结果。但如果相邻阵元的尺寸变化不大时，这种近似是足够精确的。如果阵元数量较少，相邻阵元尺寸变化较为剧烈时，无限大阵列近似就可能得不到精确的结果。但通常情况是，这种尺寸变化较为剧烈的阵元只占阵元总数的很小一部分，因此只会对方向图产生很轻微的影响。无限大阵列近似可以使用矩量法(MoM)、时域有限差分法(FDTD)或波导模拟器法(Waveguide Simulator，WGS)来进行计算，由于波导模拟器法可以使用电磁仿真软件来快速建模求解，因此在微带反射设计中得到广泛的应用。

WGS法是在模拟阵列环境测量阵列单元实际性能时广泛使用的一种技术。由镜像理论可知，对于给定角度的入射波，可以用插入包含反射单元的矩形波导模拟无限大阵列的性能。该模型的原理可以由电磁波理论加以阐述：矩形波导的基模——TE_{10}模可以看作两个在波导H面上传播的对称平面波叠加，两对称平面波的传播方向与波导轴线方向夹角为$\pm\theta$，如图 6-9 所示。在金属波导侧壁上电场切向分量相互抵消,此时测得的 TE_{10} 模的反射系数就可以看作平面波以入射角 θ(由 TE_{10} 模的传播常数即频率确定)照射到无限大阵列时的反射系数,由波导顶面处端口的 S_{11} 值便可以确定反射波的幅度和相位信息。使用 WGS 法进行测量有两个主要缺陷:一是该种方法只适用于单纯线极化波入射的情况,二是入射角由阵元间距和频率决定,因此只适用于一些特定的无限大阵列结构和入射角度情况。但是通常对于入射角度小于 40°的反射阵列天线,由入射角度变化产生的误差很小,因此可以用垂直入射平面波来较为准确地近似计算反射相位变化曲线。

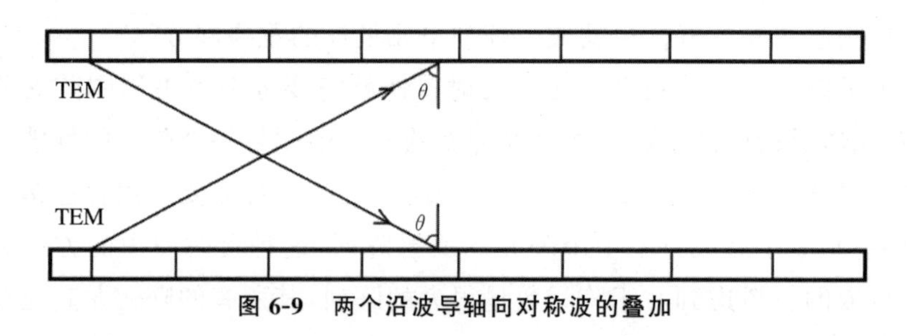

图 6-9　两个沿波导轴向对称波的叠加

首先可以建立波导模型并使用 WGS 法迅速求解阵元的反射相位变化曲线,即图 6-10 显示的 H-wall waveguide simulator 求解模型。图 6-10(a)表示均匀平面波垂直入射到无限大阵列单元表面,图中电场方向垂直于水平面并与阵元边缘平行;图 6-10(b)为(a)的等效单元模型,波导上、下壁等效为理想电壁(PEC),左、右壁等效为理想磁壁(PMC)。在波导中传播并照射到阵元和电介质层上的是波导 TEM 基模,由波导的长宽尺寸决定。由镜像理论可知,如果移除波导外壁并引入镜像便可还原为平面波垂直入射到无限大阵列的原始问题,因此平面波垂直入射到无限大周期阵列时的反射系数与等效波导结构中 TEM 基模的反射系数相同。由于存在此等值关系,阵元反射波相位随尺寸变化曲线便可由等价波导结构中 TEM 波的反射系数确定,这种方法称为 WGA(Waveguide Approach)。

通常得到的相位变化曲线为一条非线性的 S 形曲线,如图 6-11 所示,在天线设计的过程中应该尽量减小曲线中心附近的斜率,以降低相位变化对阵元尺寸变化的敏感性。如果曲线斜率过大,通过改变尺寸实现相位补偿就变得不可行,同时加工误差也会随之增大。在高频段同时应该确保设计的阵元能达到至少±180°的移相范围。减小曲线斜率最简便的方法就

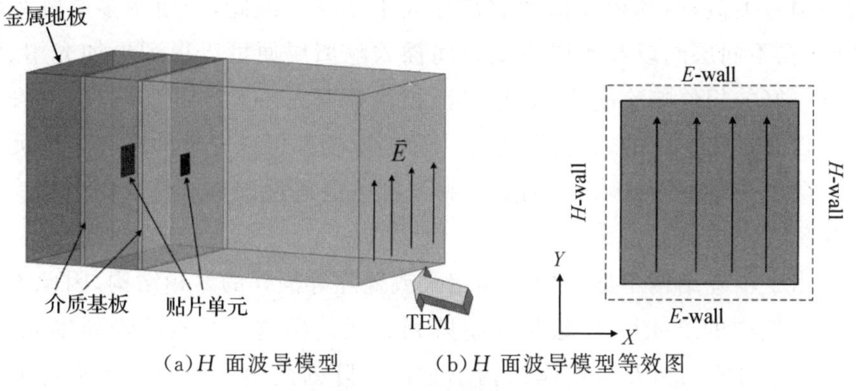

(a) H 面波导模型　　(b) H 面波导模型等效图

图 6-10　波导求解器模型

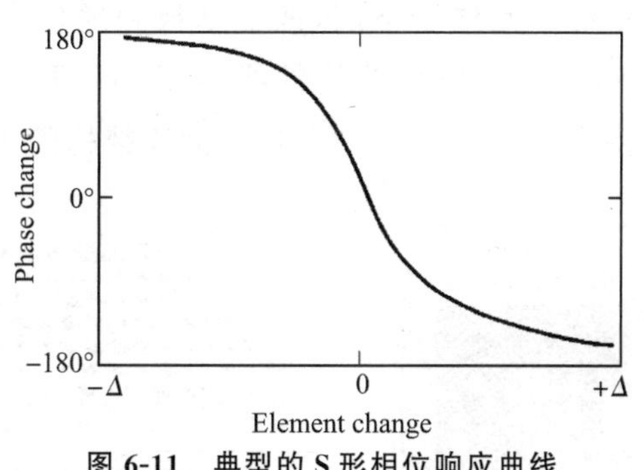

图 6-11　典型的 S 形相位响应曲线

是增大介质基板的厚度。根据微带天线理论，当基板厚度增大时，微带阵元的 Q 值随之降低，从而工作带宽提高，谐振点附近的曲线斜率也会相应地减小。但是，单纯地增加介质基板的厚度同时也会使移相幅度减小，因此在实际设计中一般不会单纯采用这种方法来改善相位响应曲线的线性度。

6.4　多层堆叠阵列结构设计

众所周知，如果将矩形金属阵元呈阵列状排放，其电性能表现类似一个谐振电路，而反射波相位随阵元尺寸变化的范围在 180°以内。当在阵列底层加上金属地板层后，如果阵列层和地板的间距与波长相比很小，其最大的相移幅度便能接近 360°。然而，当使用两层或多层结构时，每一层阵列结构就类似一个谐振电路，反射波相位随阵元尺寸的变化曲线与使用单层结构时类似，但其相移幅度通常远大于 360°。因此，当使用多层阵列结构时，在不同层间以及底层与地板间插入隔离层便可以得到更加光滑、线性度更好的相位响应曲线，同时保证相移幅度大于 360°的实际设计需求。对于任意极化方式的入射波，阵元表面的电场都可以分解为平行于阵元两边的两个分量，每种极化波的反射相位都可以通过调节堆叠结构中相应的结构尺寸来控制。

由于堆叠结构不需要使用移相线或缝隙等额外的移相结构，因此本章设计样例中的 2.4 GHz 近场反射阵列天线使用这一结构的阵列单元，图 6-12为阵列单元和天线整体结构示意图。阵列由两层印制了矩形阵元的介质基板和地板组成，基板厚度均为 1.6 mm，较小尺寸的矩形阵元位于上层，较大尺寸的矩形阵元位于下层，两层基板和地板之间插入了两层厚度为 t 的空气层以改善相位响应曲线的线性度；上、下层阵元的中心位置重合，尺寸比例保持为 $a_1=0.7a_2$。图 6-13 为该结构的 H-wall waveguide

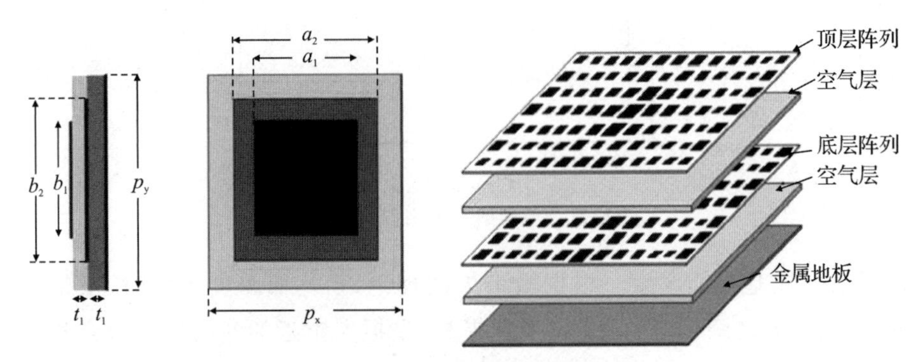

图 6-12　双层堆叠结构反射阵列天线

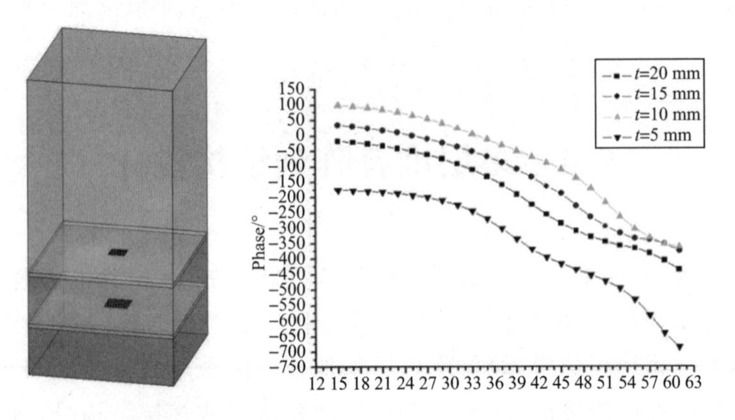

(a) H 面波导模型　　　　(b) 相位响应曲线

图 6-13　双层堆叠结构及其相位响应

simulator模型以及仿真得到的相位响应曲线。可以发现当空气层的厚度 t 从 5 mm 增加到 20 mm 时,相移曲线特性变化不大。这里选取 t 的值为 20 mm,因为此时曲线的线性度在整个尺寸变化范围内相对最优。当底层矩形阵元尺寸在 15～63 mm 范围变化时,阵元的移相幅度可以达到约 400°,曲线坡度(相移/尺寸)约为 8.5°/mm。

图 6-14 为仿真得到的阵元方向图,将该结果与$\cos^q(\theta)$函数进行数据拟合便可迅速确定指数 q 的值。仿真实验发现,在拟合中只要尽量保证仿真结果与$\cos^q(\theta)$函数的−3 dB 波束宽度重合便可以在实际设计过程中得到具有足够精确的 q 值。需要注意的是,使用$\cos^q(\theta)$只能模拟阵元的主波束而不能模拟副瓣产生的影响,因此对于多层堆叠结构可能由于阵元的背向辐射导致仿真结果产生轻微误差,但通常该误差相对于其他影响因素产生的偏差而言非常微小。

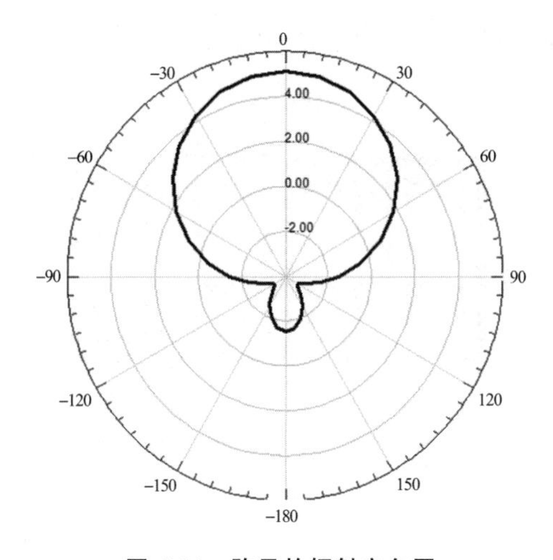

图 6-14 阵元的辐射方向图

6.5 双频反射阵列阵元设计

在实际 RFID 系统中除了 2.4 GHz 频段,通常 915 MHz 频段也被广泛使用,这就要求反射阵列天线最好能同时工作在以上两个频段并互不产生干扰。为此在本节中将为 915 MHz/2.4 GHz 双频反射阵列天线设计新型双方环嵌套结构阵元,双频阵元既要在两个频段产生符合要求的相移曲线,同时也要保证两个频段间的隔离度,使耦合效应降到最低。

6.5.1 单层结构的双频反射阵列

采用这种结构的阵列对阵元设计有一定要求，通常需要阵元结构的宽度较小，例如圆环、方环形结构或可用于圆极化或双线极化波的十字交叉偶极子，以及用于线极化波的偶极子。使用这些阵元结构时可以在单层基板上印制所有的阵列单元，从而可以减轻天线重量，降低结构复杂度。根据天线极化方式的不同，我们可以简要地将单层结构的双频反射阵列分为如下四类：

(1)工作于两个远离频段的圆极化或双线极化天线

对于使用变长度移相线技术来实现相位补偿的圆极化或双线极化反射列天线，可以使用多方环嵌套的结构，如图 6-15 所示。这种结构允许其中一个工作频率为另一个工作频率的两倍，并可以进一步嵌套更多的小方环结构，从而实现三频甚至四频工作。

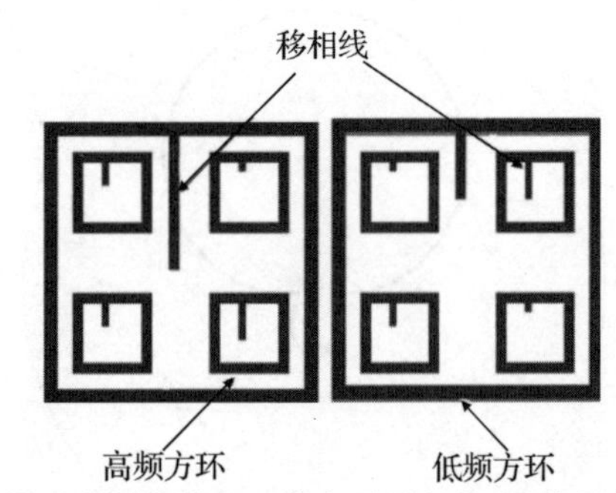

图 6-15　使用移相线的方环嵌套型圆极化/双线极化双频阵元

另外一种结构使用变尺寸十字偶极子，如图 6-16 所示。较小尺寸的十字偶极子的工作频率近似为较大尺寸十字偶极子工作频率的两倍。应该注意的是，使用这种结构时低频段阵元不能使用变尺寸的圆环或方环结构，否则低频段的阵元有可能在空间排布上与高频段阵元产生冲突。但当低频段使用十字偶极子结构的阵元时，高频段单元可以使用变尺寸结构的圆环或方环结构。

(2)工作于两个相近频段的圆极化天线

当两个频段相距较近时，可以使用印制在同一层基板上的双圆环嵌套结构，如图 6-17 所示。圆环上的开口是为了产生容性加载，从而实现圆极化。使用这种变旋转角度结构时，一定要保证所有的阵元都能实现圆极化，否则可能导致天线无法正常工作。

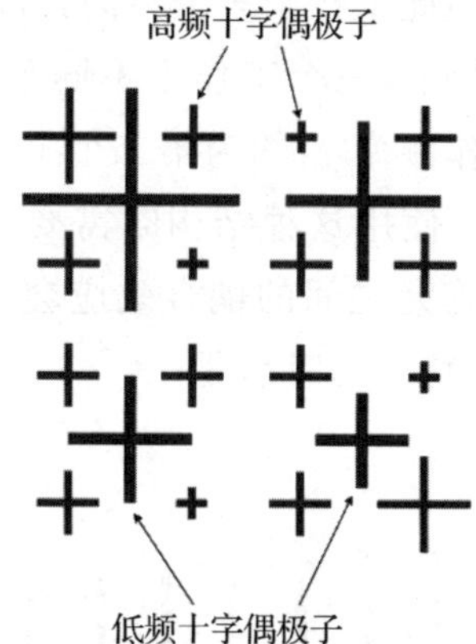

图 6-16　使用十字交叉偶极子的圆极化/双线极化双频阵元

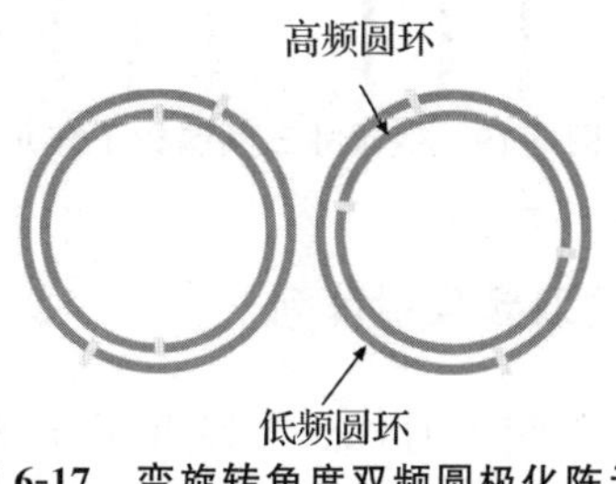

图 6-17　变旋转角度双频圆极化阵元

(3)工作于两个远离频段的线极化天线

当两个工作频段相互远离或近似为倍频关系时,可以使用变尺寸线极化偶极子结构,如图 6-18 所示,其功能与前面提到的十字偶极子结构类似。

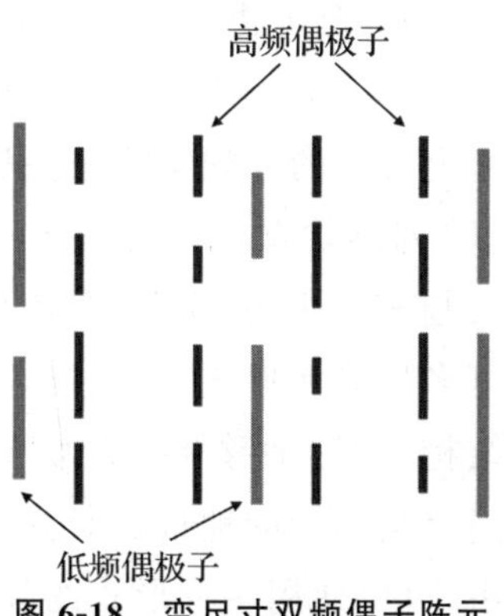

图 6-18　变尺寸双频偶子阵元

(4)工作于两个相近频段的线极化天线

由于与十字偶极子阵元、矩形阵元、圆环形阵元等相比较,线形偶极子阵元占用的空间非常小,因此工作于多个不同频段的阵元可以较为紧密地排列在一起。如图 6-19 所示,三个工作于不同频段的反射阵元被排列在同一层基板上,第一个工作频率 f_1 约为第二个工作频率 f_2 一半,而与第三工作频率 f_3 却非常接近。使用这种结构时需要注意,不能将不同频率阵元间距设计得过小,否则阵元之间的耦合效应会显著增强,这会导致不同频率阵元的相位响应曲线特性同时恶化。

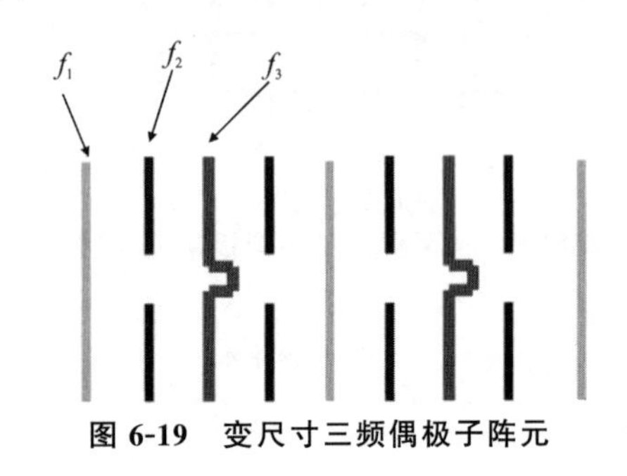

图 6-19　变尺寸三频偶极子阵元

6.5.2　双层结构的双频反射阵列

当两个工作频段差距较大时(如 f_1 接近于 f_2 的 4 倍时),由于两个频带相距很远,因此低频阵元尺寸明显大于高频阵元尺寸,则在空间上对两个频段的阵元进行隔离就变得不可行。在这种情况下使用双层结构就成了很好的解决方案。

对于双层结构的反射阵列有两种实现方法:一是高频阵元位于低频阵元上方,二是低频阵元位于高频阵元上方。对于前一种情况,每一个低频阵元都可以当作若干个高频阵元的地板使用,这种近似方法最早于 1995 年由 Wu 等提出。为了确定合适的阵列结构,这里首先仿真设计了高频阵元位于顶层的结构形式,阵列结构单元如图 6-20 所示。每个结构单元中四个高频阵元位于一个低频阵元上方,分别尝试了变尺寸矩形阵元、移相线结构以及十字偶极子等多种阵元形式。经过仿真发现,位于底层的低频阵元只能使用固定尺寸结构,如附加移相线的矩形阵元,如果使用变尺寸结构可能无法有效地充当上层结构的地板。研究同时发现,位于上层的高频结构由于尺寸相对较小,可以使用多种形式的阵元结构而不会产生性能上的影响。仿真得到的相移曲线如图 6-21 所示,由此可以看出底层采用移相线结构的阵元其相移曲线基本符合设计要求,但位于顶层的变尺寸十字偶极子结构无法提供满意的移相幅度,虽然曲线线性度约为22.5°/mm,

达到了令人满意的效果。

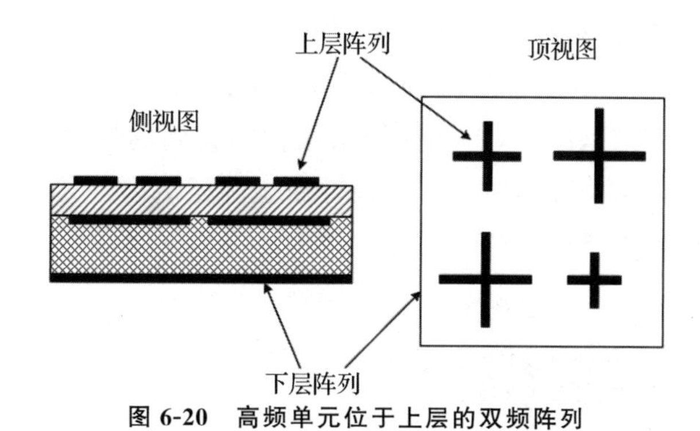

图 6-20　高频单元位于上层的双频阵列

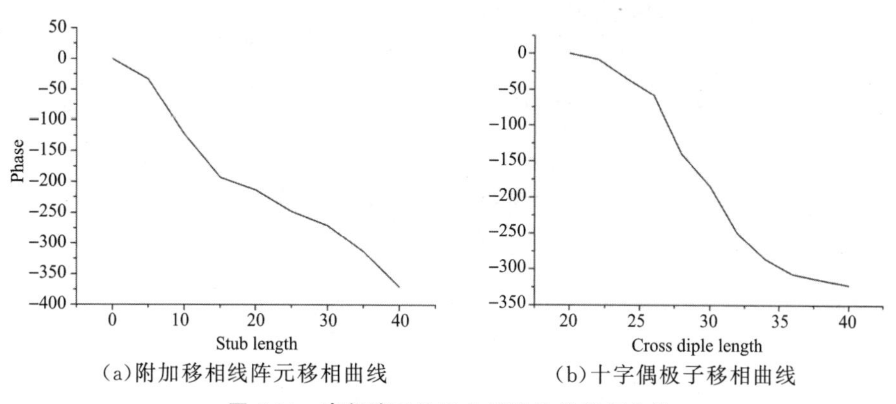

(a)附加移相线阵元移相曲线　　(b)十字偶极子移相曲线

图 6-21　高频阵元位于上层结构的移相曲线

对于低频阵元位于高频阵元上层的结构,必须保证上层阵列具有 FSS (frequency selective surface)特性,使其不会阻挡高频波入射到底层阵列表面;同时应该避免低频阵元的高次谐振模式出现在低频阵元谐振频率的整数倍上,否则也会导致高频波被顶层阵列吸收。作为与高频阵元位于顶层结构的对比,此处同时仿真设计了一款低频偶极子位于矩形阵元上层的结构,阵列单元如图 6-22 所示,低频(915 MHz)十字交叉偶极子结构位于上层,高频(2.4 GHz)矩形阵元位于底层,矩形阵元在偶极子两臂的空隙间排列,以降低其对高频波的遮挡。在仿真过程中同样尝试了多种阵元结构,研究发现低频阵元使用十字偶极子结构时两层间的耦合效应最弱。这也是显而易见的,十字偶极子结构不但宽度较小,同时阵元之间有较大的冗余空间,可以明显降低对高频段的影响。图 6-23 为顶层阵列的反射系数曲线,从图中可以看出,顶层阵列在 2.4 GHz 频段的 S_{11} 约为－13 dB,

而在 915 MHz 频段的 S_{11} 近似为 0 dB。这说明位于顶层的十字偶极子结构基本可以完全反射低频段电磁波，而对高频波反射很小，具有良好的 FSS 特性，非常适合作为双频阵列的低频阵元结构放置在阵列顶层。但如上一节中的研究结果所示，十字偶极子结构能达到的最大移相幅度过小，因此在设计双层结构阵列时还需要设计新型阵元结构，在保证良好的反射特性同时也能提供足够的移相幅度。

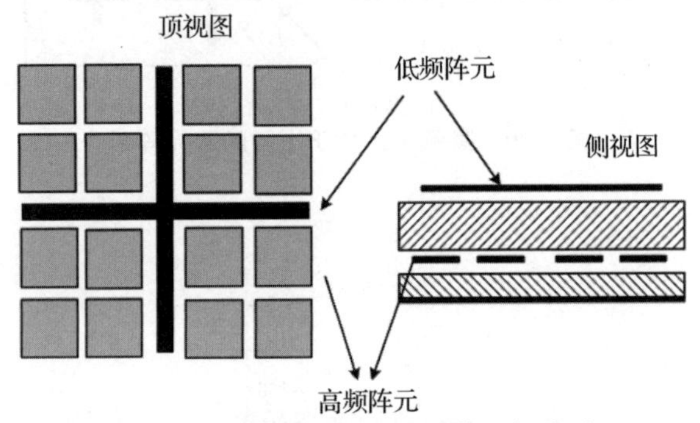

图 6-22　低频单元位于上层的双频阵列

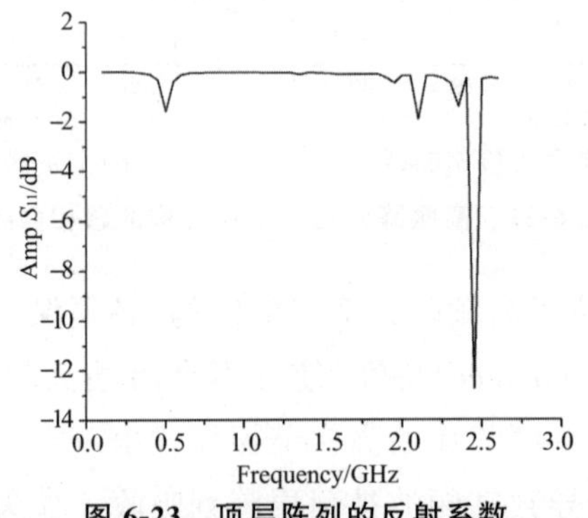

图 6-23　顶层阵列的反射系数

6.5.3　双方环嵌套结构阵元设计

由前面章节的分析可知，使用单层结构制作反射阵列天线对于空间排布是一个很难解决的问题，同时常见的单谐振结构如十字交叉偶极子、矩形阵元等在单层结构中往往很难提供足够的相移幅度。因此，此处所设计的 915 MHz/2.4 GHz 反射阵列天线阵元中将采用双层结构，并使用新型多谐振结构阵元来改善相位响应曲线。

如图 6-24(a)所示，两个不同频段的基本阵元均为双方环嵌套的多谐振结构，阵元宽度为 W，内、外层方环的宽度分别为 d_1、d_2，两层方环的间距为 d_3。图 6-24(b)为阵元的辐射方向图，可以发现该结构阵元与矩形阵元方向图形状基本一致，同样可以通过 $\cos^q(\theta)$ 函数来拟合该结构阵元的方向图。图 6-24(c)为阵列的基本结构单元，915 MHz 的阵元印制在上层基板上，2.4 GHz 的阵元则印制在底层基板上。介质基板使用厚度为 1.6 mm 的 FR4 材料，介电常数为 4.4，在两层基板以及地板之间插入两层厚度为 20 mm 的空气层，每一层的功能都类似于一个谐振电路，可以提高两个频带相位响应曲线的线性度和移相幅度。在双频阵元设计的过程中，不但要合理设计阵元尺寸，使其在两个频带都产生满足要求的相位响应曲

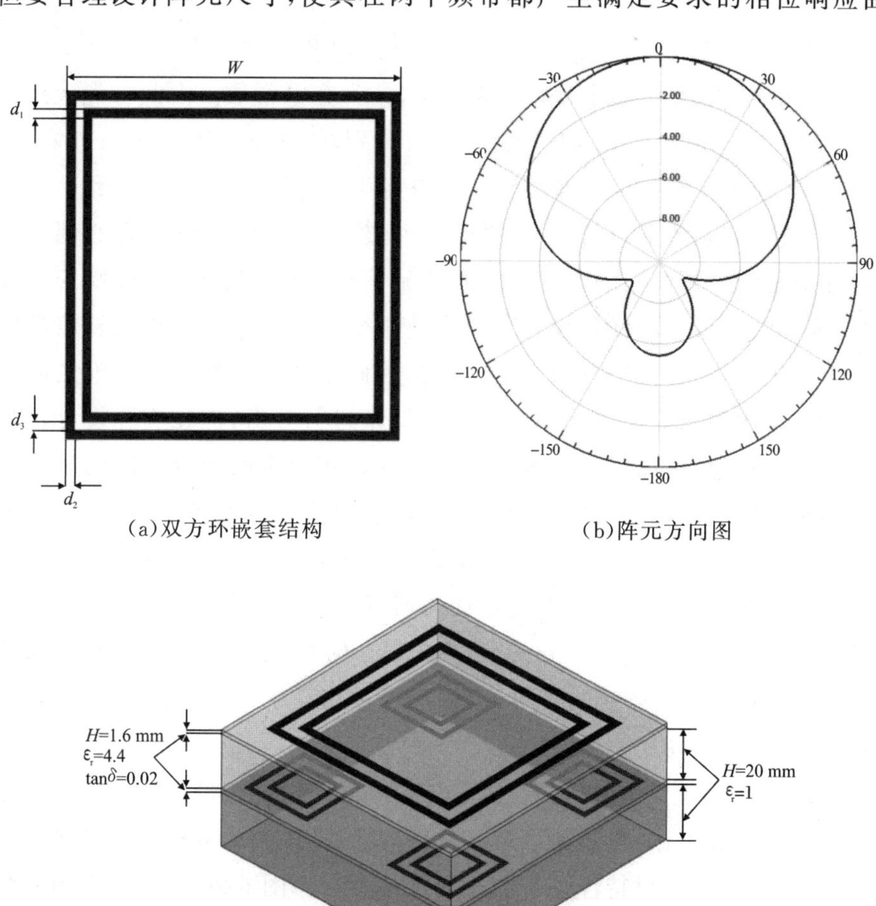

(a)双方环嵌套结构

(b)阵元方向图

(c)双频反射阵列结构单元

图 6-24　双频反射阵列单元及其阵元结构

线，还要同时考虑两个频段阵元间的耦合效应。对于本设计使用的低频阵元位于高频阵元之上的双层结构，必须满足低频阵元结构对高频电磁波近乎是“透明的”。为了达到这一要求，位于上层的低频段阵元必须使用宽度较小的结构，如此处使用的方环嵌套结构、十字交叉偶极子、圆环结构等。仿真同时发现，低频结构位于上层的双频阵列不能使用矩形阵元，这会导致高频波几乎完全被低频段阵元遮挡，无法有效照射到底层的高频阵元上。

根据微带天线基本理论可知，矩形微带贴片天线的基模 TM_{11} 的谐振频率表示为

$$f_{mn}=\frac{c}{2\sqrt{\varepsilon_r}}\sqrt{\left(\frac{1}{a}\right)^2+\left(\frac{1}{b}\right)^2} \tag{6-3}$$

其中，a、b 为矩形贴片的长、宽，c 为光速，ε_r 为介电常数。由此首先大致确定 915 MHz 阵元和 2.4 GHz 阵元的尺寸分别在 80 mm 和 30 mm 左右，在该尺寸附近分别改变 W 的值便可仿真得到两个频带的相位响应曲线。

在进行双频阵元设计时，首先应该考虑的是两个频段阵元的耦合特性，在满足两个频段间隔离度要求的情况下才能进一步针对相位响应曲线进行阵元结构尺寸的优化设计。对于使用变尺寸结构进行相位补偿的阵列，由于每个阵元的尺寸结构都不相同，因此很难精确地估计阵列之间的耦合效应，此时只能使用无限大阵列近似来进行分析；但在实际设计过程中这种近似已经可以提供足够高的精确度。在分析两个频段间的耦合效应时，希望看到的结果是位于顶层的低频阵列具有 FSS 的特性，即可以完全反射低频段电磁波，而对高频波却具有很好的通透性。为了达到这一实际效果，这里以 d_1、d_2、d_3 为变量优化研究了顶层阵列的 S_{11} 曲线。当顶层阵列的尺寸 $d_1=d_3=2$ mm，$d_2=3$ mm 时得到了满意的结果。如图 6-25所示，此时顶层阵列在 915 MHz 频段的 S_{11} 为 -0.5 dB，在 2.4 GHz 频段的 S_{11} 为 -8 dB。

在此基础上，继续设置 d_1、d_2、d_3 的值为变量并建立 H-wall waveguide simulator 模型来求解相位响应曲线，进一步分析满足隔离度要求的阵元尺寸的反射特性是否能达到设计要求。图 6-26 为仿真得到的两个频段间的相位响应曲线，可以看出，对两个不同频段，其移相幅度均超过 400°，满足了实际设计需求。同时可以发现，对于两个频段通过增大 d_3 的值都可以改善曲线的线性度，同时移相幅度基本保持不变。对于 915 MHz 频段的阵元，其相移曲线的线性度较好，基本可以保证在整个尺寸变

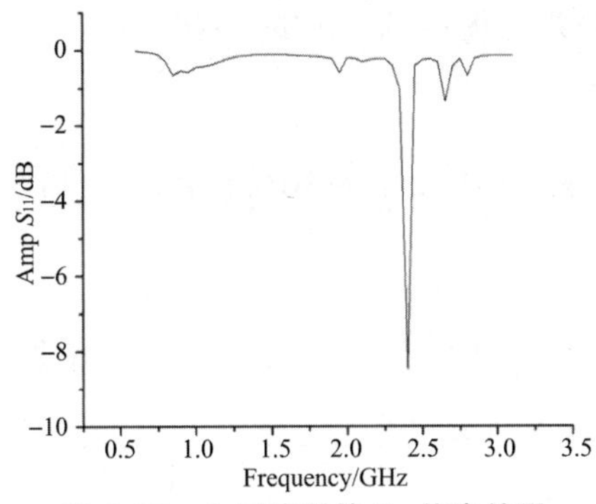

图 6-25　上层阵列的 S_{11} 仿真结果

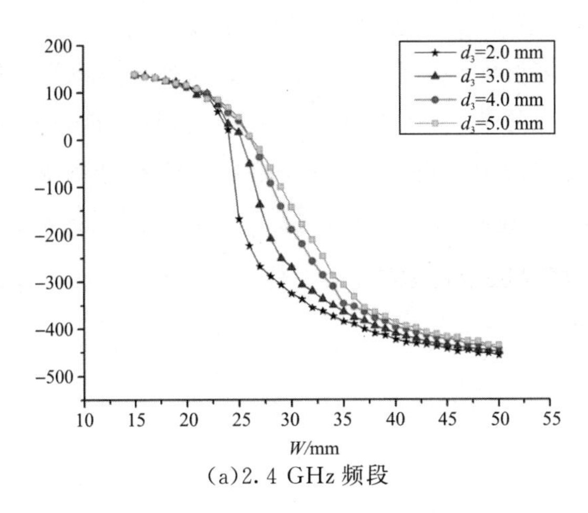

(a)2.4 GHz 频段

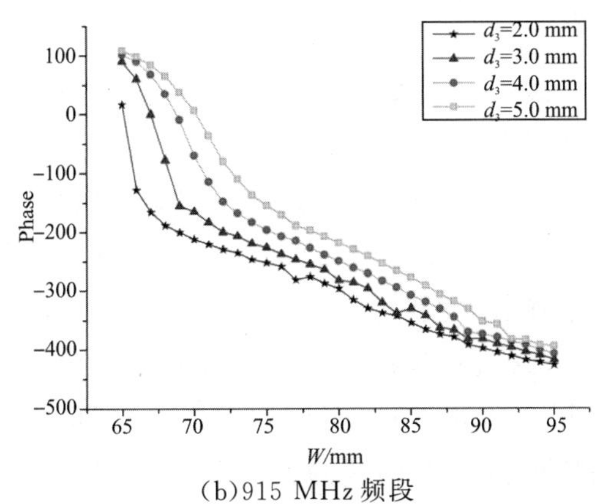

(b)915 MHz 频段

图 6-26　相位随 W 变化曲线

化范围内的线性度；对于 2.4 GHz 频段，其相移曲线在 30 mm 附近的谐振特性比较明显，曲线线性范围有所减小，但在 22 mm$<W<$37 mm 的范围

内仍有较好的线性度并能提供约450°的移相范围。

6.6 近场方向图综合算法

反射阵列天线在距离天线口径中心 $\vec{r}$ 处的总辐射电场可表示为

$$E(\vec{r})=\sum_{n=0}^{N-1}\mathrm{e}^{\mathrm{j}\Phi_n}\left[\frac{F(\vec{r}_{f,n})\mathrm{e}^{-\mathrm{j}kl_n}}{l_n}\right]\left[G_n(\vec{r}_n)\frac{\mathrm{e}^{-\mathrm{j}kR_n}}{R_n}\right] \tag{6-4}$$

在近场通信应用中，当相位项 Φ_n 满足下式时，

$$\Phi_n=\angle F(\vec{r}_{0,f})-\angle F(\vec{r}_{n,f})+k(l_n+d_n-l_0-d_0) \tag{6-5}$$

天线便可以在近场区实现聚焦。此时，反射阵列天线将位于第一焦点的馈源天线辐射的电场重新在第二焦点实现聚焦，其功能与椭圆形反射器类似。在本章设计样例中，目标是寻找一组合适的相位项 Φ_n，当阵列单元引入 Φ_n 的相位差后，其叠加的辐射总场可以形成所预期的场分布 $\vec{E}_d$。因此，如果在目标聚焦区域选取 M 个采样点，位于 $\vec{r}_m(m=1,2,\cdots,M)$ 处的散射场可以表示为

$$E(\overline{r}_m)=\sum_{n=0}^{N-1}\mathrm{e}^{\mathrm{j}\Phi_n}E_{nm}\approx E_d(\overline{r}_m) \tag{6-6}$$

由式 6-5 可得：

$$E_{nm}=\left[\frac{F(\vec{r}_{f,n})\mathrm{e}^{-\mathrm{j}kl_n}}{l_n}\right]\left[G_n(\vec{r}_n^m)\frac{\mathrm{e}^{-\mathrm{j}kR_n^m}}{R_n^m}\right] \tag{6-7}$$

其中，$\vec{r}_n^m=\vec{r}_m-\vec{r}_n'$。式 6-6 左边为经过相位综合产生的电场，右边为希望得到的电场分布，只需要对相位项 Φ_n 进行综合计算，因为在反射阵列中照射到每个阵元的电场振幅值是由馈源天线结构和阵列结构决定的。一旦结构确定，阵元表面电场强度便为确定值，除非在阵列结构中使用有耗材料，但这样无疑会降低天线效率。

在对反射阵列天线进行相位综合以使其在近场聚焦区域形成一致的电场分布过程中，相位项 $\Phi_n(n=0,1,\cdots,N-1)$ 的值被当作变量进行调整，直到迭代结果使得位于近场区的目标聚焦区域内的电场形成优化的 contour pattern。这种相位综合过程与传统的相控阵综合过程不同，在相控阵的优化过程中，幅度和振幅都可以作为变量进行独立调整。在综合过程中，SDM 算法会逐步改变变量值，并能求得解析解，这就避免了在每次迭代求解过程中对场值分布进行大量数值计算，大大降低了计算量，提高

了计算速度。

在使用 SDM 算法进行综合计算时，首先需要定义一个成本函数（cost function），该成本函数使用目标聚集区域内的电场采样值定义为

$$\Omega = \sum_{m=1}^{M} f_m \mid G_m - G_m^d \mid^2 \tag{6-8}$$

其中，M 是采样点的个数，G_m 是第 m 个场点处的归一化功率增益，G_m^d 是希望得到的增益值，f_m 为引入的权函数。在计算过程中通过给聚焦区域内外设置不同的权值，可以得到较好的聚焦效果，并降低副瓣和交叉极化电平。G_m 可以定义为

$$G_m = \frac{\mid E(\bar{r}_m) \mid^2}{2(P_r/A_r)Z_0} \tag{6-9}$$

其中，Z_0 是自由空间的波阻抗，P_r 是聚焦区域内的总辐射功率，A_r 是聚焦区域的面积。由于所关注的重点是使天线在聚焦区域内产生一致分布的 contour pattern，因此这里使用 P_r 和 A_r 来对功率密度进行归一化。

在 SDM 算法的计算过程中，使用以下迭代形式来逐步改变 $\Phi_n(n=0, 1,\cdots,N-1)$ 的值

$$\begin{bmatrix} \Phi_0(i+1) \\ \Phi_1(i+1) \\ \vdots \\ \Phi_{N-1}(i+1) \end{bmatrix} = \begin{bmatrix} \Phi_0(i) \\ \Phi_1(i) \\ \vdots \\ \Phi_{N-1}(i) \end{bmatrix} - \mu \begin{bmatrix} \left.\dfrac{\partial \Omega}{\partial \Phi_0}\right|_{\Phi_0=\Phi_0(i)} \\ \left.\dfrac{\partial \Omega}{\partial \Phi_1}\right|_{\Phi_1=\Phi_1(i)} \\ \vdots \\ \left.\dfrac{\partial \Omega}{\partial \Phi_{N-1}}\right|_{\Phi_{N-1}=\Phi_{N-1}(i)} \end{bmatrix} \tag{6-10}$$

其中第 $i+1$ 次迭代中的 Φ_n 值可由第 i 次迭代过程得到。由式 6-8 和式 6-10 可以计算出每步迭代后的成本函数，通过迭代过程逐步减小成本函数的值便可得到预期的场分布。在式 6-10 中，μ 为比例系数，通过控制 μ 的值可以使成本函数在每次迭代过程中有合适的减小量，初始 μ 值选择时应使相位变换量小于±90°。

图 6-27 为使用 SDM 算法进行相位综合的算法流程图。式 6-10 中的偏导数可以通过对式 6-9 进行偏微分计算得到

$$\frac{\partial \Omega}{\partial \Phi_n} = 2\sum_{m=1}^{M} \left[f_m \frac{\partial G_m}{\partial \Phi_n}(G_m - G_m^d) \right] \tag{6-11}$$

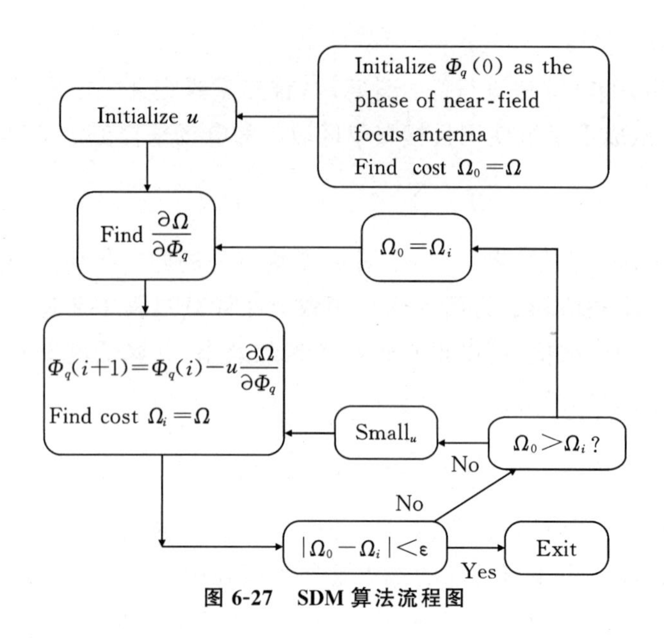

图 6-27　SDM 算法流程图

其中，

$$\frac{\partial G_m}{\partial \Phi_n}=\frac{A}{Z_0 P_{\mathrm{r}}}\mathrm{Re}\left[E(\vec{r}_m)\left(\frac{\partial E(\vec{r}_m)}{\partial \Phi_n}\right)^*\right] \tag{6-12}$$

由式 6-6 可得

$$\frac{\partial E(\overline{r}_m)}{\partial \Phi_n}\cong \mathrm{j}\mathrm{e}^{\mathrm{j}\Phi_n}E_{nm} \tag{6-13}$$

其中 E_{nm} 的值由式 6-7 确定。迭代过程中 Φ_n 的初始值可以使用式 6-5 计算，由此确定的 Φ_n 值使得天线聚焦在目标区域内的一点，在此基础上对 Φ_n 进行迭代便可使天线逐渐散焦，最终优化形成一致分布的 contour pattern。由于以上各式的结果都为解析解，避免了大量的数值计算，因此 SDM 算法具有很高的计算效率。

由于 E_{nm} 的值在综合过程中保持不变，因此在实际编程计算过程中，首先应该计算并存储 E_{nm} 的值。由式 6-10 可推得

$$\mathrm{e}^{\mathrm{j}\Phi_q(i+1)}=\mathrm{e}^{\mathrm{j}\Phi_q(i)}\cdot \mathrm{e}^{-\mathrm{j}\mu\frac{\partial\Omega}{\partial\Phi_q}}\Big|_{\Phi_q=\Phi_q(i)} \tag{6-14}$$

此时式 6-13 变为

$$\frac{\partial E(\overline{r}_m)}{\partial \Phi_n}(\text{第 } i+1 \text{ 步迭代})\cong \mathrm{e}^{-\mathrm{j}\mu\frac{\partial\Omega}{\partial\Phi_q}}\Big|_{\Phi_q=\Phi_q(i)}\frac{\partial E_{co}^{s}(\overline{r}_m)}{\partial \Phi_n}(\text{第 } i \text{ 步迭代}) \tag{6-15}$$

基于式 6-6 和式 6-13，式 6-12 中 $\partial E(\vec{r}_m)$ 的计算可以简化为

$$E(\vec{r}_m)=\frac{1}{\mathrm{j}}\sum_{n=0}^{N-1}\frac{\partial E(\vec{r}_m)}{\partial \Phi_n} \tag{6-16}$$

一旦式 6-15 和式 6-16 的值通过初始的 Φ_n 计算得出后，就可以逐步得到其在每次迭代过程中的值，而不需要重新进行计算。

6.7 单频阵列综合设计

6.7.1 相位综合结果及算法效率分析

本设计样例中编程实现了 SDM 算法，对一款工作于 2.4 GHz RFID 频段的双层堆叠结构的微带反射阵列进行相位综合。反射阵列天线尺寸为 0.8 m×0.8 m，每层阵列上印制有 12×12 个矩形阵元，阵元间距选择为自由空间波长的一半，即 62.5 mm，用于拟合馈源天线和阵元辐射方向图的参数 q 的值选取为 1，设计目标为在传播路径上距离天线口径面 1 m 处的 u-v 平面（垂直于传播路径的平面）产生 0.5 m×0.5 m 的聚焦区，在聚焦区内电场呈现一致的 contour pattern。表 6-1 给出了计算得到的相位值，由于阵列结构具有对称性，因此这里只给出了一半的尺寸值。

表 6-1　阵元相位　　单位：度(°)

	1	2	3	4	5	6
1	60.45	102.30	176.05	192.90	−52.36	112.85
2	−100.6	−57.54	17.09	59.57	167.21	−26.64
3	123.74	165.75	−124.9	−71.55	45.73	212.25
4	27.58	67.41	130.62	−169.9	−47.93	117.15
5	−27.37	9.36	65.27	125.95	−111.5	50.18
6	−47.17	−14.24	32.38	90.83	212.34	9.06
7	−42.92	−14.77	18.69	75.99	196.33	−13.11
8	−46.94	−28.38	−8.13	60.15	178.12	−42.43
9	−64.39	−45.97	−17.28	43.06	146.40	−83.12
10	−7.419	9.11	28.54	80.46	180.08	−54.84
11	68.20	78.73	77.28	132.81	−126.2	−14.52
12	49.96	55.96	80.18	−224.8	−144.6	−38.66

在分析 SDM 算法的计算复杂度时，首先需要分析在每步迭代过程中需要进行的乘法和加法运算的次数。由于在运算结果收敛前无论进行多少次迭代运算，E_{nm} 都只需要计算一次，因此这里假设在迭代开始前 E_{nm} 的值已经计算得到并存储在内存中。设阵列单元数为 N，采样点数为 M，对于式 6-4 和式 6-10 需要的乘法运算次数为 $7\times N\times M$。在以后的每步迭代过程中，当相位 Φ_n 在前一次迭代中得到后，计算式 6-15 和式 6-16 中的散射电场及其微分需要 $2\times N\times M$ 次乘法运算和 $N\times M$ 次加法运算；计算式 6-13 需要 $N\times M$ 次乘法运算，最后计算式 6-12 需要 $N\times M$ 次加法计算和 $2\times N\times M$ 次乘法运算。由此可以得出结论，SDM 综合算法的计算时间复杂度为 $O(N\times M)$。

图 6-28 为对阵列单元数为 N 的阵列进行综合计算产生收敛结果时所需要的处理时间(CPU time)。可以明显看出，当阵列单元数量较大时，运算时间基本与阵列单元数呈线性关系。对通常规模的阵列结构，只需花费很短的时间便可以得出计算结果。

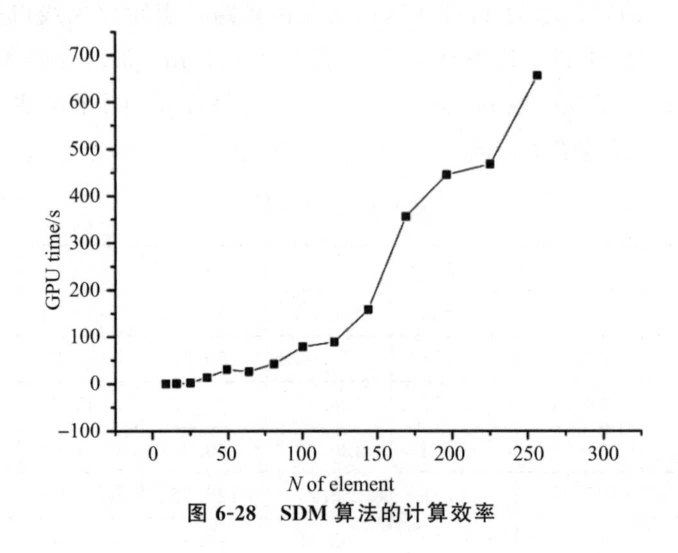

图 6-28　SDM 算法的计算效率

6.7.2　馈源天线设计

在微带反射阵列天线的设计制作过程中，馈源天线的结构形式和性能指标会直接影响天线的整体性能，设计合理的馈源天线不仅能降低制作复杂度和减小天线整体体积，还能改善天线的增益、交叉极化等特性。此处设计了一款工作在 2.4 GHz RFID 频段(标准带宽为 2.40～2.48 GHz)的圆极化印制微带天线作为馈源，其尺寸结构如图 6-29 所示。天线结构近似为正方形，切割掉的一组对角用于产生结构上的微扰，从而激励起一组正交且具有 90°相位差的工作模式，进而产生左旋圆极化波。介质基板材料为 FR4(介电常数 4.4，损耗正切 0.02)，天线通过 50 Ω 微带线馈电。实际加工测试后得到馈源天线的 S_{11} 曲线如图 6-30 所示，由图可见，−10 dB 带宽为 2.37～2.48 GHz，满足要求。天线 E 面和 H 面方向图的仿真结果如图 6-31 所示，其半功率波束宽度约为 104°。

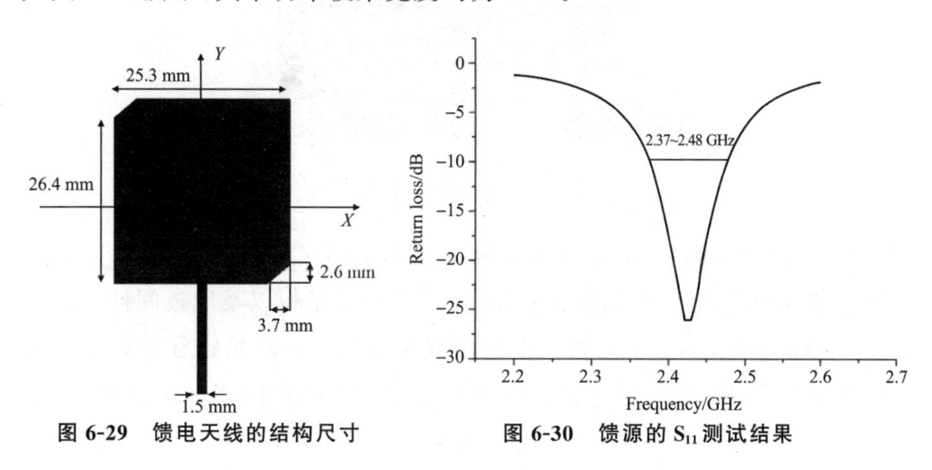

图 6-29　馈电天线的结构尺寸

图 6-30　馈源的 S_{11} 测试结果

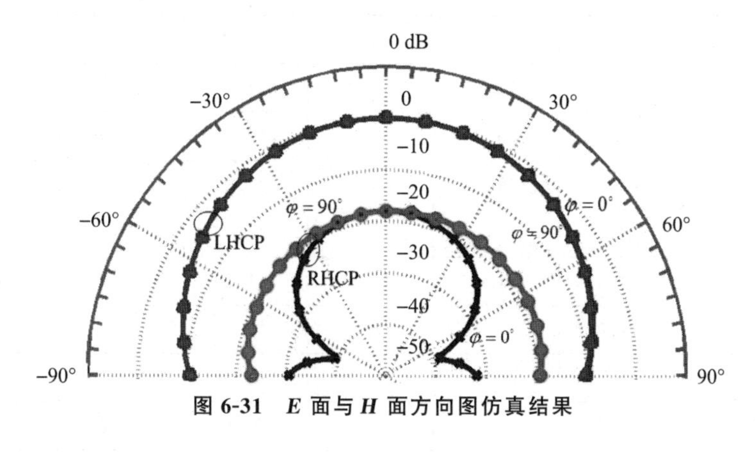

图 6-31　E 面与 H 面方向图仿真结果

6.7.3　阵列结构及仿真结果

反射阵列天线采用堆叠式结构，图 6-32 所示。阵列单元采用矩形微带阵元，每个单元包含两个矩形阵元，分别印制在两层 FR4 基板上(基板厚度为 1.6 mm，介电常数为 4.4，损耗正切 0.02)。使用矩形阵元的原因是由于其结构的对称性可以较好地保持天线的轴比。印制在上层板的矩

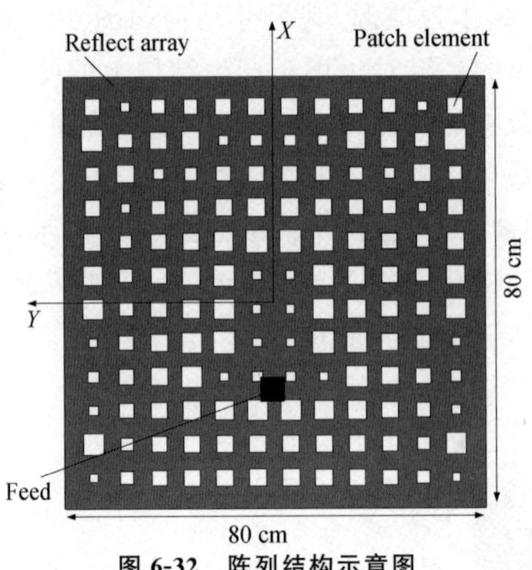

图 6-32 阵列结构示意图

形阵元尺寸较小,但上、下层阵元尺寸的比例始终保持为 0.7。为了改善相位响应曲线的线性度,提高最大移相范围,在两层基板以及地板间插入两层 20 mm 厚的空气层,在实际加工中使用泡沫层代替。对照编程计算出的相位值使用线性插值便可以计算得出每个阵元的结构尺寸,如表 6-2 所示。

表 6-2 阵元尺寸 单位:mm

	1	2	3	4	5	6
1	45.8	42.7	38.3	37.2	24.8	42.1
2	31.5	25.7	50.2	45.9	38.9	58.1
3	41.4	39.0	33.9	28.0	47.0	35.8
4	48.9	45.2	41.0	37.4	23.9	41.8
5	58.3	51.3	45.4	41.3	32.7	46.6
6	23.7	55.4	48.4	43.5	35.8	51.3
7	22.7	55.5	50.0	44.6	37.0	55.1
8	23.6	58.5	54.2	45.8	38.2	22.6
9	26.9	23.4	56.2	47.3	40.1	29.6
10	54.1	51.3	48.8	44.3	38.0	25.3
11	45.2	44.4	44.5	40.9	34.0	55.5
12	46.7	46.2	44.3	40.7	35.6	21.4

这里使用全波方法对设计的天线结构进行建模求解，以验证其近场聚焦特性。图 6-33 为阵列天线的仿真模型。图 6-34(a)和(b)为使用 SDM 程序计算得到的 *u-v* 平面和 *u-r* 平面(传播路径所在的平面)场图，图 6-34(c)和(d)为仿真得到的对应结果。从图中可以看出，数值仿真结果和电磁全波仿真结果吻合较好，在 0.5 m×0.5 m 的区域内实现了聚焦，但由于数值计算程序并未考虑几何绕射和阵元间的耦合效应等其他因素(虽然这些影响通过一定技术方法可以降到较低值)，因此(c)中的聚焦区域边缘处出现了一定程度的性能恶化。如果希望进一步减小误差，只能通过进行更多次数的数值仿真或进一步完善计算程序来实现。此外从*u-r*平面场图可以明显看出，contour pattern 的产生实际是一个先聚焦后散焦的过程，天线的实际聚焦区域比所设计的聚焦区域略微靠前，天线在聚焦后通过散焦逐步产生一致分布的 contour pattern。图 6-34(e)为仿真得到的天线 3D 方向图，从图中可以直观地看到在天线近场区产生的聚焦波束。

图 6-33 天线仿真模型

6.8 双频阵列综合设计

在单频阵列仿真设计的基础上，使用前面所设计的双频反射阵列阵元，继续利用 SDM 计算程序综合设计工作于 915 MHz 和 2.4 GHz 的近场双频反射阵列天线。

双频阵列的两个频段分别使用工作在 2.4 GHz RFID 频段(标准带宽为 2.40～2.48 GHz)和 915 MHz(标准带宽为 900～920 MHz)的圆极化

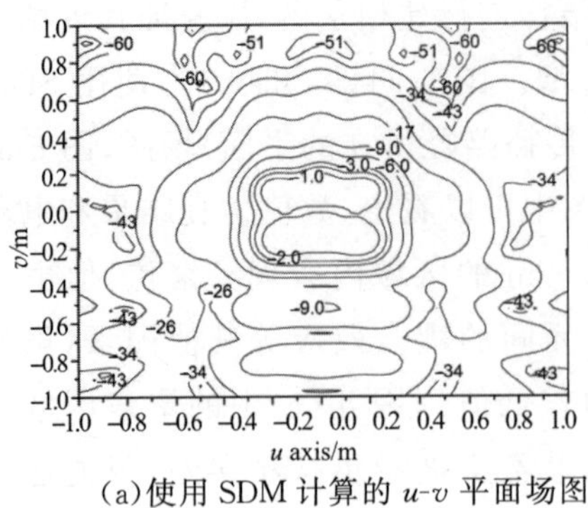

(a)使用 SDM 计算的 u-v 平面场图

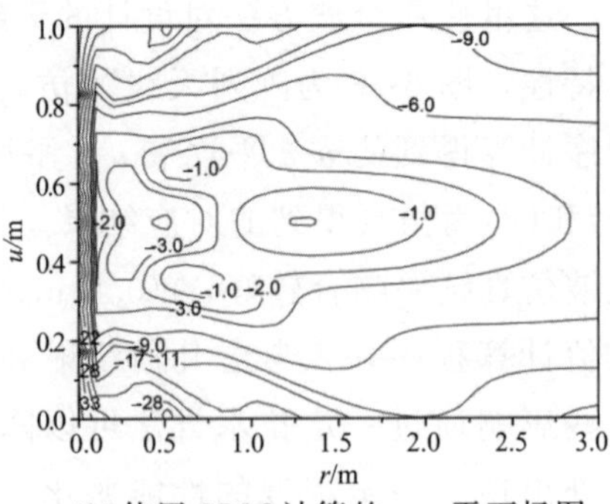

(b)使用 SDM 计算的 u-r 平面场图

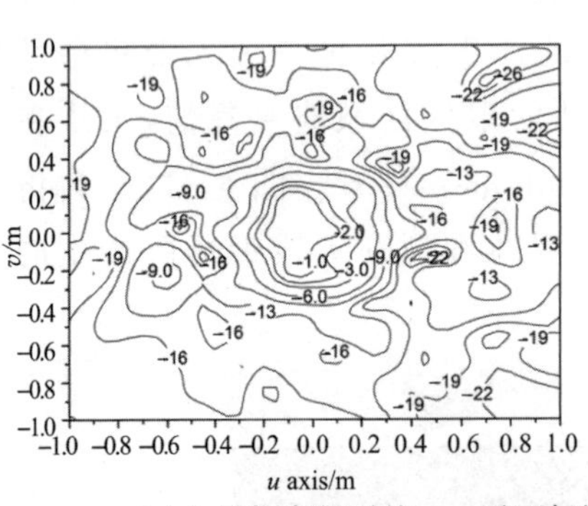

(c)全波仿真得到的 u-v 平面场图

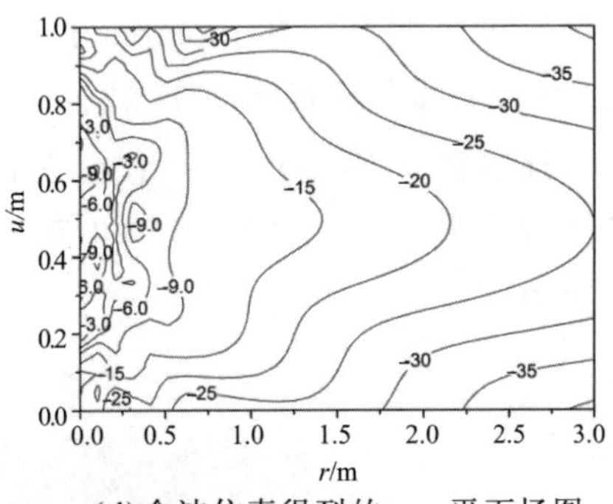

(d)全波仿真得到的 u-r 平面场图

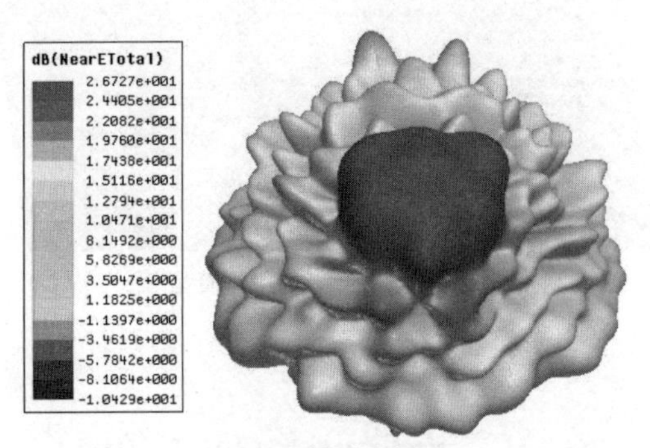

(e)3D 方向图

图 6-34　数值计算和电磁仿真结果

印制微带天线独立馈电，其尺寸结构如图 6-35 所示。天线介质基板材料为 FR4(介电常数 4.4，损耗正切 0.02)，通过 50 Ω 微带线馈电。

图 6-36 为双频阵列的仿真模型，阵列由 9×9 个基本单元组成，位于顶层的 915 MHz 阵元共 9×9 个，位于底层的 2.4 GHz 阵元共 18×18 个，阵列尺寸为 1.2 m×1.2 m。高频阵元间距为 62.5 mm，为 2.4 GHz 频率

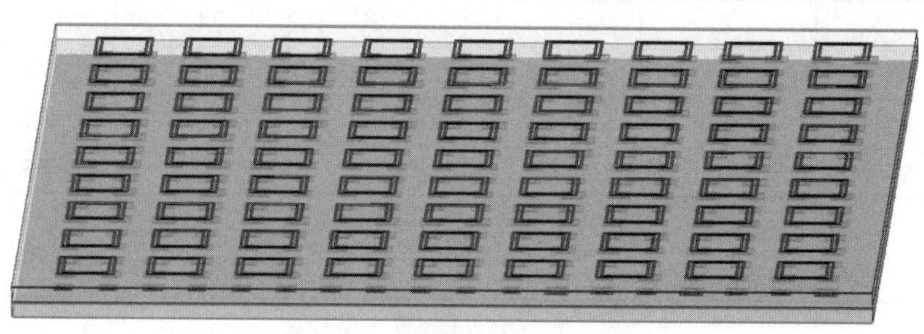

图 6-35　双频阵列的馈源天线

波长的一半；低频阵元间距为 133 mm，约为 915 MHz 频段波长的 40%。用于拟合馈源天线和阵元辐射方向图的参数 q 的值选取为 1，设计目标为使两个频段分别在传播路径上距离口径面 2 m 处的 u-v 平面产生 0.5 m×0.5 m 的聚焦区，在聚焦区内电场呈一致分布的 contour pattern。表 6-3 和表 6-4 给出了使用相位响应曲线仿真结果插值计算得到的阵元尺寸。同样由于阵列结构具有对称性，这里都只需要给出一半范围的数值。

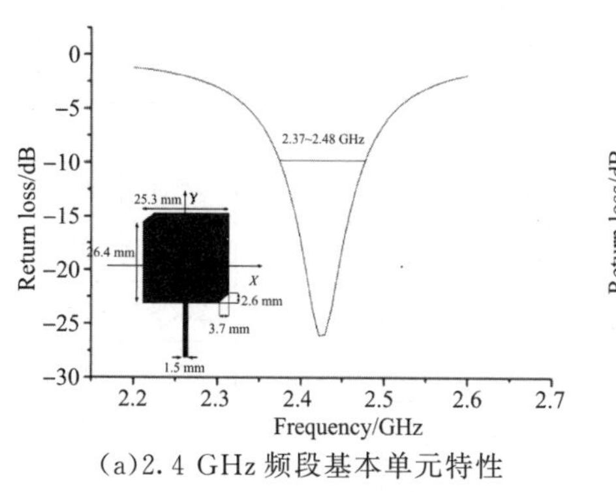

(a)2.4 GHz 频段基本单元特性

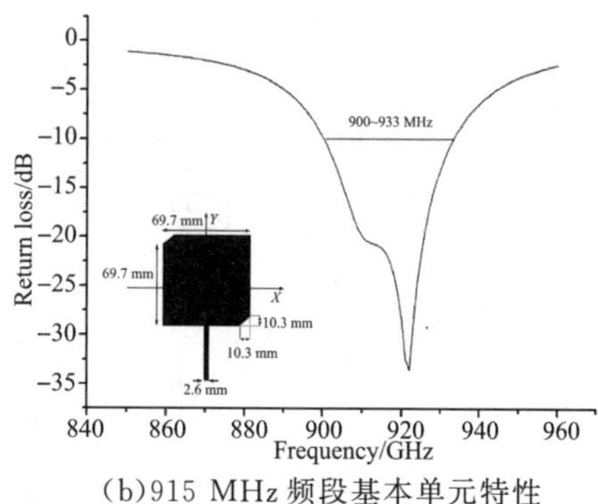

(b)915 MHz 频段基本单元特性

图 6-36　天线仿真模型

表 6-3　915 MHz 阵元尺寸　　单位：mm

	1	2	3	4	5
1	88.1	90.2	83.1	81.8	81.2
2	89.4	84.4	72.9	83.8	86.3
3	75.2	68.7	66.1	87.9	76.1
4	91.7	87.9	67.7	91.3	76.8
5	65.5	88.4	74.7	66.4	80.1
6	88.1	87.4	74.9	66.8	81.2

续表

	1	2	3	4	5
7	80.9	71.8	69.3	66.1	75.8
8	84.4	75.3	76.3	65.2	68.5
9	66.6	65.3	65.5	77.3	88.2

表 6-4　2.4 GHz 阵元尺寸　　单位：mm

	1	2	3	4	5	6	7	8	9
1	34.7	25.8	34.6	27.2	25.9	32.0	24.6	25.6	27.3
2	32.6	25.5	31.1	25.3	28.3	28.4	31.1	33.1	33.3
3	25.9	31.3	26.2	30.9	25.4	27.9	27.3	38.2	30.4
4	32.8	26.3	31.2	26.1	31.0	24.4	32.2	23.8	26.1
5	26.8	32.1	25.7	31.1	24.7	30.5	25.3	38.2	30.2
6	29.8	34.6	32.6	24.9	30.4	25.3	29.6	32.4	33.8
7	32.6	29.8	27.1	32.6	26.8	28.8	32.7	25.3	26.3
8	33.1	27.3	29.0	25.5	30.2	32.3	23.1	27.1	27.9
9	33.4	28.7	30.4	26.4	31.4	30.5	25.7	27.3	28.5
10	34.2	29.1	31.4	27.3	31.6	25.6	26.5	26.9	28.3
11	34.1	29.9	32.9	27.2	31.3	25.4	30.6	26.4	27.1
12	33.1	28.9	24.7	26.8	30.6	24.8	27.1	27.7	27.0
13	32.9	28.7	24.5	26.9	30.1	33.1	26.2	25.9	26.1
14	32.9	29.3	32.7	25.7	28.2	32.2	33.9	33.0	33.8
15	32.1	29.0	31.2	33.4	21.9	29.6	32.5	31.6	30.3
16	29.7	25.2	29.4	33.3	24.7	28.4	30.4	31.6	31.9
17	28.1	32.9	27.1	30.4	32.8	25.4	27.0	27.2	27.6
18	27.7	31.4	25.8	29.2	31.4	34.1	25.4	27.4	28.8

和前面单频设计类同，依然可使用全波方法对设计的天线结构进行建模求解，以与全波分析理论进行对比，观察其近场聚焦特性及算法的有效性。图 6-37 和图 6-38 重点对比 SDM 算法及全波仿真平面场图的结果。从图中可以看出，SDM 算法依然是十分有效的，在 915 MHz 及 2.4 GHz 两个 RFID 实用的频段数值仿真结果和电磁全波仿真结果吻合较好，在 0.5 m×0.5 m 中间场区结果基本一致，都实现了聚焦，而且 SDM 得到的

结果靶心对称性更好，更接近于理论模型。实际上，对比图全波分析出现非对称及拖尾是由截断误差造成的。二者中心场区强度基本一致，边缘部分全波仿真分析具有更精细的场分布状况，场强也基本一致。

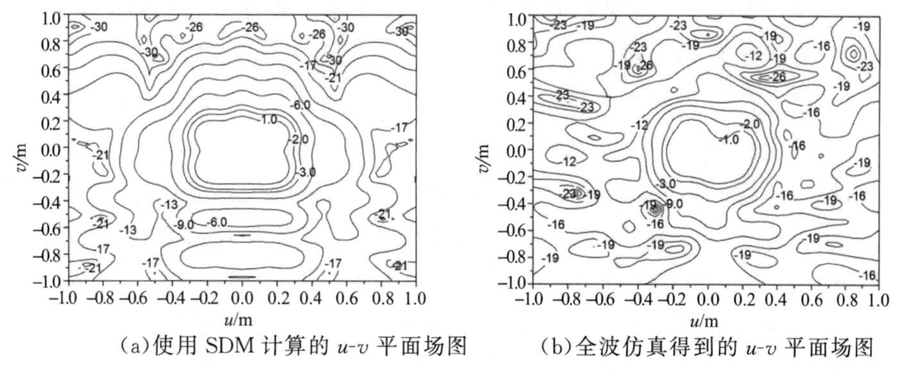

(a)使用 SDM 计算的 u-v 平面场图　　(b)全波仿真得到的 u-v 平面场图

图 6-37　2.4 GHz 频段的 contour pattern

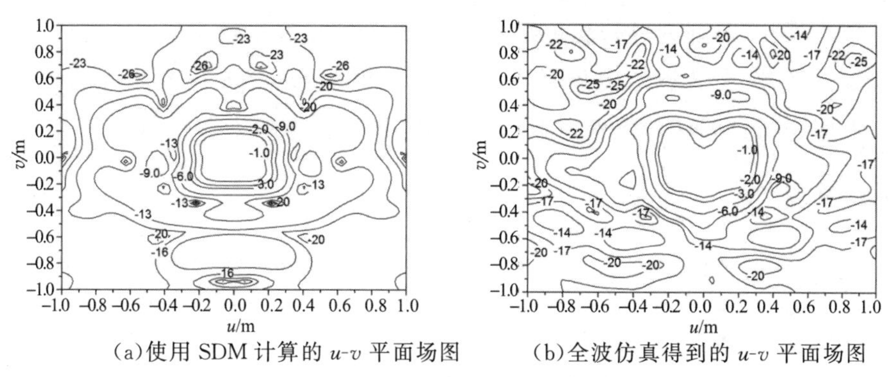

(a)使用 SDM 计算的 u-v 平面场图　　(b)全波仿真得到的 u-v 平面场图

图 6-38　915 MHz 频段的 contour pattern

6.9　本章小结

首先回顾了反射阵列天线的发展历史和主要研究成果，介绍了几种典型相位补偿形式的反射阵列天线，针对近场应用的需求提出了本章的主要研究方向及意义；然后阐述了反射阵列天线的数学模型和全波分析方法，介绍了反射阵列天线的重要性能参数及频带展宽技术。在此基础上，重点围绕单/双频微带反射阵列天线设计、近场 contour pattern 综合以及新型反射单元设计等方面展开。

具体设计了基于双层堆叠结构的单频微带反射阵列，通过改变阵元尺寸进行相位补偿。讨论了在堆叠结构中插入不同厚度空气层对阵元带宽的影响，并使用WGS求解不同空气层厚度时的相位响应曲线。通过实验发现，插入的空气层表现类似于谐振电路，明显地展宽了反射阵元的工作带宽。分析仿真结果可知，当空气层厚度 t 大于 5 mm 时，反射阵元移相幅度和相移曲线线性度无明显变化，移相幅度均达到了 400°。为双频反射阵列设计了变尺寸十字偶极子结构、Koch Island 分形结构、十字分形偶极子结构、方环嵌套结构等新型阵元，并验证了多种阵元组合形式。实验结果表明，对于使用变尺寸阵元的双层反射阵列，不能使用高频阵元位于顶层的结构，否则位于底层的低频阵元无法有效作为地板层反射电磁波。在此分析基础上使用方环嵌套结构设计了高频阵元位于底层的双频阵列，该多谐振结构的两个谐振频率非常接近，通过调节结构尺寸可以有效增大工作带宽，使两个不同频段的移相幅度均超过 400°。使用 SDM 算法对设计的单/双频反射阵列进行相位综合，使其在天线近场区产生 0.5 m×0.5 m 的聚焦区域，在区域内电场呈现一致分布的 contour pattern，相对于未进行方向图综合的反射阵列天线，其−3 dB 聚焦区域增大约 6 倍。

参考文献

[1]Hsi Tseng Chou, Yu Xi Liu, Xiao Ying Dong, et al. Design of reflectarray antennas to achieve an optimum near-field radiation for RFID applications via the implementation of SDM procedure. Radio Science. 2015, 50(4): 283-293

[2]Bai Qiang You, Yu Xi Liu, Jian Hua Zhou, et al. Numerical synthesis of dual-band reflectarray antenna for optimum near-field radiation. IEEE Antennas and Wireless Propagation Letters (AWPLs). 2012, 54(7): 1775-1777

[3]Hsi-Tseng Chou, Yu-Xi Liu, Xiao-Ying Dong, et al. Reflectarray antennas for near-field focused radiation: numerical modeling, synthesis and realistic realization. ICWITS'12, July 29-August 3, 2012, Hawaii, USA.

[4]Hsi-Tseng Chou, Tso-Ming Hung, Nan-Nan Wang, et al. Design of a near-field focused reflectarray antenna for 2.4 GHz RFID reader applications. IEEE Transaction on Antennas and Propagation.2011, 59(3): 1013-1018.

[5] Chou, H. T., P. H. Hsueh, T. M. Hung, A dual-band near-field focused reflectarray antenna for RFID applications at 0.9 and 2.4 GHz. Radio Science. 2011, 46 (6): 6010.

[6]K. H. Sayidmarie, M. E. Bialkowski. Fractal unit cells of increased phasing range

and low slopes for single-layer microstrip reflectarrays. IET Microwaves Antennas Propagation. 2011, 5(11): 1371-1379.

[7] M. R. Chaharmir, J. Shaker, H. Legay. Dual-band Ka/X reflectarray with broadband loop elements. IET Microwave Antennas Propagation. 2010, 4(2): 225-231.

[8]黄玉兰.物联网射频识别(RFID)核心技术详解.人民邮电出版社,2010.

[9] John Huang, Jose A. Encinar. Reflectarray antennas. IEEE Transactions and Propagation Society. 2008: 9-11.

[10] Li, H., Wang, B.-Z., Du, P. Novel broadband reflectarray antenna with windmill-shaped elements for millimeter-wave application. International Journal of Infrared Millimetre Waves. 2007, 28, (5): 339-334.

[11]K. D. Stephan, J.B. Mead, D.M. Pozar, et al. A near field focused microstrip array for a radiometric temperature sensor. IEEE Transations on Antennas Propagation. 2007, 55(4): 1199-1203.

[12]M. Arrebola, J. A. Encinar, Y. Alvarez, et al. Design and evaluation of a three-beam LMDS central station antenna using reflectarrays. 13th IEEE Mediterranean Electrotechnical Conference (MELECOM' 2006). Benalmadena (Malaga), Spain, May 2006.

[13] A. Balanis. Antenna theory analysis and design. New York: John Willey and Sons. 2005.

[14]Chulmin Han, John Huang, Kai Chang. A high efficiency offset-fed X/Ka-dual-band reflectarray using thin membranes. IEEE Transations on Antennas Propagate. 2005, 53(9): 2792-2798.

[15] A. Balanis. Antenna theory analysis and design. New York: John Willey and Sons, 2005: 863-865.

[16]J.A. Encinar, J.A. Zornoza. Broadband design of three-layer printed reflectarrays. IEEE Transations on Antenna and Propagate. 2003, 51: 1662-1664.

[17] Feng-Chi E. Tsai, Marek E. Bialkowski. Designing a 161-element Ku-band microstrip reflectarray of variable size patches using an equivalent unit cell waveguide approach. IEEE Transations on Antennas Propagat. 2003, 51(10): 2953-2962.

[18] J. A. Encinar, J. A. Zornoza. Broadband design of three-layer printed reflectarrays. IEEE Transations on Antennas Propagat. 2003, 51(7): 1662-1664.

[19]R.E. Zich, M. Mussetta, M. Tovaglieri, et al. Genetic optimization of microstrip reflectarrays. IEEE AP-S/URSI Symposium. San Antonio, Texas, June 2002: Ⅲ-128-131.

[20]J. A. Encinar. Design of two-layer printed reflectarray using patches of variable size. IEEE Trans. Antenna and Propagate. 2001, 49: 1403-1410.

[21] Jose A. Encinar. Design of two-layer printed reflectarrays using patches of

variable size. IEEE Transations on Antennas Propagate. 2001，49(10)：1403 - 1410.

[22]M. G. Keller，M. Cuhaci，J. Shaker，et al. Investigations on novel reflectaray configurations. Symposium on Antenna Technology and Applied Electromagnetics. 2000：299-301.

[23]A. W. Robinson，M. E. Bialkowski，H. J. Song. An X-band passive reflectarray using dual-feed aperture-coupled patch antennas. Asia Pacific Microwave Conference. December 1999：906-909.

[24]D. M. Pozar，S. D. Targonski，R. Pokuls. A shaped-beam microstrip patch reflectarray. IEEE Transactions on Antennas and Propagation. 1999，47(7)：1167-1173.

[25]J. A Encinar. Printed circuit technology multilayer planar reflector and method for the design thereof. European Patent EP 1120856，June 1999.

[26]J. Huang，R. J. Pogorzelski. A Ka-band microstrip reflectarray with elements having variable rotation angles. IEEE Transations on Antennas Propagate. 1998，45：650-656.

[27]D. Pozar，S. D. Targonski，H. D. Syrigos. Design of millimeter wave microstrip reflectarrays. IEEE Transations on Antennas Propagat. 1997，45(2)：287-296.

[28]J. Huang. Bandwidth study of microstrip reflectarray and a novel phased reflectarray concept. IEEE Ap-S/URSI Symposium. Newport Beach，California，June，1995：582-585.

[29]Y. T. Gao，S. K. Barton. Phase correcting zonal reflector incorporating rings. IEEE Transations on Antennas and Propagate. 1995，43：350-355.

[30]D. C. Chang，M. C. Huang. Multiple polarization microstrip reflectarray antenna with high efficiency and low cross-polarization. IEEE Transations on Antennas Propagat. 1995，43：829-834.

[31]Y. Zhuang，J. Litva，C. Wu，et al. Modelling studies of microstrip reflectarrays. IEE Proceedings-Microwaves Antennas and Propagation. 1995，142 (1)：78-80.

[32]D. I. Wu，R. C. Hall，J. Huang. Dual-frequency microstrip reflectarray. IEEE AP-S/URSI Symposium. 1995：2128-2131.

[33]Y. Zhuang，C. Wu，K.-L. Wu，et al. Microstrip reflectarrays：full-wave analysis and design scheme. Antennas and Propagation Society International Symposium，1993. AP-S. Digest. July 1993：1386-1389.

[34]D. M. Pozar T. A. Metzler. Analysis of a reflectaray antenna using microstrip patches of variable size. Electronics Letters. 1993，29(8)：657-658.

[35]T. A. Metzler. Design and analysis of a microstrip reflectarray. Ph. D dissertation，University of Massachusetts，September 1992.

[36]J. Huang. Microstrip reflectarray. IEEE AP-S/URSI Symposium. London，

Canada, June 1991: 612-615.

[37]A. Kelkar. FLAPS: conformal phased reflecting surfaces. Proc. Proceedings of IEEE National Radar Conference Los Angeles, California, March 1991: 58-62.

[38]O. M. Bucci, G. Franceschetti, G. Mazzarella, et al. Intersection approach to array pattern synthesis. IEE Proceedings. 1990, 137(6): 349-357.

[39]A. R. Cherrette, S-W. Lee, R.J. Acosta. A method for producing a shaped contour radiation pattern using a single shaped reflector and a single feed. IEEE Transations on Antennas Propagation. 1989,37(6): 698-705.

[40]R. E. Munson H. Haddad. Microstrip reflectarray for satellite communication and RCS enhancement and reduction. U.S. Patent 4,684,952, Washington, D.C., August 1987.

[41]Kraus. John D. Antennas since Hertz and Marconi. IEEE Transations on Antennas Propagation 1985, 33: 131-137.

[42]谢处方，邱文杰.天线原理与设计.西安:西北电讯工程学院出版社，1985.

[43]A. W. Love. Reflector antennas. New York: IEEE Press, 1978: 1-10.

[44]C.S. Malagisi. Microstrip disc element reflectarray. Electronics and Aerospace Systems Convention, Sept. 1978: 186-192

[45]J. P. Montgomery. A microstrip reflectarray antenna element. Antenna Applications Symposium, University of Illinois. Sept. 1978.

[46]H. R. Phelan. Spiralphase reflectarray for multitarget radar. Microwave Journal. 1977, 20: 67-73.

[47]P. W. Hannan, M.A. Balfour. Simulation of phased array antennas in waveguides. IEEE Transations on Antennas Propagat. 1965, 13: 342-354.

[48]D. G. Berry, R.G. Malech, W.A. Kennedy. The reflectarray antenna. IEEE Transations on Antennas Propogation. 1963, AP-11: 645-651.

[49]H. Gutton, G. Baissino. Flat aerial for ultra high frequencies. French Patent No. 703 113, 1955.

[50]G. A. Deschamps. Microstrip microwave antennas. The 3rd USAF Symposium On Antennas, 1953.

第七章 小型化分形天线的设计及改进技术

7.1 分形在微带天线设计中的应用

随着天线小型化的快速发展，分形由于具有极高的压缩率及自身诸多独特的优点而备受关注，常常被用在尺度受限的众多天线设计中。分形最早由美籍法国科学家 Mandelbrot 提出，随后经 Besicovitch 于 1935 年和 Mandelbrot 于 1975 年分别加以改进和发展。Mandelbrot 曾经为分形下过两个定义：①满足条件 Dim(A)＞dim(A)的集合 A 称为分形集，其中 Dim(A)为集合 A 的 Hausdorff 维数或分维数，dim(A)为其拓扑维数，一般说来，Dim(A)不是整数而是分数；②部分与整体以某种形式相似的形态称为分形。然而，经过理论和应用的检验，人们发现这两个定义很难包括分形的丰富内容，相关的计算理论也还在发展之中。一般情况下，将具有如下特征的结构 FR(Fractal，FR)都称为分形：

(1)FR 具有精细的结构，任意递归切分的极小尺度内都包含整体特征。

(2)FR 可以是由几何图形或者由“功能”/“信息”建立起来的某种数理模型。

(3)FR 具有不规则性，以致它的整体与局部都不能用传统的几何语言来描述。

(4)FR 具有某种自相似(递归)形式，可以是严格的自相似，也可以是近似的或统计意义上的自相似，自然界中的大部分分形都是后者。

(5)FR 相似性具有层次结构方面的差异。数学理论上的分形具有无限嵌套的层次结构，而自然界中的分形只是有有限层次的嵌套，在进入一定的层次以后才会有分形的规律。

(6)FR 相似性具有级别上的差异，级别越接近则越相似，越远相似性越差。整体的级别最高，最低的级是生成元，可以用无标度区间或标度不变性范围加以表示。

(7)FR 的分形维数(以某种方式定义)大于它的拓扑维数。

针对不同的图形或者应用目标，它可能只具有上面大部分性质，并不满足全部性质，但仍然将其归入分形结构。实际上，自然界和科学实验中涉及的分形绝大部分都是近似的，因为实际应用场合尺度细分是有限的，当被研究体的尺度小到该场合尺度无法分辨时，分形性质也自然消失了。所以，2005 年 Mandayd 等人提出了如图 7-1 所示的类分形结构，之所以这样命名是因为分形并不是严格意义上的分形结构，仅仅具有某些规律性的特征，这种图形不具有分数维数，随着分形的进行，它们的面积和周长都趋于定值。

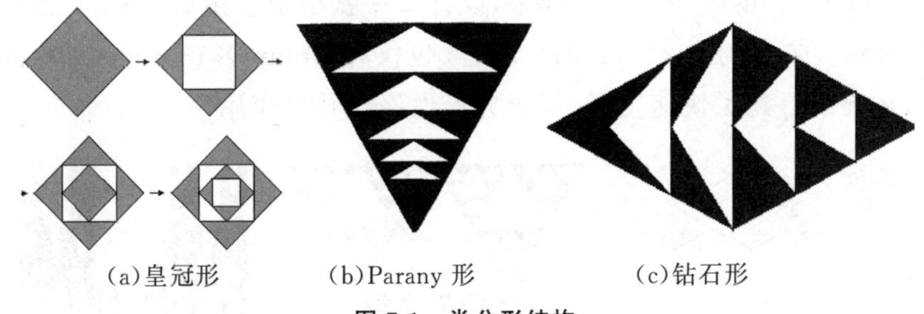
(a)皇冠形　　(b)Parany 形　　(c)钻石形

图 7-1　类分形结构

由于分形结构具有较强的空间填充性和自相似性，与宽频带天线的基本特征一致，所以常用于天线的频带拓展、频率变换及控制。分形结构天线与传统天线相比具备如下特点：

(1)结构空间上高度压缩性填充很容易实现小型化，可以开发小型化天线；

(2)结构的自相似性具有宽频天线特征，可以开发宽带天线；

(3)分形不同阶次辐射边的组合，等效于获取很多辐射臂长，容易获得多频特性；

(4)结构的连续拓展可以实现自加载，也可以通过馈电设计拓展天线的带宽；

(5)分形递归过程会伴随添加分布参数阻抗，有利于辐射电阻增加。

常见的分形天线如图 7-2～7-4 所示，包括分形振子天线、分形环天线以及分形阵列天线。振子天线的研究较早，2003 年 Wernerd 等人对常见的几何分形图形在天线中的应用进行了总结，涉及树状分形、Koch 分形、

Hibert 分形、Sierpinski 毯，并用 IFS 函数生成法对它们进行描述。图 7-2(c)是 Eichler 等人于 2011 年设计的一款同轴馈电双频椭圆极化的分形贴片天线，该款天线不仅能实现双频，而且具有较好的带宽。环天线也是经常研究的一种天线，然而它具有一定的局限性：谐振环要求巨大的空间，小环只有很低的输入阻抗等。针对这些缺点，Best 等人提出了一种分形环天线，分形环天线比普通环天线辐射阻抗增加更容易实现匹配；同时分形环天线比圆环天线具有更强的方向性，适用于制作高增益天线。2004 年，Tang Wahid 提出了六边形分形双频环天线[如图 7-3(a)所示]，并对不同阶数的分形进行性能比较；2010 年，Pourahmadazar 等人设计了一款微带馈电圆环嵌套的新颖结构分形天线，尺寸仅为 25 mm×25 mm×1 mm[如图 7-3(b)所示]；2011 年，Homayoon 等人对复合分形进行了应用，将 Peano 和 Sierpinski 分形结合起来，设计了一款小型化超宽带天线[如图 7-2(c)所示]，带宽为 2.2～12 GHz，尺寸也仅有 20 mm×13 mm×1.6 mm。分形环天线得到了快速发展，复合分形也逐渐开始应用。

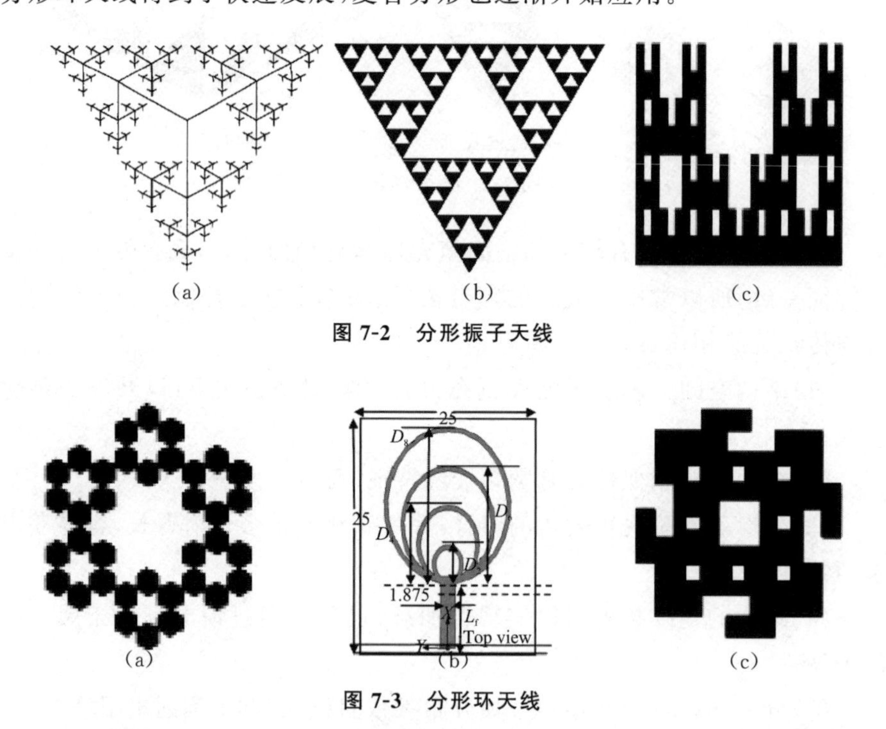

(a) (b) (c)

图 7-2　分形振子天线

(a) (b) (c)

图 7-3　分形环天线

分形应用于阵列天线的设计始于 Kim 和 Jaggard。1986 年，他们利用分形几何的内在规律探讨了低副瓣随机阵列的一种设计方法，该方法将生成元周期子阵的优点与初始元随机阵的优点结合起来，由自相似子阵组成一种准随机线阵，从而实现了多频带、宽频带以及低副瓣设计。2004 年，Werner 等人设计了一款带有分形边界的阵列天线[如图 7-4(a)所示]，同时对不同形状的阵列进行了讨论；2010 年，Siakavara 设计了一款用于卫星通信系统小数目阵元的 Hybrid 分形阵列天线[如图 7-4(b)所示]，此阵列天线能够实现定向辐射；同年，厦门大学天线研发团队设计了一款用于 Ku 波段的康托尔阵列天线[如图 7-4(c)所示]，该阵列天线使用微带馈电且背面使用 PBG 结构，具有较高的增益。阵列天线可以根据需要来调节辐射的方向性能，这将在很大程度上提高通信质量，在以后通信领域里将会被更广泛地应用。

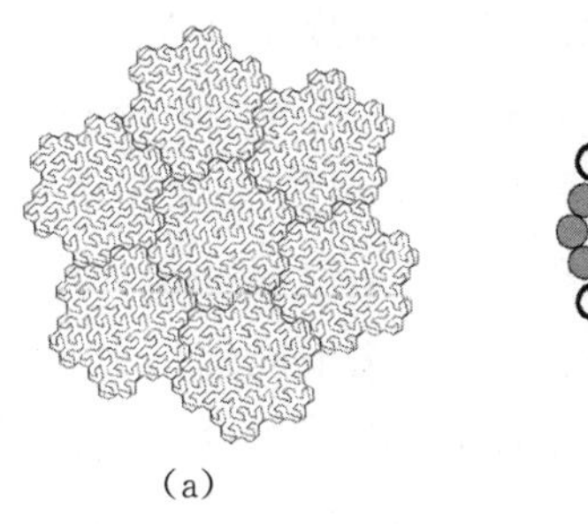

(a)

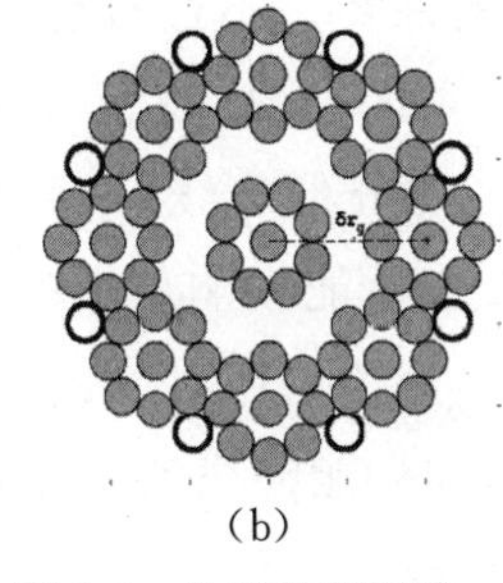

(b)

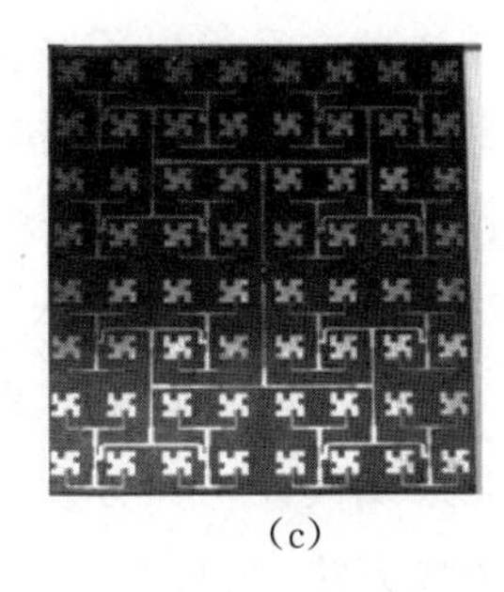

(c)

图 7-4 分形阵列天线

另外，分形应用于多层结构天线的设计也成了一种趋势。2006 年，Anguera 设计了一款 Sierpinski 三频分形天线[如图 7-5(a)所示]，并对三个频点处的增益效率进行了比较讨论；2010 年，Casanova 设计了一款三维 Heatsink 分形天线[如图 7-5(b)所示]，讨论了不同阶数分形的增益变化，总体来说此款天线的增益较好，达到了 7 dB 以上。

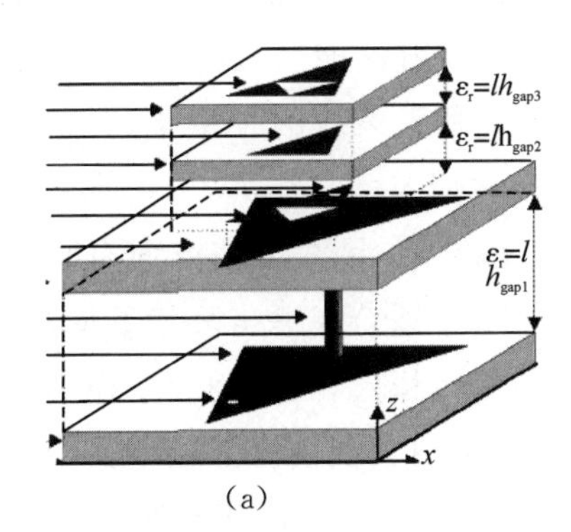

(a)

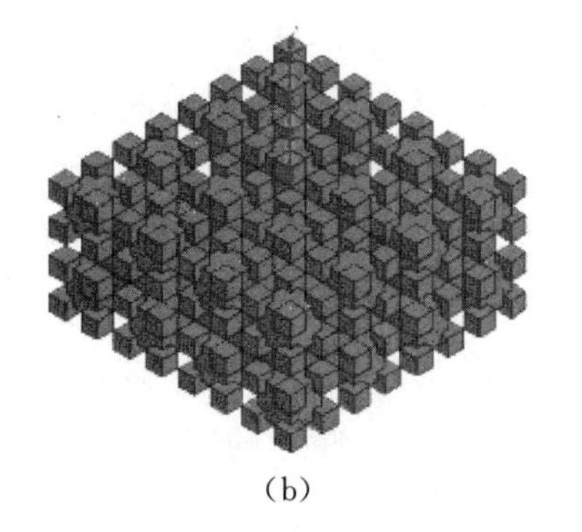

(b)

图 7-5 多层分形结构天线

目前国外研究分形天线的主要代表人物有美国的 Cohen 和西班牙的

Baliarda，此外美国的加利福尼亚大学洛杉矶分校（University of California, Los Angeles）、西班牙的瓦伦西亚理大学（Polytechnic University of Valencia）、英国的伯明翰大学（University of Birmingham）和新墨西哥大学（University of New Mexico）等对分形天线也展开了大量的研究并取得了一定的成果。在国内，国防科技大学、西安电子科技大学、清华大学和厦门大学等高校开展了分形天线单元的多频特性、分形阵列天线等领域的综合研究工作。特别是厦门大学天线研发团队在福建省重点科技项目的支持下，近几年连续公布了50多个国家发明专利和系列理论成果，覆盖了移动通信各频段、RFID、DTV、BD2等，并研究了多应用兼容的技术，在天线设计技术方面迈出了坚实的一步。不过目前大量的研究工作常局限在对熟悉结构的优化与改进上，如Koch曲线、Sierpinski垫片、minkowski曲线、Hilbert曲线等一些著名的分形曲线，新颖分形结构的出现非常偶然。而对天线来说，结构是对天线性能影响最大的因素，如何设计出一个合理的结构是天线设计的难题。因为有限种类的分形结构不能保证分形的优点在天线设计中充分发挥，如果能够找到一种易于操作的系统化分形结构的生成方法，则将为分形天线的研究开辟更为广阔的设计空间。因此对分形天线的研究，不仅具有较高的理论价值，同时可以在现阶段天线设计的若干关键技术上实现突破，有着广阔的应用前景。

伴随着分形天线的普及，国内外众多学者进行了大量的研究工作，总结了各种分形天线各自的优势和特点如下：

Koch分形天线在缩减天线尺寸上有很大的优势。在天线高度相同的情况下，随着迭代次数的增加，曲线的长度会按一定比例增加，天线的辐射阻抗也会增加，天线的品质因数Q值会减小，辐射性能会逐渐改善，并趋于某一个有限值。使用Koch分形折叠结构有利于天线的小型化，但迭代次数增加时，天线的复杂度增加，容易出现高次谐波。

Hilbert分形天线具有很强的空间填充能力，在尺寸压缩方面有独特的优势，但其存在着辐射特性较弱的固有缺陷，不适合在恶劣环境下使用。

分形树天线相邻谐振频率点之间的比值保持恒定，阻抗随频率作周期变化，各谐振频带的辐射特性也是相似的。分形树天线谐振点的个数与分形结构的层次之间存在某一固定关系，即每深入一个层次，天线增加一个谐振点。使用分形树天线可以得到多频段工作的分形天线，但其工作带宽较小，特别是高频段的相对带宽较小。分形树天线各谐振频率点之间是整数倍关系，用这种结构较难实现各谐振频率点之间是非整数倍关系的多频分形天线。

Sierpinski 分形天线具有多个谐振频带。其第一个层次的分形结构在低频处产生了一个谐振点。随着天线分形层次的不断深入(即减小内尺度)，原有的谐振点保持不变，但在高频端增加了新的谐振点，各谐振频带具有相似的辐射特性，且谐振点的个数与分形的结构层次数相等。天线的各个谐振频点是成比例的，比例系数可以通过改变初始图形的形状来调节。由于不能无限次分形，所以存在截断效应，导致第一谐振点不能严格满足比例关系。Sierpinski 分形天线具有良好的辐射特性和稳定的工作频率，但其空间填充能力不高，在分形天线小型化设计方面没有优势。

分形环天线可以压缩天线的长度，在相同谐振频率的条件下，天线可以占据较小的空间，得到小型化天线。随着迭代次数的增加，分形环天线辐射阻抗也增加，因此更容易实现匹配。分形环天线的不足之处在于，其方向图覆盖角度较小，难以实现全向辐射，因此只适用于制作高增益定向天线。

7.2 北斗频段系列康托尔分形改进天线的研究

康托尔分形属于压缩率较高、辐射效率较好的天线之一，有希望在高压缩比的情况下获得较高的增益，已证实可用于北斗接收天线及阵列天线之中，本节将讨论这种分形天线的进一步优化设计技术。

1883 年，德国数学家格奥尔格·康托尔(Georg Cantor)引入了“康托尔集”的概念:它是位于一条线段上的一些点的集合，具有许多显著和深刻的性质。康托尔集的初始元为一条线段，将此线段三等分再丢弃中间的那条线段，留剩下两段，再将剩下的两段再分别三等分，各去掉中间一段，剩下更短的四段……将这样的操作一直继续下去，直至无穷。由于在不断分割舍弃过程中，所形成的线段数目越来越多，长度越来越小，在极限的情况下，得到一个离散的点集，称为康托尔点集，如图 7-6 所示。

康托尔分形结构的产生始于康托尔点集，它的初始元为一个正方形。将此正方形等分为四行四列 16 个大小相等的小正方形，然后再丢弃其中的 4 个剩下 12 个小正方形构成一阶康托尔结构，丢弃的 4 个小正方形分

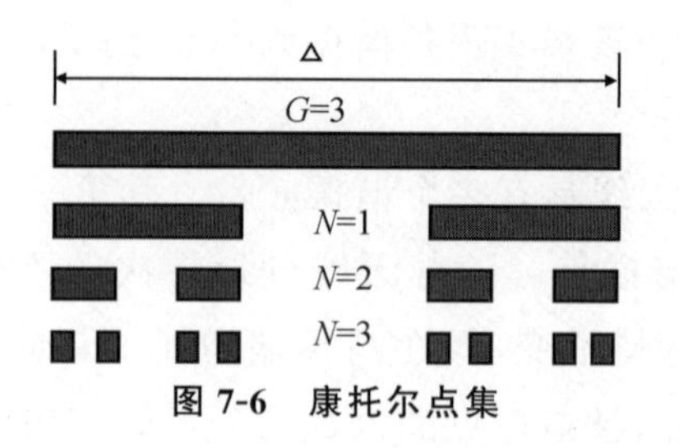

图 7-6　康托尔点集

别为第一行的第三个小正方形、第二行第一个小正方形、第三行第四个小正方形以及第四行的第二个小正方形。再将剩下的 12 个小正方形再分别十六等分，相同的方法各去掉 4 个小正方形，剩下更小的 144 个小正方形……将这样的操作一直继续下去，直至无穷。简单的康托尔分形结构图如图 7-7 所示。

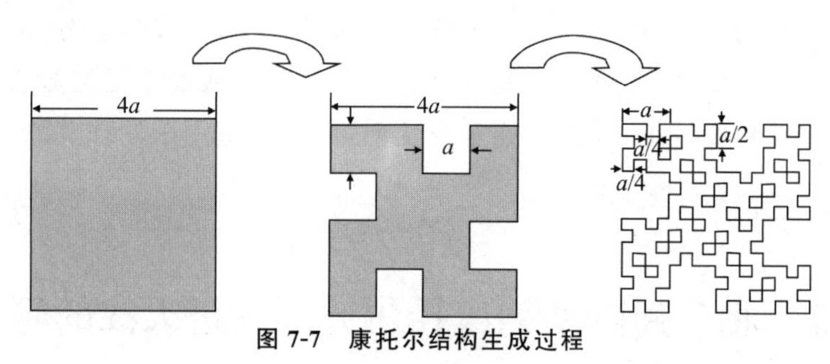

图 7-7　康托尔结构生成过程

康托尔分形结构由于自身诸多的优点已在工程上得到了广泛的应用，近年来也激起了许多天线设计者的兴趣。例如，2009 年，Manimegalai 和 Abhaikumar 设计了一款应用于无线通信领域的双频带复合康托尔分形微带天线；同年，我们团队也设计了一款应用于射频识别系统的光子带隙陶瓷康托尔分形微带天线，相关发明专利于 2013 年授权；2010 年，团队又转向对康托尔阵列进行研究，并设计了一款应用于 Ku 波段的康托尔阵列高增益微带天线阵列，相关发明专利也于 2013 年授权。鉴于康托尔结构天线增益好、性能稳定，这里将继续深入研究康托尔的改进结构，针对北斗终端天线小型化的要求，在满足增益要求的条件下进一步提升压缩比，优化各种参数。

7.2.1　9×9 凹弧改进康托尔分形天线的研究

9×9 系列康托尔压缩尺寸改进天线构思如图 7-8 所示，它的初始元为一阶康托尔结构。鉴于弧形结构良好的辐射特性以及在相同空间内能更

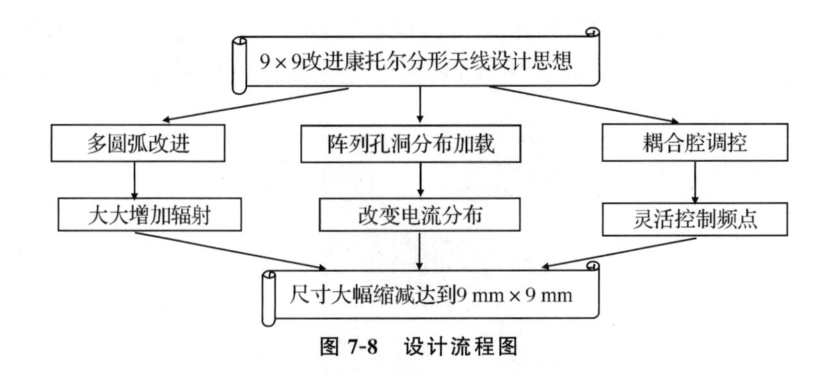

图 7-8　设计流程图

大程度地延长辐射边长，首先在康托尔结构的外边缘使用多圆凹弧进行改进，通过分布加载在有限空间获取更长的有效辐射电长度。其次，在天线表面加载阵列孔洞改变贴片表面的电流分布，有望进一步缩减天线尺寸并控制馈电分布；为了改善增益性能尝试在接地板接入 PBG 结构。最后通过提高介电常数加载耦合腔体设计了一款可用于北斗下行 S 频段（2 490～2 530 MHz）、尺寸仅为 9 mm×9 mm 的带分布加载耦合腔的分形微带天线。

具体的设计过程如下所述：

（1）一阶康托尔结构

选用介电常数 $\varepsilon_r=10$、厚度 $h=3$ mm 的复合板材料（Ticonic 高性能介质板），设计两款工作频点为 1.6 GHz 和 2.5 GHz 可覆盖北斗上行 L 频段以及下行 S 频段的终端天线。由于一阶康托尔结构的原型是一个矩形贴片，可利用半波谐振结构估计出矩形贴片的辐射边长，其中由于边缘场的存在，需要在设计半波贴片后将贴片的实际尺寸缩小一点，略小于半波长。而缩短后的具体尺寸可由如下公式计算得出

$$\varepsilon_{re}=\frac{\varepsilon_r+1}{2}+\frac{\varepsilon_r-1}{2}\left(1+\frac{10h}{W}\right)^{-\frac{1}{2}} \tag{7-1}$$

$$\Delta L=0.412h\,\frac{(\varepsilon_{re}+0.3)(W/h+0.264)}{(\varepsilon_{re}-0.258)(W/h+0.8)} \tag{7-2}$$

$$L=\frac{\lambda_e}{2}-2\Delta L=\frac{c}{2f_0\sqrt{\varepsilon_{re}}}-2\Delta L \tag{7-3}$$

其中，$W=\dfrac{c}{2f_0}\left(\dfrac{\varepsilon_r+1}{2}\right)^{-\frac{1}{2}}$。由于使用了康托尔分形，则在等轮廓尺度对应的辐射边长会有较大程度的增加，所以仿真建模时边长设置应比理论值

短,天线结构如图 7-9,仿真并优化后最终得到了中心频点在 1.6 GHz 和 2.5 GHz 的一阶康托尔贴片天线,具体尺寸以及馈电位置如表 7-1 所列。

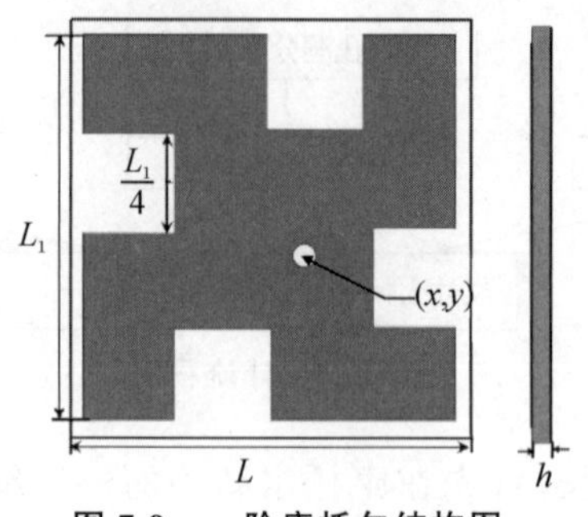

图 7-9　一阶康托尔结构图

表 7-1　一阶康托尔结构在 2.5 GHz 和 1.6 GHz 处的尺寸　　单位:mm

频点	参数			
	L	L_1	X	Y
2.5 GHz	23.2	20.5	2.5	0.5
1.6 GHz	34.1	30.1	1.4	0.8

由表中所列尺寸可以看到,实际折合的总边长要长于等效的矩形贴片,这是由于辐射边弯折后电流并没有完全按照曲折后的辐射边流动,这使得电流路径比实际换算长度短一些,这就需要继续增大贴片以增加电流路径长度。但是,由仿真优化后的尺寸可以看到这种现象很轻微,由此可见,分形对缩小贴片尺寸的作用十分明显。图 7-10 为天线在频点为 1.6 GHz 和 2.5 GHz 处的回波损耗以及方向图,由图(a)(c)可知,天线在频点 2.5 GHz 处的回波损耗最小值达到−33.2 dB,E 面的波瓣宽度为 300°～60°与 145°～235°,H 面接近全向辐射,在两个方向上的峰值增益可达 9.88 dB;由图(b)(d)可知,天线在频点 1.6 GHz 处回波损耗最小值为−31.5 dB,E 面的波瓣宽度为 300°～60°与 130°～240°,H 面接近全向辐射。该天线增益较高,回波损耗低,能很好地满足北斗卫星终端天线要求。

(2)多圆弧改进结构

如果将两种分形或者多种分形进行复合,则更有益于延长天线辐射边长。由于弧形结构有着较好的谐振特性和辐射特性,所以对一阶康托尔结构的外边缘进行了多圆弧改进,这里尝试在康托尔结构的长边上等间距挖去三个圆弧,如图 7-11 所示。仍然选用相同的复合板材料设计两款频点

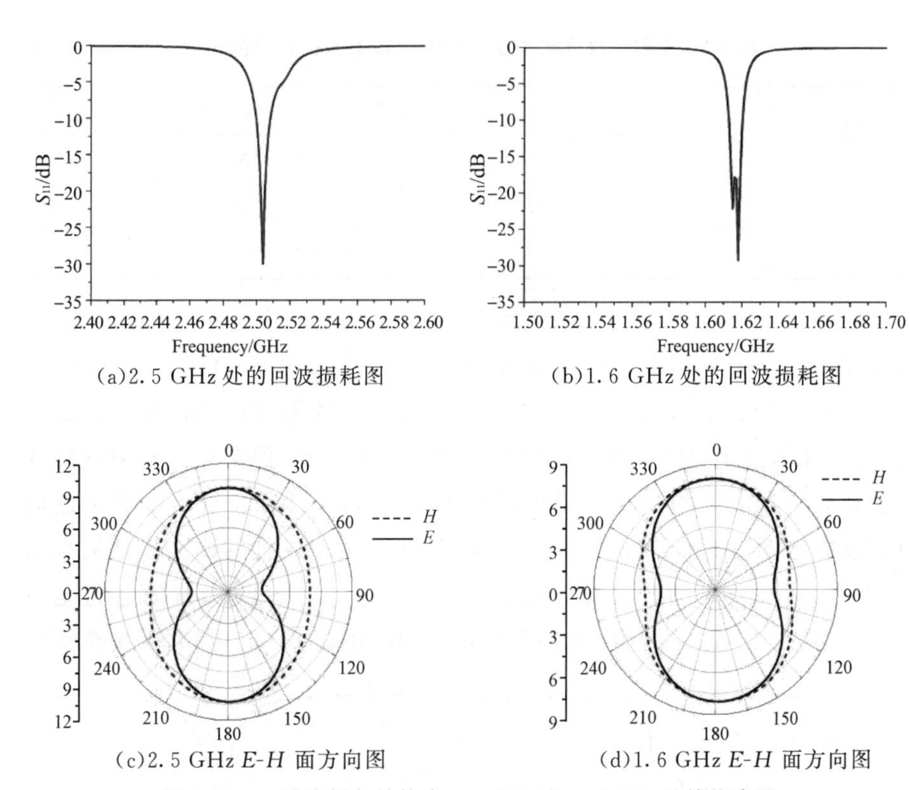

(a)2.5 GHz处的回波损耗图

(b)1.6 GHz处的回波损耗图

(c)2.5 GHz E-H 面方向图

(d)1.6 GHz E-H 面方向图

图 7-10　一阶康托尔结构在 2.5 GHz 和 1.6 GHz 处的仿真图

为 1.6 GHz 和 2.5 GHz 的终端天线，仿真优化最终得到的天线尺寸如表 7-2中所列。

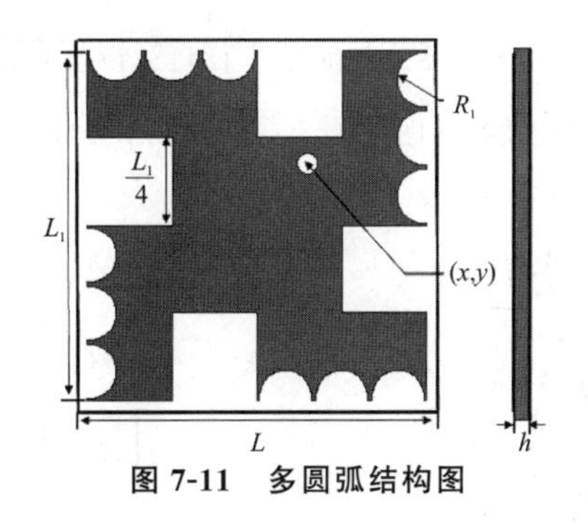

图 7-11　多圆弧结构图

表 7-2　多圆弧改进结构在 2.5 GHz 和 1.6 GHz 处的尺寸　　单位:mm

频点	参数				
	L	L_1	R_1	X	Y
2.5 GHz	18	17	1.3	0	1
1.6 GHz	28	26.7	2.3	0.5	3

由表中可以看到,加上多圆弧后天线的尺寸得到了进一步缩减,从 2.5 GHz 的 23.2 mm×23.2 mm 缩减到 18 mm×18 mm,1.6 GHz 的34.1 mm×34.1 mm 缩减到 28 mm×28 mm,但是与理论上的缩减程度还有一定的差距,这可能是由于电流并没有完全按照弯折边去流动,但是尺寸的缩减程度还是比较可观的。图 7-12 为天线在频点为 1.6 GHz 和 2.5 GHz 处的回波损耗以及方向图,由图(a)(c)可知,天线在频点 2.5 GHz 处的回波损耗最小值达到−34.2 dB,E 面的波瓣宽度为 315°～45°与 130 °～240°,H 面接近全向辐射,在两个方向上的峰值增益可达 5.85 dB;由图(b)(d)可知,天线在频点

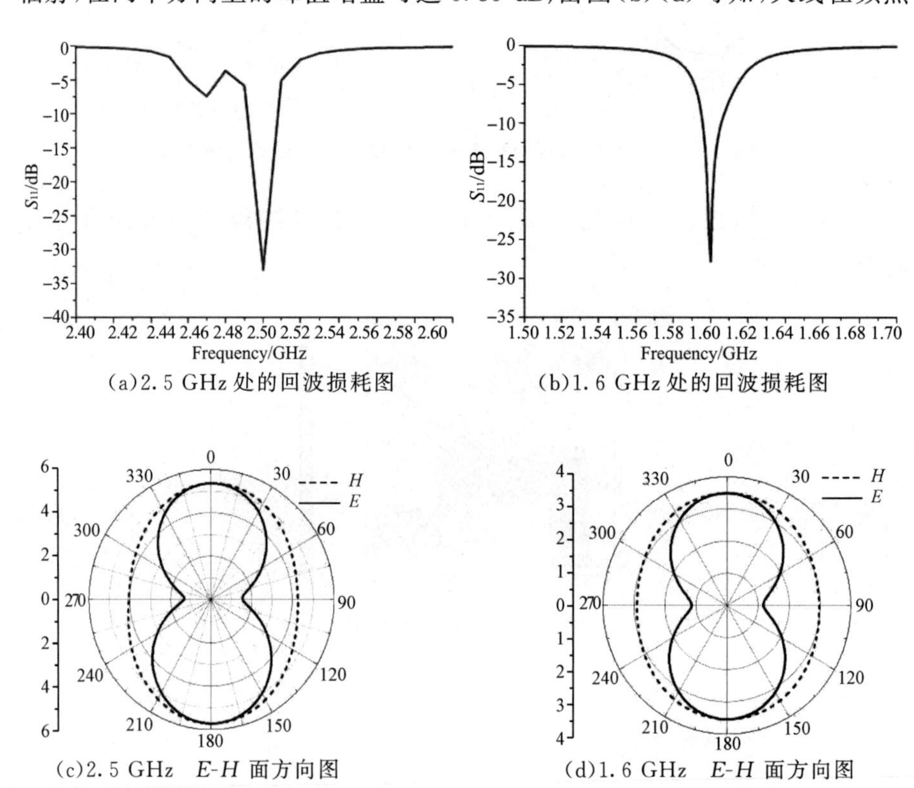

(a)2.5 GHz 处的回波损耗图　(b)1.6 GHz 处的回波损耗图

(c)2.5 GHz　E-H 面方向图　(d)1.6 GHz　E-H 面方向图

图 7-12　多圆弧改进结构在 2.5 GHz 和 1.6 GHz 处的仿真图

1.6 GHz处的回波损耗最小值为−28.8 dB，E 面的 3 dB 波瓣宽度为300°～60°与 130°～240°，H 面接近全向辐射。显然，加上圆弧后天线在两个频点处的带宽有所增加。

(3)分布加载结构

加载技术是常用的小型化手段。天线加载可以改变天线表面电流分布，使得天线的输入阻抗能按照一种规律分布，适当加载可以在一定程度上缩短天线的尺寸，同时可改善天线的输入带宽。这里在贴片表面加载了阵列孔洞，具体结构如图 7-13 所示。继续选用相同的复合板材料进行仿真分析，在 2.5 GHz 和 1.6 GHz 两个频点处的具体尺寸如表 7-3 所列。

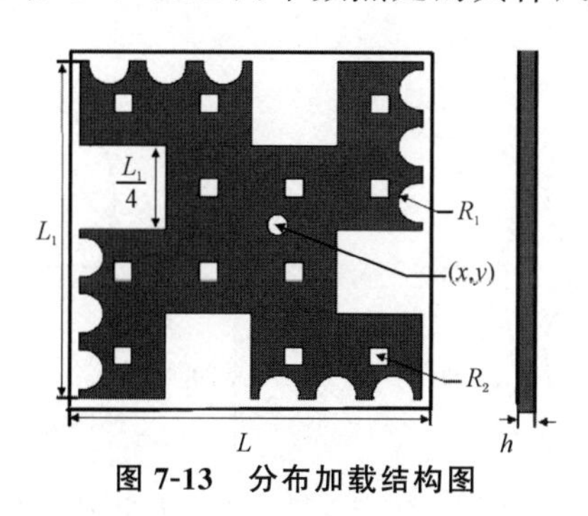

图 7-13　分布加载结构图

表 7-3　分布加载结构在 2.5 GHz 和 1.6 GHz 处的尺寸　　单位：mm

频点	参数					
	L	L_1	R_1	R_2	X	Y
2.5 GHz	16.5	15.8	1	0.9	1.3	0.3
1.6 GHz	26.3	25.1	1.7	1.5	0.9	1.4

由表中数据可以看到，在多圆弧结构中继续加载阵列孔洞后，天线的尺寸得到了一定的缩减，从 2.5 GHz 的 18 mm×18 mm 缩减到 16.5 mm×16.5 mm，1.6 GHz 的 28 mm×28 mm 缩减到 26.3 mm×26.3 mm。图 7-14 为天线在频点为 1.6 GHz 和 2.5 GHz 处的回波损耗以及方向图，显然分布加载后天线在两个频点处的匹配程度更好，1.6 GHz 处频带变宽，E 面和 H 面的方向性基本没变，但增益有所提高。这种情况的出现主要是因为普通单极子天线的输入阻抗随频率变化比较大，会使天线呈现很高的输入电抗，由此很难与 50 Ω 的同轴线进行匹配，分布加载后会加入一些电抗元件适当增加天线特性阻抗，从而使得匹配变得更加容易。但是，

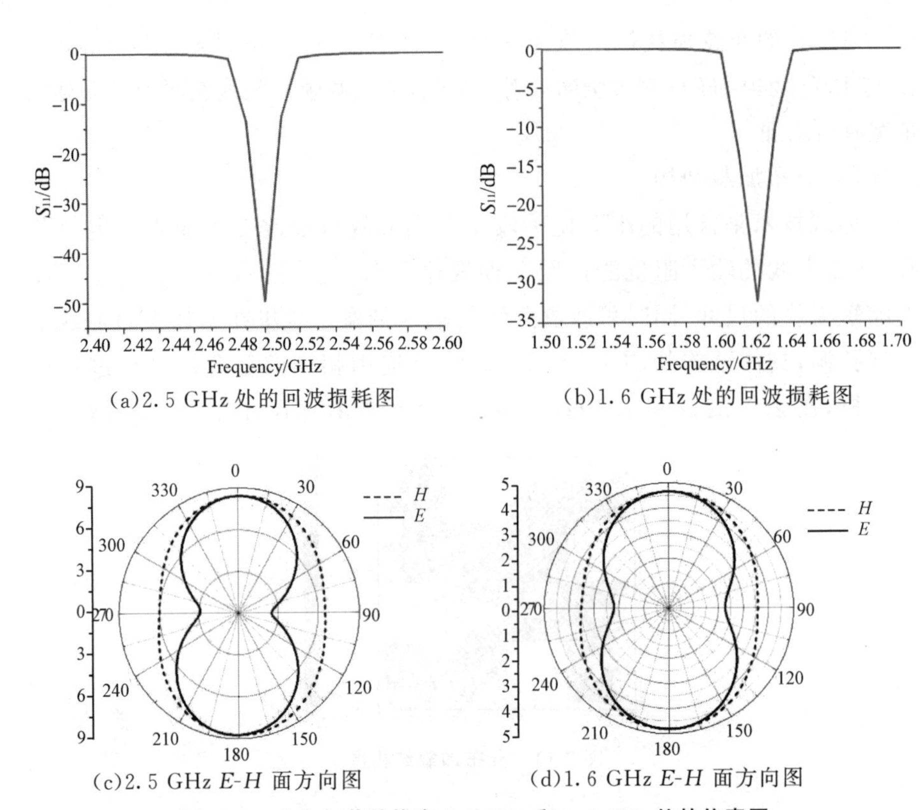

(a)2.5 GHz 处的回波损耗图

(b)1.6 GHz 处的回波损耗图

(c)2.5 GHz *E*-*H* 面方向图

(d)1.6 GHz *E*-*H* 面方向图

图 7-14　分布加载结构在 2.5 GHz 和 1.6 GHz 处的仿真图

加载又分为电阻加载、电容加载、阻容加载等，当加载后表现为电阻性时则会产生一定的损耗使得效率增益有所降低。天线加载是一个相对比较复杂的过程，寻找合适的加载位置不仅需要理论的计算，更需要一个有效的算法程序去执行，所以仍然有很多后续工作需要完成。

(4)分布加载耦合腔结构

小孔在微波中发挥着重要的作用，加入小孔后通常会使波形发生转换，天线的特性阻抗发生改变，从而可以改善天线的匹配。基于小孔这样的一些调节作用，这里尝试在天线表面适当位置处加载耦合小孔，可以灵活地调节小孔的位置、大小等参数，使得天线的匹配能够更好地得到调整。为了使天线具有更好的增益特性，还在接地板上制备了 PBG 结构，天线的结构如图 7-15 所示。为了能够实现目前最小尺寸 9 mm×9 mm 的北斗终端天线，这里提高了介电常数要求，即选用 $\varepsilon_r=30$、厚度 $h=3.9$ mm 的陶瓷板作为介质基板，仿真计算得到天线在 2.5 GHz 和 1.6 GHz 两个频点处的尺寸如表 7-4 所列。图 7-16 为天线在频点为 1.6 GHz 和 2.5 GHz 的回波损耗以及方向图。

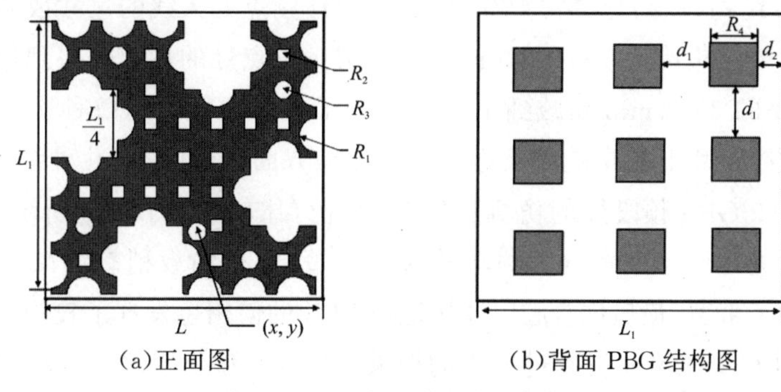

(a)正面图 (b)背面 PBG 结构图

图 7-15 分布加载耦合腔结构

表 7-4 分布加载耦合腔结构在 2.5G 和 1.6G 处的尺寸 单位:mm

频点	参数									
	L	L_1	R_1	R_2	R_3	R_4	d_1	d_2	X	Y
2.5 GHz	9	8.9	0.6	0.4	0.4	1.4	1.6	1.4	2.3	0.8
1.6 GHz	16	15	0.8	0.6	0.6	2.5	2.8	1.5	1.4	0.8

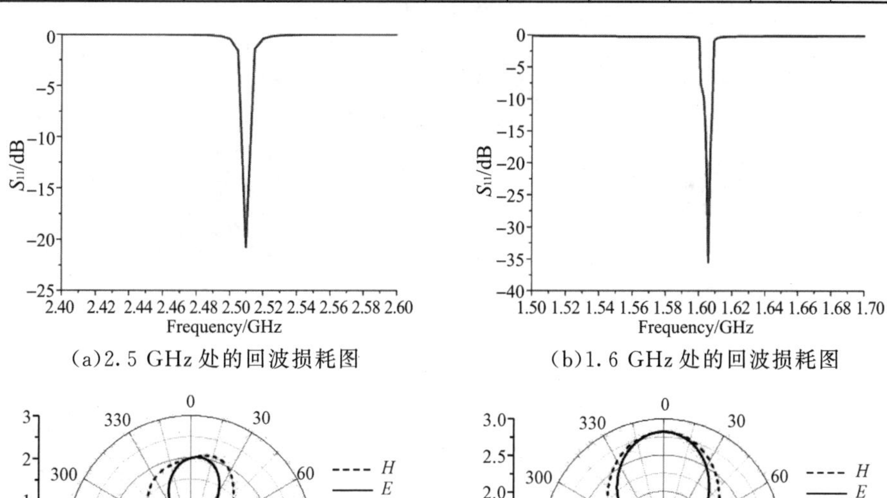

(a)2.5 GHz 处的回波损耗图 (b)1.6 GHz 处的回波损耗图

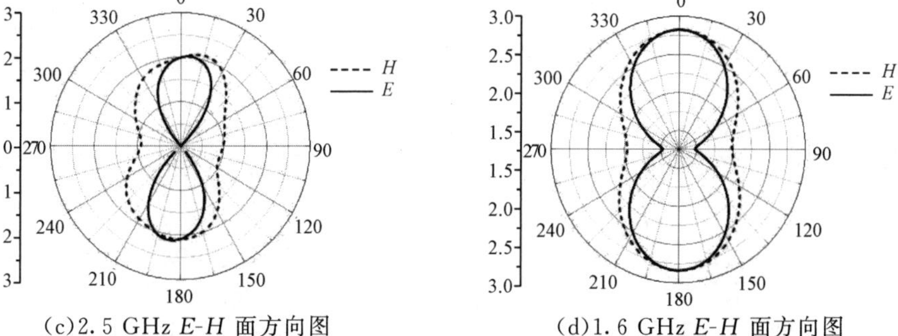

(c)2.5 GHz E-H 面方向图 (d)1.6 GHz E-H 面方向图

图 7-16 分布加载耦合腔结构在 2.5 GHz 和 1.6 GHz 处的仿真结果

由表中数据可以看到，通过在分布加载结构中继续加入耦合腔、接地板使用PBG结构、提高介电常数等，在2.5 GHz频点处天线的尺寸成功缩减到目前最小的北斗尺寸9 mm×9 mm；1.6 GHz频点处的尺寸也得到很大的缩减，从原来的26.3 mm缩减到16 mm。为了更方便地看出每种小型化手段在缩减天线尺寸上的功效以及增益方向图等方面的影响，将几种结构在1.6 GHz和2.5 GHz频段处的仿真性能参数进行比较，如图7-17所示。显然，多圆弧改进在尺寸缩减方面的功效最为显著，分布加载稍有缩减但一定程度上提高了带宽，最后耦合腔以及接地板PBG的使用也发挥了较为重要的作用，从而使得天线尺寸得到进一步的缩减。每种小型化手段加入后在两个频点处的E面和H面方向图表明增益都有一定程度降低的趋势，但是分布加载增益较多圆弧结构有所提高，可能是加载后天线变成感性，提高了辐射效率。

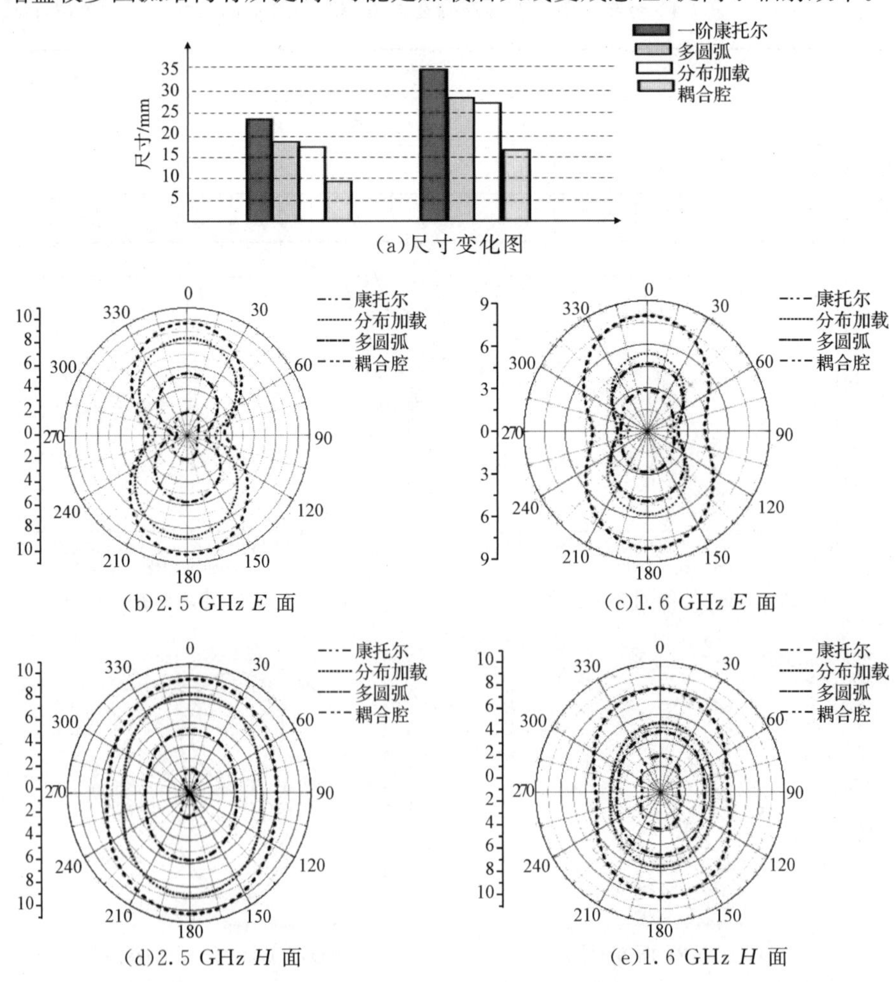

图7-17　几种结构在1.6 GHz和2.5 GHz频段处的比较

7.2.2 凸弧改进康托尔分形天线的研究

凸弧天线的设计思想基于上一节凹弧天线的设计，在保持天线尺寸不变的前提下，将贴片外边缘长边上的三圆弧变成四圆弧以及内边缘的凹弧变成凸弧，同时在凸弧的中心处加载圆形耦合腔体。背面接地板为 3×3 的 PBG 结构，每个方形孔的大小相等间距为 d_1，外侧方形孔距外边缘的距离为 d_2，具体结构如图 7-18 所示。选用介电常数 $\varepsilon_r=30$、厚度 $h=3.9$ mm 的陶瓷介质基板为基底。仿真分析得到天线在 2.5 GHz 频段处的尺寸如表 7-5 所列，性能仿真结果如图 7-19 所示。

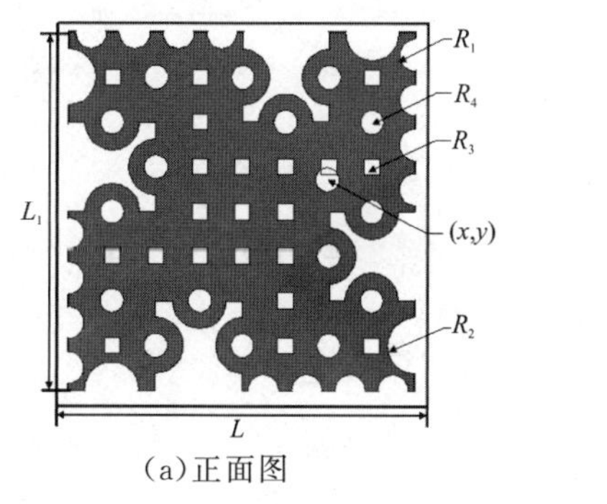

(a)正面图

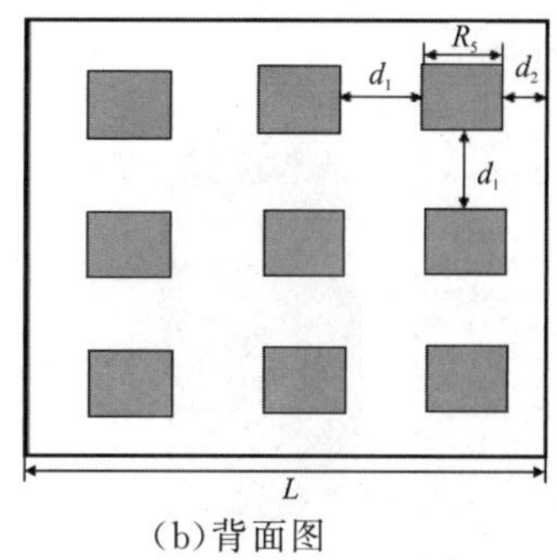

(b)背面图

图 7-18 凸弧结构示意图

表 7-5 凸弧改进结构在 2.5 GHz 处的尺寸 单位：mm

L	L_1	R_1	R_2	R_3	R_4	R_5	d_1	d_2	X	Y
9	8.96	0.45	0.7	0.4	0.3	1.4	1.6	1.4	2.25	1

从图中可以看出，凸弧结构在 2.5 GHz 频点处的回波损耗为 −47.94 dB，较凹弧结构有所提高。这是因为当内侧弧形变为凸弧时，电磁能量比较容易摆脱介质的束缚而更好地将能量辐射出去。从方向图上看，9×9 凸弧结构与 9×9 凹弧结构稍有差别，E 面的方向性变强，H 面接近全向辐射，但最大辐射方向上的增益有所改善，从凹弧的 1.98 dB 提高到2.35 dB，从 Smith 圆图也可以看出凸弧结构天线在 2.5 GHz 处得到了很好的匹配。为了更详细地说明凸弧结构的特性，这里综合其他参数的影响进行如下讨论。

根据外边缘边长的变化，可以将每一个弯折分形用一个电感和电容并联来等效，对于开有 4 个半径为 R_1 的圆弧长边可等效为电感 L_1 和电容 C_1

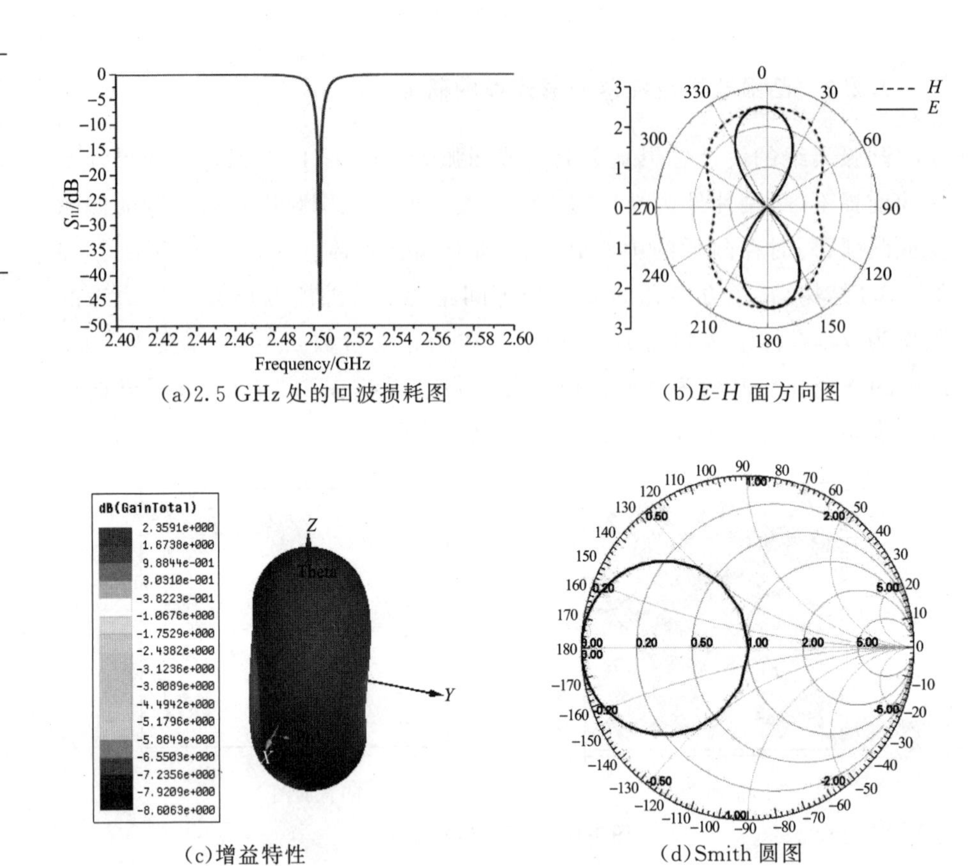

(a)2.5 GHz 处的回波损耗图　(b)E-H 面方向图

(c)增益特性　(d)Smith 圆图

图 7-19　凸弧仿真结果

并联，带有半径为 R_2 的圆弧短边则可用电感 L_2 和电容 C_2 并联等效，等效过程如图 7-20 所示。实际上这种等效并不唯一，由于传输线具有 $\lambda/4$ 阻抗变化特性，它可以单独等效为电感或电容元件，也可以等效为电感电容串联或者并联。由于外边缘采用的是凹弧结构，能量的流动将变得曲折复杂，分析认为用电感电容并联等效会更合适。

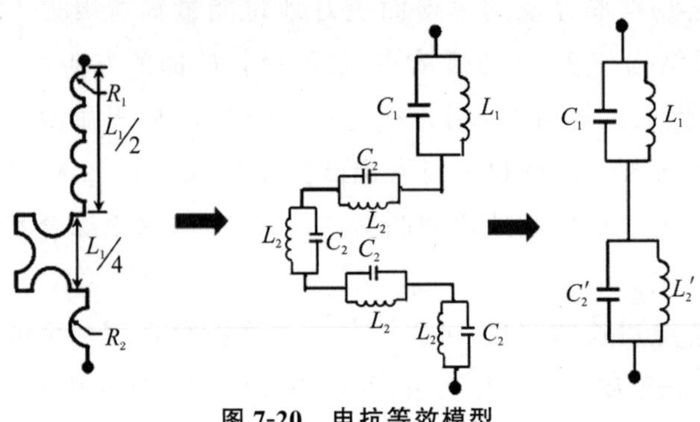

图 7-20　电抗等效模型

经过如上操作步骤，使用介电常数为 10 的复合板（生益科技板材）制作了多圆弧结构以及分布加载结构在 2.5 GHz 和 1.6 GHz 两个频点处的样品，样品与测试结果分别如图 7-21 和图 7-22 所示。出于加工设备精度及稳定性考虑，实验样品没有做得更小。整体效果优良，频偏是由于机械雕刻机精度只有 0.2 mm，下刀后雕刻轮廓偏小。

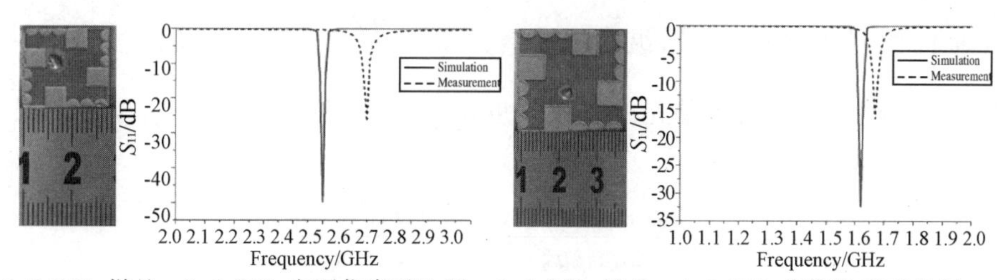

2.5 GHz 样品　2.5 GHz 实测仿真对比图　1.6 GHz 样品　1.6 GHz 实测仿真对比图

图 7-21　多圆弧结构 DK=10 实测仿真图

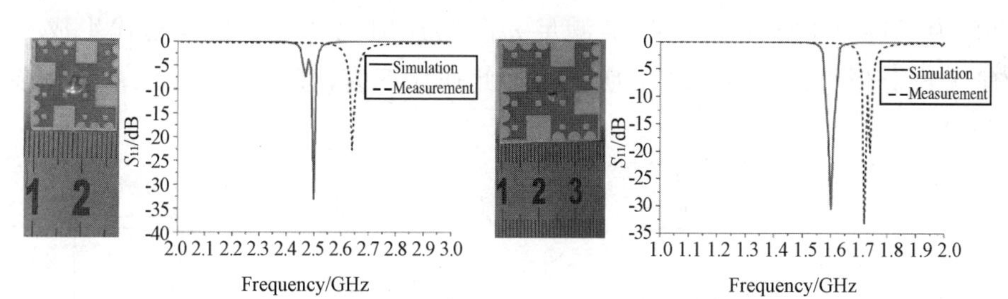

2.5 GHz 样品　2.5 GHz 实测仿真对比图　1.6 GHz 样品　1.6 GHz 实测仿真对比图

图 7-22　多圆弧分布加载结构 DK=10 实测仿真图

7.3　π 型分形折叠偶极子天线的设计与分析

在远距离耦合的 RFID 应用系统中，最常用的是偶极子天线。这里以 π 型分形折叠结构为核心，设计一款能够置于 RFID 标签之中的小型化分形折叠偶极子天线，其尺寸应小于 40 mm×40 mm，厚度应小于 2 mm；天线的回波损耗（S_{11}）值在整个工作频带内都在 −10 dB 以下，回波损耗最小值应小于 −20 dB；天线的工作频带应完全覆盖 RFID 系统中的 ISM 频段（2.4～2.483 5 GHz），并有较大的带宽冗余，工作带宽应大于 200 MHz；天线应具有全向辐射特性。

7.3.1 π型分形折线结构理论

π型分形折线的构造过程如下：设初始单元为一条横向直线段，将其分为三段，左、右两段的长度均为 q，中间一段的长度为 q_h；分别在左、右两段横向线段和中段横向线段间插入两段长度为 q_v 的纵向线段，即构成一个横向比例系数 $m_h=\frac{q_h}{q}$，纵向比例系数 $m_v=\frac{q_v}{q}$ 的一阶π型折线。经过一阶π型分形折叠，初始单元的有效长度由 $2q+q_h$ 增加到 $2q+q_h+2q_v$，长度放大倍数为

$$n=\frac{2q+q_h+2q_v}{2q+q_h}=\frac{2+m_h+2m_v}{2+m_h}$$

通过改变 m_h 和 m_v 的值，可以得到不同的一阶π型分形折线，如图7-23所示。对一阶π型分形折线的所有直线段按照一定的 m_h 和 m_v 的值(为了避免出现线段交叉，需满足 $m_{h2}<m_{h1}$，$m_{v2}<m_{v1}$)依次迭代生成二阶π型分形折线，如图7-24所示。如此迭代下去，可生成高阶的π型分形折线。

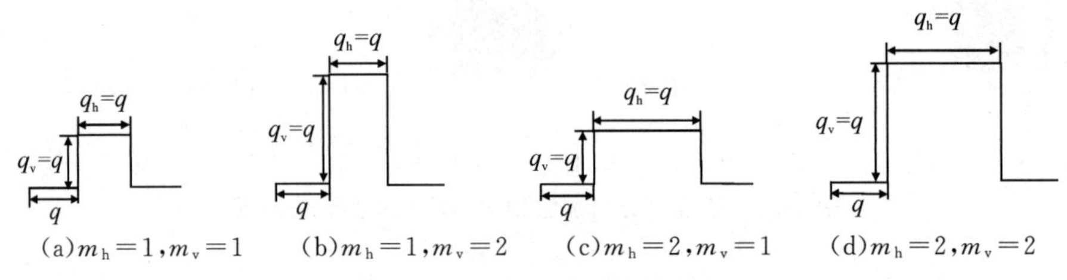

(a)$m_h=1,m_v=1$　(b)$m_h=1,m_v=2$　(c)$m_h=2,m_v=1$　(d)$m_h=2,m_v=2$

图7-23　一阶π型折线示意图

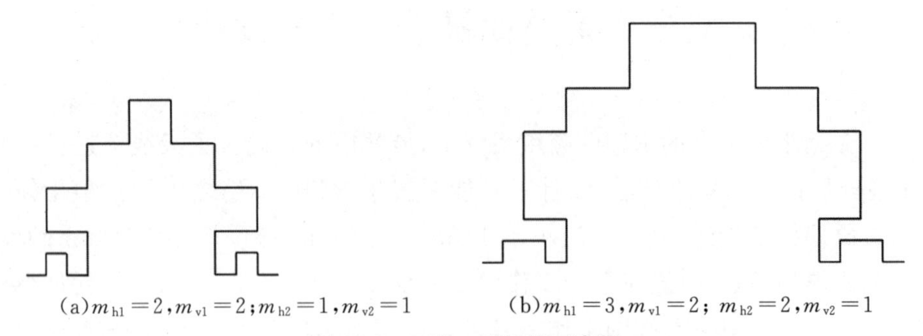
(a)$m_{h1}=2,m_{v1}=2;m_{h2}=1,m_{v2}=1$　(b)$m_{h1}=3,m_{v1}=2;\ m_{h2}=2,m_{v2}=1$

图7-24　二阶π型折线示意图

本节以RFID系统中工作于2.45 GHz频段、带宽要求为2.4～2.483 5 GHz的标签天线为例，讨论π型分形折叠偶极子天线的尺寸结构

设计。在设计中使用 FR4 介质板，介质板厚度 h 为 1.5 mm，相对介电常数 $\varepsilon_r=3.7$。天线的结构示意图如图 7-25 所示，天线尺寸为 40 mm×31 mm。图中天线结构由两部分组成，上半部分为 π 型分形折叠偶极子天线，下半部分为镜像补偿结构。为了有效地减小标签尺寸，对天线臂进行了一阶 π 型分形折叠。在设计中，为了使偶极子天线有更大的带宽和更好的辐射特性，采用了全波偶极子天线的设计方案。偶极子天线臂满足如下条件：

$$l_0=\frac{c}{2\sqrt{\varepsilon_r}f_0} \tag{7-4}$$

其中，自由空间波速 $c=3.0\times10^8$ m/s，f_0 为天线谐振频率，l_0 为天线臂长。令天线谐振频率 $f_0=2.45$ GHz，利用式 7-4 可得天线臂长 $l_0\approx$ 32 mm。

这里使用了两个一阶 π 型分形折线相融合的结构作为偶极子天线臂，具体尺寸分别为 $q_1=3$ mm，$m_h=2$，$m_v=2$，线宽 $w=2$ mm 和 $q_2=1$ mm，$m_h=2$，$m_v=2$，线宽 $w=0.5$ mm，其中较大的一阶 π 型分形折线靠近天线馈电点，较小的一阶 π 型分形折线远离天线馈电点。从图中可以看出，电流流经 π 型分形折叠偶极子天线臂的长度大约为 32 mm，折叠式和传统型的天线臂长数值大致相等，说明可以通过对天线臂进行 π 型分形折叠来缩小天线尺寸。但是随着天线尺寸的缩小，天线的电性能会逐渐恶化，回波损耗变大，带宽变小，增益变小。因而添加镜像补偿结构来改善天线性能，其尺寸结构与天线的馈电辐射臂完全一致。如果天线附近存在金属导体，金属导体因受天线产生的电磁场的作用要激起电流，这种感应电流也会在空间激发电磁场，可以称其为二次场或散射场，空间任一点的场都是天线直接激发的场与二次场的叠加。

如图 7-26 所示，偶极子 1 为有源偶极子天线，偶极子 2 为无源的镜像补偿结构。带电导体周边存在电磁场，靠得较近的两个偶极子因存在互感而引起互阻抗，由耦合电路分析方法可知

$$\begin{aligned}U_1&=I_1Z_{11}+I_2Z_{12}\\U_2&=I_1Z_{21}+I_2Z_{22}\end{aligned} \tag{7-5}$$

式中，Z_{11}、Z_{22} 是偶极子 1、2 的自阻抗，Z_{12}、Z_{21} 是两个偶极子的互阻抗（$Z_{12}=Z_{21}$）。因为偶极子 2 是无源的，即 $U_2=0$，则有

$$I_2=-\frac{I_1Z_{21}}{Z_{22}}=-I_1K\mathrm{e}^{\mathrm{j}A}=I_1K\mathrm{e}^{\mathrm{j}(A+180^\circ)} \tag{7-6}$$

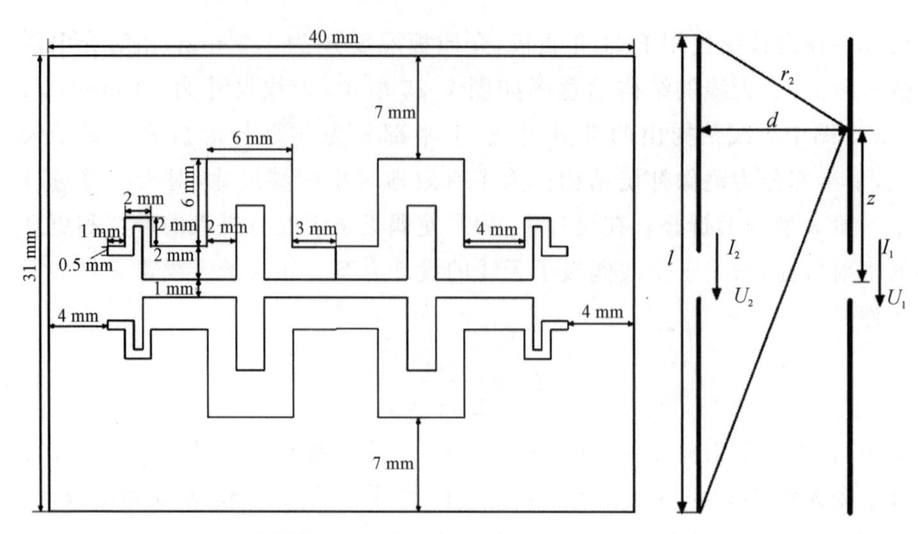

图 7-25　带镜像补偿结构的 π 型分形折叠偶极子天线结构示意图

图 7-26　镜像补偿结构的电流分布

式中，K 是 Z_{21}、Z_{22} 的模之比，A 是 Z_{21}、Z_{22} 的相位差。

因电流 I_1 满足正弦分布，即 $I_1 = I_{m1}\sin\left[\frac{2\pi}{\lambda_0}\left(\frac{l}{2}-|z|\right)\right]$，所以电流 I_2 也满足如下正弦分布

$$\begin{aligned} I_2 &= I_1 K \mathrm{e}^{\mathrm{j}(A+180°)} \\ &= I_{m1} K \mathrm{e}^{\mathrm{j}(A+180°)} \sin\left[\frac{2\pi}{\lambda_0}\left(\frac{l}{2}-|z|\right)\right] \\ &= I_{m2}\sin\left[\frac{2\pi}{\lambda_0}\left(\frac{l}{2}-|z|\right)\right] \end{aligned} \tag{7-7}$$

假设偶极子 1 的电流在偶极子 2 的开路端上感应的电动势可写成为

$$\begin{aligned} U_{21} &= \frac{1}{I_{m2}}\int_{-\frac{l}{2}}^{\frac{l}{2}} I_2 E_{21}\,\mathrm{d}z \\ &= \frac{1}{I_{m2}}\int_{-\frac{l}{2}}^{\frac{l}{2}} I_{m2}\sin\left[\frac{2\pi}{\lambda_0}\left(\frac{l}{2}-|z|\right)\right] E_{21}\,\mathrm{d}z \\ &= \int_{-\frac{l}{2}}^{\frac{l}{2}} E_{21}\sin\left[\frac{2\pi}{\lambda_0}\left(\frac{l}{2}-|z|\right)\right]\mathrm{d}z \end{aligned} \tag{7-8}$$

式中，E_{21} 是偶极子 1 的电流沿偶极子 2 产生的电场。两个偶极子的互阻抗 Z_{21} 可写为

$$Z_{21} = \frac{-U_{21}}{I_{m1}} = -\frac{1}{I_{m1}}\int_{-\frac{l}{2}}^{\frac{l}{2}} E_{21}\sin\left[\frac{2\pi}{\lambda_0}\left(\frac{l}{2}-|z|\right)\right]\mathrm{d}z \tag{7-9}$$

设两偶极子的距离为 d，有以下几何关系

$$r_1=\sqrt{d^2+\left(\frac{l}{2}+|z|\right)^2},\qquad r_2=\sqrt{d^2+\left(\frac{l}{2}-|z|\right)^2} \tag{7-10}$$

则互阻抗 Z_{21} 的表达式可写为

$$Z_{21}=\mathrm{j}30\int_{-\frac{l}{2}}^{\frac{l}{2}}\left[\frac{\exp\left(-\mathrm{j}\frac{2\pi}{\lambda_0}\sqrt{d^2+\left(\frac{l}{2}+|z|\right)^2}\right)}{\sqrt{d^2+\left(\frac{l}{2}+|z|\right)^2}}+\frac{\exp\left(-\mathrm{j}\frac{2\pi}{\lambda_0}\sqrt{d^2+\left(\frac{l}{2}-|z|\right)^2}\right)}{\sqrt{d^2+\left(\frac{l}{2}-|z|\right)^2}}\right]\sin\left[\frac{2\pi}{\lambda_0}\left(\frac{l}{2}-|z|\right)\right]\mathrm{d}z \tag{7-11}$$

设两偶极子的互电阻为 R_{21}，互电抗为 X_{21}，由此可得

$$R_{21}=30\left\{2C_i\left(\frac{2\pi}{\lambda_0}d\right)-C_i\left[\frac{2\pi}{\lambda_0}(\sqrt{d^2+l^2}+l)\right]-C_i\left[\frac{2\pi}{\lambda_0}(\sqrt{d^2+l^2}-l)\right]\right\}$$

$$X_{21}=-30\left\{2S_i\left(\frac{2\pi}{\lambda_0}d\right)-S_i\left[\frac{2\pi}{\lambda_0}(\sqrt{d^2+l^2}+l)\right]-S_i\left[\frac{2\pi}{\lambda_0}(\sqrt{d^2+l^2}-l)\right]\right\} \tag{7-12}$$

式中 $C_i(x)=\int_{\infty}^{x}\frac{\cos v}{v}\mathrm{d}v$ 称为余弦积分函数，$S_i(x)=\int_{0}^{x}\frac{\sin v}{v}\mathrm{d}v$ 称为正弦积分函数。

当偶极子天线工作于 2.45 GHz，其使用的介质板相对介电常数 $\varepsilon_r=3.7$ 时，两偶极子的互电阻 R_{21}、互电抗 X_{21} 随距离 d 的改变而变化情况如图 7-27 所示。

偶极子天线的自电阻 R_{22} 和自电抗 X_{22} 分别为

$$R_{22}=60\left[Sc\left(\frac{2\pi}{\lambda_0}l\right)\left(1+\cos\frac{2\pi}{\lambda_0}l\right)-\frac{1}{2}\cos\frac{2\pi}{\lambda_0}lSc\left(\frac{4\pi}{\lambda_0}l\right)-\sin\frac{2\pi}{\lambda_0}lS_i\left(\frac{2\pi}{\lambda_0}l\right)+\frac{1}{2}\sin\frac{2\pi}{\lambda_0}lS_i\left(\frac{4\pi}{\lambda_0}l\right)\right]$$

$$X_{22}=60\left\{S_i\left(\frac{2\pi}{\lambda_0}l\right)+\frac{1}{2}\sin\frac{2\pi}{\lambda_0}l\left[\gamma+\ln\frac{\pi}{\lambda_0}l+C_i\left(\frac{4\pi}{\lambda_0}l\right)-2C_i\left(\frac{2\pi}{\lambda_0}l\right)-2\ln\frac{l}{a}\right]+\frac{1}{2}\cos\frac{2\pi}{\lambda_0}l\left[2S_i\left(\frac{2\pi}{\lambda_0}l\right)-S_i\left(\frac{4\pi}{\lambda_0}l\right)\right]\right\} \tag{7-13}$$

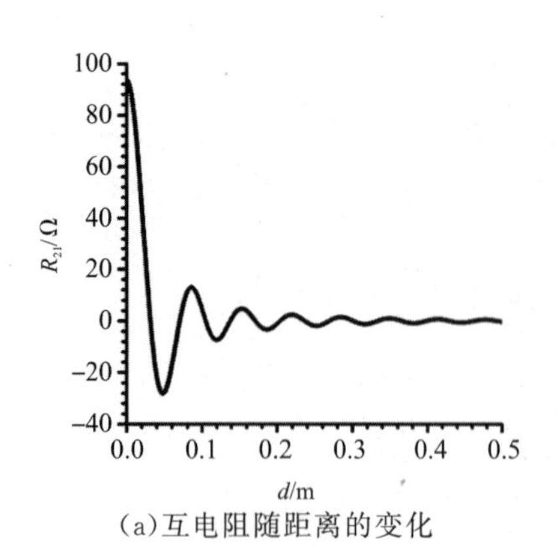

(a)互电阻随距离的变化

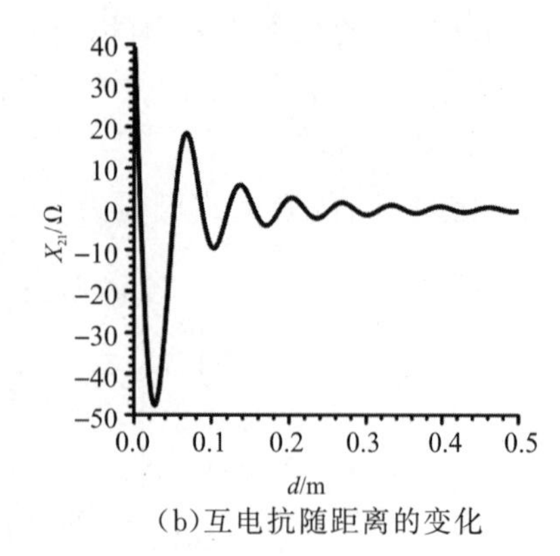

(b)互电抗随距离的变化

图 7-27 两偶极子的距离对其互阻抗的影响

由式 7-13 可以看出,无源的镜像补偿结构上的电流幅度与相位取决于互阻抗与自阻抗之比。对于 2.45 GHz 工作频点、使用的介质板相对介电常数 $\varepsilon_r=3.7$ 的全波偶极子天线,自电阻 $R_{22}=147.135\ \Omega$,自电抗 $X_{22}=125.418\ \Omega$,两偶极子的互阻抗与自阻抗的模值比与相位差随距离 d 的变化情况如图 7-28 所示。显然,随着两偶极子的距离 d 的增加,有源偶极子天线在镜像补偿结构上的感应电动势迅速减小,这时无源的镜像补偿结构上的感应电流幅度迅速减小,感应电流产生的二次场也会变得很微弱。因此对于此全波偶极子天线,两偶极子的距离 d 应控制在 0.05 m 以内。随着两偶极子的距离 d 的增加,Z_{21}、Z_{22} 的相位差呈现周期性变化。根据式 7-13,当 $-270°\leqslant A\leqslant-90°$ 或 $90°\leqslant A\leqslant270°$ 时,镜像补偿结构上的感应电流具有和有源偶极子天线臂上的电流同相位的电流分量。即当偶极子长度 l 确定时,只要调节两偶极子的距离 d,就可使镜像补偿结构上的电流

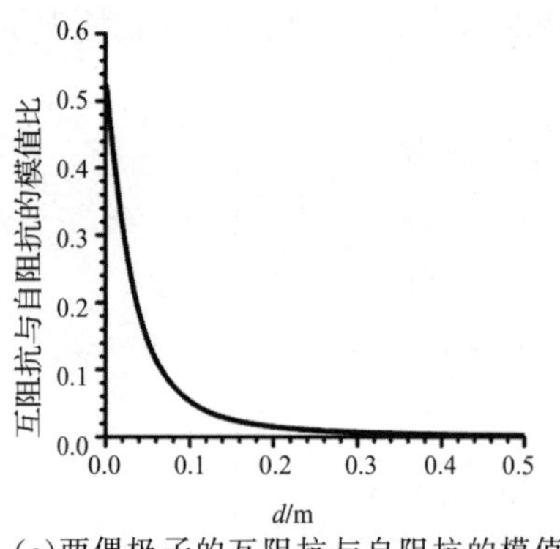

(a)两偶极子的互阻抗与自阻抗的模值比

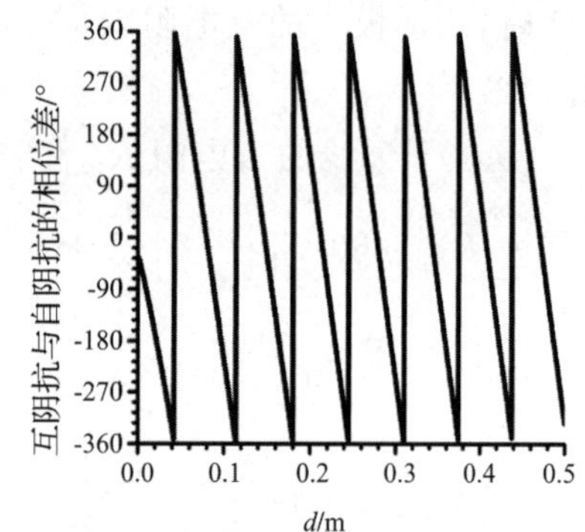

(b)两偶极子的互阻抗与自阻抗的相位差

图 7-28 两偶极子的距离对其互阻抗与自阻抗之比的影响

与有源偶极子天线臂上的电流有相同或相近的相位。这时，空间任一点的场都是天线直接激发的场与镜像补偿结构激发的二次场的同相叠加，天线的辐射性能将得到较大的提高。

设计本款天线的主要目的之一是要实现谐振频率稳定性，因而有必要讨论介质基板的相对介电常数和厚度变化对天线性能的影响。通过改变介质基板的相对介电常数，进行了一系列的仿真计算，结果如图 7-29 所示；通过改变介质基板的厚度，也进行了一系列的仿真计算，结果如图7-30所示。

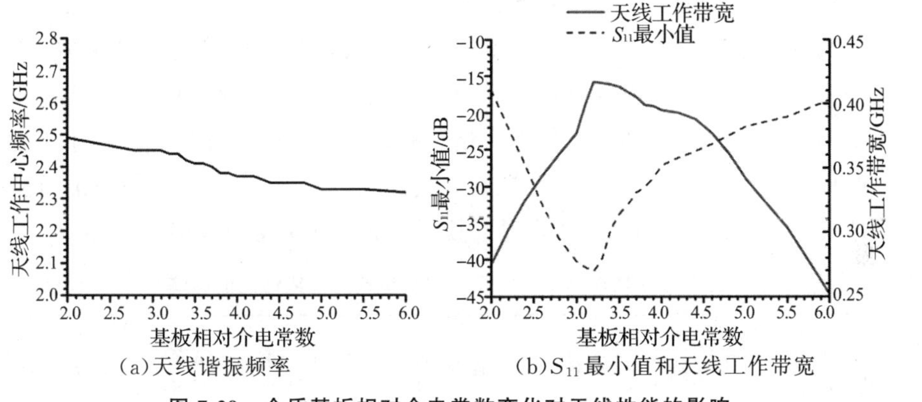

(a)天线谐振频率　(b)S_{11}最小值和天线工作带宽

图 7-29　介质基板相对介电常数变化对天线性能的影响

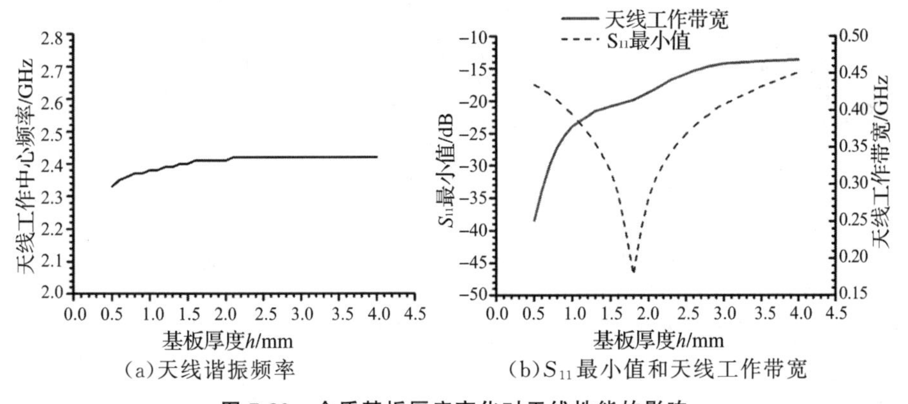

(a)天线谐振频率　(b)S_{11}最小值和天线工作带宽

图 7-30　介质基板厚度变化对天线性能的影响

从图 7-29(a)和图 7-30(a)中发现，当介电常数和介质基板厚度变化时，天线的谐振频率只有小幅改变，基本保持稳定，实现了设计目的。从图 7-29(b)中可知，当 $\varepsilon_r \geqslant 3.2$ 时，随着介电常数的减小，天线的 S_{11} 最小值逐渐变小，天线工作带宽逐渐增大，天线的辐射性能和带宽性能都逐渐变好。

介电常数的减小使辐射对应的 Q_r 下降，天线将把更多的能量用于辐射，从而使天线工作带宽增大，因此适当减小介质基板相对介电常数可以提高天线的性能。当介电常数减小较多($\varepsilon_r<3.2$)时，继续减小介电常数将导致天线的匹配被破坏，天线的 S_{11} 最小值逐渐变大，天线工作带宽逐渐变小，天线的辐射性能和带宽性能都逐渐变差。从图 7-30(b)中可知，随着介质基板厚度的增大，天线的 S_{11} 最小值先减小后增大，天线在 $h=1.8$ mm 处达到最佳匹配。介质基板厚度增加时辐射对应的 Q_r 会下降，天线将把更多的能量用于辐射，从而使天线工作带宽增大。当 RFID 系统对天线的厚度限制不甚苛刻时，适当增大介质基板厚度可以有效地提高天线的性能。

高介电常数环境适应性是考量这款天线设计是否成功的关键性能。通过一系列的仿真计算得到这款天线在不同介电常数环境中性能的变化，如表 7-6 所列。显然，当 RFID 标签所粘贴的物体材料的相对介电常数小于 10 的时候，这款分形光子晶体复合螺旋天线都能基本覆盖 RFID 系统中的 ISM 频段(2.4～2.483 5 GHz)，这体现了其较强的高介电常数环境适应性。

表 7-6　RFID 标签所粘贴的物体材料对天线性能的影响

天线所粘贴的材料	材料相对介电常数 ε_r	天线谐振频率/GHz	天线工作频带/GHz	S_{11} 最小值/dB	带宽/GHz	相对带宽
无		2.40	2.165～2.570	−30.82	0.405	17.11%
纸	2.5	2.39	2.149～2.518	−30.13	0.369	15.81%
木头	5.0	2.38	2.203～2.502	−28.15	0.299	12.71%
玻璃	7.0	2.37	2.198～2.482	−27.88	0.284	12.14%
陶瓷	10.0	2.34	2.232～2.473	−26.30	0.241	10.24%

7.3.2　双频 π 型分形折叠偶极子天线的设计与分析

采用带镜像补偿结构的 π 型分形折叠偶极子天线设计是在一个偶极子天线的横向臂上添加两个折叠臂，折叠臂的形状为变形 π 型分形折叠结构，如图 7-31 所示。使用 FR4 介质基板，其厚度 $h=1.5$ mm，相对介电常数 $\varepsilon_r=3.7$。天线的结构示意图如图 7-32 所示，天线尺寸为 95 mm×40 mm。

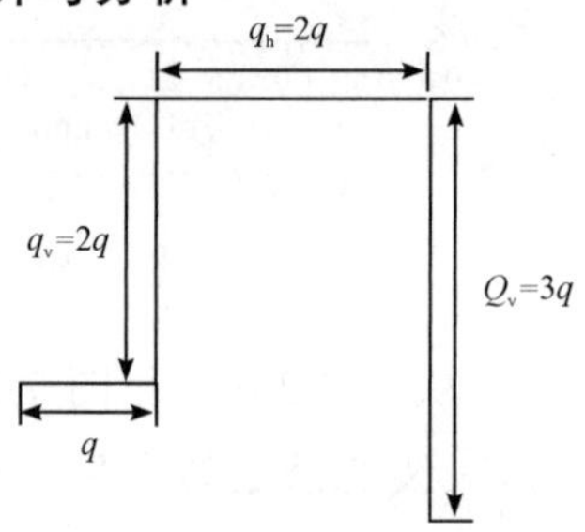

图 7-31　变型 π 型分形折叠结构示意图

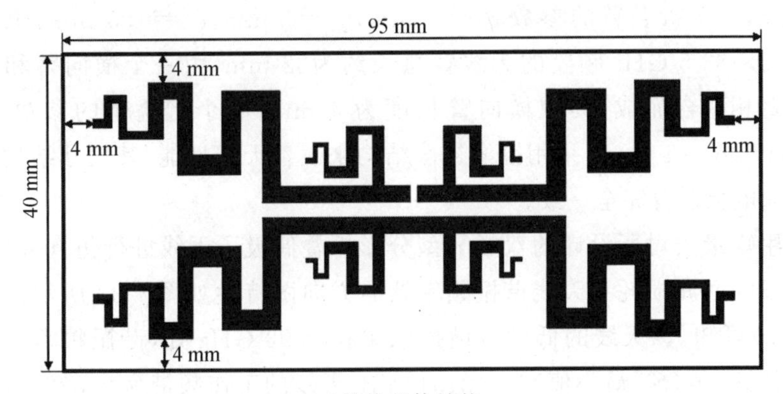

(a)天线整体结构

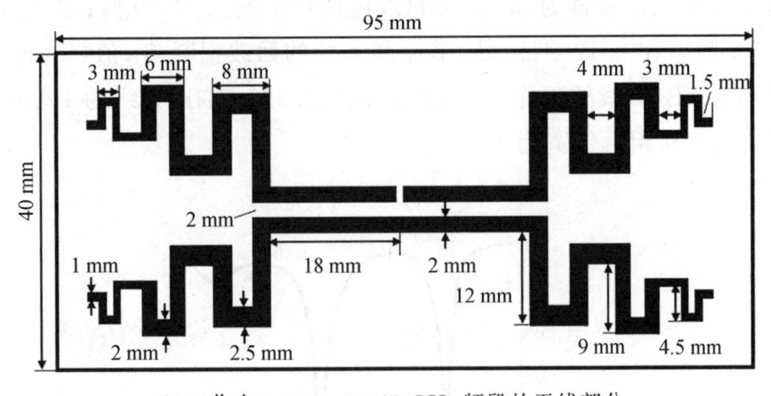

(b)工作在 0.902～0.928 GHz 频段的天线部分

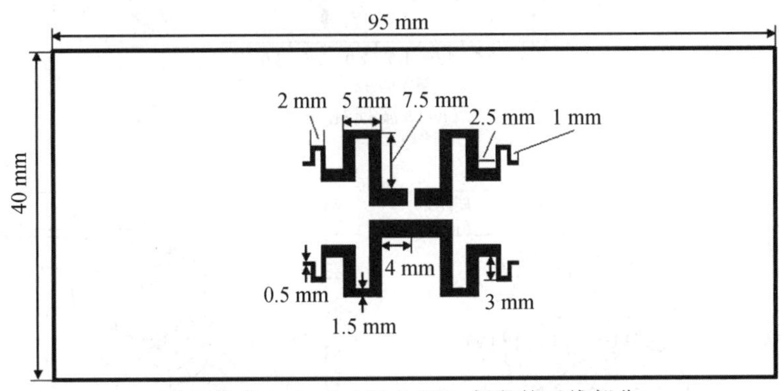

(c)工作在 2.4～2.483 5 GHz 频段的天线部分

图 7-32　双频 π 型分形折叠偶极子天线结构示意图

天线整体可以看作两个分别工作在不同频段的折叠偶极子天线的叠加。根据式 7-4 可求得，工作在 0.902～0.928 GHz 频段的天线臂总长约为 86 mm，由一个横向臂和三个折叠臂相融合而成，其中横向臂长度为

18 mm，三个折叠臂的参数 $q_1=4$ mm，$q_2=3$ mm，$q_3=1.5$ mm；工作在 2.4～2.483 5 GHz 频段的天线臂总长约为32 mm，由一个横向臂和两个折叠臂相融合而成，其中横向臂长度为 4 mm，两个折叠臂的参数 $q_1=2.5$ mm，$q_2=1$ mm。采用镜像补偿结构来改善天线性能，其尺寸结构与天线的馈电辐射臂完全一致。

用矩量法对所设计的双频 π 型分形折叠偶极子天线进行仿真分析，得到天线的回波损耗和天线谐振频率处的方向图特性如图 7-33 所示。由图 7-33(a)可知，该天线的低频段谐振频率在 0.92 GHz 处，谐振频率处的回波损耗 S_{11} 值(S_{11} 最小值)为－21.14 dB，天线的工作频带为 0.838～1.022 GHz，天线的工作带宽为 0.184 GHz，其相对带宽为 19.78%；该天线的高频段谐振频率在 2.42 GHz 处，谐振频率处的回波损耗 S_{11} 值(S_{11} 最小值)为－23.23 dB，天线的工作频带为 2.274～2.529 GHz，天线的工作带宽为 0.255 GHz，其相对带宽为 10.62%。

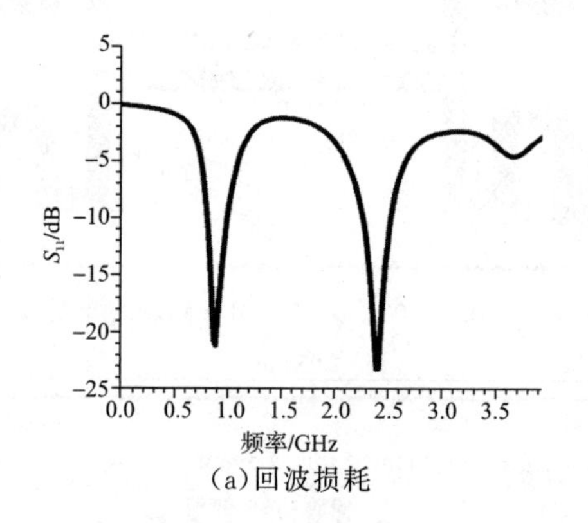

(a)回波损耗

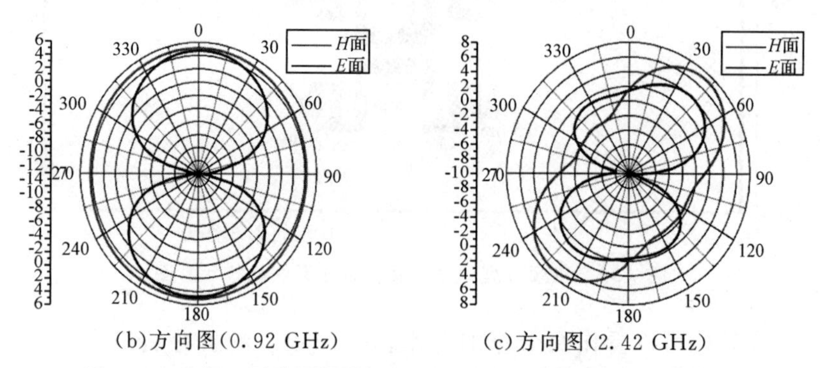

(b)方向图(0.92 GHz)　　(c)方向图(2.42 GHz)

图 7-33　双频 π 型分形折叠偶极子天线的回波损耗与方向图特性

图 7-33(b)给出了天线低频段谐振频率处(0.92 GHz)的天线 E 面和

H 面方向图，其中 E 面方向图有两个瓣，一个在 310°～50°之间，另一个在 130°～230°之间，两个瓣基本上覆盖大部分角度；H 面方向图全向覆盖，所以该天线在低频段具有全向辐射特性。图 7-33(c)给出了天线高频段谐振频率处(2.42 GHz)的天线 E 面和 H 面方向图，其中 E 面方向图有两个瓣，一个在 310°～70°之间，另一个在 130°～250°之间；H 面方向图有两个瓣，一个在 350°～100°之间，另一个在 160°～270°之间。E 面和 H 面方向图的两个瓣都基本上覆盖大部分角度，说明该天线在高频段也具有全向辐射特性，但辐射强度不够均匀，有一定的方向性。

根据仿真设计的天线结构，采用腐蚀工艺制板法做出了双频 π 型分形折叠偶极子天线样品，如图 7-34 所示，并采用 AV3619 系列射频一体化矢网仪测量了天线的回波损耗，如图 7-35 所示。显然，该天线的低频段谐振频率在 0.915 GHz 处，谐振频率处的回波损耗 S_{11} 值(S_{11} 最小值)为－16.40 dB，天线的工作频带为 0.761～1.035 GHz，天线的工作带宽为 0.274 GHz，其相对带宽为 30.51％；该天线的高频段谐振频率在 2.415 GHz 处，谐振频率处的回波损耗 S_{11} 值(S_{11} 最小值)为－22.35 dB，天线的工作频带为 2.301～2.518 GHz，天线的工作带宽为 0.217 GHz，其相对带宽为 9.01％。

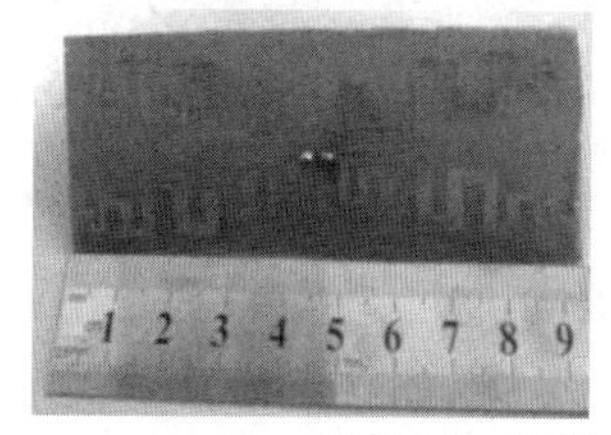

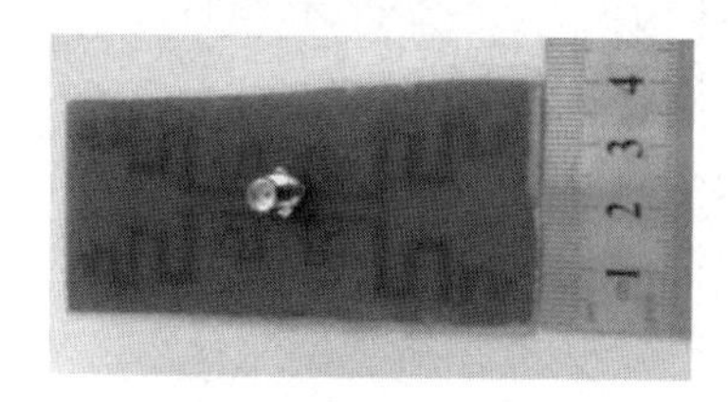

图 7-34　双频 π 型分形折叠偶极子天线样品

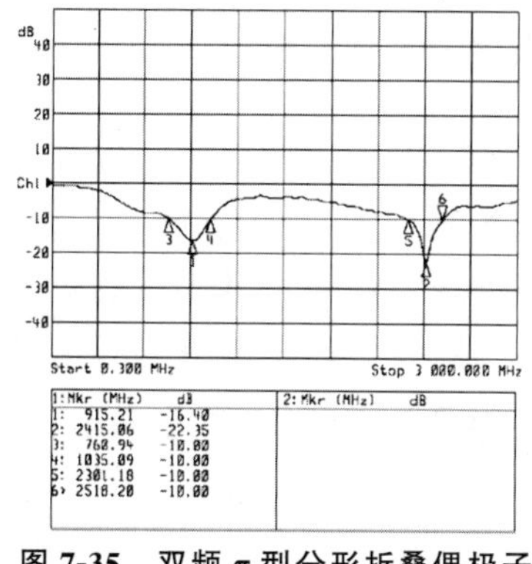

图 7-35　双频 π 型分形折叠偶极子天线回波损耗测量结果

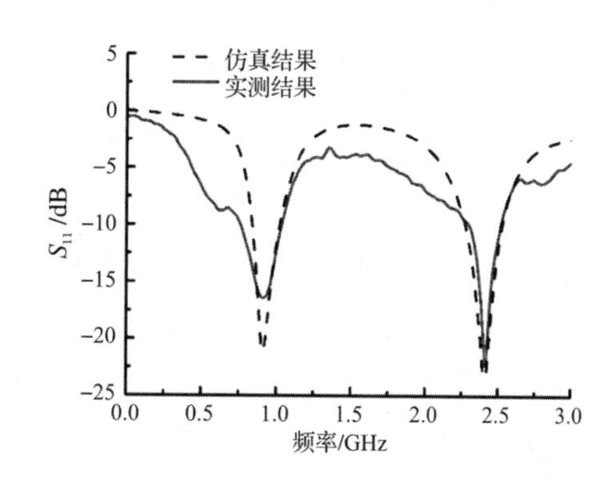

图 7-36　双频 π 型分形折叠偶极子天线回波损耗仿真结果和测量结果的对比

图 7-36 给出了天线的回波损耗仿真与测量结果的对比，两者基本一致。在低频段，测量得到的 S_{11} 最小值略大于仿真结果，测量得到的天线工作带宽略大于仿真结果；在高频段，测量得到的 S_{11} 最小值略大于仿真结果，测量得到的天线工作带宽略小于仿真结果，这是由制作公差造成的天线轻度失配而引起的。

测得天线在 0.915 GHz 和 2.415 GHz 时的方向图分别如图 7-37(a) 和(b)所示，对比可知，天线的方向特性测量结果与仿真结果基本一致。在测量结果中，天线低频段 E 面方向图有两个瓣，一个在 310°～60°之间，另一个在 130°～230°之间，低频段 H 面方向图全向覆盖；天线高频段 E 面方向图有两个瓣，一个在 310°～75°之间，另一个在 130°～250°之间，高频段 H 面方向图有两个瓣，一个在 350°～100°之间，另一个在 160°～270°之间。两个瓣基本上覆盖大部分角度，该天线在两个工作频段均具有全向辐射特性，但天线在高频段辐射强度不够均匀，有一定的方向性。

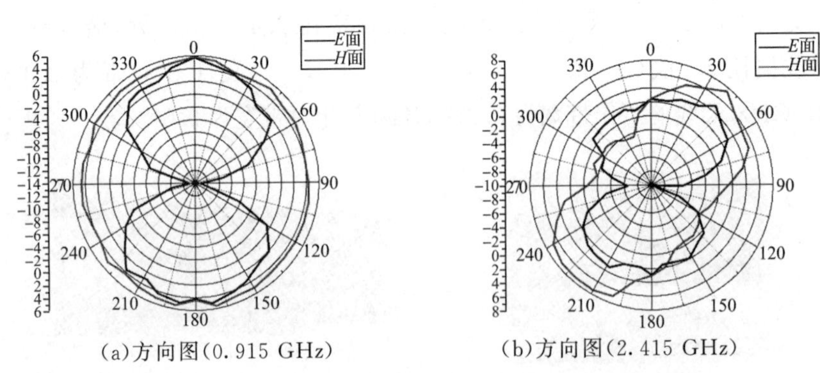

图 7-37 双频 π 型分形折叠偶极子天线方向图测量结果

7.3.3 高阶双频 π 型分形折叠偶极子天线的设计与分析

所设计的双频 π 型分形折叠偶极子天线基本满足了设计要求，但在低频段回波损耗最小值偏高，在高频段辐射强度不够均匀，有一定的方向性，还需要进一步改进。这里使用二阶 π 型分形折线结构来设计天线的折叠臂，对双频 π 型分形折叠偶极子天线进行改进，其中二阶 π 型分形折线结构由一条直线段经过两次 π 型分形折叠变换得到。使用 FR4 介质基板，厚度 $h=1.5$ mm，相对介电常数 $\varepsilon_r=3.7$。天线尺寸为 66 mm×45 mm，天线结构如图 7-38 所示。

天线整体可以看作两个分别工作在不同频段的折叠偶极子天线的叠

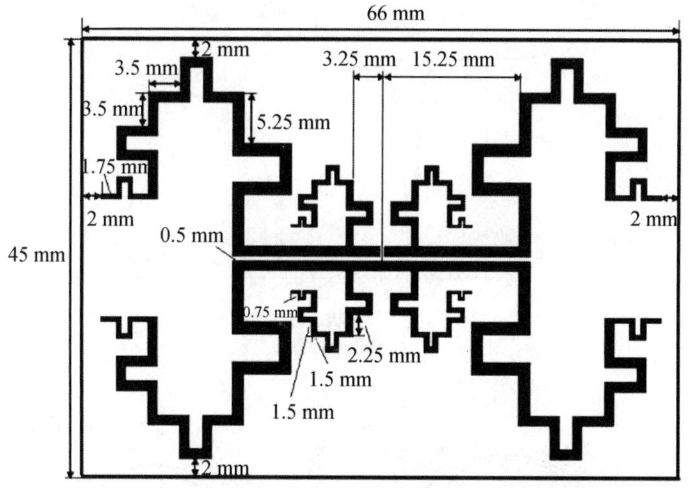

图 7-38　双频二阶 π 型分形折叠偶极子天线结构示意图

加，计算可得工作在 0.902～0.928 GHz 频段的天线臂总长约为 86 mm，由一个横向臂和一个折叠臂相融合而成，其中横向臂长度为 15.25 mm，折叠臂由一个原长度为 21 mm 的直线段经过两次 π 型分形折叠变换得到；工作在 2.4～2.483 5 GHz 频段的天线臂总长约为 32 mm，由一个横向臂和一个折叠臂相融合而成，其中横向臂长度为 3.25 mm，折叠臂由一个原长度为 9 mm的直线段经过两次 π 型分形折叠变换得到。同样添加了镜像补偿结构来改善天线性能，其尺寸结构与天线的馈电辐射臂完全一致。

对所设计的双频 π 型分形折叠偶极子天线进行仿真分析，得到天线的回波损耗和天线谐振频率处的方向图特性如图 7-39 所示。由图 7-39(a)可知，该天线的低频段谐振频率在 0.92 GHz 处，谐振频率处的回波损耗 S_{11}值（S_{11}最小值）为－17.23 dB，天线的工作频带为 0.806～0.995 GHz，天线的工作带宽为 0.189 GHz，其相对带宽为 20.99%；该天线的高频段谐振频率在 2.42 GHz 处，谐振频率处的回波损耗 S_{11}值（S_{11}最小值）为－17.31 dB，天线的工作频带为 2.307～2.645 GHz，天线的工作带宽为 0.338 GHz，其相对带宽为 13.65%。

图 7-39(b)给出了天线低频段谐振频率处（0.92 GHz）的天线 E 面和 H 面方向图，其中 E 面方向图有两个瓣，一个在 310°～50°之间，另一个在 130°～230°之间，两个瓣基本上覆盖大部分角度，天线 H 面方向图全向覆盖。图 7-39(c)给出了天线高频段谐振频率处（2.42 GHz）的天线 E 面和 H 面方向图，其中 E 面方向图有两个瓣，一个在 310°～70°之间，另一个在

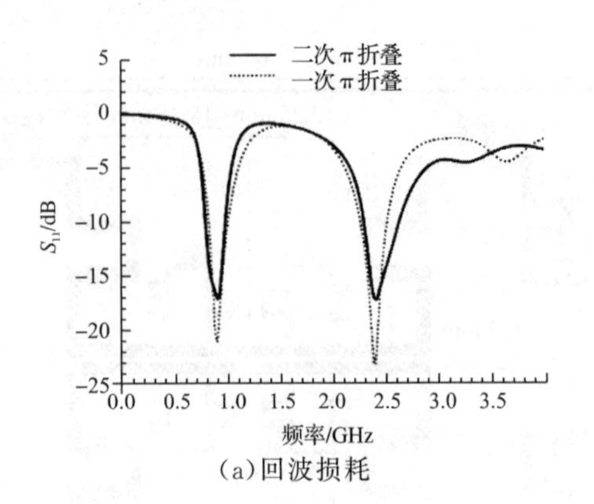

(a)回波损耗

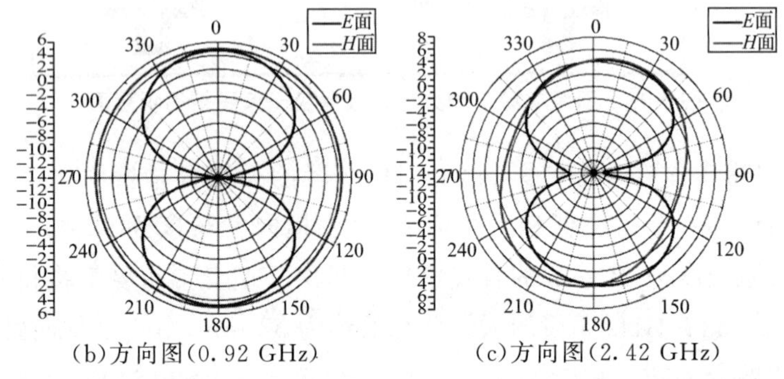

(b)方向图(0.92 GHz)　(c)方向图(2.42 GHz)

图 7-39　双频二阶 π 型分形折叠偶极子天线的回波损耗与方向图特性

110°～230°之间,两个瓣基本上覆盖大部分角度,天线 H 面方向图全向覆盖。仿真结果说明,使用二阶 π 型分形折叠结构在缩小天线尺寸的同时改善了天线的带宽性能,使高频段的天线 H 面方向图实现了全向覆盖,且使天线在高频段的辐射强度分布更加均匀,全向辐射特性更好。

采用腐蚀工艺制板法制作出了双频二阶 π 型分形折叠偶极子天线样品,如图 7-40 所示,并测量了天线的回波损耗,如图 7-41 所示。显然,该天线的低频段谐振频率在 0.90 GHz 处,谐振频率处的回波损耗 S_{11} 值(S_{11} 最小值)为－21.42 dB,天线的工作频带为 0.797～1.001 GHz,天线的工作带宽为 0.204 GHz,其相对带宽为 22.69%;该天线的高频段谐振频率在 2.43 GHz 处,谐振频率处的回波损耗 S_{11} 值(S_{11} 最小值)为－21.36 dB,天线的工作频带为 2.317～2.558 GHz,天线的工作带宽为 0.241 GHz,其相对带宽为 9.89%。图 7-42 给出了天线的回波损耗仿真与测量结果的对比,两者基本一致。测得天线在 0.90 GHz 和 2.43 GHz 时的方向图分别如图 7-43(a)和(b)所示,对比可知,天线的方向特性测量结果与仿真结果基本一致。

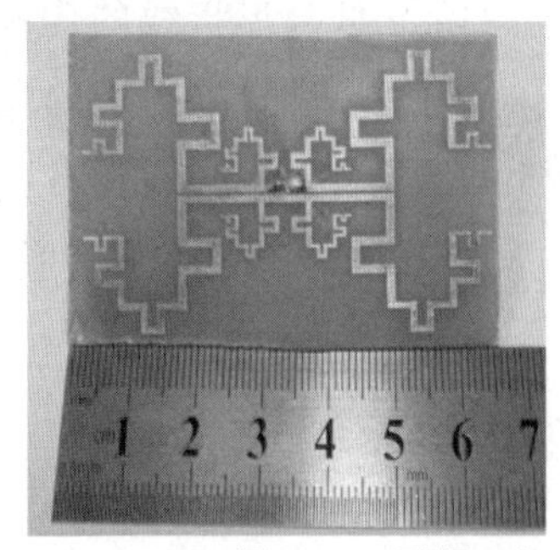

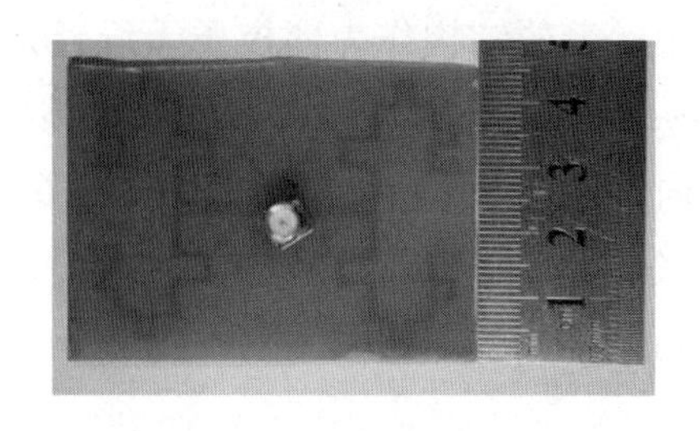

图 7-40　双频二阶 π 型分形折叠偶极子天线样品

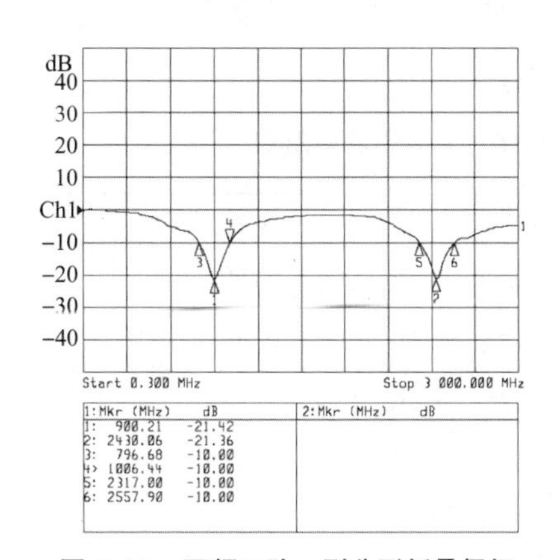

图 7-41　双频二阶 π 型分形折叠偶极子天线回波损耗测量结果

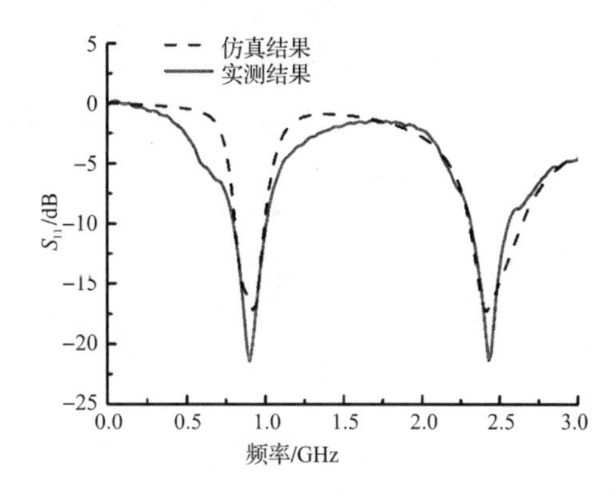

图 7-42　双频 2 阶 π 型分形折叠偶极子天线回波损耗仿真结果和测量结果的对比

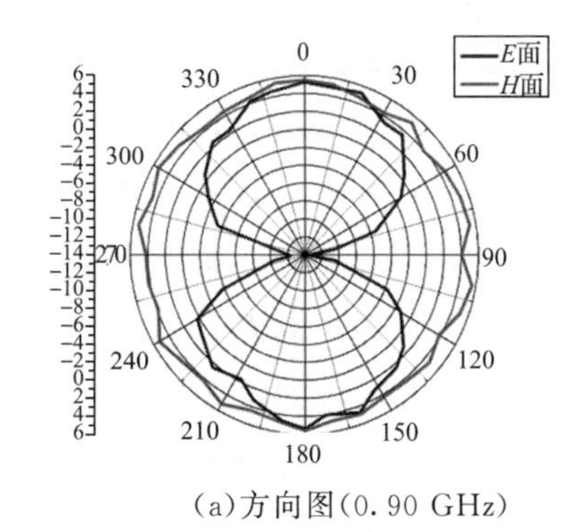

(a)方向图(0.90 GHz)

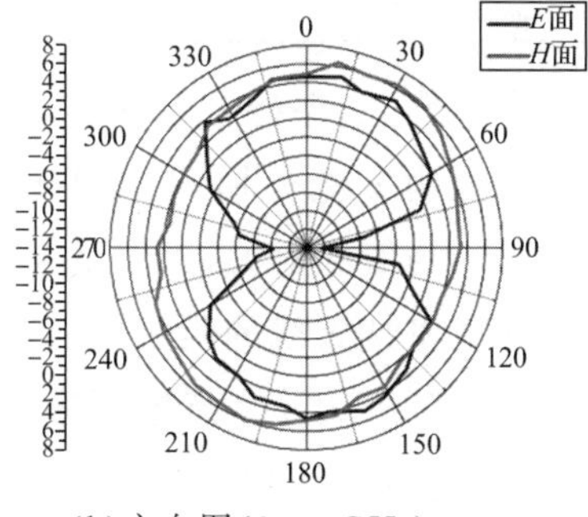

(b)方向图(2.43 GHz)

图 7-43　天线方向图的仿真结果

7.3.4　两个 π 型分形折线比例变化对天线性能的影响

带镜像补偿结构的 π 型分形折叠偶极子天线是由两个一阶 π 型分形

折线相融合的结构作为偶极子天线臂，两个一阶 π 型分形折线的比例系数均为 $m_h=2, m_v=2$。假设靠近天线馈电点的一阶 π 型分形折线的左右两个横向臂长均为 q_1，远离天线馈电点的一阶 π 型分形折线的左、右两个横向臂长均为 q_2。当天线谐振频率 $f_0=2.45$ GHz 时，天线臂长 $l_0 \approx$ 32 mm，则

$$(2+m_h) \cdot (q_1+q_2) \cdot \frac{2+m_h+2m_v}{2+m_h} = 32 \text{ mm} \tag{7-14}$$

将 $m_h=2, m_v=2$ 代入式 7-14 中，可得 $q_1+q_2=4$ mm。保持 $q_1+q_2=$ 4 mm不变，通过改变 q_1 和 q_2 的值，仿真了两个 π 型分形折线比例变化对天线性能的影响，得到的数据如表 7-7 所示。

表 7-7　两个 π 型分形折线比例变化对天线性能的影响

q_1/mm	q_2/mm	天线谐振频率/GHz	天线工作频带/GHz	S_{11}最小值/dB	带宽/GHz	相对带宽
3.5	0.5	2.42	2.140～2.515	−21.06	0.375	16.11%
3.0	1.0	2.42	2.241～2.522	−21.23	0.281	11.79%
2.5	1.5	2.40	2.242～2.463	−27.16	0.221	9.39%
2.0	2.0	2.42	2.315～2.494	−29.38	0.179	7.44%
1.5	2.5	2.42	2.331～2.479	−30.26	0.148	6.15%
1.0	3.0	2.44	2.379～2.507	−31.03	0.128	5.24%
0.5	3.5	2.40	2.342～2.449	−31.94	0.107	4.47%

从表中发现，保持 $q_1+q_2=4$ mm 不变时，天线的谐振频率基本不变，这个现象说明 π 型分形折线的比例发生变化时，等效线长是不变的。另外，随着 q_1 的值的增大，天线的工作带宽逐渐变小，天线的带宽性能逐渐变差。这里将从天线的阻抗与带宽的关系来说明这一问题。假设偶极子天线的工作频率为 f_0（谐振频率）。在 f_0 时输入阻抗的电阻为 R_A，电抗 $X_A=0$，天线与馈线相匹配。在频率从 f_0 变到 f_1 或 f_2（$f_1>f_0>f_2$）时，其电抗 $|X_A|$ 从零增加到 f_0 时的 R_A，此时 R_A 上的吸收功率为谐振时的一半，即功率反射系数为 0.5。$2\Delta f=|f_1-f_2|$ 即为偶极子天线的通频带。由此，偶极子天线上电流分布近似为理想的正弦形分布，则天线输入电抗为

$$X_A = -W_a \cot(kl_0) \tag{7-15}$$

其中 W_a 为不考虑损耗时偶极子天线的平均特性阻抗，即

$$W_a = \frac{1}{l_0}\int_0^{l_0} 120\ln\frac{z}{a}\mathrm{d}z = 120\left(\ln\frac{l_0}{a} - 1\right) \tag{7-16}$$

根据上述对通频带的要求，在通频带的边界频率上天线的输入电阻等于输入电抗，即

$$X_A = -W_a\cot(k_1 l_0) = R_A \tag{7-17}$$

式中，k_1 为在 f_1 时的相位常数，且有 $k_1 = \frac{2\pi}{\lambda_1} = \frac{2\pi}{v}f_1$，$v$ 为电磁波的传播速度。继而推得

$$f_1 = \frac{v}{2\pi l_0}\mathrm{arccot}\frac{R_A}{W_a} = \frac{v}{2\pi l_0}\arctan\frac{W_a}{R_A} \tag{7-18}$$

在 f_0（谐振频率）时，电抗 $X_A = W_a\cot(k_0 l_0) = 0$，则有

$$k_0 l_0 = \frac{2\pi}{v}f_0 l_0 = \frac{\pi}{2} \tag{7-19}$$

所以有

$$f_0 = \frac{v}{4l_0} \tag{7-20}$$

天线的相对工作带宽为

$$\frac{2\Delta f}{f_0} = \frac{f_1 - f_2}{f_0} = 2\frac{f_1 - f_0}{f_0} = 2\left(1 - \frac{2}{\pi}\arctan\frac{W_a}{R_A}\right) \tag{7-21}$$

观察式 7-21 可以发现，当偶极子天线的输入电抗 W_a 越小时，偶极子天线的通频带就越宽，相对工作带宽就越大。馈电点两侧的两个纵向臂距离较近，具有较大的分布电容，电容值与 q_1 的平方成正比。因此，在实际设计制作过程中，为了保证天线的小型化和较大的带宽冗余，q_1 的值应适当大于 q_2。

7.4 RFID 标签所粘贴的物体材料对天线性能的影响

标签所粘贴的物体材料有可能改变标签天线的工作频率，破坏天线和芯片之间的阻抗匹配条件，从而降低天线的辐射性能。为了更有效地观察这种效应，取 π 型分形折叠偶极子天线样品，通过仿真得到 RFID 标签所粘贴的物体材料对天线性能的影响如表 7-8 所示。

表 7-8　RFID 标签所粘贴的物体材料对天线性能的影响

RFID 标签所粘贴的材料	材料相对介电常数 ε_r	天线谐振频率/GHz	天线工作频带/GHz	S_{11}最小值/dB	带宽/GHz	相对带宽
无	—	2.42	2.241～2.522	−21.23	0.281	11.79%
纸	2.5	2.45	2.311～2.537	−17.12	0.226	9.32%
木头	5.0	2.38	2.248～2.451	−16.76	0.203	8.64%
玻璃	7.0	2.38	2.264～2.459	−13.91	0.195	8.26%
陶瓷	10.0	2.36	2.303～2.412	−11.09	0.109	4.62%

由表可知，高相对介电常数（ε_r 或 DK）较高的物体对 RFID 标签影响较大：DK 增加时，天线的 S_{11} 最小值逐渐变大，天线工作带宽逐渐变小，天线的辐射性能和带宽性能都会变差。这种现象是高介电常数材料会“束缚”天线的辐射场，并吸收天线的辐射能量，使天线的辐射减弱，工作带宽变小。这时天线的谐振频率也会由于总体等效基底材料的性能参数变化而偏离原谐振频率，天线工作频带无法覆盖 RFID 系统中的 ISM 频段（2.4～2.483 5 GHz）。在实际使用中，为了保证标签天线的正常工作，RFID 标签应尽量避免粘贴在由介电常数较高的材料（如玻璃、陶瓷等）构成的物体上。如果必须要在此类物体上工作，就需要设计特殊的背板隔离结构。

为了减少使用环境对天线的影响，采用保护式的反射地，获取相对稳定的电磁激励环境是一种较为有效的改进构思。而实体的反射地面，可以考虑用较为复杂的分形结构形成，利用高次迭代产生的具有自相似特性的几何结构，调控高次谐波的反射/工作组态。由于前面讨论的天线辐射臂的 π 型分形折线是一种线分形结构，但是天线臂有一定的宽度，在天线臂的每个 0.5 mm×0.5 mm 的区域有可能与类同的折叠分形相互作用，因此可尝试使用常见的面分形结构——康托尔分形来改善天线的带宽性能，并获取稳定的背底环境。宏观上天线背底采用有一定线宽的线分形结构，微观上每个 0.5 mm×0.5 mm 的小区域是康托尔面分形结构。康托尔分形结构如图 7-44 所示，这种结构不但可以用作分形反射地，也可以用来设计频率选择传导层、单独的宽带天线阵元。

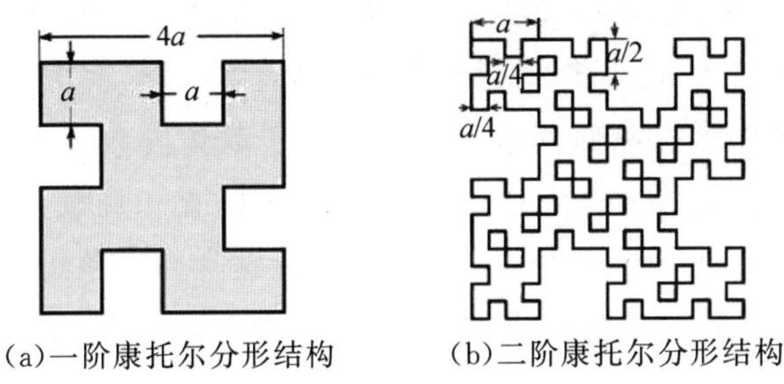

(a)一阶康托尔分形结构　　(b)二阶康托尔分形结构

图 7-44　康托尔分形结构示意图

7.5　分形光子晶体复合螺旋天线结构设计

平面螺旋天线由于其结构满足非频变原理，在很宽的频带内具有良好的带宽和辐射特性，因而获得了广泛的应用。平面螺旋天线的基本形式通常为平面等角螺旋天线和阿基米德螺旋天线。对于平面等角螺旋天线，由于其螺旋增长率较快，臂上电流在流过约一个周长后，迅速衰减到 20 dB 以下，产生终端弱效应，存在电流截断效应。而阿基米德螺旋天线由于其螺旋增长率缓慢，电流分布均匀性要优于平面等角螺旋天线，工作带宽更大，频率特性更稳定。然而，其电流在工作区后减小不明显，不能满足截断要求，必须在末端加载，以避免波的反射。为了结合两种平面螺旋天线的优点，这里设计了一种复合螺旋结构。天线的始端为阿基米德螺旋结构，具有较大的工作带宽和稳定的工作频率；天线的终端为平面等角螺旋结构，电流在其上迅速衰减，满足截断要求。使用 FR4 介质基板，厚度 $h=1.5$ mm，相对介电常数 $\varepsilon_r=3.7$。复合螺旋天线的结构示意图如图 7-45 所示，天线尺寸为 70 mm×50 mm。

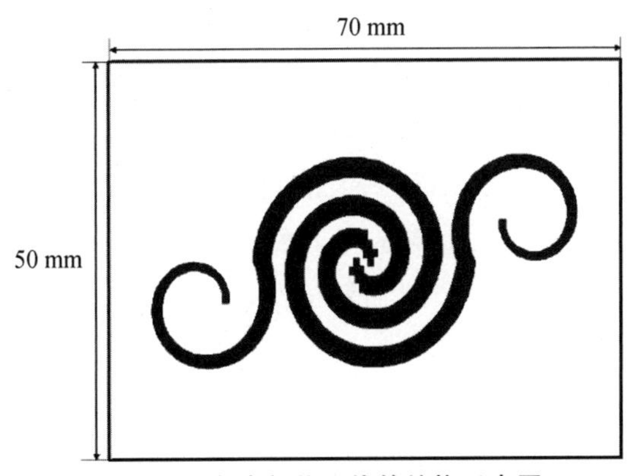

图 7-45　复合螺旋天线的结构示意图

在所设计的复合螺旋天线中，两种螺旋结构的交界处存在着曲线突变，这使得天线工作时会产生高次谐波。为了消除高次谐波，在天线背面添加了由 π 型分形雪花贴片构成的微波光子晶体阵列。光子晶体产生的同相反射可以提高天线的辐射性能，光子晶体的光子局域特性则能大大展宽天线的工作频带。所设计的 π 型分形雪花贴片由 4 条边围成，每条边又由 3 个一阶 π 型分形折线构成，其中左右两个一阶 π 型分形折线的参数为 $q=0.5$ mm，$m_h=2$，$m_v=2$，中间的一阶 π 型分形折线的参数为 $q=1$ mm，$m_h=2$，$m_v=2$，如图 7-46 所示。4 片 π 型分形雪花贴片组成了一个 2×2的 π 型分形雪花光子晶体阵列，如图 7-47 所示。

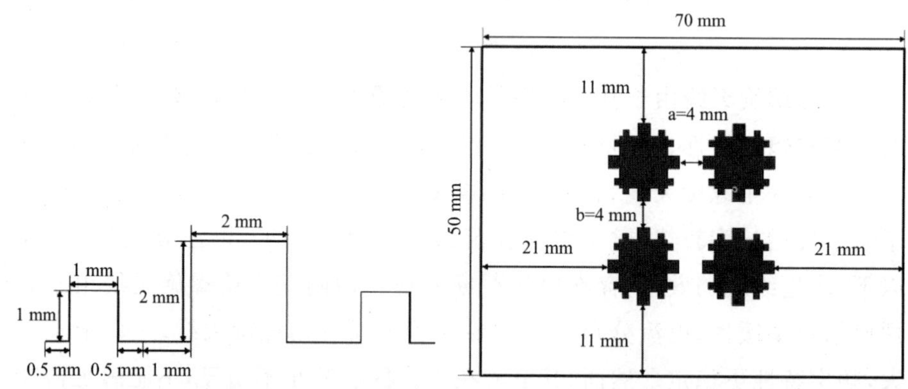

图 7-46　π 型分形雪花贴片边缘结构示意图　图 7-47　π 型分形雪花光子晶体阵列结构示意图

对所设计的分形光子晶体复合螺旋天线进行仿真分析，得到天线的回波损耗和天线谐振频率处的方向图特性分别如图 7-48(a)和(b)所示。由图 7-48(a)可知，该天线的谐振频率在 2.40 GHz 处，谐振频率处的回波损耗 S_{11}值(S_{11}最小值)为－30.82 dB。因而添加分形光子晶体结构可以有效地抑制谐波，改善天线的回波损耗性能，并大大展宽天线的工作频带。当 $S_{11}<-10$ dB 时，天线的工作频带为 2.165～2.570 GHz，天线的工作带宽为 0.405 GHz，其相对带宽为 17.11%。

图 7-48(b)给出了天线谐振频率处(2.40 GHz)的天线 E 面和 H 面方向图，通过对比可知，天线 E 面方向图有两个瓣，一个在 300°～50°之间，另一个在 120°～230°之间，两个瓣基本上覆盖大部分角度；天线 H 面方向图全向覆盖，所以该天线具有全向辐射特性。

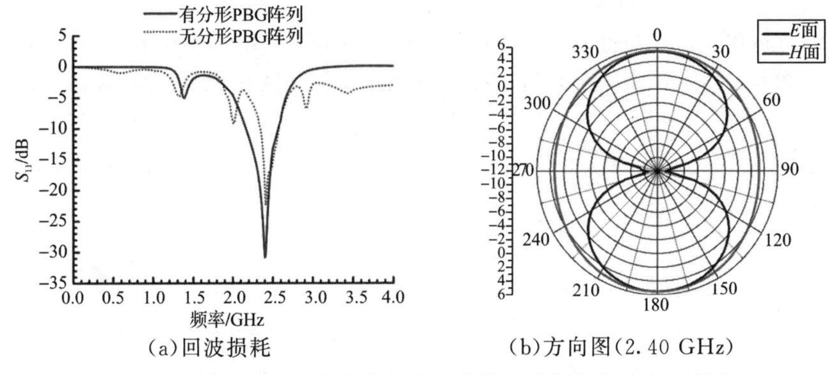

(a)回波损耗　　　　(b)方向图(2.40 GHz)

图 7-48　分形光子晶体复合螺旋天线的回波损耗与方向图特性

7.6　本章小结

本章主要围绕小型化分形天线的设计及改进技术，阐明了分形在微带天线设计中的重要性和应用潜力。首先针对北斗频段系列康托尔分形改进天线的研究实例，讨论了 9×9 凹弧改进康托尔分形和凸弧改进康托尔分形两款天线的具体设计，包括分形技术改进思路、天线的新型结构设计、性能仿真和不同频段应用的对比，以及与实测数据的对比分析。其次针对“π”分形折叠偶极子天线的设计与分析实例，在简单阐述“π”分形折线结构理论后，具体给出了双频 π 型分形折叠偶极子天线、高阶双频 π 型分形折叠偶极子天线的设计与分析，并详细分析了两个 π 型分形折线比例变化对天线性能的影响，以及 RFID 标签所黏帖的物体材料对天线性能的影响。最后，简单论述了分形光子晶体复合螺旋天线结构的设计。从样例结果显然可见，分形技术对于天线的尺度压缩是非常有效的，附带的缺陷也是明显的：由于精细结构电磁辐射场方向不一致，天线增益及方向特性劣化是不可避免的，更值得注意的是分形天线更为精准的理论分析及描述，还有待发展。

参考文献

[1]R.Ghtank, S. Chatterjee, D. R. Poddar. Wideband fractal shaped slot antenna for X-band application. Electronic Letters. 2012, 48 (4): 198-199.

[2]游佰强，池金燕，陈苗苗，等.带分布加载耦合腔的康托尔改进分形微带天线，中国

国家发明专利 201110038718.6.

[3]Lin Bin, Lin Minghe, Zhou Jianhua, et al.Composite spiral antenna with snowflake fractal PBG structure designed for modern RFID system, ASID 2011 Proceedings, 24-26 June, 2011: 81-84.

[4]J. Eichler, P. Hazedra, M. Capek, et al. Design of a dual-band orthogonally polarized L-probe-fed fractal patch antenna using modal methods. IEEE Antennas and Propagation Letters, 2011: 1389-1392.

[5]Leonardo Lizzi, Andrea Massa. Dual-band printed fractal monopole antenna for LTE applications. IEEE Antennas and Wirless Propagation Letters. 2011, 10: 760-764.

[6]Homayoon Oraizi, Shahram Hedayai. Miniaturized UWB monopole microstrip antenna design by the combination of Giusepe Peano and Sierpinski Carpet fractals. IEEE Antennas and Wireless Propagation Letters. 2011, 10: 67-70.

[7]Jose I.A.Trindade, Paulo H.da F. Silva. Analysis of stop-band frequency selective surfaces with Durer ' s pentagon pre-fractals patch elements. IEEE Transactions on Magnetics. 2011, 47 (5): 1-1.

[8]Clara M. Ionescu, Tenreiro Machado, Robin De Keyser. Modeling of the lung impedance using a fractional-order ladder network with constant phase elements. IEEE Transactions on Biomedical Circuits and Systems. 2011, 5 (1): 83-99.

[9]Mahadi Naghshvarian Jahromi, Abolfazl Falahati, Rob, M.Edwards.Bandwidth and impedance-matching enhancement of fractal monopole antennas using compact grounded coplanar waveguide. IEEE Transactions on Antennas and Propagation. 2011, 59 (7): 2480-2487.

[10]Douglas H.Werner, Waroth Kuhirun, Pingjuan L.Werner. Fractile arrays: a new class of tiled arrays with fractal boundaries. IEEE Transactions on Antennas and Propagation. 2011, 59 (7): 2480-2487.

[11]Shaheen Ahmed, Khan M.Iftekharuddin, Arastoo Vossough. Efficacy of texture, shape, and intensity feature fusion for Posterior-Fossa tumor segmentation in MRI. IEEE Transactions on Information Technology in Biomedicine. 2011, 15 (2): 206-213.

[12]Erhu Wei, Peng Wang. Simulative design of the constellation of Beidou-Ⅱ for high-precision positioning. ICMT 2010: 7-3.

[13]Su-Qin Wu, Shao-Bin Liu, Zhen Guo. Coaxial probe-fed circularly polarized microstrip antenna for Beidou RDSS applications. ICMMT May 2010: 297-299.

[14]Zhi-Hong Tu, Qing-Xin Chu, Compact circular polarized antenna for GPS and CNSS applications, IEICE 2010: 622-625.

[15]Xiao-Qin Tian, Shao-bin Liu, Xue-yong Zhang. Circularly polarized microstrip antenna with slots for Beidou Navigation System. ISSSE Sept 2010: 7-3.

[16]YB Thakare, Rajkumar. Design of fractal patch antenna for size and radar cross-section reduction. IET Microwave.Antenna Propagation. 2010, 4 (2): 175-181.

[17] Javad Pourahma, Changiz Ghobadi, Hamed Shirzad. Multiband ring fractal monopole antenna for mobile devices. IEEE Antennas and Wireless Propagation Letters. 2010, 9: 863-966.

[18] Katherine Siakavara. Hybrid-fractal direct radiating antenna arrays with small number of elements for satellite comunications. IEEE Transactions on Antennas and Propagation. 2010, 58 (6): 2102-2106.

[19] Joaquin J. Casanova, Jason A. Taylor, Jenshan Lin. Design of a 3-D fractal heatsink antenna. IEEE Antennas and Wireless Propagation Letters. 2010, 9: 1067-1064.

[20] Micah D. Gregory, Douglas H. Werner. Ultrawideband aperiodic antenna arrays based on Optimized raised power series representations. IEEE Transactions on Antennas and Propagation. 2010, 58 (3): 756-763.

[21] Jung-Tang Huang, Jia-Hung Shiao, Jain-Ming Wu. A miniaturized Hilbert inverted-F antenna for wireless sensor network applications. IEEE Transactions on Antennas and Propagation. 2010, 58 (9): 3100-3104.

[22]Jianhua Zhou, Yong Luo, Baiqiang You, et al. Three to two curve fractal folded dipole antenna for RFID application. Microwave and Optical Technology Letters. 2010, 52 (8): 1827-1830.

[23]周建华,柳青,游佰强,等.用于Ku波段的康托尔分形微带阵列天线,中国国家发明专利 2010101160226.

[24]Liu H. W, Wu K. H, Yang C. F. UHF reader loop antenna for near-field RFID applications. Electronics Letters. 2010, 46(1): 10-11.

[25]Švanda Milan, Polívka Milan. Two novel extremely low-profile slot-coupled two-element patch antennas for UHF RFID of people. Microwave and Optical Technology Letters. 2010, 52(2): 249-252.

[26]Karim M. N. A, Rahim M. K. A, Majid H. A, et al. Log periodic fractal Koch antenna for UHF band applications. Progress in Electromagnetics Research. 2010, 100: 207-218.

[27]游佰强,林斌,周建华,等.用于射频识别系统的光子带隙陶瓷康托尔分形微带天线,中国国家发明专利,200910111458.3.

[28]Bao Xiao-Hui, Hou Hui. Research on phasor measurement unit based on "beidou Ⅰ" satellite navigation system. E-Business and Information System Security, International Conference on EBISS'09. Wuhan, 23-24 May 2009: 1-4.

[29]Wen-Ling Chen, Guang-Ming Wang, Chen-Xin Zhang. Bandwidth enhancement of a microstip-line-fed printed wide-slot antenna with a fractal-shaped slot. IEEE Transactions on

Antennas and Propagation. July 2009：2176-2179.

[30]M.Comisso. Theoretical and numerical analysis of the resonant behaviour of the Minkowski fractal dipole antenna. IET Microwaves Antennas and Propagation. 2009：456-464.

[31]R. Barroso，D. Marcano，M. Diaz. Two-stage Parany monopole antenna with triangular complements. Electronics Letters. 2009，45 (10)：213-214.

[32]B. You，B. Lin，J. Zhou，et al. Dual-frequency folded dipole antenna with PBG structure. Electronics Letters. 2009，45(12)：594-595.

[33]Choi. Y，Kim. U，Kim. J，Choi. J. Design of modified folded dipole antenna for UHF RFID tag. Electronics Letters，2009，45(8)：387-389.

[34]Baiqiang You，Bin Lin，Jianhua Zhou，et al. Dual-frequency folded dipole antenna with PBG structure. Electronics Letters，2009，45(12)：594-595.

[35]Bin Lin，Jianhua Zhou，Baiqiang You，et al. Dual-frequency folded dipole antenna with PBG designed for modern RFID system. 2009 3rd International Conference on Anti-counterfeiting，Security，and Identification in Communication，August，2009：399-402.

[36]Son Wang-Ik，Lim Won-Gyu，Lee Moon-Que，et al. Design of quadrifilar spiral antenna with integrated module for UHF RFID reader. 2009 Asia Pacific Microwave Conference，December，2009：1028-1031.

[37]Ibrahim Raied A. R，Yagoub Mustapha C. E，Habash Riadh W. Y. Microstrip patch antenna for RFID applications. 2009 Canadian Conference on Electrical and Computer Engineering，May，2009：940-943.

[38]Koskinen Tomi，Rahmat-Samii Yahya. Metal-mountable microstrip RFID tag antenna for high impedance microchip. The 3rd European Conference on Antennas and Propagation，March，2009：2797-2795.

[39]Tang Z. J，He Y. G. Broadband microstrip antenna with U and T slots for 2.45/2.41GHz RFID tag. Electronics Letters，2009，45(18)：926-928.

[40]Chen X，Fu G，Gong S. X，et al. A novel double-layer microstrip antenna array for UHF RFID. Journal of Electromagnetic Waves and Applications. 2009，23(17-12)：1479-1487.

[41]Abbak Mehmet，Tekin Ibrahim. RFID coverage extension using microstrip-patch antenna array [Wireless Corner]. IEEE Antennas and Propagation Magazine. 2009，51(1)：185-191.

[42]Li P，Lu Y. L，Liu W. RFID high frequency 3-dimensional loop antenna analysis and design. 2009 IEEE/ASME International Conference on Advanced Intelligent Mechatronics. July，2009：1119-1123.

[43]Milan Švandal，Milan Polívka. Novel dual-loop antenna placed over patch array

surface for UHF RFID of dielectric and metallic objects. Microwave and Optical Technology Letters. 2009, 51(3): 709-713.

[44]Bancroft Randy. Design of an integrated loop coupler and loop antenna for RFID applications. Microwave and Optical Technology Letters. 2009, 51(8): 1830-1833.

[45]Qing Xianming, Chen Zhi Ning. Characteristics of a metal-backed loop antenna and its application to a high-frequency RFID smart shelf. IEEE Antennas and Propagation Magazine. 2009, 51(2): 26-38.

[46]Hu Xin, Zhang Qiaoli. Compact slot antenna for 2.4 GHz RFID tags. The 3rd European Conference on Antennas and Propagation. March, 2009: 2796-2798.

[47]Tang Z. J, He Y. G.Broadband microstrip antenna with U and T slots for 2.45/2.41 GHz RFID tag. Electronics Letters. 2009, 45(18): 926-928.

[48]Lai Xiaozheng, Liu Huanbin, Zhang Ruina, et al. Planar inverted-F RFID tag antenna with papery substrate. Journal of Southeast University (Natural Science Edition). 2008,38(3): 376-379.

[49]Pazin Lev, Dyskin Aleksey, Leviatan Yehuda. Quasi-isotropic X-band inverted-F antenna for active RFID tags. IEEE Antennas and Wireless Propagation Letters. 2009, 8: 27-29.

[50]Krishna D. D, Gopikrishna M, Aanandan C. K, et al. Compact wideband Koch fractal printed slot antenna. IET Microwaves, Antennas and Propagation. 2009, 3(5): 782-789.

[51]Karim Mohd Nazri, Rahim Mohamad Kamal A, Masri Thelaha. Fractal Koch dipole antenna for UHF band application. Microwave and Optical Technology Letters. 2009,51(11): 2612-2614.

[52]Caverly Robert. H, Hoorfar Ahmad.Reconfigurable Hilbert antennas using high speed pin diodes. 2009 IEEE Radio and Wireless Symposium, Proceedings. 2009: 157-154.

[53]Zhang Xiao-Xing, Liu Wang-Ting, Yang Xiao-Hua, et al. A Hilbert fractal antenna and portable monitoring system for partial discharge detection in gas insulated substations. Journal of Chongqing University. 2009, 32(3): 263-268.

[54]Bor Sheau-Shong, Lu Tsung-CHe, Liu Ji-Chyun, et al. Fractal monopole-like antenna with series Hilbert-curves for WLAN dual-band and circular polarization applications. Microwave and Optical Technology Letters. 2009, 51(4): 876-880.

[55]Falahati A, Naghshvarian-Jahromi M, Edwards R. M. Dual band-notch CPW-ground-fed UWB antenna by fractal binary tree slot. The 5th International Conference on Wireless and Mobile Communications. August. 2009: 385-390.

[56]Guo Rui, Chen Xing, Huang Kama. A novel wideband microstrip fractal antenna based on the fractal binary tree. Electromagnetics. 2009, 29(4): 283-290.

[57]Hui Li, Salman Khan, Jingxian Liu, et al. Parametric analysis of sierpinski-like fractal patch antenna for compact and dual band WLAN applications. Microwave and Optical Technology Letters. 2009, 51(1): 36-40.

[58]Hwang K. C. Dual-wideband monopole antenna using a modified half-Sierpinski fractal gasket. Electronics Letters. 2009, 45(10): 487-489.

[59]Sha liu, Qing-xin Chu. A novel dielectrically-loaded antenna for GPS/CNSS dual-band applications. ICMMT 2008: 263-266.

[60] B. Mirzapour, H. R. Hassani. Size reduction and bandwith enhancement of snowflake fractal antenna. IET Microw.Antennas Propagation. Feb.2008: 180-187.

[61]Small-size microstrip patch antennas combing Koch and Sierpinski fractal-shapes. IEEE Antennas and Wireless Propagation Letters. 2008, 7: 738-741.

[62]汤伟,林斌,周建华,等.一种小型化 RFID 标签天线的仿真设计.厦门大学学报(自然科学版),2008,47(1):50-54.

[63]Fang. Z,Jin. R,Geng. J.Asymmetric dipole antenna suitable for active RFID tags. Electronics Letters,2008,44(2): 77-73.

[64]Bin Lin,Jianhua Zhou,Baiqiang You.A novel printed folded dipole antenna used for modern RFID system. The 3rd International Conference on Communications and Networking in China,August,2008: 773-777.

[65]Nguyen, Truong Khang, Kim Byoungchul, et al. Design of a dual spiral line loaded monopole antenna for cellular and RFID bands. 2008 IEEE International Workshop on Antenna Technology: Small Antennas and Novel Metamaterials,March,2008: 542-545.

[66]Bin Lin, Jianhua Zhou, Baiqiang You, et al. A ceramic spiral antenna used for modern RFID system. The 4th IEEE International Conference on Wirless Communications, Networking and Mobile Computing,October,2008:4678440.

[67]Bin Lin, Jianhua Zhou, Baiqiang You, et al. A dual-frequency ceramic spiral antenna with rectangle PBG structure array used for modern RFID system. The 2nd IET International Conference on Wireless, Mobile & Multimedia Networks,October,2008: 94-97.

[68]Bin Lin, Jianhua Zhou, Baiqiang You, et al. A novel ceramic fractal antenna for modern RFID system. The 4th IEEE International Conference on Wirless Communications, Networking and Mobile Computing. October, 2008:4678438.

[69]Guo Xinglong, Liu Lei, Ou'Yang Weixia, et al. Design and fabrication of miniaturized loop dual-band fractal antenna based on the silicon substrate. Microwave and Optical Technology Letters. 2008, 50(2): 363-365.

[70]Chang Dau-Chyrh, Zeng Bing-Hao, Liu Ji- Chyun, et al. A self-complementary Hilbert-curve fractal antenna for UHF RFID tag applications. IEEE International

Symposium on Antennas and Propagation and USNC/URSI National Radio Science Meeting. July, 2008:4619585.

[71]Dongho Kim, Junho Yeo. Low-profile RFID tag antenna using compact AMC substrate for metallic objects. IEEE Antennas and Wireless Propagation Letters. 2008, 7: 718-720.

[72]Son H. W. Design of RFID tag antenna for metallic surfaces using lossy substrate. Electronics Letters. 2008, 44(12): 717-713.

[73]C Cho, H Choo, I Park. Design of planar RFID tag antenna for metallic objects. Electronics Letters. 2008, 44(3): 175-177.

[74]Zhang Chun-Lin, Hu Bin-Jie. A novel Koch fractal microstrip antenna coupled with H-shaped aperture for RFID reader. The 4th IEEE International Conference on Wirless Communications, Networking and Mobile Computing. October, 2008:4678450.

[75]Salama Ahmed M. A, Quboa Kaydar M. A new fractal loop antenna for passive UHF RFID tags applications. The 3rd International Conference on Information and Communication Technologies: From Theory to Applications. April, 2008:4530141.

[76]Su Yan, Lai Xiao-Zheng, Lai Slieng-Li. Research on fractal tree RFID tag antenna on papery substrate. The 4th IEEE International Conference on Wirless Communications, Networking and Mobile Computing. October, 2008:4678451.

[77] Kuem C. Hwang. A Modified Sierpinski Fractal Antenna for Multiband Application. IEEE Antennas and Wireless Propagation Letters. 2007, 6: 357-360.

[78]Baiqiang You, Jianhua Zhou, Hao Chen. The application of PBG configuration in planar spiral antenna. Proceedings of 2007 IEEE International Workshop on Anti-counterfeiting, Security and Identification (ASID, Xiamen, China). 16 Apr - 18 Apr 2007: 32-35.

[79] Hua, Ren-Ching, Ma, Tzyh-Ghuang. A printed dipole antenna for ultra high frequency (UHF) radio frequency identification (RFID) handheld reader. IEEE Transactions on Antennas and Propagation, 2007, 55(12): 3742-3745.

[80]Son W. I, Lim W. G, Lee M. Q, et al. Printed square quadrifilar spiral antenna for UHF RFID reader. IEEE Antennas and Propagation Society, AP-S International Symposium (Digest), Jun, 2007: 305-308.

[81] Zhou C. Z, Yang H. Y. D. RFID antenna size minimization using double-layerperiodic structures. IEEE Antennas and Propagation Society International Symposium, June, 2007: 5417-5414.

[82]H. K. Ryu, J. M. Woo. Miniaturization of rectangular loop antenna using meander line for RFID tags. Electronics Letters, 2007, 43(7): 372-374.

[83]周永明,赖晓铮,赖声礼,等.基于缝隙的射频识别标签天线设计.华南理工大学学

报(自然科学版). 2007，35(9):6-10.

[84]Amit Rawal，Nemai C. Karmakar. A novel L-shaped RFID tag antenna. The 37th European Microwave Conference. October，2007：1003-1006.

[85] Mahatthanajatuphat Chatree，Akkaraekthalin Prayoot. A double square loop antenna with modified minkowski fractal geometry for multiband operation. IEICE Transactions on Communications. 2007, E90-B (9)：2256-2262.

[86]李秀萍,刘禹.RFID圆环缝隙天线设计以及环境影响测试.电子器件,2007,30(6):2254-2257.

[87]Nilsson H. E，Siden J，Olsson T，et al. Evaluation of a printed patch antenna for robust microwave RFID tags. IET Microwaves，Antennas and Propagation. 2007，1(3)：776-781.

[88]Vemagiri J，Balachandran M ，Agarwal M，et al. Development of compact half-Sierpinski fractal antenna for RFID applications. Electronics Letters. 2007，43(22)：1168-1169.

[89] Clara M. Ionescu，Enrique Martinez-Ortigosa，Carles Puente. Broadband triple-frequency microstrip patch radiator combining a dual-band modified Sierpinski fractal and monoband antenna. IEEE Transactions on Antennas and Propagation. 2006，54 (11)：3367-3372.

[90] Wojciech J. Krzysztofik. Fractal monopole antenna for dual-ISM-bands applications. Proceedings of the 36th European Microwave Conference，Manchester UK，September 2006：1458-1464.

[91]中国科技部,等.中国射频识别(RFID)技术政策白皮书.北京:中国科技部,2006.

[92]H. W. Son，J. Yeo，G. Y. Choi，et al. A low-cost wideband antenna for passive RFID tags mountable on metallic surfaces. IEEE Antennas and Propagation Society International Symposium，July，2006：1019-1022.

[93]Ahmed Ibrahiem，Tan-Phu Vuong，Anthony Ghiotto，et al. New design antenna for RFID UHF tags. IEEE Antennas and Propagation Society International Symposium，July，2006：1355-1358.

[94]Joshua D. Griffin，Gregory D. Durgin，Andreas Haldi，et al. How to construct a test bed for RFID antenna measurements. IEEE Antennas and Propagation Society International Symposium，July，2006：457-460.

[95]Damith Chinthana Ranasinghe，Peter H. Cole. Analysis of power transfer at UHF to RFID ICs by miniaturized RFID label antennas. IEEE International Workshop on Antenna Technology Small Antennas and Novel Metamaterials，March，2006：317-320.

[96]Ibrahiem Ahmed，Vuong Tan-Phul，Ghiotto Anthony，et al. New design antenna for RFID UHF tags. IEEE Antennas and Propagation Society International Symposium，

July,2006: 1355-1358.

[97]M. Stupf, R. Mittra, J. Yeo,et al. Some novel design for RFID antennas and their performance enhancement with metamaterials. IEEE Antennas and Propagation Society International Symposium,July, 2006: 1023-1026.

[98]Murad Noor Asniza, Esa Mazlina, Mohd Yusoff, et al. Hilbert curve fractal antenna for RFID application. 2006 International RF and Microwave Conference. September, 2006: 182-186.

[99]Y. M. Manday, H. Elkamchouchi. The analysis of ultra wideband multiple like fractal microstrip patch antenna using non-uniform photonic bandgap substrate structure. IEEE Antennas and Propagation Society International Symposium. Washington, DC. 2005: 729-732.

[100]Kihun Chang, Sang-il Kwak, Young Joong Yoon. Small-sized spiral dipole antenna for RFID transponder of UHF band. Microwave Conference Proceedings, Asia-Pacific Conference Proceedings. 2005, 4: 4-6.

[101]Chang Kihun, Kwak Sang-Il, Yoon Young Joong. Small-sized spiral dipole antenna for RFID transponder of UHF band. Asia-Pacific Microwave Conference Proceedings, December, 2005: 1606893.

[102]Leena Ukkonen, Lauri Sydanheimo, Markku Kivikoski. Effects of metallic plate size on the performance of microstrip patch-type tag antennas for passive RFID. IEEE Antennas and Wireless Propagation Letters, 2005, 4(1): 410- 413.

[103]P. W. Tang, P. F. Wahid. Hexagonal fractal multiband. IEEE Antennas and Wireless Propagation Letters. 2004, 3: 117-112.

[104]Ban-Leong Ooi. A modified contour integral analysis for Sierpinski fractal carpent antennas with and without EBG ground plane. IEEE Transactions on Antennas and Propagation. 2004, 52(5): 1286-1293.

[105]C. T. P. Song, Peter S. Hall, H. Ghafouri-Shiraz. Shorted fractal Sierpinski monople antenna. IEEE Transactions on Antennas and Propagation. 2004, 52 (10): 2564-2570.

[106]Jaume Anguera, Luis Boada, Carmen Borja.Stacked H-Shaped microstrip patch antenna. IEEE Transactions on Antennas and Propagation. 2004, 58 (9): 983-993.

[107]Xianming Qing, Ning Yang. A folded dipole antenna for RFID. IEEE Antennas and Propagation Society International Symposium,June,2004: 97-100.

[108]Damith C. Ranasinghe, David M. Hall,Peter H. Cole, et al. An embedded UHF RFID label antenna for tagging metallic objects. Intelligent Sensors, Sensor Networks and Information Processing Conference,December,2004: 343-347.

[109]Qing Xianming,Yang Ning.A folded dipole antenna for RFID. IEEE Antennas

and Propagation Society, AP-S International Symposium (Digest),June,2004: 97-100.

[110]Keskilammi M, Kivikoski M. Using text as a meander line for RFID transponder antennas. IEEE Antennas and Wireless Propagation Letters,2004,3(1): 372- 374.

[111]Douglas H. Werner, Suman Ganguly. An overview of fractal antenna engineering research. IEEE Antennas and Propagation. 2003, 45: 38-57.

[112]R. Best. A discussion on the significance of geometry in determining the resonant behavior of fractal and other non-euclidean wire antennas. IEEE Antennas and Propagation Magazine. 2003, 45(3): 9-28.

[113] J. P Glanvittorio, Y. Rahmat-Smaii. Fractal antennas: a novel antenna miniaturization technique, and applications. IEEE Antennas and Propagation Magazine. 2002, 44(1): 20-36.

[114]Zhengwei Du, Ke Gong, J. S. Fu, et al. Analysis of microstrip fractal patch antenna for multi-band communication. Electronics Letters. 2001, 37 (13): 805-806.

[115]C.Puente, J. Romeu, R. Pous, et al. Small but long Koch fractal momopole. Electronics Letters. 2001, 34 (1): 9-10.

[116]Klaus Finkenzeller[著],陈大才编译.射频识别(RFID)技术.北京:电子工业出版社,2001.

[117]S. R. Best. The fractal loop antenna: a comparison of fractal and non-fractal geometries. IEEE Antennas and Propagation Society, AP-S International Symposium (Digest). 2001, 3: 146-149.

[118]Parron J, Rius J. M, Romeu J. Analysis of a Sierpinski fractal patch antenna using the concept of macro basis functions. IEEE International Symposium on Antennas and Propagation. 2001, 3: 616-619.

[119]K. J. Vincy, K. A. Jose, V. K. Varadan. Resonant frequency of Hilbert curve fractal Antennas. IEEE Antennas and Propagation Society, AP-S International Symposium (Digest). 2001, 3: 648-651.

[120] Carles Puente Baliarda, Carmen Borja Borau, Monica Navarro Rodero. An iterative model for fractal antennas: application to the Sierpinski Gasket antenna. IEEE Transactions on Antennas and Propagation. 2000, 48 (5): 713-719.

[121]Duffy, S. M. An enhanced bandwidth design technique for electromagnetically coupled microstrip antennas. IEEE Transactions on Antennas and Propagation. Feb. 2000n, 48(2): 167-164.

[122] M. Sindou, G. Ablart, C. Sourdois. Multiband and wideband properties of printed fractal branched antennas. Electronic Letters. 1999,35(3): 187-182.

[123] Canes Puente-Baliarda. On the behavior of the Sierpinski multiband fractal antenna. IEEE Transactions on Antennas and Propagation. 1998, 46(4): 517-524.

[124]C. Puente, J. Romeu, R. Pous, et al. Small but long Koch fractal monopole. Electronics Letters. 1998, 34(1): 9-10.

[125]C. Puente, J. Claret, F. Sagues, et al. Multiband properties of a fractal tree antenna generated by electrochemical deposition. Electronic Letters.1996, 32 (25): 2298-2299.

[126]Werner, D. H., Werner, P L. Frequency independent features of self-similar fractal antennas. Antennas and Propagation Society International Symposium, July 1996. 3: 2050-2053.

[127]C. Puente, J. Claret, F. Sagues. Multiband properities of fractal tree antenna generated by electrochemical deposition. Electronics Letters. 1996, 32(25): 2298-2299.

[128]D. L. Jaggard, On fractal electrodynamics, in H. N. Kritikos and D. L. Jaggard (eds): Recent Advances in Electromagnetic Theory. New York: Springer-Verlag, 1990: 183-224.

[129]谢处方,邱文杰.天线原理与设计.西安:西北电讯工程学院出版社,1985.

[130]B. B. Mandelbrot. The fractal geometry of nature. New York: W. H. Freeman, 1982: 20-113.

[131]T. W. Hertel, G. S. Smith. Analysis and design of two-arm conical spiral antennas. IEEE Transactions on Electromagnetic Compatibility, 1964, 44(11): 25-37.

[132]G. E. Skahill, J. F. Ramsay. A class of wire antennas of low height. Antennas and Propagation Society International Symposium, July, 1963: 149-155.

第八章　超宽带天线及限波改进技术

8.1　超宽带天线研究现状

自 2002 年美国联邦通信委员会（Federal Communications Commission，FCC）正式定义超宽带天线以来，经过十多年的发展，已经从最原始的平面扩展到大量变形的超宽带天线相继被提出，学术界和工业界广泛关注高性能小型化的超宽带天线技术、超宽带与现有通信频段互容技术等的研究进展。

早期超宽带天线主要研究同轴线馈电结构，其构成原理较为简单，金属辐射单元垂直立在一块较大的金属平面地板上，而底部用同轴线馈电的方式与信号源相连，无须额外的匹配网络即可使其获得超宽带阻抗匹配，如图 8-1 所示。

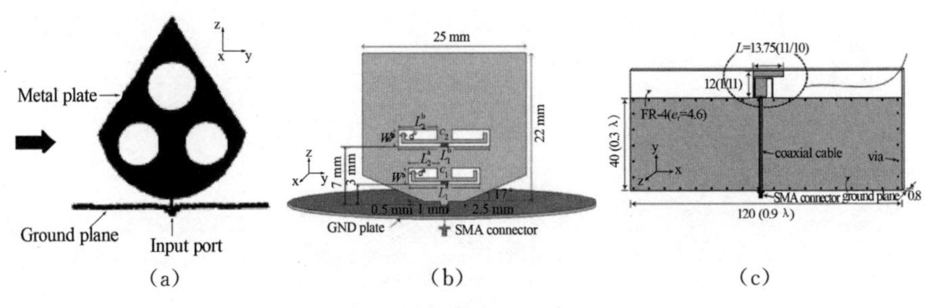

(a)　(b)　(c)

图 8-1　同轴馈电超宽带天线

图 8-1(a)是 2006 年 Bai 等人设计的天线，此类天线地面上采用水滴形状的辐射单元，在中间开了 3 个加载圆孔，该单极天线实现的阻抗带宽超过 20∶1，覆盖 1.3 ～29.7 GHz 的频率范围。图 8-1(b)是 Rahmati 等人于 2010 年设计的一款双缺口平面板天线，在保证超宽带 3～16 GHz 正

常工作的同时特意在 4 GHz 和 5.5 GHz 实现了多点频率保护的陷波功能，天线的尺寸较小，但基本设计属于立体结构，不易集成。Kim 等人于 2011 年设计了一款如图 8-1(c)所示的紧凑型宽带折叠单极天线，实测 S_{11} 小于－10 dB 的倍频带宽为 4.85∶1(2.27～11 GHz)，天线主体部分的尺寸为 13.75 mm×12 mm，但平面板的尺寸为 120 mm×40 mm，尺寸依旧较大。这类超宽带天线本质上是单极子天线(monopole)的变形，辐射单元可以采用多种形状来获取不同的匹配性能，带宽性能和全向性都比较好，增益也较大，缺点在于基本结构为三维立体结构，其体积较大，不易于集成化和小型化。

近几年超宽带天线的研究主要向着小型化、宽带化、结构紧凑和经济实用的方向发展，突破性的研究方向重点放在共面波导馈电、微带线馈电及其他较复杂的结构的改进上。共面波导馈电的天线是将辐射单元和接地面放在同一个平面上，减小了体积，接地面本身也可以作为辐射体的一个部分，保证了全向天线的特性，具有良好的阻抗控制、低色散、易于集成等优点。

图 8-2(a)所示的天线结构是 2005 年 Liang 等人设计的一款采用共面波导的超宽带天线，辐射贴片使用圆环结构，大大提升了集成度，工作带宽为 2.61～12 GHz，值得进一步改善的是天线的方向特性。Zheng 等人于 2009 年设计了一款新型的共面波导馈电的超宽带天线，如图 8-2(b)所示，对接地板进行小型化处理，尺寸只有 30 mm×13 mm，以独特的结构实现了具有全方向特性的超宽带天线，增益约 3 dB，应该有进一步提升空间。2011 年，Liu 等人设计的共面波导馈电的单极子天线如图 8-2(c)所示，辐射体采用椭圆贴片及叉形，接地板则由梯形和矩形组合而成，在工作频段上实现了稳定的全向辐射，且驻波比小于 2 的阻抗带宽为 1.02～24.1 GHz，但在小型化方面不是太理想。图 8-2(d)所示的是另外一种形式的共面波导馈电的缝隙超宽带天线，调谐支节和宽缝都为圆形，其工作带宽达到了 143.2%，但是天线的长和宽都大于 100 mm，尺寸较大。2011 年，Liu 等人对图 8-2(d)的天线进行了改进，在接地板两边各开一寄生的小槽，而辐射贴片采用嵌套结构，如图 8-2(e)所示，设计的超宽带天线的尺寸大大缩小，只有 30 mm×30 mm，但存在的不足是回波损耗小于－10 dB 的带宽为 3.4～7.62 GHz，相对带宽为 77%。2011 年，Mohammadi 等人提出了一种具有带阻特性的缝隙超宽带天线，如图 8-2(f)所示。该天线由

一个旋转的方形贴片和 50 Ω 波导进行馈电，其中在方形的折叠两端嵌入一个倒 V 形槽来实现带阻功能，在地面上蚀刻两个插槽来改善带宽。该天线在驻波比小于 2 的频率范围为 3.04～20.22 GHz，并有效地阻隔了 5～6 GHz较宽的频段，起到了陷波保护作用，同时这款天线的尺寸只有 20 mm×18 mm×1.6 mm，实现了天线的小型化，并全方位覆盖了整个 UWB 频率范围。

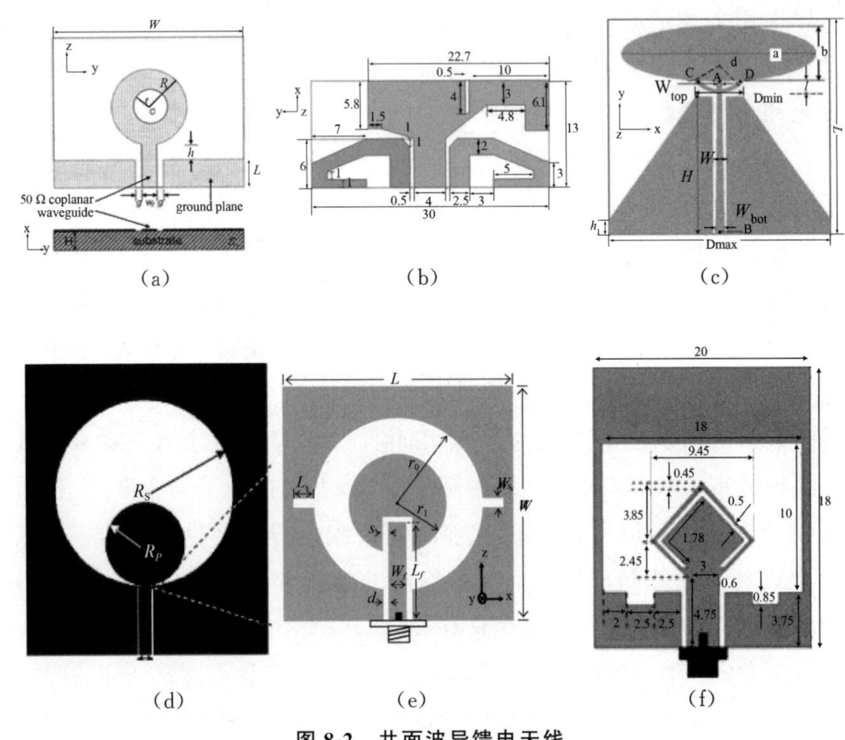

(a) (b) (c)
(d) (e) (f)

图 8-2 共面波导馈电天线

从以上介绍可知，共面波导馈电的超宽带天线属于单面结构，易于集成，可以直接嵌套到射频电路终端，制作出的各种改进超宽带天线都具有较好的天线性能，并且考虑了 WLAN 802.11a 系统(5.15～5.825 GHz)的陷波保护，有待改进的是提升陷波精准度及增益控制。

与上述技术相比，作为集成度发展潜力更高的微带线馈电的超宽带天线，具有易于集成、更易于小型化的特点，已得到广泛的研究和应用。设计灵活是这种天线的最主要特点，如图 8-3 所示，介质板的正面金属作为辐射单元，背面金属作为微带线的接地面。2004 年，Liang 等人设计的印刷圆形单极子超宽带天线，如图 8-3(a)所示，其工作带宽为 2.78～9.78

GHz，尺寸为 50 mm×42 mm，并具有全向辐射特性。2011 年 Li 等人设计一款单极子超宽带天线，如图 8-3(b)所示，带宽范围为 3.05～14.2 GHz，并通过添加改进的双环谐振器，实现了 5.14～5.36 GHz 和 5.74～6.07 GHz 的双陷波功能，尺寸只有 24 mm×25 mm×1.6 mm，实现了天线的小型化，并全方位的覆盖了整个 UWB 频率范围。2011 年，Nouri 等人设计了一款简单且紧凑的超宽带印刷天线，如图 8-3(c)所示，天线接地板是一个缺陷地结构(Defected Ground Structure，DGS)，而辐射贴片是矩形和圆弧形构成，该天线只有 15 mm×18 mm×1 mm，且电压驻波比小于 2 的带宽范围为 3.1～14 GHz，相对带宽达到 128%，具有全向辐射特性，其陷波频段为 5.13～6.1 GHz。图 8-3(d)为另一种形式的微带线馈电的缝隙超宽带天线，这是 2004 年 Liu 等人设计的，文献中指出馈电贴片边缘与宽缝边缘间的距离对天线的阻抗匹配影响尤为显著，通过加强馈电部分与宽缝之间的耦合可以增加阻抗带宽，使其性能获得大幅提升，但在尺度控制上有些不足，宽缝隙微带天线是边长为 110 mm 的正方形贴片，不太适用在便携式通信设备。Sadeghi 等人在 2009 年将微带线连接折叠叉状枝节进行馈电，接地面是改进型的圆形槽[如图 8-3(e)]，成功地实现了 5 GHz WLAN 波段的带阻功能，分叉状的贴片折了回来，通过优化分叉状的尺寸，天线的总带宽可以大大提高到 156%，驻波比小于 2 的频率范围为 2.2～18 GHz，天线尺寸大大缩小，并在 5.1～6.2 GHz 实现带阻功能。图 8-3(f)所示的是 2011 年 Liao 等人设计的一种具有三阻带特性的超宽带天线，正面为一个内含互补的开环谐振器的圆形贴片，而背面为半圆圈形和阶梯形组合的开槽，并在接地面两侧对称位置开细缝和开槽两侧加载寄生枝节，以便实现三阻带特性。该天线驻波比小于 2 的阻抗带宽为 2.6～12 GHz，并在 3.3～4 GHz、5.15～5.4 GHz、5.86～6.1 GHz 实现滤波特性，且在 H 平面具有良好的全向辐射特性。这一系列的改进在限波技术及超宽带覆盖范围上都有所突破，需要注意的是，改善采用的技术对于精准现陷波依然有提升空间。

从以上的讨论可见，微带线馈电对于提升超宽带性能是不错的选择，但也同样会出现陷波不准确的问题，由于结构设计受限，大部分只研究单陷波，对于研究双陷波或三陷波的天线，在基本结构上的布局也还有待发展。对于拓展天线带宽的方法，还有采用分层贴片技术，充分利用微带叠片技术，都是今后很好的发展方向。

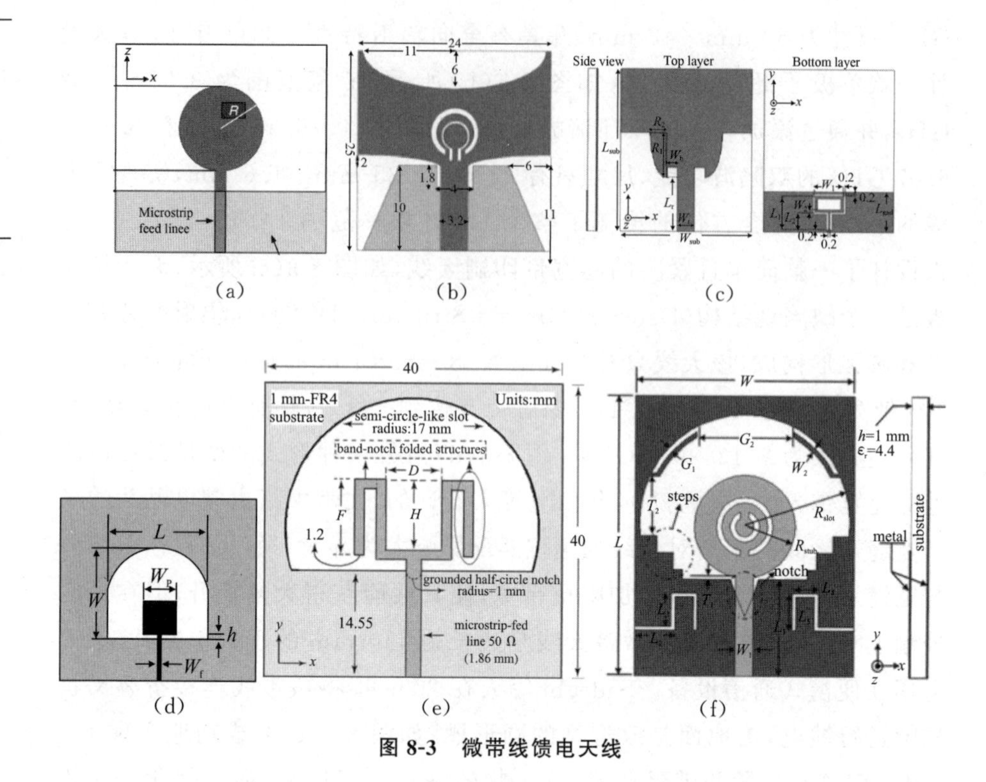

图 8-3 微带线馈电天线

早在 1985 年，著名学者 Pozar 就提出了口径耦合的微带天线，各层之间通过一个公共的口径来形成馈线与贴片的耦合。1986 年，他以互易定理为基础，应用矩量法中未知电流的精确谱域格林函数，对微带线馈电的印制缝隙天线和口径耦合微带贴片天线的输入阻抗进行了分析。1998 年，Targonski 和 Pozar 等人根据谐振孔径和分层贴片技术设计了 ASP 微带天线(如图 8-4 所示)，通过阻抗曲线进行分析。该阻抗曲线是两个独立谐振相互作用产生的，一个是两个贴片之间相互作用产生的低 Q 互谐振，另一个是孔径与下贴片之间相互作用产生的互谐振，在 VSWR≤1.5 的带宽范围为 7.5～11.65 GHz，相对带宽为 43.3%。2007 年，Nasimuddin 等学者采用探针馈电设计了双层天线，其中空气层用泡沫塑料代替，如图 8-5 所示，其回波损耗小于－10 dB 的带宽为 4.95～6.1 GHz，相对带宽为 21%，3 dB 轴比带宽为 13.5%，且 3 dB 轴比带宽上的增益大于 7.5 dB，实现了圆极化。2011 年，Almalkawi 等人设计了一款三层结构的超宽带天线，通过加入闭合环谐振器，实现了 3.3～3.7 GHz、5.15～5.35 GHz 和 5.725～5.825 GHz 的陷波，如图 8-6 所示，其单层天线尺寸为 33 mm×

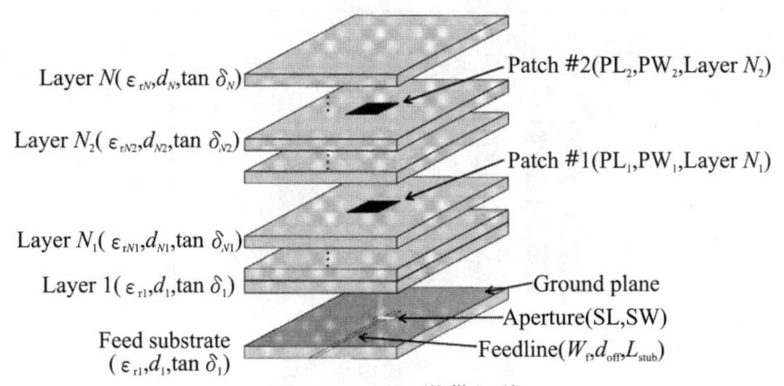

图 8-4　ASP 微带天线

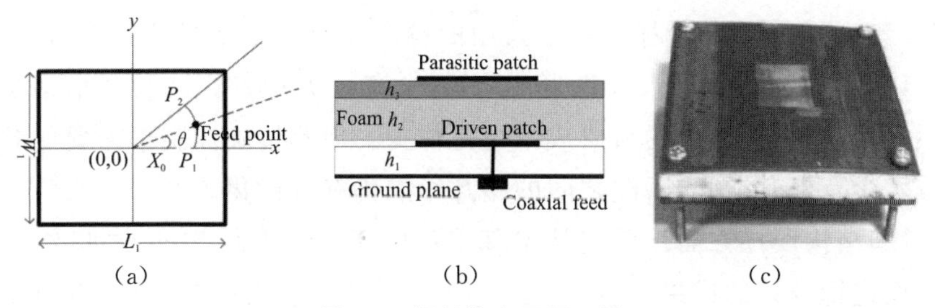

图 8-5　探针馈电双层天线

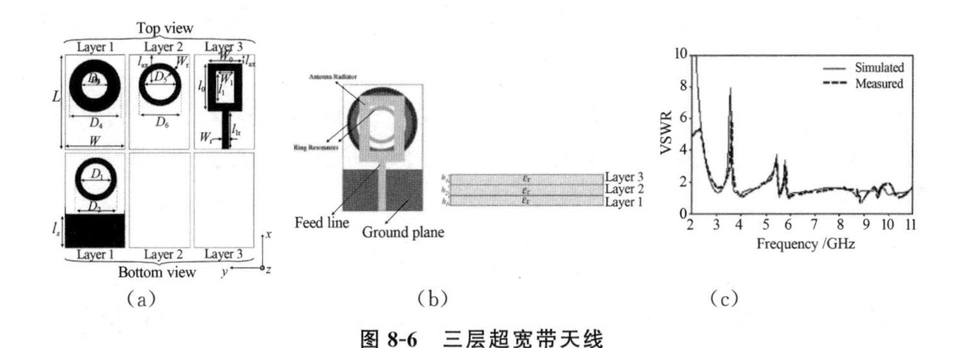

图 8-6　三层超宽带天线

30 mm×1.524 mm，并具有比较稳定的辐射方向图。

从以上分析可知，采用多层结构能够拓展带宽，实现宽度化，具有比较稳定的辐射方向图，且天线的面积并不增加，但存在的缺点是天线的厚度增加。综上所述，超宽带天线的研究已经取得了很多成果，其技术也比较成熟，但是在超宽带天线的带阻性能和结构方面的研究还有进一步改善的空间，主要表现在以下两个方面：

(1)超宽带陷波方面。图 8-7 为目前一些通信系统的频带范围，可以

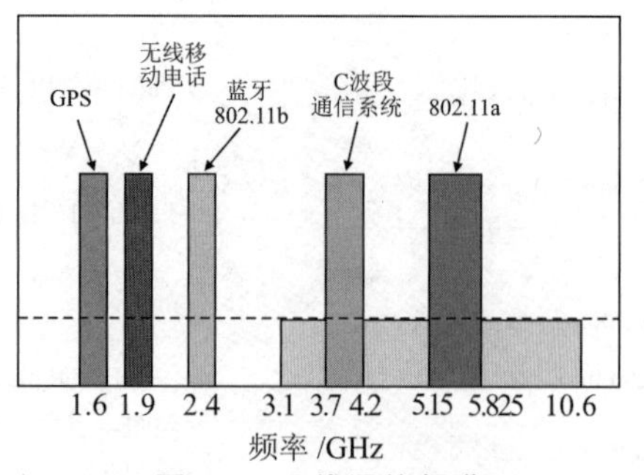

图 8-7 无线通信频谱

看到 UWB 系统与 C 波段通信系统(3.7～4.2 GHz)和 WLAN 802.11a 系统(5.15～5.825 GHz)都有一个共用的频段。目前主要是研究在 WLAN 802.11a 系统的超宽带天线带阻性能,而少有人研究在 C 波段通信系统带阻性能,两者一起研究的科研成果更是稀少。因此精确抑制不需要的频段的技术尚有提升空间,限波之间的相互影响仍有待优化。

(2)结构设计方面。前述技术基本都限于对普通结构的改进,结合分形理论进行设计的成果较少,对于采用微带线馈电的宽缝天线,也只是在缝隙结构边缘嵌入分形图形,而辐射单元则是一些简单的形状。此外,近年来研究的超宽带天线几乎都是局限在平板上,追求平面化,对于有特殊需求的双层超宽带天线的研究较少。

本章将在以上基本结构的基础上,讨论一些利用分形改进、叠层技术、分布加载、缝隙馈电等新的超宽带天线设计改进技术,给出一些探索性设计样例。

8.2 印制单极超宽带天线基本结构设计及改进

印制单极超宽带天线的最基本原型可以采用矩形辐射元结构,基本构思是将较大的矩形贴片看作宽带粗振子柱状单极天线的简单拓展式变形。与对于粗振子柱状单极天线产生辐射场的电流分布在振子柱表面类似,此类印制矩形单极天线辐射振子的电流主要分布在矩形辐射器的下边缘和两侧边,而矩形元中间和上边缘的电流很弱,对辐射场贡献不大。因此,改进设计可以从这个部分入手,比如从上边缘向下开槽口或者各类加载分布,如果尺寸合适的话,有可能在对原来的辐射特性影响不大的情况下,有意识地控制某种新特性。

如果在辐射器上非核心部分切出一矩形缝，就有可能通过电加载在有限的空间拓展等效辐射长度，从而减小天线的尺寸。但为维持超宽带基本特性结构，所开裂缝宽度不能太大，否则将过多地改变辐射器上的电流分布而改变辐射场特性。如果所开的是远小于波长的窄缝隙，由于是在辐射元中心上侧电流分布最弱位置开口，就不会对辐射场产生影响。但如果在电流分布较强的两侧边或底侧开窄缝隙，由于此处电流分布较强，则相当于在矩形辐射元中嵌入了缝隙天线，其辐射场可能与原单极天线辐射产生反相抵消，从而形成带阻特性；反之，如果缝隙位置选择得当，针对较难克服的频点设计缝隙长度，也可有助于超宽带特性的实现。同样地，开口高度的选取，也应以不会对表面电流产生较大损伤为原则。

在设计单极子超宽带天线时，天线的品质因数 Q 是一个很重要的概念，是由 Johnson 在 1914 年首先提出的，最初被用于窄带系统分析，后来 Chu、Harrington 和 Mclean 研究了天线和 Q 值的关系。Chu 在 1948 年通过对天线周围的最小外切球面以外的所有球面波的波阻抗进行部分分式展开，得到等效的双极点梯形网络。根据这一梯形网络，就可以用一般的电路理论模型计算出 Q 值，从而建立了求小型天线最大 Q 值的公式。Harrington 扩充了 Chu 的研究成果，得到如下天线 Q 值计算公式

$$Q=\frac{1+2(kR)^2}{(kR)^3[1+(kR)^2]}=\frac{f_c}{\mathrm{BW}} \tag{8-1}$$

并且提出 $G=(kR)^2+2kR$。式中，k 为波数，$k=2\pi/\lambda_c$，R 为边界球的半径。而 Mclean 从天线辐射角度，分析了储存的电能与磁能，得到更为严格的 Q 值计算公式

$$Q=\frac{1}{k^3R^3}+\frac{1}{kR} \tag{8-2}$$

对于超宽带天线，带宽定义为半功率或者 -3 dB 带宽；其中心频率 f_c 为上边频 f_H 和下边频 f_L 的几何平均值，Q 值可定义为

$$Q=\frac{f_c}{\mathrm{BW}}=\frac{\sqrt{f_H f_L}}{f_H-f_L} \tag{8-3}$$

通过以上分析可见，天线的阻抗带宽与 Q 值成反比，天线的电尺寸越小，品质因数 Q 越高，频带越窄，增益降低。而对于印制单极子超宽带天线，影响天线 Q 值的两个主要因素是介质基板的厚度(h)和相对介电常数(ε_r)。在一定范围内，越厚的介质基板其电容效应越低，对电磁能量的束

缚越弱，与空气的分界面积越大，耗散到空间的能量越多，因而天线的 Q 值越低；介电常数越小，其分界面出两种材料的特性阻抗相差越小，耗散到空气中的能量就越多，天线 Q 值越低。但是过大的介质基板厚度会降低天线的辐射效率，影响天线的阻抗特性。在设计印制超宽带天线时需要在天线的带宽、效率和增益之间找到平衡点，在小型化和保证天线辐射效率的基础上降低 Q 值。所以，介质基板的选材就显得尤为重要。综合以上考虑，在设计中选用相对介电常数 $\varepsilon_r = 2.65$、介质板厚度 $h = 1.5$ mm、敷铜层厚度为 0.035 mm 的 F4BK-2 或者类似参数的优质基板。

所设计的天线采用微带线馈电，微带线的场由空气和介质基板两个不同介电常数的区域组成，如图 8-8 所示。微带中的传输模式具有电场和磁场所有三个分量的混合模，在频率不太高的情况下，能量大部分集中在导体带下面的介质基片内，次区域的纵向场分量很弱，沿微带传输的主模与 TEM 模分布非常接近，故称为准 TEM 模。当频率较高时，微带中可能出现波导型横向谐振模。

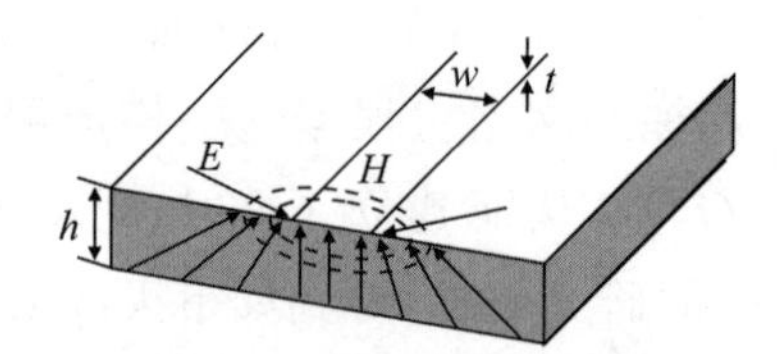

图 8-8　微带馈线示意图

TEM 模传输线有两个主要特征参数：沿线传输相速 v_p 和特性阻抗 Z_c，用微带的分布电容表示为

$$Z_c = \sqrt{\frac{L}{C}} = \frac{1}{v_p C}, v_p = \frac{1}{\sqrt{LC}} \tag{8-4}$$

式中 L、C 分别为微带的单位长度电感和电容。若没有填充介质材料，则有

$$Z_0 = \sqrt{\frac{L}{C_0}} = \sqrt{\frac{1}{cC_0}}, c = \frac{1}{\sqrt{LC_0}} \tag{8-5}$$

式中，C_0 为单位长度电容，c 为真空中光速。可以定义等效相对介电常数为

$$\varepsilon_{re} = \frac{C}{C_0} = \left(\frac{c}{v_p}\right)^2 \tag{8-6}$$

ε_{re}实质上就是用某一均匀介质填充全部空间而微带分布电容不变时该介

质的相对介电常数。如取有效介电常数 $\varepsilon_e=\varepsilon_0\varepsilon_{re}$，则有

$$Z_c=\frac{Z_0}{\sqrt{\varepsilon_e}},\lambda_m=\frac{\lambda_0}{\sqrt{\varepsilon_e}},\beta=\frac{2\pi}{\lambda_m}=k_0\sqrt{\varepsilon_e}$$

式中，λ_m、β 分别为微带线上波长、相位常数；λ_0、k_0 分别为自由空间波长、相位常数，$k_0=2\pi/\lambda_0$。

施耐德(Schncider)给出的 ε_{re}的公式为

$$\varepsilon_{re}=\frac{1}{2}\left[\varepsilon_r+1+(\varepsilon_r-1)\left(1+\frac{10h}{w}\right)^{-0.5}\right] \tag{8-7}$$

惠勒(Whceeler)给出的 Z_c 的计算公式如下

$$Z_c=\begin{cases}\dfrac{377}{\sqrt{\varepsilon_r}}\left\{\dfrac{w}{h}+0.883+0.165\dfrac{\varepsilon_r-1}{\varepsilon_r^2}+\dfrac{\varepsilon_r+1}{\pi\varepsilon_r}\right. \\ \qquad\left.\left[\ln\left(\dfrac{w}{h}+1.88\right)+0.758\right]\right\}^{-1}, \quad \dfrac{w}{h}>1 \\ \dfrac{120}{\sqrt{2(\varepsilon_r+1)}}\left[\ln\dfrac{8h}{w}+\dfrac{1}{32}\left(\dfrac{w}{h}\right)^2-\dfrac{\varepsilon_r-1}{\varepsilon_r+1}\right. \\ \qquad\left.\left(0.225\,8+\dfrac{0.120\,8}{\varepsilon_r}\right)\right], \quad \dfrac{w}{h}\leqslant 1\end{cases} \tag{8-8}$$

对于不能忽略厚度的导带，可以用有效宽度 w_1代替上式中的 w 来得出 Z_c的厚度修正值，w_1的计算公式为

$$w_1=\begin{cases}w+\dfrac{1.25t}{\pi}\left(1+\ln\dfrac{2h}{t}\right),\dfrac{w}{h}>\dfrac{1}{2\pi} \\ w+\dfrac{1.25t}{\pi}\left(1+\ln\dfrac{4\pi w}{t}\right),\dfrac{w}{h}\leqslant\dfrac{1}{2\pi}\end{cases} \tag{8-9}$$

ε_{re}的修正公式为

$$\varepsilon_{re}=\frac{1}{2}\left[\varepsilon_r+1+(\varepsilon_r-1)\left(1+\frac{10h}{w}\right)^{-0.5}\right]-\left(\frac{\varepsilon_r-1}{4.6}\right)\frac{t/h}{\sqrt{w/h}} \tag{8-10}$$

式中，w 为导带宽度，t 为导带铜片厚度，h 为介质基板厚度，ε_r 为介质基板相对介电常数。当频率升高时，微带线的电磁场将更集中于介质基片内，因为波的相速度将减小，即有效介电常数增大。作为色散修正，Getsinger给出频率为 f(GHz)时的有效介电常数为

$$\varepsilon_{ref}=\varepsilon_r-\frac{\varepsilon_r-\varepsilon_{re}}{1+G\left(\dfrac{f}{f_p}\right)^2} \tag{8-11}$$

式中，$f_p=\frac{0.4Z_c}{h}$，$G=0.6+0.009Z_c$。特性阻抗也随频率变化，Hammerstad 和 Jensen 给出特性阻抗的修正值为

$$Z_{cf}=Z_c\frac{\varepsilon_{ref}-1}{\varepsilon_{re}-1}\sqrt{\frac{\varepsilon_{re}}{\varepsilon_{ef}}} \tag{8-12}$$

在微带天线工程设计中一般都必须计入色散效应，式 8-12 可作为微带线和微带枝节的一阶近似特性计算。

对于矩形天线振子体，其长 L_p 和宽 W_p 尺寸可由以下公式计算

$$W_p=\frac{c}{2f_{center}}\sqrt{\frac{2}{\varepsilon_r+1}} \tag{8-13}$$

$$L_p=\frac{c}{2f_{low}\sqrt{\varepsilon_{re}+1}}-2\Delta l \tag{8-14}$$

$$\varepsilon_{re}=\frac{\varepsilon_r+1}{2}+\frac{\varepsilon_r-1}{2}\left(1+10\frac{h}{W_p}\right)^{-0.5} \tag{8-15}$$

$$\Delta l=0.412h\frac{(\varepsilon_{re}+0.3)(0.264+\frac{W_p}{h})}{(\varepsilon_{re}-0.258)(0.8+\frac{W_p}{h})} \tag{8-16}$$

其中，c 是光在真空中的传播速度，ε_{re} 是介质基板的有效介电常数，f_{low} 和 f_{center} 是天线工作频带的低频点和中心频点。

作为改进样例，可按照以上理论以及振子体尺寸计算公式，设计出一矩形叉指天线作为本节超宽带天线的原型（如图 8-9），随后探讨系列创新设计。天线采用标准 50 Ω 微带馈电，其宽取为 4 mm，长为 16 mm，经过仿真优化原型天线的尺寸列于表 8-1。

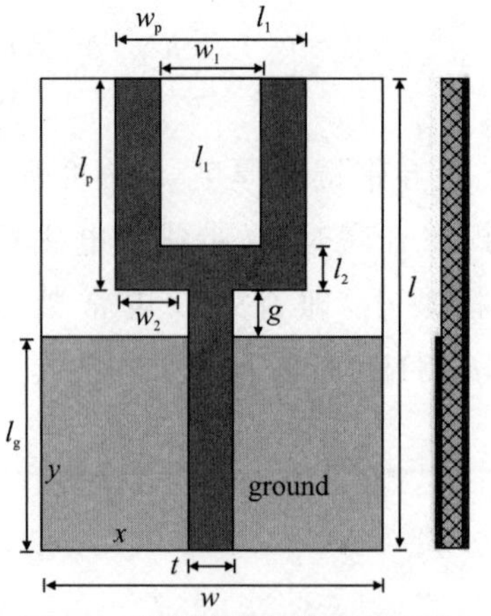

图 8-9　叉指型印制超宽带天线

表 8-1 天线的几何尺寸 单位：mm

w	l	l_g	t	w_2	g	l_2	w_p	l_p	w_1	l_1
30	30	16.8	4	6	1.2	4	16	16	8	8

印制单极天线辐射谐振长度主要由辐射元底部开始的侧边线长决定，因此为进一步展宽阻抗带宽，可把辐射元形状由矩形变为梯形。印制单极天线本质上是谐振天线，在较宽的频带范围内应有多个谐振点，而超宽带特性的实现可通过增加相邻谐振点间各频率的回波损耗。辐射器的设计能展开对应谐振点的阻抗带宽，但不能实现包括两个谐振点的阻抗带宽要求，这需要馈电结构或接地面形状的设计。事实上，梯形辐射元结构的变形设计就是对接地面形状的调整，这与底边侧切两个倒角以改善阻抗匹配的功能一致，尤其是在高频率情况下。单极子超宽带天线的上边缘在工作频带内电流分布一般比较小，这部分尺寸的改变对天线影响很小，为了更好地研究开槽结构对天线整体工作性能的影响，可考虑将矩形槽改为三角形槽，重点研究三角形的下边长与高对天线性能的影响。为此，考虑将以上矩形叉指型变成梯形挖孔型超宽带天线，如图 8-10 所示，其中 w_3 为 13 mm。

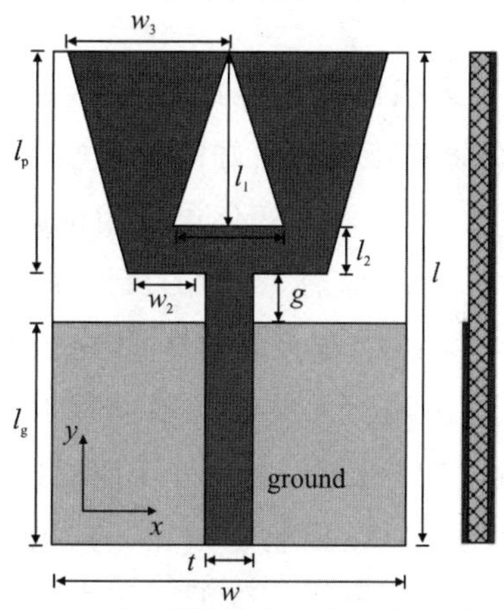

图 8-10 梯形结构的超宽带天线

8.2.1 天线仿真与测试分析

两种天线阻抗带宽的仿真结果如图 8-11。可以看出，原矩形叉指型天线的反射系数小于－10 dB 的阻抗带宽范围是 3.51～10.36 GHz，倍频带宽为 2.95∶1，天线的工作带宽不能完全覆盖超宽带的工作范围；而经过改进的梯形超宽带天线的阻抗带宽范围是 3～10.8 GHz，倍频带宽为 3.6∶1，覆盖了超宽带通信系统的工作频带。仿真结果说明，梯形天线拓展了矩形的边长，使天线的第一个谐振点向低频方向移动，从而比原天线向低频方向移动 0.51 GHz。在天线的高频谐振点上由于梯形与接地面的镜像结构，带有一定的自补特性，所以第二个高频谐振点向上平移，导致天线整体带宽变宽，这与最初改进构思预测是一致的。

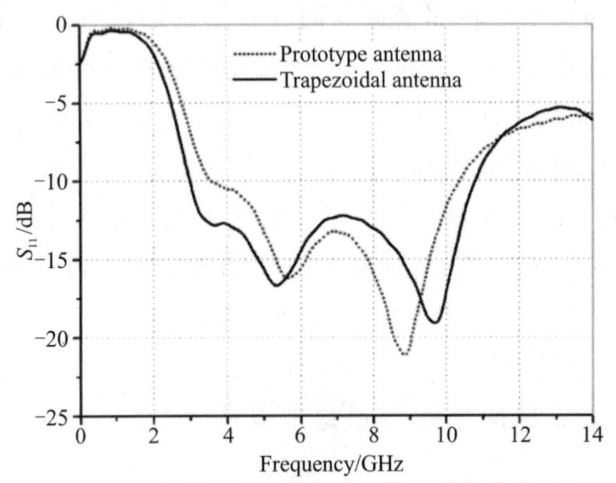

图 8-11　矩形结构与梯形结构超宽带天线阻抗带宽对比

图 8-12 为印制单极天线阻抗带宽的仿真和实测结果。可以看出，仿真曲线与实测曲线的变化趋势具有较好的一致性。在低频端，实测值接近于仿真值，但随着频率的升高，两者变化虽然相符，但实测值与仿真值出现较大偏差；当频率高于 6.7 GHz 时，实测的反射系数模值小于仿真值。在小天线的测量时，RF 电缆通常对天线性能影响很大。一般在低频时，电缆对回波损耗影响很小，由测试曲线与仿真曲线对比可以看出，两者基本相符，这也表明在低频时阻抗匹配设计对接地面的依赖较小。但在高频时，一方面由于电缆对回波损耗影响的增加，另一方面在连接处可能产生泄漏辐射，引起实测反射系数模值的降低。仿真结果表明，反射系数小于－10 dB的阻抗带宽范围为 3～10.8 GHz，倍频带宽为 3.6∶1，在此范围内出现的最大反射系数频点为 7 GHz，其值为－12.22 dB，表示在工作带宽范围内阻抗匹配得较佳。实测结果的最低工作频点为 7.7 GHz，可见天线实际工作带宽范围大于仿真结果。这种情形在实际天线体系中是常见的，其原因来源于材料的介电损耗贡献：最大增益峰值由于损耗存在而变小，从

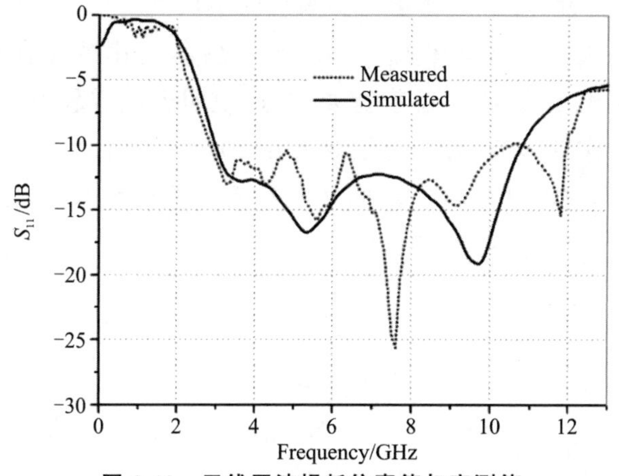

图 8-12　天线回波损耗仿真值与实测值

而使得有效带宽增加，前提条件是最初基本设计的增益有足够的冗余。

图 8-13 为工作带宽内几个频点的方向性仿真结果。由图 8-5(a)可以看出，在 yoz 平面(E 面)，辐射方向图与单极线天线类似，以导体面为近似对称面，最大辐射方向在导体面的法向。随着频率的升高，辐射方向图变化不大。但相对而言，在低频时最大辐射方向略向馈入方向 $-y$ 偏移，而高频时略向 $+y$ 偏移，这是由于低频时谐振波长较大，包括馈隙导体带 g 和辐射元外侧电流都呈同方向分布；而在高频端谐振波长缩小，辐射元外侧和馈隙导体带上出现了反向电流，因此引起向辐射场分布的偏离。图 8-5(b)为 xoz 平面(H 面)的方向图，可以看出，在低频时近似为全向分布，但随频率的升高，方向图形状发生了较大变化，并可能出现多瓣现象；在高频时波长较少，对辐射场起主要作用的电流基本分布在辐射元的下侧边，因此引起水平方向的较大辐射，导致旁瓣产生。

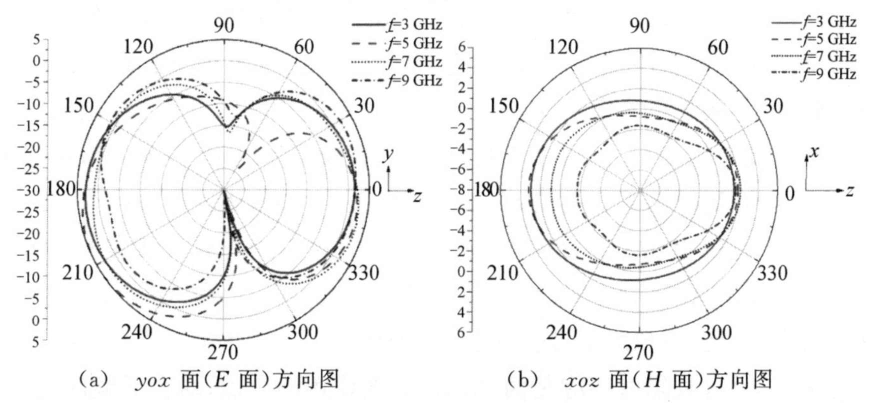

(a)　yox 面(E 面)方向图　　(b)　xoz 面(H 面)方向图

图 8-13　在 3、5、7 和 9 GHz 时天线辐射方向图

图 8-14 为天线增益的测量值和天线效率仿真结果。可以看出，在 3～10 GHz 范围，天线的增益在 1.7～4.2 dB 之间，变化最大值为 2.5 dB，满足增益变化小于 3 dB 的增益带宽要求，这说明天线有较好的辐射场方向稳定性。在工作频率范围内，天线效率在 70%～90%之间，表明天线的辐射效率较高，其原因是采用了较低介电常数的低损耗基板，同时有良好的阻抗匹配。

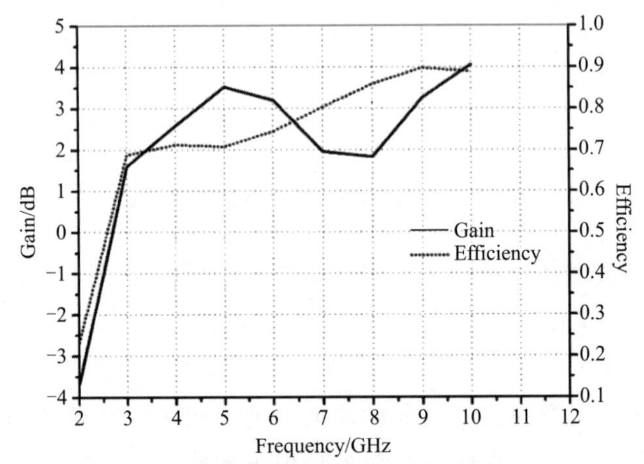

图 8-14　天线增益的实测值和天线效率的仿真值

8.2.2　阻抗带宽提升因素分析

先讨论开口宽度。在初步优化其他基本天线结构参数尺寸情况下，改变开口的宽度 w_1，开槽天线阻抗带宽的变化如图 8-15 所示。可以看出，在开口宽度小于 8 mm 时，其阻抗带宽特性基本保持不变，这说明印制单极天线对辐射场起作用的电流主要分布在辐射元的外侧，在辐射元的中心和上侧的电流分布很弱，可以截去而不会对辐射产生很大影响。但如果进一步增加开口宽度，则侵入电流密度较大的区域，这时将引起辐射元电流分布的改变，从而影响辐射场特性。当开口宽度大于 8 mm 时，低频端阻抗带宽曲线变化较小，但高频端变化较大，并使最大工作频点下移，可用阻抗带宽变小，同时第三谐振点谐振特性明显，即 Q 值增加。图 8-16(a)和(b)是开口宽度为 12 mm、频率分别为 3 GHz 和 8 GHz 时天线表面电流分布。可以发现，在高频时，导体带在靠近开口侧的电流分布明显增加，可见这时已由单个宽度较大的印制单极天线变成两个具有共同馈源而宽度变窄的单极天线，其辐射场应是两个单极天线作用的叠加；而在低频时，开口

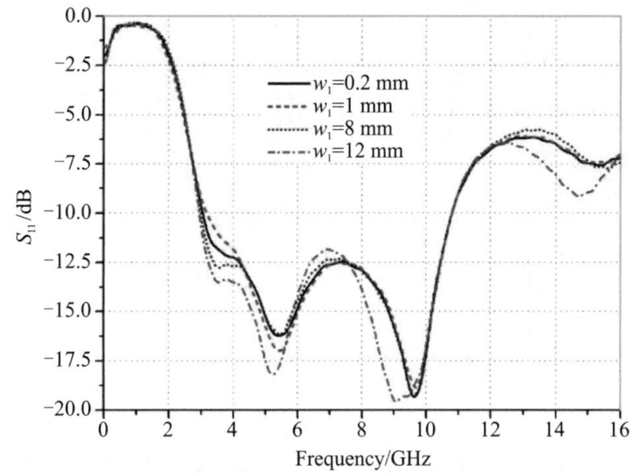

图 8-15　开口宽度 w_1 对天线阻抗带宽特性的影响

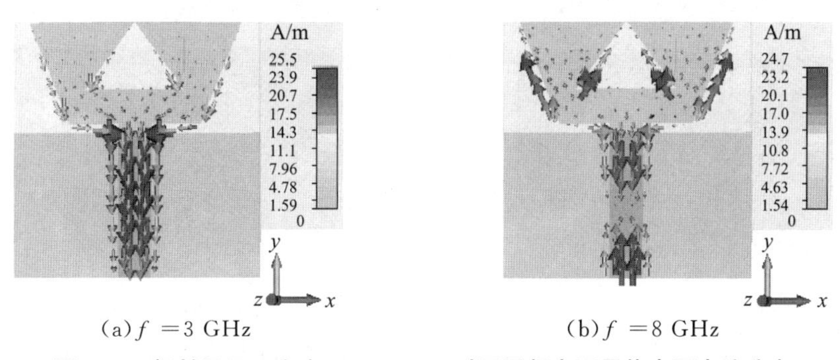

(a) f =3 GHz　　(b) f =8 GHz

图 8-16　辐射元开口宽度 w_1=12 mm 时不同频率下导体表面电流分布

两侧边导体上的电流分布依然较弱，因此虽然存在开口，但仍可看成是单个辐射元。当开口宽度为 12 mm 时，侧壁导体宽度的最小宽度为 3.25 mm，约为最高频 10.8 GHz 对应自由空间波长的 1/8。

在其他参数取最优值，包括开口宽度为 8 mm 时，改变开口深度 l_1，其阻抗带宽特性变化如图 8-17 所示。可以看出，当开口深度小于 9 mm，即辐射元底侧导体带宽度大于 3 mm 时，开口深度的变化对阻抗特性的影响较小，这也说明在整个工作频带内，开口部分电流分布较弱。当开口深度大于 9 mm 时，阻抗带宽曲线发生了较为显著的变化，主要表现为低频端下移，同时第一谐振点谐振特性增强，即其 Q 值增加，而第三谐振点谐振特性弱化，最高工作频点下移，这样最终使阻抗带宽降低。图 8-18(a)和(b)为开口深度分别为 11 mm 和 8 mm，即辐射元下侧导体带宽度分别为 1 mm 和 4 mm、频率为 7 GHz 时导体表面电流分布。可以看出，当开口深

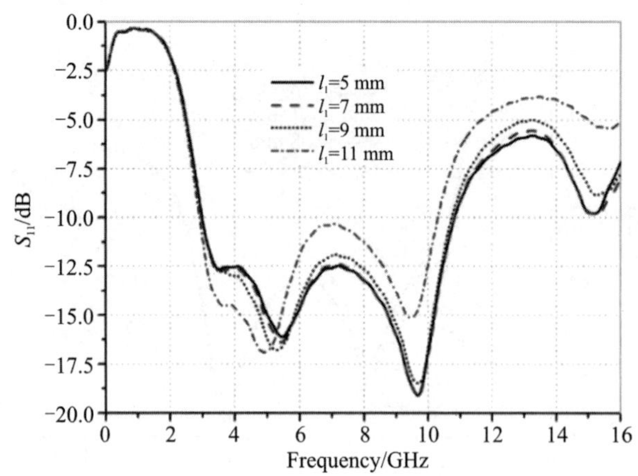

图 8-17　开口深度 l_1 对天线阻抗带宽特性的影响

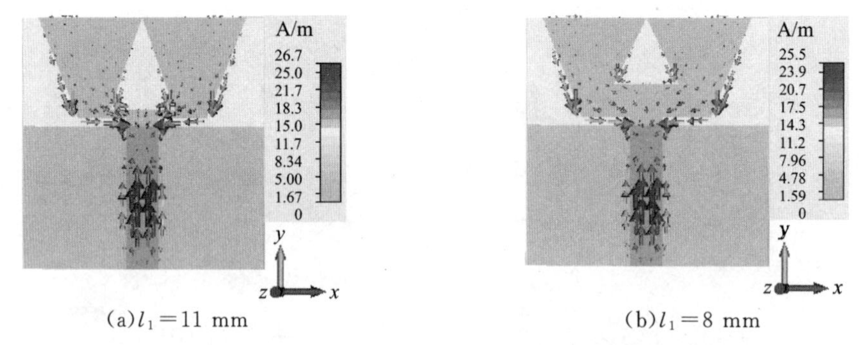

(a)l_1=11 mm　　(b)l_1=8 mm

图 8-18　频率为 7 GHz 时不同辐射元开口深度 l_1 下导体表面电流分布

度大于 9 mm 时,辐射元底侧导体带变窄。在高频时,电流在底侧两导体带上的密度很大,且以馈电点对称呈横向反向分布,而高频的谐振长度较短,故辐射场主要由底侧反向电流决定,辐射电场叠加时,它们产生反相相消,从而引起高频谐振特性的减弱;在低频时,谐振波长较大,故电流更趋于在辐射元侧导体壁上呈纵向同相分布,底侧电流对辐射场的贡献减弱,而且导体带靠近开口侧的电流分布也增强,引起电流路径的增大,因此引起谐振特性加强,并且使低频下移。而在深度小于 9 mm 时,可以看出电流在下侧边方向为斜向上,除了有横向反向分量外,其纵向电流分量是同向的,因此产生的辐射场受切口深度的影响较弱。这说明,为保持开口不影响原有的辐射特性,下侧导体带的宽度也应约大于最高工作频点对应波长的 1/8。

由此可见,由矩形或其变体的印制单极天线演变为切口或空心的有对应外廓形状的单极天线，为保持辐射场特性的不变，切口后辐射元上的电流应与原型上的分布基本保持一致。这就要求切口后辐射元电流主要分布在导体带靠近外廓外一侧，切口线侧电流较弱。而1/8最高工作频点波长的导体宽度，正是辐射元电流分布在主要集中区域。高频时，电流主要分布在辐射元底侧，由于电流的倾斜分布，1/8波长的纵向高度仍可满足最高频的谐振长度需要。

事实上，对于印制单极天线，其超宽带阻抗特性的实现，不仅取决于辐射元的形状，馈电结构也是重要的影响因素。印制单极天线要实现FCC规定的阻抗带宽，至少要包括两个以上谐振点，就辐射元而言，两相邻谐振点之间的频点，其输入阻抗的电抗部分较强，因此达不到反射系数模值小于−10 dB的要求。这时只能通过馈电结构的规划来抵消这些频点的电抗成分，常通过辐射元与接地面间距 g 及接地面上侧形状的调整来实现，而间距 g 的调整是一种较为简单且有效的方法。图8-19为其他参数达到最优值时馈入间距 g 变化引起的阻抗带宽特性曲线，可以看出 g 对实现超宽带的影响是明显的。从 $g=1.2$ mm开始减少，一是低频和高频端上移，这说明间隙 g 对应的导体带参与辐射；二是带宽略有增大，但如果 g 再减少，则低频端进入大于−10 dB的禁区，故带宽反而变窄。如果间隙 g 从1.2 mm开始增加，低频端下移，但对应的高频点也变小，整个阻抗带宽变化不明显，因此取最佳值 $g=1.2$ mm。

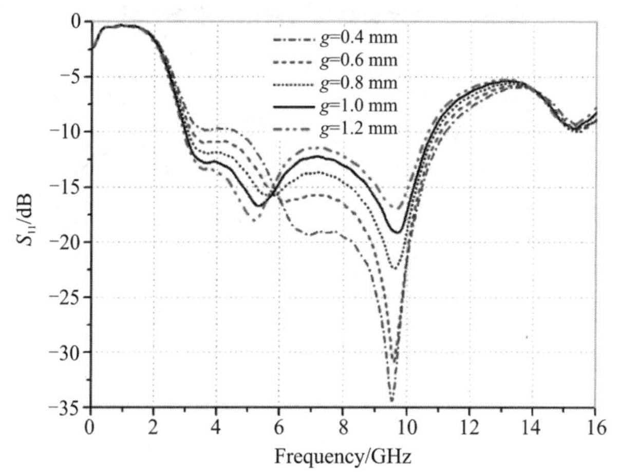

图8-19 辐射器下侧与接地面间隙 g 对阻抗带宽的影响

为达到小型化目的，应对接地面的几何尺寸进行优化。图8-20为天线阻抗带宽随矩形接地面高度 l_g 变化曲线。可以看出，当接地面高度大于

14 mm 时，接地面高度对阻抗带宽的影响不大。相对而言，较大的接地面高度有助于向低端移动。可以确定，为不对辐射特性产生影响，同时达到最小化的要求，接地面高度应当接近第一谐振点对应的波长的 1/4，在此附近，接地面高度的变化对辐射场的影响基本保持不变，至多是引起第一谐振点 Q 值的变化。如果从最低谐振点波长的 1/4 的高度开始减少，第一谐振点的 Q 值增加，这表明通过接地面改变各频点输入阻抗来实现超宽带的能力减弱，因此会引起接地面为小型化而贡献的能力减弱。可见接地面的高度应大致接近 1/4 第一谐振点对应的波长，这里最优值取为 l_g = 17 mm。

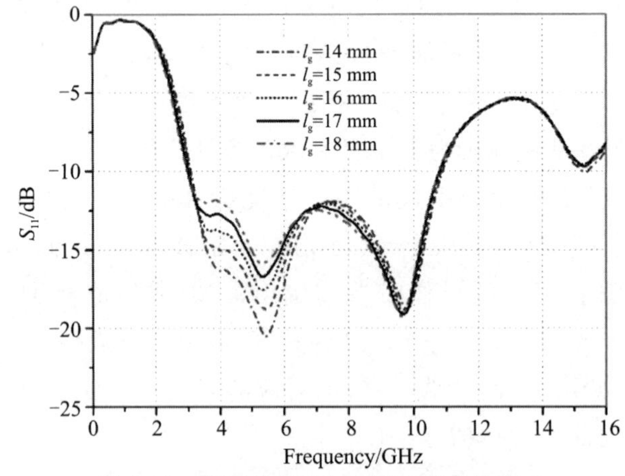

图 8-20　接地面高度 l_g 对阻抗带宽的影响

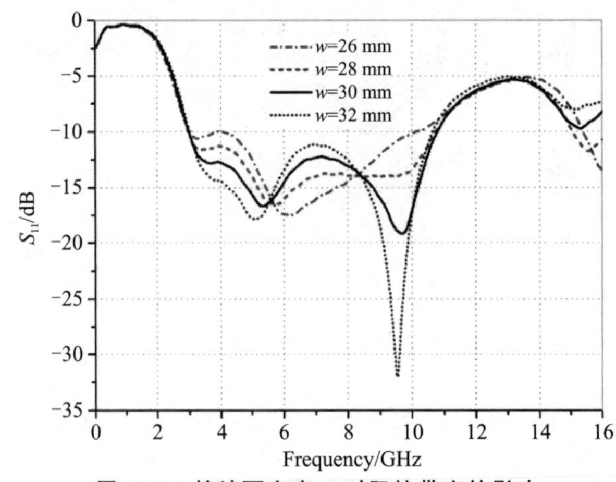

图 8-21　接地面宽度 w 对阻抗带宽的影响

图 8-21 为接地面宽度 w 变化对阻抗带宽的影响曲线。可见相对于接地面高度，接地面宽度对阻抗带宽的影响较大。相对而言，宽度对高频端的影响要比低频端大，随接地面宽度的增大，最高工作频点上移，但有一极值点，如继续增大宽度，又会使高频点变小，同时工作频带内阻抗特性也发生明显变化。对高频端的影响较大的原因是，高频端电流主要分布于辐射元的下侧边，因此与接地面间耦合作用相对较强。由图可知，接地面宽度最优值应取 $w=30$ mm，它近似对应于第一谐振点波长的 1/2。可见，为实现天线的小型化，其宽度也应接近第一谐振点波长的 1/2，但可略小于该值。

由上分析可知，接地面或馈入间隙对天线带宽特性的影响很大。事实上，由平面辐射元和接地面组成的印制 UWB 天线本质上是不稳定的，其电流分布在辐射器与接地板(包括馈线)上，以致接地板不可避免会产生辐射，因此，随着工作频率变化，阻抗特性和辐射方向不同。印制 UWB 天线这种受接地面的形状和大小的影响很大的底板效应，导致实际工程中如设计复杂性和部署困难，必须加以细致调整。而最大谐振波长的 1/4 的接地面高度和 1/2 波长的接地面宽度，正是保证接地面良好的镜像作用，使天线具有稳定辐射性能的最小尺寸限制条件。

8.2.3 梯形接地面

图 8-22(a)为上述超宽带天线的输入阻抗仿真结果。可以看出，在较宽的频率范围内，天线的输入阻抗在匹配点附近。在低频时呈现感抗特性，这说明在低频时由接地间隙 g 和接地块引入的电抗主要起容抗作用，但对振子体原有的感抗补偿并不充分。随着频率的变化，振子体的电抗成分在感抗和容抗间相互变换，因此要求由间隙 g 和接地块所起的电抗成分随频率变化有与之相反的改变规律。事实上，由印制单极天线的表面电流分布情形也可得以说明。因此将天线的矩形接地面变形为梯形接地面，如图 8-23 所示，使得振子体与接地面间的平行及垂直关系项增多，相当于电感变量和电容变量增多，从而更有利于天线电抗成分的补偿。图 8-22(b)所示的为引入梯形接地面后的超宽带天线的阻抗仿真结果，由此可以看出天线的输入阻抗在小幅波动。

经过优化后天线的梯形接地面尺寸为 $r_1=8$ mm，$r_2=4$ mm，$d_1=d_2=2$ mm，而阵子体的尺寸保持不变。天线的回波损耗仿真结果与原天

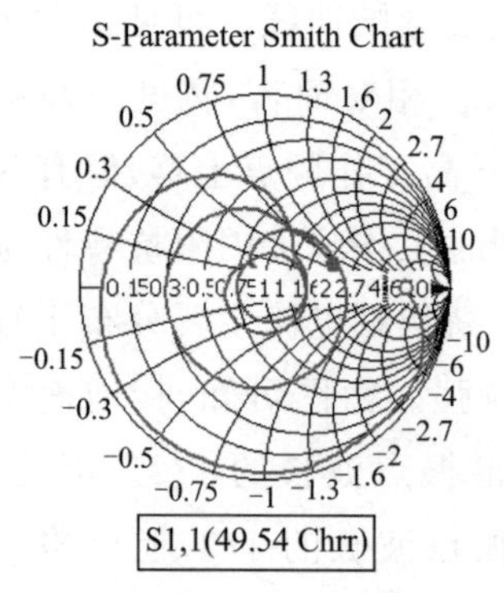

(a)矩形接地面天线阻抗变化图

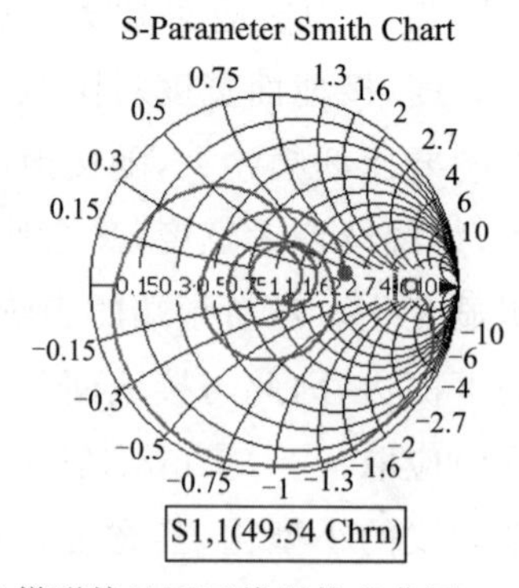

(b)梯形接地面天线阻抗变化图

图 8-22 不同接地面结构阻抗变化图

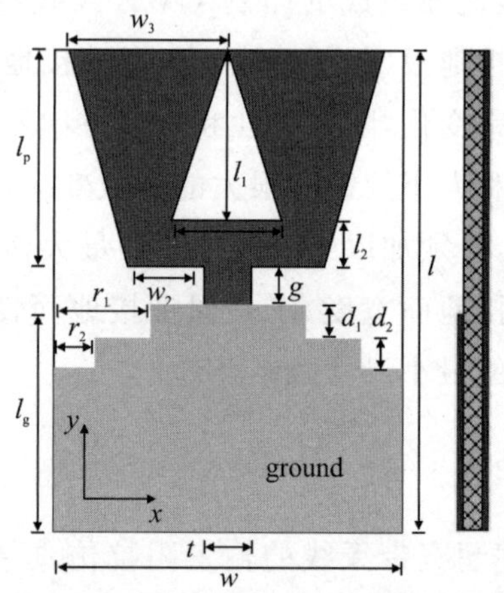

图 8-23 梯形接地面结构超宽带天线

线的对比如图 8-24 所示。可以看出,引入梯形接地面后天线的回波损耗小于－10 dB 的带宽范围为 2.8～11.76 GHz,倍频带宽为 4.2∶1,实测阻抗带宽比仿真值有所拓宽,达到 2.8～12.81 GHz,但是在 10.5 GHz 处的回波损耗为－9.8 dB,不影响通信系统的正常使用。与原矩形接地面天线仿真结果对比可以发现,阻抗带宽分别在低频和高频段有所拓宽,这主要是因为梯形接地面有一定的自补偿特性,使得天线在第一谐振点后降低两谐振点之间的电抗成分,拓宽了带宽。而对于低频段来说,引入梯形接地面以后使得天线工作在第一谐振点时减小了与阵子体的耦合,增加了天线的电长度。

超宽带通信系统不仅要求天线具有足够的工作带宽,同时还要求天线在工作频带内具有稳定的输入阻抗和相位中心,但是完全恒定的输入阻抗

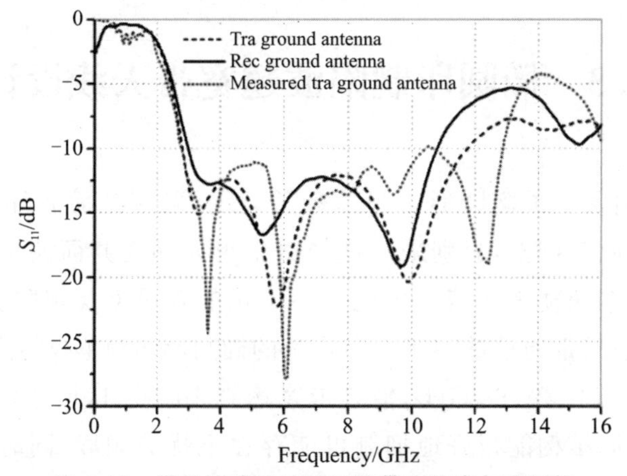

图 8-24　梯形接地面天线阻抗带宽仿真与实测值

和相位中心实际上是不存在的，这是由于 UWB 天线本身是一个比较宽的频率范围，对应的等效波长也是一个较大的范围，那么辐射单元获取馈电的相对电长度也只能够在某个范围，通常情况下要求在一个恒定值附近小幅振荡即可。图 8-25 所示的就是天线的输入阻抗随着频率的变化图。可以看出，实线即天线的输入阻抗在 2.8～11.76 GHz 范围内，实部在 50 Ω 上下波动，虚部在 0 Ω 上下波动，波动范围均小于 25 Ω，具有较为稳定的阻抗特性。

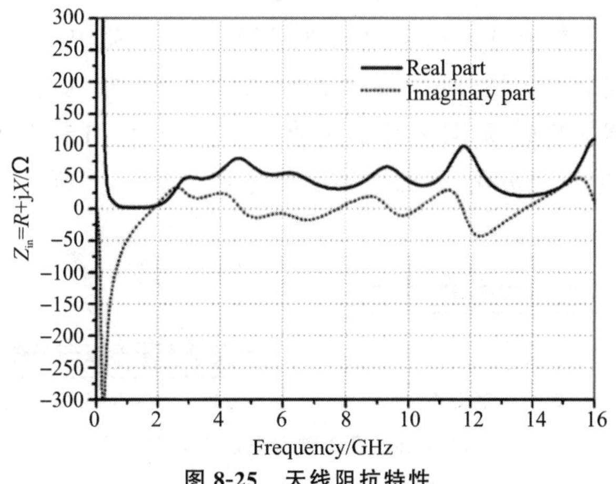

图 8-25　天线阻抗特性

8.3 椭圆印制陷波超宽带天线设计

本节提出了一种椭圆形印制单极子天线，采用共面波导(CPW)方式馈电，然后在此基础上，分别采用添加寄生单元和在共面波导上开缝隙的方法，使天线在超宽带通信中可能存在干扰的频段上实现陷波的功能，最终达到满足超宽带通信的要求。所设计的椭圆形印制单极超宽带天线实现阻抗带宽为 2.73～28.68 GHz，倍频带宽达到 10.5∶1，尺寸仅为40 mm×35 mm，而陷波结构能很好地抑制可能存在干扰的频段，同时天线具有稳定的阻抗特性、相位中心和全向辐射特性。

8.3.1 椭圆印制单极超宽带天线设计

印制单极子天线的结构多种多样，但就振子体而言，基本结构可为矩形和圆形两种。椭圆振子体可看成圆形振子体的变形，它保持了圆形振子体的优点，同时扩大了电流的边缘分布长度，使天线的低频谐振点向下平移，椭圆的长轴对低频谐振点有直接的影响。采用共面波导结构对印制单极子超宽带天线进行馈电，共面波导一般采用高介电常数基片，波导波长小于 λ_0，场集中在介质和空气界面附近。中心金属导带和接地板之间的交变电场正切于两种介质的交界面处，使其位移电流中断，从而产生了横向和纵向的交变电磁场分量。磁场由介质基片进入空气，在交界面处将形成闭合的椭圆极化磁场，且极化面垂直于基片表面，如果基片的介电常数较大，其磁场趋于圆极化，共面波导的场分布如图 8-26 所示。

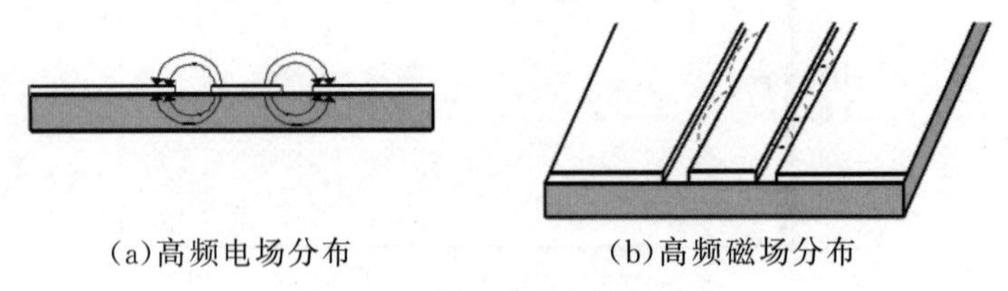

(a)高频电场分布　　(b)高频磁场分布

图 8-26　共面波导电磁场分布

共面波导能支持准 TEM 模的传播，没有下限截止频率，一般采用准静态方法分析，但高频时完全为非 TEM 模，需用全波法求解。$t=0$ 时，共面波导特性阻抗 Z_0 和有效介电常数 ε_{re} 的准静态法结果如下

$$Z_0=\frac{30\pi}{\sqrt{\varepsilon_{re}}}\frac{K'(k)}{K(k)} \tag{8-17}$$

式中，$K'(k)=K(k')$，$k'=\sqrt{1-k^2}$，$k=W/(W+2t)$，$K(k)$表示第一类完全椭圆函数，$K'(k)$表示第一类完全椭圆余函数。$K(k)/K'(k)$的近似公式为

$$\frac{K(k)}{K'(k)}=\begin{cases}\left[\dfrac{1}{\pi}\ln\left(2\dfrac{1+\sqrt{k'}}{1-\sqrt{k'}}\right)\right]^{-1} & 0\leqslant k\leqslant 0.7\\ \left[\dfrac{1}{\pi}\ln\left(2\dfrac{1+\sqrt{k}}{1-\sqrt{k}}\right)\right] & 0.7\leqslant k\leqslant 1\end{cases} \tag{8-18}$$

$$\varepsilon_{re}=\frac{\varepsilon_r+1}{2}\left\{\tan\left[0.775\ln\left(\frac{h}{t}\right)+1.75\right]+\frac{kt}{h}\left[0.04-0.7+0.01(1-0.1\varepsilon_r)(0.25+k)\right]\right\} \tag{8-19}$$

在$\varepsilon_r\geqslant 9$，$h/t\geqslant 1$和$0\leqslant k\leqslant 0.7$范围内式8-19的精度优于1.5%。

设t是共面波导馈线缝隙，Z_c是特征阻抗，w_1为馈线宽度，μ_r为介质磁导率，ε_r为介质基板介电常数，则各参数的关系可表示如下

$$p=\frac{w_1}{w_1+2s} \tag{8-20}$$

$$p'=(1-p^2)^{0.5} \tag{8-21}$$

$$\varepsilon_{re}=\frac{\varepsilon_r+1}{2} \tag{8-22}$$

$$Z_c=\frac{30\pi K(p')\,(\mu_{re})^{0.5}}{\sqrt{\varepsilon_{re}}K(p)} \tag{8-23}$$

上式中K是第一类完全椭圆积分，通过求解式8-20～式8-23可以求得w_1和t的值。

为了满足共面波导基片高介电常数的要求，同时又不降低天线阻抗带宽，本天线采用相对介电常数$\varepsilon_r=3.4$的F4BK-2双面敷铜微波板作为基板，其厚度$h=1.5$ mm，敷铜层厚度为0.035 mm。如果增大相对介电常数，就必须采用稍厚的基板。为了方便与测试设备相连接，共面波导的阻抗依然按50 Ω设计，因此根据共面波导的计算理论，本基板共波导的宽度为4 mm，缝隙为0.3 mm，波导长度取为17 mm。由仿真的天线电流分布图知，在馈线周围以及振子体下边缘有较强的电流，同时接地面的上边缘靠近振子体部分也有较强的电流分布，说明两者之间存在较强耦合作用。

为了延长电流的有效路径，拓宽天线的阻抗带宽，将接地面上边缘椭圆化，改进后天线的形状和几何参数如图 8-27 所示，具体尺寸列于表 8-2 中。

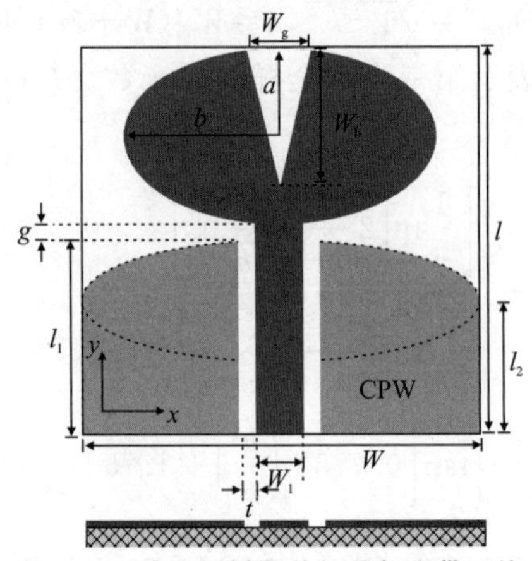

图 8-27　剪刀形椭圆单极子超宽带天线

表 8-2　天线的几何尺寸　　单位：mm

w	l	w_1	w_g	w_h	l_1	l_2	g	t	a	b
40	35	4	6	12.7	17	9	0.4	0.3	8.6	16

图 8-28 为天线回波损耗的仿真和实测结果。可以看出，天线回波损耗小于－10 dB 的仿真阻抗带宽为 2.73～28.68 GHz，倍频带宽达到 10.5：1，优于目前常见的印制超宽带天线。实测阻抗带宽达到 3.15～28.21 GHz，比仿真阻抗带宽有所减小，并且在 21.23 GHz 处的回波损耗为－9.4 dB，在实际系统中这是允许的范围。从仿真结果看，天线在阻抗带宽内有 8 个明显的谐振点，极大地拓展了带宽，而通过接地面的椭圆降低了振子体与接地面之间的电流耦合，降低了两谐振点之间的电抗成分，使天线在谐振点之间的回波损耗均小于－10 dB。

由于所设计的天线阻抗带宽很宽，方向图很难在整个工作频带内保持不变，但从图 8-29 的天线方向图可以看出，在整个阻抗带宽内天线基本保持全向辐射特性，随着频率的升高，寄生旁瓣增加辐射特性有所下降，总体不影响实际应用。

8.3.2　阻抗带宽影响因素分析

影响阻抗带宽的因素有很多，这里主要分析接地面椭圆化程度和接地

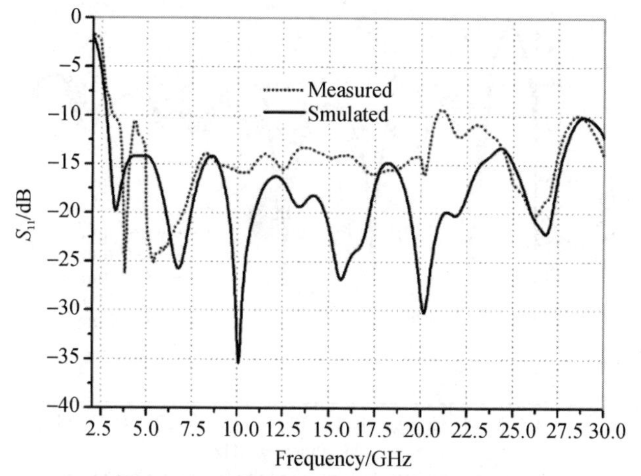

图 8-28　天线回波损耗仿真与测试结果

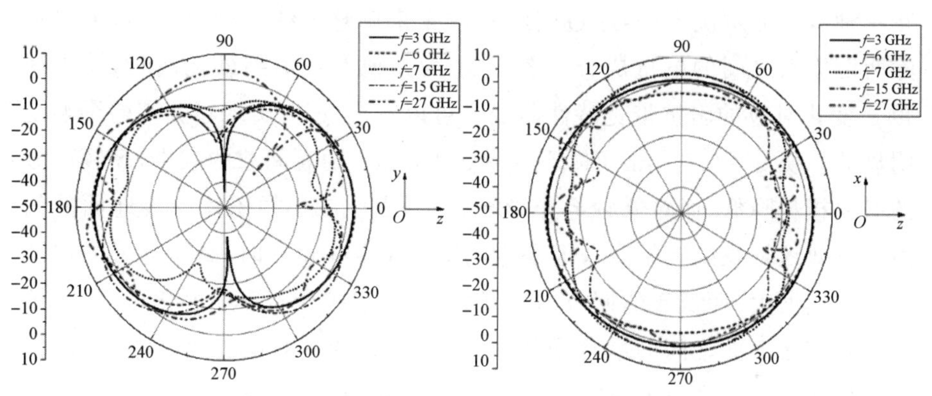

图 8-29　天线方向图在不同频率下的仿真结果

面与振子体之间的缝隙这两个主要因素对天线阻抗带宽的影响。在其他参数取最优尺寸情况下，改变接地面侧边高度 l_2 以改变接地面椭圆化程度，椭圆天线阻抗带宽随 l_2 变化如图 8-30 所示。由图可见，在阻抗带宽范围内天线存在 8 个明显的谐振点，随着接地面侧边的降低，也就是椭圆化程度的提高，天线谐振点变明显，回波损耗降低，说明使用椭圆化共面波导有效地减小了接地面与振子体之间的耦合作用。当 l_2 为 17 mm 时，即矩形接地面时，天线仅呈现 5 个明显的谐振点，在多个频段上回波损耗小于 10 dB。当侧边高度小于 9 mm 时，天线回波损耗高频部分变化不明显，而低频部分损耗增加，故取 9 mm 作为最佳尺寸。

就辐射元而言，两相邻谐振点之间的频点，其输入阻抗的电抗部分较强，其反射系数模值往往大于 −10 dB。调整振子体与接地面之间的距离

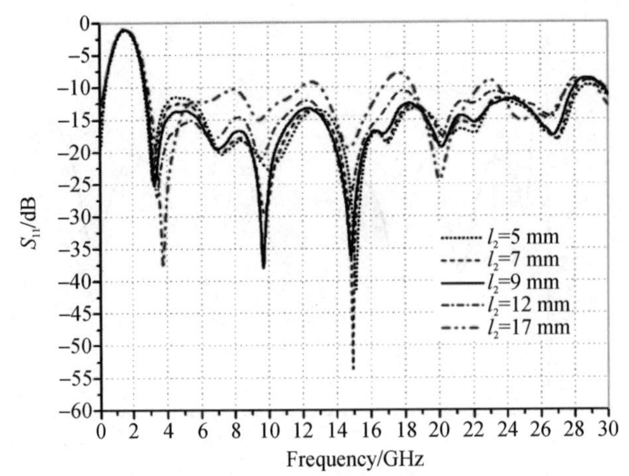

图 8-30　接地面侧边高度 l_2 对天线阻抗带宽的影响

是一种有效的解决方法：通过间距的改变来调整天线的耦合作用，可以消除两谐振点之间的电抗成分。图 8-31 为其他参数达到最优值时，馈入间距 g 变化对应的阻抗带宽特性曲线。可以看出，g 对实现超宽带的影响是明显的。从 g＝0.7 mm 开始到 g＝0.4 mm。随着间隙的减小，高频部分的回波损耗降低，而对低频部分影响较小，因此减小振子体与接地面的间隙能有效地拓宽高频带宽。但是当间隙小于 0.4 mm 时，高频部分的回波损耗继续增大，而低频的回波损耗开始减少，阻抗带宽产生恶化，这是由于振子体与接地面之间的耦合增强，振子体边缘的有效电长度减小，因此馈入最佳间距 g 取 0.4 mm。

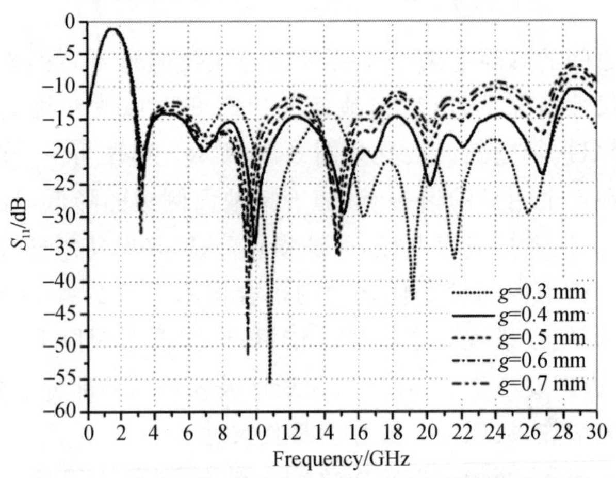

图 8-31　阵子体与共面波导间隙 g 对阻抗带宽的影响

8.3.3 陷波特性实现

超宽带天线实现陷波的方法很多，但基本上可分为两种类型：一是添加寄生单元，二是开缝隙。这里将用三种方法对前面设计的天线实现陷波特性，首先对比分析1/2波导开路模型和1/4短路模型寄生单元实现椭圆印制单极超宽带天线的陷波特性，然后在共面波导上使用开口缝隙谐振环(SRR)实现超宽带天线的陷波功能。添加寄生单元可有两种方式：一是不与天线振子体相接触形式，完全凭借耦合的方式在寄生臂上产生感应电流，以改变振子体表面电流分布；二是一端与阵子体相连，另外一端悬空，此种方式将在寄生臂上产生更强的耦合电流，陷波效果比前一种方法更为明显。

在原椭圆印制单极天线的基础上，设计两种陷波超宽带天线，其结构如图8-32所示。图8-32(a)(称为A型天线)为添加1/2谐振波长陷波超宽带天线，图8-32(b)(称为B型天线)为添加1/4谐振波长陷波超宽带天线。按超宽带通信的要求，将陷波的中心频率设为5.5 GHz，寄生单元尺寸可计算求得：$h_1=4$ mm，$w_2=8$ mm，$s_1=s_2=1$ mm，$w_3=12$ mm，$h_2=8$ mm。

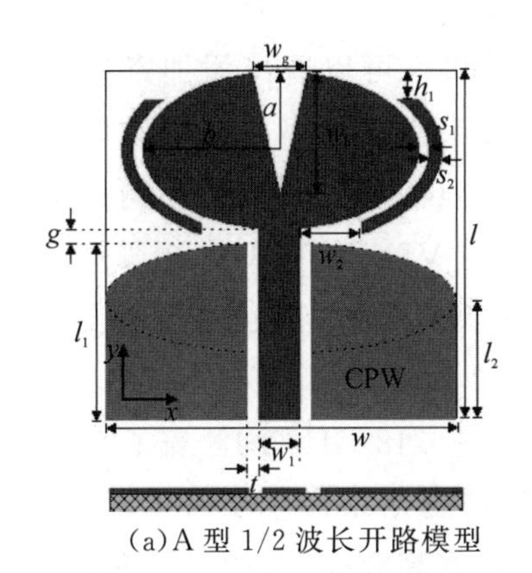

(a)A型1/2波长开路模型

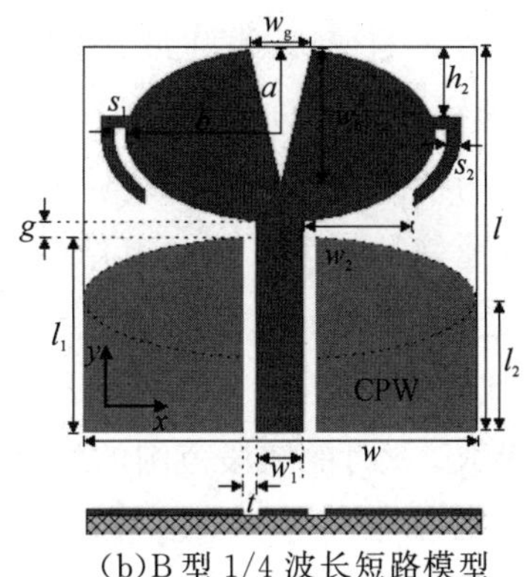

(b)B型1/4波长短路模型

图8-32 椭圆形陷波超宽带天线

两种天线的等效电路模型如图8-33所示，其中Y_{in}为天线输入导纳，Y_a为陷波谐振器和天线振子体组成的输入导纳，Y_g为天线接地面输入导纳，L_{eq}和C_{eq}分别为等效开路寄生臂谐振器电感和电容，Z为短路寄生臂谐振器阻抗。

对于A型天线：

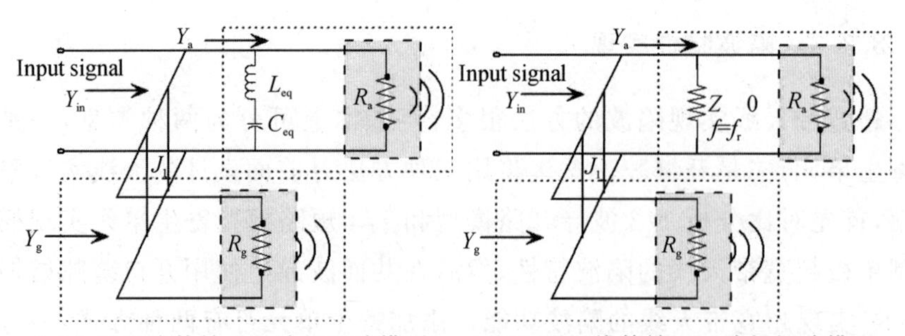

(a)A 型天线等效 1/2 波长开路模型　(b)B 型天线等效 1/4 波长短路模型

图 8-33　两种陷波超宽带天线等效电路模型

$$Y_a = \frac{1}{R_a} + \frac{j\omega L_{eq}}{1 - j\omega^2 L_{eq} C_{eq}} \tag{8-24}$$

$$Y_{in} = \frac{J_1^2}{R_g} + \frac{1}{Y_a} \tag{8-25}$$

对于 B 型天线

$$Y_a = \frac{1}{R_a} + \frac{1}{Z} \tag{8-26}$$

$$Y_{in} = \frac{J_1^2}{R_g} + \frac{1}{Y_a} \tag{8-27}$$

图 8-34 为天线驻波比的实测和仿真结果。可以看出添加寄生单元后，天线高频部分辐射性能变差，两种类型天线分别在两处出现驻波比大于 2 的情况，但都小于 2.5，而且均在 10.6 GHz 以后，所以不影响正常超宽带通信的使用。从仿真结果看，A 型天线在 VSWR>3 时的频段范围为 5.04～5.85 GHz，实测结果与仿真结果在实测频段相等，达到预期设计目标，实测结果仅在 18.2 GHz 处 VSWR=2.3 优于仿真结果。B 型天线在 VSWR>3 时的频段范围的仿真结果为 4.92～6.18 GHz，均涵盖了 5.15～5.8 5GHz 的干扰频段。但是，实测结果与仿真结果产生了较大的偏差，VSWR>3 时的频段为 4.85～7.35 GHz，并且在高频段多处出现 VSWR>2 的情况，这可能会影响超宽带系统的正常使用。

图 8-35 为两种陷波超宽带天线与原天线的增益实测结果。可以看出，两种陷波超宽带天线在抑制频段上增益有所抑制，A 型天线对陷波频段的增益抑制为 2 dB，B 型天线对陷波频段的增益抑制为 3 dB，总体增益抑制效果不是很理想。这主要是由于用寄生的方式抑制天线是基于耦合的方式，因为寄生臂添加在天线表面电流分布较强的两边，而通过感应耦

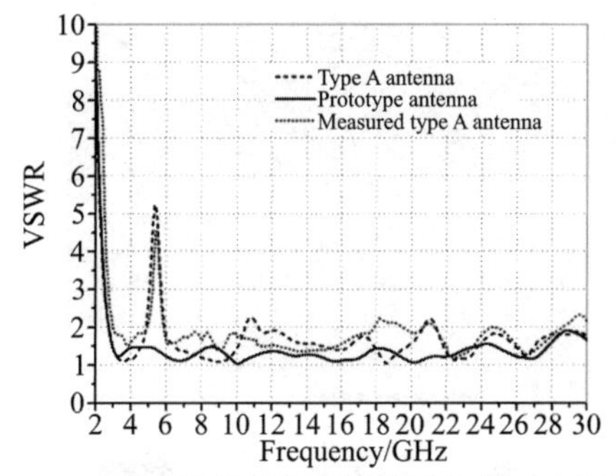

(a)A 型天线仿真与实测驻波比值对比图

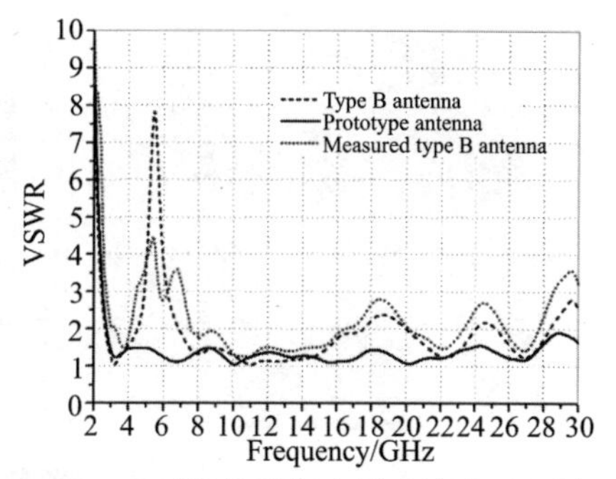

(b)B 型天线仿真与实测驻波比对比图

图 8-34　两种类型超宽带天线驻波比仿真与测试对比图

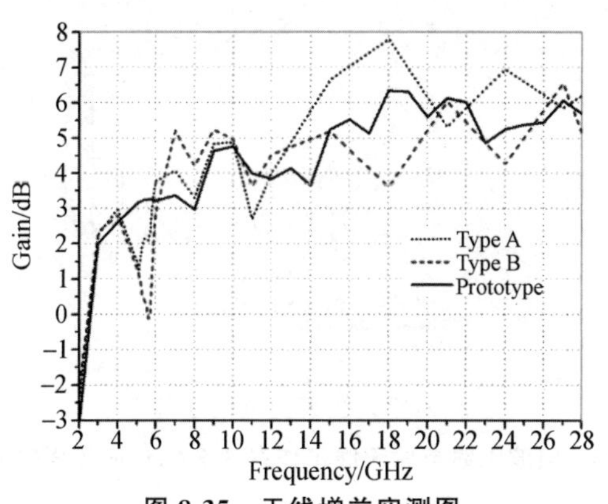

图 8-35　天线增益实测图

合的方式改变天线表面的电流的分布并不明显，如图 8-36 所示。A 型天线采用 1/2 波长开路模型，寄生臂不与振子体相接触，所以对增益的抑制要小于 B 型天线的短路模型，B 型天线寄生臂直接与天线相接触，对电流的分布改变较大。

增益抑制情况也可结合馈线上电流分布得到说明。图 8-36(c)为原椭圆单极超宽带天线在 5.5 GHz 时表面电流分布情况，可以看出，其表面电流主要分布共面波导馈电缝隙的两侧，接地面上边缘与振子体下边缘有少量电流分布。对比图 8-36(a)、(b)与(c)可以看出，A 型天线在共面波导缝隙处的电流分布明显减少，最强电流分布于寄生臂耦合的边缘。B 型天线共面波导处的电流分布低于 A 型天线，说明添加寄生臂后对电流分布的改变较大，所以 B 型天线对于 5.5 GHz 中心频点的抑制效果要优于 A 型天线。但是总体而言，在陷波频点，两种天线在共面波导缝隙处仍然有电流分布，所以这种陷波方式并不是十分理想。另外，当天线工作在5.5 GHz时，

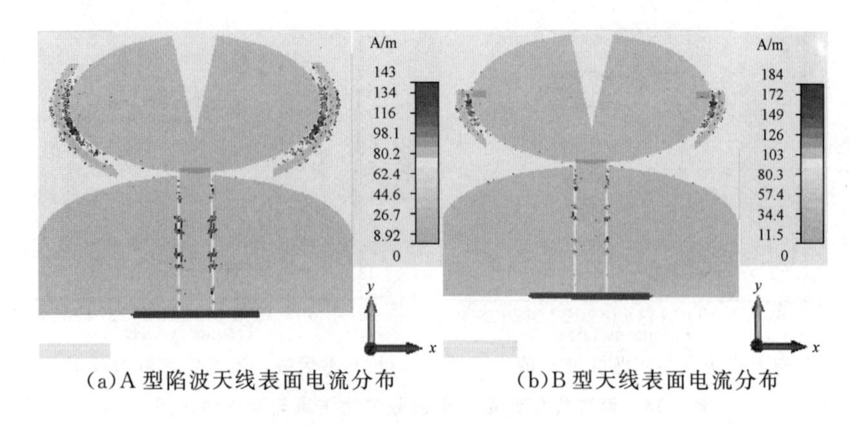

(a)A 型陷波天线表面电流分布　　(b)B 型天线表面电流分布

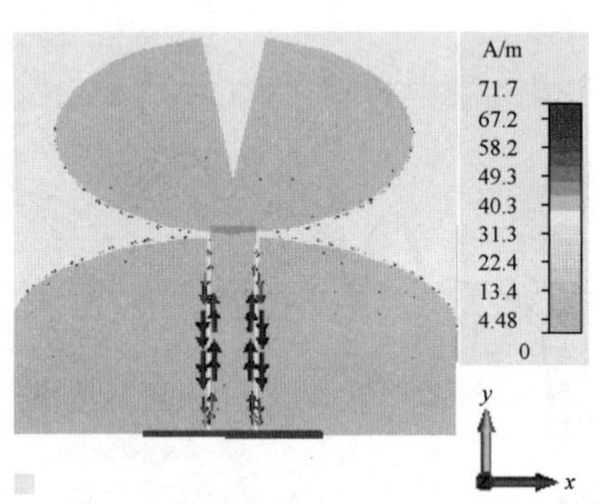

(c)原天线表面电流分布

图 8-36　陷波天线与原天线工作在 5.5 GHz 时表面电流分布

两种寄生臂均可等效为半波振子分别参与天线的辐射。对于 A 型天线，由于采用耦合的方式，其寄生臂可等效为两个分别从中心点馈电的半波振子参与辐射；对于 B 型天线，两个寄生臂可构成一个半波振子参与辐射，因此天线陷波效果不明显。相比于 B 型天线，A 型天线的寄生臂相当于两个半波振子组成的阵列，因此辐射更强，对陷波频段的辐射更大，因此陷波的性能较 B 型天线更差。

环形缝隙谐振器(SRR)很早就被应用到各种滤波器设计中，对于超宽带天线的陷波特性实现亦能达到很好的效果。其结构可在天线贴片上添加矩形孔，然后在矩形孔上添加矩形吊环实现。可以有一阶和多阶结构，其谐振的频率与其形成的缝隙有关。SRR 还可以有圆形结构，可根据天线的形状选择。这里在共面波导接地面上加一阶 SRR 矩形缝隙谐振器，实现超宽带天线的陷波特性，其结构如图 8-37 所示，天线各尺寸参数可计算求得为：$s=0.5$ mm，$d=4.9$ mm，$w_t=5.9$ mm，$w_4=11.3$ mm，$l_3=10.8$ mm。

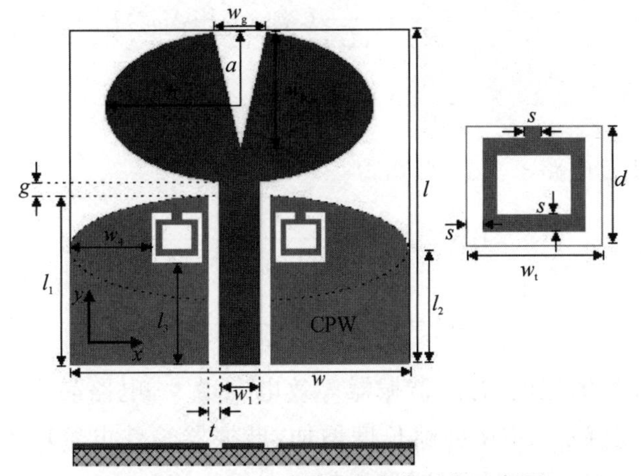

图 8-37　SRR 陷波椭圆超宽带天线示意图

图 8-38 所示为天线等效电路模型，它与图 8-33 的天线等效电路模型相似，不同的是本款天线缝隙谐振器添加在正面共面波导接地面上。

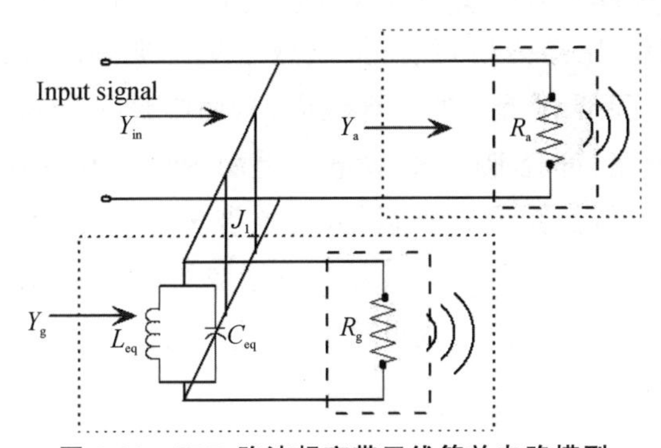

图 8-38　SRR 陷波超宽带天线等效电路模型

$$Y_g = \frac{1}{R_g} + j\omega C_{eq} + \frac{1}{j\omega L_{eq}} \tag{8-28}$$

$$Y_{in} = \frac{J_1^2}{Y_g} + \frac{1}{R_a} \tag{8-29}$$

当天线工作在缝隙谐振频率时，

$$\omega = \omega_0 + \Delta\omega, \omega_0 = \frac{1}{\sqrt{L_{eq} C_{eq}}} \tag{8-30}$$

$$Y_g = \frac{1}{R_g} + \frac{j}{\omega L_{eq}}(\omega^2 L_{eq} C_{eq} - 1)$$

$$=\frac{1}{R_g}+\frac{j}{\omega L_{eq}}(2\omega_0\Delta\omega+\Delta\omega^2)L_{eq}C_{eq} \tag{8-31}$$

$$\approx\frac{1}{R_g}+j2C_{eq}\Delta\omega$$

同样 RLC 电路－3 dB 带宽为

$$\mathrm{BW}=2\frac{1}{R_a\times 2C_{eq}}=\frac{1}{R_aC_{eq}} \tag{8-32}$$

$$\mathrm{FBW}=\frac{BW}{\omega_0}=\frac{1}{\omega_0R_aC_{eq}}=\frac{1}{Q} \tag{8-33}$$

随着 SRR 缝隙的宽度增加，谐振器等效电容增大，电路品质因数增加，其陷波频段带宽降低；SRR 缝隙长度增加，谐振器等效电容增大，电路品质因数增加，陷波带宽减低，同时谐振频点向低频移动。从图 8-39 所示的驻波比仿真和实测结果看，VSWR＞3 时的频段为 4.92～5.87 GHz，与原天线相比较，添加 SRR 缝隙后只有在 12.8～14 GHz 频段内 VSWR＞2，但是小于 2.5，在实际应用中这是允许的范围。实测 VSWR＞3 的频段为 4.95～6.45 GHz，比仿真值更宽，抑制效果更加明显。原因是 SRR 缝隙宽度为 0.5 mm，降低了缝隙的电容效应，从而降低了谐振器的品质因数，增加了陷波的带宽，符合 RLC 等效电路模型理论。在其他频段实测结果与仿真结果接近，但低频段有所恶化，阻抗带宽为 3.2～28.76 GHz，可能是由仿真的精度和测试环境所致，可以通过增加仿真时的网格剖分密度和改善天线测量环境改善，使天线的实测结果与仿真结果更为接近，为实际应用提供可靠的数据。

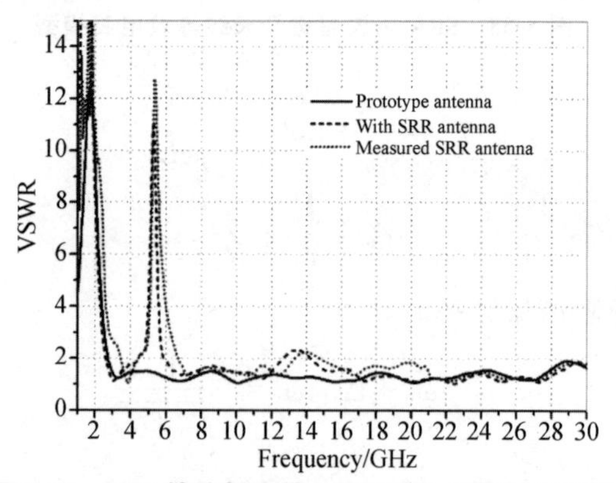

图 8-39 SRR 缝隙超宽带天线驻波比仿真与实测值

图 8-40 为天线添加 SRR 后工作在 5.5 GHz 时的天线表面电流分布，

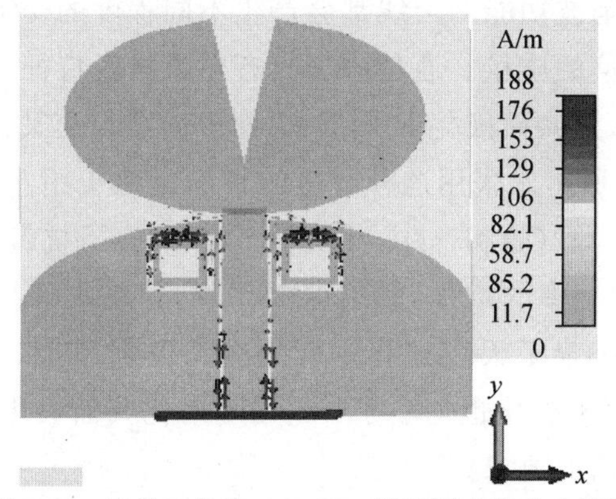

图 8-40 天线工作在 5.5 GHz 时表面电流分布情况

其电流主要分布于 SRR 的上边缘和共面波导缝隙底部，而振子体上几乎没有电流分布，陷波特性明显。对比图 8-36(c)可以发现，天线表面电流分布发生了较大的改变，原天线电流主要集中在共面波导馈线中部、振子体下边缘。陷波后电流分布最强的部分为 SRR 上边缘，因此可以预测如果改变 SRR 上边缘缝隙的尺寸并且根据计算公式便可实现天线的可控陷波。

图 8-41 为陷波超宽带天线增益的实测图。通过与原天线的增益对比发现，天线在陷波中心频点 5.5 GHz 处对增益的抑制达到 8 dB，其他频段增益与原天线相吻合，随着频率的增大而升高在 18 GHz 处达到最大值 6.3 dB。对比 A、B 型天线，添加 SRR 后具有更好的陷波能力，因为它对天线表面电流分布的改变更彻底，并且不会参与寄生辐射。在共面波导处添加 SRR 实现椭圆超宽带天线的陷波特性达到良好增益抑制效果。

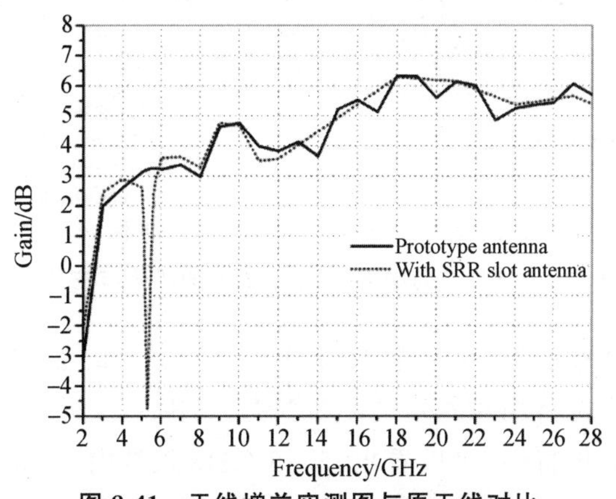

图 8-41 天线增益实测图与原天线对比

通常设计有陷波功能的天线都会产生不同程度的交叉极化，其强弱直接影响超宽带通信的质量。通过添加具有左手材料特征 SRR 实现超宽带天线陷波功能后，其共面极化 E 面和 H 面方向图与交叉极化 E 面和 H 面方向图如图 8-42 所示。采用这种改进的目的是期望用左手电磁特性抑制交叉极化。从图 8-42(a)和(c)中可以看出，天线在阻抗带宽内具有全向辐射特性，但是随着频率的增加，辐射旁瓣增加，但基本保持全向辐射特性。而图 8-42(b)和(d)显示天线具有较低的交叉极化，其 E 面交叉极化小于 -110 dB，H 面交叉极化也均小于 -15 dB，对比共面极化，其影响很小，完全满足超宽带通信的要求。

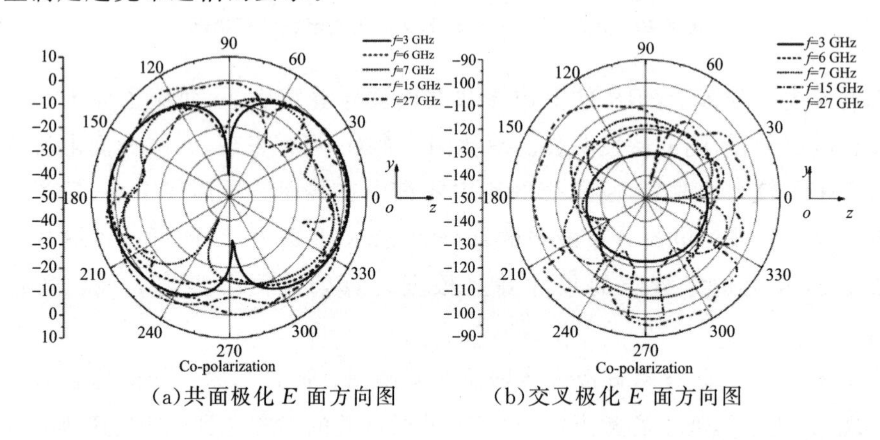

(a)共面极化 E 面方向图　(b)交叉极化 E 面方向图

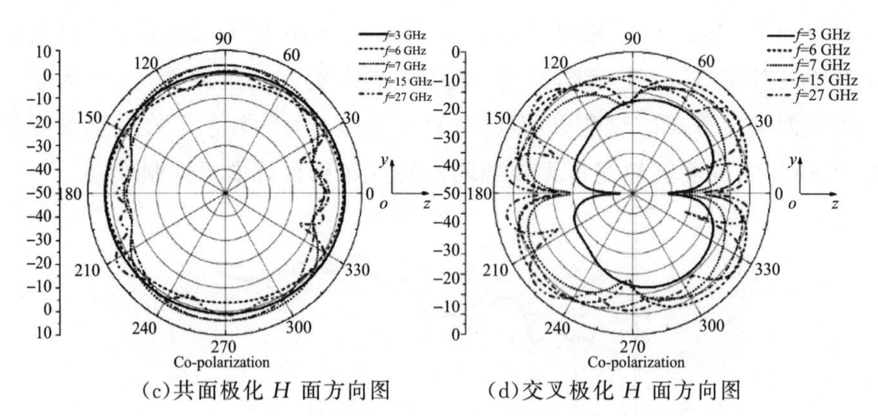

(c)共面极化 H 面方向图　(d)交叉极化 H 面方向图

图 8-42　天线仿真方向图 E 面与 H 面共面极化与交叉极化对比

除了辐射特性以外，超宽带天线另外一个重要的参数就是阻抗带宽，在较宽的频带要保持相对稳定的阻抗特性。图 8-43 所示即为椭圆形陷波超宽带天线的阻抗特性，可以看出，5～6 GHz 频带内天线阻抗的实部与虚部均发生了较大的变化，天线阻抗失配，而其他频带内天线的实部均保持

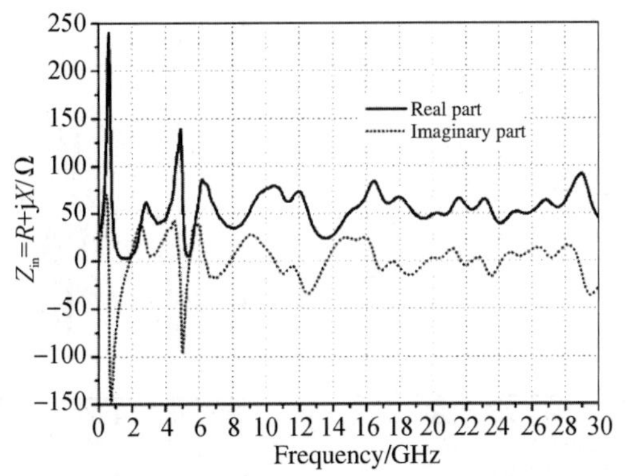

图 8-43　椭圆形陷波超宽带天线阻抗特性

在 50 Ω 附近上下小幅变化，天线虚部在 0 Ω 附近作小幅振荡，天线阻抗特性基本保持稳定。

为了能使天线有更好的时域响应，天线的激励信号仍然采用五阶微分高斯脉冲信号，如图 8-44 所示，实线表示输入信号，虚线表示端口处的反射信号。从图中可以看出，天线的反射信号较弱，并且存在振铃现象，这是因为天线设计时由于阵子体的结构与共面波导之间没有完全匹配，电流流入振子体时存在反射的情况。

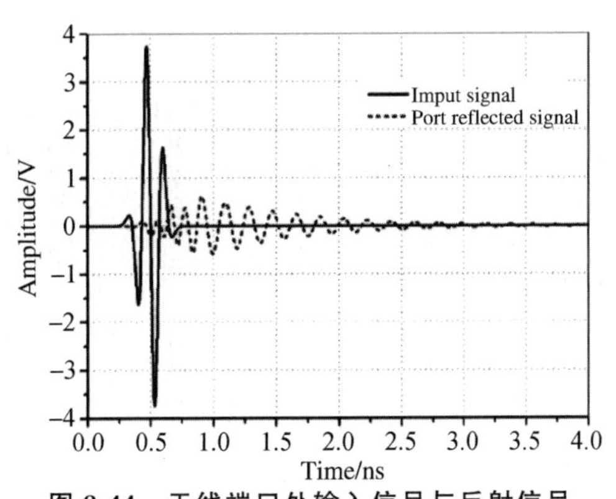

图 8-44　天线端口处输入信号与反射信号

图 8-45(a)为距离天线 40 mm 处探针测得天线辐射电场强度。可以看出，在距离天线 40 mm 时存在 0.25 ns 的传输延迟，并且有较为严重的振铃现象。首先是因为椭圆振子体在有限空间难与共面波导馈线完全匹配，两者之间的阻抗存在较大程度的跳变，其次是因为天线的阻抗带宽较大，实际采纳的五阶微分高斯脉冲信号频谱带宽与阻抗带宽也未能达到完全匹配，更高阶由于尺度效应，改善甚微。同样图 8-45(b)在距离 200 mm

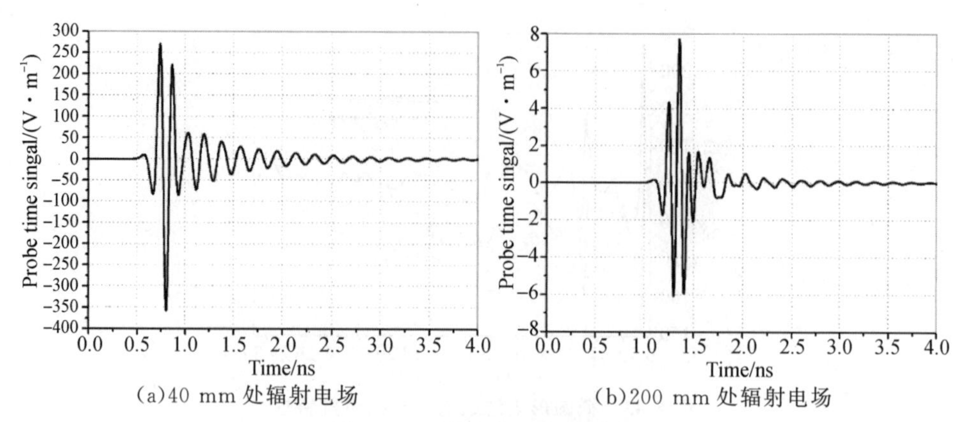

(a)40 mm 处辐射电场　　(b)200 mm 处辐射电场

图 8-45　天线远场区辐射电场

处也存在这样的情况，而且有 0.75 ns 的传输延迟。在后续的研究中可首先尝试采用渐变线结构对振子体馈电，达到阻抗匹配的效果，其次寻找更好的激励脉冲，使其功率频谱带宽与较大天线阻抗带宽相匹配。

图 8-46 显示了天线远场区的相频特性。比较(a)和(b)两图可以发现，随着距离的增加，传输信号的相位变化越快，但是在陷波频段都呈线性变化；而在 4.92～5.87 GHz 范围内，其相位变化与其他频段不呈线性，说明陷波特性也改变相位的特性，符合设计标准。

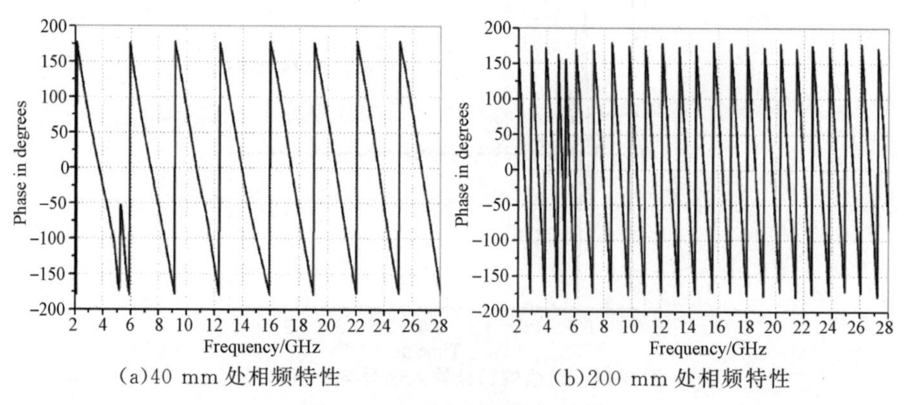

(a)40 mm 处相频特性　　(b)200 mm 处相频特性

图 8-46　天线远场区相频特性

8.4 树状分形改进型的缝隙结构超宽带天线设计

8.4.1 天线结构设计

熟知的 Sierpinski 三角的生成过程如图 8-47 所示：它由一个正三角形作为初始元，一阶时，把正三角形按三条中位线均分为四个等边三角形，然后挖去中心位置的等边三角形；二阶时，对其余三个等边三角形按上述方法处理……即生成的过程是不断地移走位于初始元中心位置的正三角形的过程。Sierpinski 三角在天线中的应用已经非常广泛，人们也设计出了很多性能良好的天线。而本节主要是对 Sierpinski 三角进行改进，将一个正方形的上半部分四等分，挖去左右两个等分的矩形，成为一个凸字形，并将其作为初始元，一阶时，把凸字形分成三个正方形，每个正方形都用凸字形代替；二阶时，按照上述方法对一阶的每个正方形用凸字形代替……具体生成过程如图 8-48 所示。

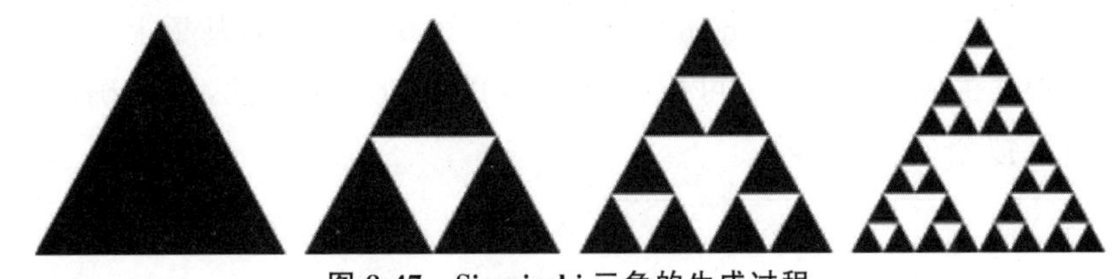

图 8-47 Sierpinski 三角的生成过程

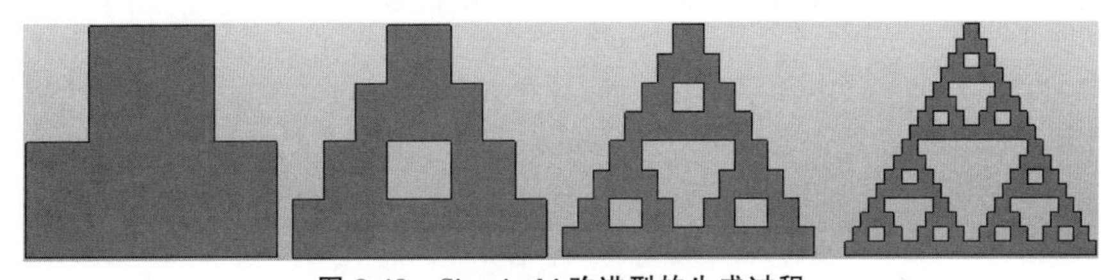

图 8-48 Sierpinski 改进型的生成过程

为了拓展频带宽度，将零阶 T 形缝隙天线结构进行 Sierpinski 改进，即在其两边的终端分别添加一个 Sierpinski 改进型的结构，通过调整天线的各个参数尺寸，使得天线阻抗带宽工作频段为 3.95～13.57 GHz。图 8-49为设计的宽缝隙树状分形超宽带天线结构示意图，天线制作在相对介

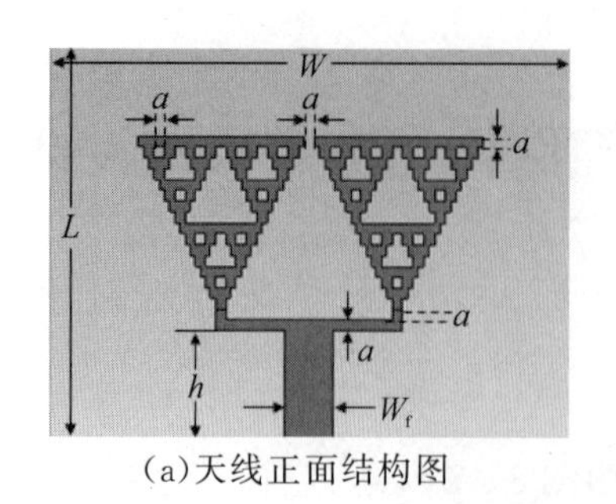

(a)天线正面结构图

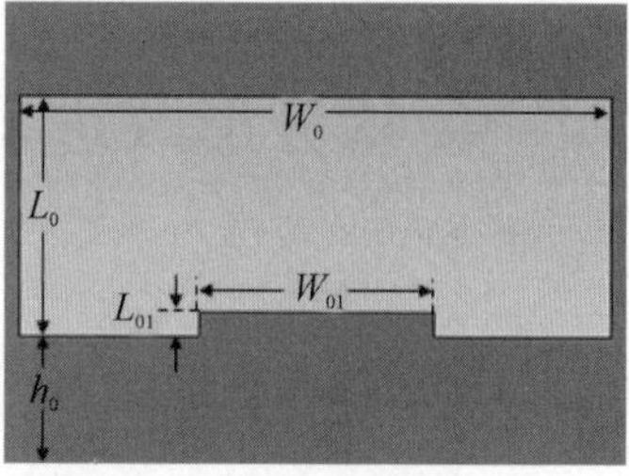

(b)天线背面结构图

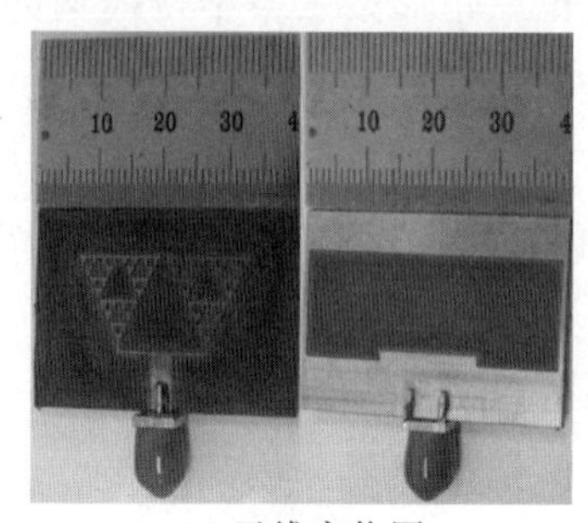

(c)天线实物图

图 8-49 树状分形改进型超宽带天线

电常数为 3.2、厚度为 1.5 mm、正切损耗为 0.002 的介质基板上。

微带线的特性阻抗 z_0 可根据微带线的准 TEM 特性,对精确准静态解作曲线拟合近似,可得

$$\frac{w}{h}=\begin{cases}\dfrac{8\mathrm{e}^{A}}{\mathrm{e}^{2A}-2}, & \dfrac{w}{h}\leqslant 2\\ \dfrac{2}{\pi}\left\{B-1-\ln(2B-1)+\dfrac{\varepsilon_r+1}{2\varepsilon_r}\left[\ln(B-1)+0.39-\dfrac{0.61}{\varepsilon_r}\right]\right\}, & \dfrac{w}{h}\geqslant 2\end{cases} \tag{8-34}$$

式中

$$A=\frac{z_0}{60}\sqrt{\frac{\varepsilon_r+1}{2}}+\frac{\varepsilon_r-1}{\varepsilon_r+1}\left(0.23+\frac{0.11}{\varepsilon_r}\right) \tag{8-35}$$

$$B=\frac{377\pi}{2z_0\sqrt{\varepsilon_r}} \tag{8-36}$$

可计算得到

$$B=\frac{377\pi}{2z_0\sqrt{\varepsilon_r}}=\frac{377\times 3.14}{2\times 50\sqrt{3.2}}=6.62$$

通过仿真优化,取得 $w_f=3.6$ mm,天线参数如表 8-3 所示。

表 8-3　天线结构参数　　单位：mm

参数	W	W_0	W_{01}	w_f	h
数值	40	38	15	3.6	8
参数	L	L_0	L_{01}	a	h_0
数值	29	15	1.5	0.8	8

8.4.2　天线参数仿真

图 8-50 是树状分形改进型的超宽带天线的回波损耗 S_{11} 的仿真和实测结果对比。可以看出，仿真的回波损耗 S_{11} 小于 -10 dB 的频带范围为 3.95～13.57 GHz，相对带宽为 109.8%，倍频带宽为 3.44∶1；而实测结果的谐振点均向左偏移，且第二个谐振点对应的回波损耗比仿真值多8 dB，导致在 9.89～11.12 GHz 频段内的回波损耗大于 -10 dB，但其趋势与仿真结果相类似。这可能与雕刻的制作误差（因为雕刻机割边宽的针正常宽度为 0.2 mm，若调试出现误差，比如雕刻太深，边宽将加大，导致辐射边宽度变小）、测试环境以及 SMA（Sub-Miniature-A）天线转接头的焊接精度有关。

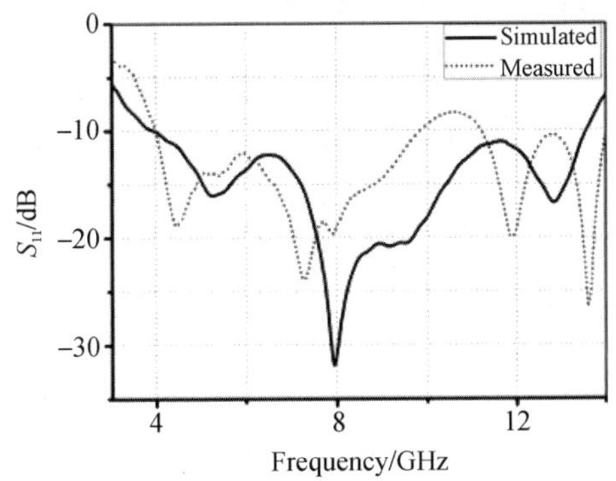

图 8-50　天线回波损耗 S_{11} 仿真与实测图

为了更好地说明分形技术在超宽带中的作用，本节对 Sierpinski 改进型的一、二、三阶分形结果进行仿真研究。图 8-51 所示为天线结构图，图 8-52为三种天线的回波损耗仿真图。

从图 8-52 中可以看出，一阶分形在工作频段 4.22～10.83 GHz 内只有一个谐振点 5.38 GHz，二阶分形后天线的谐振点逐级递增到三个（5.26 GHz、8.02 GHz 和 12.52 GHz），工作频段为 4.07～13.32 GHz；三阶分形

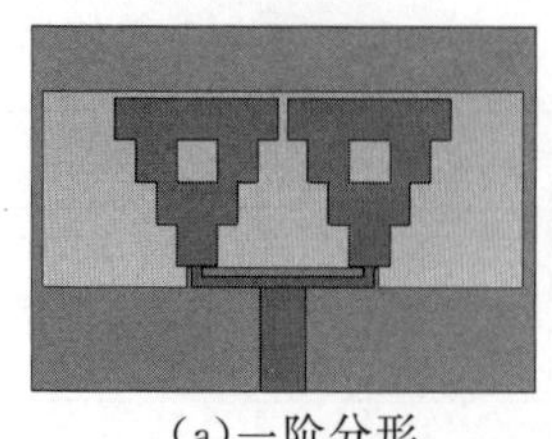
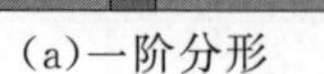
(a)一阶分形

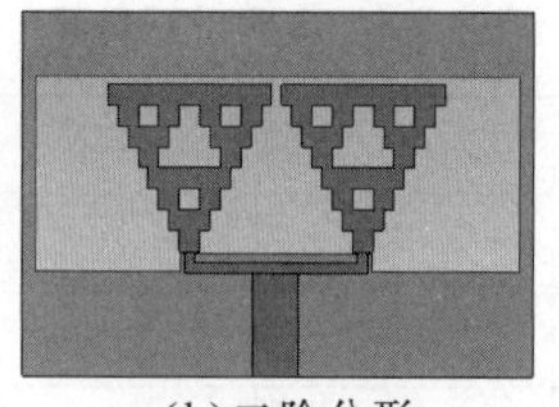
(b)二阶分形

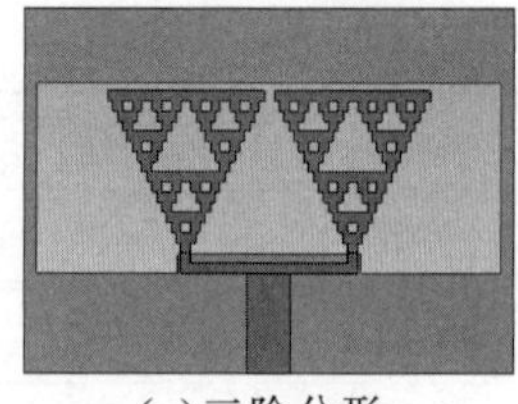
(c)三阶分形

图 8-51 Sierpinski 改进型各阶分形天线结构

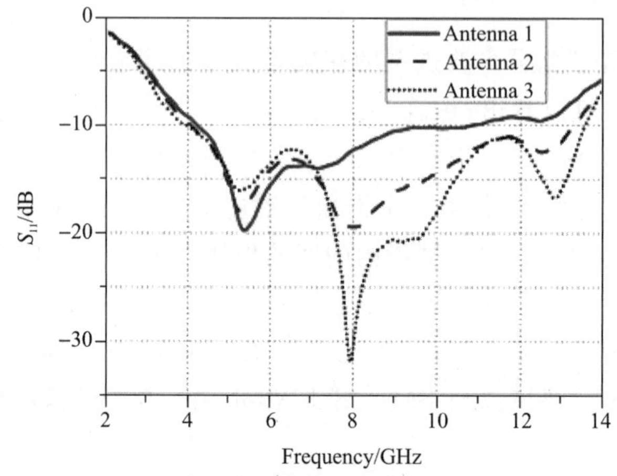

图 8-52 Sierpinski 改进型各阶分形天线 S_{11} 对比图

天线的谐振点也有三个，但与二阶相比，有所偏移，分别为 5.26 GHz、7.94 GHz 和 12.82 GHz，且谐振频率之间具有缓变的阻抗特性，从而使得三阶分形天线的工作频段为 3.95～13.57 GHz，相对带宽为 109.8%，比一阶分形增加了 21.8%。这些规律基本遵循分形引入的寄生电长度特点。

图 8-53 是三阶分形天线在 5 GHz、7 GHz、9 GHz 和 11 GHz 时的天线辐射方向图。由图(a)可以看出，在 yoz 平面(E 面)，辐射方向图以导体面为近似对称面，最大辐射方向在导体面的法向。随着频率的升高，辐射方向图发生变化，并出现了旁瓣。但相对而言，在低频时，最大辐射方向略有向馈入方向 $-y$ 偏移，而高频时略有向 $+y$ 偏移。图(b)为 xoz 平面(H 面)的方向图，可以看出，在低频时，近似为全向分布，但随频率的升高，方向图形状发生了一些变化。在高频时，波长较短，对辐射场起主要作用的电流基本分布在辐射元的下侧边，因此引起水平方向的较大辐射。

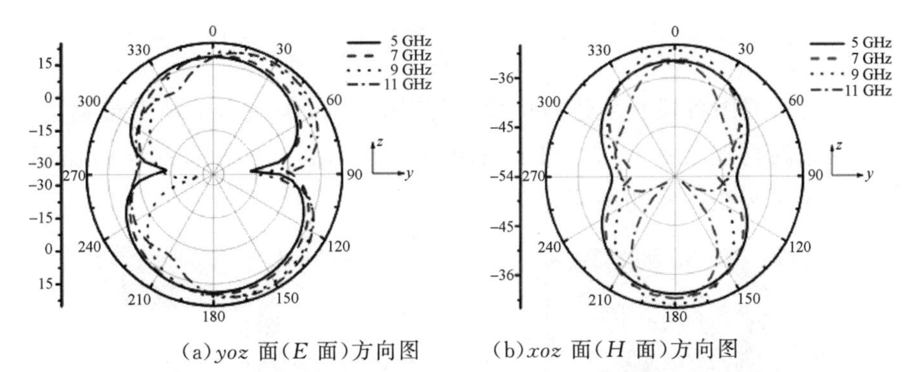

(a) yoz 面(E 面)方向图　　(b) xoz 面(H 面)方向图

图 8-53　在 5 GHz、7 GHz、9 GHz 和 11 GHz 时天线辐射方向图

8.4.3　超宽带天线陷波特性的实现

为了避免超宽带对其他通信系统的影响,可采用陷波技术。对于本节讨论的结构,可将通过接地板上添加对称的缝隙,改变天线表面电流的分布,进而实现对某一频段辐射的抑制,即相当于在天线上加一个阻带滤波器。根据谐振理论,当在天线电流分布较强区域开一缝隙,如其长度与阻带中心频点对应的介质波长 ε_{re} 的 1/2 或者 1/4 相当,此时电流主要分布在缝隙周围,缝隙将产生强烈谐振,整个天线变成一 RLC 谐振回路,不能产生有效的辐射。在接地板上添加一对缝隙,设计出的超宽带陷波天线结构如图 8-54(a)所示。天线缝隙的物理长度应该满足以下关系

$$2\times(d_1+d_2+d_3)\approx\lambda_{re}/2 \tag{8-37}$$

其中,

$$\lambda_{re}=\frac{\lambda_0}{\sqrt{\varepsilon_{re}}}$$

$$\varepsilon_{re}=1+q(\varepsilon_r-1)$$

填充因子 q 可按如下近似公式计算

$$q=\frac{1}{2}\left[1+(1+10\frac{h}{w})^{-\frac{1}{2}}\right]\approx\frac{1}{2} \tag{8-38}$$

因此有

$$2\times(d_1+d_2+d_3)=\frac{c}{f_{notch}\sqrt{2(\varepsilon_r+1)}} \tag{8-39}$$

其中 f_{notch} 为陷波频段的中心频率。这里取 $f_{notch}=4$ GHz,$\varepsilon_r=3.2$。

则有

$$d_1+d_2+d_3=\frac{3\times10^8}{2\times4\times10^9\sqrt{2\times(3.2+1)}}=13\ (\mathrm{mm})$$

通过对缝隙各段长度进行优化，得到图 8-54(b)所示的超宽带陷波天线中缝隙的物理尺寸为：$d_0=1$ mm，$d_1=4$ mm，$d_2=6$ mm，$d_3=4$ mm，图 8-55 给出了天线的实物图照片。

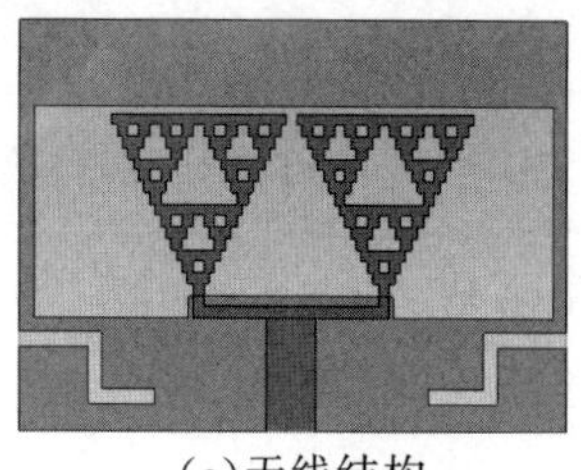

(a)天线结构

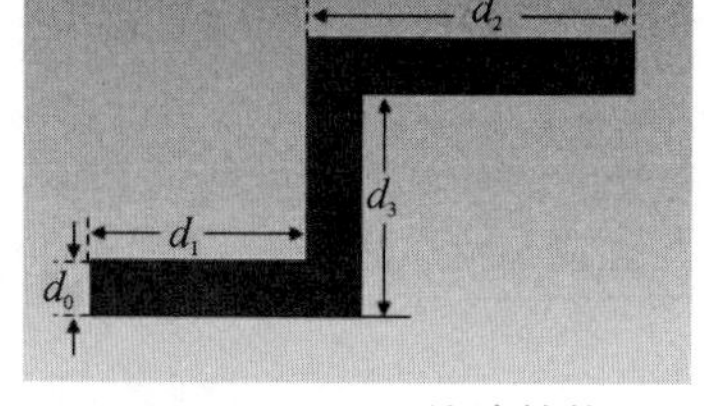

(b)缝隙结构

图 8-54　超宽带陷波天线结构示意图

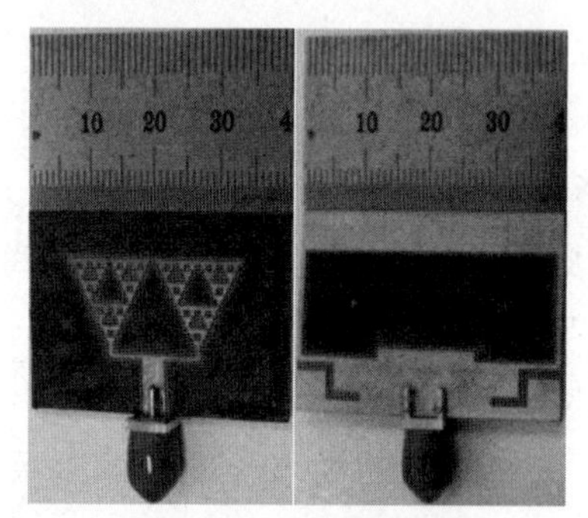

图 8-55　天线实物图

开缝隙后天线电压驻波比仿真值与未开缝隙时的对比结果如图 8-56 所示。可以看出，在 3.52～4.34 GHz 之间，陷波天线的电压驻波比大于 2，而在 2.97～13.49 GHz 的其他频带内，其电压驻波比与未开缝隙时吻合，说明开缝隙后的天线有效地阻断了超宽带通信可能产生干扰的频段，并且保证了其他频段的正常通信。经过实测得到的电压驻波比大于 2 的频段为 3.58～4.53 GHz，比仿真值略大，这可能与测试环境以及 SMA 接头的焊接精度有关，但基本符合要求。

图 8-57(a)为 4 GHz 时未开缝隙与开缝隙时天线表面电流分布情况。可以看出，在陷波频点处，开缝隙后天线表面电流分布发生根本性变化，此时主要集中在缝隙区域，使其天线辐射性能急剧下降，回波损耗减少，达到陷波目的。而在其他频段内，表面电流分布与原天线类似。图 8-57(b)为

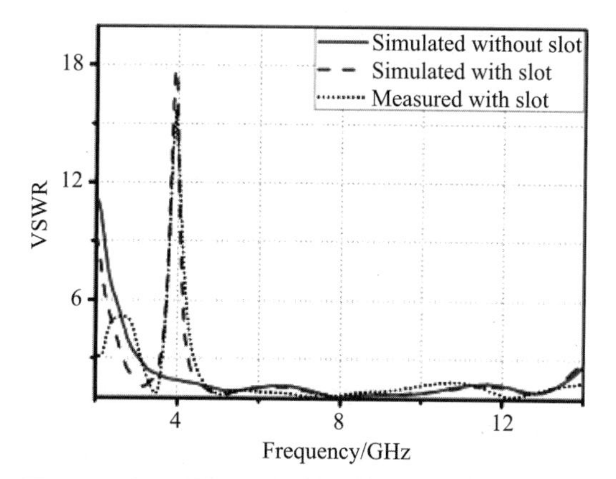

图 8-56　超宽带陷波天线驻波比的仿真和实测图

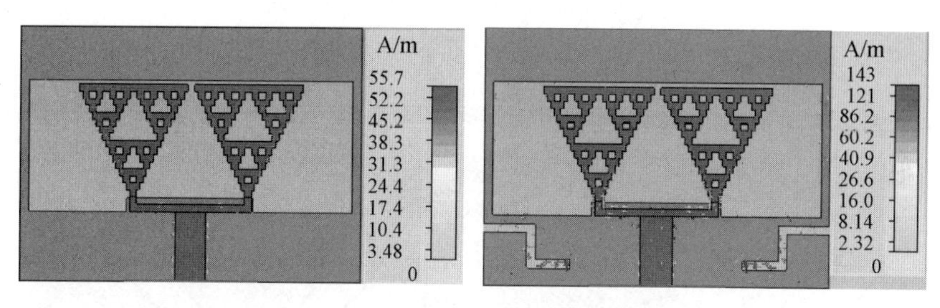

(a)4 GHz 时的电流分布

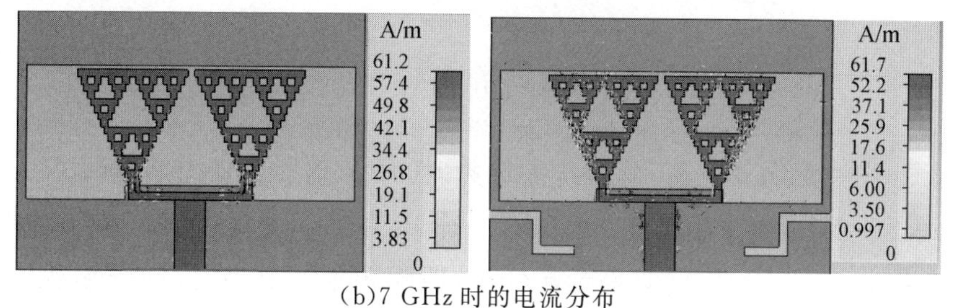

(b)7 GHz 时的电流分布

图 8-57　不同工作频段下的电流分布

7 GHz时原天线与缝隙天线的表面电流分布情况，电流分布类似，电流强度也差不多，这说明缝隙只改变陷波频段上天线表面电流分布。图 8-58 为原天线与缝隙天线的增益对比图。可以看出，在陷波的中心频点 3.9 GHz 处的增益抑制达到 10 dB，具有很好的频带抑制效果。

图 8-59 是缝隙天线在 5 GHz、7 GHz、9 GHz 和 11 GHz 时天线辐射方向图。由图(a)可以看出，在 *yoz* 平面(*E* 面)，辐射方向图以导体面为近似对称面，最大辐射方向在导体面的法向。随着频率的升高，辐射方向图

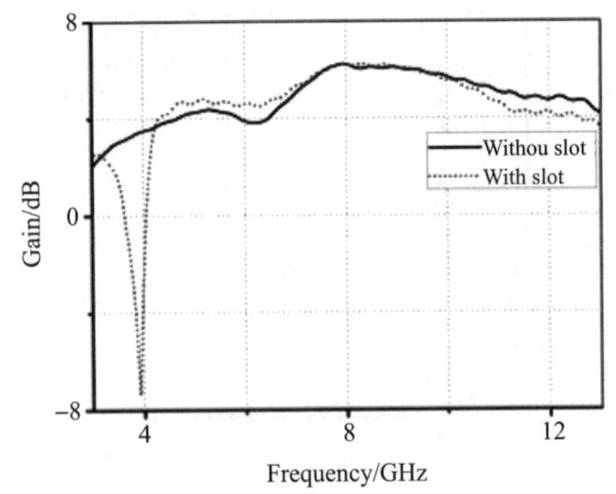

图 8-58　原天线与缝隙天线的增益对比图

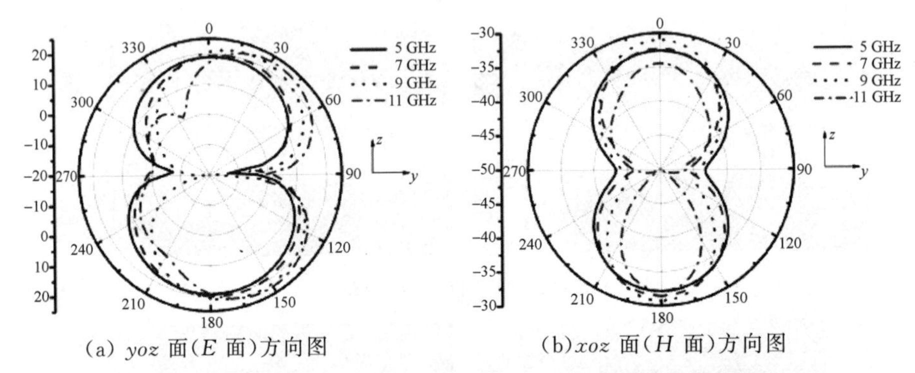

(a) *yoz* 面(*E* 面)方向图　(b) *xoz* 面(*H* 面)方向图

图 8-59　在 5 GHz、7 GHz、9 GHz 和 11 GHz 时天线辐射方向图

发生了一些变化。但相对而言,在低频时,最大辐射方向略有向馈入方向 $-y$ 偏移,而高频时略有向 $+y$ 偏移。图(b)为 xoz 平面(H 面)的方向图,可以看出,在低频时,近似为全向分布,但随频率的升高,方向图形状发生了一些变化。在高频时,波长较短,对辐射场起主要作用的电流基本分布在辐射元的下侧边,因此引起水平方向的较大辐射。

8.5　本章小结

本章首先回顾了超宽带天线的发展历程,归纳总结了其技术特点及设计要素。随后讨论了分形、叠层及缝隙等技术手段对此类天线的改进,特别是陷波技术的应用。对于基本的基础单极天线,专门讨论了接地面的优化设计技术;根据树状分型结构具有原生态的递归宽带覆盖、易于调谐等优点,设计了不同尺寸的树状分形超宽带天线,通过仿真优化,成功设计出不同陷波频段的天线,并通过对天线的等效电路分析其谐振频率改变的原理。之后讨论缝隙对天线性能的影响,分别设计出阶梯形和复合型缝隙的超宽带天线,并实现 3.7～4.2 GHz 的陷波,同时发现,对于树状分形超宽带天线,复合型缝隙对天线的带宽影响最大。

为了实现 WLAN 的频段抑制,通过缝隙加载和贴片加载两种分布加载手段分析加载对天线性能的影响,通过分析,缝隙加载对树状分形超宽带天线的影响较小,而贴片加载对天线在 4.98～5.87 GHz 频段的表面电流影响很大,在中心频点 5 GHz 频段内的增益被抑制了近 16 dB,即添加贴片实现了陷波的功能,进而成功实现双陷波功能。通过分析可知,在辐射贴片上进行缝隙加载对天线性能影响不大,而贴片加载对天线的表面电流影响很大,进而影响天线的性能。

为了拓展频带宽度,将树状分形结构进行了 Sierpinski 改进,通过仿真优化,有效地展宽频带,其阻抗带宽为 3.95～13.57 GHz,相对带宽达到 109.8%,并在接地板添加一对称的缝隙结构,通过仿真优化和实物制作及测试分析,实现了 3.58～4.53 GHz 的阻带特性,在中心频点处的增益抑制达到 10 dB,而在阻带频带以外,天线阻抗带宽依然保持在 3.95～13.57 GHz,阻抗特性与相位中心保持基本稳定,满足超宽带通信的要求。通过分析可知,当添加的对称缝隙长度与阻带中心频点对应的介质波长 ε_{re} 的 1/2 相当时,电流主要分布在缝隙周围,缝隙产生强烈谐振,使得整个天线变成一个 RLC 谐振回路,不能产生有效的辐射,进而实现频带抑制。

参考文献

[1] Baiqiang You, Tao Zhou, Jianhua Zhou. A multiple-notch UWB printed slot antenna with CNSS Enhanced. Proceedings of Progress in Electromagnetics Research Symposium, 2014:2583-2587.

[2]游佰强,迟语寒,黄天赠,等.带加载孔的高阶改进型树状分形超宽带陷波天线,中国国家发明专利:201310183259.x.

[3]黄天赠,于坚,游佰强,等.基于贴片加载的超宽带陷波天线设计,军事通信技术;2013,34(1):49-51.

[4]李伟文,陈杰良,蔡立绍,等.具有陷波特性梯形印制单极超宽带天线,中国电子科学院学报,2013,8(1):76-80.

[5]K.-B. Kim, H.-K. Ryu, J.-M. Woo. Compact wideband folded monopole antenna coupled with parasitic inverted-L element for laptop computer applications. Electronics Letters, 2011, 47(5): 301-303.

[6]Jianjun Liu, Shunshi Zhong, Karu P.Esselle. A printed elliptical monopole antenna with modified feeding structure for bandwidth enhancement. IEEE Transactions on Antennas and Propagation, 2011,59(2):667-670.

[7]Wen-Chung Liu, Chao-Ming Wu, Yen-Jui Tseng. Parasitically loaded CPW-fed monopole antenna for broadband operation. IEEE Transactions on Antennas and Propagation, 2011, 59(6): 2415-2419.

[8]Mohammadi, S., Nourinia, J., Ghobadi, C., et al. Compact CPW-fed rotated square-shaped patch slot antenna with band-notched function for UWB applications. Electronics Letters, 2011, 47(24): 1307-1308.

[9]Li, L., Zhou, Z.L, Hong, J.S, et al. Compact dual-band-notched UWB planar monopole antenna with modified SRR. Electronics Letters, 2011, 47(17): 950-951.

[10]A. Nouri, G.R. Dadashzadeh. A compact UWB band-notched printed monopole antenna with defected ground structure. IEEE Antenna and Wireless Propagation Letters, 2011,10: 1178-1181.

[11]X.J.Liao, H.C.Yan, N.Han, et al. Aperture UWB antenna with triple band-notched characteristics. Electronic Letters, 2011,47 (2): 77-79.

[12]Mohammad Almalkawi, Vijay Devabhaktuni. Ultrawideband antenna with triple band-notched characteristics using closed-loop ring resonators. IEEE Antennas and Wireless Propagation Letters. 2011, 10:959-962.

[13]Rahmati, B., Hassani, H.R. Wideband planar plate monopole antenna with dual tunable notch. Electronics Letters, 2010, 46(7): 480-481.

[14]Rahmati, B., Hassani, H.R. Wideband planar plate monopole antenna with dual tunable notch. Electronics Letters, 2010, 46(7): 480-481.

[15]Z.-A. Zheng, Q.-X. Chu. CPW-fed ultra-wideband antenna with compact size. Electronics Letters, 2009, 45(12): 593-594.

[16]V.Sadeghi, C.Ghobadi, J.Nourinia. Design of UWB semi-circle-like slot antenna with controllable band-notch function. Electronics Letters, 2009, 45(25): 1282-1283.

[17]Nasimuddin, Karu P.Esselle, A.K.Verma. Wideband circularly polarized stacked microstrip antennas. IEEE Antennas and Wireless Propagation Letters. 2007, 6:21-24.

[18]DENIDN TA, HABIB MA. Broadband printed CPW-fed circular slot antenna. Electronics Letters, 2006, 42(3): 135-136.

[19]J. Liang, C.C. Chiau, X.Chen, et al. CPW fed circular ring monopole antenna. Antennas and Propagation Society International Symposium, 2005 IEEE, 2005, 2A:

500-503.

[20]X F Bai, S S Zhong, X L Liang. Leaf-shaped monopole antenna with extremely wide bandwidth. Microwave Optic Technologe letters, 2006, 48(7): 1247-1250.

[21] H. G. Schantz. A brief history of UWB antennas. Aerospace and Electronic Systems Magazine, 2004, 19 (4): 22-26

[22]Yazdandoost, K. Y. Kohno. Ultra wideband antenna. Communications Magazine, 2004, 42 (6): 29-32.

[23]Powell, J., Chandrakasan. A. Differential and single ended elliptical antennas for 3. 1-10. 6 GHz ultra wideband communication. Antennas and Propagation Society International Symposium, IEEE, 2004, 3: 2935-2938.

[24]S. Y. Suh, W. L. Stuzman, W. A. Davis. A new ultrawideband printed monopole antenna: the planar inverted cone antenna (PICA). IEEE Transactions on Antennas Propagation, 2004, 52(5): 1361-1365.

[25]J. Liang, C. C. Chiau, X. Chen, et al. Printed circular disc monopole antenna for ultra-wideband applications. Electronics Letters, 2004, 40(2): 1246-1247.

[26] Y F Liu, K L Lau, Q Xue, et al. Experimental studies of printed wide-slot antenna for wide-band applications. IEEE Transactions onAntennas and Wireless Propagation, 2004, 3(7): 273-275.

[27]FCC. Federal Communications Commission Revision of Part 15 of the Commission's Rules Regarding Ultra-Wideband Transmission System for 3.1 to 10.6 GHz. Communications Commission, Washington, DC, ET-Docket, 2002: 98-153.

[28]M.J.Ammann. Control of the impedance bandwidth of wideband planar monopole antennas using a beveling technique. Microwave Optic Technologe Letters, 2001, 30(4): 229-232.

[29]Agrawall, N.P., Kumar, G., Ray, K.P. Wide-band planar monopole antennas. IEEE Transactions on Antennas and Propagation, 1998, 46(2): 294-295.

[30]S. D. Targonski, R.B. Waterhouse, D.M.Pozar. Design of wide-band aperture-stacked patch microstrip antennas. IEEE Transactions on Antennas and Propagation, 1998, 46 (9): 1245-1251.

[31] Thomas Mike, Wolfson Ronald I. Wideband array able planar radiator. US Patent. 5319377, 1994-06-07.

[32]S. Honda, M. Ito, H. Seki, et al. A disc monopole antenna with 1 : 8 impedance bandwidth and omni-directional radiation pattern. Procceedmgs of ISAP, Sapporo, Japan, 1992: 1145-1148.

[33]DAVID M. POZAR. A reciprocity method of analysis for printed slot and slot-coupled microstrip antennas. IEEE Transactions on Antennas and Propagation, 1986, AP-

34(12)：1439-1446.

[34]Duhamel Raymond H. Dual polarized sinuous，antennas. US Patent. 4658262，1985-02-19.

[35]Pozar，D.M. Microstrip antenna aperture-coupled to a microstripline. Electronics Letters，1985，21(2)：49-50.

[36]Lodge Oliver Joseph. Improvements relating to electric telegraphy. US Patent. 609154，1898-07-16. 1960-06-01.

[37] P. J. Gibson. The vivaldi aerial. Proceedings of 9th European Microwave Conference. Brighton U.K.，1979：101-105.

[38]J. D. Dyson. The equiangular spiral antenna. IRE Transations on Antennas & Propagation. 1959，AP-71：181-187.

[39]Brillouin Leon N. Broadband antenna. US Patent. 2454766，1948-11-30.

[40]Masters Robert W. Antenna. US Patent. 2430353，1947-11-04.

[41]Martin Katzin. Electromagnetic horn radiator. US Patent. 2398095，1946-04-09.

[42]Schelkunoff. Electromagnetic waves. Van Nostrand，1943:44-57.

[43]Lindenblad Nils E. Wideband antenna. US Patent. 2239724，1941-04-29.

[44]King Archie P. Transmission，radiation and reception of electromagnetic waves. US Patent. 2283935，1942-05-26.

[45]Carter Philip S. Wide band，short wave antenna and transmission line system. US Patent. 2181870，1939-12-05.

第九章　多极化天线设计技术

电磁波的极化是指沿波的传播方向看去电场矢量在空间的取向随时间变化所描绘的轨迹，可以划分为线极化波、圆极化波和椭圆极化波。天线的极化则是指作为发射天线时在最大增益方向上其辐射电磁波的极化，或作为接收天线时能使天线终端得到最大可用功率的入射电磁波的极化。实际的通信和雷达系统中多采用线极化天线或圆极化天线，而多极化天线是指可以实现多个极化正交辐射波通道的天线结构。

9.1　多极化天线的应用背景

多极化天线在极化复用(PMD)、极化分集及多进多出(MIMO)系统中有着广泛的应用。

无线通信中，由两个相互正交的极化波实现的极化复用有利于频率的重复利用，可成倍地提高信道容量，是信道的复用方式之一。在卫星通信系统中，可采用两种极化复用方式：一种是垂直和水平线极化，另一种是左旋和右旋圆极化。在移动通信系统中，通常采用两个相对于垂直方向呈±45°的交叉线极化波，但也有采用垂直极化和水平极化的双极化方式。

利用天线的极化分集，可以克服无线通信的多径衰落，提高接收端的瞬时信噪比和平均信噪比，进而提高通信质量。分集技术是通过查找和利用无线传播环境中独立或者至少高度不相关的多径信号来实现的，与空间分集采用相隔一定距离的同极化多天线单元的结构不同，极化分集可同址安装(也称“共置”)不同极化方向的多天线或多极化单天线体实现低相关多径信号的接收，从而有效地减少天线的安装空间。

MIMO无线通信系统利用多副接收和发射天线并结合空时编码技术，实现信道容量随收/发端最小天线数目线性增大；同时增加对应信道的可靠性以降低信号的误码率。前者利用了 MIMO 信道提供的空间复用增益,后者利用了 MIMO 信道提供的空间分集增益,从而可以在不增加带宽和发射功率情况下有效地提高系统的信道容量和传输质量。MIMO 系统的性能在一定程度上取决于各天线单元接收信号的独立程度,因此利用多极化天线低相关性的正交极化信道,是实现小型化 MIMO 系统的良好选择。

9.2 多极化天线的性能指标

对于多极化天线,除了要满足通常天线的性能要求外,还要考虑另外两个重要指标,即各极化通道辐射场的极化纯度和不同极化通道间的隔离度。

9.2.1 交叉极化比

天线的主极化(co-polarization)和交叉极化(cross-polarization)是相对于辐射波所期望的极化方向而言的。如果辐射波极化分量方向与期望极化方向一致,则称之为主极化,也叫同极化;如果辐射波极化分量方向与主极化方向正交,则称之为交叉极化。例如,当垂直线极化为主极化时,则水平线极化为其交叉极化;当右旋圆极化为主极化时,则左旋圆极化为其交叉极化。

多极化天线在应用时多是利用辐射波的主极化分量,而需要尽可能地抑制交叉极化分量,因为交叉极化会增加不同极化信道间的相关性,降低系统的通信性能。辐射波中主极化成分越多,交叉极化分量越少,则称该辐射波的极化纯度越高。可见极化纯度是指辐射波中主极化分量的占比,可用交叉极化电平比来表征。交叉极化电平比简称交叉极化比,它定义为辐射场主极化分量电平与交叉极化电平比,取 dB 为单位。其值越大,说明主极化分量越多,辐射波的极化纯度越高。

针对不同通信系统和不同应用场合,对交叉极化比的要求是不同的;同一天线在不同的空间角度,其交叉极化比也是不同的。例如,对于双极化天线,各通道的交叉极化比越大,说明天线获得的信号的正交性越强,两路信号之间的相关性越小,极化作用的效果越好。一般双极化天线的轴向交叉极化比要求大于 18 dB,但也常要求轴向交叉极化比大于 20 dB、±60°空间范围内大于 15 dB。一些特殊场合可能要求主辐射方向的交叉极化增益要小于主极化增益 30 dB 以上。

也可用交叉极化鉴别率(XPD)来描述天线辐射波的极化纯度,其定义与交叉极化比本质上是一致的,只是它更多地用于表征天线对极化波的鉴别接收能力。如对于基站天线,交叉极化鉴别率是一个很重要参数,一般指标要求轴向 XPD 在 15 dB 以上、± 60°范围内在 10 dB 以上。对于高交叉极化鉴别度的天线,可能要求在半功率波瓣范围内的 XPD 达到 38 dB 以上,这主要针对卫星通信系统。

辐射源结构和辐射器周围环境是影响辐射波交叉极化分量的主要原因。例如,矩形微带天线是一个结构对称的辐射源,但其表面电流在贴片表面分布是不均匀的,靠近侧边缘的电流弯曲较大,存在较多的与贴片辐射边平行的电流分量,它们产生与辐射边平行的交叉极化辐射波。在主辐射方向,由于结构的对称性,两侧电流产生的交叉极化场反相相消,因此轴向辐射波的极化纯度较高。但当偏离主辐射方向时,这种反相相消作用减弱,交叉极化比降低。另外,表面波也是引起交叉极化比下降的原因。由于采用平面结构,微带天线的极化纯度普遍不高,一般轴向交叉极化比为 15~17 dB,通过馈电方式改进,可以达到 20 dB 以上的轴向交叉极化比。采用较薄基板,通过降低表面波激励,也有助于提高微带天线的极化纯度。

当辐射器周围边界不一致时,边界二次辐射产生的交叉极化分量将无法相消。对于单个辐射器,采用具有良好对称性的边界环境,可以提高辐射场的极化纯度。在阵列天线中,通过改变边界条件,使相邻阵元耦合产生的交叉极化分量与本辐射阵元产生的交叉极化分量相消,可达到降低交叉极化的目的。

9.2.2 极化通道隔离度

多极化天线中,每一个主极化对应于一个通道,有相应的端口。在通信系统应用中,提高多极化天线的极化纯度,其目的正是降低各极化通道的相关性。通常,采用交叉极化隔离度(XPI)描述极化正交空间信道间的干扰程度。例如,对于双极化天线,端口 1 的主极化与端口 2 的主极化是相互正交的,但端口 2 的交叉极化与端口 1 的主极化是极化匹配的,容易被端口 1 接收。在端口 1 的主辐射方向,将端口 1 的主极化分量电平与端口 2 交叉极化分量的电平比称为交叉极化隔离度。

但是,依上述情形,端口 1 的交叉极化与端口 2 的主极化也是极化匹配的,有对应的能量耦合,因此对于端口隔离度,要比上述定义的 XPI 小 1 倍。另外,两通道间的耦合还可能由于其他原因引起,如表面波、直接传导等因素,而这些相关性都要在端口处表现出来。因此,为更完整地表征多极化天线极化信道的相关性,应采用馈电端口间的隔离度概念,这里称之为极化通道隔离度。

采用极化通道隔离度概念,还有助于简化隔离度的测量,用 S 参数值即可表示其隔离度的大小。因此,极化通道隔离度与用于天线系统干扰和电磁兼容分析的通常意义上的天线隔离度是一致的,是指一个天线发射信号时,通过另一个天线接收到的信号与该发射天线信号的比值,用来定量表征天线间耦合的强弱程度,其单位为 dB。只是此时隔离度是通过辐射场极化的正交性实现的,辐射场的极化纯度是决定端口隔离度的主要因素。

9.3 多极化天线的实现方式

多极化天线结构主要有两种实现方式:一是利用不同的天线单元实现不同的极化功能,二是在同一天线结构上通过多个馈源得到不同的极化辐射场。

9.3.1 双极化天线

双极化天线是指能发射或接收两个正交极化波的双端口(即双通道)天线结构,是无线通信系统中应用最为广泛的多极化天线结构。双极化天线设计的难点在于两个方面:一是在较小的体积内实现共置的极化正交辐射;二是提高极化纯度,降低双极化端口间的互耦。

按辐射机理,双极化天线可分为如下几类:基于偶极子结构的双极化天线、基于单极子结构的双极化天线、基于微带结构的双极化天线和基于缝隙结构的双极化天线。

偶极子天线是移动通信基站系统中的基本天线结构,它具有宽带、高效率等特点。Daoyi 等人于 2005 年设计了一款折合偶极子构造的双极化天线，在1 710～2 170 MHz 频率范围内，其端口隔离度大于 25 dB，由于加装带有侧边的反射板，其前后比大于 28 dB。为降低偶极子双极化天线高度(与接地板间的通常高度为四分之一波长，$\lambda/4$)，可以将偶极子臂平面化。Siu L 等人于 2009 年采用 Γ 形探针馈电的平面臂结构，实现了高度只有 0.15 λ的双极化偶极子天线，可以覆盖 GSM1800 和 GSM1900 频带，端口隔离度达到 29 dB。

单极子结构只利用了偶极子天线的一个辐射臂，是非平衡结构，可利用同轴馈线直接馈电，但也正是非对称结构，它容易受端接环境和接地面形状的影响。因此，单极结构的双极化应用时，更多的是采用缝隙单极子，或将单极子与缝隙组合使用以实现共置紧凑双极化天线。首先 Deepukumar 等人于 1996 年利用微带线对圆形孔缝隙馈电，实现了具有单向辐射特性的缝隙单极子结构双极化天线，其交叉极化比大于 25 dB，端口隔离度达 28 dB。Adamiuk 等人于 2009 年加入了差分馈电的概念，进一步把端口隔离度提高到 30 dB 以上。

微带天线以其低剖面、易集成等诸多优点受到广泛应用。对于单极子或偶极子天线，要实现方向性辐射必须加载反射板。单向性是微带天线固有的特点，其缺点是频带较窄，极化纯度不高。为提高双极化微带天线端口间的隔离度，对于边馈情形，馈线需置于正方形贴片相邻直角边的正中间。Choi 等人于 2006 年同时在边馈位置引入梳形缝隙条，以减小天线尺寸，并把端口隔离度提高到 29 dB。采用角馈方法有助于提高双极化微带天线端口间的隔离度，梁仙灵等人于 2005 年在此基础上采用两种不同的角馈方法，即分别为微带线角馈和缝隙耦合结构角馈，实现了 33 dB 的端口隔离度。而 Lau 等人于 2007 年设计的角馈方式是采用 Γ 形探针感应耦合，并结合反相馈电方法，实现了宽带化下的高端口隔离度(30 dB)。采用反相馈电结构，除了可以提高端口隔离度外，还有助于抑制辐射场的交叉极化，其原因是反相差分馈电可使辐射源电流沿主极化方向的分布更为集中。如把 Γ 形探针馈电结构改进为 T 形或弯折型，通过抵消馈电线不同段的辐射场，可达到降低交叉极化的目的。Li 等人于 2004 年采用弯折感应馈线，虽然没有差分馈电结构，其端口隔离度仍达 30 dB，交叉极化电平要比主极化小 20 dB。Ruy 等人于 2008 年利用钩形探针对双极化微带天线进行差分馈电，其端口间隔离度控制在 40 dB 左右，交叉极化比大于 20 dB。

微带天线的口径耦合方式可以用来克服传统馈电结构的一些缺点，如同轴馈线引入的较大电感、馈电网络的寄生辐射等问题。因此，利用缝隙耦合馈电实现的双极化贴片天线具有高端口隔离度和低交叉极化。Chiou等人于2002年利用了缝隙耦合与差分馈电相结合的方式，其端口隔离度达40 dB，交叉极化比大于20 dB。采用不同馈电方式是提高双极化天线端口隔离度的有效方法，Xie等人于2012年设计了Γ形探针和磁耦合环组合馈电的双极化微带天线，由于馈电结构的互补特性，在宽频带内其端口间的隔离度达到了23 dB。总之，对于微带结构双极化天线，经常是通过馈电结构的调整以实现端口隔离度的提高和交叉极化的抑制。当然，通过辐射元结构的改进也可以在一定程度上改善双极化天线的性能，但其效果不如馈电结构调整的方法来得显著。从辐射元角度看，为实现双极化特性，也采用如条形缝隙辐射元、环形贴片辐射元、环形缝辐射元等结构。

缝隙天线具有宽带特性，是实现宽带双极化天线的良好选择。Caso等人于2011年设计了基于多层介质板的方环缝隙天线，两条正交微带馈线激励方形环缝隙产生双极化辐射，缝隙上方贴片的加载可进一步展宽天线的工作带宽。该天线的端口隔离度大于20 dB，交叉极化比大于18 dB。Liu等人于2013年实现了一种具有高隔离度的全向双极化缝隙天线，它呈方柱状立体结构，其侧壁有两个正交缝隙，分别用于产生垂直和水平极化方向的辐射。通过缝隙的弯折，大大减小了天线的尺寸，工作频带内天线端口隔离度大于35 dB。

9.3.2 环形贴片与单极子组合的双极化天线

通过不同辐射元结构的组合可有效地提高双极化天线的隔离度，基于此设计思路，提出了一款由环形贴片与单极子组合的双端口双极化贴片天线，如图9-1所示。

在图9-1中，端口1采用微带馈电，微带线延伸形成单极子，它位于微波介质基板的背面。在基板正面有一周长约为工作波长的大环结构贴片，它与微带馈线对应的接地面相接，并在微带单极子正对侧切断环片，作为单极子的接地面。当端口1激励时，大环结构上的表面电流主要分布于圆环两侧边，如图9-2(a)所示，形成两个对称电流驻波，由于左右对称，故产生垂直极化辐射波。在微带单极子正对方向的大环上形成电流波节，其断开与否对单极子天线辐射特性不产生影响，因此在此处把大环切口断开构

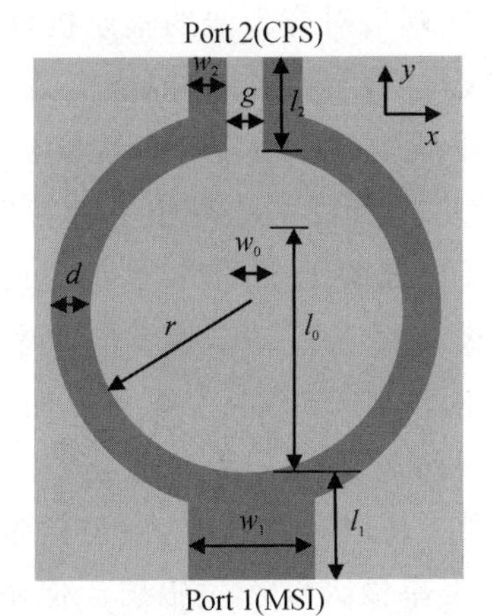

图 9-1　环形贴片与印制单极子组合双极化天线结构示意

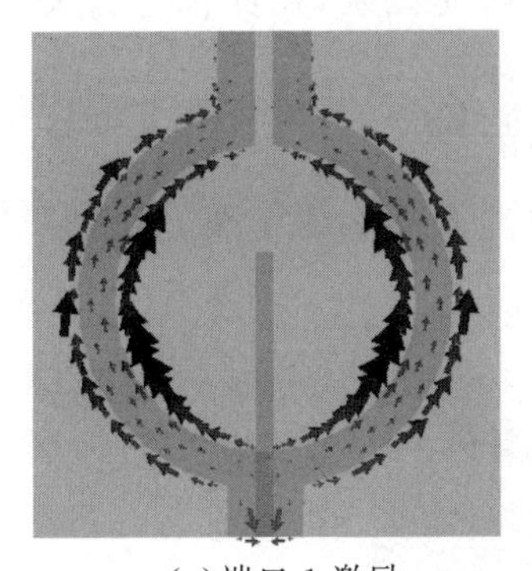

(a)端口 1 激励

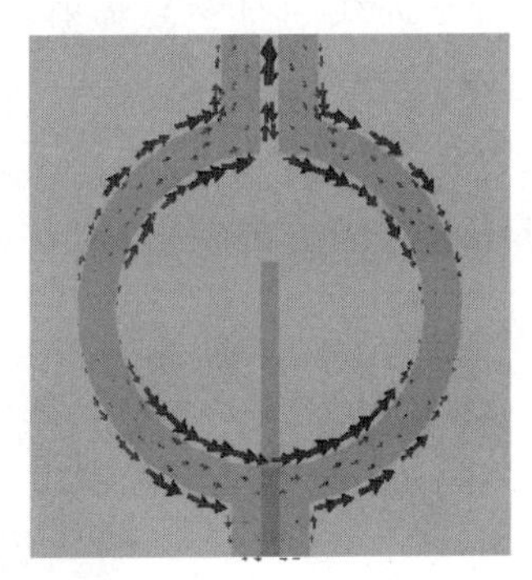

(b)端口 2 激励

图 9-2　不同端口激励时天线表面电流分布

建天线激励端口 2。

大环贴片切口处连接有共面带状线，形成端口 2 作为天线的另一个激励口，此时与其相连的大环结构变成圆环天线辐射元。由于圆环周长约为一个工作波长，端口 2 激励时产生基模为 TM_{11} 模的水平线极化波。其表面电流分布如图 9-2(b)所示，在端口 1 和端口 2 对应的圆环位置形成电流波腹，而其波节位于圆环两侧。

由图 9-2 可以看到，端口 1 激励时在端口 2 对应的圆环位置电流分布最弱；而端口 2 激励时，在端口 1 位置对应的圆环上电场方向与端口 1 垂直。或者说，端口 1 激励时，在端口 2 位置产生电压波腹，但是以偶模形式存在。而端口 2 天线工作需由差模(奇模)激励，因此端口 1 对端口 2 的影响很小。端口 2 激励时，在端口 1 位置为电压波节，故端口 2 对端口 1 的影响也很小。同时考虑两端口对应天线的辐射机理不同，即单极天线模和圆环天线模，因此该天线具有较高的端口隔离度。

以工作于 2.45 GHz 频段的天线设计为例，由于端口 1 激励时天线以带有渐变接地面单极子方式工作，故表现出宽带特性。端口 2 的阻抗带宽约为端口 1 的一半，从某种程度上说，端口 2 馈电时大环天线相当于一半波折合振子，其带宽有类似特点。工作频带内两端口的隔离度最大值为 30 dB，天线具有近似全向辐射特点，但主辐射方向为 $\pm z$ 方向，在 $\pm 60°$ 空间范围内交叉极化比达到 23 dB 以上。

当端口 1 激励时，天线利用微带馈电，由与微带接地面相连的两侧半圆弧和微带延伸线构成类单极天线产生辐射。但由于接地的圆弧段与微带延伸线位于同一侧，因此与普通单极子天线有所不同。此时，两侧圆弧段与微带延伸线同时参与辐射，形成双辐射元机制，在此称之为天线共辐射，这也正是端口 1 天线具有宽带特性的原因。

实际上，单极子也可以采用共面波导的馈电方式，只是为使另一端口产生基于圆环结构的辐射场，在共面波导上方需连接一空气桥，其结构如图 9-3 所示。

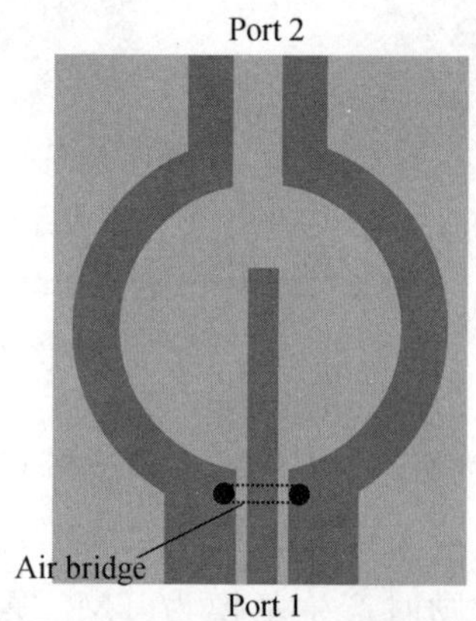

图 9-3　环形贴片与共面波导馈电印制单极子组合实现双极化特性

9.3.3　背腔环形缝隙双极化天线

非微带的贴片结构天线往往呈现全向或双向辐射，但在较多的应用场合，期望双极化天线表现出一定的方向性辐射场特点。基于此设计思路，提出了倒置微带线馈电的背腔环形缝隙双极化天线结构，如图 9-4 所示。

由图 9-4 可见，在一方形导体背腔上表面覆盖一正方形双面覆铜微波

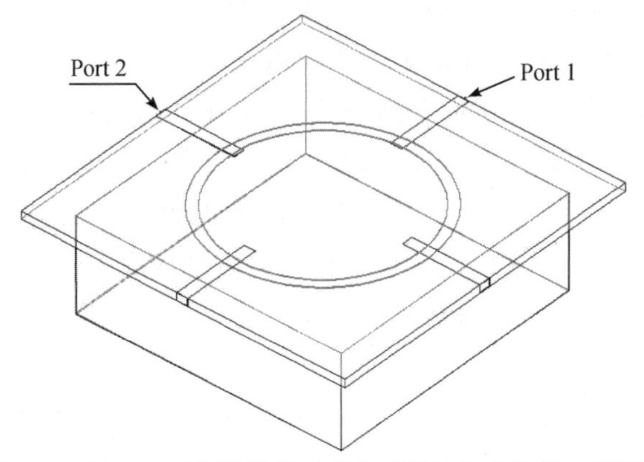

图 9-4　基于环形缝隙结构对称的双极化天线结构示意图

介质基板，在朝向腔体的覆铜层上蚀刻出一个圆环形缝隙，作为缝隙辐射元；在基板上表面覆铜层蚀刻出 4 条尺寸完全一致且与基板边垂直平分的微带线，这样每两条正对微带线形成一对，其中一条用作馈电端口，另一条在侧边与地相接作为加载微带线。两对导体微带线构成两个馈电端口，此时基板表面电流分布如图 9-5 所示，以激励极化相互正交的两个辐射场。

(a)端口 1 激励时

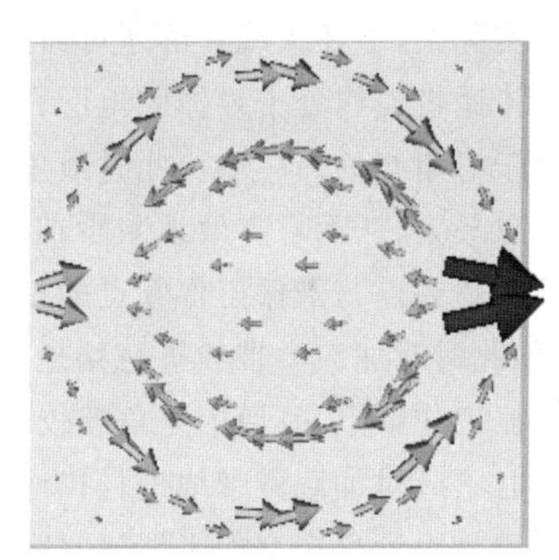

(b)端口 2 激励时

图 9-5　缝隙周围贴片的表面电流分布

按图 9-4 所示天线结构，通过对去掉加载微带、加载微带线不接地以及加载微带接地三种不同情形的对比分析可以发现，加载接地微带线有助于降低天线的工作频点。也就是说，加载接地微带线后，可在保持天线阻抗带宽基本不变(实际情形是加载后阻抗带宽略有降低)的前提下缩小天线尺寸。其原因是没有加载微带线时，在微带馈线对顶处缝隙上电流分布很弱，使谐振电流路径较短；而加载微带线后，由于加载微带线与缝隙的耦合作用，沿缝隙电流更易流向加载线处，如果其接地，则这种效应更明显，从而也增长了电流路径，降低了工作频点。

由三种情形的对比还可看到，在谐振工作频点附近存在一最大端口隔离度对应频点。无加载微带线时，最大隔离度频点离谐振频点较远且高于谐振频点。加载不接地微带线时，虽然最大隔离度频点仍高于谐振频点，但有向谐振频点靠近的趋势。到加载接地微带线时，最大隔离度频点已低于谐振频点，但更接近谐振频点，故隔离度有很大提高。以 2.45 GHz 频段天线为例，对应上述三种情形的 S 参数曲线如图 9-6 所示，在谐振频点处，未加载微带线时隔离度只有 14 dB，而加载不接地微带线后隔离度提高到 20 dB，如果微带线接地则隔离度可达到 27 dB。其原因正是加载微带线后天线结构的对称性改善，而接地作用可进一步提高辐射场的极化纯度，从而使不同端口天线辐射场的耦合作用减弱，端口间隔离度提高。

为进一步提高天线的性能，可在腔中心位置引入一与腔底接地面相连而与腔上表面圆形贴片留有间隙的导体圆柱，利用其产生的寄生辐射和牵引作用，实现工作频点隔离度的增加和高隔离值对应频带的展宽。天线的剖视结构如图 9-7 所示，结果表明其工作频带内的隔离度在 30 dB 以上。

实际上，上述天线性能还可通过角馈的方法得到进一步提高。角馈结构是指微带馈线处于导体腔矩形表面的对角线位置，与其正对的加载微带线处于对角线的另一端。此时顶角位置到缝隙的距离最大，故对应的馈线长度也最大，从而可有效地减少馈电端口对天线性能的敏感影响，并实现较佳隔离频点与谐振工作频点的正对，达到端口隔离度的提高。要注意的是，如此时对加载微带线进行接地处理，会出现较大隔离度值的频点远低于谐振工作频点，其原因是角馈较长，加载线本身具有较大的电感值，因此角馈时不应对加载微带线进行接地处理。实际上，角馈提高端口隔离度也可以说是因为角馈增加了端口间距的结果。

总之，由于采用了背腔结构，缝隙双极化天线具有一定方向性。尽管方向性不是很强，但对于室内壁挂基站系统的应用是足够的。由于采用缝隙结构辐射元，腔的深度不需要很大，约$\lambda/10$即可满足要求，因此天线还具有较低剖面的特点。

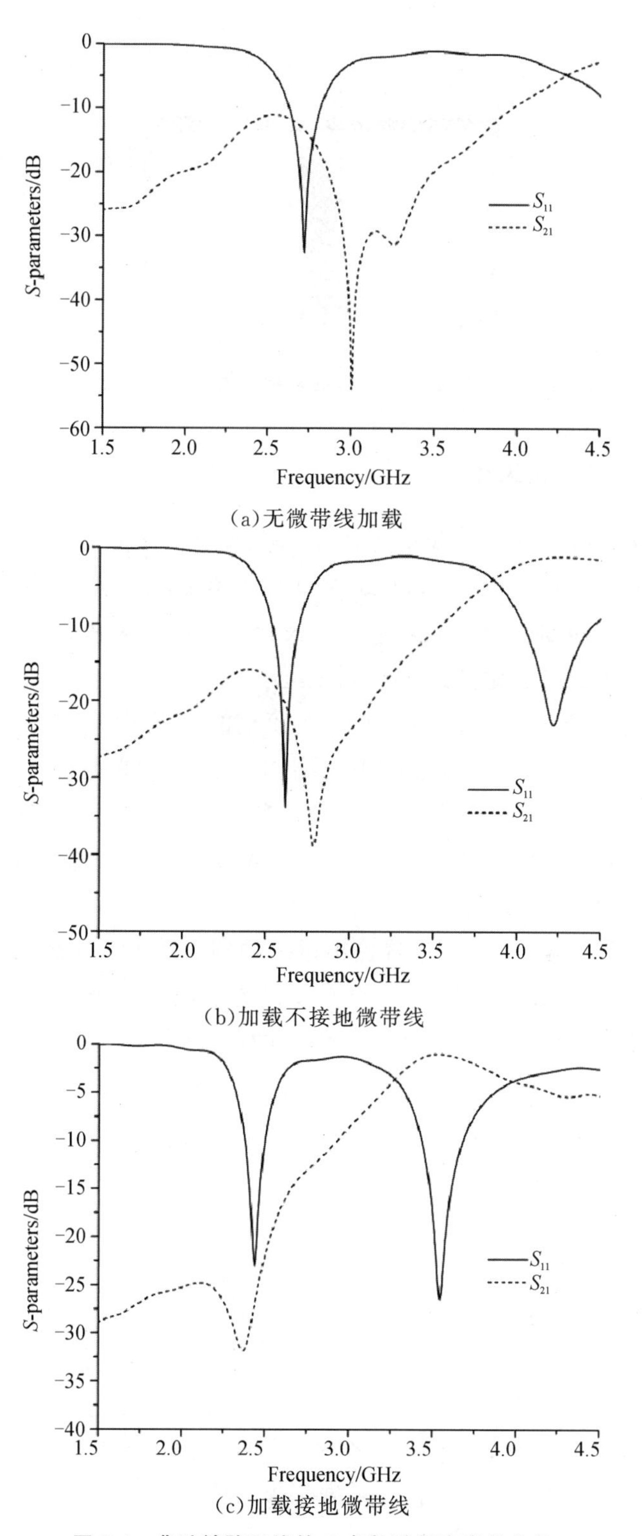

(a)无微带线加载

(b)加载不接地微带线

(c)加载接地微带线

图 9-6　背腔缝隙天线的 S 参数随频率变化曲线

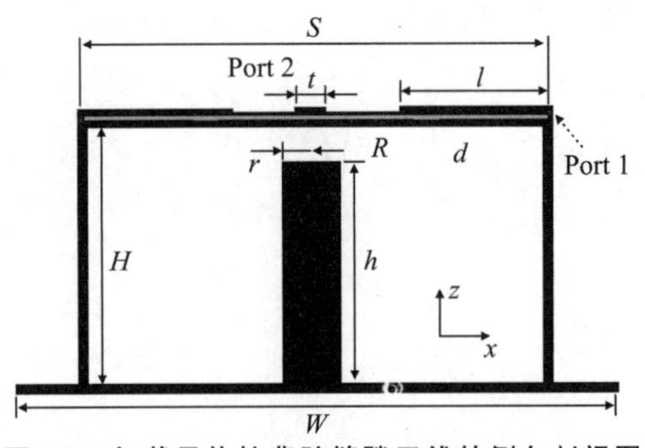

图 9-7　加载导体柱背腔缝隙天线的侧向剖视图

9.3.4　三极化天线

三极化天线在同一天线单元体积内实现三个相对独立的极化正交收发通道。相较于双极化，由于天线端口数的增加，三极化天线的结构以及端口间的耦合问题变得更加复杂。三极化天线可分为两类：共置三极化天线和多天线元的三极化方式。

Chiu 等人于 2007 年分别利用 3 个正交的偶极子和 3 个开口缝隙设计了两款共置三极化天线，对于偶极子结构三极化天线，它加工在两块正交放置的介质基板上，各偶极子通过共面结构巴伦连接到 SMA 接头，端口间的最小隔离度达 18 dB。基于λ/4 开口缝隙结构的三极化天线，其最小端口隔离度为 17 dB。

Itoh 等人最早于 1979 年曾提出过一种利用两个正交缝隙和一个单极子构成的三极化天线结构，其中垂直放置的单极子用于接收垂直极化波，两个成直角交叉的缝隙用于接收平面上的两个正交极化波。Gray 等人于 2003 年介绍了一种由双极化介质谐振器和单极子构成的三极化天线，在工作频带内其端口最小隔离度为 17 dB。而 Oikonomopoulos-Zachos 等人于 2007 年采用矩形贴片产生双极化，在此基础上通过与矩形面垂直的单极子产生第三极化波，在工作频带范围内其最小端口隔离度达 22 dB。为减小天线高度，Zhong 等人于 2009 年利用圆盘加载单极子实现垂直极化辐射，通过两个正交的 H 形缝隙对圆环贴片耦合馈电，在平面方向上产生两个 TM_{11} 模双极化波，该天线的最小端口隔离度为 16 dB。Zhang 等人于 2013 年利用两对相互垂直缝隙产生平面方向的双极化波，为增加其与垂直方向圆盘加载单极子的隔离，缝隙上方置有圆环贴片，并对单极子利用电容耦合方式馈电，其最小端口隔离度达 20 dB。

极化分集与空间分集天线均能增加 MIMO 系统分集增益，联合应用多维天线可以获得更好的分集效果，因此多天线元多极化天线能提供更高的多路分集增益。Chiu 等人于 2006 年设计了一种分布在正方体 6 个表面、由 12 个偶极子构成的多天线元三极化天线结构，位于共面两个偶极子单元之间置有金属条用于改善端口间的隔离度，该天线的最小端口隔离度达 20 dB。Chiu 等人于 2008 年提出了分别具有 24 个端口和 36 个端口的两种立方体结构多极化多元天线，对于 24 个端口天线，每两个正交放置的 $\lambda/4$ 缝隙天线元置于立方体的 12 条棱边上，这样每条棱边都可产生双极化辐射波，整个天线同时具有空间分集和极化分集特性，该天线的最小端口隔离度达 20 dB；对于 36 个端口天线，各条棱边是由相互正交的 $\lambda/2$ 缝隙天线单元构成，同时在每个侧面上增加 2 个共极化 $\lambda/4$ 开口缝隙天线单元，并在各侧面缝隙单元的背面增加一组 L 形枝节，以减小同一侧面上两个天线元间的耦合，该天线的最小端口隔离度为 18 dB。

在上述背腔缝隙双极化天线结构中，贴片中心处为两个正交模的电场波节，因此在贴片中心处加入短路导体柱不会对两个正交模的辐射模式产生影响。基于此设计思路，在贴片中心处插入一个同轴线，同轴线的外导体分别与腔的上、下两表面导体相接，而内导体向上延伸构成单极子天线元，将降低其高度，且单极子顶端有圆盘加载，天线的整体结构如图 9-8 所示。

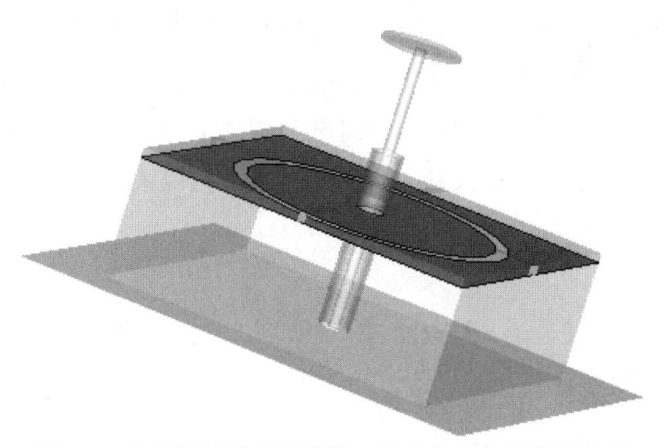

图 9-8　加载同轴线背腔缝隙三极化天线的结构示意图

这样，由两个微带线馈电的环形缝隙在贴片平面方向上产生两个相互正交的线极化辐射场，而由同轴线馈电的单极子产生与贴片平面垂直的极化波，此时贴片被用作单极子的接地面。实际上，处于腔体内的同轴外导体形成的导体管还有助于减小腔体高度,并提高腔内电场极化纯度,从而也有助于提高平面两端口间的隔离度。同时,同轴线外导体有部分延伸出腔体,这有助于提高单极子辐射元的阻抗带宽。在工作频带范围内,三极化天线三个端口间的隔离度均可大于 25 dB。

9.4 本章小结

对于多极化天线,隔离度问题主要来源于两个方面的影响:一是辐射场间的耦合,这需要提高极化纯度,通过极化正交性来增加对耦合的抑制能力;二是馈电结构间直接耦合,其来源有馈线直接辐射的同极化杂散波、微波介质基板的表面波以及馈线间的直接传导干扰等因素。因此对于多极化天线的设计,为提高主极化纯度,降低交叉极化分量,可从辐射元结构和馈电结构两个角度进行考虑。

从辐射元结构角度看,如采用同一辐射元,则需使辐射元尽可能具有良好的对称性,同时还应保证周围环境的一致性。采用不同的辐射源结构有助于提高极化间的隔离,如缝隙辐射源与贴片辐射源的组合、印制单极子与环形贴片的组合。一般而言,细线结构天线要比平面结构更有助于提高辐射场的极化纯度。

从馈电结构来看,采用差分反相的馈电方法要比单端非平衡馈电更容易实现稳定的辐射场和更高的极化纯度。不同馈电方式的组合也有助于提高极化端口间的隔离度,如微带馈电与缝隙耦合的组合、同轴馈电与感应馈电的组合。对于微带天线,角馈方式的极化隔离要优于边馈情形。

参考文献

[1]Li W W, Wang C, Lai Y Q, et al. A compact dual-polarized cavity-backed annular slot antenna for indoor MIMO systems. Microwave and Optical Technology Letters, 2015, 57(2): 384-388.

[2]Liu Y, Xue J, Cao Y, et al. A compact omnidirectional dual-polarized antenna for 2.4-GHz WLAN applications with highly isolated orthogonal slots. Progress in Electromagnetics Research C, 2013, 43: 135-149.

[3]Li W W, Zhang B, Zhou J H, et al. High isolation dual-port MIMO antenna. Electronics Letters, 2013, 49(15): 919-920.

[4]Zhang Y，Wei K，Zhang Z，et al. A broadband patch antenna with tripolarization using quasi-cross-slot and capacitive coupling feed. IEEE Antennas and Wireless Propagation Letters，2013，12：832-835.

[5] Xie J J，Ren X S，Yin Y Z，et al. Dual-polarised patch antenna with wide bandwidth using electromagnetic feeds. Electronics Letters，2012，48(22)：1385-1386.

[6]Caso R，Serra A，Buffi A，et al. Dual-polarized slot-coupled patch antenna excited by a square ring slot. IET Microwaves，Antennas & Propagation，2011，5(5)：605-610.

[7]Siu L，Wong H，Luk K M. A dual-polarized magnetic-electric dipole with dielectric loading. IEEE Transactions on Antennas and Propagation，2009，57(3)：616-623.

[8] Adamiuk G，Wiesbeck W，Zwick T. Differential feeding as a concept for the realization of broadband dual-polarized antennas with very high polarization purity. IEEE Antennas and Propagation Society International Symposium，2009：1-4.

[9]Zhong H，Zhang Z，Chen W，et al. A tripolarization antenna fed by proximity coupling and probe. IEEE Antennas and Wireless Propagation Letters，2009，8：465-467.

[10] Ruy K S，Kishk A A. A dual-polarized shorted microstrip patch antenna for wideband application. The University of Mississipi，MS 38677，2008.

[11]Chiu C Y，Yan J B，Murch R D. 24-port and 36-port antenna cubes suitable for MIMO wireless communications. IEEE Transactions on Antennas and Propagation，2008，56(4)：1170-1176.

[12]Lau K L，Luk K M. A wideband dual-polarized L-probe stacked patch antenna array. IEEE Antennas and Wireless Propagation Letters，2007，6：529-532.

[13] Chiu C Y，Yan J B，Murch R D. Compact three-port orthogonally polarized MIMO antennas. IEEE Antennas and Wireless Propagation Letters，2007，6：619-622.

[14]Oikonomopoulos-Zachos C，Rembold B. A 3-port antenna for MIMO applications. The 2nd International ITG Conference on Antennas，2007：49-52.

[15]Choi D H，Park S O. Dual-band and dual-polarization patch antenna with high isolation characteristic. Asia-Pacific Microwave Conference，2006：2014-2016.

[16]Chiu C Y，Murch R D. Experimental results for a MIMO cube. IEEE Antennas and Propagation Society International Symposium，2006：2533-2536.

[17] Daoyi S，Qian J J，Yang H，et al. A novel broadband polarization diversity antenna using a cross-pair of folded dipoles. IEEE Antennas and Wireless Propagation Letters，2005，4：433-435.

[18]梁仙灵，钟顺时，汪伟. 高隔离度双极化微带天线直线阵的设计. 电子学报，2005，33(3)：553-555.

[19]Li P，Lai H W，Luk K M，et al. A wideband patch antenna with cross-polarization suppression. IEEE Antennas and Wireless Propagation Letters，2004，3(1)：211-214.

[20]Gray D, Watanabe T. Three orthogonal polarization DRA-monopole ensemble. Electronics Letters, 2003, 39(10): 766-767.

[21]Chiou T W, Wong K L. Broad-band dual-polarized single microstrip patch antenna with high isolation and low cross polarization. IEEE Transactions on Antennas and Propagation, 2002, 50(3): 399-401.

[22]Deepukumar M, George J, Aanandan C K, et al. Broadband dual-frequency microstrip antenna. Electronics Letters, 1996, 32(17): 1531-1532.

[23]Itoh K, Watanabe R, Matsumoto T. Slot-monopole antenna system for energy-density reception at UHF. IEEE Transactions on Antennas and Propagation, 1979, 27(4): 485-489.